普通高等教育“十一五”国家级规划教材

石油和化工行业“十四五”规划教材

中国石油和化学工业优秀教材一等奖

化工热力学

第三版

知识图谱版

夏淑倩　马沛生　李永红　主编

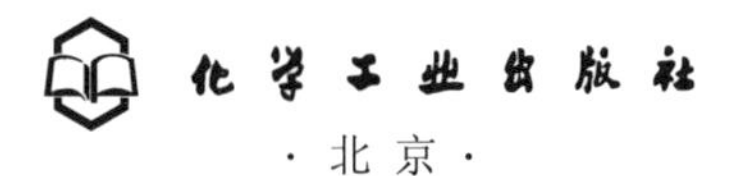
化学工业出版社

·北京·

内容简介

《化工热力学》（第三版）主要介绍了经典热力学原理、模型及其在化工中的应用，该教材突破了“石油化工”小分子化合物领域，涉及精细化工和环境工程的热力学计算方法。本书共分为11章，主修部分详细讲解了流体的 *p-V-T* 关系、单组元流体及其过程的热力学性质、热力学基本定律及其应用、均相流体混合物热力学性质、相平衡、物性数据的估算及化学反应热和反应平衡等内容；辅修部分包括环境热力学、相平衡的估算、化工热力学的应用与展望等。本书不仅描述了流体系统中各种热力学状态函数及其之间的关系，也包括了热力学三大定律在化工过程中的能量分析应用，还包括各种热力学状态函数在相变化和化学变化时的平衡规律和估算方法。

本书配有微课视频、教学课件、习题答案、知识图谱和电子版附录辅助读者学习使用，可通过扫描封底二维码获取。

《化工热力学》（第三版）可供化学工程与工艺、资源循环科学与工程、能源化学工程、环境工程等专业本科生使用，也可供从事化学、化工、材料和热能工程的教师、研究生和工程技术人员参考。

图书在版编目（CIP）数据

化工热力学 / 夏淑倩，马沛生，李永红主编. —3版. —北京：化学工业出版社，2023.8（2024.8重印）
普通高等教育“十一五”国家级规划教材
ISBN 978-7-122-43438-8

Ⅰ. ①化… Ⅱ. ①夏… ②马… ③李… Ⅲ. ①化工热力学-高等学校-教材 Ⅳ. ①TQ013.1

中国国家版本馆CIP数据核字（2023）第080540号

责任编辑：徐雅妮　孙凤英　吕　尤　　装帧设计：王晓宇
责任校对：宋　夏

出版发行：化学工业出版社（北京市东城区青年湖南街13号　邮政编码100011）
印　　装：三河市航远印刷有限公司
787mm×1092mm　1/16　印张24¼　字数596千字　2024年8月北京第3版第2次印刷

购书咨询：010-64518888　　售后服务：010-64518899
网　　址：http://www.cip.com.cn
凡购买本书，如有缺损质量问题，本社销售中心负责调换。

定　　价：69.00元

前　言

化工热力学作为化工学科的一个重要分支，是热力学基本原理应用于化学工程相关领域而形成的一门核心课程。该课程的目的是使学生能够理解并掌握热力学基本原理、定律，并利用热力学模型和方法对化工及相关领域的体系相行为、化学反应行为、能量转换等进行定量分析研究。

天津大学是我国第一批开设化工热力学课程的高校之一，经过多年的教学实践后，马沛生先生组织化工热力学教研室编写了《化工热力学》（通用型）教材，于2005年出版，并于2009年再版，该教材第一版为普通高等教育“十五”国家级规划教材，第二版为普通高等教育“十一五”国家级规划教材。本教材出版后得到全国多所高校的支持与选用，并被评选为第八届中国石油和化学工业优秀教材一等奖。期间，编者们根据自己一线讲课体验，并广泛听取使用师生的反馈意见，不断吸纳并学习国内外其他教材的特色和进展，为修订本书搜集素材，以更好地满足不断变化的教学需求。在第三版中我们坚持通用型的特色，力图使本书适用范围更广，也关注化工热力学的实用性，如本书中的例题、习题及前沿话题能帮助学生领会热力学的思维方法，并将其原理应用于解决复杂的化工实际问题。

在教材修订期间，中国共产党第二十次全国代表大会胜利召开，首次统筹推进教育、科技、人才体制机制一体改革，突出了创新在我国现代化建设全局中的核心地位，坚持“立德树人”，提高人才的创新能力是教育的使命和担当。在此背景下，本次修订还做了如下工作。

1．将立德树人贯穿始终，将哲学思想、科学精神、绿色发展、节能降耗、工程伦理等思政元素有机融入到教材内容中，展现专业知识所承载的思想内涵和价值理念，潜移默化塑造学生品格、品行、品味。

2．针对化工热力学概念多且抽象难理解的特点，本次修订增加了课程的知识图谱。知识图谱可清晰地显示出化工热力学的知识体系及各知识点之间的相互联系，同时标注出了知识点的认知层次，即理解、应用与分析。每章知识图谱中表示“应用”，即能将相应的知识点用于解决化工中遇到的真实问题；表示“分析”，即能够针对具体知识点，建立科学的思维方法（如分析与综合、归纳与演绎、抽象与概括、比较与推理等）并解决复杂的问题；未标注的为“理解”层次；表示在“物理化学”课程中已讲过的内容。知识图谱不仅厘清了课程主要内容和知识脉络，而且有助于学生全面理解课程的知识体系和网络，并进一步融合各知识点，提升学习该课程的兴趣和信心，学会科学思维的方法和习惯。不同掌握深度的知识点标注，方便学生认识课程的目标要求。

3．增加了5个“前沿话题”。在主要章节后面增加了与章节内容相关的“前沿话题”，引入最新的前沿进展，不仅拓宽学生的视野，还有助于提升学生学习课程的热情，通过学习前沿学科进展，可促使学生进一步阅读最新进展文献，激发其科学精神和创新精神。

4．增加了化工热力学重要词汇中英对照表，不仅帮助学生掌握重要的化工热力学专有术语的中英文表达，还方便学生学习和查阅英文文献资料。

5．调整了部分内容，化学反应热和反应平衡调整到“主修部分”，环境热力学调整到“辅修部分”，增加了“复杂化学反应平衡”和“蒸汽系统”的内容。

6．制做了微课视频、教学课件、习题答案、知识图谱和电子版附录辅助读者学习使用，可通过扫描封底二维码获取。

书中所附的参考文献是编写本书时所参考引用过的，也包括近几年国内外部分化工热力学及相关分支的重要教材或著作。

本书由夏淑倩、马沛生、李永红主编，具体修订分工如下：夏淑倩负责第1～3、9～11章及附录、知识图谱和前沿话题，杨长生负责第4章，李永红负责第5章，陈明鸣负责第6章，李国柱负责第7、8章。

鉴于年龄原因，本书前两版主编马沛生教授未再参与第三版编写，但在第三版修订过程中给予了全程指导和审阅。在此对马沛生教授多年来为本教材的奉献表示诚挚的感谢！同时对参加前两版教材编写的常贺英老师致以诚挚的感谢！

由于编者水平有限，书中难免有不当之处，欢迎读者批评指正。

编者

2023年1月

第一版前言

化工热力学是化学工程学科的一个重要分支，是化学工艺或化学工程学科的学生所必须掌握的，因此是化工类专业所必修的基础技术课程。

编者们在多年的教学实践中，深感作为大学课程，化工热力学教材不必追求过深，在不失热力学体系严谨性的同时，务必使学生能体会化工热力学的实用性，目标是使学生有能力、有兴趣在课堂内学习，并减少学生对本课程的“恐惧感”。考虑到近年精细化学品生产的发展及环境热力学的兴起，我们力图使本教材成为一本使用面广、更易为学生接受的“十五”教材。

我们认为本书的特点如下。

1．化工热力学是一门非常实用的课程，虽然有许多抽象的概念和复杂的公式，但其目的绝不限于概念的推演和现象的解释，更要定量地给出求取能量或组成的方法，因此在化工计算及设计中有直接的应用。本书注意讲清应用，力图使学生能更好理解及掌握抽象的概念及复杂的公式。

2．化学品对环境的影响越来越显著，成为社会发展的大问题，也成为化学工业能否发展的关键，同时也是化工进入环保企业的契机。环境热力学已成为新的交叉学科，为使化工类学生能掌握环境热力学知识，也使环境类学生能进入化工热力学领域，本教材加入一章进行讨论。

3．化工热力学已成功地在石油化工中建立了计算方法体系，但对摩尔质量大的精细化学品尚很难推广使用。本书增加了“化工热力学在精细化工中的应用”一章，力图阐明化工热力学在精细化工应用中的特点及难点，希望使化工热力学在化工各方面（包括制药）都能应用，甚至扩大到环保工程专业。

4．本书在处理模型与计算方法时，更偏重于计算方法，对所用的模型指出其来源，但不作微观推导。总之，本书属经典热力学范围，建议把分子热力学的要求安排在硕士层面上。

5．本书的重点在于能量计算及组成计算，中心内容是 p-V-T 关系、逸度和活度、相平衡，书中也包括了少量工程热力学内容，例如在化工中常用的制冷原理及计算。

6．在化工热力学计算中，一要模型，即提供计算方法及计算式；二要数据。如果缺乏数据，再好的计算方程也无法投入使用，因此化工数据已成为化工热力学的一个重要分支。本书加入“物性数据的估算”这一章，介绍化工数据中的一些入门知识。

7．考虑到反应热的计算比化学平衡计算更重要，本书补入一些热化学内容，压缩了部分化学平衡内容。

8．国内目前化工热力学课时有所差异，还要考虑自学之用，所以本书编排有弹性。本书分为两部分，前一部分（主修部分）共 9 章，后一部分（辅修部分）共 3 章，教师可按不同情况做出变动，若为少学时，大体上只能学习主修部分。另有附录，提供了约 200

个石油化工中常用物质的一批数据，相当于一个小型数据库，除供本书的例题及习题使用外，还可供读者在石油化工的热力学计算中使用。

9．本书除作为教材外，也可供化工设计院、研究院、化工厂、环境化工工作者作为热力学方面的参考书。

本书由马沛生主编，并编写第 1 章、第 8 章、第 9 章、第 10 章、第 11 章、第 12 章及附录。夏淑倩编写第 2 章、第 3 章及第 5 章的第 5 ～ 7 节。常贺英编写第 4 章及第 7 章。陈明鸣编写第 5 章的第 1 ～ 4 节及第 6 章。

作者力图使本书具有特色，有更大的适用面，有更强的实用性，易于理解，并为后继课程（分离工程、反应工程等）打好基础。但本书内容变化较大，加之作者水平有限，对化工热力学的理解未必很深入，不当之处敬请批评指正。

编者

2005 年 3 月

第二版前言

本书于 2005 年出版后，在多所高校中得到使用，在此深表谢意！同时我们感到应对本书及时修订改进。

在第二版中我们坚持通用型的特色，力图使本书适用范围更广，并且更关注化工热力学的实用性，特别是在化工计算或设计中的应用。书中调整了部分内容，例如增加了热泵精馏，氨的 t–s 图单位改用国际标准单位。最大的变化是增加了“化工热力学的应用与展望”这一章，在此章中先总结了化工热力学在化工计算及设计中的应用和重要性，然后对化工热力学的发展进行了展望。增加这一章的目的是激发学生学习本课程的兴趣，使学生更好地理解化工热力学的精髓，也有助于学习与化工热力学有关的课程，包括毕业设计及今后的专业工作。

书中所附的“参考文献”是编写本书时所参考引用过的，也包括近几年国内外部分化工热力学及相关分支的重要教材或著作。

本书由马沛生、李永红主编，马沛生编写第 1、7、8、10、11、12 章及附录，李永红编写第 3、9 章，杨长生编写第 4 章，夏淑倩编写第 2 章，常贺英编写第 5 章，陈明鸣编写第 6 章。

书中难免有不当之处，欢迎读者批评指正。

编者

2009 年 4 月

目 录

主修部分

辅修部分

主修部分

第1章 绪论

扫码获取
线上学习资源

1.1 热力学发展简史

热力学的研究是从人类对热的认识开始的。1593 年，伽利略制出了第一支温度计，使热学研究开始定量。温度计的制作与改进、测温物质的选择，带动了与物质热性质有关的研究，如相变温度（熔点、沸点等）、相变热、热膨胀等。当时人们还不了解温度计测出的是什么物理量，还以为测得的是热量。直到 1784 年，有了比热容的概念，才从概念上把“温度”与“热”区分开。18 世纪中期以前，许多科学家认为热是一种无质量的物质，即所谓热质说。直至 18 世纪末至 19 世纪中叶，多人分别用实验证明热不是一种物质，而是一种运动形态，即**热是由物体内部运动激发起来的一种能量（热动说）**。

蒸汽机的发明及使用范围扩大，从工业应用上提出了热与功转换问题，1824 年 Carnot（卡诺）提出了理想热机的设想，通过一个循环过程，研究其热与功之间的关系，为热功转换的热效率给出一个上限。这种研究方法，在工程上为热机设计指出了方向，而且有理论高度，可以说是热力学这门学科的萌芽。由此也可知热力学研究从一开始是被工程应用所推动的，研究成果又可以为工程发展服务。

热力学（thermodynamics）这个中英文字本身就是把热与力结合起来的，这也说明时代需要研究机械运动、热、电等各种现象的普遍联系及其定量规律。首先论证的是**热力学第一定律**。1738 年 Bernolli（伯努利）的机械能守恒定律提出了第一个能量守恒的实例。1824 年出现了第一个热功当量，并阐述了**能量相互转化及守恒的思想**。Joule（焦耳）反复测定了热功当量，同时也有多位科学家独立地提出了热力学第一定律，该定律也彻底否定了热质说。

1850 年 Clausis（**克劳修斯**）进一步发展了 Carnot 的设想，证明了热机效率，**并指出热不能自动（无代价地）从低温转向高温**，1854 年他正式**命名了热力学第二定律**。

第一定律和第二定律的建立，为热力学奠定了理论基础，1913 年 Nernst（能斯特）补充了关于热力学零度的定律，称为热力学第三定律。1931 年 Fowler 补充了关于温度定义的定律，称为热力学第零定律，热力学的发展更趋于完善。

在热力学发展初期，所讨论的只是热、机械能和功之间的互换规律，对热机效率的提高有很好的指导作用，也促进了工业革命的发展。

热力学规律具有普遍性，它虽然起源于热功及物理学科，但又扩充到化学、化学工程、动力工程、生物学（工程）、环境科学（工程）等领域，在结合过程中又有发展，或形成新的学科分支。一般热力学与动力工程结合产生了工程热力学分支，它不但讨论能量转换规律，并结合锅炉、蒸汽机、压缩机、汽轮机、冷冻机、喷管等设备，讨论工艺条件与功能转换之间的定量关系。热力学与化学相结合，产生了化学热力学，它在热力学内容中补入化学反应的内容，给出反应热和反应平衡的定量计算方法，又考虑了化合物众多的特点，并增加了溶液热力学性质的内容。热力学与化工相结合，形成了化工热力学，它包括化学热力学的内容，更强化了组成变化规律的讨论，要更严格计算产物与反应物在各种条件下的化学平衡组成，更要解决各种相平衡问题，并能计算各种条件下各相组成。

1.2　化工热力学的主要内容

1940 年前后国外有几本重要的化工热力学专著出版，之后化工热力学的教材及专著逐渐增多，其主要内容也在不断丰富。

下面简要介绍化工热力学教材中的主要内容。

化工热力学也包括热力学第一定律和第二定律，但与物理化学或化学热力学不同，化工热力学不只限于讨论系统与环境只有能量交换而没有物质交换的封闭体系，即要涉及并讨论与环境有物质交换敞开体系的情况。在物理化学中，通过热力学第二定律导出了一批热力学函数，也初步讨论了其在相平衡中的应用。在化工热力学中进一步通过逸度、活度及 Gibbs（吉布斯）自由能分析了相平衡条件与各相组成的关系，在解决化学工业中组分分离理论基础的同时，也扩大了热力学使用范围。此外，化工热力学也包括了在化工中广泛使用的工程热力学的内容，其中主要有压缩、冷冻和过程热力学分析。

总之，**化工热力学是在基本热力学关系的基础上，重点讨论能量关系和组成关系**。能量关系要比物理化学中简单的能量守恒有很大扩展，例如包括流动体系能量守恒，温度、压力改变时焓变和熵变的计算，压缩、冷冻过程的能耗。在组成计算中包括化学平衡及相平衡组成计算及预测，后者更复杂，需适用于各类相平衡，并在各种不对称体系（极性及分子大小的差异）情况下，可以有适用的关联式。

化工热力学还有一些分支，其中之一是化工数据，它包括化工数据的测定、收集、评价、关联及估算，以适应化学品种极其繁多所导致的数据缺乏而难以进行计算的困难。另一分支是环境热力学，它包括化学品在大气、水体、固体物（废渣或土壤）中的分布，除个别情况有化学作用外，主要问题是相平衡。

1.3　化工热力学的研究方法及其发展

化工热力学的研究方法分为经典热力学方法和分子热力学方法。经典热力学不研究物质结构，不考虑过程机理，只从状态的起点和终点，**用宏观角度研究大量分子组成的系统达到平衡时所表现出的宏观性质**。经典热力学只能以实验数据为基础，进行宏观性质的关联，又基于基本热力学关系，从某些宏观性质推算另一些性质，例如由 p-V-T 的实验数据或关联式，计算内能、焓、熵的变化和相平衡组成，这样的计算可大大减少实验工作量。

分子热力学又称为统计热力学，是从微观角度应用统计的方法，研究大量粒子群的特性，将宏观性质看作是相应微观量的统计平均值，因此，可以应用统计力学的方法通过理论模型预测宏观性质。这种方法在化工热力学的发展过程中，起着越来越重要的作用。但是，由于分子结构极为复杂，分子内作用力和分子间作用力都要考虑，目前分子热力学还在不断发展中。

经典热力学和分子热力学没有绝对的分界线。目前经典化工热力学也越来越多使用分子热力学的成果，特别是从微观的结果导出的模型及相应的计算式。由于理论计算的困难，在使用分子热力学解决实际问题时，不得不使用实验数据确定参数或一些经验方法作为补充。

除了从理论上改进的分子热力学方向外，化工热力学还有许多新发展，一是正逐步从主要解决“石油化工”产品的热力学转变到能广泛计算精细化学品的热力学，从而大大扩充热力学在化工中的使用范围；二是把热力学扩充到化学工业之外，如发展环境热力学，以解决环境中的化学品污染问题，也为发展化学工业时打破环境限制做出贡献。化工热力学规律还可应用于能源化工、生物化工，因此其应用领域还可进一步扩大。

本书限于经典热力学范围，但要为有志者进一步研究分子热力学打好基础。本书列出了一些环境热力学与热力学应用于精细化工时的一些注意点，希望能为更多学习者打开更大的门。

解决热力学问题首先要有模型方法、方程，另外化工数据也是必不可少的，若缺乏化工数据，好的方程也只限于定性的指导。考虑到化工中化合物极多及更多的化合物被使用，化工数据的重要性就更突出了。本书也包括一些化工数据中的入门知识。

1.4 化工热力学在化工中的重要性

化工热力学是一门定性的科学，更是一门定量的科学。在定性方面，可以指导改进工艺参数，指引温度、压力宜高还是宜低，物料配比宜多还是宜少，反应或分离是否可能。在化工计算或设计中，主要可分为物料衡算、热量衡算和设备计算，在这些计算中，化工热力学方法都是定量计算所不可或缺的。物料衡算就是要确定物料量及组成，而化学平衡和相平衡都是为确定组成的化工热力学方法，尤其是许多分离操作，必须由相平衡计算确定量和组成，例如某气相混合物经冷却后产生冷凝液，分离成汽液两相，这两相组成及量就要依靠汽液平衡求出。在热量衡算中，为确定换热器及反应器的热负荷，需要不同温度、压力下的焓变，同温、同压下真实流体与理想气体的焓变，有化学反应时还要计算反应热。在冷冻操作中，也是由热力学计算决定热功转换关系的。在设备计算中，反应器、精馏塔或吸收塔、管道的设计（计算）都离不开流体的 p-V-T 关系，热负荷是计算换热器尺寸的决定性因素之一，而传热系数计算时也需要许多与热力学有关的物性数据，而各种分离设备计算也离不开相平衡计算。总之，化工热力学是化学工程和化学工艺的基石之一，离开化工热力学就没有定量的化学工程和现代的化学工艺。化学工业要发展，要克服化学品对环境的制约，在解决此难题时，化工热力学也将起重大作用。

化工热力学在化工计算中具有不可替代的地位，但化工热力学与其他热力学一样，也是有局限性的。问题是**热力学不涉及速度**，因此一定要有其他学科配合以解决许多化工问题。化工热力学不涉及微观，因此在理论上有局限，虽然有望通过分子热力学解决此项困难，但在相当长时间内还不能有根本的改变。

上面综合了化工热力学的几个主要方面，有关化工热力学的重要性、应用发展将在本书最后一章中作较详尽的介绍，更希望学生在随后的课程中进一步体会。

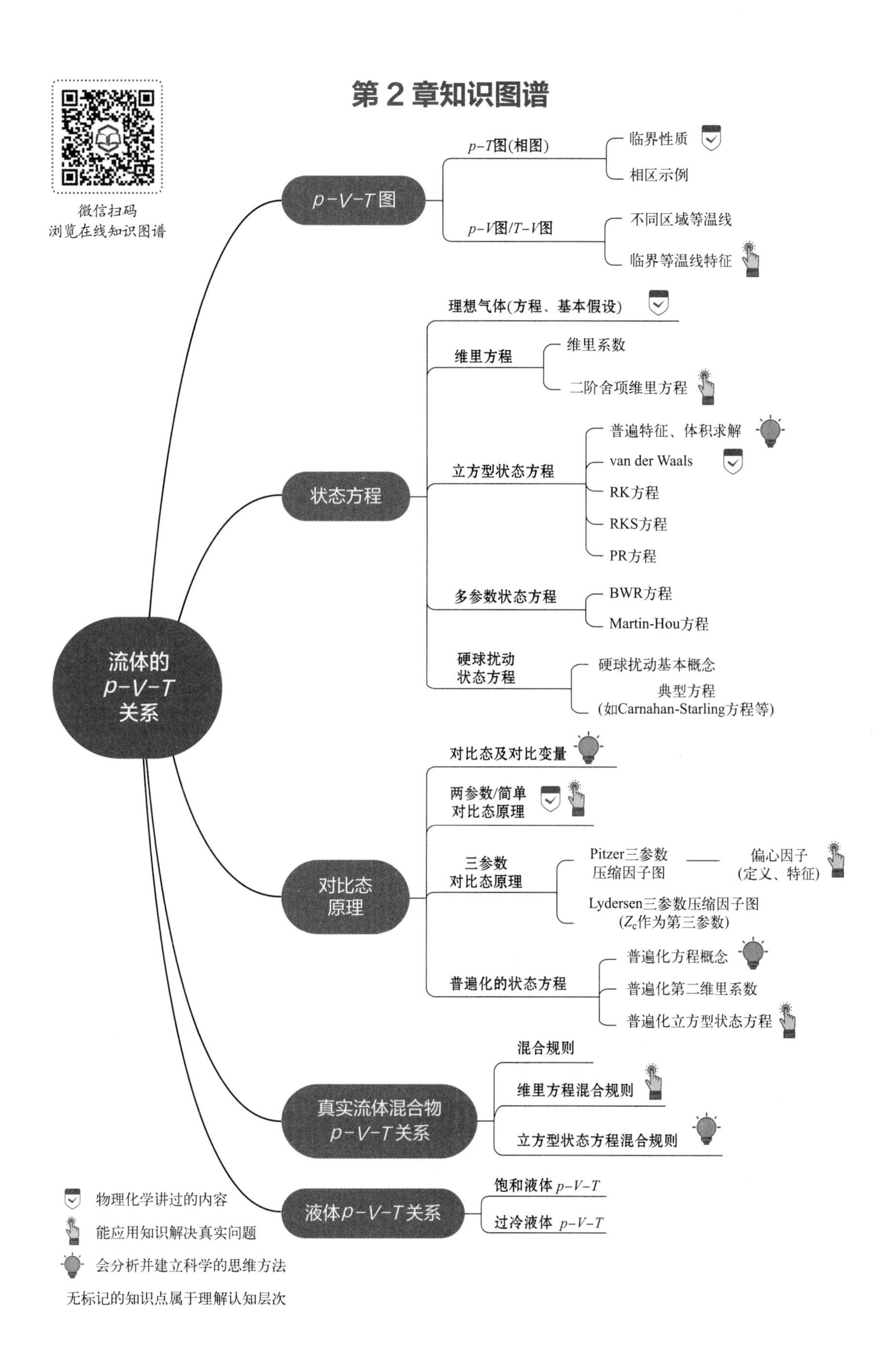

第 2 章知识图谱
微信扫码
浏览在线知识图谱
流体的 p-V-T 关系
p-V-T 图
p-T图(相图)
临界性质
相区示例
p-V图/T-V图
不同区域等温线
临界等温线特征
状态方程
理想气体(方程、基本假设)
维里方程
维里系数
二阶舍项维里方程
立方型状态方程
普遍特征、体积求解
van der Waals
RK方程
RKS方程
PR方程
多参数状态方程
BWR方程
Martin-Hou方程
硬球扰动
状态方程
硬球扰动基本概念
典型方程
(如Carnahan-Starling方程等)
对比态原理
对比态及对比变量
两参数/简单
对比态原理
三参数
对比态原理
Pitzer三参数
压缩因子图
偏心因子
(定义、特征)
Lydersen三参数压缩因子图
(Zc作为第三参数)
普遍化的状态方程
普遍化方程概念
普遍化第二维里系数
普遍化立方型状态方程
真实流体混合物 p-V-T 关系
混合规则
维里方程混合规则
立方型状态方程混合规则
液体p-V-T关系
饱和液体 p-V-T
过冷液体 p-V-T
物理化学讲过的内容
能应用知识解决真实问题
会分析并建立科学的思维方法
无标记的知识点属于理解认知层次

第2章 流体的 p-V-T 关系

众所周知，物质的状态及性质是与其温度、压力相关的，如在恒定压力下，随着温度的升高，固体会变为液体，甚至气体；随着温度、压力的变化，其热力学性质及传递性质等也将发生很大的变化。在化工过程中涉及的多数是**流体——气体和液体**，因此研究流体的压力 p、体积 V 和温度 T 关系在化工过程的分析、研究与设计中具有非常重要的意义，其在流体热力学性质计算中具有非常重要的作用。首先，可以通过流体的 p-V-T 关系实现流体的压力 p、体积 V 和温度 T 三者之间互算。如已知某个反应的温度和体积，可以计算一个反应釜需要承受的压力；已知某个反应的温度和压力，也可以计算该反应釜的体积；在流体流动过程中，可以计算一定质量流速的流体需要的管道直径。此外，流体的 p-V-T 是可以通过实验直接测量的，而许多其他热力学性质如热力学能 U、焓 H、熵 S、Gibbs 自由能 G 等都不方便直接测量，它们需要利用流体的 p-V-T 数据和热力学基本关系式进行推算。因此，流体 p-V-T 关系的另一个重要用途是计算其他热力学性质，如根据 p-V-T 关系研究一个过程中焓 H、熵 S 等热力学性质的变化。另外，相平衡的研究也同样离不开流体的 p-V-T 关系。综上，对流体的 p-V-T 关系的研究是一项重要而且基础的工作，它在热力学研究中具有举足轻重的作用。

本章学习的主要目的：①定性了解纯物质 p-V-T 的相行为；②掌握常用的**状态方程和对比态关系**，熟悉不同方程的计算方法和使用情况；③掌握混合物 p-V-T 关系的计算方法，熟悉不同方程常用的混合规则。

2.1 纯物质 p-V-T 的相行为

先直观地定性认识纯物质 p-V-T 的相行为对于理解物质 p-V-T 的定量关系具有重要的意义。在平衡态下的 p-V-T 关系，可以表示为**三维曲面**，如图 2-1。

曲面上“固”“液”“汽（气）”分别代表固体、液体、汽（气）体的单相区；“固 - 液”“汽 - 固”“汽 - 液”分别代表固液、汽固、汽液两相共存区。曲线 AC 和 BC 代表汽液共存的边界线，它们相交于点 C，点 C 是**纯物质汽液平衡的最高温度和最高压力点**，称作**临界点**，它所对应的温度、压力和摩尔体积分别称为临界温度 T_c、临界压力 p_c 和临界体积 V_c。**流体的临界参数是流体重要的基础数据**，人们已经测定了大量物质的临界参数，在电子版附录 3 中给出了一些重要物质的临界性质数据。

将 p-V-T 曲面投影到平面上，则可以得到二维图形。图 2-2 和图 2-3 分别为图 2-1 投影出的 p-T 图和 p-V 图。

图 2-2 中的**三条相平衡曲线**：升华曲线、熔化曲线和汽化曲线分别是图 2-1 中的固

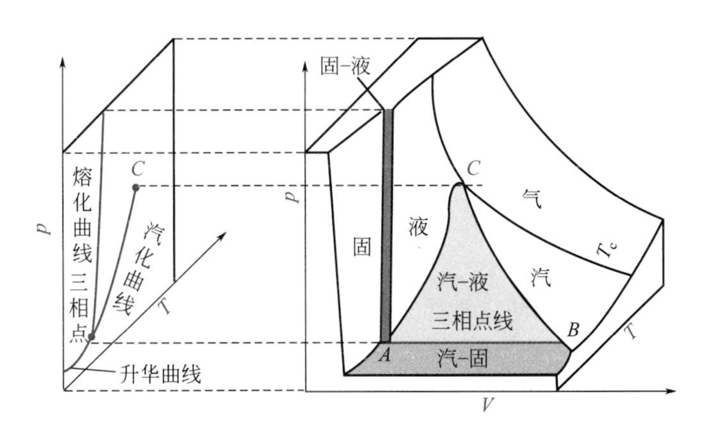

图 2–1　纯物质的 p–V–T 图

汽、固液和气液两相区在 p–T 图上的投影，三线的交点是三相点。高于临界温度和临界压力的流体称为**超临界流体**，简称流体。如图 2–2，从 A 点到 B 点，即从液体到气体，但没有穿过相界面，这个变化过程是渐变的过程，即从液体到流体或从流体到气体都是渐变的过程，不存在突发的相变。超临界流体的性质非常特殊，既不同于液体，又不同于气体，它的密度接近于液体，而传递性质则接近于气体，可作为特殊的萃取溶剂和反应介质。近些年来，利用超临界流体特殊性质开发的超临界分离技术和反应技术成为引人注目的热点。

图 2–3 是以温度 T 为参变量的 p–V 图。图 2–2 中的汽化曲线在图 2–3 中表现为区域。另外，图 2–3 中，包含了若干条**等温线**，高于临界温度的等温线曲线平滑并且不与相界面相交（如图 2–3 中，$T_1 > T_2 > T_c$）。小于临界温度的等温线由三个部分组成（$T_4 < T_3 < T_c$），中间水平段为气液平衡共存区，每个等温线对应一个确定的压力，即为该纯物质在此温度下的饱和蒸气压。气液平衡组成从水平段最左端的 100% 液体到最右端的 100% 气体。曲线 AC 和 BC 分别为饱和液相线和饱和气相线，曲线 ACB 包含的区域为气液共存区，其左右分别为液相区和气相区。

等温线在两相区的水平段随着温度的升高而逐渐变短，到临界温度时最后缩成一点 C。从图 2–3 中可以看出，临界等温线在临界点上是一个**水平拐点**，其斜率和曲率都等于零，数学上表示为

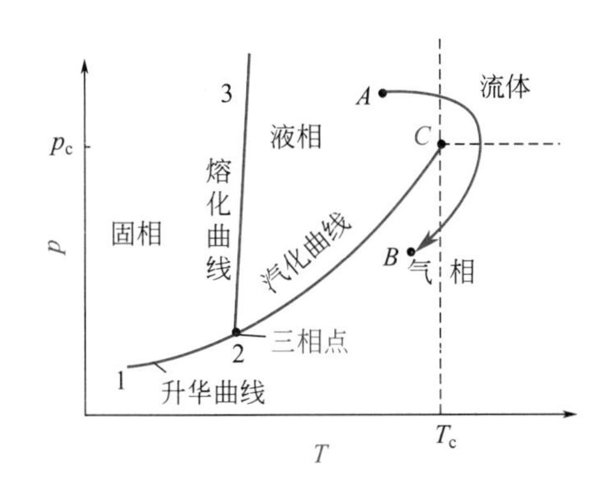

图 2–2　纯物质的 p–T 图

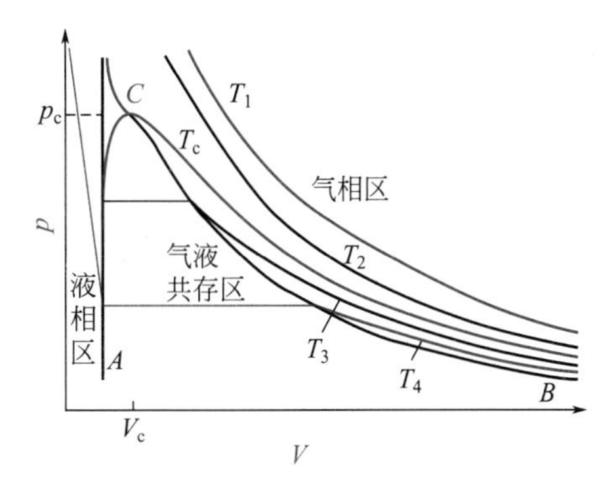

图 2–3　纯物质的 p–V 图

$$\left(\frac{\partial p}{\partial V}\right)_{T=T_c}=0 \tag{2-1}$$

$$\left(\frac{\partial^2 p}{\partial V^2}\right)_{T=T_c}=0 \tag{2-2}$$

式（2-1）和式（2-2）对于不同物质都成立，它们对状态方程等的研究意义重大。

2.2 流体的状态方程

根据相律可知，对于单相纯流体而言，自由度为2，任意确定p、V、T三者中的两个，则它们的状态即完全确定，描述流体p-V-T关系的函数式为

$$f(p, V, T)=0 \tag{2-3}$$

式（2-3）称为**状态方程**（equation of state，EOS），用来描述在平衡态下纯流体的压力、摩尔体积（此书中的V均表示**摩尔体积**）、温度之间的关系。在化工热力学中，状态方程具有非常重要的价值，它不仅表示在较广泛的范围内p、V、T之间的函数关系，而且可以通过它计算不能直接从实验测得的其他热力学性质。

对状态方程的研究已经延续了数百年，人们希望得到形式简单、计算方便、适用于不同极性及分子形状的化合物、计算各种热力学性质时均有较高精确度的状态方程，但到目前为止，能完全满足要求的方程为数不多。因此，对状态方程的研究仍在进行中。

目前存在的状态方程分为如下几类：①理想气体状态方程；②维里方程；③立方型状态方程；④多参数状态方程；⑤硬球扰动状态方程。以下对各类方程进行介绍。

2.2.1 理想气体状态方程

假定**分子的大小如同几何点**一样，**分子间不存在相互作用力**，由这样的分子组成的气体叫做**理想气体**。严格地说，理想气体是不存在的，在**极低的压力**下，真实气体非常接近理想气体，可以当作理想气体处理，以便简化问题。

理想气体状态方程是最简单的状态方程

$$pV=RT \tag{2-4}$$

有时，在工程设计中，可以用理想气体状态方程进行近似的估算。另一重要的用途是它可以作为衡量真实气体状态方程是否正确的标准之一，当$p\to 0$或者$V\to\infty$时，任何真实气体状态方程都应还原为理想气体状态方程。

另外，在使用状态方程时，应注意通用气体常数R的单位必须和p、V、T的单位相适应，所用R的单位见电子版附录1。

2.2.2 维里方程

“**维里**”（virial）这个词是从拉丁文演变而来的，它的原义是“**力**”。该方程利用**统计力学**分析了**分子间的作用力**，具有较坚实的理论基础。方程的形式为

$$Z = \frac{pV}{RT} = 1 + B'p + C'p^2 + D'p^3 + \cdots \tag{2-5}$$

$$Z = 1 + \frac{B}{V} + \frac{C}{V^2} + \frac{D}{V^3} + \cdots \tag{2-6}$$

$$Z = 1 + B\rho + C\rho^2 + D\rho^3 + \cdots \tag{2-7}$$

式中，B（B'）、C（C'）、D（D'）……分别称为第二、第三、第四……维里（virial）系数。

当式（2-5）～式（2-7）取无穷级数时，不同形式的维里系数之间存在着下述关系

$$B' = \frac{B}{RT} \tag{2-8a}$$

$$C' = \frac{C - B^2}{(RT)^2} \tag{2-8b}$$

$$D' = \frac{D - 3BC + 2B^3}{(RT)^3} \tag{2-8c}$$

从统计力学分析，它们具有确切的物理意义，第二维里系数表示两个分子碰撞或相互作用导致的与气体理想性的差异，第三维里系数则反映三个分子碰撞或相互作用导致的与气体理想性的差异。

原则上，式（2-5）～式（2-7）均应是无穷项，但由于多个分子相互碰撞的概率依分子数递减，重要性也在递减，又由于高阶维里系数的数据有限，一般在工程实践中，最常用的是二阶舍项的维里方程，其形式为

$$Z = 1 + \frac{B}{V} \tag{2-9}$$

$$Z = 1 + B'p \tag{2-10a}$$

$$Z = 1 + \frac{Bp}{RT} \tag{2-10b}$$

实践表明：当温度低于临界温度、压力不高于 1.5MPa 时，用二阶舍项的维里方程可以很精确地表示气体的 p–V–T 关系，当压力高于 5.0MPa 时，需要用更多阶的维里方程。

对第二维里系数 B（B'），不但有较为丰富的实测的文献数据，而且还可能通过统计力学理论方法计算。

由于高阶维里系数的缺乏限制了维里方程的使用范围，但绝不能因此忽略维里方程的理论价值。目前，维里方程不仅可以用于 p–V–T 关系的计算，而且可以基于分子热力学，利用维里系数联系气体的黏度、声速、热容等性质。常用物质的维里系数可以从文献或数据手册中查到，并且可以用普遍化的方法估算，这将在下一节讨论。

【例2–1】 试用下列方法计算 200℃、1.013MPa 的异丙醇蒸气的 V 值与 Z 值。已知异丙醇的维里系数实验值 $B=-388\text{cm}^3\cdot\text{mol}^{-1}$，$C=-26000\text{cm}^6\cdot\text{mol}^{-2}$。

（1）理想气体状态方程；（2）$Z = 1 + \dfrac{Bp}{RT}$；（3）$Z = 1 + \dfrac{B}{V} + \dfrac{C}{V^2}$。

解：（1）理想气体状态方程

$$V=\frac{RT}{p}=\frac{8.314\times10^6\times(200+273.15)}{1.013\times10^6}=3883(\text{cm}^3\cdot\text{mol}^{-1})$$

Z=1.000

（2）$Z=1+\frac{Bp}{RT}$

$$Z=1+\frac{(-388)\times1.013\times10^6}{8.314\times10^6\times(200+273.15)}=0.9000$$

$$V=\frac{ZRT}{p}=\frac{0.9000\times8.314\times(200+273.15)\times10^6}{1.013\times10^6}=3495(\text{cm}^3\cdot\text{mol}^{-1})$$

（3）$Z=1+\frac{B}{V}+\frac{C}{V^2}$

$$\frac{pV}{RT}=1+\frac{B}{V}+\frac{C}{V^2}$$

将各已知值代入上式得

$$\frac{1.013\times10^6V}{8.314\times10^6\times(200+273.15)}=1-\frac{388}{V}-\frac{26000}{V^2}$$

迭代计算得

$$V=3426\text{cm}^3\cdot\text{mol}^{-1},\quad Z=0.8848$$

2.2.3 立方型状态方程

立方型状态方程是指方程可展开为**体积（或密度）的三次方**形式。这类方程能够解析求根，有较高精度，又不太复杂，受工程界欢迎，另外还常作为状态方程进一步改进的基础。

（1）van der Waals 状态方程（1873 年）

1873 年 van der Waals（范德华）首次提出了能表达从气态到液态连续性的状态方程

$$p=\frac{RT}{V-b}-\frac{a}{V^2} \tag{2-11}$$

该方程是**第一个**适用于实际气体的状态方程，它虽然精确度不高，从现在看来已经无多大的实用价值，但是它建立方程的推理过程和方法对立方型状态方程的发展具有重大的意义，并且它对于对比态原理的提出也具有重大的贡献。

与理想气体状态方程相比，它加入了**参数 a 和 b**，它们是**流体特性的常数**，参数 a 表征了分子间的引力，参数 b 表示气体总体积中包含分子本身体积的部分。它们一般可以由两种途径获得：从流体的 p-V-T 实验数据拟合得到或依据式（2-1）、式（2-2）由纯物质的临界数据计算得到。对于 van der Waals 方程，其计算式为

$$a=27R^2T_c^2/(64p_c) \tag{2-12a}$$

$$b=RT_c/(8p_c) \tag{2-12b}$$

在 van der Waals 方程的基础上，后来又衍生出许多有实用价值的立方型状态方程。

（2）Redlich–Kwong 方程（1949 年）

Redlich–Kwong 方程简称 RK 方程，其形式为

$$p=\frac{RT}{V-b}-\frac{a}{T^{0.5}V(V+b)} \tag{2-13}$$

式中，a、b 为 RK 参数，与流体的特性有关，可以用下式计算

$$a=0.42748R^2T_c^{2.5}/p_c \tag{2-14a}$$

$$b=0.08664RT_c/p_c \tag{2-14b}$$

RK 方程的计算准确度比 van der Waals 方程有较大的提高，可以比较准确地用于**非极性和弱极性化合物**，但对于许多强极性及含有氢键的化合物仍会产生较大的偏差，不能用于预测蒸气压，表明不能用于纯物质的汽液平衡，总的说，一般不用于液体 p–V–T 的计算。为了进一步提高 RK 方程的精度，扩大其使用范围，便提出了更多的立方型状态方程。

（3）Soave–Redlich–Kwong 方程（1972 年）

为了提高 RK 方程对极性物质及饱和液体 p–V–T 计算的准确度，Soave 对 RK 方程进行了改进，称为 RKS（或 SRK，或 Soave）方程。它将 RK 方程中与温度有关的 $a/T^{0.5}$ 改为 a（T），方程形式为

$$p=\frac{RT}{V-b}-\frac{a(T)}{V(V+b)} \tag{2-15}$$

其中

$$a(T)=a\alpha(T)=(0.42748R^2T_c^2/p_c)\,\alpha(T) \tag{2-16a}$$

$$b=0.08664RT_c/p_c \tag{2-16b}$$

$$\alpha(T)=[1+m(1-T_r^{0.5})]^2 \tag{2-16c}$$

$$T_r=T/T_c \tag{2-16d}$$

$$m=0.480+1.574\omega-0.176\omega^2 \tag{2-16e}$$

式中，ω 为偏心因子。

RKS 方程提高了对**极性物质**及**含有氢键物质**的 p–V–T 计算精度。更主要的是该方程在饱和液体密度的计算中更准确。

RK 或 RKS 方程展开后都是体积的三次方程，可以有通解数值解，也可以用迭代求解的方法计算。RK 方程和 RKS 方程也可以表示成下列迭代形式

$$Z=\frac{1}{1-h}-\frac{A}{B}\left(\frac{h}{1+h}\right) \tag{2-17a}$$

$$h=b/V=B/Z \tag{2-17b}$$

式中

$$B=\frac{bp}{RT} \tag{2-17c}$$

$$A=\frac{ap}{R^2T^{2.5}}\ \text{（RK 方程）},\quad A=\frac{ap}{R^2T^2}\ \text{（RKS 方程）} \tag{2-17d}$$

迭代步骤是：

① 设初值 Z（可取 $Z=1$）；

② 将 Z 值代入式（2–17b），计算 h；

③ 将 h 值代入式（2–17a），计算 Z 值；

④ 比较前后两次计算的 Z 值，若误差已达到允许范围，迭代结束，否则返回步骤②再进行运算。

引入 h 后，使迭代过程简单，便于直接三次方程求解。但需要注意的是，该迭代方法不能用于饱和液相摩尔体积根的计算。

（4）Peng-Robinson 方程（1976 年）

RK 方程和 RKS 方程在计算临界压缩因子 Z_c 和液体密度时仍会出现较大的偏差，为了弥补这一明显的不足，Peng-Robinson 于 1976 年提出了他们的方程，简称 PR 方程。

$$p=\frac{RT}{V-b}-\frac{a(T)}{V(V+b)+b(V-b)} \tag{2-18}$$

其中

$$a(T)=a\alpha(T)=(0.45724R^2T_c^2/p_c)\alpha(T) \tag{2-19a}$$

$$b=0.07780RT_c/p_c \tag{2-19b}$$

$$\alpha(T)=[1+k(1-T_r^{0.5})]^2 \tag{2-19c}$$

$$k=0.3746+1.54226\omega-0.26992\omega^2 \tag{2-19d}$$

PR 方程在计算**饱和蒸气压、饱和液体密度**等方面有更好的准确度。它也是工程相平衡计算中最常用的方程之一。

PR 方程也可以写为压缩因子 Z 的形式

$$Z^3-(1-B)Z^2+(A-2B-3B^2)Z-(AB-B^2-B^3)=0 \tag{2-20a}$$

式中

$$A=\frac{ap}{R^2T^2} \tag{2-20b}$$

$$B=\frac{bp}{RT} \tag{2-20c}$$

（5）立方型状态方程的通用形式

除了以上介绍的几个方程外，常用的立方型状态方程还有 PT 方程（Patel-Teja 方程）等。

归纳立方型状态方程，可以将其表示为如下**通用**形式

$$p=\frac{RT}{V-b}-\frac{a(T)}{(V+\varepsilon b)(V+\sigma b)} \tag{2-21}$$

式中，参数 ε 和 σ 为纯数据，对不同的方程取不同值，而同一方程对所有的物质均相同；参数 b 是物质的参数；对于不同的状态方程会有不同的温度函数 $a(T)$。

立方型方程中一般只有两个参数，且参数可用纯物质临界性质和偏心因子计算。由于方程是体积的三次方形式，故**解立方型方程可以得到三个体积根**。在临界点，方程有三个相等的实根，所求实根即为 V_c。当 $T<T_c$，方程有三个实根，压力为相应温度下的饱和蒸气压时，最大根是气相摩尔体积 V^v，最小根是液相摩尔体积 V^l，中间的根无物理意义；压力大于或小于饱和蒸气压时，只有一个根有意义，其他两个根无意义。其他情况，方程有一个实根和两个虚根。在方程的使用中，准确地求取方程的体积根是一个重要环节。

此外，值得注意的是，立方型状态方程都可以依据式（2-1）和式（2-2）写出对应的两个方程，并结合临界点处的方程式，解得不同的参数表达式，依据相互转换关系可得到固定的临界压缩因子值，对于 van de Waals 方程，Z_c=0.375；而对于 RK 方程和 RKS 方

程，Z_c=0.333；对于PR方程，Z_c=0.307。然而，从电子版附录3中可以看出，各种物质的Z_c不同，一般均小于0.30，大部分在0.25～0.27之间，由此可知立方型状态方程有一定的“先天”不足，不但对应Z_c值固定（对所有物质相同），而且太大。另外，从Z_c值也可见：从van de Waals方程至RK式及RKS式，方程有改进，而PR方程的Z_c值虽然仍偏大，但结果更接近真实情况。

【例2-2】试应用RK方程，计算异丙醇蒸气在473K、10×10^5Pa压力下的摩尔体积。已知异丙醇的临界常数为：T_c=508.3K，p_c=47.64×10^5Pa。

解：首先计算RK参数

$$a=\frac{0.42748R^2T_c^{2.5}}{p_c}=\frac{0.42748\times8.314^2\times508.3^{2.5}}{47.64\times10^5}=36.130(\mathrm{Pa\cdot m^6\cdot K^{0.5}\cdot mol^{-2}})$$

$$b=\frac{0.08664RT_c}{p_c}=\frac{0.08664\times8.314\times508.3}{47.64\times10^5}=7.686\times10^{-5}(\mathrm{m^3\cdot mol^{-1}})$$

方法一 将参数代入式（2-13）得

$$10\times10^5=\frac{8.314\times473}{V-7.686\times10^{-5}}-\frac{36.130}{473^{0.5}V(V+7.686\times10^{-5})}$$

整理得
$$V^3=3.932\times10^{-3}V^2-1.353\times10^{-6}V+1.277\times10^{-10} \tag{A}$$

假设
$$V_0=\frac{RT}{p}=\frac{8.314\times473}{10\times10^5}=3.933\times10^{-3}(\mathrm{m^3\cdot mol^{-1}})$$

将$V_0=3.933\times10^{-3}\mathrm{m^3\cdot mol^{-1}}$代入式（A），采用直接迭代法计算，结果为$V=3.563\times10^{-3}\mathrm{m^3\cdot mol^{-1}}$。

方法二 将a、b值代入式（2-17c）和式（2-17d）得

$$B=\frac{bp}{RT}=\frac{7.686\times10^{-5}\times10^6}{8.314\times473}=1.954\times10^{-2}$$

$$\frac{A}{B}=\frac{a}{bRT^{1.5}}=\frac{36.130}{7.686\times10^{-5}\times8.314\times473^{1.5}}=5.496$$

将B、$\frac{A}{B}$的计算结果代入式（2-17a）和式（2-17b）中得

$$Z=\frac{1}{1-h}-5.496\left(\frac{h}{1+h}\right) \tag{B}$$

$$h=\frac{1.954\times10^{-2}}{Z} \tag{C}$$

利用上两式迭代求解，迭代步骤如下：

（1）设$Z=Z_1=1$代入式（C）求$h=h_1$；

（2）将$h=h_1$代入式（B）求出$Z=Z_2$；

（3）将$Z=Z_2$代入式（C）求出$h=h_3$；

（4）将$h=h_3$代入式（B）求出$Z=Z_3$；

（5）比较Z_2与Z_3，若在允许误差范围之内，迭代结束，否则再次重复步骤（3）～（5）。

本题迭代结果Z=0.9060。由$pV=ZRT$求出

$$V=\frac{0.9060\times 8.314\times 473}{10\times 10^5}=3.563\times 10^{-3}(\mathrm{m^3\cdot mol^{-1}})$$

从以上结果可见，无论采用原始的 RK 方程形式还是 RK 方程的迭代式，都可以计算流体的体积，并且两种迭代方法计算出的结果也是一致的。

除此以外，还可以采用其他的迭代方法如牛顿迭代法等进行计算，也可以用相关的计算软件进行计算。

【例2-3】将 1kmol 氮气压缩贮于容积为 $0.04636\mathrm{m^3}$、温度为 273.15K 的钢瓶内。此时氮气的压力多大？分别用理想气体方程、RK 方程和 RKS 方程计算。其实验值为 101.33MPa。

解： 从电子版附录 3 中查得氮的临界参数为：T_c=126.1K，p_c=3.394MPa，ω=0.040。氮气的摩尔体积为 $V=0.04636/1000=4.636\times 10^{-5}\mathrm{m^3\cdot mol^{-1}}$。

（1）理想气体方程

$$p=RT/V=8.314\times 273.15/(4.636\times 10^{-5})=4.8986\times 10^{7}\ (\mathrm{Pa})$$

误差为 $(1.0133\times 10^{8}-4.8986\times 10^{7})/(1.0133\times 10^{8})=51.7\%$

（2）RK 方程

将 T_c、p_c 值代入式（2-14a）和式（2-14b）得

$$a=\frac{0.42748\times 8.314^2\times 126.1^{2.5}}{3.394\times 10^6}=1.5546(\mathrm{Pa\cdot m^6\cdot K^{0.5}\cdot mol^{-2}})$$

$$b=\frac{0.08664\times 8.314\times 126.1}{3.394\times 10^6}=2.6763\times 10^{-5}(\mathrm{m^3\cdot mol^{-1}})$$

代入式（2-13）得

$$p=\frac{8.314\times 273.15}{(4.636-2.6763)\times 10^{-5}}-\frac{1.5546}{273.15^{0.5}\times 4.636\times(4.636+2.6763)\times 10^{-10}}=8.8307\times 10^7(\mathrm{Pa})$$

误差为 $(1.0133\times 10^{8}-8.8307\times 10^{7})/(1.0133\times 10^{8})=12.9\%$

（3）RKS 方程

将 ω 代入式（2-16e）得

$$m=0.480+1.574\times 0.040-0.176\times 0.040^2=0.5426$$

$$T_r=273.15/126.1=2.1661$$

代入式（2-16c）得

$$\alpha(T)=[1+0.5426\times(1-2.1661^{0.5})]^2=0.5536$$

从式（2-16a）、式（2-16b）得

$$a(T)=a\alpha(T)=0.42748\times\frac{8.314^2\times 126.1^2}{3.394\times 10^6}\times 0.5536=7.6639\times 10^{-2}(\mathrm{Pa\cdot m^6\cdot mol^{-2}})$$

$$b=\frac{0.08664\times 8.314\times 126.1}{3.394\times 10^6}=2.6763\times 10^{-5}(\mathrm{m^3\cdot mol^{-1}})$$

将上述值代入式（2-15）得

$$p=\frac{8.314\times 273.15}{(4.636-2.6763)\times 10^{-5}}-\frac{7.6639\times 10^{-2}}{4.636\times(4.636+2.6763)\times 10^{-10}}=9.3276\times 10^7(\mathrm{Pa})$$

误差为 $(1.0133\times10^8-9.3276\times10^7)/(1.0133\times10^8)=7.9\%$

上述计算表明：在**高压下理想气体状态方程完全不能适用**，RK 方程计算也会带来较大的误差，相对来说，RKS 方程精度较好。

2.2.4 多参数状态方程

与简单的状态方程相比，多参数状态方程可以在更宽的 T、p 范围内准确地描述不同物系的 p–V–T 关系；但其缺点是方程形式复杂，参数多，计算难度和工作量都较大。

（1）Benedict–Webb–Rubin 方程（1940 年）

该方程属于维里型方程，简称 BWR 方程，在计算和关联轻烃及其混合物的液体和气体热力学性质时极有价值。其表达式为：

$$p = RT\rho + \left(B_0RT - A_0 - \frac{C_0}{T^2}\right)\rho^2 + (bRT-\alpha)\rho^3 + a\alpha\rho^6 + \frac{c}{T^2}\rho^3(1+\gamma\rho^2)\exp(-\gamma\rho^2) \quad (2\text{–}22)$$

式中，ρ 为密度；A_0、B_0、C_0、a、b、c、α 和 γ 等 8 个常数由纯物质的 p–V–T 数据和蒸气压数据确定。目前已具有参数的物质有三四十个，其中绝大多数是烃类。

在烃类热力学性质计算中，BWR 方程计算的平均误差为 0.3% 左右，但该方程不能用于含水体系。

以提高 BWR 方程在低温区域的计算精度为目的，Starling 等人提出了 11 个常数的 Starling 式（或称 BWRS 式）。该方程的应用范围更广，对比温度可以低到 0.3，对轻烃气体、CO_2、H_2S 和 N_2 的广度性质计算，精度较高。总的说，BWRS 式更准确些，也更复杂些。

（2）Martin–Hou 方程（1955 年）

该方程是 1955 年 Martin 教授和**我国学者侯虞钧**提出的，简称 MH 方程（后又称为 MH–55 型方程）。为了提高该方程在高密度区的精确度，Martin 于 1959 年对该方程进一步改进，1981 年侯虞钧教授等又将该方程的适用范围扩展到液相区，改进后的方程称为 MH–81 型方程。

MH 方程的通式为

$$p = \sum_{i=1}^{5}\frac{f_i(T)}{(V-b)^i} \quad (2\text{–}23)$$

式中 $f_i(T)=A_i+B_iT+C_i\exp(-5.475T/T_c) \quad (2\leqslant i\leqslant 5)$

$$f_i(T)=RT \quad (i=1)$$

其中，A_i、B_i、C_i、b 皆为方程的常数，可从纯物质临界参数及饱和蒸气压曲线上的一点数据求得。其中，MH–55 方程中，常数 $B_4=C_4=A_5=C_5=0$，MH–81 型方程中，常数 $C_4=A_5=C_5=0$。

MH–81 型状态方程能同时用于汽、液两相，方程准确度高，适用范围广，能用于包括非极性至**强极性的物质**（如 NH_3、H_2O），对**量子气体** H_2、He 等也可应用，在**合成氨**等工程设计中得到广泛使用。

2.2.5 硬球扰动状态方程

立方型状态方程主要是集中在对 van der Waals 方程引力项的改进，这种改进对于在低温、低压下的相平衡获得了良好的精度，但是在高温、高压下斥力项可能是影响流体性质的主要因素。考虑到 van der Waals 状态方程的斥力项过分简化，因此，提出较好的斥力项表达式来模拟硬球的行为（将流体的分子假设为完全不可压缩或变形的刚性球体）。**硬球扰动**（**偏离硬球的行为**加入**扰动项**表示）状态方程一般来说有两种类型：一类是通过修改 van der Waals 方程的斥力项，另一类是通过修改斥力项与引力项或结合其他方程的引力项。

（1）Carnahan-Starling 方程（1969 年）

$$p=\frac{RT(1+y+y^2-y^3)}{V(1-y)^3}-\frac{a}{V^2} \tag{2-24}$$

其中

$$y=\frac{4V}{b} \tag{2-25}$$

该方程是由 Carnahan-Starling 提出的，是通过修改 van der Waals 方程的斥力项实现的。它可以更好地表达中密度下斥力对流体性质的影响，是应用非常广泛的一种硬球型方程。很明显，该方程的斥力项不是立方型的，计算更加复杂。

（2）Ishikawa 等方程（1980 年）

$$p=\frac{RT(2V+b)}{V(2V-b)}-\frac{a}{T^{0.5}V(V+b)} \tag{2-26}$$

该方程修正了立方型状态方程的斥力项，并将该斥力项与 RK 方程的引力项相结合。

由于硬球型状态方程能处理在石油炼制和天然气工业中所遇到的大部分混合物的大小、形状和势能分布不同的混合物，因此硬球型状态方程是一种新的且很有开发前景的方程。目前这方面工作仍在继续。

2.3 对比态原理及其应用

2.3.1 对比态原理

对比态原理（对应状态原理）认为，在**相同的对比态**下，**所有的物质**表现出**相同的性质**。

定义**对比变量**（对比态参数）为

$$T_r=\frac{T}{T_c},\quad p_r=\frac{p}{p_c},\quad V_r=\frac{V}{V_c}=\frac{1}{\rho_r}$$

式中，T_r、p_r、V_r、ρ_r 分别称为对比温度、对比压力、对比摩尔体积和对比密度。

对比态原理最初提出是经验的，但后来也从理论上进行分析，例如从统计热力学指出它的合理性，也可以从微观的角度进行讨论，用微观参数代替 T_c、p_c、V_c 确定对比态。用微观参数后，对比态法的应用范围可扩大到传递性质，还可以应用于混合物。

将对比变量的定义式代入 van der Waals 方程得到

$$(p_r+3/V_r^2)(3V_r-1)=8T_r \tag{2-27}$$

该方程就是 van der Waals 提出的简单对比态原理。

简单对比态原理就是两参数对比态原理，表述为：**对于不同的流体，当具有相同的对比温度和对比压力时，则具有大致相同的压缩因子**，并且其偏离理想气体的程度相同。

这种简单对比态原理对应简单流体（如氩、氪、氙）是非常准确的。这就是二参数压缩因子图的依据，至今几乎所有的物理化学教材中都附有这张图。

van der Waals 提出的简单对比态原理表明，**对不同的气体，若其 p_r 和 T_r 相同，则 V_r 也必相同。**

又因为

$$Z=\frac{pV}{RT}=\frac{p_cV_c}{RT_c}\times\frac{p_rV_r}{T_r}=Z_c\frac{p_rV_r}{T_r} \tag{2-28}$$

由简单对比态原理知：只有在各种气体的临界压缩因子 Z_c 相等的条件下，才能严格成立。而实际上，大部分物质的临界压缩因子 Z_c 在 0.2 ～ 0.3 范围内变动，并不是一个常数。可见，范德华提出的简单对比态原理只是一个近似的关系，只适用于球形非极性的简单分子。虽然在 20 世纪 60 年代以前，在计算中得到广泛的使用，但精度、准确性、广泛性都有限，拓宽对比态原理的应用范围和提高计算精度的有效方法是在简单对比态原理（二参数对比态原理）的关系式中引入**第三参数**。

2.3.2　三参数对比态原理

（1）以 Z_c 为第三参数的对比态原理

从式（2-28）中可以看出，可以引入物质的临界压缩因子 Z_c 作为第三参数。1955 年 Lydersen 等人以 Z_c 作为第三参数，将压缩因子表示为

$$Z=f(T_r,p_r,Z_c) \tag{2-29}$$

即认为 Z_c 相等的真实气体，如果两个对比变量相等，则第三个对比变量必相等。Lydersen 等人根据包括烃、醇、醚、酯、硫醇、有机卤化物、部分无机物和水在内的 82 种不同液体与气体的 p-V-T 性质和临界性质数据，作出了 Z_c 在 0.23 ～ 0.30 范围内的四张图，不仅可用于气相，还可用于液相。其中 Z_c=0.27 的图应用最广，其相应的计算压缩因子 Z 为

$$Z'=Z+D(Z_c-0.27) \tag{2-30}$$

式中，Z' 为所求流体的压缩因子；Z 为 Z_c=0.27 时流体的压缩因子；D 为 $Z_c\neq 0.27$ 时的校正系数。

Z 和 D 的图分别为图 2-4 和图 2-5。

该原理和方法不仅用于流体压缩因子的计算，还可用于液体对比密度的计算，类似地，采用公式：

$$\rho'=\rho+D(Z_c-0.27) \tag{2-31}$$

（2）以偏心因子 ω 作为第三参数的对比态原理

除了以 Z_c 作为第三参数外，还可以采用其他表示分子结构特性的参数作为第三参数，也是在 20 世纪 50 年代，由 Pitzer 等提出的偏心因子 ω 得到了更广泛的使用。

纯物质的偏心因子是根据物质的蒸气压来定义的。实验发现，纯态流体**对比饱和蒸气压的对数与对比温度的倒数呈近似直线关系**，即符合

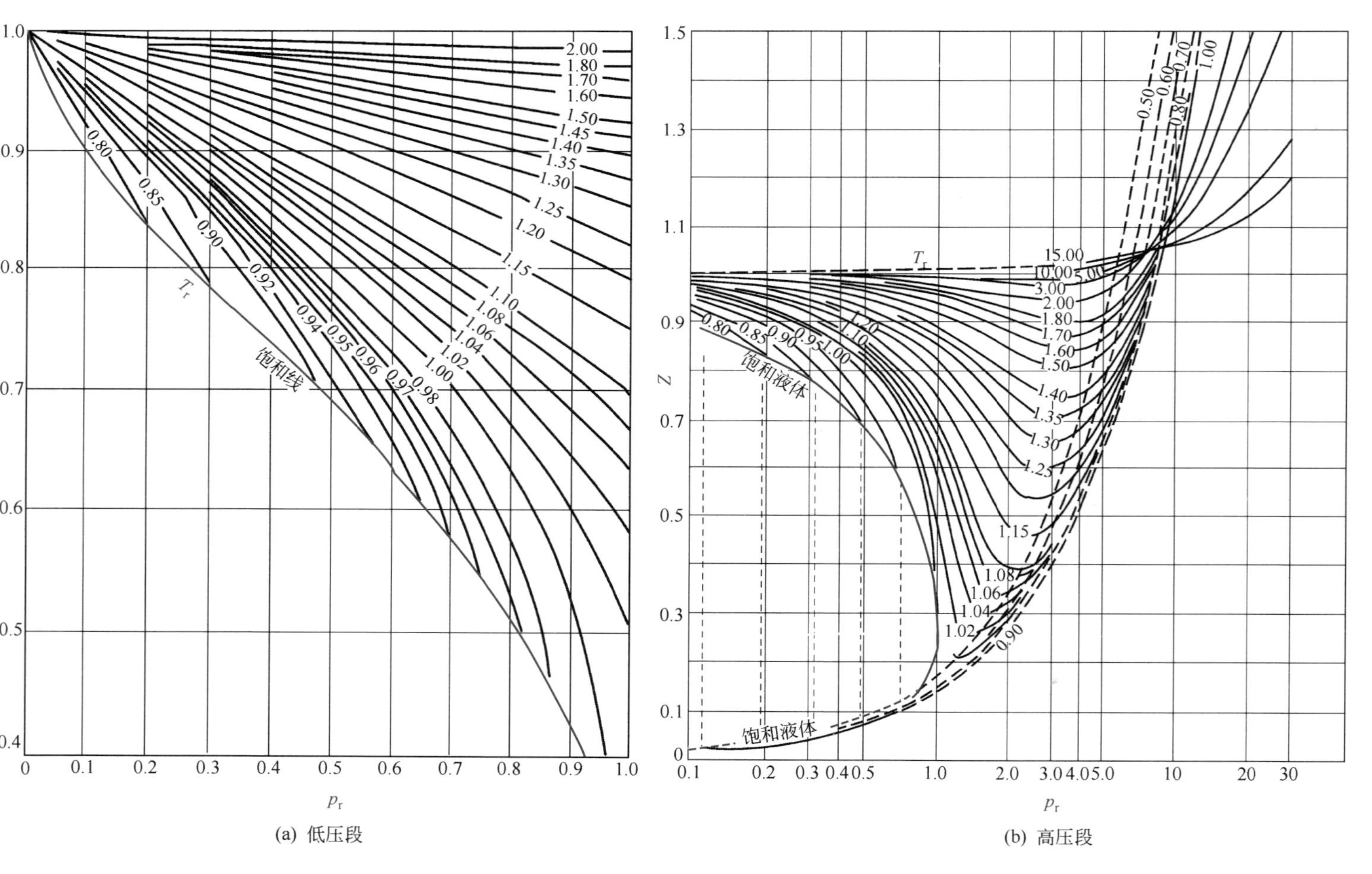

图 2-4 普遍化压缩因子图

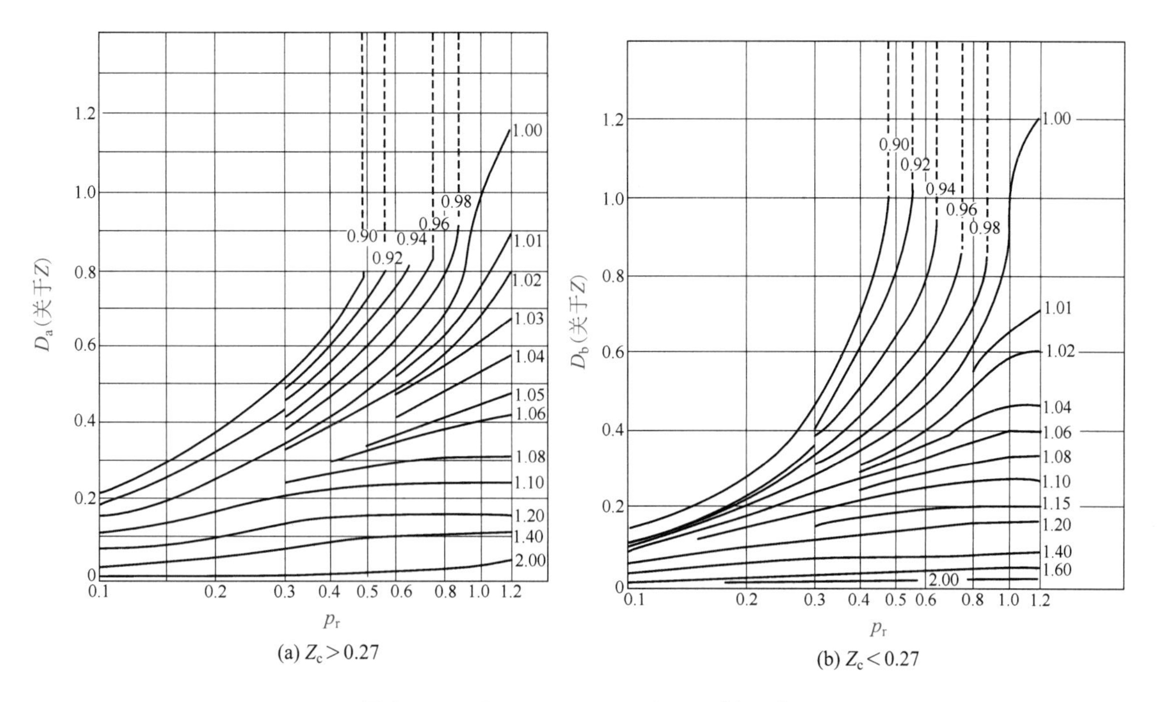

图 2-5　压缩因子 $Z_c \neq 0.27$ 时校正图（气相）

$$\lg p_r^s = \alpha\left(1 - \frac{1}{T_r}\right) \tag{2-32}$$

式中　$$p_r^s = \frac{p^s}{p_c}$$

对于不同的流体，α 具有不同的值。但 Pitzer 发现，**简单流体**（氩、氪、氙）的所有蒸气压数据落在了同一条直线上，而且该直线通过 T_r=0.7，$\lg p_r^s = -1$这一点，见图 2-6。

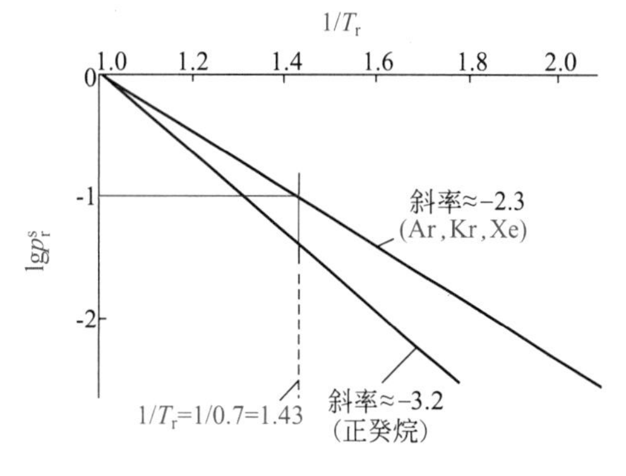

图 2-6　对比蒸气压与对比温度的近似关系

从图 2-6 中可以看出，对于给定流体对比蒸气压曲线的位置，能够用在 T_r=0.7 的流体与氩、氪、氙（简单球形分子）的$\lg p_r^s$值之差来表征。

Pitzer 把这一差值定义为偏心因子 ω，即

$$\omega = -\lg p_r^s - 1.00 \quad (T_r = 0.7) \tag{2-33}$$

因此，任何流体的 ω 值均可由该流体的临界温度 T_c、临界压力 p_c 值及 T_r=0.7 时的饱和蒸气压 p^s 来确定。电子版附录 3 中列出了若干流体 ω 的值。

由 ω 的定义知：氩、氪、氙这类**简单球形流体的** ω=0，而**非球形流体的** ω 表征物质**分子的偏心度**，即**非球形分子偏离球对称的程度**。

Pitzer 提出的三参数对比态原理可以表述为：对于所有 ω 相同的流体，若处在相同的 T_r、p_r 下，其压缩因子 Z 必定相等。压缩因子 Z 的关系式为

$$Z=Z^{(0)}+\omega Z^{(1)} \tag{2-34}$$

式中，$Z^{(0)}$、$Z^{(1)}$ 都是 T_r、p_r 的函数。

图 2-7 是建立在简单流体基础上的表示 $Z^{(0)}=f^{(0)}(T_r, p_r)$ 函数关系的曲线，图 2-8 表征了非简单流体的 $Z^{(1)}=f^{(1)}(T_r, p_r)$ 的函数关系。

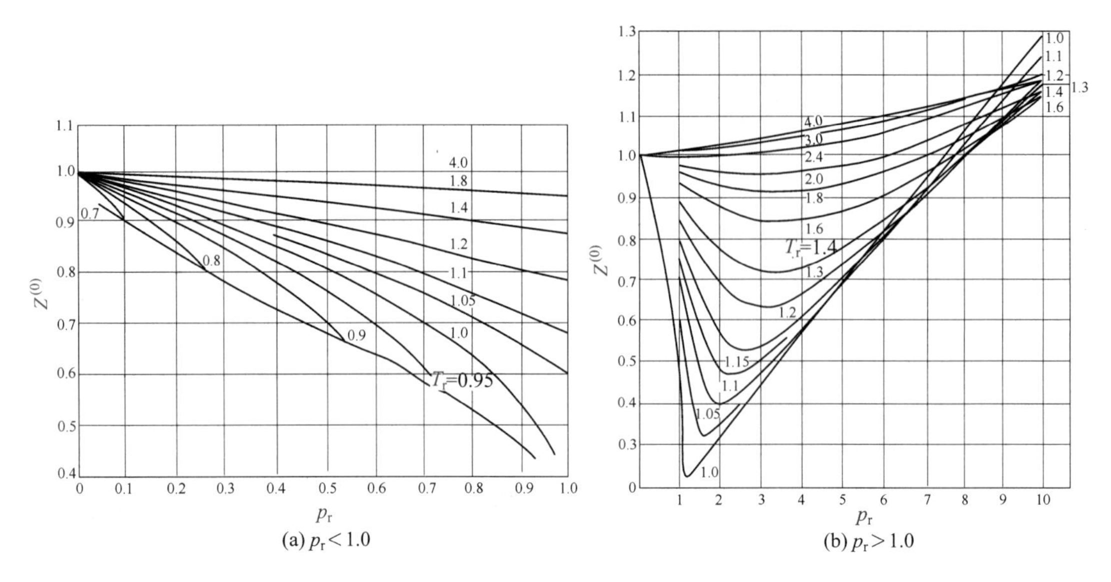

图 2-7 $Z^{(0)}$ 普遍化关系图

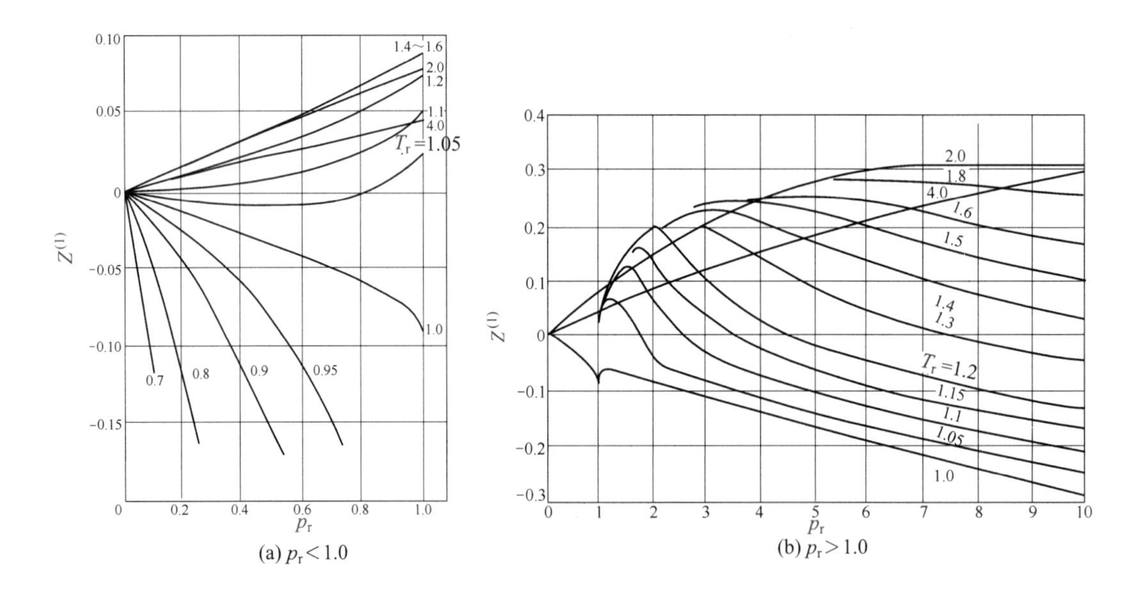

图 2-8 $Z^{(1)}$ 普遍化关系图

Pitzer 关系式对于非极性或弱极性的气体能够提供可靠的结果，误差＜ 3%，应用于极性气体时，误差要增大到 5% ～ 10%，而对于缔合气体和量子气体，使用时应当更加注意。

在 Pitzer 压缩因子图的基础上，Lee 和 Kesler 也给出了类似的关系，其中的参数 $Z^{(0)}$、

$Z^{(1)}$ 也都是 T_r、p_r 的函数，其数值从表格中查出，计算时需要内插，计算精度一般要优于 Pitzer 关系式。但用于极性气体或缔合流体同样会带来较大误差。当处理量子流体时（如氢、氦、氖），其对比性质的计算要特别处理，即使用与温度有关的“有效临界参数”进行计算。

2.4 普遍化状态方程

所谓**普遍化状态方程是指用对比变量** T_r、p_r、V_r **代替变量** T、p、V，消去状态方程中反映气体特性的常数，适用于任何气体的状态方程。

2.4.1 普遍化第二维里系数

将 $T=T_rT_c$、$p=p_rp_c$ 代入舍项维里方程式（2-10b）中得到

$$Z=1+\frac{Bp}{RT}=1+\frac{Bp_c}{RT_c}\left(\frac{p_r}{T_r}\right) \tag{2-35}$$

式中，$\dfrac{Bp_c}{RT_c}$ 是无量纲的，称作普遍化第二维里系数。

由于对于指定的气体，B 仅仅是温度的函数，与压力无关，Pitzer 提出如下关联式

$$\frac{Bp_c}{RT_c}=B^{(0)}+\omega B^{(1)} \tag{2-36}$$

式中，$B^{(0)}$ 和 $B^{(1)}$ 都只是对比温度的函数，表示为

$$B^{(0)}=0.083-0.422/T_r^{1.6}\,,\quad B^{(1)}=0.139-0.172/T_r^{4.2} \tag{2-37a,b}$$

由于二阶舍项维里方程只适用于中、低压力下，普遍化第二维里系数的使用必然也是有限制的。并且可以发现：式（2-34）和式（2-35）均将压缩因子 Z 表示为（T_r，p_r，ω）的函数。有人建议，两种方法的选择可以根据其对比温度和对比压力参照图 2-9。但这种选择依据没有经过严格的考核和证明。也有人研究指出：当对比温度大于 3 以后，两种方法的计算结果差异不大。随着对比温度降低，适用普遍化第二维里系数的压力范围也将缩小。当对比温度到达 0.7 时，适用压力应小于饱和蒸气压。

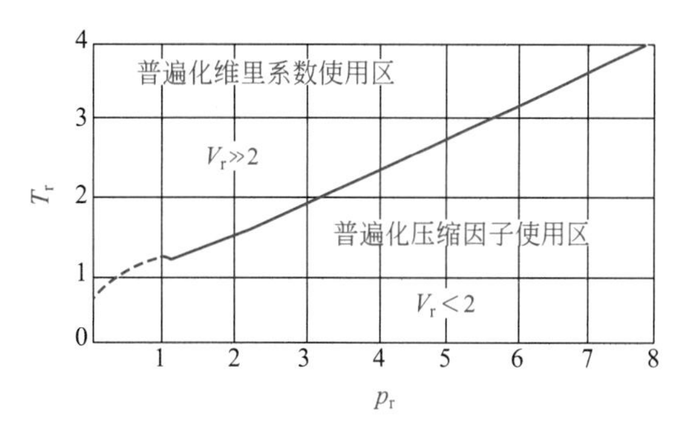

图 2-9 普遍化关系式适用区域

【例2-4】使用 Lydersen 三参数压缩因子图、Pitzer 三参数压缩因子图及普遍化第二维里系数三种方法，计算水在 873.1K 及 25MPa 下的压缩因子，并与实验值 $Z=0.876$ 进行比较。

解：查电子版附录 3 得到水的临界参数为：T_c=647.13K、p_c=22.055MPa、Z_c=0.229，

ω=0.345。所以在题给条件下，水的对比温度、对比压力分别为

$$T_r=\frac{T}{T_c}=\frac{873.1}{647.13}=1.349,\quad p_r=\frac{p}{p_c}=\frac{25}{22.055}=1.134$$

（1）Lydersen 三参数压缩因子图

查图 2-4（b）和图 2-5（b）分别得：Z=0.86，D_b=0.08，则

$$Z'=Z+D(Z_c-0.27)=0.86+0.08\times(0.229-0.27)=0.857$$

（2）Pitzer 三参数压缩因子图

查图 2-7（b）及图 2-8（b）分别得：$Z^{(0)}$=0.85，$Z^{(1)}$=0.06，则

$$Z=Z^{(0)}+\omega Z^{(1)}=0.85+0.345\times 0.06=0.8707$$

（3）普遍化维里方程

由式（2-37a）、式（2-37b）得

$$B^{(0)}=0.083-0.422/T_r^{1.6}=-0.178$$

$$B^{(1)}=0.139-0.172/T_r^{4.2}=0.0901$$

所以 $$Z=1+\left[B^{(0)}+\omega B^{(1)}\right]\frac{p_r}{T_r}=0.876$$

由结果可知，三种方法相比，普通化第二维里系数计算结果与实验值吻合很好。由图 2-9 也可以看出：在题给条件下，也应该将普遍化第二维里系数作为首选，另外两种方法均需要查图，精度无法保证。

【例2-5】 试计算正丁烷在 510K 和 2.5MPa 时的摩尔体积。已知实验值为 1480.7cm^3·mol^{-1}。（1）使用理想气体状态方程计算；（2）使用 Pitzer 三参数压缩因子图计算；（3）使用普遍化第二维里系数计算。

解：（1）使用理想气体状态方程

$$V=\frac{RT}{p}=\frac{8.314\times510}{2.5}=1696.1(\mathrm{cm^3\cdot mol^{-1}})$$

（2）首先从电子版附录 3 中查出其临界参数：T_c=425.12K，p_c=3.796MPa，ω=0.199，$T_r=\frac{510}{425.12}=1.200$，$p_r=\frac{2.5}{3.796}=0.659$。由图 2-7 和图 2-8 查得 $Z^{(0)}$=0.865，$Z^{(1)}$=0.038，则

$$Z=Z^{(0)}+\omega Z^{(1)}=0.865+0.199\times0.038=0.873$$

$$V=\frac{ZRT}{p}=\frac{0.873\times8.314\times510}{2.5}=1480.7(\mathrm{cm^3\cdot mol^{-1}})$$

（3）由式（2-37a）和式（2-37b）计算得

$$B^{(0)}=0.083-0.422/1.200^{1.6}=-0.232$$

$$B^{(1)}=0.139-0.172/1.200^{4.2}=0.059$$

由式（2-36）得 $$\frac{Bp_c}{RT_c}=B^{(0)}+\omega B^{(1)}=-0.232+0.199\times0.059=-0.220$$

由式（2–35）得
$$Z=1+(-0.220)\times\frac{0.659}{1.200}=0.879$$

$$V=\frac{ZRT}{p}=\frac{0.879\times8.314\times510}{2.5}=1489.1(\mathrm{cm^3\cdot mol^{-1}})$$

结果表明，对于本题使用两种对比态法的计算偏差在 1% 以内。

【例2–6】 试计算 0.4536kmol 甲烷贮存于 $2\mathrm{ft}^3$（$0.0566\mathrm{m}^3$）的钢瓶内，当温度为 122 ℉（323.15K）时钢瓶承受的压力。已知实验值为 18.75×10^6Pa。

（1）使用理想气体状态方程计算；（2）使用 Redlich–Kwong 方程计算；（3）使用对比态原理进行计算。

解：（1）根据理想气体状态方程
$$p=\frac{RT}{V}=\frac{8.314\times323.15}{0.0566/453.6}=21.53\times10^6(\mathrm{Pa})$$

（2）首先从电子版附录 3 中查出甲烷的临界参数为：T_c=190.56K，p_c=4.599MPa，ω=0.011。将 T_c、p_c 值代入式（2–14a）和式（2–14b）得
$$a=\frac{0.42748\times8.314^2\times190.56^{2.5}}{4.599\times10^6}=3.2207(\mathrm{Pa\cdot m^6\cdot K^{0.5}\cdot mol^{-2}})$$
$$b=\frac{0.08664\times8.314\times190.56}{4.599\times10^6}=2.9847\times10^{-5}(\mathrm{m^3\cdot mol^{-1}})$$

代入式（2–13）得
$$p=\frac{8.314\times323.15}{0.0566/453.6-2.9847\times10^{-5}}-\frac{3.2207}{323.15^{0.5}\times(0.0566/453.6)\times(0.0566/453.6+2.9847\times10^{-5})}$$
$$=19.01\times10^6(\mathrm{Pa})$$

（3）由于此题压力比较高，宜选用压缩因子图进行计算；但此时缺少压力 p，无法计算对比压力 p_r，必须进行试差计算。
$$p=\frac{ZRT}{V}=\frac{8.314\times323.15Z}{(0.0566/453.6)}=21.53\times10^6Z$$

又 $p=p_cp_r=4.599\times10^6p_r$，故
$$p_r=4.68Z\ \text{或}\ Z=0.2137p_r$$

可以首先假设 Z=1，则根据 $T_r=\dfrac{323.15}{190.56}=1.695$ 和 p_r=4.68，查图 2–7 和图 2–8 得到 $Z^{(0)}$、$Z^{(1)}$。使用式（2–34）进行计算，得到一个新的 Z，由这个新 Z 值得到一个新 p_r 值。这样反复计算，直到两步的 Z 值没有明显变化为止。最后可以得到 Z=0.890，p_r=4.14，则
$$p=\frac{ZRT}{V}=\frac{8.314\times323.15\times0.890}{0.0566/453.6}=19.16\times10^6(\mathrm{Pa})$$

结果表明：三参数压缩因子图及 RK 方程均能给出比较好的结果，而理想气体状态方程的计算误差则高达 14.6%。

【例2-7】将 20×10^5Pa、478.6K 的 NH_3，由 $3m^3$ 压缩至 $0.15m^3$。若终温为 450.2K，压力是多少？已知 NH_3 的临界参数及偏心因子分别为：T_c=405.65K，p_c=112.78×10^5Pa，V_c=$72.6\times10^{-5}m^3\cdot mol^{-1}$，$\omega$=0.252。

解：始态时

$$T_r=\frac{T}{T_c}=\frac{478.6}{405.65}=1.18$$

$$p_r=\frac{p}{p_c}=\frac{20\times10^5}{112.78\times10^5}=0.177$$

由于压力较低，可以使用普遍化第二维里系数计算。由式（2-37a）和式（2-37b）得

$$B^{(0)}=0.083-0.422/T_r^{1.6}=0.083-0.422/1.18^{1.6}=-0.241$$

$$B^{(1)}=0.139-0.172/T_r^{4.2}=0.139-0.172/1.18^{4.2}=0.053$$

由式（2-35）和式（2-36）得

$$Z=1+\frac{Bp}{RT}=1+[B^{(0)}+\omega B^{(1)}]\left(\frac{p_r}{T_r}\right)=1+(-0.241+0.252\times0.053)\times\frac{0.177}{1.18}=0.966$$

$$n=\frac{pV}{ZRT}=\frac{20\times10^5\times3}{0.966\times8.314\times478.6}=1561(\text{mol})$$

终态时可以采用 RK 方程进行计算。将 T_c、p_c 值代入式（2-14a）和式（2-14b）得

$$a=\frac{0.42748\times8.314^2\times405.65^{2.5}}{11.278\times10^6}=8.683(\text{Pa}\cdot\text{m}^6\cdot\text{K}^{0.5}\cdot\text{mol}^{-2})$$

$$b=\frac{0.08664\times8.314\times405.65}{11.278\times10^6}=2.5909\times10^{-5}(\text{m}^3\cdot\text{mol}^{-1})$$

代入式（2-13）得

$$p=\frac{8.314\times450.2}{0.15/1561-2.5909\times10^{-5}}-\frac{8.683}{450.2^{0.5}\times(0.15/1561)\times(0.15/1561+2.5909\times10^{-5})}=18.42\times10^6(\text{Pa})$$

2.4.2 普遍化立方型状态方程

将 2.2.3 节中讨论的立方型状态方程中的 p、V、T 参数，在对比态原理的基础上，改换成对比态参数 T_r、p_r、V_r 的形式，并消去方程中的特定常数项，则可得到相应的普遍化立方型状态方程。

如 van der Waals 方程为

$$p=\frac{RT}{V-b}-\frac{a}{V^2} \tag{2-11}$$

利用等温线在临界点上的斜率、曲率均为零的特征，即

$$\left(\frac{\partial p}{\partial V}\right)_{T_c}=\frac{RT_c}{(V_c-b)^2}+\frac{2a}{V_c^3}=0 \tag{2-38a}$$

$$\left(\frac{\partial^2 p}{\partial V^2}\right)_{T_c}=\frac{2RT_c}{(V_c-b)^3}-\frac{6a}{V_c^4}=0 \tag{2-38b}$$

联立式（2-38a）和式（2-38b）得

$$V_c=3b \tag{2-39a}$$

$$T_c=\frac{8}{27}\times\frac{a}{bR} \tag{2-39b}$$

将式（2-39a）和式（2-39b）代入式（2-11）中得

$$p_c=\frac{a}{27b^2} \tag{2-39c}$$

$$Z_c=\frac{p_cV_c}{RT_c}=\frac{\dfrac{a}{27b^2}\times 3b}{R\times\dfrac{8}{27}\times\dfrac{a}{bR}}=\frac{3}{8} \tag{2-39d}$$

$$V_c=\frac{3RT_c}{8p_c} \tag{2-39e}$$

代入式（2-39a）得

$$b=\frac{RT_c}{8p_c} \tag{2-40a}$$

将式（2-40a）代入式（2-39b）中整理得

$$a=\frac{27R^2T_c^2}{64p_c} \tag{2-40b}$$

将 $T=T_rT_c$、$p=p_rp_c$、$V=V_rV_c$ 及式（2-40a）、式（2-40b）代入式（2-11）并整理可得

$$\left(p_r+\frac{3}{V_r^2}\right)(3V_r-1)=8T_r \tag{2-41}$$

即为普遍化 van der Waals 方程。

利用同样的方法可得到普遍化 RK 方程。

$$p_r=\frac{3T_r}{V_r-3\Omega_b}-\frac{9\Omega_a}{T_r^{0.5}V_r(V_r+3\Omega_b)} \tag{2-42}$$

式中，Ω_a=0.427480，Ω_b=0.086640。

【例2-8】 将以下形式表示的 RK 方程改成普遍化的形式。

$$Z=\frac{1}{1-h}-\frac{A}{B}\left(\frac{h}{1+h}\right)$$

$$h=\frac{Bp}{Z}$$

式中，$B=\dfrac{b}{RT}$，$\dfrac{A}{B}=\dfrac{a}{bRT^{1.5}}$；$a$ 和 b 为 RK 参数。

解： 将式（2-14a）及式（2-14b）代入题给的 B 及 A/B 的表达式中，并令 $T=T_rT_c$，化

简后得到

$$B=\frac{\Omega_b}{p_c T_r},\quad \frac{A}{B}=\frac{\Omega_a}{\Omega_b T_r^{1.5}}$$

分别将 B、A/B 值代入式（2-17a）和式（2-17b）中，并令式 $p=p_r p_c$，得到 RK 方程另一个普遍化的形式为

$$Z=\frac{1}{1-h}-\frac{\Omega_a}{\Omega_b T_r^{1.5}}\left(\frac{h}{1+h}\right) \tag{2-43a}$$

$$h=\frac{\Omega_b p_r}{Z T_r} \tag{2-43b}$$

【例2-9】将某刚性容器抽空，充以正常沸点下的液氮至容器的一半体积，然后将该容器关闭，并加热至 294.4K，计算加热后的压力。已知液氮的正常沸点为 T_b=77.36K，正常沸点下液氮的摩尔体积为 $V=34.7\times10^{-6}\text{m}^3\cdot\text{mol}^{-1}$。氮的临界参数及偏心因子分别为：$T_c$=126.1K，$p_c=33.94\times10^5$Pa，$V_c=90.1\times10^{-6}\text{m}^3\cdot\text{mol}^{-1}$，$\omega$=0.04。

解：容器的体积可以任意假设。设总体积为 $V=2\times34.7\times10^{-6}=69.4\times10^{-6}\text{m}^3$，则容器内含有饱和液氮 1mol，此外，尚有 $34.7\times10^{-6}\text{m}^3$ 的饱和蒸气，其压力为 1.013×10^5Pa，温度为 77.36K。

常压下蒸气可以按照理想气体状态方程计算为

$$n=\frac{pV}{RT}=\frac{1.013\times10^5\times34.7\times10^{-6}}{8.314\times77.36}=0.0055(\text{mol})$$

故容器内共有 N_2 的量为

$$n_{总}=1+0.0055=1.0055(\text{mol})$$

由于考虑到压力可能会比较高，因此采用 RK 方程计算。

$$T_r=\frac{T}{T_c}=\frac{294.4}{126.1}=2.335$$

由例 2-8 所得的普遍化 RK 方程式（2-43a）和式（2-43b）得

$$Z=\frac{1}{1-h}-\frac{\Omega_a}{\Omega_b T_r^{1.5}}\left(\frac{h}{1+h}\right)=\frac{1}{1-h}-\frac{4.934}{T_r^{1.5}}\left(\frac{h}{1+h}\right) \tag{A}$$

$$h=\frac{\Omega_b p_r}{Z T_r}=\frac{0.08664RT_c}{Vp_c}=\frac{0.08664\times8.314\times126.1}{(69.4\times10^{-6}/1.0055)\times33.94\times10^5}=0.3878 \tag{B}$$

将 h=0.3878 代入式（A）中，得

$$Z=\frac{1}{1-0.3878}-\frac{4.934}{2.335^{1.5}}\times\left(\frac{0.3878}{1+0.3878}\right)=1.247$$

$$p=\frac{ZnRT}{V}=\frac{1.247\times1.0055\times8.314\times294.4}{69.4\times10^{-6}}=44.2\times10^6(\text{Pa})$$

当然，也可以直接使用 RK 方程的一般形式进行计算。将 T_c、p_c 值代入式（2-14a）和式（2-14b）得

$$a=\frac{0.42748\times8.314^2\times126.1^{2.5}}{3.394\times10^6}=1.5546(\mathrm{Pa}\cdot\mathrm{m}^6\cdot\mathrm{K}^{0.5}\cdot\mathrm{mol}^{-2})$$

$$b=\frac{0.08664\times8.314\times126.1}{3.394\times10^6}=2.6763\times10^{-5}(\mathrm{m}^3\cdot\mathrm{mol}^{-1})$$

代入式（2-13）得

$$p=\frac{8.314\times294.4}{(6.94/1.0055-2.6763)\times10^{-5}}-\frac{1.5546}{294.4^{0.5}\times(6.94/1.0055)\times(6.94/1.0055+2.6763)\times10^{-10}}$$

$$=44.2\times10^6(\mathrm{Pa})$$

2.5 流体p-V-T关系式的比较

定量地描述真实流体及混合物的p-V-T关系一直以来是备受关注的问题，尽管该工作已经持续了130多年，也已开发出数百个状态方程，但是企图用一个完美的状态方程来同时适应各种不同物质——不同的分子形状、大小、极性，满足不同温度、压力范围，同时形式简单，计算方便，可以用于计算多种热力学性质，还是很困难的。作为化工工程师和设计人员的主要任务就是根据研究体系、设计任务、对精度的要求等来选择p-V-T关系，因此，在选择时一定要**注意每一个p-V-T关系的特点和使用情况**，详细情况见表2-1。

表2-1 各类p-V-T关系式的使用范围和优缺点

p-V-T关系	使用范围	优点	缺点
理想气体状态方程	仅适用于压力很低的气体	非常简单，用于精度要求不高、半定量的近似估算	不适合带压的真实气体
二阶舍项的维里方程	适用于压力不高于1.5MPa的气体	计算简单；在理论上有重要价值	不能同时用于汽液两相；对强极性物质误差较大；压力高于5.0MPa时会有较大误差
三阶舍项的维里方程	与二阶舍项维里方程相比，适用压力至少可提高至5MPa	计算不太复杂；在理论上有重要价值	不能同时用于液相；用于混合物时太复杂，具有第三维里系数（C）的物质也很少
van der Waals方程	一般用于压力不高的非极性和弱极性气体，实用意义已不高	形式比较简单，是立方型状态方程的起源，已开始能用于计算汽、液两相	精度低，特别是对液相计算误差可能很大
RK方程	一般用于非极性和弱极性气体	计算气相体积准确性高，很实用；对非极性、弱极性物质误差小	计算强极性物质及含有氢键的物质偏差较大，液相误差在10%～20%
RKS方程	可同时计算气体和液体	精度高于RK，工程上广泛应用。能计算饱和液相体积	计算蒸气压误差还比较大，整体来说计算液相p、V、T精度还不够

续表

p-V-T 关系	使用范围	优点	缺点
PR 方程	可同时计算气体和液体	工程上广泛应用，大多数情况精度高于 RKS。能计算液相体积；能同时用于汽液两相平衡	
多参数状态方程	可用于液体和气体	T、p 适用范围广，能同时用于汽、液两相；有的能用于强极性物质甚至量子气体；精度高	形式复杂，计算难度和工作量大；某些状态方程由于参数过多，导致无法用于不同物系的混合物，适合使用物系有限
普遍化第二维里系数法	适用于压力不高于 1.5MPa 的气体	计算非常简单；对非极性物质比较精确；维里系数可以估算得到	不能同时用于汽液两相；对强极性物质误差较大；压力高于 5.0MPa 时会有较大误差
两参数压缩因子图	适用于简单流体	计算非常简单，需要参数少	仅用于计算简单流体及非极性物质，计算精度不高
三参数压缩因子法	一般用于极性不强的气体	工程计算简便；适用于手算，对非极性、弱极性物质误差不大	对强极性物质及液相误差在 5% ～ 10%；对氢、氦、氖等量子气体计算方法要修改，不便于电算

要对所有状态方程的计算精度作准确的排序是很困难的，这里给出的只是一个比较粗略的、大致的评价，其计算精度和方程的复杂程度是有关系的，方程计算简单，其计算精度和适用范围则会受到限制。对于纯物质而言，精度从高到低的通常排序是：多参数状态方程＞立方型状态方程＞二阶舍项维里方程＞理想气体状态方程。而立方型状态方程的计算精度排序是：PR ＞ RKS ＞ RK ＞ vdW。

从工程角度，可以遵循以下原则：因为实验数据最为可靠，所以如果有实验数据，就用实验数据；若没有，则根据求解精度的要求和方程计算的难易程度选用状态方程，在计算的精度与复杂性上找一个平衡。

2.6 真实流体混合物的 p-V-T 关系

在化工生产和计算中，处理的物系大都是多组分的**真实流体混合物**。目前有一些纯物质的 p-V-T 实验数据，混合物的实验数据则非常少，为了满足混合物系统的工程设计计算需要，必须求助于计算、关联甚至估算的方法，用纯物质的 p-V-T 关系预测或推算混合物的性质。

前已叙述，对于纯流体的 p-V-T 关系可以概括为

$$f(p, V, T)=0 \tag{2-3}$$

的形式，若要将这些方程扩展到混合物，必须增加组成 x 这个变量，即表示为

$$\phi(p, V, T, x)=0 \tag{2-44}$$

的形式，如何反映组成 x 对混合物 p-V-T 性质的影响，成为研究混合物状态方程 p-V-T 关系的关键之处。

2.6.1　混合规则

对于理想气体的混合物，其压力和体积与组成的关系分别表示成 Dalton 分压定律和 Amagat 分体积定律：

$$p_i = p y_i \tag{2-45}$$

$$V_i = (nV)\ y_i \tag{2-46}$$

对于真实气体，由于气体纯组分的非理想性及由于混合引起的非理想性，使得分压定律和分体积定律无法准确地描述气体混合物的 p-V-T 关系。那么，如何将适用于纯物质的状态方程扩展到真实流体混合物是化工热力学中的一个热点问题。目前广泛采用的方法是**将状态方程中的常数项，表示成组成 x 以及纯物质参数项的函数，这种函数关系称作为混合规则**。

对于不同的状态方程，有不同的混合规则。寻找适当的混合规则，计算状态方程中的常数项，使其能准确地描述真实流体混合物的 p-V-T 关系，常常是计算混合流体热力学性质的关键。

2.6.2　流体混合物的虚拟临界参数

在 2.3 节中讲述了对比态原理，许多 p-V-T 关系可以用对比态原理表述和计算，例如 Pitzer 的三参数压缩因子图。

如果用对比态原理处理气体混合物的 p-V-T 关系，如计算其压缩因子时，就需要确定对比变量 T_r、p_r，就涉及如何解决混合物临界参数的问题。可以将混合物视为假想的纯物质，将虚拟纯物质的临界参数称作虚拟临界参数。这样便可以把适用于纯物质的对比态方法应用到混合物上。为此，不同人提出了许多混合规则，其中最简单的是 Kay 规则。该规则将混合物的**虚拟临界参数**表示成

$$T_{pc} = \sum_i y_i T_{ci}\ ,\qquad p_{pc} = \sum_i y_i p_{ci} \tag{2-47}$$

式中，T_{pc}、p_{pc} 分别称为虚拟临界温度与虚拟临界压力；T_{ci}、p_{ci} 分别表示混合物中 i 组元的临界温度和临界压力；y_i 为 i 组元在混合物中的摩尔分数。

需要说明的是：虚拟临界温度与虚拟临界压力并不是混合物真实的临界参数，它们**仅仅是数学上的参数**，为了使用纯物质的 p-V-T 关系进行计算时采用的参数，没有任何物理意义。实践证明，若混合物中所有组分的临界温度和临界压力之比在以下范围内

$$0.5 < T_{ci}/T_{cj} < 2,\qquad 0.5 < p_{ci}/p_{cj} < 2$$

Kay 规则与其他较复杂的规则相比，所得数值的差别不到 2%。但是除非所有组元的 p_c、V_c 都比较接近，否则式（2-47）这种简单加和方法的计算结果均不能令人满意。Prausnitz-Gunn 提出一个简单的改进规则，将 T_{pc} 仍用 Kay 规则，p_{pc} 表示为

$$p_{pc} = \frac{R\left(\sum_i y_i Z_{ci}\right)T_{pc}}{\sum_i y_i V_{ci}} \tag{2-48}$$

混合物的偏心因子 ω_M 一般可表示为

$$\omega_M = \sum_i y_i \omega_i \tag{2-49}$$

式中，ω_i 为混合物中 i 组元的偏心因子。

以上几个式子表示的混合规则都没有涉及组元间的相互作用参数。因此，这些混合规则均不能真正反映混合物的性质。对于组分差别很大的混合物，尤其**对于具有极性组元的系统以及可以缔合为二聚物的系统均不适用**。并且在发表这些混合规则时所用的数据全是气体的，因此这样的混合规则**只能适用于气体**。

2.6.3 气体混合物的第二维里系数

在 2.2.2 节中已讲述，维里方程是一个理论型方程，其中维里系数反映分子间的交互作用，如第二维里系数 B 反映两个分子间的交互作用。对于纯气体，仅有同一种分子间的交互作用，但对于混合物而言，**第二维里系数 B 不仅要反映相同分子之间的相互作用，同时还要反映不同类型的两个分子交互作用的影响**。

由统计力学可以导出气体混合物的第二维里系数为

$$B_{\mathrm{M}} = \sum_i \sum_j y_i y_j B_{ij} \tag{2-50}$$

式中，y 为混合物各组元的摩尔分数；B_{ij} 为组元 i 和 j 之间的相互作用。显然，i 和 j 相同，表示同类分子作用，否则，表示异类分子作用，且 B_{ij}=B_{ji}。对于二元混合物，式（2-50）的展开式为

$$B_{\mathrm{M}} = y_1^2 B_{11} + 2y_1 y_2 B_{12} + y_2^2 B_{22} \tag{2-51}$$

式中，B_{11}、B_{22} 分别为纯物质 1 和 2 的第二维里系数；B_{12} 代表混合物性质，称为交叉第二维里系数，用以下经验式计算

$$B_{ij} = \frac{RT_{cij}}{p_{cij}}[B^{(0)} + \omega_{ij} B^{(1)}] \tag{2-52}$$

式中，$B^{(0)}$ 和 $B^{(1)}$ 的计算用式（2-37a）和式（2-37b），它们仍然是对比温度 T_r 的函数。Prausnitz 对计算各临界参数提出如下的混合规则

$$T_{cij} = (1 - k_{ij})\sqrt{T_{ci} T_{cj}} \tag{2-53a}$$

$$V_{cij} = \left(\frac{V_{ci}^{1/3} + V_{cj}^{1/3}}{2} \right)^3 \tag{2-53b}$$

$$Z_{cij} = \frac{Z_{ci} + Z_{cj}}{2} \tag{2-53c}$$

$$p_{cij} = \frac{Z_{cij} RT_{cij}}{V_{cij}} \tag{2-53d}$$

$$\omega_{ij} = \frac{\omega_i + \omega_j}{2} \tag{2-53e}$$

式中，k_{ij} **称为二元交互作用参数**。不同分子的交互作用很自然地会影响混合物的性质，若存在极性分子时，影响更大。以上计算式的特点是：① 引入交互作用系数 k_{ij}，k_{ij} 值一般不大，在 0 ～ 0.2 之间，但对于计算可能有较大的影响；② k_{ij} 引入于 T_{cij} 的校正项中；③ p_{cij} 更难求得，本法所用的是按 Z_{cij} 的定义式求得；④ 至今尚未得到一个 k_{ij} 值的理论式或经验式，一般通过实验的 p-V-T 数据或相平衡数据拟合得到；⑤ 在近似计算中，k_{ij} 可以取作为零，虽然误差可能大大增加。

用普遍化第二维里系数计算气体混合物压缩因子的步骤是：① 计算纯物质普遍化

第二维里系数（如 B_{11}、B_{22}）；② 用式（2-53a）～式（2-53e）计算各个交互临界参数；③ 代入式（2-52）计算交叉第二维里系数；④ 使用式（2-50）计算混合物的 B_M；⑤ 用下式计算混合物的压缩因子

$$Z = 1 + \frac{B_M p}{RT} \tag{2-54}$$

可见，气体混合物压缩因子的计算包括许多步骤，但每个步骤都可以非常方便地编成计算机程序完成。

【例2-10】试求 CO_2（1）-C_3H_8（2）体系在 311K 和 1.5MPa 的条件下的混合物摩尔体积，两组元的摩尔比为 3∶7（二元交互作用参数 k_{ij} 近似取为 0）。

解：首先查得两种纯组元的临界参数，并依据式（2-53a）～式（2-53e）计算混合物的交互临界参数，有关的临界数据列表如下：

ij	T_{cij}/K	p_{cij}/MPa	V_{cij}/$m^3 \cdot kmol^{-1}$	Z_{cij}	ω_{ij}
11	304.2	7.382	0.0940	0.274	0.228
22	369.8	4.248	0.2000	0.277	0.152
12	335.4	5.472	0.1404	0.2755	0.190

采用二阶舍项的维里方程计算混合物的性质，需要用式（2-52）计算混合物的交互第二维里系数，计算结果见下表。

ij	$B^{(0)}$	$B^{(1)}$	B_{ij}/$m^3 \cdot kmol^{-1}$
11	-0.324	-0.0178	-0.1125
22	-0.474	-0.217	-0.3667
12	-0.393	-0.0972	-0.2098

由式（2-51）得

$$B_M = y_1^2 B_{11} + 2y_1 y_2 B_{12} + y_2^2 B_{22} = 0.3^2 \times (-0.1125) + 2 \times 0.3 \times 0.7 \times (-0.2098) + 0.7^2 \times (-0.3667)$$

$$= -0.2779(m^3 \cdot kmol^{-1})$$

$$Z = \frac{pV}{RT} = 1 + \frac{B_M p}{RT} = 1 + \frac{(-0.2779 \times 10^{-3}) \times 1.50 \times 10^6}{8.314 \times 311} = 0.839$$

$$V = \frac{ZRT}{p} = \frac{0.839 \times 8.314 \times 311}{1.50 \times 10^6} = 1.45 \times 10^{-3}(m^3 \cdot kmol^{-1})$$

2.6.4　混合物的立方型状态方程

若将气体混合物虚拟为一种纯物质，就可以将纯物质的状态方程应用于气体混合物的 p-V-T 计算中。但由于分子间的相互作用非常复杂，所以将不同的状态方程用于混合物 p-V-T 计算时应采用不同的混合规则，一个状态方程也可使用不同的混合规则。除维里方程的混合规则由统计力学给出了严密的组成关系外，大多数状态方程均采用经验的混合规则。**混合规则的优劣只能由实践来检验**，检验的内容不单是 p-V-T 关系，还应包括其他

一系列热力学性质，特别是汽液平衡计算。

立方型状态方程（van der Waals、RK、RKS、PR 方程）用于混合物时，方程中参数 a 和 b 常采用以下的混合规则

$$a_M = \sum_i \sum_j y_i y_j a_{ij} \tag{2-55a}$$

$$b_M = \sum_i y_i b_i \tag{2-55b}$$

同样，对于二元混合物，应写为

$$a_M = y_1^2 a_{11} + 2y_1 y_2 a_{12} + y_2^2 a_{22} \tag{2-56a}$$

$$b_M = y_1 b_1 + y_2 b_2 \tag{2-56b}$$

可见，a_M 中包括交叉项 a_{ij}，而 b_M 中只有纯组元参数，没有交叉项。交叉项 a_{ij} 可以用下式计算

$$a_{ij} = (a_i a_j)^{0.5}(1-k_{ij}) \tag{2-57}$$

式中，k_{ij} 为二元交互作用参数，一般由实验数据拟合可以得到，当混合物各组分性质非常相近时，可以近似取 $k_{ij}=0$。

Prausnitz 等人建议用下式计算交叉项 a_{ij}

$$a_{ij} = \frac{\Omega_a R^2 T_{cij}^{2.5}}{p_{cij}} \tag{2-58}$$

式中，**交叉临界参数**的计算仍然采用式（2-53a）～式（2-53e），而交互作用系数引入 T_{cij}。

通过计算得到混合物参数 a_M、b_M 后，就可以利用立方型状态方程计算混合物的 p-V-T 关系和其他热力学性质了。

当然，除了式（2-55a）和式（2-55b）外，不同的学者针对不同的性质及不同的方程提出了许多其他的立方型状态方程的混合规则，不同的混合规则有不同的精度和适用范围。

【例2-11】 试求等分子比的 CO_2 与 C_3H_8 的混合气体，在 303.16K、25.5×10^5Pa 下的压缩因子。已知实验值为 $Z=0.737$。混合气体真实临界性质为 $T_c=319.8$K，$p_c=71.6\times10^5$Pa，计算时采用下列各种混合规则：

（1）使用混合气体的真实临界性质求 RK 参数 a、b；

（2）使用式 $a_{ij} = \sqrt{a_i a_j}$ 计算 RK 方程中的交互参数 a_{ij}；

（3）使用 Prausnitz 等人建议的关联式（2-58）计算 RK 方程中的交互参数 a_{ij}。

计算中近似取交互作用参数 $k_{ij}=0$。

解： 用于混合物的 RK 方程为

$$Z = \frac{1}{1-h} - \frac{a_M}{b_M R T^{1.5}}\left(\frac{h}{1+h}\right) \tag{A}$$

$$h = \frac{b_M p}{ZRT} \tag{B}$$

纯物质 RK 方程参数为

$$a = 0.42748 R^2 T_c^{2.5} / p_c \tag{2-14a}$$

$$b = 0.08664RT_c / p_c \tag{2-14b}$$

混合物 RK 参数为

$$a_M = y_1^2 a_{11} + 2y_1 y_2 a_{12} + y_2^2 a_{22} \tag{2-56a}$$

$$b_M = y_1 b_1 + y_2 b_2 \tag{2-56b}$$

（1）利用混合物真实临界性质求 a_M、b_M

将 T_c=319.8K、p_c=71.6×10^{5}Pa 代入式（2-14a）和式（2-14b）得

$$a = 0.42748R^2T_c^{2.5} / p_c = 0.42748 \times \frac{8.314^2 \times 319.8^{2.5}}{71.6 \times 10^5} = 7.55(\text{Pa} \cdot \text{m}^6 \cdot \text{K}^{0.5} \cdot \text{mol}^{-2})$$

$$b = 0.08664RT_c / p_c = 0.08664 \times \frac{8.314 \times 319.8}{71.6 \times 10^5} = 3.218 \times 10^{-5}(\text{m}^3 \cdot \text{mol}^{-1})$$

将以上所得 a_M、b_M 值代入式（A）和式（B），迭代求解得 Z=0.843。

（2）CO_2 及 C_3H_8 的临界参数及由临界参数计算得到的 a、b 值见下表。

组元	T_c/K	$p_c \times 10^{-5}$/Pa	$V_c \times 10^6/\text{m}^3 \cdot \text{mol}^{-1}$	Z_c	$a/\text{Pa} \cdot \text{m}^6 \cdot \text{K}^{0.5} \cdot \text{mol}^{-2}$	$b \times 10^5/\text{m}^3 \cdot \text{mol}^{-1}$
CO_2（1）	304.2	73.82	94.0	0.274	6.460	2.968
C_3H_8（2）	369.8	42.48	200	0.277	18.29	6.271

交互 RK 参数　　$a_{12} = \sqrt{a_1 a_2} = \sqrt{6.460 \times 18.29} = 10.87(\text{Pa} \cdot \text{m}^6 \cdot \text{K}^{0.5} \cdot \text{mol}^{-2})$

气体混合物的 a_M、b_M 值由式（2-56a）和式（2-56b）得

$$a_M = 0.5^2 \times 6.460 + 2 \times 0.5 \times 0.5 \times 10.87 + 0.5^2 \times 18.29 = 11.62(\text{Pa} \cdot \text{m}^6 \cdot \text{K}^{0.5} \cdot \text{mol}^{-2})$$

$$b_M = 0.5 \times 2.968 \times 10^{-5} + 0.5 \times 6.271 \times 10^{-5} = 4.62 \times 10^{-5}(\text{m}^3 \cdot \text{mol}^{-1})$$

将 a_M、b_M 值代入式（A）、式（B）中迭代求解得 Z=0.745。

（3）使用 Prausnitz 等建议的关联式（2-58）计算 RK 方程中的交互参数 a_{12} 时，根据式（2-53a）～式（2-53d）求出混合物的虚拟临界参数：T_{c12}=335.4K，　p_{c12}=54.72×10^{5}Pa。交叉 RK 参数

$$a_{12} = \frac{\Omega_a R^2 T_{c12}^{2.5}}{p_{c12}} = \frac{0.42748 \times 8.314^2 \times 335.4^{2.5}}{54.72 \times 10^5} = 11.12(\text{Pa} \cdot \text{m}^6 \cdot \text{K}^{0.5} \cdot \text{mol}^{-2})$$

气体混合物的 a_M、b_M 值由式（2-56a）和式（2-56b）得

$$a_M = 11.75\text{Pa} \cdot \text{m}^6 \cdot \text{K}^{0.5} \cdot \text{mol}^{-2}$$

$$b_M = 4.62 \times 10^{-5}\text{m}^3 \cdot \text{mol}^{-1}$$

将 a_M、b_M 值代入式（A）、式（B）中迭代求解得 Z=0.737。

将以上三种方法计算得到的结果与实验值比较可以看出，使用气体混合物的真实临界性质进行计算，所得结果最差。因此也说明真实流体混合物的临界性质数据在化工热力学中意义不大。Prausnitz 等人建议的混合规则，与实验值吻合得最好，但计算过程复杂，如果精度要求不高，可以采用简单的混合规则。

2.7 液体的 $p-V-T$ 关系

前面已经讨论的 p-V-T 关系如 RKS 方程、PR 方程及 BWR 方程、Martin-Hou 方程等都可以用到液相区，由这些方程解出的最小体积根即为液体的摩尔体积。但也有许多状态方程只能较好地说明气体的 p-V-T 关系，不适用于液体，当应用到液相区时会产生较大的误差。这是由于液体的 p-V-T 关系较复杂，对液体理论的研究远不如对气体的研究深入。但与气体相比，液体的摩尔体积容易测定。且一般条件下，压力对液体密度影响不大，温度的影响也不很大。而在临界区，压力和温度对液体容积性质的影响比较复杂。除状态方程外，工程上还常常选用经验关系式和普遍化关系式等方法来估算液体体积，而液体体积又分为饱和液体体积和压缩液体体积两种情况。

2.7.1 饱和液体体积

（1）Rackett 方程

Rackett 在 1970 年提出了饱和液体体积方程，为

$$V_s = V_c Z_c^{(1-T_r)^{2/7}} \tag{2-59}$$

式中，V_s 为饱和液体体积。

该式准确性不是很好，因而出现了一些修正式，如 Spencer 和 Danner 提出

$$V_s = \frac{RT_c}{p_c} Z_{RA}^{[1+(1-T_r)^{2/7}]} \tag{2-60}$$

式中，Z_{RA} 是每个物质特有的常数，虽然可以由实验数据回归求得，但依然有更多物质缺乏该值，不得不选用 Z_c 代替 Z_{RA}，此时方程又回到 Rackett 式，写为

$$V_s = \frac{RT_c}{p_c} Z_c^{[1+(1-T_r)^{2/7}]} \tag{2-61}$$

Rackett 式对于多数物质相当精确，只是不适于 $Z_c < 0.22$ 的体系和缔合液体。

Yamada 和 Gunn 在 1973 年提出，式（2-59）和式（2-61）中的临界压缩因子 Z_c 可以用偏心因子 ω 来关联，它们变为

$$V_s = V_c(0.29056-0.08775\omega)^{(1-T_r)^{2/7}} \tag{2-62a}$$

$$V_s = \frac{RT_c}{p_c}(0.29056-0.08775\omega)^{[1+(1-T_r)^{2/7}]} \tag{2-62b}$$

如果应用在某一参比温度 T^R 下的一个实测体积 V_s^R，式（2-62a）改写为以下形式

$$V_s = V_s^R(0.29056-0.08775\omega)^{\phi} \tag{2-63}$$

式中 $\phi = (1-T_r)^{2/7} - (1-T_r^R)^{2/7}$，$T_r^R = T^R/T_c$

只要知道任意一个温度下的摩尔体积，将此温度作为参比温度，便可以利用式（2-63）计算其他温度下饱和液体体积。该式的估算精度比其他形式的 Rackett 方程要高。

（2）Yen-Woods 关系式

估算极性物质饱和液体密度时，可以采用 Yen-Woods 关系式。据报道，利用该式计算液体体积时，计算温度从冰点附近至接近临界点，压力达到 p_r=30，误差一般小于

3% ～ 6%。该式的形式如下

$$\frac{\rho^{\mathrm{s}}}{\rho_{\mathrm{c}}}=1+\sum_{j=1}^{4}K_j(1-T_{\mathrm{r}})^{j/3} \tag{2-64}$$

式中，ρ^{s} 为饱和液体密度；K_j 为 Z_{c} 的函数

$$K_j=a+bZ_{\mathrm{c}}+cZ_{\mathrm{c}}^2+dZ_{\mathrm{c}}^3 \tag{2-65}$$

j=1 ～ 3 时，参数 a、b、c、d 的值见表 2-2。

表 2-2　式（2-65）中各常数项

j	a	b	c	d
1	17.4425	-214.578	989.625	-1522.06
2（$Z_{\mathrm{c}}\leqslant 0.26$）	-3.28257	13.6377	107.4844	-384.201
2（$Z_{\mathrm{c}}> 0.26$）	60.2091	-402.063	501.0	641.0
3	0.0	0.0	0.0	0.0

j=4 时，K_4=0.93-K_2。

2.7.2　压缩液体（过冷液体）体积

若压力不高，可视压缩液体（过冷液体）密度（d）与饱和液体密度（d_{s}）相同，在工程计算中常被混用。但是在较高压力下两者有差异，在接近临界点时差异更大。

许多方法**是从饱和液体密度出发计算压缩液体密度，一般的计算式表现为 d 和 d_{s} 的差值或比值**。

如 Chang-Zhao 在 1990 年提出的 Chang-Zhao 法，计算式为

$$\frac{d_{\mathrm{s}}}{d}=\frac{V}{V_{\mathrm{s}}}=\frac{A+2.810^C(p_{\mathrm{r}}-p^{\mathrm{s}})}{A+2.810(p_{\mathrm{r}}-p^{\mathrm{s}})}=\frac{Ap_{\mathrm{c}}+2.810^C(p-p^{\mathrm{s}})}{Ap_{\mathrm{c}}+2.810(p-p^{\mathrm{s}})} \tag{2-66}$$

式中

$$A=99.42+6.502T_{\mathrm{r}}-78.68T_{\mathrm{r}}^2-75.18T_{\mathrm{r}}^3+31.49T_{\mathrm{r}}^4+7.257T_{\mathrm{r}}^5 \tag{2-67a}$$

$$B=0.38144-0.30144\omega-0.08457\omega^2 \tag{2-67b}$$

$$C=(1.1-T_{\mathrm{r}})^B \tag{2-67c}$$

式（2-66）中，d_{s}（V_{s}）是由 Spencer-Danner 所提出的式（2-61）计算得到的。

2.7.3　液体混合物的 p-V-T 关系

一般来说，若采用合适的混合规则，上面介绍的经验关联式都可以用来计算液体混合物的密度（体积）。以修正的 Rackett 式（2-60）为例，当用于液体混合物时，相应的公式为

$$V=R\left(\sum_i\frac{x_iT_{\mathrm{c}i}}{p_{\mathrm{c}i}}\right)Z_{\mathrm{RA}}^{[1+(1-T_{\mathrm{r}})^{2/7}]} \tag{2-68}$$

$$Z_{\mathrm{RA}}=\sum_i x_iZ_{\mathrm{RA}i} \tag{2-69}$$

式中
$$T_{ci}=\sum_i\sum_j\phi_i\phi_jT_{cij} \tag{2-70a}$$

$$\phi_i=\frac{x_iV_{ci}}{\sum_k x_kV_{ck}} \tag{2-70b}$$

$$T_{cij}=(1-k_{ij})\sqrt{T_{ci}T_{cj}} \tag{2-53a}$$

当然，也可以选用合适的状态方程处理液体混合物的 p-V-T 关系，则需要选择与此状态方程相一致的混合规则，混合规则的原则与基本方法和处理气体混合物时相同。

除了状态方程和经验关联式外，在 2.3.2 节中提到的 Lydersen 等人提出的液体对比密度普遍化关联式（2-31）也可以很方便地计算液体的密度。

前沿话题 1

可燃冰：小身材蕴含大能量

关键词：可燃冰、天然气水合物、状态方程、缔合理论、相平衡

“可燃冰”是气体水合物的一种，是甲烷、乙烷和水结合时形成的一种笼状晶体物质，甲烷气体被包在笼中。可燃冰是大自然给我们的天然能源，分布于深海或陆域永久冻土中，其生成需要较高的压力和较低的温度，海底温度一般为 3℃左右，生成压力要 3MPa 以上。其燃烧后仅生成少量的二氧化碳和水，污染远小于煤、石油等，且储量巨大，1m^3 可燃冰可转化为 164m^3 的天然气和 0.8m^3 的水。因此被国际公认为石油等的接替能源。

可燃冰的资源勘查、评价及开发，亟需基础理论与技术支撑。从其微观的成核机理，到宏观的成藏机制，以及开采机理和场地实施，都要解决一些关键的科学问题，如：沉积物中水合物如何成核、聚集与成藏？水合物晶体结构有何特点？气体分子是否填满了笼子？水合数是多少？水合物在沉积物孔隙或裂隙中的饱和度是多少？如何分布？微观赋存状态如何影响储层物性？这些问题大多是热力学问题，而且迫切需要解答。

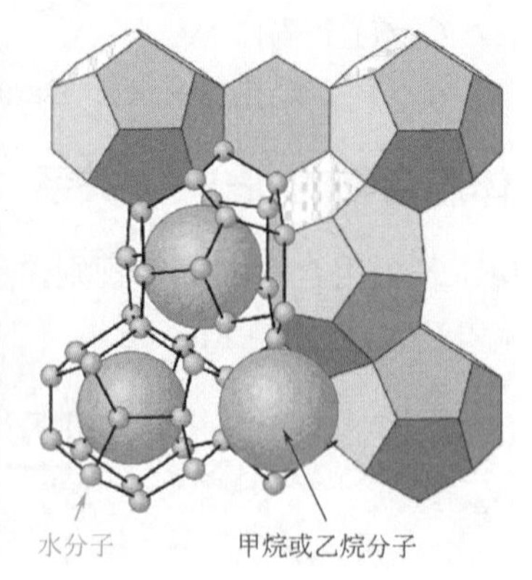

图 1　可燃冰形貌图

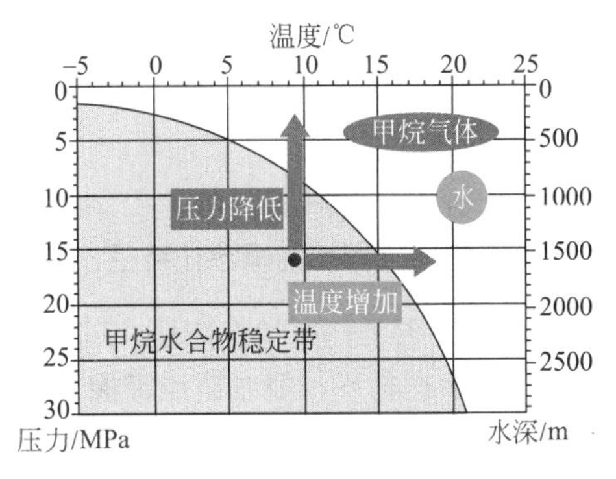

图 2　天然气水合物相图

气体水合物相平衡是实现水合物利用的基础，在 1993 年以前由于来自工业界的需求，水合物热力学生成条件的测定及研究得到了快速发展，许多纯气体和典型混合气体的水合物生成条件被测定。由于气体水合物分子结构复杂、分子间作用力多样，又涉及气、液、固多相，为了满足不同要求下水合物的相平衡计算，人们已经逐步提出了多种用于水合物体系相平衡计算的热力学模型。理论模型的发展是一个循序渐进的过程。

对于纯水体系气体水合物，van der Waals 和 Platteeuw 建立了第一个基于经典吸附理论的基础模型，用于计算气体水合物的分解压力。随后，Parrish 与 Prausnitz 根据 van der Waals-Platteeuw（vdW-P）模型发展了一种用于预测纯水中水合物形成条件的普遍化方法。

统计缔合理论模型（SAFT）基于一阶微扰理论，这个分子基础的状态方程的参数具有明确的物理意义，相对经验模型，具有更可靠的外推与预测能力。利用 SAFT 状态方程结合 vdW-P 统计力学模型可以预测含有甲烷、乙烷等气体水合物的平衡形成条件。对于气相和液相，应用 SAFT 方程来描述，考虑了硬球斥力、成链力、色散力以及缔合相互作用，对于水合物相，采用 vdW-P 模型来计算。

vdW-P 模型及改进模型均假设天然气水合物为理想固体溶液，即在形成水合物的过程中水合物晶格体积将不发生变化，这一假设与实际情况是不符的。Ballard 和 Sloan 在 vdW-P 模型的基础上，考虑了水合物形成过程中晶格的体积变化，并将这种变化与水在水合物相中的化学位相关联，建立了 CSM 模型。CSM 模型中水、水合物和天然气的密度、比热容、焓、逸度等基础物性是依赖状态方程所计算的，广泛采用的是 PR（Peng-Robinson）、SRK 等立方型状态方程，这类状态方程没有考虑水分子等极性分子之间的氢键作用力。在压力较低（ 压力低于 20MPa）时，分子之间的间距较大，氢键作用力较弱，精度较高。然而，随着压力逐渐升高，水分子之间的间距减小，分子之间的氢键缔合作用将增强，导致传统的立方型状态方程并不适用于含水高压天然气体系的计算。CPA 状态方程在传统立方型状态方程的基础上，引入考虑极性分子间氢键缔合作用的缔合项，克服了传统立方型状态方程对于含极性物质体系适用性较差的不足。将 CPA 状态方程和 CSM 模型相结合，突破了长期以来难以准确预测高压天然气水合物生成条件的难题。

此后，随着天然气水合物的勘探开发以及各种基于水合物应用技术的提出，气体水合物相平衡的研究逐渐向更复杂的体系转移，如含电解质、抑制剂及多孔介质等。基于这些研究的进展，许多新的水合物相平衡假设和模型也随之而出。

参考文献

[1] Letcher M T. Future energy : Improved, sustainable and clean options for our planet//Boswell R, Hancock S, Yamamoto K, et al. Natural gas hydrates : Status of potential as an energy resource. 3rd ed.Elsevier, 2020: 111-131.

[2] 刘昌岭，郝锡荦，孟庆国，等. 气体水合物基础特性研究进展. 海洋地质前沿，2020, 36 (9): 1-10.

本章小结

1. 通过纯物质的 p-V-T 图、p-V 图和 p-T 图，**定性地了解纯物质的 p-V-T 关系**。理解和掌握**纯物质临界点的概念和特征**；了解图中的饱和液相线和饱和气相线以及相平衡的面。

2. 介绍了几类状态方程，其中包括维里方程、立方型状态方程、硬球扰动状态方程及多参数状态方程，要求**重点掌握维里方程（virial 方程）和立方型状态方程**。维里方程是一类理论型状态方程，可以写为几种不同形式，其**维里系数具有明显的物理意义**。但是由于目前高阶维里系数的缺乏，通常采用二阶舍项的维里方程，它使用方便，但由于舍去了多分子间的相互作用，使得它仅能较好地用于中低压下的气体。**立方型状态方程是目前工业界常用的方程**，其由于表示为体积的三次方而得名。本章重点介绍了立方型状态方程的几个典型代表——van der Waals 方程、RK 方程、RKS 方程及 PR 方程。随着方程形式的复杂化，方程的计算精度和使用范围均有所提高，请大家理解每个方程的特点、计算方法和使用情况，根据不同的计算要求选择不同的方程。**立方型状态方程是压力的显函数**，为了更方便于计算体积，工业上还常用立方型状态方程的迭代形式。硬球扰动状态方程和多参数状态方程更加复杂，但在计算某些特殊流体时呈现出非常好的计算精度。

3. 对比态原理是描述流体 p-V-T 关系的另一类方法，其基本原理为：不同物质在相同的对比态下性质相同。**用对比态原理计算流体的 p-V-T 关系又可以分为两大类，一类是压缩因子图，另一类是普遍化状态方程**。最初的对比态原理起源于两参数压缩因子图，即以对比温度 T_r 及对比压力 p_r 为两个参数，认为当不同物质具有相同的对比温度和对比压力时必然具有相同的压缩因子，但仅适用于简单的球形分子，为了提高其计算精度，需要加入第三参数。本章介绍了两类三参数压缩因子图，分别以临界压缩因子 Z_c 及偏心因子 ω 作为第三参数，其中以偏心因子 ω 为第三参数的 Pitzer 三参数压缩因子图使用广泛得多，要重点掌握偏心因子的概念，以便在许多计算中应用。普遍化状态方程是指方程中不含特性参数，以对比变量为参数的状态方程，要重点掌握普遍化的第二维里系数，其使用简单，但应注意其使用范围。此外，也可以利用临界等温线是拐点的特征将立方型状态方程普遍化。

4. 流体混合物的 p-V-T 关系计算不需要重新建立新的方程，依然使用纯物质建立的状态方程，只需要将状态方程中的特性参数表示为混合物组成和纯物质参数的关系式，这种关系式称为混合规则。**混合规则在处理真实流体混合物的 p-V-T 关系中起着举足轻重的作用。**不同的状态方程要使用不同的混合规则，有时一个状态方程也可以使用不同的混合规则，则可能具有不同的计算精度，混合规则的优劣只能用计算结果来检验。本章重点介绍了适用于 Pitzer 三参数压缩因子图的 Kay 规则、气体混合物的第二维里系数和立方型状态方程的混合规则，混合规则不但用于状态方程，也应用于对比态法的图。

5. **不同的 p-V-T 关系使用范围和计算精度不同，**有些是可以用于液体计算的，如 RKS 方程、PR 方程及多参数状态方程及 Pitzer 的三参数压缩因子图，但总的来说，所有方法应用于液体误差都增大，有的方法，例如截项的维里方程是完全不能用于液体的。以 Z_c 作为第三参数的 Lydersen 关系式可以专门用来计算液体的对比密度。此外，还有一系列经验关联式专

门用来计算液体的 $p-V-T$ 关系。

6. 流体的 $p-V-T$ 关系非常重要，在化工设计计算中有许多直接应用，例如设备的压力计算、加压设备的流体线速度计算以及塔径和管径计算等，一定要熟练掌握不同 $p-V-T$ 关系的计算方法，掌握不同方程的特点及使用情况。但更要注意**流体的 $p-V-T$ 关系还是其他热力学性质计算的基点**，在第 3 章流体的焓变和熵变计算、第 5 章流体的逸度计算及第 6 章流体的相平衡计算中都要使用流体的 $p-V-T$ 关系，因此在后续几章的学习中要常常温习本章的内容。

习题

2-1 为什么要研究流体的 $p-V-T$ 关系？

2-2 理想气体的特征是什么？

2-3 偏心因子的概念是什么？为什么要提出这个概念？它可以直接测量吗？

2-4 纯物质的饱和液体的摩尔体积随着温度升高而增大，饱和蒸气的摩尔体积随着温度的升高而减小吗？

2-5 同一温度下，纯物质的饱和液体与饱和蒸气的热力学性质均不同吗？

2-6 常用的三参数的对比态原理有哪几种？

2-7 总结纯气体和纯液体 $p-V-T$ 计算的异同。

2-8 简述对比态原理。其在化工热力学中有什么重要性？

2-9 如何理解混合规则？为什么要提出这个概念？有哪些类型的混合规则？

2-10 将下列纯物质经历的过程表示在 $p-V$ 图上：（1）过热蒸气等温冷凝为过冷液体；（2）过冷液体等压加热为过热蒸气；（3）饱和蒸气可逆绝热压缩；（4）饱和液体恒容加热；（5）在临界点进行的恒温膨胀。

2-11 已知 SO_2 在 431K 下，第二、第三维里系数分别为：$B=-0.159\text{m}^3\cdot\text{kmol}^{-1}$，$C=-9.0\times10^{-3}\text{m}^6\cdot\text{kmol}^{-2}$，试计算：

（1）SO_2 在 431K、10×10^5Pa 下的摩尔体积；

（2）在封闭系统内，将 1kmol SO_2 由 10×10^5Pa 恒温（431K）可逆压缩到 75×10^5Pa 时所做的功。

2-12 试计算一个 125cm^3 的刚性容器，在 50℃和 18.745MPa 条件下能贮存甲烷多少克（实验值为 17g）？分别用理想气体方程和 RK 方程计算（RK 方程可以用软件计算）。

2-13 欲在一个 7810cm^3 的钢瓶中装入 1kg 的丙烷，且在 253.2℃下工作，若钢瓶的安全工作压力为 10MPa，问是否安全？

2-14 试用 RKS 方程计算异丁烷在 300K、3.704×10^5Pa 时的饱和蒸气的摩尔体积。已知实验值为 $V=6.081\times10^{-3}\text{m}^3\cdot\text{mol}^{-1}$。

2-15 试分别用 RK 方程及 RKS 方程计算在 273K、1000×10^5Pa 下，氮的压缩因子值。已知实验值为 $Z=2.0685$。

2-16 试用下列各种方法计算水蒸气在 107.9×10^5Pa、593K 下的比体积，并与水蒸气表查出的数据（$V=0.01687\text{m}^3\cdot\text{kg}^{-1}$）进行比较。

（1）理想气体定律；（2）维里方程；（3）普遍化 RK 方程。

2-17 试分别用（1）van der Waals 方程；（2）RK 方程；（3）RKS 方程计算 273.15K 时将 CO_2 压缩到体积为 $550.1cm^3 \cdot mol^{-1}$ 所需要的压力。实验值为 3.090MPa。

2-18 一个体积为 $0.3m^3$ 的封闭储槽内贮乙烷，温度为 290K，压力为 25×10^5Pa，若将乙烷加热到 479K，试估算压力将变为多少？

2-19 如果希望将 22.7kg 的乙烯在 294K 时装入 $0.085m^3$ 的钢瓶中，问压力应为多少？

2-20 一个 $0.5m^3$ 的压力容器，其极限压力为 2.75MPa，出于安全的考虑，要求操作压力不得超过极限压力的一半。试问容器在 130℃条件下最多能装入多少丙烷？

2-21 用 Pitzer 的普遍化关系式计算甲烷在 323.16K 时产生的压力。已知甲烷的摩尔体积为 $1.25\times10^{-4}m^3 \cdot mol^{-1}$，压力的实验值为 1.875×10^7Pa。

2-22 试用 RK 方程计算二氧化碳和丙烷的等分子混合物在 151℃和 13.78MPa 下的摩尔体积。

2-23 混合工质的性质是人们有兴趣的研究课题。试用 RKS 状态方程计算由 R12（CCl_2F_2）和 R22（$CHClF_2$）组成的等摩尔混合工质气体在 400K 及 1.0MPa、2.0MPa、3.0MPa、4.0MPa 和 5.0MPa 时的摩尔体积。可以认为该二元混合物的相互作用参数 k_{12}=0（建议自编软件计算）。计算中所使用的临界参数如下表。

组元（i）	T_c/K	p_c/MPa	ω
R22（1）	369.2	4.975	0.215
R12（2）	385	4.224	0.176

2-24 试用下列方法计算由 30%（摩尔分数）的氮（1）和 70% 正丁烷（2）所组成的二元混合物，在 462K、69×10^5Pa 下的摩尔体积。

（1）使用 Pitzer 三参数压缩因子关联式。

（2）使用 RK 方程，其中参数项为：

$$b_i = \frac{0.086640RT_{ci}}{p_{ci}}, \quad a_{ij} = \frac{0.427480R^2T_{cij}^{2.5}}{p_{cij}}$$

（3）使用三项维里方程，维里系数实验值为（B 的单位 $m^3 \cdot mol^{-1}$，C 的单位 $m^6 \cdot mol^{-2}$）：

$B_{11}=14\times10^{-6}$，　$B_{22}=-265\times10^{-6}$，　$B_{12}=-9.5\times10^{-6}$

$C_{111}=1.3\times10^{-9}$，　$C_{222}=3.025\times10^{-9}$，　$C_{112}=4.95\times10^{-9}$，　$C_{122}=7.27\times10^{-9}$

已知氮及正丁烷的临界参数和偏心因子为：

N_2　　T_c=126.10K，　p_c=3.394MPa，　ω=0.040

n-C_4H_{10}　　T_c=425.12K，　p_c=3.796MPa，　ω=0.199

2-25 一压缩机，每小时处理 454kg 甲烷及乙烷的等摩尔混合物。气体在 50×10^5Pa、422K 下离开压缩机，试问离开压缩机的气体体积流率（$m^3 \cdot h^{-1}$）为多少？

2-26 H_2 和 N_2 的混合物，按合成氨反应的化学计量比，加入反应器中

$$N_2+3H_2 \longrightarrow 2NH_3$$

混合物进反应器的压力为 600×10^5Pa，温度为 298K，流率为 $6m^3 \cdot h^{-1}$。其中 15% 的 N_2

转化为NH_3，离开反应器的气体被分离后，未反应的气体循环使用，试计算：（1）每小时生成多少千克NH_3？（2）若反应器出口物流（含NH_3的混合物）的压力为550×10^5Pa，温度为451K，试问在内径D=0.05m管内的流速为多少？

2-27 测得天然气（摩尔组成为CH_4 84%、N_2 9%、C_2H_6 7%）在压力9.27MPa、温度37.8℃下的平均时速为$25m^3\cdot h^{-1}$。试用下述方法计算在标准状况下的气体流速：（1）理想气体方程；（2）虚拟临界参数；（3）Dalton定律和普遍化压缩因子图；（4）Amagat定律和普遍化压缩因子图。

2-28 试分别用下述方法计算CO_2（1）和丙烷（2）以3.5∶6.5的摩尔比混合的混合物在400K和13.78MPa下的摩尔体积。

（1）RK方程，采用Prausnitz建议的混合规则（令k_{ij}=0.1）；

（2）Pitzer的普遍化压缩因子关系式。

2-29 试计算甲烷（1）、丙烷（2）及正戊烷（3）的等摩尔三元体系在373K下的B值。已知373K温度下：

$$B_{11}=-20cm^3\cdot mol^{-1},\quad B_{22}=-241cm^3\cdot mol^{-1},\quad B_{33}=-241cm^3\cdot mol^{-1}$$

$$B_{12}=-75cm^3\cdot mol^{-1},\quad B_{13}=-122cm^3\cdot mol^{-1},\quad B_{23}=-399cm^3\cdot mol^{-1}$$

第 3 章知识图谱

微信扫码
浏览在线知识图谱

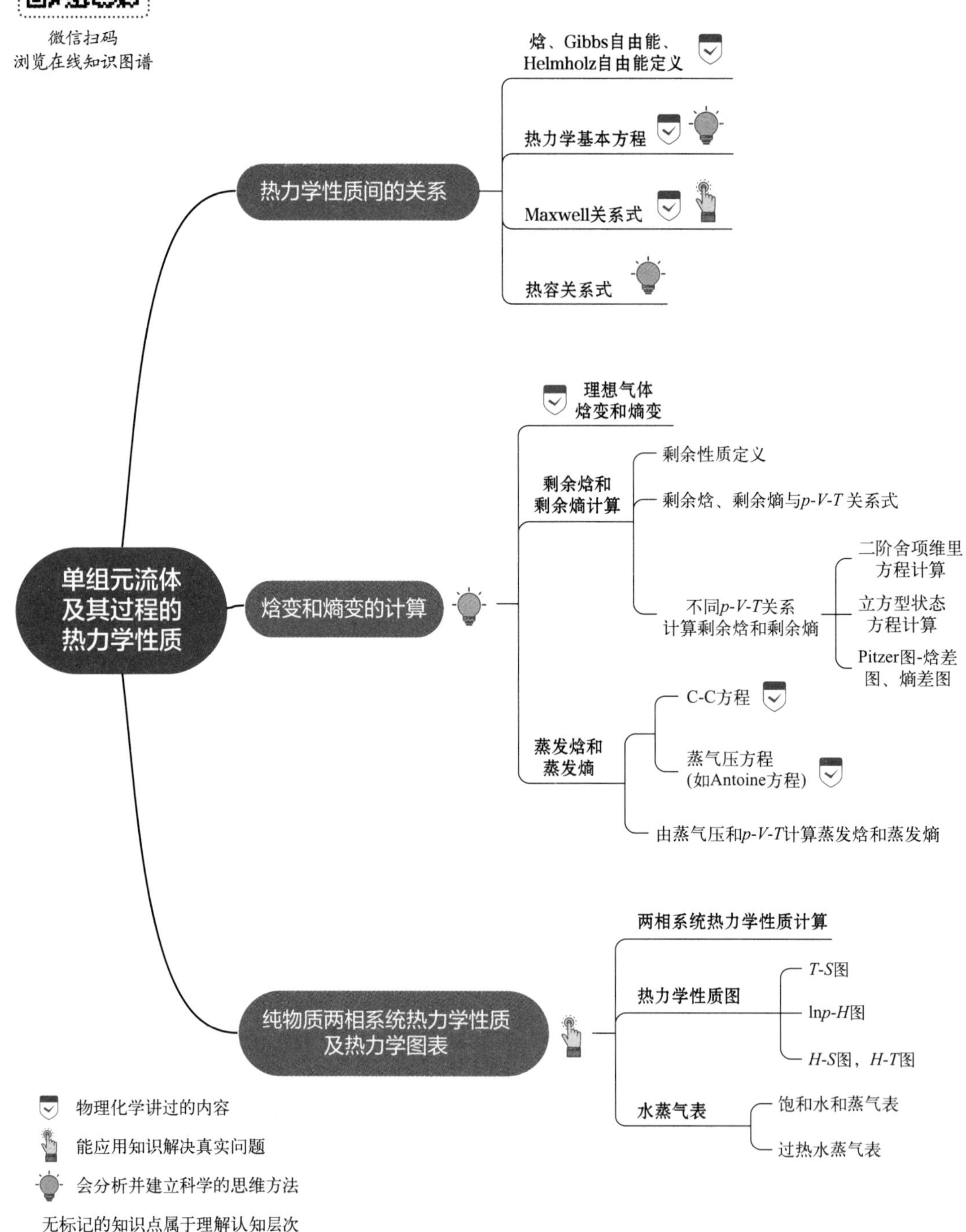

第3章 单组元流体及其过程的热力学性质

流体的压力（p）、温度（T）、体积（V）是表征流体状态的三个基本物理量，是描述平衡状态下流体的几个最重要的宏观性质。此外，以下几个函数也是流体热力学性质的重要组成部分：

热力学能（U，internal energy）；焓（H，enthalpy）；熵（S，entropy）；Gibbs 自由能（G，Gibbs free energy）；Helmholtz 自由能（A，Helmholtz free energy）。

这些函数都是热力学状态函数，其数值对于化学工业过程中热和功的计算是必不可少的。它们大多不易直接测量（焓可以用量热仪测量），但是它们与p、V、T之间存在一定的关系。根据这些函数的定义，它们之间的关系可表示如下：

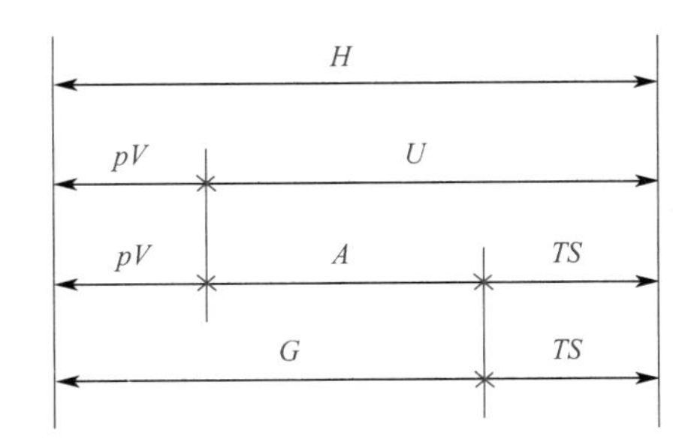

本章从热力学定律和热力学函数的定义出发，导出各种热力学性质的关系式，尤其关注建立不可测量的热力学函数（如热力学能U、焓H、熵S、Gibbs 自由能G与 Helmholtz 自由能A）和可以测量的热力学函数（压力p、体积V、温度T与热容）的关系。并以过程的焓变和熵变为例，说明怎样借助p-V-T关系及流体的热容关系求解真实流体的热力学性质。这些计算广泛应用于化工过程的能量计算以及热力学图和热力学表的制作，为化工过程的热力学分析奠定基础。

3.1 热力学性质间的关系

3.1.1 热力学基本方程

对于封闭体系，根据热力学第一定律（能量守恒原理）得到体系的热力学能变化与过程的热和功之间的关系为

$$dU=\delta Q+\delta W$$

假设过程可逆，且无非体积功，则有

$$\delta Q = T\mathrm{d}S, \quad \delta W = -p\mathrm{d}V$$

$$\mathrm{d}U = T\mathrm{d}S - p\mathrm{d}V \tag{3-1}$$

式中，U、S 和 V 分别表示系统的热力学能、熵和体积。

式（3-1）的建立以可逆过程为基础，但是它只包含与状态有关的系统性质，这些性质不随过程的改变而变化，因此式（3-1）亦可用于非可逆过程，只要求系统是封闭的，而且过程的始点和终点均为平衡状态。

又根据焓、Helmholtz 自由能和 Gibbs 自由能的定义分别得到

$$\mathrm{d}H = \mathrm{d}U + \mathrm{d}(pV) = T\mathrm{d}S + V\mathrm{d}p \tag{3-2}$$

$$\mathrm{d}A = \mathrm{d}U - \mathrm{d}(TS) = -S\mathrm{d}T - p\mathrm{d}V \tag{3-3}$$

$$\mathrm{d}G = \mathrm{d}H - \mathrm{d}(TS) = -S\mathrm{d}T + V\mathrm{d}p \tag{3-4}$$

关系式（3-1）～式（3-4）称为**热力学基本方程**，它们**适用于封闭系统**，对于定组成敞开系统**仅含有体积功的流体**也是适用的。

因为热力学基本方程式中 U、H、G、A 都是状态函数，所以具有全微分性质。$\mathrm{d}U$ 的全微分写为

$$\mathrm{d}U = \left(\frac{\partial U}{\partial S}\right)_V \mathrm{d}S + \left(\frac{\partial U}{\partial V}\right)_S \mathrm{d}V$$

联合式（3-1）$\mathrm{d}U = T\mathrm{d}S - p\mathrm{d}V$ 得到

$$\left(\frac{\partial U}{\partial S}\right)_V = T \tag{3-5}$$

$$\left(\frac{\partial U}{\partial V}\right)_S = -p \tag{3-6}$$

同理，由 $\mathrm{d}H$ 的全微分和式（3-2）得到

$$\left(\frac{\partial H}{\partial S}\right)_p = T \tag{3-7}$$

$$\left(\frac{\partial H}{\partial p}\right)_S = V \tag{3-8}$$

由 $\mathrm{d}A$ 的全微分和式（3-3）得到

$$\left(\frac{\partial A}{\partial T}\right)_V = -S \tag{3-9}$$

$$\left(\frac{\partial A}{\partial V}\right)_T = -p \tag{3-10}$$

由 $\mathrm{d}G$ 的全微分和式（3-4）得到

$$\left(\frac{\partial G}{\partial p}\right)_T = V \tag{3-11}$$

$$\left(\frac{\partial G}{\partial T}\right)_p = -S \tag{3-12}$$

因此，可以得到

$$\left(\frac{\partial U}{\partial S}\right)_V=\left(\frac{\partial H}{\partial S}\right)_p=T \tag{3-13}$$

$$\left(\frac{\partial U}{\partial V}\right)_S=\left(\frac{\partial A}{\partial V}\right)_T=-p \tag{3-14}$$

$$\left(\frac{\partial H}{\partial p}\right)_S=\left(\frac{\partial G}{\partial p}\right)_T=V \tag{3-15}$$

$$\left(\frac{\partial G}{\partial T}\right)_p=\left(\frac{\partial A}{\partial T}\right)_V=-S \tag{3-16}$$

3.1.2 Maxwell（麦克斯韦尔）关系式

根据全微分的二阶导数性质（混合二阶导与求导顺序无关），结合关系式（3-13）～式（3-16），得到 Maxwell 关系式，如下

$$\left(\frac{\partial T}{\partial V}\right)_S=\frac{\partial}{\partial V}\left[\left(\frac{\partial U}{\partial S}\right)_V\right]_S=\frac{\partial}{\partial S}\left[\left(\frac{\partial U}{\partial V}\right)_S\right]_V=-\left(\frac{\partial p}{\partial S}\right)_V \Rightarrow \left(\frac{\partial T}{\partial V}\right)_S=-\left(\frac{\partial p}{\partial S}\right)_V \tag{3-17}$$

$$\left(\frac{\partial T}{\partial p}\right)_S=\frac{\partial}{\partial p}\left[\left(\frac{\partial H}{\partial S}\right)_p\right]_S=\frac{\partial}{\partial S}\left[\left(\frac{\partial H}{\partial p}\right)_S\right]_p=\left(\frac{\partial V}{\partial S}\right)_p \Rightarrow \left(\frac{\partial T}{\partial p}\right)_S=\left(\frac{\partial V}{\partial S}\right)_p \tag{3-18}$$

$$-\left(\frac{\partial S}{\partial V}\right)_T=\frac{\partial}{\partial V}\left[\left(\frac{\partial A}{\partial T}\right)_V\right]_T=\frac{\partial}{\partial T}\left[\left(\frac{\partial A}{\partial V}\right)_T\right]_V=-\left(\frac{\partial p}{\partial T}\right)_V \Rightarrow \left(\frac{\partial S}{\partial V}\right)_T=\left(\frac{\partial p}{\partial T}\right)_V \tag{3-19}$$

$$\left(\frac{\partial V}{\partial T}\right)_p=\frac{\partial}{\partial T}\left[\left(\frac{\partial G}{\partial p}\right)_T\right]_p=\frac{\partial}{\partial p}\left[\left(\frac{\partial G}{\partial T}\right)_p\right]_T=-\left(\frac{\partial S}{\partial p}\right)_T \Rightarrow \left(\frac{\partial V}{\partial T}\right)_p=-\left(\frac{\partial S}{\partial p}\right)_T \tag{3-20}$$

式（3-17）～式（3-20）即为 Maxwell 关系式。分析可以发现：**Maxwell 关系式表达了熵与 p、V、T 之间的函数关系**。前已述及，熵是不能直接测量的，则 **Maxwell 关系式的重要应用是用易于实测的热力学数据（p，V，T）来计算不能直接测定的热力学函数熵 S**。如在恒温条件下，将式（3-19）、式（3-20）分别与 p-V-T 关系相结合就能实现在恒温条件下熵随体积变化、压力变化的计算。

但是熵随温度的变化不能由 Maxwell 关系计算。对于恒容或恒压体系，需要**通过流体的热容建立熵 S 与温度 T 的关系**。

在恒容条件下，将热力学基本方程 $dU=TdS-pdV$ 两边同时除以 dT 得

$$\left(\frac{\partial U}{\partial T}\right)_V=T\left(\frac{\partial S}{\partial T}\right)_V$$

由恒容热容 C_V 的定义式

$$\left(\frac{\partial U}{\partial T}\right)_V=C_V \tag{3-21}$$

得

$$\left(\frac{\partial S}{\partial T}\right)_V=\frac{1}{T}\left(\frac{\partial U}{\partial T}\right)_V=\frac{1}{T}C_V \tag{3-22}$$

同理，在恒压条件下，将方程 $dH=TdS+Vdp$ 两边同时除以 dT 得

$$\left(\frac{\partial H}{\partial T}\right)_p=T\left(\frac{\partial S}{\partial T}\right)_p$$

由恒压热容 C_p 的定义式

$$\left(\frac{\partial H}{\partial T}\right)_p=C_p \tag{3-23}$$

得

$$\left(\frac{\partial S}{\partial T}\right)_p=\frac{1}{T}\left(\frac{\partial H}{\partial T}\right)_p=\frac{1}{T}C_p \tag{3-24}$$

最后，将本节建立的重要热力学性质关系归纳于表 3-1。

表 3-1 热力学性质关系

类别	关系式	编号
热力学基本方程	$dU=TdS-pdV$	（3-1）
	$dH=TdS+Vdp$	（3-2）
	$dA=-SdT-pdV$	（3-3）
	$dG=-SdT+Vdp$	（3-4）
U、H、A、G 的一阶偏导数式	$\left(\frac{\partial U}{\partial S}\right)_V=\left(\frac{\partial H}{\partial S}\right)_p=T$	（3-13）
	$\left(\frac{\partial U}{\partial V}\right)_S=\left(\frac{\partial A}{\partial V}\right)_T=-p$	（3-14）
	$\left(\frac{\partial H}{\partial p}\right)_S=\left(\frac{\partial G}{\partial p}\right)_T=V$	（3-15）
	$\left(\frac{\partial G}{\partial T}\right)_p=\left(\frac{\partial A}{\partial T}\right)_V=-S$	（3-16）
Maxwell 关系式	$\left(\frac{\partial T}{\partial V}\right)_S=-\left(\frac{\partial p}{\partial S}\right)_V$	（3-17）
	$\left(\frac{\partial T}{\partial p}\right)_S=\left(\frac{\partial V}{\partial S}\right)_p$	（3-18）
	$\left(\frac{\partial S}{\partial V}\right)_T=\left(\frac{\partial p}{\partial T}\right)_V$	（3-19）
	$\left(\frac{\partial V}{\partial T}\right)_p=-\left(\frac{\partial S}{\partial p}\right)_T$	（3-20）
温度变化对熵的影响	$\left(\frac{\partial S}{\partial T}\right)_V=\frac{C_V}{T}$	（3-22）
	$\left(\frac{\partial S}{\partial T}\right)_p=\frac{C_p}{T}$	（3-24）

事实上对于同一流体，所有的热力学性质之间都是相互关联的，从相律得出单组元单相系统的自由度为2，即每个热力学性质都可以表示为任何其他两个热力学性质的函数，例如S=S（T，V）或S=S（T，p）等等。在计算中选择哪两个热力学性质为自变量应视具体情况而定。

【例3-1】 请将熵S表达为p、V、T和C_p的函数关系。

解： 将熵S表示为温度T和压力p的函数关系，即S=S（T，p），则有熵的全微分为

$$\mathrm{d}S=\left(\frac{\partial S}{\partial T}\right)_p\mathrm{d}T+\left(\frac{\partial S}{\partial p}\right)_T\mathrm{d}p$$

由式（3-24）知
$$\left(\frac{\partial S}{\partial T}\right)_p=\frac{1}{T}C_p$$

又由Maxwell关系式
$$\left(\frac{\partial S}{\partial p}\right)_T=-\left(\frac{\partial V}{\partial T}\right)_p \tag{3-20}$$

故
$$\mathrm{d}S=C_p\frac{\mathrm{d}T}{T}-\left(\frac{\partial V}{\partial T}\right)_p\mathrm{d}p \tag{3-25}$$

【例3-2】 请写出恒压热容C_p和恒容热容C_V之间的关系式。

解： 在恒容条件下，将式（3-25）两边同除以dT得

$$\left(\frac{\partial S}{\partial T}\right)_V=\frac{1}{T}C_p-\left(\frac{\partial V}{\partial T}\right)_p\left(\frac{\partial p}{\partial T}\right)_V \tag{3-26}$$

将式（3-22）$\left(\frac{\partial S}{\partial T}\right)_V=\frac{1}{T}C_V$代入式（3-26）得

$$C_V=C_p-T\left(\frac{\partial V}{\partial T}\right)_p\left(\frac{\partial p}{\partial T}\right)_V$$

即
$$C_p-C_V=T\left(\frac{\partial V}{\partial T}\right)_p\left(\frac{\partial p}{\partial T}\right)_V \tag{3-27}$$

由此可见，**恒压热容C_p和恒容热容C_V的差值完全可以用流体的p-V-T关系来表达**。

由式（3-19）和式（3-20）还可进一步得到p-V-T之间的偏导数循环关系。因为

$$\left(\frac{\partial V}{\partial T}\right)_p\left(\frac{\partial T}{\partial p}\right)_V=-\left(\frac{\partial S}{\partial p}\right)_T\left(\frac{\partial V}{\partial S}\right)_T=-\left(\frac{\partial V}{\partial p}\right)_T$$

所以
$$\left(\frac{\partial V}{\partial T}\right)_p\left(\frac{\partial T}{\partial p}\right)_V\left(\frac{\partial p}{\partial V}\right)_T=-1 \tag{3-28}$$

【例3-3】 在大气压下将钢制容器中装满液体汞，密封后加热，使温度从275K升到277K，试计算容器所承受的压力。

解： 在加热过程中，液体的体积被容器（刚性容器）限制不能膨胀，所以该题要计算的是在恒容条件下压力随流体温度变化的情况。根据流体p-V-T关系式（3-21）得

$$\left(\frac{\partial p}{\partial T}\right)_V = -\frac{(\partial V/\partial T)_p}{(\partial V/\partial p)_T}$$

定义体膨胀系数
$$\beta = \frac{1}{V}\left(\frac{\partial V}{\partial T}\right)_p \tag{3-29}$$

即表达恒压下，单位温度变化所引起的物体体积的相对变化量。则

$$\left(\frac{\partial V}{\partial T}\right)_p = \beta V$$

由压缩系数的定义式
$$k = -\frac{1}{V}\left(\frac{\partial V}{\partial p}\right)_T \tag{3-30}$$

因此恒温下，单位压力变化所引起的物体体积的相对变化量为

$$\left(\frac{\partial V}{\partial p}\right)_T = -kV$$

从手册查得液态汞的 β=1.8×10^{-4}K^{-1} 以及 k=3.85×10^{-5}MPa^{-1}，代入得

$$\left(\frac{\partial p}{\partial T}\right)_V = \frac{\beta}{k} = \frac{1.8\times10^{-4}}{3.85\times10^{-5}} = 4.675(\text{MPa}\cdot\text{K}^{-1})$$

$$\Delta p = 4.675\Delta T$$

$$p_2 = p_1 + 4.675\Delta T = 0.1 + 4.675\times(277-275) = 9.45(\text{MPa})$$

特别说明：$\alpha_V = \frac{1}{p}\left(\frac{\partial p}{\partial T}\right)_V$ 又被称为相对压力系数，表示在恒容下，单位温度变化所引起的物体压力相对变化量。

以上讨论的体膨胀系数、压缩系数和相对压力系数是可由 p-V-T 关系求得的反映系统重要特性的三个系数。

3.2 焓变和熵变的计算

3.2.1 单相流体焓变的计算

焓是与化工系统能量相关的最重要的热力学性质之一。因此，过程能量分析常常涉及流体焓变的计算。

3.2.1.1 焓变与 p、V、T 的关系

对于单相单组元系统，自由度为 2，可以将 H（T，p）表示成 T、p 的全微分形式，即

$$\mathrm{d}H = \left(\frac{\partial H}{\partial T}\right)_p \mathrm{d}T + \left(\frac{\partial H}{\partial p}\right)_T \mathrm{d}p$$

其中，第一项是恒压热容的定义式，即 $\left(\frac{\partial H}{\partial T}\right)_p = C_p$；第二项，将热力学基本方程式（3-2），

在恒温下等号两边同时除以 dp 得

$$dH=TdS+Vdp \Longrightarrow \left(\frac{\partial H}{\partial p}\right)_T = T\left(\frac{\partial S}{\partial p}\right)_T + V$$

将 Maxwell 关系式（3-20）$\left(\frac{\partial V}{\partial T}\right)_p = -\left(\frac{\partial S}{\partial p}\right)_T$ 代入上式得

$$\left(\frac{\partial H}{\partial p}\right)_T = V - T\left(\frac{\partial V}{\partial T}\right)_p \tag{3-31}$$

所以

$$dH = C_p dT + \left[V - T\left(\frac{\partial V}{\partial T}\right)_p\right]dp \tag{3-32}$$

式（3-32）将系统的**焓变表达为系统 p-V-T 和热容的函数关系**。

同理可以得到气体的焓随温度和体积的变化关系

$$dH = \left[C_V + V\left(\frac{\partial p}{\partial T}\right)_V\right]dT + \left[T\left(\frac{\partial p}{\partial T}\right)_V + V\left(\frac{\partial p}{\partial V}\right)_T\right]dV \tag{3-33}$$

以及气体的焓随体积和压力的变化关系

$$dH = C_p\left(\frac{\partial T}{\partial V}\right)_p dV + \left[V + C_V\left(\frac{\partial T}{\partial p}\right)_V\right]dp \tag{3-34}$$

从式（3-32）～式（3-34）可以看出：系统的焓变可以通过系统的 p-V-T 关系和热容关系式进行计算。也就是说：计算系统的焓变，需要真实流体的热容函数及流体的 p-V-T 关系，只是在不同条件下，需要选择不同的方程。

对于**理想气体，恒压热容（C_p^{ig}）仅是温度的函数**，大量物质的函数系数均可从手册中获得，摩尔恒容热容 $C_V^{\text{ig}} = C_p^{\text{ig}} - R$，再结合理想气体状态方程 $V = \frac{RT}{p}$，很容易计算过程的焓变。

对于恒温过程或恒压过程，由式（3-32）可以得到理想气体的焓变分别为

$$\Delta H_T^{\text{ig}} = 0 \tag{3-35}$$

$$\Delta H_p^{\text{ig}} = \int_{T_1}^{T_2} C_p^{\text{ig}} dT \tag{3-36}$$

液体热容是温度和压力的函数，但是热容的数值受压力的影响很小，在大多数情况下可以忽略不计。因此，许多物质的液体热容也仅表示为温度的函数，其函数的参数亦可从数据手册中获得。

用式（3-32）计算液体的焓变时，可以引入体膨胀系数。

将体膨胀系数的定义式 $\beta = \frac{1}{V}\left(\frac{\partial V}{\partial T}\right)_p$ 代入式（3-32）得液体焓变的计算公式

$$dH = C_p^{\text{LE}} dT + V(1-\beta T)dp \tag{3-37}$$

【例3-4】水的始态为298K、0.1MPa，终态为323K、100MPa。计算水从始态到终态过程的焓变。

解：该题需要计算温度变化（从298K到323K）和压力变化（从0.1MPa到100MPa）所引起的液体水的焓变，因此选择式（3-37）计算。需要知道在此温度和压力范围内的水的恒压热容C_p^{LE}和摩尔体积、体膨胀系数的信息。由于没有合适的函数关系，只能采取近似计算的方法。

查热力学数据手册得到水在有关温度和压力下的恒压热容、摩尔体积和体膨胀系数如下表。

T/K	p/MPa	C_p/J·mol^{-1}·K^{-1}	V/cm^3·mol^{-1}	$\beta\times10^6$/K^{-1}
298	0.1	75.305	18.071	256
298	100		18.012	366
323	0.1	75.314	18.234	458
323	100		18.174	568

由于焓是状态函数，故设计如下先等压再等温的变化途径进行计算

$$0.1\text{MPa}，298\text{K}\xrightarrow{\Delta H_p}0.1\text{MPa}，323\text{K}\xrightarrow{\Delta H_T}100\text{MPa}，323\text{K}$$

当压力恒定，即p=0.1MPa时，$C_p=\frac{1}{2}\times(75.305+75.314)=75.310(\text{J}\cdot\text{mol}^{-1}\cdot\text{K}^{-1})$

当温度恒定T=323K时，$V=\frac{1}{2}\times(18.234+18.174)=18.204(\text{cm}^3\cdot\text{mol}^{-1})$

$$\beta=\frac{1}{2}\times(458+568)\times10^{-6}=513\times10^{-6}\ (\text{K}^{-1})$$

使用式（3-37）进行近似计算得

$$\Delta H=C_p(T_2-T_1)+V(1-\beta T_2)(p_2-p_1)$$
$$=75.310\times(323-298)+18.204\times(1-513\times10^{-6}\times323)\times(100-0.1)$$
$$=1882.75+1517.24=3400(\text{J}\cdot\text{mol}^{-1})$$

非理想气体的恒压热容不易获得，尤其带压条件下恒压热容与温度的函数关系非常缺乏，因此在实际化工过程中，难以直接应用式（3-32）～式（3-34）计算流体的焓变。对于真实流体，必须利用焓的状态函数特性，设计变化的虚拟途径。

当无化学反应时，如果流体由状态A（T_1，p_1）发生了温度和压力的变化，最终到状态B（T_2，p_2），设置虚拟途径如图3-1所示。图中H_i^R**表示相同温度压力下，真实流体与理想气体焓值的差额**。

由于状态函数的变化与途径无关，可得到

$$\Delta H=-H_1^R+\Delta H_p^{ig}+\Delta H_T^{ig}+H_2^R$$

其中，理想气体等压焓变 $$\Delta H_p^{ig}=\int_{T_1}^{T_2}C_p^{ig}\text{d}T \qquad (3\text{-}36)$$

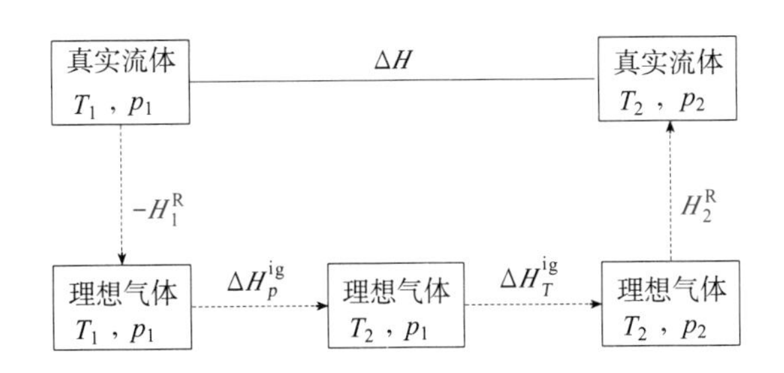

图 3-1　计算焓变的虚拟路线图

理想气体等温焓变
$$\Delta H_T^{\mathrm{ig}} = 0 \tag{3-35}$$

从而真实流体焓变
$$\Delta H = H_2^{\mathrm{R}} - H_1^{\mathrm{R}} + \int_{T_1}^{T_2} C_p^{\mathrm{ig}} \mathrm{d}T \tag{3-38}$$

所以只有解决 H_i^{R} 的计算问题，方可借助计算真实流体的焓变。

3.2.1.2　剩余性质

真实流体的分子之间存在相互作用，这种分子间的作用力随着系统压力升高或者流体密度的增大而变得不容忽视。从第 2 章的讨论得知，随着系统压力的升高，理想气体状态方程已不能准确描述真实流体的 p-V-T 关系，说明高压下的理想气体实际上是不存在的，只是个假想态。高压下的真实流体广延热力学性质也不会与同温、同压的“理想气体”相同，即图 3-1 中的 H_1^{R} 和 H_2^{R} 不等于零，并且 H_1^{R} 和 H_2^{R} 的绝对值随着流体的非理想性增强而增大。

广义地说，图 3-1 所示的虚拟途径对其他广延热力学性质的计算同样有效，故将**同温、同压下真实流体与理想气体摩尔广延热力学性质（M）的差额定义为剩余性质，用符号 M^{R} 表示**。用公式表达为

$$M^{\mathrm{R}}=M(T,\ p)-M^{\mathrm{ig}}(T,\ p) \tag{3-39}$$

式（3-39）是剩余性质定义式的通式，M 和 M^{ig} 分别表示相同温度、压力下真实流体和理想气体广延热力学性质的摩尔量，如摩尔体积、摩尔热力学能、摩尔焓、摩尔熵和摩尔 Gibbs 自由能等等。根据式（3-39），剩余焓的计算式可用式（3-40）表示。

$$H^{\mathrm{R}}=H(T,\ p)-H^{\mathrm{ig}}(T,\ p) \tag{3-40}$$

既然流体在 T、p 下是真实状态，那么在相同 T、p 下是不可能处于理想气体状态的，所以**剩余性质只是一个假想的概念**。

3.2.1.3　剩余焓与 p、V、T 的关系

由剩余焓 H^{R} 的定义式（3-40），在恒温下，等号两边同时对压力 p 求偏导

$$\left(\frac{\partial H^{\mathrm{R}}}{\partial p}\right)_T = \left(\frac{\partial H}{\partial p}\right)_T - \left(\frac{\partial H^{\mathrm{ig}}}{\partial p}\right)_T = \left(\frac{\partial H}{\partial p}\right)_T$$

积分得
$$\int_{H^{\mathrm{R}}\to 0}^{H^{\mathrm{R}}} \mathrm{d}H^{\mathrm{R}} = \int_{p\to 0}^{p} \left[\left(\frac{\partial H}{\partial p}\right)_T\right]_T \mathrm{d}p \tag{3-41}$$

H_0^{R} **表示压力趋于零时的剩余焓变**，此时流体行为接近理想气体

$$H_0^{\mathrm{R}}=0 \tag{3-42}$$

将热力学基本方程式（3-2）$\mathrm{d}H=T\mathrm{d}S+V\mathrm{d}p$，在恒温下两边同时除以 $\mathrm{d}p$ 得到

$$\left(\frac{\partial H}{\partial p}\right)_T=T\left(\frac{\partial S}{\partial p}\right)_T+V\xrightarrow{\left(\frac{\partial S}{\partial p}\right)_T=-\left(\frac{\partial V}{\partial T}\right)_p}\left(\frac{\partial H}{\partial p}\right)_T=V-T\left(\frac{\partial V}{\partial T}\right)_p \tag{3-43}$$

将式（3-42）和式（3-43）代入式（3-41）得

$$H^{\mathrm{R}}=\int_{p\to 0}^{p}\left[V-T\left(\frac{\partial V}{\partial T}\right)_p\right]_T\mathrm{d}p \tag{3-44}$$

从式（3-44）可以看出：**剩余焓完全表示成了流体 p、V、T 的函数关系**。也就是说：通过真实流体的 p、V、T 关系即可进行流体剩余焓的计算。第 2 章描述的状态方程以及对比态原理所对应的 p、V、T 关系均可使用。

式（3-44）是体积的显函数关系，如果 p、V、T 关系是 $V=f(T, p)$ 形式，如维里方程等，可直接利用式（3-44）求取 H^{R}。如果 p、V、T 关系是 $p=f(T, V)$ 形式，如立方型状态方程等，则需要先将 $\left(\frac{\partial V}{\partial T}\right)_p$ 转换成 $\left(\frac{\partial p}{\partial T}\right)_V$ 的形式。

由式（3-28）移项得

$$\left(\frac{\partial V}{\partial T}\right)_p=-\left(\frac{\partial p}{\partial T}\right)_V\left(\frac{\partial V}{\partial p}\right)_T$$

进一步改写成

$$\left[\left(\frac{\partial V}{\partial T}\right)_p\mathrm{d}p\right]_T=-\left[\left(\frac{\partial p}{\partial T}\right)_V\mathrm{d}V\right]_T \tag{3-45}$$

又因为

$$V\mathrm{d}p=\mathrm{d}(pV)-p\mathrm{d}V \tag{3-46}$$

将式（3-45）及式（3-46）代入式（3-44）中得

$$\begin{aligned}H^{\mathrm{R}}&=\int_{p\to 0}^{p}V\mathrm{d}p-\int_{p\to 0}^{p}T\left(\frac{\partial V}{\partial T}\right)_p\mathrm{d}p\\&=\int_{pV_{p\to 0}}^{pV}\mathrm{d}(pV)-\int_{V\to\infty}^{V}p\mathrm{d}V+\int_{V\to\infty}^{V}T\left(\frac{\partial p}{\partial T}\right)_V\mathrm{d}V\end{aligned} \tag{3-47}$$

当 $p\to 0$ 时，$V\to\infty$，$pV=RT$，整理上式得到

$$H^{\mathrm{R}}=pV-RT+\int_{V\to\infty}^{V}\left[T\left(\frac{\partial p}{\partial T}\right)_V-p\right]_T\mathrm{d}V \tag{3-48}$$

将第 2 章提出的状态方程或对比态原理所对应的 p、V、T 关系代入式（3-44）或式（3-48）可以计算剩余焓的值。下面将讨论如何利用状态方程或对比态原理计算 H^{R}。

（1）利用二阶舍项维里方程计算 H^{R}

对于低压的气体，p-V-T 关系可用二阶舍项维里方程表示

$$Z=\frac{pV}{RT}=1+\frac{Bp}{RT} \tag{2-10b}$$

其中
$$V=\frac{RT}{p}+B$$

恒压下对温度求偏导
$$\left(\frac{\partial V}{\partial T}\right)_p=\frac{R}{p}+\frac{\mathrm{d}B}{\mathrm{d}T} \tag{3-49}$$

代入式（3-44）得

$$H^{\mathrm{R}}=\int_{p\to 0}^{p}\left[V-T\left(\frac{\partial V}{\partial T}\right)_p\right]_T\mathrm{d}p$$

$$=\int_{p\to 0}^{p}\left[\frac{RT}{p}+B-T\left(\frac{R}{p}+\frac{\mathrm{d}B}{\mathrm{d}T}\right)\right]_T\mathrm{d}p=\int_{p\to 0}^{p}\left[B-T\left(\frac{\mathrm{d}B}{\mathrm{d}T}\right)\right]_T\mathrm{d}p \tag{3-50}$$

由于 B 只是温度 T 的函数，积分式（3-50）得

$$H^{\mathrm{R}}=p\left[B-T\left(\frac{\mathrm{d}B}{\mathrm{d}T}\right)\right] \tag{3-51}$$

（2）利用普遍化第二维里系数计算 H^{R}

首先将式（3-51）变成无量纲形式，即等式两边同除以 RT 得

$$\frac{H^{\mathrm{R}}}{RT}=\frac{p}{R}\left(\frac{B}{T}-\frac{\mathrm{d}B}{\mathrm{d}T}\right) \tag{3-52}$$

根据普遍化第二维里系数的定义式（2-36）$\frac{Bp_{\mathrm{c}}}{RT_{\mathrm{c}}}=B^{(0)}+\omega B^{(1)}$ 得

$$B=\frac{RT_{\mathrm{c}}}{p_{\mathrm{c}}}[B^{(0)}+\omega B^{(1)}]$$

式中
$$B^{(0)}=0.083-\frac{0.422}{T_{\mathrm{r}}^{1.6}} \tag{2-37a}$$

$$B^{(1)}=0.139-\frac{0.172}{T_{\mathrm{r}}^{4.2}} \tag{2-37b}$$

等式两边对 T 求导

$$\frac{\mathrm{d}B}{\mathrm{d}T}=\frac{RT_{\mathrm{c}}}{p_{\mathrm{c}}}\left[\frac{\mathrm{d}B^{(0)}}{\mathrm{d}T}+\omega\frac{\mathrm{d}B^{(1)}}{\mathrm{d}T}\right] \tag{3-53}$$

将上两式代入式（3-52）并改写成对比态形式为

$$\frac{H^{\mathrm{R}}}{RT}=p_{\mathrm{r}}\left\{\frac{B^{(0)}}{T_{\mathrm{r}}}-\frac{\mathrm{d}B^{(0)}}{\mathrm{d}T_{\mathrm{r}}}+\omega\left[\frac{B^{(1)}}{T_{\mathrm{r}}}-\frac{\mathrm{d}B^{(1)}}{\mathrm{d}T_{\mathrm{r}}}\right]\right\} \tag{3-54}$$

其中
$$\frac{\mathrm{d}B^{(0)}}{\mathrm{d}T_{\mathrm{r}}}=\frac{0.675}{T_{\mathrm{r}}^{2.6}} \tag{3-55a}$$

$$\frac{\mathrm{d}B^{(1)}}{\mathrm{d}T_{\mathrm{r}}}=\frac{0.722}{T_{\mathrm{r}}^{5.2}} \tag{3-55b}$$

用式（3-54）计算 H^{R} 的适用范围与普遍化第二维里系数的应用范围对应，即 $V_r \gg 2$ 或图 2-9 斜线的上方。

（3）利用 RK 方程计算 H^{R}

对于中、高压的弱极性气体，$p-V-T$ 关系可用 RK 方程表示

$$p=\frac{RT}{V-b}-\frac{a}{T^{0.5}V(V+b)} \tag{2-13}$$

采用式（3-48）计算流体的剩余焓变。

式（2-13）在体积 V 不变的条件下对温度 T 求偏导

$$\left(\frac{\partial p}{\partial T}\right)_V=\frac{R}{V-b}+\frac{a}{2T^{1.5}V(V+b)} \tag{3-56}$$

代入式（3-48）得

$$H^{R}=pV-RT+\int_{V_m\to\infty}^{V_m}\left[T\left(\frac{\partial p}{\partial T}\right)_V-p\right]_T \mathrm{d}V$$

$$=pV-RT+\frac{3a}{2T^{0.5}}\left[-\frac{1}{b}\ln\left(\frac{b}{V}+1\right)\right]_{V\to\infty}^{V} \tag{3-57}$$

当 $V\to\infty$ 时，$\lim\limits_{V\to\infty}\left(\ln\frac{V+b}{V}\right)=0$，故

$$H^{R}=pV-RT-\frac{3a}{2bT^{0.5}}\ln\left(1+\frac{b}{V}\right) \tag{3-58}$$

用类似的方法结合其他立方型状态方程，还可以得到相应的剩余焓的表达式。

（4）利用普遍化三参数压缩因子法计算 H^{R}

由压缩因子定义式得 $V=\frac{ZRT}{p}$，等式两边对温度求偏导得

$$\left(\frac{\partial V}{\partial T}\right)_p=\frac{R}{p}\left[Z+T\left(\frac{\partial Z}{\partial T}\right)_p\right] \tag{3-59}$$

将上两式代入式（3-44）得

$$H^{R}=\int_{p\to 0}^{p}\left[V-T\left(\frac{\partial V}{\partial T}\right)_p\right]_T \mathrm{d}p=-RT^2\int_{p\to 0}^{p}\left[\frac{1}{p}\left(\frac{\partial Z}{\partial T}\right)_p\right]_T \mathrm{d}p \tag{3-60}$$

将式（3-60）进行无量纲化处理，并用对比态形式表示，即式（3-60）两边同除以 RT_c 得

$$\frac{H^{R}}{RT_c}=-T_r^2\int_{p_r\to 0}^{p_r}\left[\frac{1}{p_r}\left(\frac{\partial Z}{\partial T_r}\right)_{p_r}\right]_{T_r}\mathrm{d}p_r \tag{3-61}$$

采用以 ω 为第三参数的 Pitzer 关系式

$$Z=Z^{(0)}+\omega Z^{(1)} \tag{2-34}$$

在恒定对比压力下，对 T_r 求偏导

$$\left(\frac{\partial Z}{\partial T_r}\right)_{p_r}=\left[\frac{\partial Z^{(0)}}{\partial T_r}\right]_{p_r}+\omega\left[\frac{\partial Z^{(1)}}{\partial T_r}\right]_{p_r} \tag{3-62}$$

代入式（3-61）得

$$\frac{H^R}{RT_c}=-T_r^2\int_{p_r\to 0}^{p_r}\left\{\frac{1}{p_r}\left[\frac{\partial Z^{(0)}}{\partial T_r}\right]_{p_r}\right\}_{T_r}\mathrm{d}p_r-\omega T_r^2\int_{p_r\to 0}^{p_r}\left\{\frac{1}{p_r}\left[\frac{\partial Z^{(1)}}{\partial T_r}\right]_{p_r}\right\}_{T_r}\mathrm{d}p_r \tag{3-63}$$

对比式（3-61）和式（3-63）的各项，将式（3-63）中与式（3-61）具有相同结构的部分分别以 $\frac{(H^R)^0}{RT_c}$ 和 $\frac{(H^R)^1}{RT_c}$ 表示，从而得到

$$\frac{H^R}{RT_c}=\frac{(H^R)^0}{RT_c}+\omega\frac{(H^R)^1}{RT_c} \tag{3-64}$$

其中

$$\frac{(H^R)^0}{RT_c}=-T_r^2\int_{p_r\to 0}^{p_r}\left\{\frac{1}{p_r}\left[\frac{\partial Z^{(0)}}{\partial T_r}\right]_{p_r}\right\}_{T_r}\mathrm{d}p_r \tag{3-65}$$

$$\frac{(H^R)^1}{RT_c}=-T_r^2\int_{p_r\to 0}^{p_r}\left\{\frac{1}{p_r}\left[\frac{\partial Z^{(1)}}{\partial T_r}\right]_{p_r}\right\}_{T_r}\mathrm{d}p_r \tag{3-66}$$

根据式（3-65）和普遍化压缩因子图（图 2-7）绘制出普遍化焓图（图 3-2 和图 3-3），以及根据式（3-66）和普遍化压缩因子图（图 2-8）绘制出普遍化焓图（图 3-4 和图 3-5）。曾有人提出，普遍化焓图的使用范围是 $V_r<2$ 或 T_r、p_r 位于图 2-9 斜线下部区域更适宜。

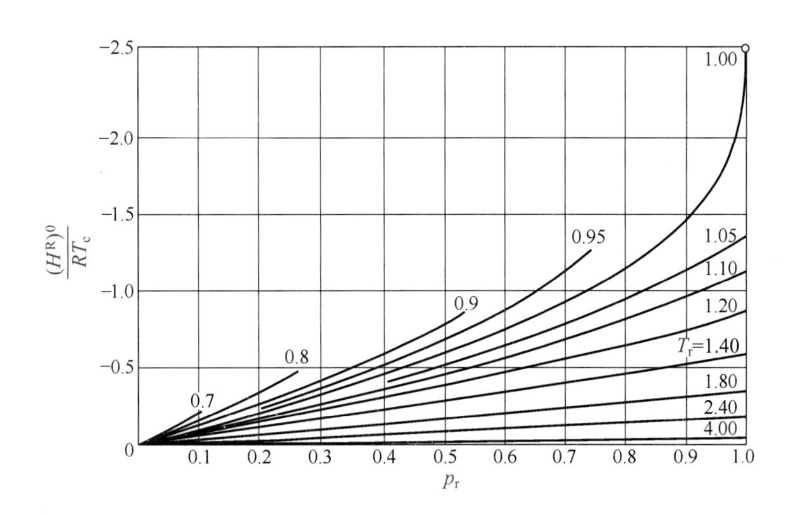

图 3-2　$\frac{(H^R)^0}{RT_c}$ 的普遍化关联（$p_r<1.0$）

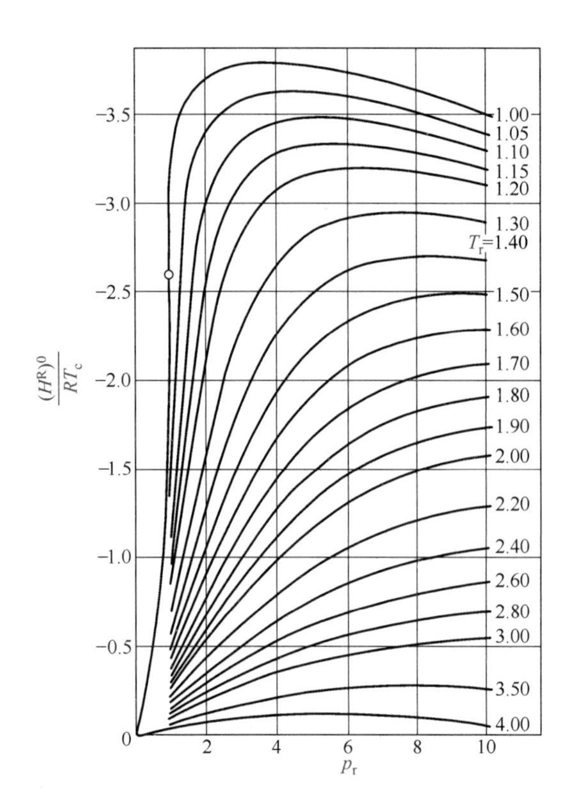

图 3-3 $\frac{(H^R)^0}{RT_c}$ 的普遍化关联（$p_r > 1.0$）

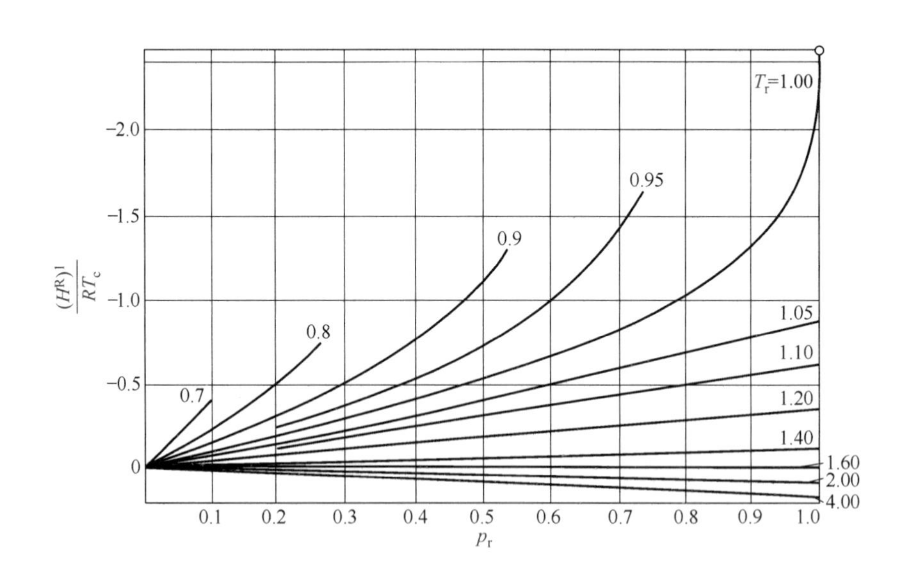

图 3-4 $\frac{(H^R)^1}{RT_c}$ 的普遍化关联（$p_r < 1.0$）

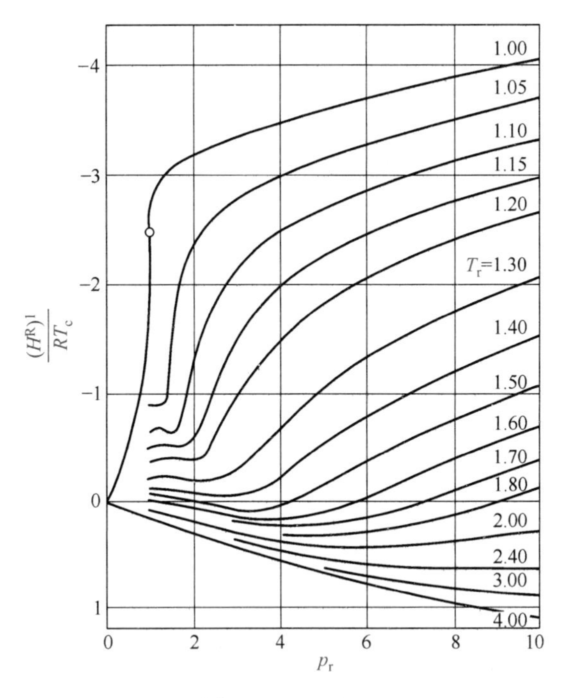

图 3-5　$\frac{(H^R)^1}{RT_c}$ 的普遍化关联（$p_r > 1.0$）

【例3-5】将丙烷从 400K、1MPa 压缩至 450K、10MPa，计算压缩过程中流体的摩尔焓变。

解：根据丙烷的初态和终态压力判断，均属非理想气体，故采用图 3-1 的虚拟路线及式（3-38）计算焓变：

$$\Delta H = H_2^R - H_1^R + \int_{T_1}^{T_2} C_p^{ig} dT$$

其中，关键问题是针对初态和终态，选择合适的 p-V-T 关系计算对应的剩余焓。以下选择对比态方法计算。

（1）查电子版附录 3 得到 T_c=369.83K，p_c=4.248MPa，ω=0.152。计算 T_r 和 p_r

初态　$$T_{r1} = \frac{400}{369.83} = 1.082 \, , \quad p_{r1} = \frac{1}{4.248} = 0.235$$

终态　$$T_{r2} = \frac{450}{369.83} = 1.217 \, , \quad p_{r2} = \frac{10}{4.248} = 2.354$$

参照图 2-9 选择 p-V-T 关系的适用方法，初态点的计算可用比较简单的普遍化维里方程，终态点则需用普遍化焓图。

（2）用普遍化维里方程计算 H_1^R

$$B^{(0)} = 0.083 - \frac{0.422}{T_r^{1.6}} = 0.083 - \frac{0.422}{1.082^{1.6}} = -0.289$$

$$B^{(1)} = 0.139 - \frac{0.172}{T_r^{4.2}} = 0.139 - \frac{0.172}{1.082^{4.2}} = 0.015$$

$$\frac{dB^{(0)}}{dT_r}=\frac{0.675}{T_r^{2.6}}=\frac{0.675}{1.082^{2.6}}=0.550$$

$$\frac{dB^{(1)}}{dT_r}=\frac{0.722}{T_r^{5.2}}=\frac{0.722}{1.082^{5.2}}=0.479$$

$$\frac{H_1^R}{RT_1}=p_{r1}\left\{\frac{B^{(0)}}{T_{r1}}-\frac{dB^{(0)}}{dT_r}+\omega\left[\frac{B^{(1)}}{T_{r1}}-\frac{dB^{(1)}}{dT_r}\right]\right\}$$

$$=0.235\times\left[\frac{-0.289}{1.082}-0.550+0.152\times\left(\frac{0.015}{1.082}-0.479\right)\right]=-0.209$$

$$H_1^R=-0.209\times 8.314\times 400=-695.05\ (\text{J}\cdot\text{mol}^{-1})$$

（3）用普遍化焓图计算 H_2^R

由 T_{r2}=1.217、p_{r2}=2.354 查图 3-3、图 3-5 分别得到

$$\frac{(H^R)^0}{RT_c}=-2.5,\quad \frac{(H^R)^1}{RT_c}=-0.5$$

由式（3-64）得

$$\frac{H_2^R}{RT_c}=\frac{(H^R)^0}{RT_c}+\omega\frac{(H^R)^1}{RT_c}=-2.5+0.152\times(-0.5)=-2.576$$

$$H_2^R=-2.576RT_c=-2.576\times 8.314\times 369.83=-7920.60(\text{J}\cdot\text{mol}^{-1})$$

（4）计算理想气体的焓变

由电子版附录 6 查得丙烷的理想气体恒压热容为

$$C_p^{ig}/R=3.847+0.005131T+6.011\times10^{-5}T^2-7.893\times10^{-8}T^3+3.079\times10^{-11}T^4$$

则

$$\Delta H^{ig}=\int_{T_1}^{T_2}C_p^{ig}dT=\int_{400}^{450}R(3.847+0.005131T+6.011\times10^{-5}T^2-7.893\times10^{-8}T^3+3.079\times10^{-11}T^4)dT$$

$=4917.32(\text{J}\cdot\text{mol}^{-1})$

（5）将（2）、（3）、（4）中的结果代入式（3-38）得到丙烷压缩过程的焓变

$$\Delta H=-7920.60+695.05+4917.32=-2308.23(\text{J}\cdot\text{mol}^{-1})$$

3.2.2 单相流体熵变的计算

从例 3-1 已经得到了熵随温度和压力变化的关系式（3-25），用类似的方法还可得到熵随温度和体积的变化。

将熵 S 表示为温度 T 和体积 V 的函数，则熵的全微分 dS 写为

$$dS=\left(\frac{\partial S}{\partial T}\right)_V dT+\left(\frac{\partial S}{\partial V}\right)_T dV$$

由式（3-22）知 $$\left(\frac{\partial S}{\partial T}\right)_V=\frac{C_V}{T}$$

又由于 $$\left(\frac{\partial S}{\partial V}\right)_T=\left(\frac{\partial p}{\partial T}\right)_V \tag{3-19}$$

故 $$\mathrm{d}S=C_V\frac{\mathrm{d}T}{T}+\left(\frac{\partial p}{\partial T}\right)_V\mathrm{d}V \tag{3-67}$$

真实流体的熵变同样可以借助理想气体的熵变和剩余熵来计算，亦可按照图 3-1 设计虚拟路径。

$$\Delta S=S_2^{\mathrm{R}}-S_1^{\mathrm{R}}+\Delta S_p^{\mathrm{ig}}+\Delta S_T^{\mathrm{ig}} \tag{3-68}$$

式中 $$\Delta S_p^{\mathrm{ig}}=\int_{T_1}^{T_2}\frac{C_p^{\mathrm{ig}}}{T}\mathrm{d}T \tag{3-69}$$

$$\Delta S_T^{\mathrm{ig}}=R\ln\frac{p_1}{p_2} \tag{3-70}$$

特别注意：与焓变不同，理想气体的恒温熵变不为零。即使是理想气体，其熵值不仅和温度有关，也随着压力变化。

3.2.2.1 剩余熵与 p-V-T 的关系

根据剩余性质的定义式（3-39），剩余熵可表达为

$$S^{\mathrm{R}}=S(T,\ p)-S^{\mathrm{ig}}(T,\ p) \tag{3-71}$$

在等温下，上式等号两边同时对压力求偏导

$$\left(\frac{\partial S^{\mathrm{R}}}{\partial p}\right)_T=\left(\frac{\partial S}{\partial p}\right)_T-\left(\frac{\partial S^{\mathrm{ig}}}{\partial p}\right)_T$$

积分得 $$\int_{S^{\mathrm{R}}\to 0}^{S^{\mathrm{R}}}\mathrm{d}S^{\mathrm{R}}=\int_{p\to 0}^{p}\left[\left(\frac{\partial S}{\partial p}\right)_T-\left(\frac{\partial S^{\mathrm{ig}}}{\partial p}\right)_T\right]_T\mathrm{d}p \tag{3-72}$$

因 $\left(\frac{\partial S}{\partial p}\right)_T=-\left(\frac{\partial V}{\partial T}\right)_p$，$\left(\frac{\partial S^{\mathrm{ig}}}{\partial p}\right)_T=-\frac{R}{p}$，$S_0^{\mathrm{R}}=0$，故式（3-72）写为

$$S^{\mathrm{R}}=\int_{p\to 0}^{p}\left[\frac{R}{p}-\left(\frac{\partial V}{\partial T}\right)_p\right]_T\mathrm{d}p \tag{3-73}$$

结合式（3-45）得 $$S^{\mathrm{R}}=R\ln Z+\int_{V\to\infty}^{V}\left[\left(\frac{\partial p}{\partial T}\right)_V-\frac{R}{V}\right]_T\mathrm{d}V \tag{3-74}$$

3.2.2.2 利用不同的 p-V-T 关系计算剩余熵

（1）利用二阶舍项维里方程计算 S^{R}

将式（3-49）代入式（3-73）得

$$S^{\mathrm{R}}=\int_{p\to 0}^{p}\left[\frac{R}{p}-\left(\frac{R}{p}+\frac{\mathrm{d}B}{\mathrm{d}T}\right)\right]_T\mathrm{d}p=-p\frac{\mathrm{d}B}{\mathrm{d}T} \tag{3-75}$$

（2）利用普遍化第二维里系数计算 S^{R}

首先将式（3-75）无量纲化，即等式两边同除以 R，得

$$\frac{S^{\mathrm{R}}}{R}=-\frac{p}{R}\times\frac{\mathrm{d}B}{\mathrm{d}T} \tag{3-76}$$

将式（3-53）代入式（3-76）得到

$$\frac{S^{\mathrm{R}}}{R}=-p_{\mathrm{r}}\left[\frac{\mathrm{d}B^{(0)}}{\mathrm{d}T_{\mathrm{r}}}+\omega\frac{\mathrm{d}B^{(1)}}{\mathrm{d}T_{\mathrm{r}}}\right] \tag{3-77}$$

式中，$\frac{\mathrm{d}B^{(0)}}{\mathrm{d}T_{\mathrm{r}}}=\frac{0.675}{T_{\mathrm{r}}^{2.6}}$，$\frac{\mathrm{d}B^{(1)}}{\mathrm{d}T_{\mathrm{r}}}=\frac{0.722}{T_{\mathrm{r}}^{5.2}}$。

根据普遍化第二维里系数适用范围，式（3-77）可能更适用于 $V_{\mathrm{r}}\geqslant 2$，或系统的 T_{r}、p_{r} 位于图 2-9 斜线上方的区域。

（3）利用 RK 方程计算 S^{R}

将式（3-56）代入式（3-74）并积分得

$$S^{\mathrm{R}}=R\ln(V-b)-R\ln\frac{RT}{p}-\frac{a}{2T^{1.5}b}\ln\left(1+\frac{b}{V}\right) \tag{3-78}$$

式中，a 和 b 为 RK 常数。

（4）利用普遍化三参数压缩因子法计算 S^{R}

将式（3-59）

$$\left(\frac{\partial V}{\partial T}\right)_p=\frac{R}{p}\left[Z+T\left(\frac{\partial Z}{\partial T}\right)_p\right]$$

代入式（3-73）得

$$S^{\mathrm{R}}=R\int_{p\to 0}^{p}\left\{\frac{1}{p}\left[1-Z-T\left(\frac{\partial Z}{\partial T}\right)_p\right]\right\}_T\mathrm{d}p \tag{3-79}$$

将式（3-79）进行无量纲化处理，并用对比态形式表示，即式（3-79）两边同除以 R 得

$$\frac{S^{\mathrm{R}}}{R}=\int_{p_{\mathrm{r}}\to 0}^{p_{\mathrm{r}}}\left\{\frac{1}{p_{\mathrm{r}}}\left[1-Z-T_{\mathrm{r}}\left(\frac{\partial Z}{\partial T_{\mathrm{r}}}\right)_{p_{\mathrm{r}}}\right]\right\}_{T_{\mathrm{r}}}\mathrm{d}p_{\mathrm{r}} \tag{3-80}$$

结合 Pitzer 关系式 $Z=Z^{(0)}+\omega Z^{(1)}$ 得

$$\frac{S^{\mathrm{R}}}{R}=\int_{p_{\mathrm{r}}\to 0}^{p_{\mathrm{r}}}\left\{\frac{1}{p_{\mathrm{r}}}\left[1-Z^{(0)}-T_{\mathrm{r}}\left(\frac{\partial Z^{(0)}}{\partial T_{\mathrm{r}}}\right)_{p_{\mathrm{r}}}\right]\right\}_{T_{\mathrm{r}}}\mathrm{d}p_{\mathrm{r}}+\omega\int_{p_{\mathrm{r}}\to 0}^{p_{\mathrm{r}}}\left\{\frac{1}{p_{\mathrm{r}}}\left[1-Z^{(1)}-T_{\mathrm{r}}\left(\frac{\partial Z^{(1)}}{\partial T_{\mathrm{r}}}\right)_{p_{\mathrm{r}}}\right]\right\}_{T_{\mathrm{r}}}\mathrm{d}p_{\mathrm{r}} \tag{3-81}$$

令

$$\frac{(S^{\mathrm{R}})^0}{R}=\int_{p_{\mathrm{r}}\to 0}^{p_{\mathrm{r}}}\left\{\frac{1}{p_{\mathrm{r}}}\left[1-Z^{(0)}-T_{\mathrm{r}}\left(\frac{\partial Z^{(0)}}{\partial T_{\mathrm{r}}}\right)_{p_{\mathrm{r}}}\right]\right\}_{T_{\mathrm{r}}}\mathrm{d}p_{\mathrm{r}} \tag{3-82}$$

$$\frac{(S^{\mathrm{R}})^1}{R}=\int_{p_{\mathrm{r}}\to 0}^{p_{\mathrm{r}}}\left\{\frac{1}{p_{\mathrm{r}}}\left[1-Z^{(1)}-T_{\mathrm{r}}\left(\frac{\partial Z^{(1)}}{\partial T_{\mathrm{r}}}\right)_{p_{\mathrm{r}}}\right]\right\}_{T_{\mathrm{r}}}\mathrm{d}p_{\mathrm{r}} \tag{3-83}$$

则
$$\frac{S^{R}}{R}=\frac{(S^{R})^{0}}{R}+\omega\frac{(S^{R})^{1}}{R} \tag{3-84}$$

根据普遍化压缩因子图，通过式（3-82）和式（3-83）计算，可以作出普遍化熵图，见图 3-6 ～图 3-9。当系统的 $V_r<2$ 或 T_r、p_r 落在图 2-9 斜线下部范围内，用以上各图计算 S^R 较为适宜。

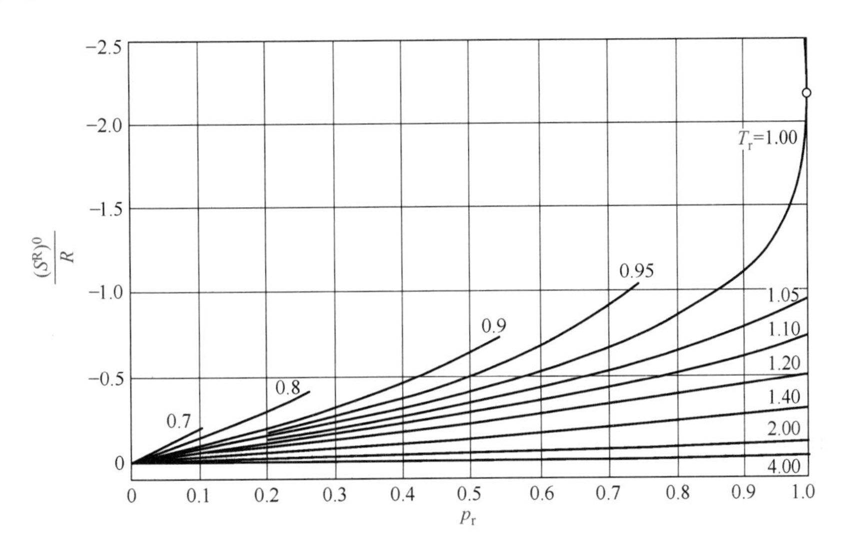

图 3-6　$\frac{(S^R)^0}{R}$ 的普遍化关联（$p_r<1.0$）

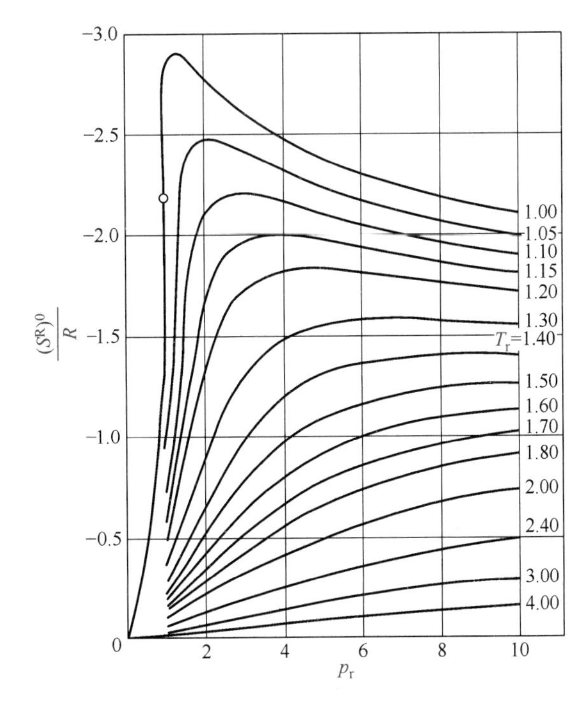

图 3-7　$\frac{(S^R)^0}{R}$ 的普遍化关联（$p_r>1.0$）

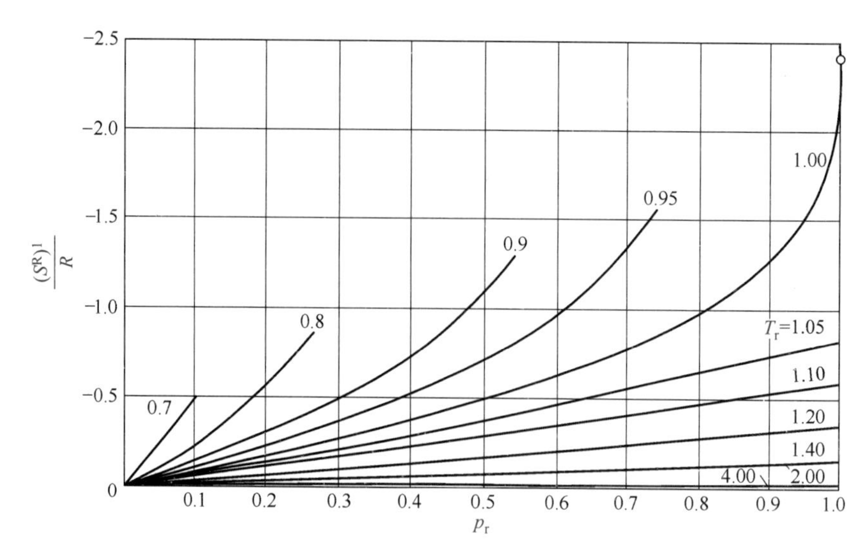

图 3-8 $\frac{(S^R)^1}{R}$ 的普遍化关联（$p_r<1.0$）

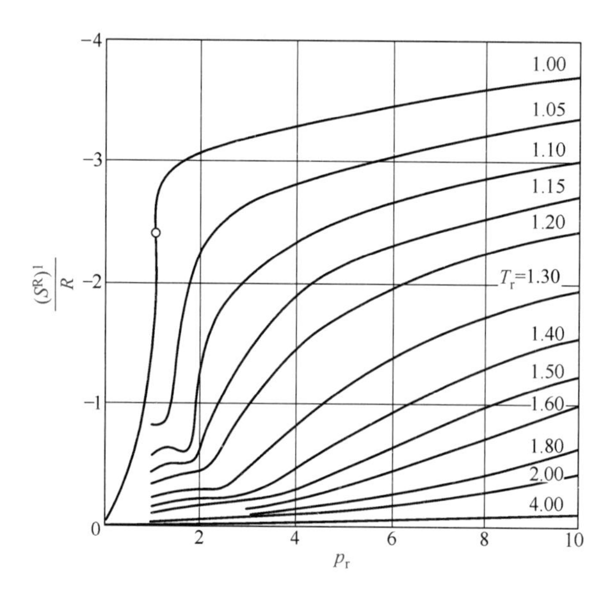

图 3-9 $\frac{(S^R)^1}{R}$ 的普遍化关联（$p_r>1.0$）

【例3-6】试用普遍化方法计算乙烯在 300K、0.5MPa 下的剩余熵。

解：由电子版附录 3 查得乙烯的临界常数为：T_c=282.3K，p_c=5.041MPa，ω=0.085，则

$$T_r=\frac{300}{282.3}=1.063, \qquad p_r=\frac{0.5}{5.041}=0.099$$

由图 2-9 曲线判断，乙烯的剩余熵应采用普遍化第二维里系数计算。

$$\frac{dB^{(0)}}{dT_r}=\frac{0.675}{T_r^{2.6}}=\frac{0.675}{1.063^{2.6}}=0.576$$

$$\frac{dB^{(1)}}{dT_r}=\frac{0.722}{T_r^{5.2}}=\frac{0.722}{1.063^{5.2}}=0.525$$

由式（3-77）得

$$\frac{S^R}{R}=-p_r\left[\frac{dB^{(0)}}{dT_r}+\omega\frac{dB^{(1)}}{dT_r}\right]=-0.099\times(0.576+0.085\times0.525)=-6.144\times10^{-2}$$

$$S^R=-6.144\times10^{-2}\times8.314=-0.511(J\cdot mol^{-1}\cdot K^{-1})$$

3.2.3　蒸发焓与蒸发熵

蒸发是液体转变为蒸气的相变过程。由相律知，在一定系统压力下，单组元流体蒸发过程温度不变。**某物质在一定 T、p 下蒸发过程的焓变和熵变分别称为该物质在此条件下的蒸发焓和蒸发熵**。即

$$\Delta_v H=H^v-H^l \tag{3-85}$$

$$\Delta_v S=S^v-S^l \tag{3-86}$$

上标 v、l 分别指气、液两相，下标 v 表示蒸发过程。式（3-85）和式（3-86）分别为摩尔蒸发焓（$\Delta_v H$）和摩尔蒸发熵（$\Delta_v S$）的表达式。

通常情况下，饱和液体的摩尔焓和摩尔熵与相同温度、压力下的饱和蒸气摩尔焓和摩尔熵相差较大，所以在蒸发过程中系统的焓、熵性质变化急剧。

但在饱和状态下的蒸发过程中，根据相平衡概念，纯物质的摩尔 Gibbs 自由能 G 保持不变，即

$$G^v=G^l(T,\ p)$$

当两相系统的温度改变 dT 时，为了维持两相平衡，压力将发生 dp^s 的变化，并且一直保持着 $G^v=G^l$ 的关系，其变化为 $dG^v=dG^l$。

因为 $dG^v=V^v dp^s-S^v dT$，$dG^l=V^l dp^s-S^l dT$，所以

$$V^v dp^s-S^v dT=V^l dp^s-S^l dT$$

整理后得

$$\frac{dp^s}{dT}=\frac{S^v-S^l}{V^v-V^l}=\frac{\Delta_v S}{\Delta_v V} \tag{3-87}$$

式中，$\Delta_v S$ 及 $\Delta_v V$ 分别为纯物质在温度 T、压力 p 下的摩尔蒸发熵和摩尔蒸发体积。

在等温、等压下积分式（3-2）得

$$\Delta_v H=T\Delta_v S \tag{3-88}$$

式中，$\Delta_v H$ 为纯物质在温度 T、压力 p 下的摩尔蒸发焓。

将式（3-88）代入式（3-87）得

$$\frac{dp^s}{dT}=\frac{\Delta_v H}{T\Delta_v V} \tag{3-89}$$

式（3-89）称为 Clapeyron 方程，适用于纯物质汽液两相平衡系统。

又

$$\Delta_v V=V^v-V^l=\frac{Z^v RT}{p^s}-\frac{Z^l RT}{p^s}=\frac{\Delta ZRT}{p^s} \tag{3-90}$$

将式（3-90）代入式（3-89）中得到

$$\frac{\mathrm{d}p^{\mathrm{s}}}{\mathrm{d}T}=\frac{\Delta_{\mathrm{v}}H}{(RT^{2}/p^{\mathrm{s}})\Delta Z} \tag{3-91}$$

或

$$\frac{\mathrm{d}\ln p^{\mathrm{s}}}{\mathrm{d}(1/T)}=-\frac{\Delta_{\mathrm{v}}H}{R\Delta Z} \tag{3-92}$$

式（3-92）称为 Clausius-Clapeyron **方程（克－克方程）**，它将摩尔蒸发焓直接和蒸气压与温度关系关联起来，是一种严密的热力学关系，提供了一种极其重要的不同性质之间的联系。若**知道蒸气压和温度的关系，则可将它用于蒸发焓的计算**。

描述蒸气压和温度关系的方程称为蒸气压方程。目前文献中提供的蒸气压方程很多，下面仅介绍简单的两种。有关蒸气压的估算方法请参见本书第 7 章。

方程式（3-92）中的 $\Delta_{\mathrm{v}}H$ 和 ΔZ 都是温度的弱函数，可将 $\frac{\Delta_{\mathrm{v}}H}{R\Delta Z}$ 项近似视为常数，积分式（3-92）得

$$\ln p^{\mathrm{s}}=A-\frac{B}{T} \tag{3-93}$$

式中，A 为积分常数，$B=\frac{\Delta_{\mathrm{v}}H}{R\Delta Z}$。式（3-93）在温度间隔不大时，计算结果尚可，可用于计算精度要求不高的场合。

工程计算中广泛使用的蒸气压方程是 Antoine **方程**，其形式为

$$\ln p^{\mathrm{s}}=A-\frac{B}{T+C} \tag{3-94}$$

式中，A、B、C 称为 Antoine 常数，通常由蒸气压实验数据回归得到。许多常用物质的 Antoine 常数可以从电子版附录 5 及其他多种手册中查到。

由蒸气压方程可以求出式（3-91）中的 $\frac{\mathrm{d}p^{\mathrm{s}}}{\mathrm{d}T}$ 及式（3-92）中的 $\frac{\mathrm{d}\ln p^{\mathrm{s}}}{\mathrm{d}(1/T)}$，进而可计算出蒸发焓 $\Delta_{\mathrm{v}}H$ 及蒸发熵 $\Delta_{\mathrm{v}}S$。

式中的 ΔZ 为相同温度和压力下饱和蒸气和饱和液体压缩因子的差值，即

$$\Delta Z=Z^{\mathrm{v}}-Z^{\mathrm{l}}=\frac{p}{RT}(V^{\mathrm{v}}-V^{\mathrm{l}}) \tag{3-95}$$

它可以用饱和气、液均适用的状态方程计算，也可以用经验关联式估算，如

$$\Delta Z=\left(1-\frac{p_{\mathrm{r}}}{T_{\mathrm{r}}^{3}}\right)^{1/2} \tag{3-96}$$

该式适用范围为 $T<T_{\mathrm{b}}$。近似计算时，也可假设 $\Delta Z=1$（即假设饱和气体和饱和液体的压缩因子分别为 1 和 0）。

$\Delta_{\mathrm{v}}H$ 除了用式（3-91）或式（3-92）计算外，还可利用经验或半经验的关联式计算，如从已知温度 T_1 时的 $\Delta_{\mathrm{v}}H_1$ 求其他温度 T_2 时的 $\Delta_{\mathrm{v}}H_2$

$$\Delta_{\mathrm{v}}H_{2}=\Delta_{\mathrm{v}}H_{1}\left(\frac{1-T_{\mathrm{r}2}}{1-T_{\mathrm{r}1}}\right)^{n} \tag{3-97}$$

式中，T_r 为对比温度，而 n 可取为 0.375 或 0.38。本法也属对比态法，此外还可用基团贡献法计算蒸发焓，有关基团贡献法介绍见第 7 章。

【例3-7】规定饱和液态 1- 丁烯在 273K 时焓值和熵值均为零（此时饱和蒸气压为 1.27×10^5Pa）。试求 478K、68.9×10^5Pa 时 1- 丁烯的焓值和熵值。其中，蒸发焓采用下式计算

$$\Delta_v H=RT_c[(7.08)(1-T_r)^{0.354}+10.95\omega(1-T_r)^{0.456}]$$

解：查电子版附录 3，得到 1- 丁烯的物性参数为 T_c=419.5K，p_c=4.02MPa，ω=0.187，$C_p^{ig}=R\,(4.389+0.007984T+6.143\times10^{-5}T^2-8.197\times10^{-8}T^3+3.165\times10^{-11}T^4)(\text{J}\cdot\text{mol}\cdot\text{K}^{-1})$。计算过程如下图。

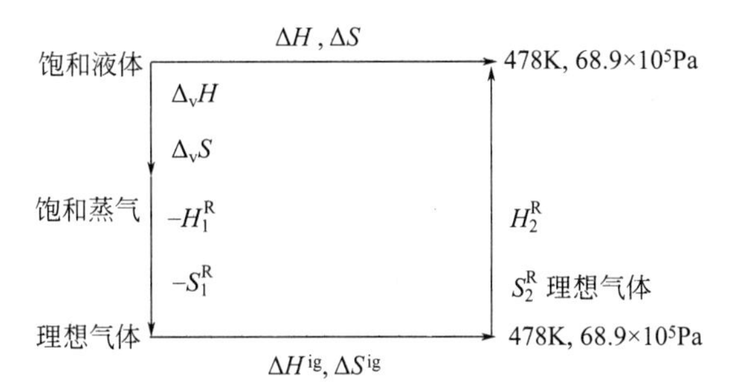

$$H_2=H_1+\Delta H$$

$$\Delta H=\Delta_v H-H_1^R+\Delta H^{ig}+H_2^R \tag{A}$$

$$S_2=S_1+\Delta S$$

$$\Delta S=\Delta_v S-S_1^R+\Delta S^{ig}+S_2^R \tag{B}$$

（1）计算 $\Delta_v H$、$\Delta_v S$

$$T_r=\frac{T}{T_c}=\frac{273}{419.5}=0.651$$

$$\begin{aligned}\Delta_v H&=RT_c[7.08(1-T_r)^{0.354}+10.95\omega(1-T_r)^{0.456}]\\&=8.314\times419.5\times[7.08\times(1-0.651)^{0.354}+10.95\times0.187\times(1-0.651)^{0.456}]\\&=21.43\times10^3(\text{J}\cdot\text{mol}^{-1})\end{aligned}$$

由式（3-88）得　$$\Delta_v S=\frac{\Delta_v H}{T}=\frac{21.43\times10^3}{273}=78.50\ (\text{J}\cdot\text{mol}^{-1}\cdot\text{K}^{-1})$$

（2）计算 H_1^R、S_1^R

H_1^R、S_1^R 分别为条件 T_1=273K、$p_1=1.27\times10^{-5}$Pa 下 1- 丁烯的剩余焓与剩余熵。因为压力较低，可采用普遍化第二维里系数计算。

$$T_{r1}=\frac{273}{419.5}=0.651,\quad p_{r1}=\frac{1.27\times10^5}{40.2\times10^5}=3.159\times10^{-2}$$

$$B^{(0)}=0.083-\frac{0.422}{T_r^{1.6}}=0.083-\frac{0.422}{0.651^{1.6}}=-0.756$$

$$B^{(1)}=0.139-\frac{0.172}{T_r^{4.2}}=0.139-\frac{0.172}{0.651^{4.2}}=-0.904$$

$$\frac{\mathrm{d}B^{(0)}}{\mathrm{d}T_r}=\frac{0.675}{T_r^{2.6}}=\frac{0.675}{0.651^{2.6}}=2.061$$

$$\frac{\mathrm{d}B^{(1)}}{\mathrm{d}T_r}=\frac{0.722}{T_r^{5.2}}=\frac{0.722}{0.651^{5.2}}=6.728$$

由式（3-54）得

$$\frac{H_1^R}{RT_1}=p_{r1}\left\{\frac{B^{(0)}}{T_{r1}}-\frac{\mathrm{d}B^{(0)}}{\mathrm{d}T_r}+\omega\left[\frac{B^{(1)}}{T_{r1}}-\frac{\mathrm{d}B^{(1)}}{\mathrm{d}T_r}\right]\right\}$$

$$=3.159\times10^{-2}\times\left[\frac{-0.756}{0.651}-2.061+0.187\times\left(\frac{-0.904}{0.651}-6.728\right)\right]=-0.1497$$

$$H_1^R=-0.1497\times8.314\times273=-340(\mathrm{J\cdot mol^{-1}})$$

由式（3-78）得

$$\frac{S^R}{R}=-p_{r1}\left[\frac{\mathrm{d}B^{(0)}}{\mathrm{d}T_r}+\omega\frac{\mathrm{d}B^{(1)}}{\mathrm{d}T_r}\right]=-3.159\times10^{-2}\times(2.061+0.187\times6.728)=-0.105$$

$$S^R=-0.105\times8.314=-0.873(\mathrm{J\cdot mol^{-1}\cdot K^{-1}})$$

（3）计算 ΔH^{ig}、ΔS^{ig}

$$\Delta H^{ig}=\int_{T_1}^{T_2}C_p^{ig}\mathrm{d}T$$

$$=\int_{273}^{478}R(4.389+0.007984T+6.143\times10^{-5}T^2-8.197\times10^{-8}T^3+3.165\times10^{-11}T^4)\mathrm{d}T$$

$$=21.00\times10^3(\mathrm{J\cdot mol^{-1}})$$

$$\Delta S^{ig}=\Delta S_T^{ig}+\Delta S_p^{ig}=R\ln\frac{p_1}{p_2}+\int_{273}^{478}\frac{C_p^{ig}}{T}\mathrm{d}T$$

$$=8.314\times\ln\frac{1.27\times10^5}{68.9\times10^5}+\int_{273}^{478}R(4.389+0.007984T+6.143\times10^{-5}T^2-8.197\times10^{-8}T^3+3.165\times10^{-11}T^4)\frac{\mathrm{d}T}{T}$$

$$=23.04(\mathrm{J\cdot mol^{-1}\cdot K^{-1}})$$

（4）计算 H_2^R、S_2^R

H_2^R、S_2^R 分别为 478K、68.9×10^5^Pa 的剩余焓与剩余熵。

$$T_r=\frac{478}{419.5}=1.14,\quad p_r=\frac{68.9\times10^5}{40.2\times10^5}=1.71$$

此状态落在了图 2-9 斜线的下方，即应采用普遍化焓差图和熵差图计算剩余性质。

由图 3-3 和图 3-5 查得 $\frac{(H^R)^0}{RT_c}=-2.40$，$\frac{(H^R)^1}{RT_c}=-0.51$。因此

$$\frac{H_2^R}{RT_c}=\frac{(H^R)^0}{RT_c}+\omega\frac{(H^R)^1}{RT_c}=-2.40+0.187\times(-0.51)=-2.50$$

$$H_2^{\mathrm{R}}=8.314\times419.5\times(-2.50)=-8.72\times10^3\ (\mathrm{J\cdot mol^{-1}})$$

同理，由图 3-7 和图 3-9 查得 $\dfrac{(S^{\mathrm{R}})^0}{R}=-1.34$，$\dfrac{(S^{\mathrm{R}})^1}{R}=-0.58$。因此

$$\frac{S_2^{\mathrm{R}}}{R}=\frac{(S^{\mathrm{R}})^0}{R}+\omega\frac{(S^{\mathrm{R}})^1}{R}=-1.34+0.187\times(-0.58)=-1.45$$

$$S_2^{\mathrm{R}}=8.314\times(-1.45)=-12.06(\mathrm{J\cdot mol^{-1}\cdot K^{-1}})$$

（5）将以上结果代入式（A）和式（B）得

$$\Delta H=21.43\times10^3-(-0.34\times10^3)+21.00\times10^3-8.72\times10^3=34.05\times10^3(\mathrm{J\cdot mol^{-1}})$$

$$H_2=34.05\times10^3\mathrm{J\cdot mol^{-1}}$$

$$\Delta S=78.50-(-0.873)+23.04-12.06=90.35(\mathrm{J\cdot mol^{-1}\cdot K^{-1}})$$

$$S_2=90.35\mathrm{J\cdot mol^{-1}\cdot K^{-1}}$$

计算结果表明，在 273K、1.27×10^5Pa 下 1- 丁烯的剩余焓和剩余熵很小，也可以近似取为零。

3.2.4　真实气体热容计算

真实气体恒压热容 C_p 虽可应用于真实气体变温过程的焓变计算，但因实验数据极少，更缺少整理及对温度的关联，所以难于用积分式求 $(\Delta H)_p$。C_p 值的实用意义主要在于计算真实流体的特征数（准数），例如计算 Prandtl 数 $\left(\dfrac{\eta C_p}{\lambda}\right)$ 时，除需要黏度（η）及热导率（λ）外，还需要真实流体的 C_p 值。

真实气体的 C_p 既是温度的函数，又是压力的函数，可借助同温同压下理想气体定压热容（$C_{p,\mathrm{g}}^{\mathrm{ig}}$）计算

$$C_p=C_{p,\mathrm{g}}^{\mathrm{ig}}+\Delta C_p \tag{3-98}$$

$$\Delta C_p=\left(\frac{\partial H}{\partial T}\right)_p-\left(\frac{\partial H^{\mathrm{ig}}}{\partial T}\right)_p=\frac{\partial}{\partial T}(H-H^{\mathrm{ig}})_p \tag{3-99}$$

式中的焓差可以用状态方程计算，这个方法见 3.2.1 节。

ΔC_p 也可以用二参数或三参数对比态法计算，用三参数法的计算式为

$$\Delta C_p=C_{p,\mathrm{g}}^{(0)}+\omega\Delta C_p^{(1)} \tag{3-100}$$

式中，$\Delta C_p^{(0)}$ 和 $\Delta C_p^{(1)}$ 均为 T_{r}、p_{r} 的函数，可以用普遍化热容图 / 表求得。

真实气体热容计算还可以延伸至绝热压缩指数（k）的计算，k 与热容的关系为

$$k=C_p/C_V \tag{3-101}$$

对气体而言

$$k=C_{p,\mathrm{g}}/C_{V,\mathrm{g}}=\frac{C_{p,\mathrm{g}}^{\mathrm{ig}}+\Delta C_p}{C_{p,\mathrm{g}}^{\mathrm{ig}}+\Delta C_p-(C_{p,\mathrm{g}}-C_{V,\mathrm{g}})} \tag{3-102}$$

若为理想气体，可以简化为

$$k = \frac{C_p}{C_p - R}$$

k 在压缩功和绝热压缩气体出口温度的计算中必不可少，若按理想气体处理，造成的误差不容忽视，建议在工程计算中按不同组成、温度和压力计算 k。

3.3 热力学性质图和表

为了方便化工设计和工程计算，人们将常用物质（如：空气、水、二氧化碳、氨、甲烷、氟利昂等）的热力学性质制成专用的热力学图和表。它们除了用于在一张图上同时直接读取物质的 p、V、T、H、S 等热力学性质外，还能够形象地表示热力学性质的规律和过程进行的路径。一些基本的热力学过程，例如恒压加热（冷却）、恒温压缩（膨胀）、恒焓膨胀等都可以直观地显示在图上。热力学性质图 / 表一般用于纯物质，如 H_2、O_2、N_2、CH_4、NH_3、CH_3OH，也有个别确定组成的混合物，如空气。

3.3.1 热力学性质图

热力学性质图包括 p-V 图、p-T 图、H-T 图、T-S 图、$\ln p$-H 图、H-S 图等，其中 p-V 图和 p-T 图在本书的第 2 章已经介绍，它们只用于表达热力学关系，而不是工程上直接读取数字的图。用于工程计算的热力学性质图有以下四种。

（1）焓温图（H-T 图）

焓温图（H-T 图）以焓为纵坐标、热力学温度为横坐标。图 3-10 表达了基本的 H-T 图结构，图 3-11 是空气的 H-T 图。图中包括饱和汽相线、饱和液相线、理想气体的曲线以及不同压力下的等压线。由饱和液相线和饱和汽相线围成的区域是汽液两相区。该图主要用于热量计算，图中不附熵（S）的值。

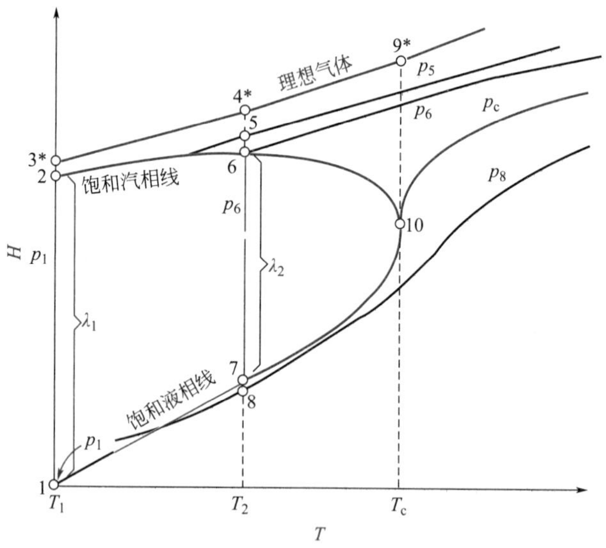

图 3-10 H-T 图的结构

（2）温熵图（T-S 图）

温熵图（T-S 图）以热力学温度为纵坐标、熵为横坐标。图 3-12 表达了基本的 T-S 图结构，图 3-13 是空气的 T-S 图。T-S 图中绘有等压线、等焓线、等干度线（等 x 线）。如果**计算节流膨胀、绝热可逆膨胀和压缩过程的热和功，使用 T-S 图比较方便**。

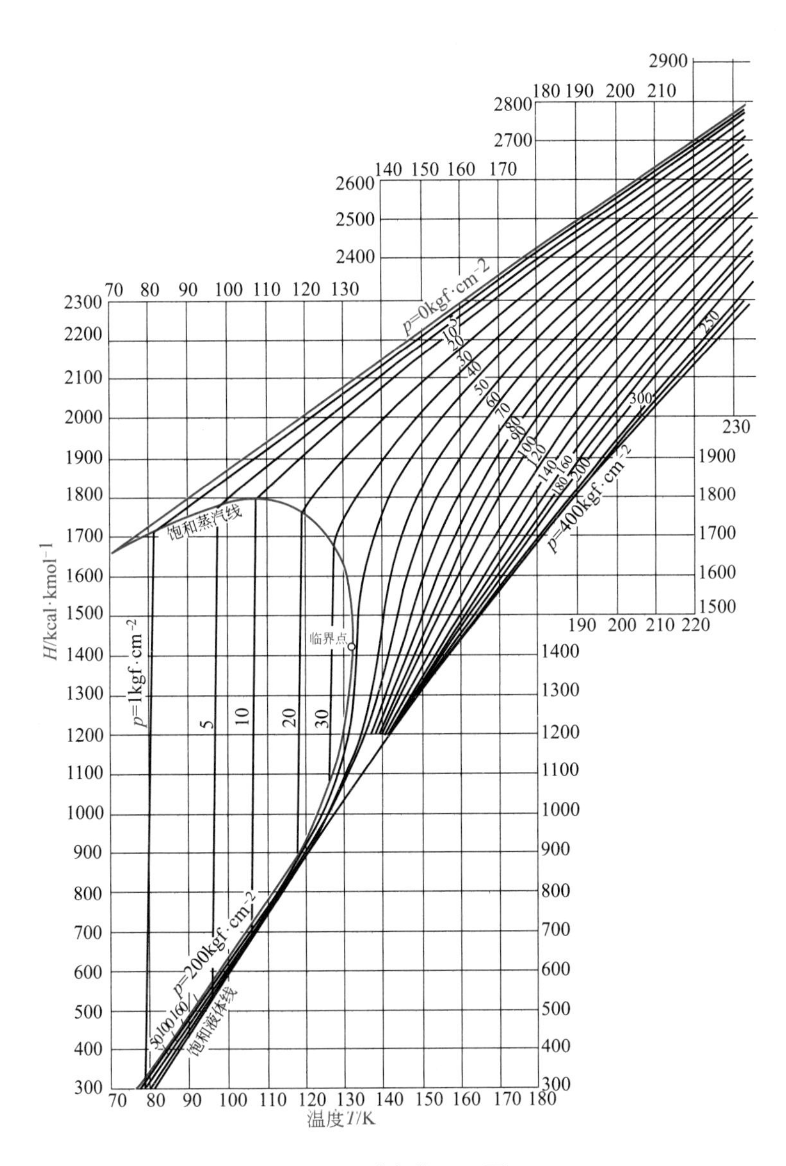

图 3-11　空气的 $H-T$ 图

1cal=4.18J，1kgf=9.80665N，下同

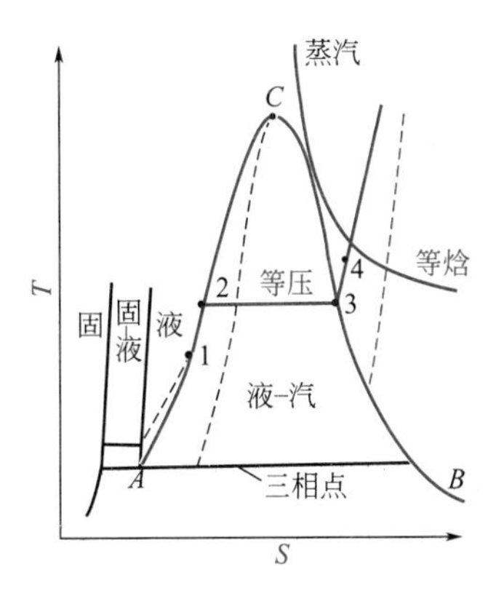

图 3-12　$T-S$ 图的结构

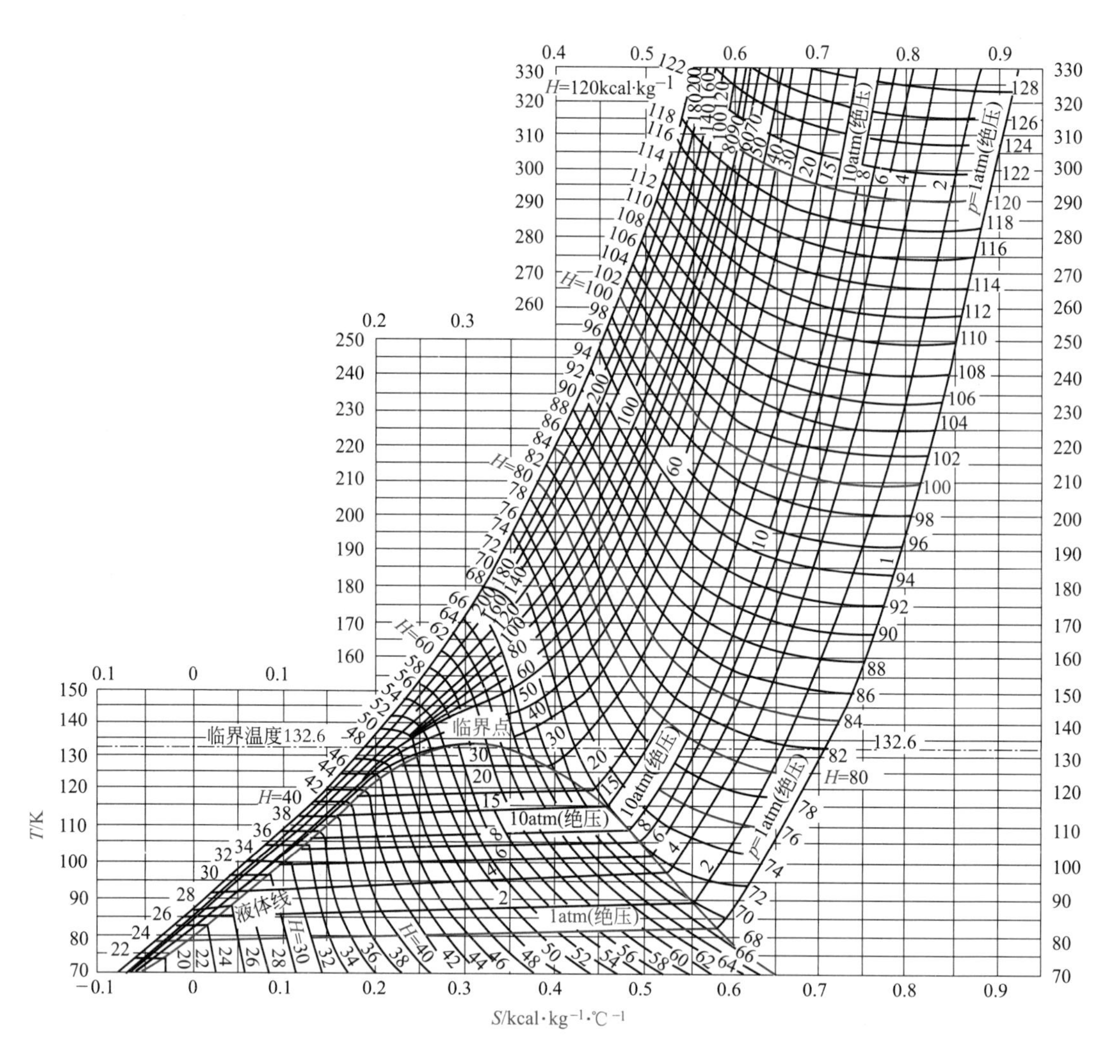

图 3-13　空气的 T-S 图

1atm=101325Pa，下同

（3）压焓图（ln*p*-*H* 图）

压焓图（ln*p*-*H* 图）以压力的自然对数为纵坐标、焓为横坐标。图 3-14 表达了 ln*p*-*H* 图结构，图 3-15 是绿色制冷剂 HFC-134a（1, 1, 1, 2- 四氟乙烷）的 ln*p*-*H* 图。**压焓图在分析恒压及恒焓过程时使用方便，对于一些过程的热量和功的计算可用线段表示，很广泛地用于冷冻、压缩过程，文献中可查到许多制冷剂的 ln*p*-*H* 图。**

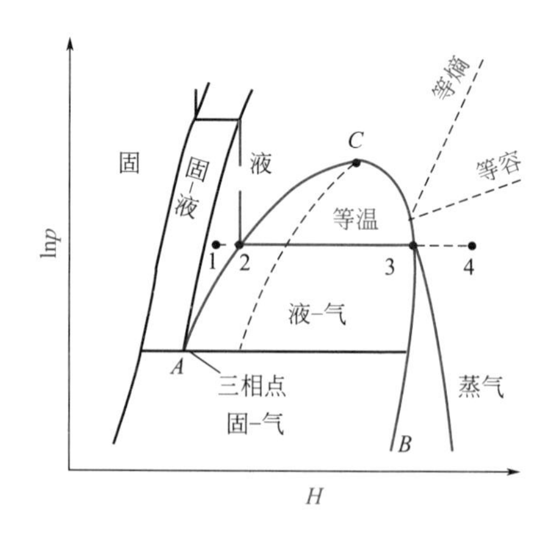

图 3-14　ln*p*-*H* 图的结构

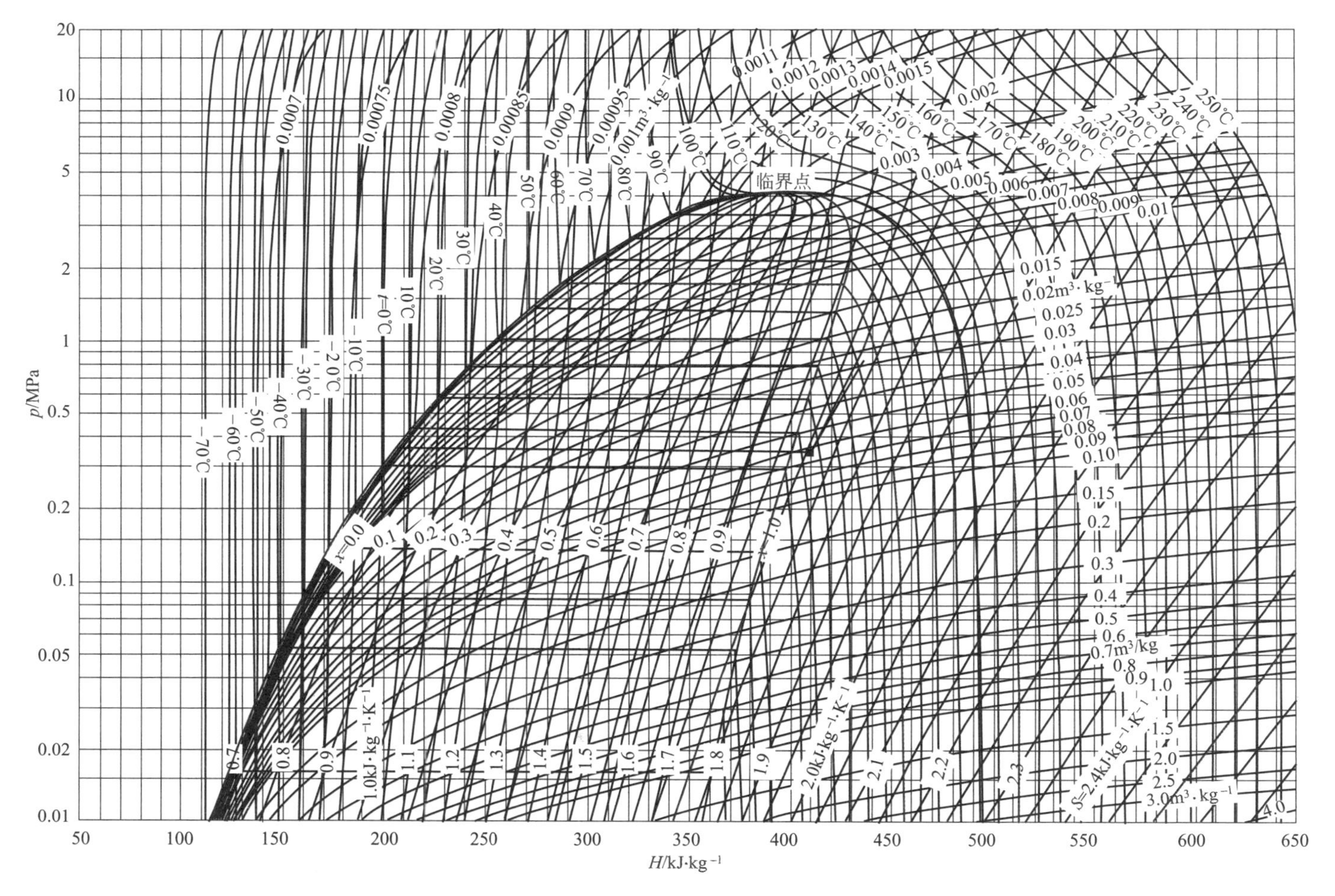

图 3-15　制冷剂 HFC-134a 的 ln$p$-H 图

(4) 焓熵图(H-S 图,称 Mollier 图)

焓熵图(H–S 图)以焓为纵坐标、熵为横坐标。图 3-16 表达了 H–S 图结构,图 3-17 是空气的 H–S 图。H–S 图数量不多,主要有空气、水,也有 CH_4 等几张图。可以用线段表示功和热,常用于分析流动过程中的能量变化。

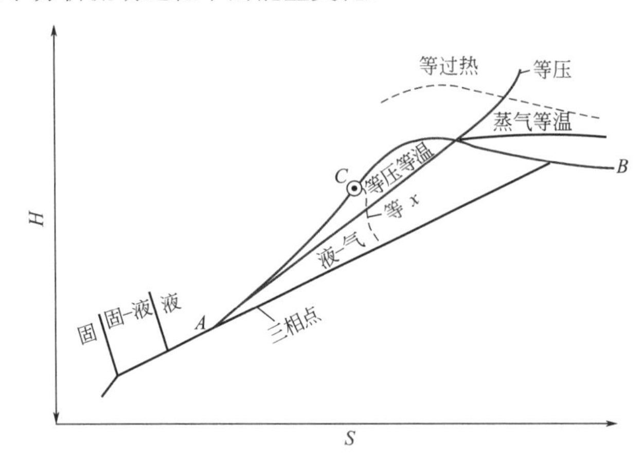

图 3-16 H–S 图的结构

焓(H)**没有绝对值,可以取一个基点**,基点的焓值设为零。**热力学性质图不能用于化学反应过程,只是用于物理过程的焓变(ΔH)计算**。熵(S)是有绝对值的,但考虑到热力学图只用于物理过程的熵变(ΔS)计算,故仍可任意指定基点。例如,目前常用的 H、S 基点为该物质 −129℃的液体。

下面以 H–T 图为例,介绍热力学性质图的制作方法和原理。

图中 3-10 示意出的 10 个点(点 1 ~ 10),处于三个温度 T_1、T_2 和 T_c,并且包括不同温度下理想气体、饱和液体、饱和气体、过冷液体和临界点。其具体的制作过程如下:

① 取点 1 为基点(即 1 点的焓值取为零,$H_1=0$),它是温度 T_1、压力 p_1 下的饱和液体。

② 点 2 是与点 1 相平衡的饱和气态,因此,点 2 与点 1 的焓差为该温度下的蒸发焓,即 $H_2=H_1+\Delta_v H_1$,利用上节介绍的蒸发焓的计算方法便可以得到 2 点的焓值。

③ 点 3 是与点 2 相同温度下的理想气体,$H_3=H_2+\Delta H$,ΔH 表示相同温度、不同压力下的焓差。根据热力学基本方程和 Maxwell 关系式得到

$$\left(\frac{\partial H}{\partial p}\right)_T = V - T\left(\frac{\partial V}{\partial T}\right)_p$$

积分得

$$\Delta H = \int_{p_2}^{p_3}\left[V - T\left(\frac{\partial V}{\partial T}\right)_p\right]_T \mathrm{d}p$$

利用上式并选择合适的 p–V–T 关系便可以计算出 ΔH,进而得到 H_3。

④ 点 4 和点 9 分别是温度为 T_2 和 T_c 下的理想气体,依据公式

$$\Delta H^{\mathrm{ig}} = \int_{T_2}^{T_c} C_p^{\mathrm{ig}} \mathrm{d}T$$

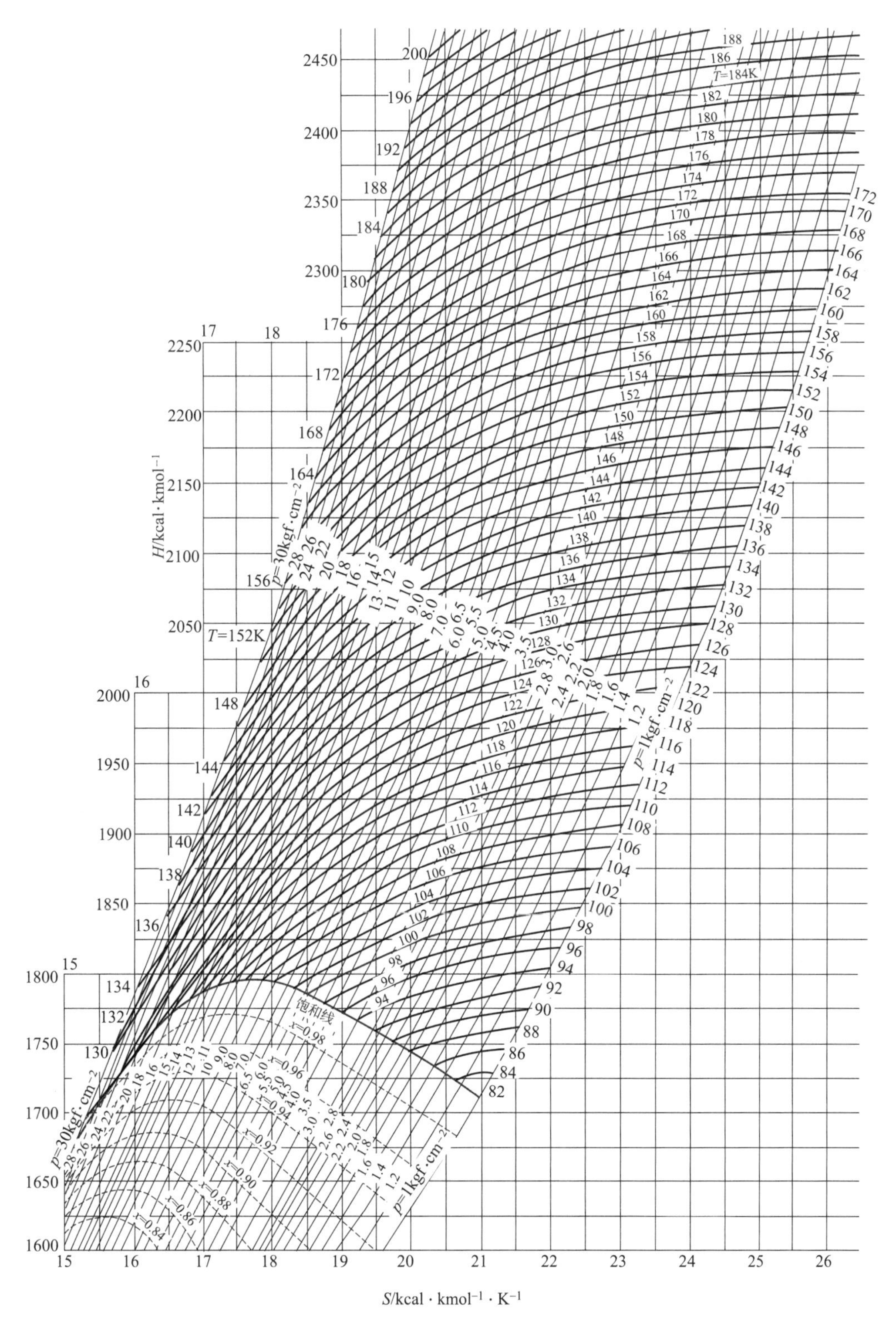
H/kcal · kmol⁻¹
S/kcal · kmol⁻¹ · K⁻¹
T=184K
T=152K
p=30kgf · cm⁻²
p=1kgf · cm⁻²
饱和线

图 3-17 空气的 H–S 图

计算出 H_4、H_9 与 H_3 的差值，进一步可以计算点 4 和点 9 的焓值。

⑤ 同理，点 5 与点 4、点 6 与点 5 以及点 10 与点 9 的焓差均可以依据相同温度焓值随压力的变化进行计算。点 7 与点 6 处于相平衡状态，焓差即是 T_2 下的蒸发焓。点 8 与点 7 的焓差仍然是相同温度不同压力下焓值的变化，不过此时它们处于液态，需要选择适用于液体的 p-V-T 关系。

⑥ 依据以上阐述的方法可以计算出图中不同压力、温度和状态下各点的焓值，从而得到一张完整的 H-T 图。

其他热力学性质图的制作原理是完全类似的。

可见，制作纯物质（包括空气）热力学性质图表是一个非常复杂的过程，对于任何物质，已有的热力学实验值都是有限的，因而制图中输入的实验值也是很有限的，大量的数据是选用合适的方法进行计算得到的。并且既需要各单相区和汽液共存区的 p-V-T 数据，又需要它们在不同条件下的热力学基础数据，如沸点 T_b，熔点 T_m，临界常数 T_c、p_c 和 V_c。由于不同作者所发表的热力学图选用了不同的基础数据，或选用不同的计算方法或方程，或者选用不同的基点，因此**不同的热力学图是不能混用的**。另外，许多早期的热力学图所用的单位不是 SI 制。

此外，大部分热力学性质图涉及物质的不同状态区：气相、液相、汽液饱和状态及汽液共存区。其中对于汽液两相平衡系统，可以采用一种简单的方法把混合物的性质和每一相的性质及每一相的量关联起来，对单位量的混合物有

$$U=U^{l}(1-x)+U^{v}x \tag{3-103}$$

$$S=S^{l}(1-x)+S^{v}x \tag{3-104}$$

$$H=H^{l}(1-x)+H^{v}x \tag{3-105}$$

式中，x 为气相的质量分数或摩尔分数（通常称为品质干度）；U、S、H 都是按每单位质量或每摩尔物料度量的。气相中的这些值是指饱和蒸气的性质，同样，液体的热力学性质是指液体饱和状态的性质。

式（3-103）～式（3-105）的通式为

$$M=M^{l}(1-x)+M^{v}x \tag{3-106}$$

式中，M 泛指两相混合物的广度热力学性质。

利用已制成的性质图作化工过程的分析与计算是十分方便的，对问题的形象化分析也是很有帮助的。但也存在以下缺点：①精确度不高；②不便于用于混合物；③不便于用计算机计算。因此目前主要用于纯物质（空气例外）的一些物理过程，例如压缩、制冷等，且只作为手算或较粗略的计算。常用的几个热力学图见电子版附录 9 ～ 13。

【例3-8】（1）1MPa 的饱和气态 NH_3，以 $25kg \cdot min^{-1}$ 的流速进入一冷凝器，成为饱和液态 NH_3，试问每分钟需从冷凝器移出的热量是多少？

（2）欲将 4kg、1.013×10^5Pa、150K 的空气恒压加热至 225K，试求需要加入的热量。

解：此过程中，$\Delta H=Q$

（1）由电子版附录 10 查出，1MPa 饱和气态 NH_3 的焓值及 1MPa 下饱和液态 NH_3 的焓值分别为 $H^g=1710kJ \cdot kg^{-1}$，$H^l=540kJ \cdot kg^{-1}$。移出的热量为

$$Q=w(H^g-H^l)=25\times(1710-540)=2.925\times10^4(kJ \cdot min^{-1})$$

（2）由电子版附录 9 查出

$$p_1=1\text{atm}、\quad T_1=150\text{K}\ 时，\quad H_1=86\text{kcal}\cdot\text{kg}^{-1}$$

$$p_2=1\text{atm}、\quad T_2=225\text{K}\ 时，\quad H_2=104\text{kcal}\cdot\text{kg}^{-1}$$

4kg 空气需要移出的热量为：$Q=4(H_2-H_1)=4\times(104-86)=72(\text{kcal})=300.96\text{kJ}$

【例3-9】 试问 14.2×10^5Pa、383K 的 NH_3，流经节流阀后压力变为 0.1MPa，其终温为多少？如果通过无摩擦的膨胀机进行绝热膨胀至 0.1MPa，其终温为多少？液态 NH_3 含量是多少？

解： NH_3 流经**节流**阀进行**恒焓膨胀**。由初始状态（1.42MPa，110℃）沿恒焓线至压力 0.1MPa，即可求出终温。从电子版附录 10 中查出 p_1=1.42MPa、t_1=110℃时，$H_1=1920\text{kJ}\cdot\text{kg}^{-1}$；$p_2$=0.1MPa、$H_2=1920\text{kJ}\cdot\text{kg}^{-1}$ 时，t_2=95℃。

在膨胀机中进行**绝热可逆膨胀为恒熵过程**，由初始状态沿恒熵线至压力 0.1MPa，即可求出终温 t_2=−32℃。液态 NH_3 的含量为（$1-x$）

$$H=H^{l}(1-x)+H^{v}x$$

式中，$H=H_2=1560\text{kJ}\cdot\text{kg}^{-1}$，$H^{l}=275\text{kJ}\cdot\text{kg}^{-1}$，$H^{v}=1630\text{kJ}\cdot\text{kg}^{-1}$，解得 x=0.95。

液态 NH_3 含量为 1−0.95=0.05（质量分数）。

3.3.2　热力学性质表

热力学性质表是把热力学性质以表格的形式表示出来。与热力学性质图相比，它的特点表现在：对确定的状态是一一对应的，数据准确；但对非确定的点需要用内插甚至外推法进行计算。

水蒸气表是收集最广泛、最完善的一种热力学性质表，目前使用的水蒸气表分为两大类。一类是未饱和水（过冷水）和过热蒸汽表，另一类是饱和水和水蒸气表，表中所列的焓、熵等值是以水的三相点为基准，按照热力学基本关系式计算得到的。

其中水的三相点参数为 p=0.0006112MPa，$V=0.00100022\text{m}^3\cdot\text{kg}^{-1}$，$T$=273.16K。

$$H=U+pV=0.000614\text{kJ}\cdot\text{kg}^{-1}$$

特别说明：饱和水和水蒸气表又可以分为以温度为序和以压力为序两种，其中某温度或压力下饱和水及饱和蒸汽的热力学性质（M^{l} 和 M^{v}）可以直接从表中得到，而同温下湿蒸汽的热力学性质 M 需要用式（3-106）进行计算。

$$M=M^{l}(1-x)+M^{v}x \tag{3-106}$$

【例3-10】 温度为 232℃的饱和蒸汽和水的混合物处于平衡，如果混合相的比体积是 $0.04166\text{m}^3\cdot\text{kg}^{-1}$，试用水蒸气表中的数据计算：（1）混合相中的蒸汽含量；（2）混合相的焓；（3）混合相的熵。

解： 查饱和水和饱和蒸汽表，当 t=232℃时，

232℃	$V/\text{m}^3\cdot\text{kg}^{-1}$	$H/\text{kJ}\cdot\text{kg}^{-1}$	$S/\text{kJ}\cdot\text{kg}^{-1}\cdot\text{K}^{-1}$
饱和水（l）	0.001213	999.39	2.6283
饱和蒸汽（v）	0.06899	2803.2	6.1989

（1）设 1kg 湿蒸汽中水蒸气的含量为 $x$kg，则

$$0.04166=0.06899x+(1-x)\times 0.001213$$

解出

$$x=\frac{0.04166-0.001213}{0.06899-0.001213}=0.5968$$

即混合物中含有蒸汽 59.68%，液体 40.32%。

（2）混合相中的焓

$$H=xH^{v}+(1-x)H^{l}=0.5968\times 2803.0+(1-0.5968)\times 999.39=2075.8(\mathrm{kJ}\cdot\mathrm{kg}^{-1})$$

（3）混合相中的熵

$$S=xS^{v}+(1-x)S^{l}=0.5968\times 6.1989+(1-0.5968)\times 2.6283=4.7592(\mathrm{kJ}\cdot\mathrm{kg}^{-1}\cdot\mathrm{K}^{-1})$$

前沿话题 2

从分子到机器——统计热力学

关键词：统计热力学、分子、量子、系综

如果在一场大灾变中所有的科学知识都被毁了，只有可以传送给下一代的智慧生物一句话，那你会选择哪句话呢？费曼给出的答案是原子论：所有物质都是由原子构成的，原子就是一些很小的颗粒，处于不断的运动中，挨近时会互相吸引，挨得太近则会互相排斥。

那么什么是原子论？原子论发展过程怎样？

热力学三定律使人类从宏观试验领域认识了热现象，并且指导了热机的设计以及改进。可以说实现了理论指导实践。但是仍然无法解释热是什么？温度是什么？

早在 1687 年，牛顿提出了著名的牛顿三定律。似乎物理学上的所有问题，从恒星运动到苹果砸人可以用统一的体系来解释，那就是一个小球受到一堆各种各样的力，然后做出各种各样的运动。那么热力学定律中一直困扰大家的热到底是什么？温度是什么？是否也可以通过牛顿三定律来解释呢？这就是所谓的分子动理论，用这个理论解释就是，气体

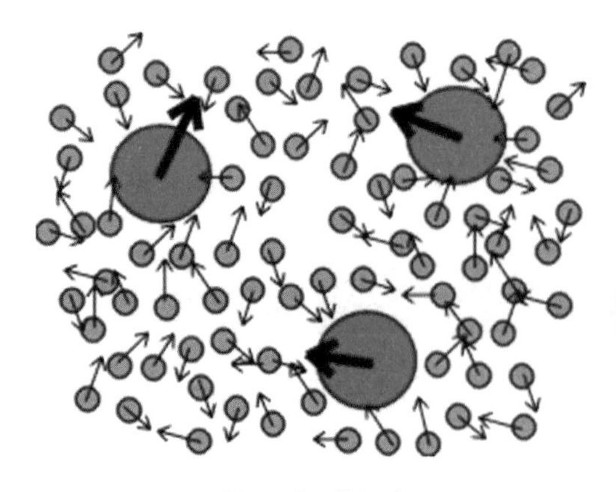

图1 分子热运动

图2 分子机器

是由一系列的小球构成的，每个小球的运动都可以用牛顿三定律来解释，而所谓的热、压力等物理量都是这些大量微观小球运动的宏观表现。

这个思想的发展必须过两个坎，首先是认识气体是由一系列小球构成的，就是所谓的原子论或分子论。由于原子尺度非常小，人们无法直接看到原子，在相当长的一段时间，有一批人还是对它有质疑的。直到道尔顿通过实验证实了原子的存在（而现在我们已经可以利用扫描隧道显微镜直接看到原子甚至操纵原子了）。另一道坎就是物质内部含有的分子数量特别巨大，而对每一个气体分子预测其运行轨迹是根本不可能的，需要的计算量是极端巨大的，而且根本不可能完成。

幸运的是，我们并不需要每一个分子的运动状况，只要知道一个平均的、统计的运动规律就可以解释一系列的热力学现象，这就是统计热力学的思想。即不去考虑单个分子运动，而考虑一群分子运动的统计规律，通过这种统计规律得到温度、压力、内能等宏观性质。

热力学体系存在很多粒子，也存在一系列能量，我们需要知道每一个能量上有多少粒子（被称为分布律）。分布律是一个非常重要的概念，最先提出的是 Maxwell 分布，阐述了理想气体不受外场力作用下的气体能量分布。不久，Boltzmann 引入了重力场，并给出了热力学第二定律的统计解释，后来 Gibbs 发展了 Maxwell 和 Boltzmann 理论，提出了系综理论，系综理论是平衡态热力学的基础。后来发展了量子力学，在量子力学中，微观粒子的能量值只能是固定的几个值，能量分布变为了能级分布。以上从粒子的微观性质及结构数据出发，以粒子遵循的力学定律为理论基础，用统计的方法推求大量粒子运动的统计平均结果，以得出平衡系统各种宏观性质的值，这就是统计热力学方法。

统计热力学的魅力就在于，所有的结论都是严格理论推导出来的，这些理论都是基于严格的数学定律。难怪爱因斯坦都说，就算有一天相对论完了，统计热力学还完不了。

统计热力学就是一门把微观的粒子相互作用与宏观的系统性质联系起来的学科，不但给热力学提供了一个坚实的微观基础，而且大大加深了我们对这个世界的认识。可以用“分子”“原子”的作用和运动，解释宏观世界！

参考文献

[1] 刘志荣. 北京大学“统计热力学”慕课，华文慕课.

[2] 薛定谔 E 著. 统计热力学. 徐锡申译. 北京：高等教育出版社，2014.

本章小结

1. 流体的热力学性质是可以通过热力学基本方程、Maxwell 关系式、热容关系式等表达为流体 p、V、T 及热容的函数。某广延热力学性质的数值总是对应系统的某一平衡状态。**系统从状态 1 经任何途径向状态 2 变化的过程中，其广延热力学性质的改变可以通过设计虚拟途径**，并分别计算各个虚拟途径的热力学性质，然后进行加和得到。为了实现虚拟途径的设计和计算，本章提出了“剩余性质”的概念，定义同温、同压下真实流体与理想气体广延热力学性质的差额为剩余性质。剩余性质可表示成 p、V、T 的函数，利用上一章的真实流体状态方程或对比态方法计算。

2. **本章包括六个主要的知识点：①热力学基本方程；② Maxwell 关系；③剩余性质的概念和应用；④非理想流体无化学反应过程的焓变和熵变的计算；⑤蒸发过程的热效应；⑥热力学性质图表**。其中，热力学基本方程式和 Maxwell 关系是建立热力学性质（U、H、A、G、S）与 p、V、T、C_p 和 C_V 之间联系的基础。热力学性质图表通常描述常用的工质（如空气、水、氨、氟利昂等）的热力学性质变化情况。**通过热力学基本关系和方程式或热力学性质图表都可以求取物质的热力学性质。**

3. 本章的重点是非理想流体焓变和熵变的计算。利用状态函数的变化与过程无关的特点，设计虚拟路径，并利用真实流体的 p、V、T（选择合适的状态方程或对比态法）及热容函数进行计算，其中**应用状态方程或对比态法计算剩余焓和剩余熵是本章的难点。**

习题

3-1 思考下列说法是否正确：

（1）当系统压力趋于零时，$M(T, p)-M^{\text{ig}}(T, p) \equiv 0$（$M$ 为广延热力学性质）。

（2）理想气体的 H、S、G 仅是温度的函数。

（3）若 $A = S - S_0^{\text{ig}} + R\ln\left(\dfrac{p}{p_0}\right)$，则 A 的值与参考态压力 p_0 无关。

（4）对于任何物质，焓与热力学能的关系都符合 $H > U$。

（5）对于一定量的水，压力越高，蒸发所吸收的热量就越少。

3-2 推导下列关系式：

$$\left(\frac{\partial S}{\partial V}\right)_T = \left(\frac{\partial p}{\partial T}\right)_V, \qquad \left(\frac{\partial U}{\partial V}\right)_T = T\left(\frac{\partial p}{\partial T}\right)_V - p$$

$$\left\{\frac{\partial[\Delta G/(RT)]}{\partial T}\right\}_p = \frac{\Delta H}{RT^2}, \qquad \left\{\frac{\partial[\Delta G/(RT)]}{\partial p}\right\}_T = \frac{\Delta V}{RT}$$

3-3 试证明：（1）以 T、V 为自变量时焓变为

$$\mathrm{d}H = \left[C_V + V\left(\frac{\partial p}{\partial T}\right)_V\right]\mathrm{d}T + \left[T\left(\frac{\partial p}{\partial T}\right)_V + V\left(\frac{\partial p}{\partial V}\right)_T\right]\mathrm{d}V$$

（2）以 p、V 为自变量时焓变为

$$\mathrm{d}H = \left[V + C_V\left(\frac{\partial T}{\partial p}\right)_V\right]\mathrm{d}p + C_p\left(\frac{\partial T}{\partial V}\right)_p \mathrm{d}V$$

3-4 计算氯气从状态 1（300K，1.013×10^5Pa）到状态 2（500K，1.013×10^7Pa）变化过程的摩尔焓变。

3-5 氨的 p–V–T 关系符合方程 $pV=RT-ap/T+bp$，其中 a=386L·K·kmol^{-1}，b=15.3L·kmol^{-1}。计算氨由 500K、1.2MPa 变化至 500K、18MPa 过程的焓变和熵变。

3-6 某气体符合状态方程 $p = \dfrac{RT}{V-b}$，其中 b 为常数。计算该气体由 V_1 等温可逆膨胀到 V_2 的熵变。

3-7 采用下列水蒸气的第二维里系数计算 573.2K 和 506.63kPa 条件下蒸汽的 Z、H^R 及 S^R。

T/K	563.2	573.2	583.2
B/cm³·mol⁻¹	−125	−119	−113

3-8 利用合适的普遍化关联式，计算 1kmol 的 1, 3- 丁二烯，从 2.53MPa、400K 压缩至 12.67MPa、550K 时的 ΔH、ΔS、ΔV、ΔU。已知 1, 3- 丁二烯在理想气体状态时的恒压热容为：$C_p^{ig}=22.738+2.228\times10^{-1}T-7.388\times10^{-5}T^2$（kJ·kmol^{-1}·K^{-1}）。1, 3- 丁二烯的临界常数及偏心因子为：T_c=425K，p_c=4.32MPa，$V_c=221\times10^{-6}$m^3·mol^{-1}，ω=0.193。

3-9 某气体符合状态方程 $V=RT/p+b-a/(RT)$，式中 a、b 为常数，试推导出 G^R–pVT 关系式。

3-10 试用普遍化方法计算二氧化碳在 473.2K、30MPa 下的焓与熵。已知在相同条件下，二氧化碳处于理想状态的焓值为 8377J·mol^{-1}，熵为 25.86J·mol^{-1}·K^{-1}。

3-11 试计算 93℃、2.026MPa 条件下，1mol 乙烷的体积、热力学能、焓和熵。设 0.1013MPa、−18℃时乙烷的焓、熵为零。已知乙烷在理想气体状态下的摩尔恒压热容为：$C_p^{ig}=10.083+239.304\times10^{-3}T-73.358\times10^{-6}T^2$[J·(mol·K)$^{-1}$]。

3-12 将 1kg 水装入一密闭容器，并使之在 1MPa 压力下处于汽液平衡状态。假设容器内的液体和蒸汽各占一半体积，试求容器内的水和水蒸气的总焓。

3-13 1kg 水蒸气装在带有活塞的钢瓶中，压力为 6.89×10^5Pa，温度为 260℃。如果水蒸气发生等温可逆膨胀到 2.41×10^5Pa。在此过程中蒸汽吸收了多少热量？

3-14 在 T–S 示意图上表示出纯物质经历以下过程的始点和终点。

（1）过热蒸汽（a）等温冷凝成过冷液体（b）;

（2）过冷液体（c）等压加热成过热蒸汽（d）;

（3）饱和蒸汽（e）可逆绝热膨胀到某状态（f）;

（4）在临界点（g）进行恒温压缩到某状态（h）。

3-15 利用 T–S 图和 $\ln p$–H 图分析下列过程的焓变和熵变：

（1）2.0MPa、170K 的过热空气等压冷却并冷凝为饱和液体；

（2）0.3MPa 的饱和氨蒸气可逆绝热压缩至 1.0MPa；

（3）1L 密闭容器内盛有 5g 氨。对容器进行加热，使温度由初始的 −20℃升至 50℃。

第4章知识图谱

微信扫码
浏览在线知识图谱

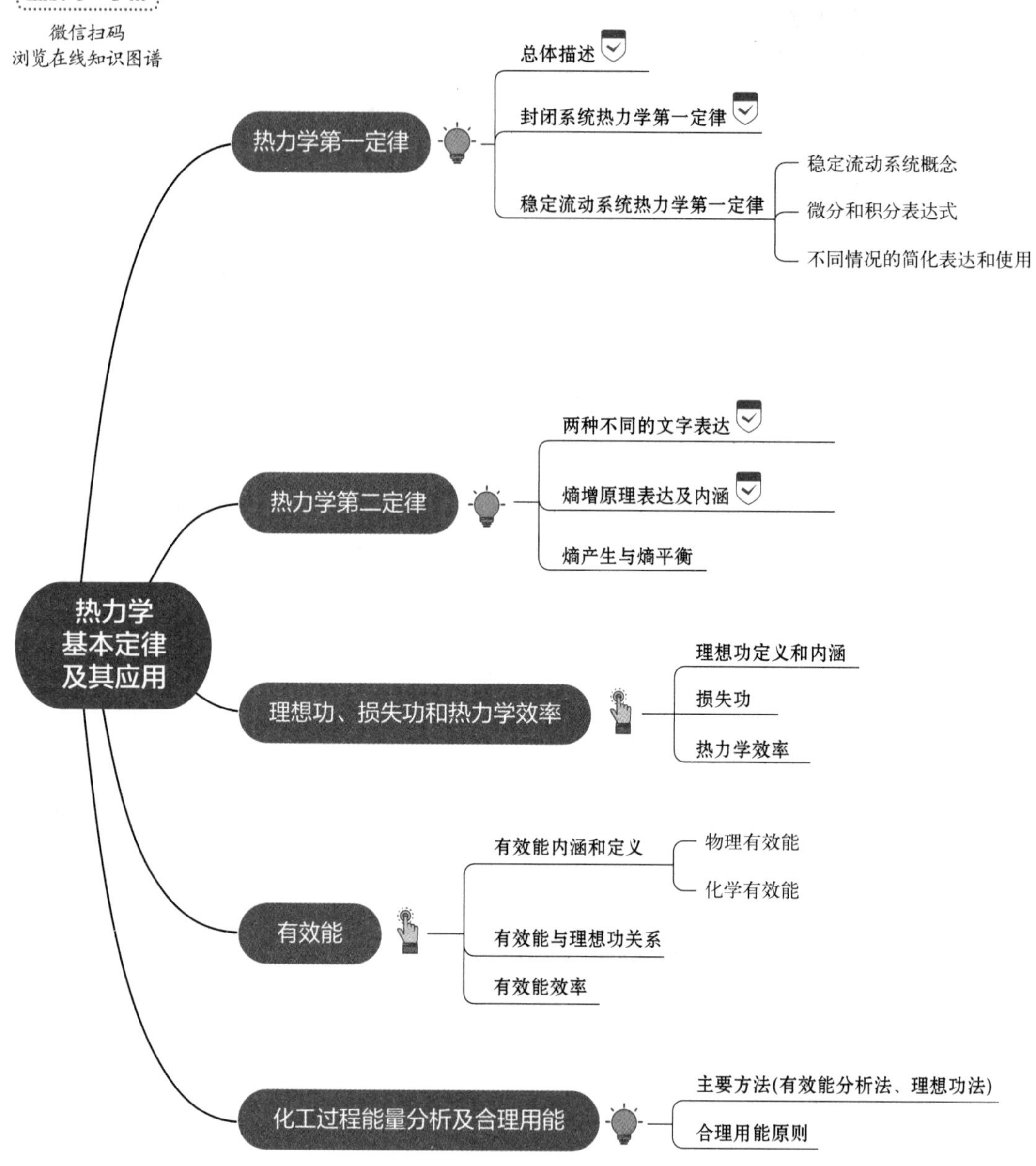

物理化学讲过的内容

能应用知识解决真实问题

会分析并建立科学的思维方法

无标记的知识点属于理解认知层次

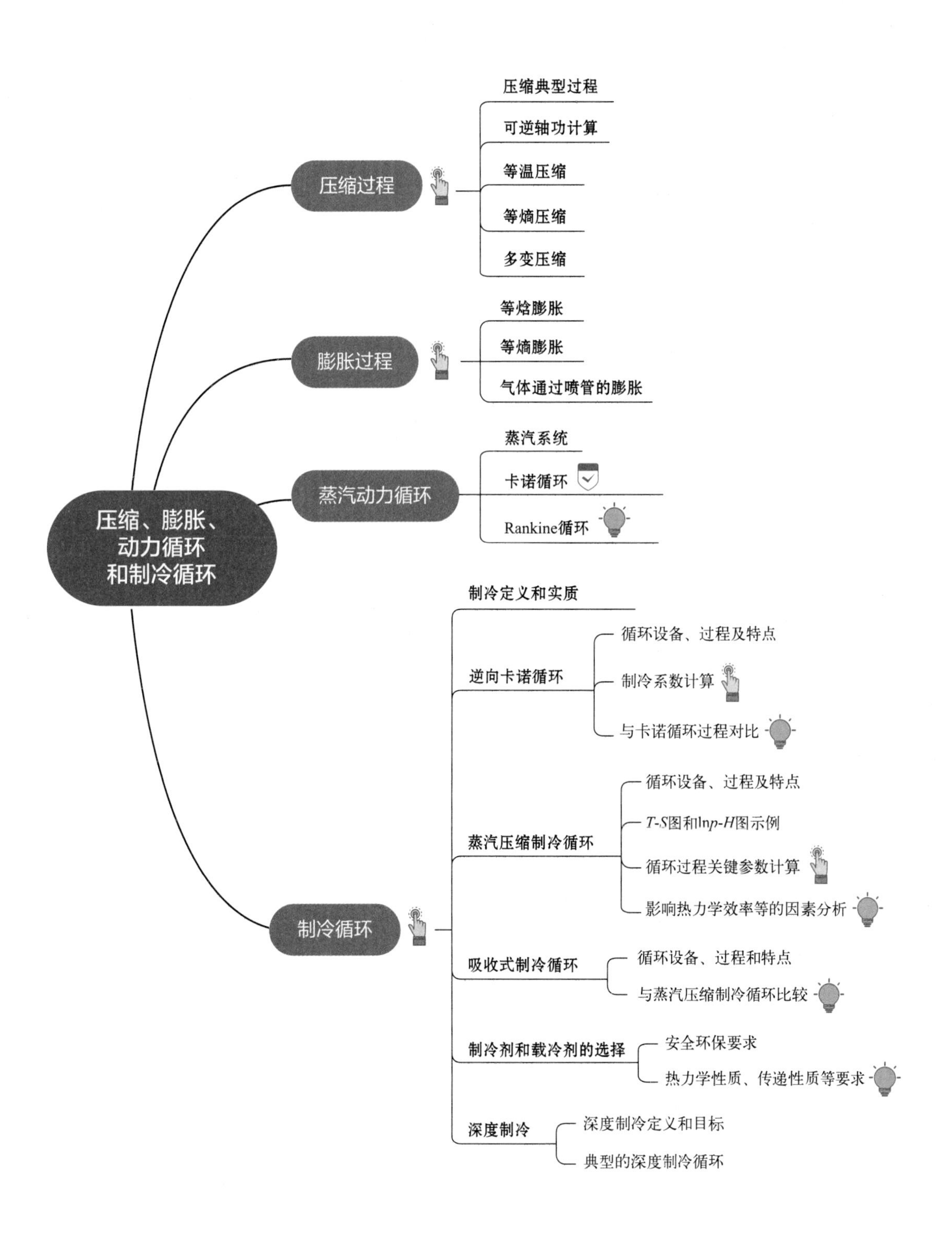

压缩、膨胀、动力循环和制冷循环
压缩过程
压缩典型过程
可逆轴功计算
等温压缩
等熵压缩
多变压缩
膨胀过程
等焓膨胀
等熵膨胀
气体通过喷管的膨胀
蒸汽动力循环
蒸汽系统
卡诺循环
Rankine循环
制冷循环
制冷定义和实质
逆向卡诺循环
循环设备、过程及特点
制冷系数计算
与卡诺循环过程对比
蒸汽压缩制冷循环
循环设备、过程及特点
T-S图和lnp-H图示例
循环过程关键参数计算
影响热力学效率等的因素分析
吸收式制冷循环
循环设备、过程和特点
与蒸汽压缩制冷循环比较
制冷剂和载冷剂的选择
安全环保要求
热力学性质、传递性质等要求
深度制冷
深度制冷定义和目标
典型的深度制冷循环

第4章 热力学基本定律及其应用

扫码获取
线上学习资源

热力学基本定律是化工热力学学科的基础，是人类长期实践中积累得出的经验总结。通过建立热力学基本定律的数学表达式，进而导出各种关系式，形成化工热力学理论，并用于分析化工过程中能量综合利用情况。

能量可以分为两类，一类是储存在体系内部的能量，主要包括热力学能和体系的宏观动能、位能，这些能量都是状态函数。另一类是在过程中通过体系边界与环境交换的能量，这部分能量包括功和热量，是能量的交换形式，它们不是状态函数而是过程函数。

化工生产过程必然伴随着能量产生和转化，如反应过程中为了满足温度条件，需要通过热量交换对物料进行加热或冷却，为了满足压力条件，需要对原料气体进行压缩。

水蒸气是化工过程最常用的工作介质，通过它可实现不同工艺过程之间以及工艺内部之间的能量传递，使得各种工艺过程通过蒸汽系统有机地联系起来。利用热力学原理研究蒸汽动力循环，提高能量的转化效果和利用效率，对实现化工生产的减碳降耗具有重要意义。

化工生产过程常需要维持低温，利用功或废热可实现逆向的热力学循环，可以实现将热从低温传向高温，从而达到制冷的目的。同理，利用热泵设备也可以实现对低品位热能的充分利用，实现整体节能。

4.1 热力学第一定律

物质和能量是相互依存的，物质既不能被创造也不能被消灭。那么能量也不能创造和消灭。此外，能量是物质运动的量度，运动有各种不同的形态，因而能量也具有不同的形式，各种运动形态可以相互转化，孕育于各种运动形态中的能量也能相互转换。

这就是**热力学第一定律，也称为能量守恒和转换定律**："自然界的一切物质都具有能量，能量有不同的形式，能量不可能被创造也不可能被消灭，而只能在一定条件下从一种形式转变为另一种形式，在转变过程中总能量是守恒的。"可见，**热力学第一定律确定了任何过程中能量在数量上是恒定的**。

4.1.1 能量的种类

一切物质都具有一定种类和数量的能量，能量通常有以下几种。

（1）热力学能

热力学能用 U 表示，它是在分子尺度层面上与物质内部粒子的微观运动和粒子的空间位置有关的能量。热力学能包括分子平动、转动和振动具有的动能，以及分子间由于相互作用力的存在而具有的位能。

而在分子尺度以下，物质具有的能量还包括不同原子束缚成分子的能量，电磁偶极矩之间作用的能量。在原子尺度内，包括自由电子绕核旋转和自旋的能量，自由电子与核束缚在一起的能量，核自旋的能量，以及原子尺度以下的核能，等等。如果既考虑物质内部在分子层面上具有的能量，又考虑在分子尺度以下层面具有的能量，常称为内能，这就是常见的热力学参考书中内能的定义。

在化工热力学中，研究对象常常没有分子结构及核的变化，这时，热力学能停留在分子尺度上，只考虑分子运动的内动能及分子间由于相互作用力而具有的内位能，即仅考虑热力学能就够了。在化学热力学中，由于涉及物质分子的变化，热力学能还将考虑物质内部储存的化学能。

（2）宏观动能

在宏观尺度下，物质作为一个整体，在系统外的参考坐标系中，由于其宏观运动速度的不同，而具有不同数量的机械能，称为宏观动能，用 E_k 表示。如果物质具有质量 m，并且以速度 u 运动，那么，物系就具有动能 $E_k = \frac{1}{2}mu^2$。

（3）重力位能

在宏观尺度下，物系作为一个整体，在系统外的参考坐标系中，在重力场中由于高度的不同，而具有不同数量的机械能，称为重力位能，用 E_p 表示。如果物质具有质量 m，并且与势能基准面的垂直距离为 z，那么，物系就具有重力位能 $E_p=mgz$。

（4）物系之间、物系与环境之间交换的第一种形式的能量——传热

物系之间以及物系与环境之间在不平衡势的作用下会发生能量交换，系统从一个状态变化到另一个状态可以经历不同的过程，过程不同，系统与环境交换的能量不同，传递的能量是一个过程量。

作为能量的交换量，还会涉及传递方向的问题，用正负号来表示能量的传递方向。本书中规定，**系统“得到”取为“正”，系统“支出”取为“负”**。

交换能量的方式有两种——传热和做功。

由于温度不同而引起的能量传递叫做传热，用符号 Q 表示，对过程中传递的微小热量用 δQ 表示。在本书中规定物系吸收热量时 Q 为正值，物系向环境放热时 Q 为负值。

（5）物系之间、物系与环境之间交换的第二种形式的能量——做功

物系与环境之间除了传热之外的能量交换均称为功，在力学中功被定义为力与沿力的方向所产生的位移的乘积。

在热力学中，功用符号 W 表示。本书中规定**环境对系统做功为正**，$W > 0$，**系统对环境做功为负**，$W < 0$。

4.1.2　可逆过程的体积功和流动功

（1）可逆体积功

当力作用于物体并使其产生位移时就产生功 W，所做的功的量为

$$dW = Fdl \tag{4-1}$$

在热力学中，常见的功是因流体体积的变化所产生的。比如将一定量的气体封闭在具有活塞的汽缸中，缸内的气体因压力而使活塞移动，从而产生压缩或膨胀。活塞作用于气

体的力等于活塞的面积 A 和流体压力 p 的乘积，活塞的位移等于流体体积的变化除以活塞的面积。又根据本书对功正负符号的规定，需要在式中加入“–”。

因此，式（4-1）变为

$$dW = -pAd\frac{V}{A} = -pdV \quad (4\text{-}2)$$

式（4-2）可以看成体积功的定义式，它是**无摩擦可逆过程中体积功**的计算公式。

当系统由体积 V_1 变到 V_2，系统与环境交换的体积功可由式（4-2）积分计算

$$dW = -\int_{V_1}^{V_2} pdV \quad (4\text{-}3)$$

（2）流动功

在进出系统的流动过程中，流体和环境发生功的交换，如图 4-1 所示，需要有一个力作用在流体上，才能使流体进入系统，这个作用力对流体做压缩功。同样，在出口，流体必须对环境做功，才能使流体流出系统。这部分由于流体流动发生的功需单独考虑，常称为流动功。

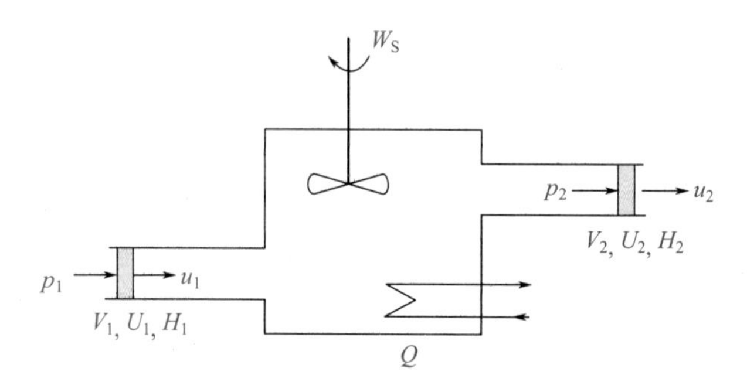

图 4-1 流体进出体系流体与环境的功交换——流动功

现在考虑一个系统，进口压力为 p_1，出口压力 p_2，单位质量流体当压力为 p_1 时具有的体积为 V_1，当压力为 p_2 时具有的体积为 V_2，假设进出口管道的截面积分别为 A_1、A_2，单位质量流体进入系统时，依据公式（4-2）可得到

$$W = -pA\frac{V}{A} = -pV \quad (4\text{-}4)$$

则流体进、出体系与外界交换的流动功变化量，用 W_f 表示

$$W_f = -\int_{p_1V_1}^{p_2V_2} d(pV) \quad (4\text{-}5)$$

4.1.3 热力学第一定律的数学表达式——能量平衡方程

4.1.3.1 敞开体系的能量平衡方程

将热力学第一定律应用于敞开体系，可导出普遍条件下适用的能量平衡方程。

所谓的敞开体系是体系与环境之间既有物质交换又有能量交换，因此，分析中既要考虑质量平衡又要考虑能量平衡。如图 4-2 所示，物流 1 距基准面的高度为 z_1，其单位质量的物流具有的总能量为 E_1，平均速度为 u_1，比体积为 V_1，压力为 p_1，热力学能为 U_1。流出体系的物流 2 具有的性质用下标 2 表示，在 dt 的时间内，流入系统的量为 δm_1，流出

系统的量为 δm_2，系统积累的物质量为 $\dfrac{dm}{dt}$，积累的能量为 $\dfrac{d(mE)}{dt}$，体系从环境吸收的热量为 $\dfrac{\delta Q}{dt}$，从环境吸收的功为 $\dfrac{\delta W}{dt}$。根据物质守恒原理，可以写出

$$\frac{\delta m_1}{dt}-\frac{\delta m_2}{dt}=\frac{dm}{dt} \tag{4-6}$$

根据能量守恒原理，可以写出下式

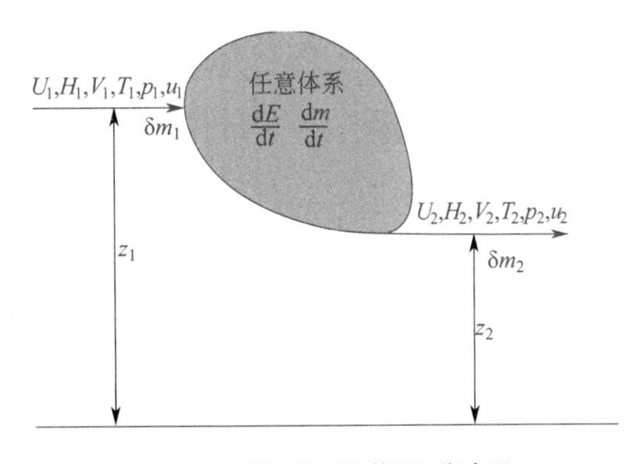

图 4-2　敞开体系的能量平衡方程

$$\frac{(E\delta m)_1}{dt}-\frac{(E\delta m)_2}{dt}+\frac{\delta Q}{dt}+\frac{\delta W}{dt}=\frac{d(mE)}{dt} \tag{4-7}$$

其中，δW 是体系与环境交换的总功，它包括通过设备轴交换的轴功 δW_S 以及流体进出体系时体系与环境交换的流动功 δW_f，即

$$\delta W=\delta W_S+(pV\delta m)_1-(pV\delta m)_2 \tag{4-8}$$

将式（4-8）代入式（4-7）得

$$\frac{(E\delta m)_1}{dt}-\frac{(E\delta m)_2}{dt}+\frac{(pV\delta m)_1}{dt}-\frac{(pV\delta m)_2}{dt}+\frac{\delta Q}{dt}+\frac{\delta W_S}{dt}=\frac{d(mE)}{dt} \tag{4-9}$$

单位质量的物流具有的总能量可以写为

$$E=U+E_k+E_p=U+\frac{1}{2}u^2+gz \tag{4-10}$$

将式（4-10）代入式（4-9）得

$$\left(U+\frac{1}{2}u^2+gz\right)_1\frac{\delta m_1}{dt}-\left(U+\frac{1}{2}u^2+gz\right)_2\frac{\delta m_2}{dt}+\frac{(pV\delta m)_1}{dt}-\frac{(pV\delta m)_2}{dt}+\frac{\delta Q}{dt}+\frac{\delta W_S}{dt}=\frac{d(mE)}{dt} \tag{4-11}$$

引入热力学状态函数焓 $H=U+pV$，式（4-11）写为

$$\left(H+\frac{1}{2}u^2+gz\right)_1\frac{\delta m_1}{dt}-\left(H+\frac{1}{2}u^2+gz\right)_2\frac{\delta m_2}{dt}+\frac{\delta Q}{dt}+\frac{\delta W_S}{dt}=\frac{d(mE)}{dt} \tag{4-12}$$

上式就是单股物料进出敞开体系的能量平衡方程。

对于更加普遍情况，有 n 股物料进入体系，有 m 股物料流出体系，则可以推导出普遍适用的能量平衡方程式

$$\sum_{i=1}^{n}\left[\left(H+\frac{1}{2}u^2+gz\right)_i\frac{\delta m_i}{dt}\right]-\sum_{j=1}^{m}\left[\left(H+\frac{1}{2}u^2+gz\right)_j\frac{\delta m_j}{dt}\right]+\frac{\delta Q}{dt}+\frac{\delta W_S}{dt}=\frac{d(mE)}{dt} \tag{4-13}$$

应用时可视具体情况进行简化。

4.1.3.2　封闭体系的能量平衡方程

封闭体系是指体系与环境之间没有物质交换只有能量交换，即 $\delta m_1=\delta m_2=0$，于是式

（4-7）的能量方程变为

$$\frac{\delta Q}{dt}+\frac{\delta W}{dt}=\frac{d(mE)}{dt} \tag{4-14}$$

封闭系统一般不引起动能、位能的变化，因此能量部分只能引起热力学能的变化，同时上式两边同乘以 dt，对于质量为 m 的体系

$$m\mathrm{d}U=\delta Q+\delta W$$

对于单位质量的体系

$$\mathrm{d}U=\delta Q+\delta W \tag{4-15}$$

其积分式为

$$\Delta U=Q+W \tag{4-16}$$

式（4-15）和式（4-16）就是封闭体系的能量平衡方程。

4.1.3.3 稳定流动体系的能量平衡方程

化工生产中，如果流动过程中体系内流体的质量相等，同时体系内任何一点的物料状态不随时间而变化，即体系没有质量和能量的积累，这种流动体系通常被称为稳定流动体系（简称稳流体系，如图 4-3 所示）。此时

$$\mathrm{d}(mE)=0, \qquad \delta m_1=\delta m_2=\delta m$$

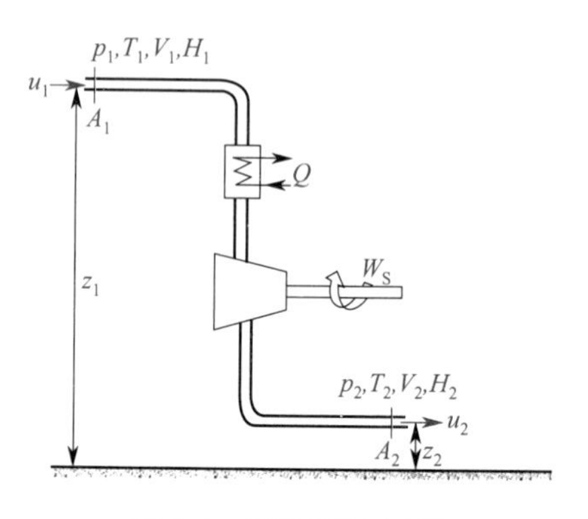

图 4-3 稳流系统示意图

将敞开体系的能量平衡方程用于稳流体系，式（4-12）通过移项和简化后变为

$$\left(H+\frac{1}{2}u^2+gz\right)_1\delta m-\left(H+\frac{1}{2}u^2+gz\right)_2\delta m+\delta Q+\delta W_\mathrm{S}=0 \tag{4-17}$$

上式改写为单位质量下稳流体系的能量方程式的积分表达式

$$\Delta H+\frac{1}{2}\Delta u^2+g\Delta z=Q+W_\mathrm{S} \tag{4-18}$$

式中，Q 和 W_S 对应的是单位质量流体体系与环境交换的热和轴功。其微分表达式为

$$\mathrm{d}H+u\mathrm{d}u+g\mathrm{d}z=\delta Q+\delta W_\mathrm{S} \tag{4-19}$$

式（4-18）和式（4-19）分别是稳流体系能量平衡方程的积分表达式和微分表达式。化工生产中，绝大多数过程都属于稳流过程，可根据具体情况进一步简化。

① 流体流经换热器、反应器、管道等设备　物系与环境之间没有轴功的交换，$W_\mathrm{S}=0$；而且，进出口之间动能的变化和位能的变化可以忽略不计，即 $\frac{1}{2}\Delta u^2\approx 0$，$g\Delta z\approx 0$。因此，稳流系统热力学第一定律可化简为

$$\Delta H=Q \tag{4-20}$$

上式说明体系的焓变等于体系与环境交换的热量，此式就是稳流体系进行热量衡算的基本关系式。

② 流体流经泵、压缩机、透平等设备　体系在设备进出之间动能的变化、位能的变

化与焓变相比可以忽略不计，即 $\frac{1}{2}\Delta u^2 \approx 0$，$g\Delta z \approx 0$。此时，式（4-18）可以简化为

$$\Delta H=Q+W_S \tag{4-21}$$

若这些设备可视为与环境绝热，或传热量与所做轴功的数值相比可忽略不计，那么可进一步简化为

$$\Delta H=W_S \tag{4-22}$$

③ 流体流经喷管和扩压管　流体流经设备如果足够快，可以假设为绝热，$Q=0$；设备没有轴传动结构，$W_S=0$；流体进出口高度变化不大，重力势能的改变可以忽略，$g\Delta z \approx 0$。因此，式（4-18）可简化为

$$\Delta H = -\frac{1}{2}\Delta u^2 \tag{4-23}$$

从上式可以看出，流体流经喷嘴等喷射设备时，通过改变流动的截面积，将流体自身的焓转变为动能。

④ 流体经过节流膨胀、绝热反应和绝热混合等过程　此时体系与环境没有热量交换也不做轴功，进出口动能、位能的变化可以忽略不计，由式（4-18）得

$$\Delta H=0 \tag{4-24}$$

⑤ 伯努利（Bernoulli）方程　对于没有摩擦的流体流动过程，可视为可逆过程，那么有

$$\mathrm{d}H=T\mathrm{d}S+V\mathrm{d}p$$

$$\delta Q_r=T\mathrm{d}S$$

代入式（4-19）得

$$V\mathrm{d}p+u\mathrm{d}u+g\mathrm{d}z=\delta W_S$$

将上式用于不可压缩流体，且流体与环境之间没有轴功交换时，$W_S=0$。同时，考虑体积与密度之间的关系，积分上式，得

$$\frac{\Delta p}{\rho}+\frac{\Delta u^2}{2}+g\Delta z=0 \tag{4-25}$$

式（4-25）就是著名的伯努利（Bernoulli）方程，它表达了动能、位能与压力能间的互换关系。它的使用条件是不可压缩流体做无摩擦的且与外界没有轴功交换的流动。

4.2 热力学第二定律

热力学第一定律是从能量转化的量的角度来衡量、限制并规范过程的发生，但是并不是符合了热力学第一定律，过程就一定能够实现，它还必须同时满足热力学第二定律的要求。**热力学第二定律是从过程的方向性上限制并规定着过程的进行**。热力学第一定律和第二定律分别从能量转化的数量和转化的方向两个角度，相辅相成地规范着自然界发生的所有过程。

在自然科学不断进步的过程中，逐步形成了两种定性的热力学第二定律的描述。

第一种是**克劳修斯**（Clausius）**说法**：热不可能自动地从低温物体传给高温物体；

第二种是**开尔文**（Kelvin）**说法**：不可能从单一热源吸收热量使之完全变为有用功而不引起其他变化。

上述两种说法是对大量事实的总结，定性地说明了自发过程进行的方向和限制，在一些情况下可以直观判断过程的可行性，但是对于深入的研究来说，更需要定量的描述。

4.2.1 熵与熵增原理

4.2.1.1 熵的定义

在物理化学中已经学过，对于如图 4-4 所示卡诺（Carnot）循环，可逆热机从高温热源 T_1 吸收热量 Q_1，并向外做功 W，同时向低温热源 T_2 放热 Q_2。

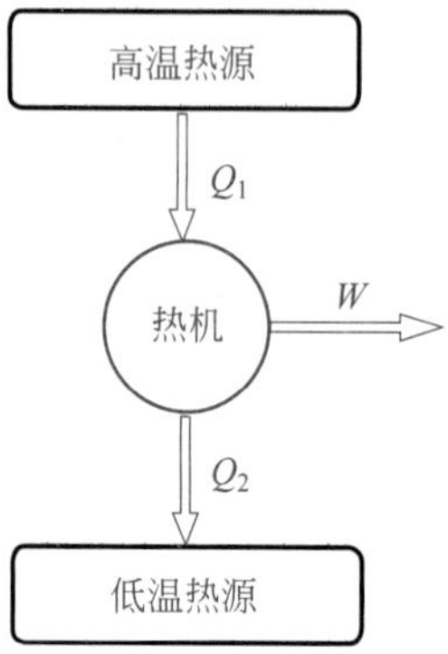

根据 Carnot 定理，所有工作于等温热源 T_1 和等温热源 T_2 之间的热机，以可逆热机效率最大，效率值仅与 T_1 和 T_2 有关，而与工作介质无关。

图 4-4 热机示意图

如果考虑了热量的正负号，卡诺循环的效率可表示为

$$\eta_{\max} = \frac{-W}{Q_1} = \frac{Q_1 + Q_2}{Q_1} = \frac{T_1 - T_2}{T_1} \tag{4-26}$$

从上式可推出

$$\frac{Q_1}{T_1} + \frac{Q_2}{T_2} = 0 \tag{4-27}$$

常将热量与温度之商称为热温商，则式（4-27）说明 Carnot 循环热温商代数和为零。对于每一个小的 Carnot 循环，吸热和放热都只是无限小的量，那么上式即可写为

$$\frac{\delta Q_1}{T_1} + \frac{\delta Q_2}{T_2} = 0 \tag{4-28}$$

Carnot 循环得出的结论可推广到任意可逆循环。若将任意可逆循环分割成许多小卡诺循环，如图 4-5 所示，即在数学上，将式（4-28）沿着某一可逆循环过程作循环积分，则有

$$\oint \frac{\delta Q_{\mathrm{rev}}}{T} = 0 \tag{4-29}$$

式中，Q_{rev} **表示可逆热**；$\frac{\delta Q_{\mathrm{rev}}}{T}$ **称为可逆热温商**。

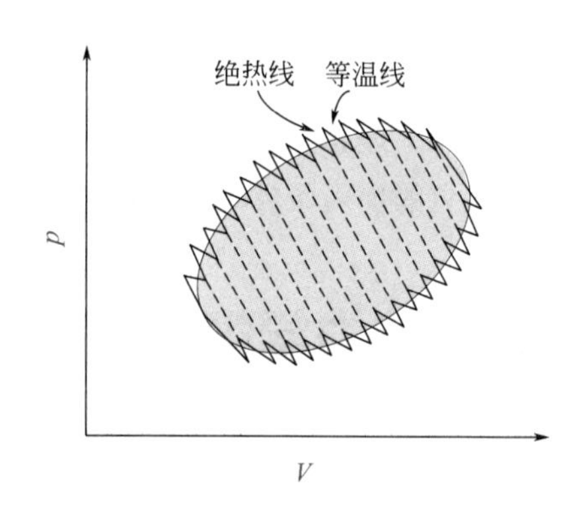

图 4-5 任意可逆循环过程

我们知道，经过一个循环后，热力学性质的变化量为零，从上式可以看出，可逆循环的热温商为零，它代表一种热力学性质。把这个性质称为熵，用 S 表示，于是熵 S 的热力学定义为

$$\mathrm{d}S = \frac{\delta Q_{\mathrm{rev}}}{T} \tag{4-30}$$

4.2.1.2 熵增原理

根据可逆过程的概念，工作在两个等温热源 T_1 和 T_2 之间的所有热机中，可逆热机的

效率最高。如果可逆热机的效率用 η_{rev} 表示，不可逆热机的效率用 η 表示，那么

$$\eta_{rev}=\eta_{max}=\frac{Q_1+Q_2}{Q_1}=\frac{T_1-T_2}{T_1}=1-\frac{T_2}{T_1}, \qquad \eta=\frac{Q_1+Q_2}{Q_2}=1+\frac{|Q_2|}{Q_1}$$

因为 $\eta \leqslant \eta_{rev}$，所以

$$1+\frac{Q_2}{Q_1}\leqslant 1-\frac{T_2}{T_1}$$

整理后得

$$\frac{Q_1}{T_1}+\frac{Q_2}{T_2}<0$$

与前面的推导一样，对于任何一个循环有

$$\oint\frac{\delta Q}{T}<0 \tag{4-31}$$

上式说明不可逆循环的热温商小于零。

对于任意一个过程来说热温商又是如何变化的呢？如图 4-6 所示，现有任意不可逆循环 1a2b1，由不可逆过程 1a2 及可逆过程 2b1 组成，对于这样的循环应满足式（4-31）。

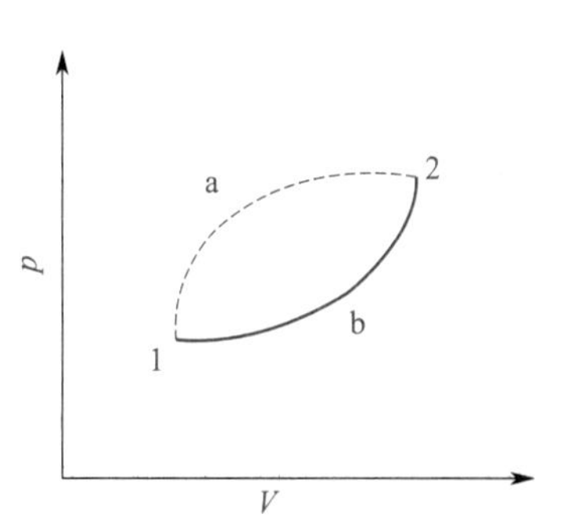

图 4-6　不可逆过程的熵变化

$$\int_{1a2}\frac{\delta Q}{T}+\int_{2b1}\frac{\delta Q}{T}<0 \tag{4-32}$$

因为 2b1 为可逆过程，根据式（4-30）可逆过程的热温商等于体系的熵变，因此有

$$-\int_{2b1}\frac{\delta Q}{T}=\int_{1b2}\frac{\delta Q}{T}=S_2-S_1=\Delta S$$

这样，上述等式代入式（4-32），可写作

$$\Delta S=S_2-S_1>\int_{1a2}\frac{\delta Q}{T} \tag{4-33}$$

由于 1a2 为任意不可逆过程，对于不可逆的微小过程，则有

$$\mathrm{d}S>\frac{\delta Q}{T} \tag{4-34}$$

上式与可逆过程式（4-30）合并则可得任意过程的**熵变与热温商的关系**

$$\mathrm{d}S\geqslant\frac{\delta Q}{T} \tag{4-35}$$

式（4-35）即是**热力学第二定律的数学表达式**，等号用于可逆过程，而不等号用于不可逆过程。

对于**孤立体系**，体系与外界既没有物质交换，也没有能量交换，δQ=0，则式（4-35）变为

$$\mathrm{d}S_{孤立}\geqslant 0 \tag{4-36}$$

此式即是熵增原理的表达式，即孤立系统经历一个过程时，总是自发地向熵增加的方向进行，直至达到最大值，体系达到平衡态。

在对热力学第二定律的数学表达式进行理解时应注意以下几点。

① 从微观意义上讲，熵是系统混乱度的量度。从分子尺度上看，自然界中存在各种有序性，例如结构的有序性、分布的有序性、运动的有序性等。晶体结构是高度有序的，从晶体熔化成液体，分子的排列由有序转向无序；机械运动摩擦生热，分子由有序运动变为无序运动。任何实际可以进行的过程都是从总的有序性变为无序性，向混乱度增加的方向变化，向熵值增大方向进行。

② 同焓、压力和体积一样，熵是一个状态函数，只要系统处于一定的状态，便有一个确定的熵值。只要过程的始末态确定，无论过程如何进行、是否可逆，熵值的变化量大小都是一样的，是唯一确定的值。只不过可逆过程的熵变正好等于过程的热温商，不可逆过程熵变要大于过程的热温商。

③ 无论过程是否自发，实际能进行的过程都是总熵变大于零的过程。热力学第二定律数学表达式的推导是从自发过程开始的，自然界发生的任何过程都是自发过程，必须满足熵增原理。

在这里要注意的是，熵增原理指的是孤立系统的熵增加，或者是系统和环境的总熵增加，不是仅仅指系统的熵。熵增加是过程自发进行的必要条件，但不是充分条件，总熵增加，过程不一定能自发进行，或者更准确地讲，不是通常意义上讲的自发过程。例如，热量从高温物体传到低温物体，这是个通常意义上讲的自发过程，也是一个总熵增加的过程；热量能不能从低温物体传到高温物体呢？通过空调和冰箱使用知道——能，在这个过程中总熵变还是大于零的，也必须大于零，但是这个过程不是原来意义上讲的自发过程。因此，可以得出结论，不论自发与否，任何实际可以进行的过程都必须是总熵变大于零的过程。

4.2.2 熵产生与熵平衡

（1）熵产生

热力学第一定律要求，能量是守恒的，其数学表达式为能量平衡方程。根据热力学第二定律的熵增原理，熵是不守恒的，不可逆过程的熵是增加的，其数学表达式为不等式。那么能否像热力学第一定律的表达式一样，把热力学第二定律也用一个等式方程表示呢？

把式（4-36）改写为一个等式

$$\mathrm{d}S=\frac{\delta Q_{\mathrm{ir}}}{T}+\mathrm{d}S_{\mathrm{g}} \tag{4-37}$$

积分得

$$\Delta S=\int\frac{\delta Q_{\mathrm{ir}}}{T}+\Delta S_{\mathrm{g}} \tag{4-38}$$

式中，ΔS_{g} **称为熵产生**，它是由于过程的不可逆性而引起的那部分熵变。**可逆过程熵产生** $\Delta S_{\mathrm{g}}=0$，**不可逆过程熵产生** $\Delta S_{\mathrm{g}}>0$，总之，熵产生永远不会小于零。

如何理解熵产生呢？下面分析一下封闭系统的能量变化。

对于一个固定始末态的封闭系统，其经历可逆变化和不可逆变化，热力学第一定律描述如下

$$\mathrm{d}U=\delta Q_{\mathrm{r}}+\delta W_{\mathrm{r}}=\delta Q_{\mathrm{ir}}+\delta W_{\mathrm{ir}}$$

又由于 $\delta Q_{\mathrm{r}}=T\mathrm{d}S$，将式（4-37）代入可得

$$T\mathrm{d}S_{\mathrm{g}}=\delta W_{\mathrm{ir}}-\delta W_{\mathrm{r}}$$

已知熵产生是由于过程的不可逆性带来的，由上式进一步分析：熵产生的同时造成了系统对外做功能力的下降（δW_r 的绝对值更大）。根据热力学第一定律，能量永远是守恒的，消耗的能量转变成了其他形式的能量，因此由于过程的不可逆性，原来可以利用的能量变成了没有利用价值的能量。如燃料燃烧放出的热变成了与环境一样温位的热，耗散在大气环境中；江河中水流的势能变成了水的热力学能使水温略有增加；电能变成热量耗散在大气环境中；传热程中高温位的热变成较低温位的热。**在不可逆过程中**，尽管能量的大小没有改变，但是能量的品位发生了变化，**能量变化的总效果都是能量的品位降低，总熵变增加**。

（2）熵平衡

对于敞开系统，如图 4-7 所示，假设从环境吸收热量 Q，同时对外做功 W，系统与环境之间既有质量交换，也有能量交换。随着质量的流入流出，熵也被带进带出，流入熵为$\sum\limits_{\text{in}} m_i S_i$，流出熵为$\sum\limits_{\text{out}} m_i S_i$。与能量交换有联系的熵为$\int \frac{\delta Q}{T}$。需要注意的是能量中，只有热量 Q 与熵变有关，功 W 与熵变无关。由于过程的不可逆性引起的熵产生为 ΔS_g，于是，针对上述敞开系统有

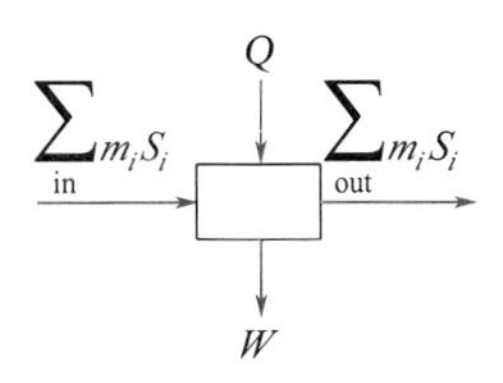

图 4-7　敞开体系的熵平衡

$$\sum_{\text{in}} m_i S_i + \int \frac{\delta Q}{T} + \Delta S_g - \sum_{\text{out}} m_i S_i = \Delta S_A \tag{4-39}$$

式中，ΔS_A 为该系统累积的熵变。

实际上，式（4-39）也可以被看作是适用于任何热力学体系的通用的熵平衡式，可以进一步根据系统的具体特点，进行简化。

例如对稳流体系，体系没有熵的积累，因此式（4-39）可以简化为

$$\sum_{\text{in}} m_i S_i + \int \frac{\delta Q}{T} + \Delta S_g - \sum_{\text{out}} m_i S_i = 0 \tag{4-40}$$

熵平衡方程与能量平衡方程和质量平衡方程一样，是任何一个过程必须满足的条件式。

4.3　理想功、损失功与热力学效率

本节将阐述热力学中理想功、损失功和热力学效率的概念和相应的计算，借此帮助衡量真实过程的能量利用率，给过程的节能提供指导性原则。

4.3.1　理想功

理想功是在一定环境条件下，系统发生完全可逆过程时，理论上可能产生的（或消耗的）有用功。**就功的数值来说，产出的理想功是最大功，而耗功过程的理想功是最小功。**所谓完全可逆过程，包含以下两方面的含义：①系统内发生的所有变化都必须可逆；②系统与环境的相互作用（如传热）可逆进行。

对于经历完全可逆过程的封闭体系，热力学第一定律指出

$$W_{id}=\Delta H+\frac{1}{2}\Delta u^2+g\Delta z-Q_r$$

且系统与环境（T_0，p_0）间进行可逆传热，故

$$Q_r=T_0\Delta S_{sys} \tag{4-41}$$

于是，有

$$W_{id}=\Delta H+\frac{1}{2}\Delta u^2+g\Delta z-T_0\Delta S_{sys} \tag{4-42}$$

这就是由热力学第一定律给出的稳流系统的理想功表达式。

当系统的动能和重力势能可以忽略不计时，可用下式计算**稳流系统的理想功**

$$W_{id}=\Delta H-T_0\Delta S_{sys} \tag{4-43}$$

对于理想功应明确：

① 理想功实际上是一个理论上的极限值，在与实际过程一样的始终态下，通常作为评价实际过程能量利用率的标准。

② **理想功与可逆功是有所区别的**。可逆功的定义是系统在一定环境条件下完全可逆地进行状态变化时所做的功。比较两者的定义，不难发现，虽然都经历了完全可逆变化，但理想功不仅要求系统状态变化必须是可逆的，而且系统与环境之间的能量交换也必须是可逆的，而可逆功仅要求系统变化是可逆的。

③ **理想功的大小与体系的始终态以及环境条件有关**。

4.3.2 损失功

当完全可逆过程和实际过程经历同样的始终态时，由于可逆程度的差别，导致这两种过程所表现出的功之间存在差值。令实际过程的功为 W_{ac}，则

$$W_L=W_{ac}-W_{id} \tag{4-44}$$

式中，W_L 叫做损失功。对于稳流体系，实际过程的功 W_{ac} 就是轴功 W_S，而理想功 W_{id} 见式（4-43），于是，稳流系统的损失功为

$$W_L=T_0\Delta S_{sys}-Q \tag{4-45}$$

式中，Q 是实际过程中体系与温度恒定为 T_0 的环境交换的热量。所以，对于环境来说，它的热交换就是 $-Q$，且可以近似看作是可逆传热（因为传热不会在环境中产生影响，环境的温度不会因为吸收或放出热量而有所改变）。于是，根据可逆传热的特点，有

$$\Delta S_{sur}=\frac{-Q}{T_0} \tag{4-46}$$

将式（4-46）代入式（4-45），并整理，得

$$W_L=T_0(\Delta S_{sys}+\Delta S_{sur})=T_0\Delta S_{iso} \tag{4-47}$$

热力学第二定律规定，任何热力学过程都是熵增的过程，因此

$$W_L\geqslant 0\quad（=0\text{ 可逆；}>0\text{ 不可逆}） \tag{4-48}$$

上式说明损失功 W_L 是另一个过程是否可逆的衡量指标，由环境温度和总熵变计算。实际可以发生的过程都是不可逆过程，因此损失功最终变成热放到周围环境中去了。根据熵的计算，只有能量变成了热才产生熵，实际过程中都有损失功，必然导致总熵变大于零，这正是热力学第二定律的内容——任何实际发生过程的总熵变都大于零。

4.3.3 热力学效率

定义理想功在实际功中所占比例为热力学效率 η_t，以此来表示真实过程与可逆过程的差距。

做功过程
$$\eta_t = \frac{W_{ac}}{W_{id}} \tag{4-49}$$

耗功过程
$$\eta_t = \frac{W_{id}}{W_{ac}} \tag{4-50}$$

当然，热力学效率 η_t 仅在体系经历完全可逆过程时才等于 1。任何真实过程的 η_t 都是越接近 1 越好。实际上，对化工过程进行热力学分析，其中的一种方法就是通过计算理想功 W_{id}、损失功 W_L 和热力学效率 η_t，找到工艺中损失功较大的部分，然后有针对性地进行节能改造。

【例4-1】高压水蒸气作为动力源可驱动透平机做功。750K、1500kPa 的过热蒸汽进入透平机，在推动透平机做功的同时，每千克蒸汽向环境散失热量 7.1kJ。环境温度 293K。由于过程不可逆，实际输出的功等于可逆绝热膨胀时轴功的 85%。做功后，排出的蒸汽变为 70kPa。请评价该过程的能量利用情况。

解：由水蒸气表（电子版附录 8）可查出 750K、1500kPa 的过热蒸汽的性质：

$$H_1=4037.5\text{kJ}\cdot\text{kg}^{-1},\qquad S_1=8.1998\text{kJ}\cdot\text{kg}^{-1}\cdot\text{K}^{-1}$$

首先，计算相同的始终态下，可逆绝热膨胀过程的轴功 $W_{S,\ rev}$。

绝热可逆过程的 $Q_r=0$ 且等熵，即 $S_{2,r}=8.1998\text{kJ}\cdot\text{kg}^{-1}\cdot\text{K}^{-1}$。由出口压力 $p_2=70\text{kPa}$，查饱和水蒸气表得，相应的饱和态熵值应为 $7.754\text{kJ}\cdot\text{kg}^{-1}\cdot\text{K}^{-1} < S_{2,r}=8.1998\text{kJ}\cdot\text{kg}^{-1}\cdot\text{K}^{-1}$，因此，可以判断，在透平机的出口，仍然为过热蒸汽。查过热蒸汽表，可得绝热可逆过程的出口蒸汽的焓值为 $H_{2,r}=2970.7\text{kJ}\cdot\text{kg}^{-1}$。

于是，根据热力学第一定律，有

$$W_{S,r}=\Delta H_r=H_{2,r}-H_1=2970.7-4037.5=-1066.8\ (\text{kJ}\cdot\text{kg}^{-1})$$

实际过程的输出功为 $$W_{ac}=85\%W_{S,r}=-906.8\ (\text{kJ}\cdot\text{kg}^{-1})$$

其次，计算经历实际过程后，出口蒸汽的焓值和熵值。

由于同时向环境散热，每千克蒸汽向环境散失热量 7.1kJ，则根据热力学第一定律，实际过程的焓变 ΔH_{ac} 和出口蒸汽的焓值 H_2 为

$$\Delta H_{ac}=Q_{ac}+W_{ac}=-7.1-906.8=-913.9\ (\text{kJ}\cdot\text{kg}^{-1})$$

$$H_2=H_1+\Delta H_{ac}=4037.5-913.9=3123.6\ (\text{kJ}\cdot\text{kg}^{-1})$$

于是，根据出口压力 $p_2=70\text{kPa}$ 和出口蒸汽的焓值 $H_2=3123.6\text{kJ}\cdot\text{kg}^{-1}$，查过热水蒸气表得，出口蒸汽的熵值 $S_2=8.4086\text{kJ}\cdot\text{kg}^{-1}\cdot\text{K}^{-1}$。故水蒸气体系的熵变为

$$\Delta S_{sys}=S_2-S_1=8.4086-8.1998=0.2088\ (\text{kJ}\cdot\text{kg}^{-1}\cdot\text{K}^{-1})$$

由式（4-45）得损失功

$$W_L=T_0\Delta S_{sys}-Q_{ac}=293\times0.2088-(-7.1)=68.3\ (\text{kJ}\cdot\text{kg}^{-1})$$

由式（4-43）得理想功

$$W_{id}=\Delta H-T_0\Delta S_{sys}=-913.9-293\times0.2088=-975.1\ (\text{kJ}\cdot\text{kg}^{-1})$$

由式（4-49）得该过程的热力学效率为

$$\eta_t = \frac{W_{ac}}{W_{id}} = \frac{-906.8}{-975.1} = 93.0\%$$

4.4 有效能和无效能

化工过程进行能量分析的另一个重要手段是有效能分析法。

4.4.1 有效能定义

系统在某一状态时，具有一定的能量。系统状态发生变化时，有一部分能量以功或热的形式释放出来，由于系统经历的过程不同，做功能力也不同。因此，体系的能量既与始终态有关，又与经历的过程有关。如果想要比较两个体系的做功能力，就需要规定它们的终态相同、经历的过程相同。在热力学上，通常规定终态即为环境状态（T_0，p_0），经历的过程为完全可逆。这样，得到的体系的做功能力就是系统状态变化时的最大的可用能量。需要说明的是，**环境状态（T_0，p_0）在热力学上被称为基态或热力学僵态**。在这种状态下，体系通常再也没有做功能力。

如上所述，为了度量能量的可利用程度或比较不同状态下可做功的能量大小，定义了“**有效能**”这一概念。体系在一定的状态下的有效能，就是系统从该状态变化到基态的过程中所做的理想功，用 E_x 表示。这一概念最初由凯南提出，国外教材上称为“available energy”，**在国内也叫做“㶲”**。

4.4.2 稳流过程有效能计算

根据有效能的定义，它是一种终态为基态的理想功。假设物流所处的状态记为 1，当系统的动能和重力势能可以忽略不计时，对于状态 1 的物流，由式（4-43）可得

$$E_x=-W_{id}=-(H_0-H_1)+T_0(S_0-S_1)$$

即

$$E_x=(H-H_0)-T_0(S-S_0) \tag{4-51}$$

式（4-51）是有效能的基本计算式。有效能 E_x 是状态函数，但它又与其他状态函数（如焓 H、熵 S、热力学能 U）不同。E_x 的大小除了决定于体系的状态（T，p）之外，还和基态（环境）的性质有关。当然，从这个意义上讲，基态的有效能为零。

式（4-51）中，$H-H_0$ 是系统具有的能量，而其中的 $T_0(S-S_0)$ 部分是不能用于做功的，它们的差值就是有用功，即有效能。

有效能分为**物理有效能**和**化学有效能两部分**。物理有效能是指由物理参数（如温度 T、压力 p）决定的那部分有效能；化学有效能则是由化学组成、结构、浓度等因素决定的有效能。如果物流同时具有这两种有效能，那么应该将它们加和。下面分别进行介绍。

（1）物理有效能

系统的物理有效能是指系统温度、压力等参数不同于环境而具有的有效能。化工生产中常见的加热、冷却、压缩和膨胀等过程只需考虑物理有效能。

计算时，利用热力学图表查出物流在它的 T、p 下的 H、S 值以及环境基态 T_0、p_0 下

的 H_0、S_0 值，然后代入式（4-51）计算即可。或者用第 3 章学习的方法计算出物流由（T_0，p_0）变化到（T，p）过程的焓变 ΔH 和熵变 ΔS，再代入式（4-51）计算也可。

【例4-2】 试比较 1.0MPa 和 7.0MPa 两种饱和水蒸气的有效能的大小。取环境温度 T_0=298.15K，p_0=0.101MPa。

解： 查水蒸气表可得各状态下的焓值和熵值，见下表。

序号	状态	压力 /MPa	温度 /K	H/kJ · kg^{-1}	S/kJ · kg^{-1} · K^{-1}
0	水	0.101	298.15	104.6	0.3648
1	饱和蒸汽	1.0	179.9	2777.1	6.585
2	饱和蒸汽	7.0	285.8	2772.6	5.815

$$E_{x,1}=(H_1-H_0)-T_0(S_1-S_0)=(2777.1-104.6)-298.15\times(6.585-0.3648)=817.9(\text{kJ}\cdot\text{kg}^{-1})$$

$$E_{x,2}=(H_2-H_0)-T_0(S_2-S_0)=(2772.6-104.6)-298.15\times(5.815-0.3648)=1043.0(\text{kJ}\cdot\text{kg}^{-1})$$

$$\frac{E_{x,1}-E_{x,2}}{E_{x,1}}\times 100\% = -27.5\%$$

从上述计算结果可以看出，两种不同状态的饱和蒸汽冷凝成 298.15K 水放出的热量（即两者的焓差值）很接近，但有效能（能够最大限度地转化为功的能量）却相差很大。7.0MPa 的饱和水蒸气的有效能比 1.0MPa 的要高出 27.5%。这就是为什么化工厂都采用高压蒸汽作为动力源的原因。从另一角度来说，制备高压蒸汽要消耗其他能源更多的有效能。

另外，如果动能和势能不能忽略，那么该流股的有效能除了上述物理有效能部分，还应该再加上动能和势能的贡献。由于动能和势能都可全部转化成有效的功，因此这两项的有效能就是其本身。同理，**功、电能和其他机械能的有效能也都是它们本身**。即对于功 W、电能和机械能有

$$E_x=W \tag{4-52}$$

对于热，由于热 Q 也可以部分转化为有用功，且根据热力学第二定律，热转化为功的最高效率是 Carnot 热机的效率

$$\eta \leqslant \eta_{\text{Carnot}} = \frac{W}{Q_{\text{in}}} = 1-\frac{T_0}{T} \tag{4-53}$$

可推出，热 Q 的有效能为

$$E_x = W_{\text{Carnot}} = \left(1-\frac{T_0}{T}\right)Q \tag{4-54}$$

可以看出，热 Q 的有效能较低，能够提供的有效能仅仅是其热量 Q 的一部分。且流股的温度 T 越接近环境温度 T_0，有效能所占的比例越低。

（2）化学有效能

处于环境温度和压力（T_0，p_0）下的系统，由于和环境的组成不同而发生物质交换或化学反应，达到与环境的平衡，所做的最大功就叫做化学有效能。

由于涉及物质组成，在计算化学有效能时，除了要确定环境的温度和压力以外，还要指定基准物和浓度。计算中，一般是首先计算系统状态和环境状态的焓差和熵差，然后代

入式（4-51）即可。表4-1列出了一些元素指定的环境状态。以例4-3说明具体的计算方法。

表4-1 化学有效能元素基准环境状态（T_0=298.15K、p_0=0.101MPa）

元素	环境状态		元素	环境状态	
	基准物	浓度		基准物	浓度
Al	$Al_2O_3 \cdot H_2O$	纯固体	H	H_2O	纯液体
Ar	空气	y_{Ar}=0.01	N	空气	y_{N_2}=0.78
C	CO_2	纯气体	Na	NaCl水溶液	m=1mol · kg^{-1}
Ca	$CaCO_3$	纯固体	O	空气	y_{O_2}=0.21
Cl	$CaCl_2$水溶液	m=1mol · kg^{-1}	P	$Ca_3(PO_4)_2$	纯固体
Fe	Fe_2O_3	纯固体	S	$CaSO_4 \cdot 2H_2O$	纯固体

【例4-3】试计算碳的化学有效能。

解：在表4-1中，规定了碳（C）的环境状态是在T_0=298.15K、p_0=0.101MPa下的纯气体CO_2。其中涉及氧元素，同样在表4-1中还规定了氧元素（O）的环境状态是T_0=298.15K、p_0=0.101MPa下，浓度y_{O_2}=0.21的空气。

设计过程：$C + O_2 \xrightarrow[p_0=0.101\text{MPa}]{T_0=298.15\text{K}} CO_2$（完全可逆，$O_2$为空气中的氧）

根据定义，计算该过程中所有转化为功的能量就是碳（C）的有效能$E_{x,C}$。于是

$$H-H_0=H_C+H_{O_2}-H_{CO_2}$$

$$S-S_0=S_C+S_O-S_{CO_2}$$

由于上述设计过程中的气体均为常温常压，可视为理想气体，对于1mol的碳，上两式就变为

$$H-H_0=H_C^{\ominus}+H_{O_2}^{\ominus}-H_{CO_2}^{\ominus}=-\Delta_f H_{CO_2}^{\ominus} \tag{1}$$

$$S-S_0=S_C^{\ominus}+(S_{O_2}^{\ominus}-R\ln 0.21)-S_{CO_2}^{\ominus} \tag{2}$$

以上两式中，$\Delta_f H_{CO_2}^{\ominus}$是$CO_2$的标准摩尔生成焓；$S_C^{\ominus}$、$S_{O_2}^{\ominus}$和$S_{CO_2}^{\ominus}$分别是C、$O_2$和$CO_2$的标准摩尔熵；减去$R$ln0.21是因为空气中的氧仅占21%，因此会与纯氧有熵差。由电子版附录4中一些物质的标准热化学性质表可以得到这四个值，代入式（1）和式（2），得

$$H-H_0=393.5\text{kJ}\cdot\text{mol}^{-1}$$

$$S-S_0=10.46\text{J}\cdot\text{mol}^{-1}\cdot\text{K}^{-1}$$

代入式（4-51），得

$$E_{x,C}=(H-H_0)-T_0(S-S_0)=393.5-298.15\times10.46\times10^{-3}=390.4(\text{kJ}\cdot\text{mol}^{-1})$$

4.4.3 无效能

在给定环境下，能量中可转变为有用功的部分称为有效能，余下的不能转变为有用功的部分称为**无效能**，用A_N表示。

根据式（4-51），对于稳流过程，物系的物理有效能为

$$E_x=(H-H_0)-T_0(S-S_0)=H-[H_0+T_0(S-S_0)]=H-A_N$$

式中，H代表流动物系的总能量，其无效能为$H_0+T_0(S-S_0)$。

总之，能量是由有效能和无效能两部分组成的。有效能是能量中有用的部分，无效能是不能再利用的能量。通过前面的学习知道，功可以全部转变为热，热不能全部转变为功，热源的热量中包括两部分，一部分是可以转变为功的部分，其量的大小等于热源与环境温度 T_0 组成的可逆卡诺热机的卡诺功，这部分能量就是热量中的有效能，另一部分是没有用的部分，即排到环境中去的部分，这部分能量就是热量中的无效能。机械能、电能等可以完全转变为功，全部是有效能，不存在无效能。

4.4.4　有效能、无效能、理想功和损失功之间的关系

当稳流系统从状态 1（T_1，p_1）变化到状态 2（T_2，p_2）时，有效能变化 ΔE_x 为

$$\Delta E_x=E_{x,2}-E_{x,1}=(H_2-H_1)-T_0(S_2-S_1)=\Delta H-T_0\Delta S$$

对照稳流过程理想功表达式（4-43），上式即为

$$\Delta E_x=W_{id} \tag{4-55}$$

由上式可见，系统由状态 1 变化到状态 2 时，有效能的变化等于按完全可逆过程完成该状态变化的理想功。同时还可以看出：①$\Delta E_x<0$，系统可对外做功，绝对值最大的有用功为ΔE_x；②$\Delta E_x>0$，系统变化要消耗外功，消耗的最小功为ΔE_x。

根据损失功的定义

$$W_L=W_{ac}-W_{id}=W_S-\Delta E_x=T_0\Delta S_{iso}$$

上式可进一步写成

$$-\Delta E_x=-W_S+T_0\Delta S_{iso} \tag{4-56}$$

对照热力学第二定律，$\Delta S_{iso}\geqslant 0$，由式（4-56）可以看出：①可逆过程的 $\Delta S_{iso}=0$，减少的有效能全部用于对外做功，有效能无损失；②不可逆过程的 $\Delta S_{iso}>0$，实际功小于有效能的减少，减少的有效能的一部分变为功，另一部分是由于过程不可逆性产生的损失功变成了无效能。

到此我们可以对热力学第二定律有更深刻的理解，任何实际进行的过程，都伴随有能量的降级，都有一定数量的有效能转变为无效能，而无效能是没有利用价值的能量。

4.4.5　有效能效率

由式（4-56）可以看出，系统经历了一系列变化之后，有效能的变化不仅体现在功的大小，还表现在系统和环境的总熵增上。也就是说，有效能的变化并不是绝对地全部转化为有用的功，还有一部分功损耗，那么就需要考察有效能的效率。

有效能效率 η_{E_x} 定义为输出的有效能与输入的有效能之比

$$\eta_{E_x}=\frac{(\sum E_x)_{out}}{(\sum E_x)_{in}}=1-\frac{E_l}{(\sum E_x)_{in}} \tag{4-57}$$

对于可逆过程，$\eta_{E_x}=100\%$；对于实际（不可逆）过程，$\eta_{E_x}<100\%$。有效能效率表示了真实过程与理想过程的差距。

4.5 能量的合理利用

4.5.1 能量的质量和级别

化工生产过程需要能量，这些能量取自于煤、石油、天然气和核能，或者是化工生产过程本身的反应余热，无论哪一种能量，都是先把这些能量转化为热能或直接利用，或是通过热功转化变为功使用，因此，热量是能量转化过程中的重要路径，热功转化在能量利用上有重要地位。

通过前面讲的热力学第二定律可知，功可以全部转变为热，而热只能部分转变为功，从热力学第一定律上看，热和功它们数量上是相等的，但从热力学第二定律上看，它们的**质量不同**，热和功具有不等价性，**功的质量高于热**，因此把功作为衡量能量质量高低的量度。自然界的能量可分为三大类：**高级能量**、**低级能量和僵态能量**，理论上完全可以转化为功的能量称为高级能量，如机械能、电能和水力能等，理论上不能完全转化为功的能量称为低级能量，如热力学能、焓和以热量形式传递的能量，完全不能转化为功的能量称为僵态能量，如大气、大地和海洋等具有的热力学能。

由高级能量变为低级能量称为能量品位的降低，那就意味着能量做功能力的损耗。能量传递过程中，由于过程进行需要推动力，因此能量品位的降低是必然的，合理选择推动力，尽可能减少能量品位的降低，避免不必要的做功能力的损耗，合理用能，是化工节能的重要内容。

4.5.2 合理用能的基本原则

能量的合理利用是有章可循的，合理用能总的原则是，按照用户所需要能量的数量和质量来供给它。在用能过程中要注意以下几点。

（1）防止能量无偿降级（能量品位降低）

用高温热源去加热低温物料，将高压蒸汽节流降温、降压使用，设备保温不良造成的热量损失（或冷量损失）等情况均属能量无偿降级现象，要尽可能避免。

（2）采用最佳推动力的工艺方案

速率等于推动力除以阻力。推动力增大，进行的速率也越快，设备投资费用越小，但理想功损失增大，能耗费用增加；反之，减小推动力，可减少理想功损失，能耗费减少，但为了保证产量，只有增大设备，这样带来投资费用增加。采用最佳推动力的原则，就是确定过程最佳的推动力，谋求合理解决这一矛盾，使总费用最小。

（3）合理组织能量利用梯度

许多化学反应都是放热反应，放出的热量不仅数量大而且温度较高，这是化工过程一项宝贵的余热资源。对于温度较高的反应热应通过废热锅炉产生高压蒸汽，然后将高压蒸汽先通过蒸汽透平做功进行气体的压缩或发电，同时从透平中的不同部位抽出不同压力的蒸汽作为工艺用汽，最后用低压蒸汽作为加热热源使用。即采用先用功后用热的原则。对热量也要按其能级高低回收使用，例如用高温热源加热高温物料，用中温热源加热中温物料，用低温热源加热低温物料，从而达到较高的能量利用率。

需要说明的是，这里给出的化工过程能量分析知识，只是给了合理用能的指导原则，指出了合理用能的方向，但没有给出具体的实施方法和综合分析方案。通过前面的能量分析方法可知，只要热量的温度与环境的温度不同就存在有效能，用热力学方法分析就有回收的价值。但综合环境影响、经济考虑，有些余热有回收的价值，有些热量却没有回收的必要，因此能量的合理利用必须与工厂的整个生产工艺过程相结合，具体情况具体分析，相同温位的热量在有些工厂中有很高的回收利用价值，在有些工厂回收利用价值就不大。这方面已经有大量的研究，例如夹点法进行热量集成等，有兴趣的同学请查阅相关资料和书籍。

4.6　气体的压缩

在化工反应过程中，经常遇到有气体参与的反应体系，为了增加反应速率，需要提高反应系统的压力，这样需要对原料气体进行压缩；为了输送气体，如天然气的远距离输送，中间需要加压站；在制冷工业中通过气体压缩、膨胀而达到制冷的目的，等等。在化工生产中广泛使用压缩机、鼓风机和通风机等气体增压设备。

从一般意义上讲，凡是能够升高气体压力的机械设备均可称为压缩机，但是习惯上往往通过压缩比 $r=p_2/p_1$ 的数值将压气机划分为三类：压缩比 r=1.0 ～ 1.1 称为通风机，r=1.1 ～ 4.0 称为鼓风机，$r \geqslant 4.0$ 称为狭义上的压缩机。

压缩机的分类有多种，各类压缩机的结构和工作原理虽然不同，但从热力学观点来看，气体状态变化过程并没有本质的不同，都是消耗外功，使气体压力升高的过程，在正常工况下都可以视为稳定流动过程。从化工热力学角度来看，对气体压缩感兴趣的是：①气体在压缩过程中的变化规律；②不同的压缩过程压缩功消耗的相对大小；③为减小功耗需要采取的措施。

气体的压缩一般有等温、绝热、多变三种过程，从级数上分为单级和多级压缩。

对于连续的气体压缩过程，前面已推出它与焓变的关系

$$W_S=\Delta H-Q \tag{4-58}$$

若忽略热传递，则 $W_S=\Delta H$，写为微分形式

$$\delta W_S = dH = TdS + Vdp$$

若过程可逆 $\delta W_{Sr} = Vdp$，则

$$W_{Sr} = \int_{p_1}^{p_2} Vdp \tag{4-59}$$

只要有合适的状态方程，代入上式积分即可求出压缩过程消耗的功。

下面通过单级往复式压缩机来介绍气体压缩过程的变化规律以及理论功耗的计算。

4.6.1　单级往复式压缩机的功耗

（1）气体压缩过程的变化规律

气体的压缩过程可以在图 4-8 所示的 p-V 图上表示。其中 f—1 表示吸气过程，1—2 表示气体压缩过程，2—g 表示排气过程。气体的压缩过程可以分为不同情况：如果气体压缩产生的热都可以传出去，压缩后气体温度不升高，则压缩过程为等温压缩，p-V 图上

气体的压缩将沿着等温线从 1 到 2_T。如果活塞与气缸是绝热的，被压缩的气体与外界完全没有传热，气体压缩后温度升高，气体的压缩过程可以用 1—2_S 绝热线表示。等温压缩和绝热压缩都是理想的，要做到完全的等温或绝热都是不可能的。实际进行的压缩过程都是介于等温和绝热之间的多变过程，压缩后气体的温度介于 2_T 和 2_S 之间的 2_n，那么压缩过程可以用 1—2_n 表示。

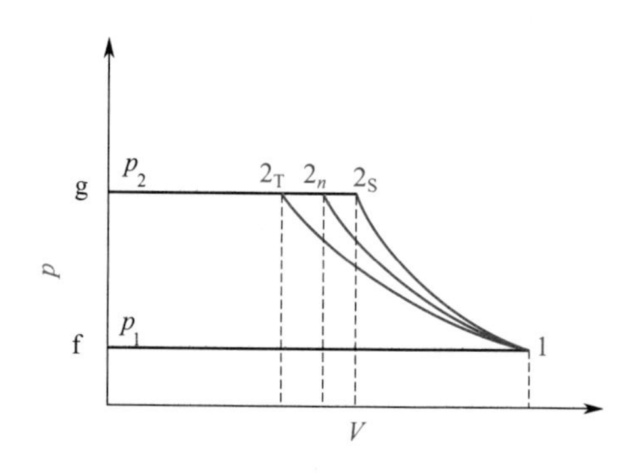

图 4-8 没有余隙的压缩过程的 p-V 图

根据可逆轴功的计算式（4-59）可以看出，可逆压缩功可以用 p-V 图上压缩线和 p 轴之间的面积表示，这样面积 f1$2_T$g、f1$2_S$g 和 f1$2_n$g 分别代表了等温、绝热和多变过程的可逆压缩功。可以看出

$$W_{S,绝热} > W_{S,多变} > W_{S,等温}, \quad T_{2,绝热} > T_{2,多变} > T_{2,等温}, \quad V_{2,绝热} > V_{2,多变} > V_{2,等温}$$

可见，把一定量的气体从相同的初始压力和温度压缩到具有相同压力不同温度的终态时，绝热压缩消耗的功最多，等温压缩最少，多变压缩介于两者之间，并随 n 的减少而减少。所以，尽量减小压缩过程的多变指数 n，使过程接近于等温过程是有利的。

工业上为了减小压缩功，常采用：小型压缩机在缸体周围布置翼片，大型压缩机采用冷水夹套把压缩过程中热量及时转移出去，使压缩过程尽量接近等温过程。同时，通过冷却设备减小气体进入压缩机时的温度。

（2）气体压缩过程理论功耗的计算

① 等温可逆压缩 对于理想气体，$pV=RT$，等温过程 $\Delta H=0$，则

$$W_{Sr} = -Q = \int_{p_1}^{p_2} V\mathrm{d}p = RT_1 \ln\frac{p_2}{p_1} \tag{4-60}$$

式中，W_{Sr} 为等温可逆压缩的轴功。显然，压缩比越大，温度越高，压缩所需的功耗也越大。

② 绝热可逆压缩 绝热压缩时，$Q=0$，则

$$W_{Sr} = \Delta H = \int_{p_1}^{p_2} V\mathrm{d}p$$

对于理想气体，可将 $pV^k=$ 常数的关系式代入上式积分，得

$$W_{Sr} = \frac{k}{k-1} RT_1 \left[\left(\frac{p_2}{p_1}\right)^{\frac{k-1}{k}} - 1\right] \tag{4-61}$$

或

$$W_{Sr} = \frac{k}{k-1} p_1 V_1 \left[\left(\frac{p_2}{p_1}\right)^{\frac{k-1}{k}} - 1\right] \tag{4-62}$$

式中，k 为绝热指数，与气体性质有关。不同气体的 k 值可以通过热容计算或者相关资料查找。

③ 多变压缩 实际进行的压缩过程都是介于等温和绝热之间的多变过程。多变过程的 p、V 服从下式

$$pV^n = 常数 \tag{4-63}$$

该式即为多变过程的过程方程式，n 为多变指数，它可以是 $-\infty \sim +\infty$ 之间的任意值。对于给定的某一过程，n 为定值。

对于理想气体，进行多变可逆压缩的轴功为

$$W_{\mathrm{Sr}}=\frac{n}{n-1}RT_1\left[\left(\frac{p_2}{p_1}\right)^{\frac{n-1}{n}}-1\right] \tag{4-64}$$

$$W_{\mathrm{Sr}}=\frac{n}{n-1}p_1V_1\left[\left(\frac{p_2}{p_1}\right)^{\frac{n-1}{n}}-1\right] \tag{4-65}$$

④ 真实气体压缩功的计算　在工业生产中，若要将气体压缩到很高压力，气体不能再作为理想气体对待，应按真实气体求其压缩功。若压缩机进出口压缩因子 Z 变化不大，可以取其平均值 $Z_{\mathrm{m}}=(Z_{\mathrm{in}}+Z_{\mathrm{out}})/2$，可以导出下列近似计算式

等温压缩

$$W_{\mathrm{S}}=Z_{\mathrm{m}}RT_1\ln\frac{p_2}{p_1} \tag{4-66}$$

绝热压缩

$$W_{\mathrm{Sr}}=\frac{k}{k-1}Z_{\mathrm{m}}RT_1\left[\left(\frac{p_2}{p_1}\right)^{\frac{k-1}{k}}-1\right] \tag{4-67}$$

多变压缩

$$W_{\mathrm{Sr}}=\frac{n}{n-1}Z_{\mathrm{m}}RT_1\left[\left(\frac{p_2}{p_1}\right)^{\frac{n-1}{n}}-1\right] \tag{4-68}$$

对应压缩功的计算还可以通过热力学图表，并根据稳流体系热力学第一定律的表达式计算。

【例4-4】 现有一空气氧化反应器，空气的质量流量为 1000.0kg·h^{-1}，现要把初始条件为 T_1=300.0K，p_1=1.013×10^{5}Pa 的空气，通过压缩机和加热器进行加压和升温，使最终空气进反应器满足条件：T_2=500.0K，p_2=1.0MPa，空气升温用 3.0MPa 的饱和蒸汽进行加热，试通过计算，确定如下工业生产中较优的工艺设计方案。

（1）初始条件的空气进压缩机，通过等温可逆压缩过程把压力提高到 p_2，然后通过蒸汽加热器把温度升高到 T_2；

（2）初始条件的空气进压缩机，通过绝热可逆压缩过程把压力提高到 p_2，然后通过水冷却器把温度降低到温度 T_2；

（3）初始条件的空气进压缩机，通过多变压缩过程（多变指数 n=1.25）把压力提高到 p_2, 然后通过蒸汽加热器把温度升高到 T_2；

（4）初始条件的空气先通过蒸汽加热器把温度升高到 T_2, 然后再经过压缩机进行等温可逆压缩把压力提高到 p_2。

解： 空气的压力较低，可以视为理想气体。则空气的摩尔流量为

$$N=\frac{F}{M}=\frac{1000.0}{29.0}=34.5(\mathrm{kmol\cdot h^{-1}})$$

空气的定压比热容　　$C_p=1.004\mathrm{kJ\cdot kg^{-1}\cdot K^{-1}}$

查电子版附录8，3.0MPa饱和蒸汽的汽化潜热 $\Delta_v H_{H_2O}$=1794.8kJ·kg^{-1}。

第（1）种工艺方案为空气等温可逆压缩过程和蒸汽加热升温过程

压缩轴功 $W_S = NRT_1 \ln\dfrac{p_2}{p_1} = 34.5\times 8.314\times 300.0\times \ln\dfrac{1.0\times 10^6}{1.013\times 10^5}$ =1.97×10^5(kJ·h^{-1})

升温过程吸收的热量 $Q = FC_p\Delta T = 1000.0\times 1.004\times(500-300)$ =2.00×10^5(kJ·h^{-1})

加热需要的蒸汽的用量 $F_{H_2O} = \dfrac{Q}{\Delta_v H_{H_2O}} = \dfrac{2.00\times 10^5}{1794.8}$ =111.4(kJ·h^{-1})

第（2）种工艺方案是空气绝热压缩过程和随后的热交换升温过程

空气的绝热指数 k=1.40，则压缩轴功

$$W_S = \frac{k}{k-1}NRT_1\left[\left(\frac{p_2}{p_1}\right)^{\frac{k-1}{k}}-1\right] = \frac{1.40}{1.40-1}\times 34.5\times 8.314\times 300\times\left[\left(\frac{1.0\times 10^6}{1.013\times 10^5}\right)^{\frac{1.40-1}{1.40}}-1\right]$$

$$= 2.78\times 10^5\ (\text{kJ}\cdot\text{h}^{-1})$$

依据绝热可逆过程 $p_1V_1^{1.4} = p_2V_2^{1.4}$，将已知 T_1=300K，p_1=1.013×10^{5}Pa，p_2=1.0×10^{6}Pa 代入得

$$T_2 = T_1\left(\frac{p_2}{p_1}\right)^{\frac{k-1}{k}} = 300\times\left(\frac{1.0\times 10^6}{1.013\times 10^5}\right)^{\frac{1.4-1}{1.4}} = 577.0(\text{K})$$

可见绝热压缩后的温度高于工艺条件要求的温度500K，需要通过冷却器把压缩空气温度降下来。

降温过程需移出的热量

$$Q = FC_p\Delta T = 1000.0\times 1.004\times(500-577) = -0.773\times 10^5\ (\text{kJ}\cdot\text{h}^{-1})$$

第（3）种工艺方案是空气在初始温度 T_1=300.0K 下的多变压缩过程和热交换升温过程

空气的多变指数 n=1.25，则压缩轴功

$$W_{Sr} = \frac{n}{n-1}NRT_1\left[\left(\frac{p_2}{p_1}\right)^{\frac{n-1}{n}}-1\right] = 2.50\times 10^5(\text{kJ}\cdot\text{h}^{-1})$$

依据多变压缩过程 $p_1V_1^{1.25} = p_2V_2^{1.25}$，将已知 T_1=300K，p_1=1.013×10^{5}Pa，p_2=1.0×10^{6}Pa 代入得到多变压缩后的温度

$$T_2 = T_1\left(\frac{p_2}{p_1}\right)^{\frac{n-1}{n}} = 300\times\left(\frac{1.0\times 10^6}{1.013\times 10^5}\right)^{\frac{1.25-1}{1.25}} = 474.2(\text{K})$$

多变压缩后的温度低于工艺条件要求的温度，需要通过换热器把压缩空气温度升高到要求温度。

升温过程需吸收的热量

$$Q = FC_p\Delta T = 1000.0\times 1.004\times(500-474.2) = 0.259\times 10^5\ (\text{kJ}\cdot\text{h}^{-1})$$

加热需要的水蒸气的用量

$$F_{H_2O}=\frac{Q}{\Delta_v H_{H_2O}}=\frac{0.259\times10^5}{1794.8}=14.4(\text{kJ}\cdot\text{h}^{-1})$$

第（4）种工艺方案是空气首先通过换热器把温度升高到要求的温度 T_2=500.0K 下，然后再通过等温可逆压缩把压力提高到 p_2

升温过程吸收的热量

$$FC_p\Delta T=1000.0\times1.004\times(500-300)=2.00\times10^5\ (\text{kJ}\cdot\text{h}^{-1})$$

加热需要的水蒸气的用量

$$F_{H_2O}=\frac{Q}{\Delta_v H_{H_2O}}=\frac{2.00\times10^5}{1794.8}=111.4(\text{kJ}\cdot\text{h}^{-1})$$

压缩轴功

$$W_S=NRT_2\ln\frac{p_2}{p_1}=34.5\times8.314\times500\times\ln\frac{10}{1.013}=3.28\times10^5\ (\text{kJ}\cdot\text{h}^{-1})$$

从计算结果可以看出：

方案（1）和方案（4）加热原料空气用的蒸汽量相同，但是先升温后压缩消耗的功要大得多。

方案（1）和方案（2）比较，虽然方案（2）绝热可逆压缩过程中压缩功转变为空气的热力学能，压缩后物料温度高于进料要求的温度，压缩后不需用消耗蒸汽对物料再进行加热，节省了加热用蒸汽。但是压缩过程消耗的功是高级能量，蒸汽具有的热量是低级能量，因此在化工节能过程中，节约功的效果要比节省热量的效果要显著得多，方案（1）优于方案（2）。

方案（2）与方案（3）比较，多变压缩的压缩功耗要低于绝热压缩功耗，方案（3）优于方案（2）。

在气体的压缩过程中，为了减小压缩功，在合理的工业措施下，进压缩机的气体温度尽可能低，同时在压缩过程中要及时把热量移出，降低压缩过程中的多变压缩指数，尽可能地使压缩过程接近等温压缩。

综上所述，设计方案（1）是较优的工业空气压缩升温方案。

4.6.2　多级压缩

气体的压缩不像液体压缩一样，经过一级压缩可以达到很高的出口压力，每一级压缩只能达到一定的压缩比，同时为了减小压缩功，气体压缩常采用多级压缩、级间冷却的方法。

级间冷却式压缩机的基本原理是将气体先压缩到某一中间压力，然后通过一个中间冷却器，使其等压冷却至压缩前的温度，然后再进入下一级气缸继续被压缩、冷却，如此进行多次压缩和冷却，使气体压力逐渐增大，而温度不至于升得过高。这样，整个压缩过程趋近于等温压缩过程。图 4-9 显示了两级压缩、中间冷却的系统装置及 p-V 图，气体从 p_1 加压到 p_2，进行单级等温压缩，其功耗在 p-V 图上可用曲线 $ABGFHA$ 所包围的面积表示。若进行单级绝热压缩，则是曲线 $ABCDHA$ 所包围的面积。现讨论两级压缩过程：先将气体绝热压缩到某中间压力 p_2'，此为第一级压缩，以曲线 BC 表示，所耗的功为曲线 $BCIAB$ 所包围的面积。然后将压缩气体导入中间冷却器，冷却至初温，此冷却过程以直

线 CG 表示。第二级绝热压缩，沿曲线 GE 进行，所耗的功为曲线 $GEHIG$ 所包围的面积。显然，两级与单级压缩相比较，节省的功为 $CDEGC$ 所包围的面积。

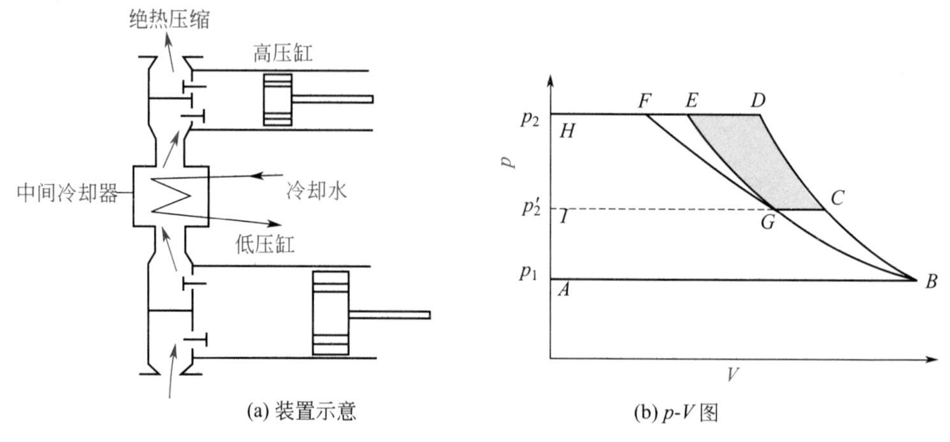

(a) 装置示意　　(b) p-V 图

图 4-9　**两级压缩中间冷却的装置示意和 p-V 图**

以上分析表明，**分级越多，理论上可节省的功越多，若增多到无穷级，则可趋近等温压缩。实际上，分级不宜太多，否则机构复杂，摩擦损失和流动阻力亦随之增大，设备投资增加。**

4.7　气体的膨胀

气体膨胀是气体压缩的反过程，工业上通常利用某些气体在特定状态下的节流膨胀和绝热膨胀来获得冷量或功，通过喷管的膨胀来获得低于大气的压力或速度，下面对这三种膨胀过程分别作介绍。

4.7.1　节流膨胀

流体在管道流动时，有时流经阀门、孔板等设备，由于局部阻力，使流体压力显著降低，这种现象称为节流现象。因节流过程进行得很快，可以认为是绝热的，且该过程不对外做功，故节流膨胀属绝热而不做功的膨胀。

节流过程是典型的不可逆过程。流体在孔口附近发生强烈的扰动及涡流，处于极度不平衡状态，如图 4-10 所示，故不能用平衡态热力学方法分析孔口附近的状态。但在孔口较远的地方，如图 4-10 中截面 1—1 和 2—2，由图可见，截面 2—2 又恢复到截面 1—1 的状态。若取管段 1—2 为研究对象，根据稳流体系的能量平衡方程式，已经推出来其特征表达式 (4-28)，可进一步表示为

$$H_1=H_2 \tag{4-69}$$

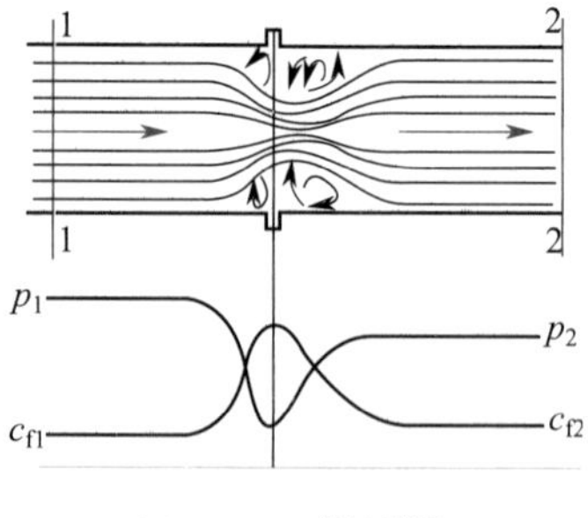

图 4-10　**节流膨胀**

可见，节流前后流体的焓值不变，这是节流过程的重要特征。由于节流过程的不可逆性，节流后流体的熵值必定增加，即 $S_2 > S_1$。

节流时的温度变化称为节流效应或 Joule-Thomson 效应。节流中温度随压力的变化率

称为微分节流效应系数或 Joule-Thomson 效应系数，即

$$\mu_J=\left(\frac{\partial T}{\partial p}\right)_H \tag{4-70}$$

利用热力学关系式

$$\left(\frac{\partial H}{\partial p}\right)_T=V-T\left(\frac{\partial V}{\partial T}\right)_p ,\quad \left(\frac{\partial H}{\partial T}\right)_p=C_p$$

可得 μ_J 与流体的 p-V-T 及 C_p 的关系，即

$$\mu_J=\left(\frac{\partial T}{\partial p}\right)_H=\frac{-\left(\frac{\partial H}{\partial p}\right)_T}{\left(\frac{\partial H}{\partial T}\right)_p}=\frac{T\left(\frac{\partial V}{\partial T}\right)_p-V}{C_p} \tag{4-71}$$

由于节流过程压力下降（d$p<0$），若 $T\left(\frac{\partial V}{\partial T}\right)_p-V>0$，$\mu_J>0$，则 $\Delta T<0$，节流后温度降低（冷效应）；若 $T\left(\frac{\partial V}{\partial T}\right)_p-V=0$，$\mu_J$=0，则 ΔT=0，节流后温度不变（零效应）；若 $T\left(\frac{\partial V}{\partial T}\right)_p-V<0$，$\mu_J<0$，则 $\Delta T>0$，节流后温度升高（热效应）。

对于理想气体，根据理想气体状态方程 $pV=RT$，$\left(\frac{\partial V}{\partial T}\right)_p=\frac{R}{p}$，代入上式可得 μ_J=0，**即理想气体节流后温度不变**。对真实气体，如已知状态方程，利用式（4-71）可近似算出 μ_J 的值。

由 μ_J 的定义可知，在 T-p 图的等焓线上任一点的斜率值即为该点的 μ_J 值。而由式（4-71）可知，同一气体在不同状态下节流，其 μ_J 值可以是正、负或零。μ_J=0 的点应处于等焓线上的最高点，也称为转化点，转化点的温度称为转化温度。连接每条等焓线上的转化温度，就得到一条实验转化曲线，图 4-11 和图 4-12 是氢和氮的转化曲线，在曲线上任何一点的 μ_J=0。

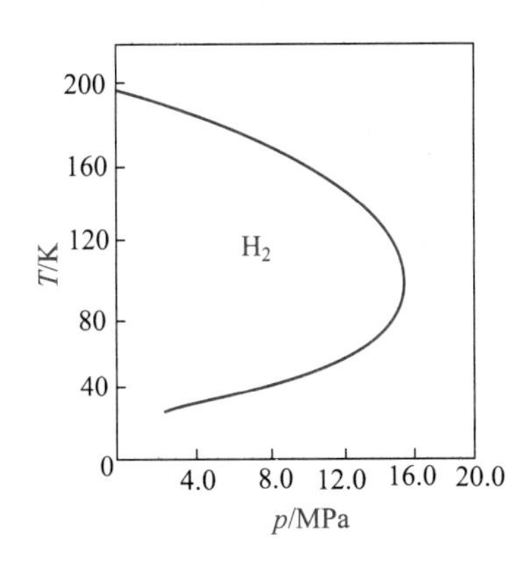

图 4-11　氢的转化曲线

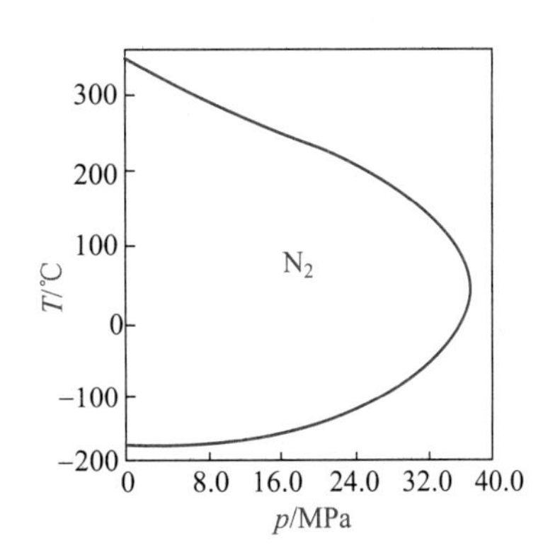

图 4-12　氮的转化曲线

从图上可看到，转化曲线把 T-p 图划分成两个区域：在曲线区域以内 $\mu_J>0$，称为冷效应区；在曲线区域以外 $\mu_J<0$，称为热效应区。

大多数气体的转化温度都较高，它们可以在室温下利用节流膨胀产生冷效应。对于临界温度极低的气体，如 H_2 和 He，它们的最高转化温度很低，约为 −80℃和 −236℃，故在

常温下节流后的温度不但不降低，反而会升高，所以，欲使其节流后产生冷效应，必须在节流前预冷到最高转化温度以下。

生产中人们最关心的是流体经节流后能达到多低的温度，这一温度值一般由“积分节流效应”的表达式计算，即

$$\Delta T_{\mathrm{H}} = T_2 - T_1 = \int_{p_1}^{p_2} \mu_{\mathrm{J}} \mathrm{d}p \qquad (4\text{-}72)$$

式中，T_1、p_1为节流膨胀前的温度和压力；T_2、p_2为节流膨胀后的温度和压力；ΔT_{H}为积分节流效应，表示压力降为一定值时所引起的温度变化。

求气体节流效应最简便的方法是利用温熵图，只要节流后的压力确定后，可从温熵图上直接读出ΔT_{H}的数值。如图4-13所示，若气体在节流前压力为p_3，节流膨胀到状态4，已位于气、液两相区，从T-S图上不但可以读出T_4-T_3=ΔT_{H}，而且可以计算气体液化的数量。

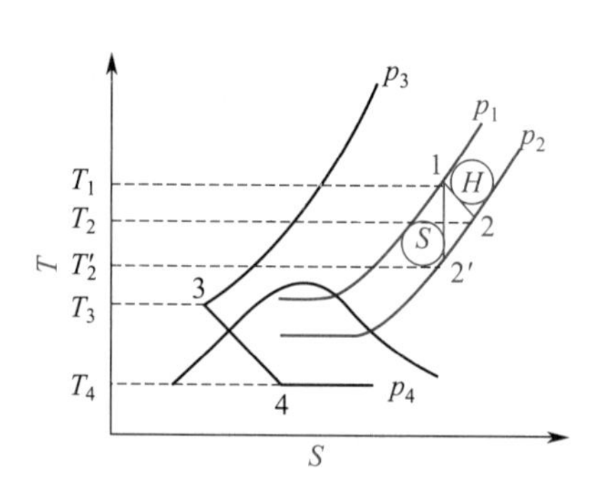

图4-13　节流效应在T-S图上的表示

4.7.2　绝热做功膨胀

气体的绝热膨胀是自发过程，因此，只要采用适当的装置，即可由此过程获得有用的功。所需的设备为活塞式膨胀机或透平式膨胀机。

绝热做功膨胀的理想情况和极限情况是绝热可逆膨胀，亦即**等熵膨胀**。

绝热膨胀目的有两个：一个是通过绝热膨胀对外做功，例如高压蒸汽通过透平后对外做功，带动发电机发电或带动压缩机进行气体的压缩，汽车发动机的原理也可以近似认为是通过气体的绝热膨胀对外做功，只不过高温气体是通过燃料气燃烧形成的。绝热膨胀的第二个目的是通过气体膨胀使工质的温度降低，从而获得制冷量，主要用于制冷。

绝热可逆膨胀对外做功如下式所示

$$\Delta H = W_{\mathrm{S}}$$

如果是通过流体膨胀后温度降低获得制冷量，那么就需要研究流体进行绝热可逆膨胀时温度的变化，称为“等熵膨胀效应”。等熵膨胀中温度随压力的变化率称为微分等熵膨胀效应，用μ_S表示

$$\mu_S = \left(\frac{\partial T}{\partial p}\right)_S \qquad (4\text{-}73)$$

利用热力学关系式

$$-\left(\frac{\partial S}{\partial p}\right)_T = \left(\frac{\partial V}{\partial T}\right)_p, \quad \left(\frac{\partial S}{\partial T}\right)_p = \frac{C_p}{T}$$

可得

$$\mu_S = \left(\frac{\partial T}{\partial p}\right)_S = \frac{-\left(\frac{\partial S}{\partial p}\right)_T}{\left(\frac{\partial S}{\partial T}\right)_p} = \frac{T\left(\frac{\partial V}{\partial T}\right)_p}{C_p} \qquad (4\text{-}74)$$

由上式可知，对任何气体，$C_p>0$，$T>0$，$(\partial V/\partial T)_p>0$，所以 μ_S 永远为正值。这表明：任何气体进行等熵膨胀时，气体的温度必定是降低的，总是产生冷效应。

气体等熵膨胀时，压力变化为一定值时，所引起的温度变化称为积分等熵膨胀效应，用 ΔT_S 表示，即

$$\Delta T_S=T_1-T'_2=\int_{p_1}^{p_2}\mu_S\mathrm{d}p \tag{4-75}$$

式中，T_1、p_1 为气体膨胀前的温度和压力；T'_2、p_2 为气体膨胀后的温度和压力。

若已知气体的状态方程，利用式（4-74）和式（4-75）可计算出 ΔT_S 的值。如有温熵图，就可以直接从图中得到 ΔT_S 值，如图 4-13 所示，膨胀前的状态为 1（T_1，p_1），由此点沿等熵线与膨胀后的压力 p_2 的等压线相交，即为膨胀后的状态点 2′（T'_2，p_2），可直接读出积分等熵膨胀效应 ΔT_S 的值。

综上所述，**节流膨胀和绝热做功膨胀各有优、缺点**，主要表现为：在相同的条件下，绝热做功膨胀比节流膨胀产生的温度降大，且制冷量也大；另外，绝热做功膨胀适用于任何气体，而节流膨胀是有条件的，对少数临界温度极低的气体（如 H_2、He 和 CH_4），必须预冷到一定的低温进行节流，才能获得冷效应。但膨胀机设备投资大，运行中不能产生液体；而节流膨胀所需的设备仅是一个节流阀，其结构简单，操作方便，可用于气、液两相区的工作。因此绝热做功膨胀主要用于大、中型设备，特别是用于深冷循环中，此时能耗大，用等熵膨胀节能效果突出。至于节流膨胀则在任何制冷循环中都要使用，即使在采用了膨胀机的深冷循环中，由于膨胀机不适用于温度过低和有液体的场合，还是要和节流阀结合并用。

【例4-5】压缩机出口的空气状态为 p_1=9.12MPa（90atm），T_1=300K，如果进行下列两种膨胀，膨胀到 p_2=0.203MPa（2atm）：（1）节流膨胀；（2）做外功的绝热膨胀，已知膨胀机的等熵效率 η_S=0.8。试求两种膨胀后气体的温度、膨胀机的做功量及膨胀过程的损失功，取环境温度为 25℃。

解：（1）节流膨胀

查空气的 T-S 图，得 p_1=9.12MPa、T_1=300K 时，H_1=13012J · mol^{-1}，S_1=87.03J · mol^{-1} · K^{-1}。由 H_1 的等焓线与 p_2 的等压线交点查得 T_2=280K（节流膨胀后温度），S_2=118.41J · mol^{-1} · K^{-1}。

（2）做外功的绝热膨胀

若膨胀过程是可逆的，从压缩机出口状态 1 作等熵线与 p_2 等压线的交点得出 H'_{2S}=7614.88J · mol^{-1}，T'_{2S}=98K（可逆绝热膨胀后温度）。可逆绝热膨胀所做功为

$$W_{\text{rev}}=\Delta H=H'_{2S}-H_1=7614.88-13012=-5397.12(\text{J}\cdot\text{mol}^{-1})$$

实际是不可逆的绝热膨胀

$$\eta_S=\frac{-W_{\text{S}}}{-W_{\text{rev}}}=\frac{H_1-H_2}{H_1-H'_{2S}}=\frac{13012-H_2}{13012-7614.88}=0.8$$

解得

$$H_2=8694.3\text{J}\cdot\text{mol}^{-1}$$

由 H_2 与 p_2 值在空气的 T-S 图上查得 T_2=133K（做外功绝热膨胀后的温度）。

膨胀机实际所做功

$$W_{\text{S}}=H_2-H_1=8694.3-13012=-4317.7(\text{J}\cdot\text{mol}^{-1})$$

（3）节流膨胀过程的损失功

$$W_{\text{L}}=T_0\Delta S_{\text{t}}=(273+25)\times(118.41-87.03)=9351.2(\text{J}\cdot\text{mol}^{-1})$$

做外功绝热膨胀的损失功

$$W_L=|W_{rev}|-|W_S|=5397.12-4317.7=1079.42(J \cdot mol^{-1})$$

计算结果比较如下：

过程	T_2/K	ΔT/K	做功 /$J \cdot mol^{-1}$	损失功 /$J \cdot mol^{-1}$
节流膨胀	280	−20	0	9351.2
做外功绝热膨胀	133	−167	4317.7	1079.42

4.7.3 气体通过喷管的膨胀

喷管和扩压管在工程上有着广泛的应用，例如在火箭和喷气式飞机中利用具有一定压力的高温气体经过尾部的喷管，产生高速气流，然后利用气流向后喷射的反作用力作为火箭和飞机的推动力。在汽轮机（蒸汽透平）、燃气轮机中，工质先通过喷管，使之膨胀，压力降低，速度增大，然后在高速下向着安装在压轮上的工作压片喷射，使压轮高速转动，产生动力，在蒸气喷射器中也用喷管和扩压管作为其工作部件。

（1）喷管

喷管有两种形式，如图 4-14 所示，一种叫**渐缩喷管**，另一种叫**缩扩喷管**，它们都是通过利用气体压力的降低使气流加速的设备。

根据稳流体系的能量平衡方程，流体流过喷管时焓变和动能之间的关系可以表示为

$$\Delta H=-\frac{1}{2}\Delta u^2 \tag{4-23}$$

从上式可以看出，流体流经喷嘴等喷射设备时，通过改变流动的截面积，将流体自身的焓值转变为了动能。

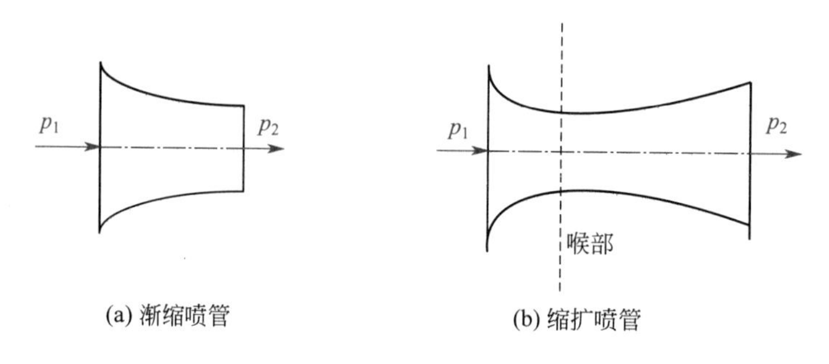

(a) 渐缩喷管　(b) 缩扩喷管

图 4-14　喷管的两种基本方式

通过计算和实际情况表明，**渐缩喷管的出口流速最大只能达到声波在该出口状态介质中的传播速度——声速，要想获得超声速，必须采用带有喉管缩扩喷管**，具体情况请参阅相关书籍。

（2）扩压管

通过前面的分析，在喷管中工质的变化特点是 $dH<0$，$dp<0$。但是，如果使过程反过来进行，使其动能减少，那么必然使工质的焓增加，压力也增加。在工程中，这种用降低速度增加压力的通道称为扩压管，喷管有两种形式，扩压管也有两种形式，因此，实际上把喷管倒过来使用就变成扩压管。

（3）喷射器

喷射器工作介质有两种流体，分别是引射流体和被引射流体。蒸气喷射器的工作原理如图 4-15，由三部分组成：

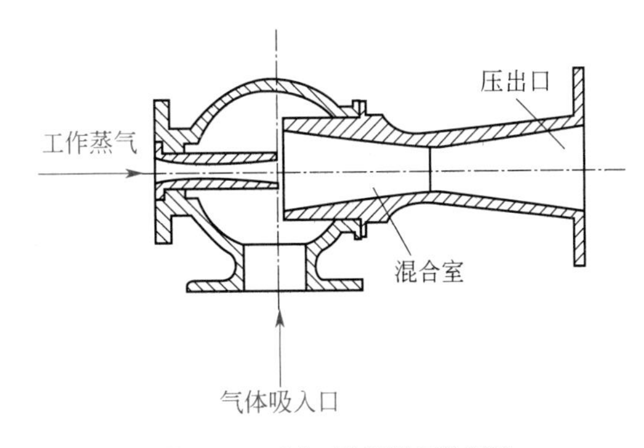

图 4-15 蒸气喷射器的工作原理

① 高压喷管：目的在于加速引射流体，引射流体通过喷管，速度增加、压力降低。

② 混合段：当引射流体压力降低到比被引射流体的压力还低时，被引射流体被抽吸，两种流体混合。

③ 扩压管：混合流体减速而提高压力，从而使混合流体排出喷射泵。

喷射器排出的混合物的压力高于吸入室的压力，如果排出的压力为大气压力，那么吸入室的压力低于大气压力（即我们常说的抽真空），所以喷射器是一种有效的真空发生装置。由于该设备内没有活动部件，处理量又非常大，在化学工业中得到广泛的应用。工业上引射流体常用的是蒸气和空气，也有用水的，如实验室用的循环水真空泵等。

喷射器可以串联也可以并联，并联通常是为了获得更大的气体处理量，串联是为了达到更高的真空度，视需要的真空度不同，两个或多个喷射器串联的，称为二级和多级系统，图 4-16 为三级蒸气喷射器的流程图。串联系列中第一个和中间任何一个喷射器的设计吸入压力和排出压力均低于大气压，最后一个喷射器的排出压力则等于或高于大气压。

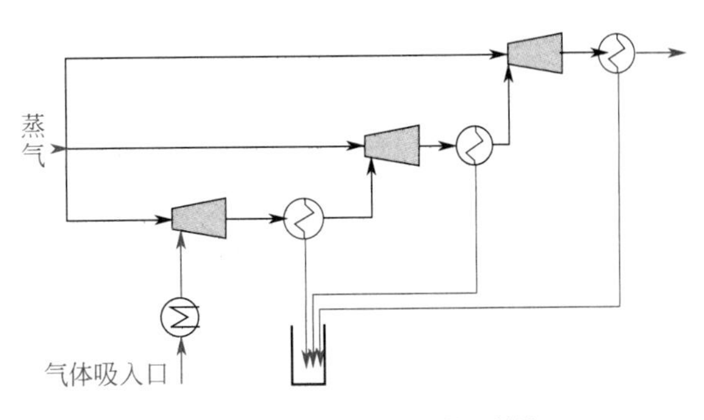

图 4-16 三级蒸气喷射器的工艺流程

4.8 蒸汽系统和蒸汽动力循环

4.8.1 蒸汽系统

蒸汽系统在大型化工厂常称为蒸汽动力系统，它和循环冷却水系统、制冷系统和供电系统统一称为公用工程。

水蒸气加热是化工生产过程中使用最普遍的加热方式，蒸汽系统是化工生产过程中各个生产单元联系的桥梁，通过蒸汽这个中间媒介，实现了不同工艺过程之间以及工艺内部之间能量传递，使得各种工艺过程通过蒸汽系统有机地联系起来。

4.8.1.1 蒸汽发生系统

如图 4-17 是蒸汽发生系统的流程图，主要包括：①蒸汽系统给水；②蒸汽锅炉；③蒸汽分配系统；④蒸汽透平和蒸汽使用设备；⑤凝水收集和回收系统。下面对蒸汽系统进行简单介绍。

（1）蒸汽系统给水

为了使锅炉能够稳定地长时间运转，锅炉给水必须进行处理，脱除其中的固体悬浮物颗粒，以及可以生成污垢的钙、镁离子和其他无机盐，最终使原水变为去离子水，同时进行脱气处理脱去水中溶解的会导致锅炉腐蚀的氧气和二氧化碳。

（2）蒸汽锅炉

蒸汽锅炉是产生蒸汽的设备。它是蒸汽产生系统中的核心设备，蒸汽锅炉就是把燃料燃烧、核裂变、化学反应生成的热量通过液态水汽化吸热变成水蒸气（饱和蒸汽和过热蒸汽）。

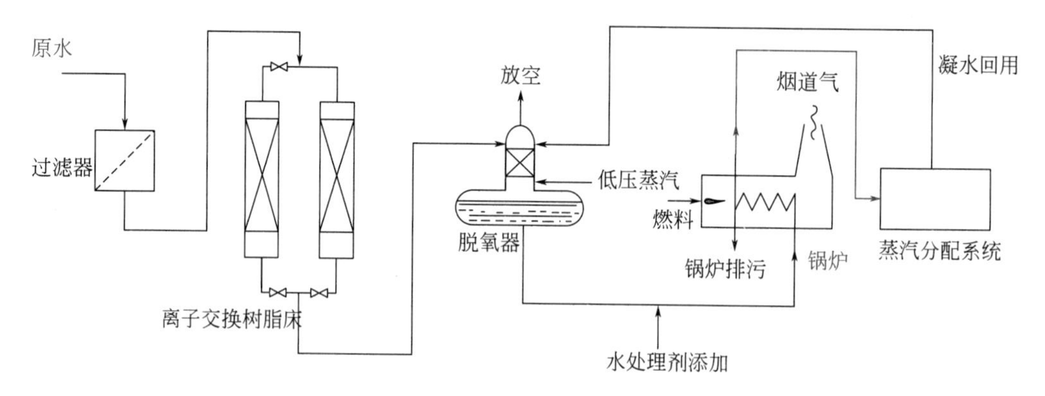

图 4-17 蒸汽发生系统

（3）蒸汽透平

蒸汽透平又称涡轮机，它是通过高温高压蒸汽的膨胀来产生功的设备。

透平的分类方法有多种，根据透平出口蒸汽（又被称为乏汽）的压力来进行分类，可把透平分为两大类：**背压式透平和凝汽式透平**，背压式透平的乏汽出口压力大于 1atm，凝汽式透平的出口压力低于 1atm，其工作原理如图 4-18 所示。

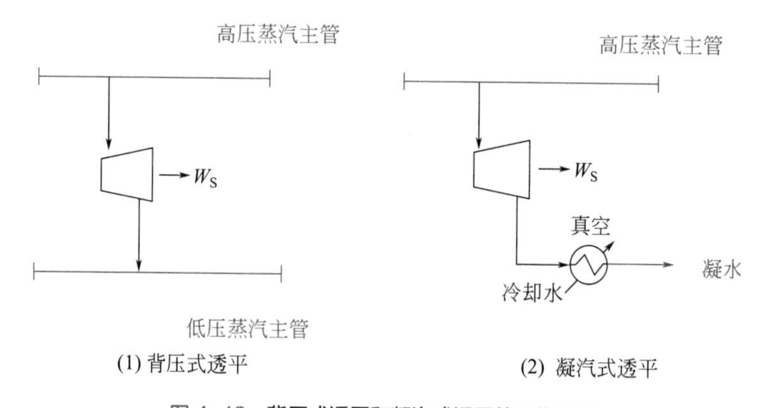

(1) 背压式透平　　(2) 凝汽式透平

图 4-18 背压式透平和凝汽式透平的工作原理

背压式透平出口蒸汽常进一步作为加热蒸汽使用，因此，其压力的大小，取决于使用热负荷的用汽压力。对于专门用来对外做功的透平（如发电厂），为了最大程度地提高热功转化的效率，常采用凝汽式透平的操作方式。

4.8.1.2 高压蒸汽合理用能分配系统

蒸汽的压力和温度是衡量蒸汽品位高低的关键指标，蒸汽的压力越高，对应的饱和蒸汽的温度也越高，蒸汽的做功能力越大，蒸汽品位越高。

为了保护热源释放出的热量所含的理想功，在材质和投资许可的条件下，蒸汽锅炉应尽量产生高温高压蒸汽。而热负荷的用汽温度受工艺条件的制约，这就会出现锅炉产生的蒸汽的压力和温度与热负荷实际需要蒸汽压力和温度之间的匹配问题。

根据合理用能的指导原则，通过蒸汽分配系统来完成蒸汽供给和需求之间的匹配。蒸汽的减温减压有两种方法：**一种通过节流膨胀，另一种是通过对外做功的膨胀来进行**。

通过前面的章节内容可知，节流膨胀是一个等焓过程。蒸汽通过节流膨胀后焓值不变，但是压力和温度降低了。存在理想功的损失，蒸汽的品质降低了，蒸汽的使用温度范围变窄了。

当蒸汽通过节流膨胀后，蒸汽压力降低了。同时节流前后蒸汽的过热度增加了，然后往系统中加入凝水，通过水的汽化来把过热蒸汽变为饱和蒸汽，这个过程称为减温过程。

工业上还可以**通过蒸汽透平来对蒸汽进行减压**。通过蒸汽透平满足了用汽热负荷对各种品位蒸汽的要求，又避免了蒸汽直接减温减压导致的能量降级，可以获得降低了压力和温度的蒸汽，另外还可以额外地获得一部分有用功，这是蒸汽系统合理用能最有效的途径之一。

图 4-19 是一种典型的蒸汽分配系统的结构图，为了最大程度地实现对热量能量的有效利用，同时考虑系统操作的灵活性，系统中设置了三种不同形式的透平，以便在紧急情况下，使不同压力的管网之间的蒸汽直接进行互通，同时在不同压力的蒸汽管线之间还额外设置了减温减压器。

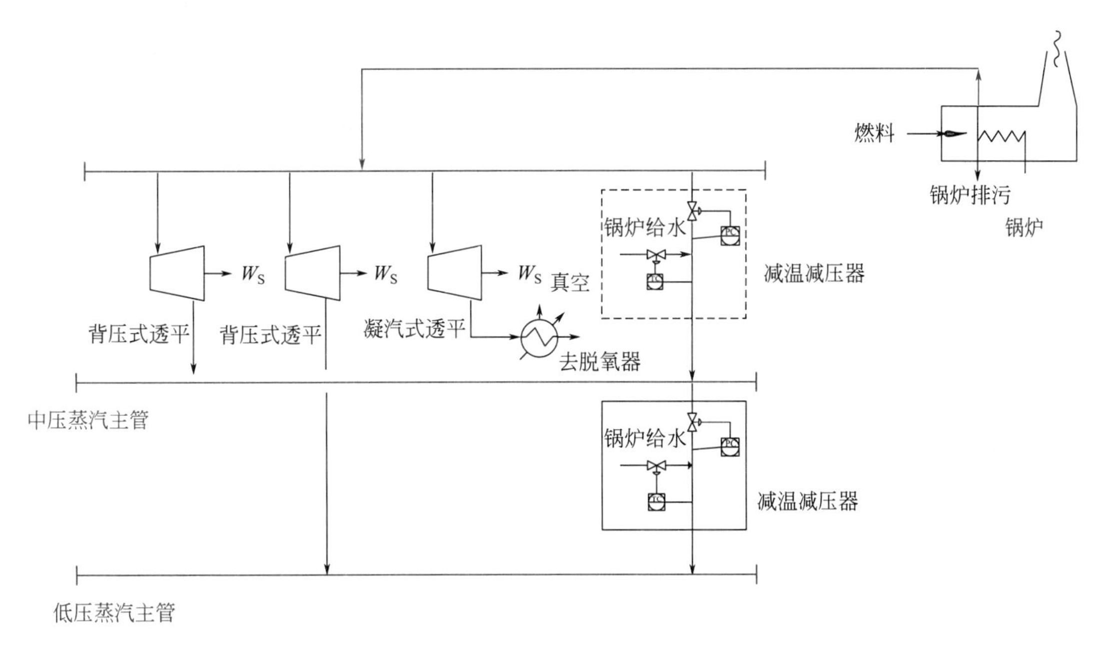

图 4-19　蒸汽分配系统的结构图

通过这样的蒸汽分配系统，满足了用汽热负荷对各种品位蒸汽的要求，又避免了蒸汽直接减温减压导致的能量降级，最大限度地对能量进行有效利用。

4.8.1.3　水蒸气作为加热介质具有的特性

利用水蒸气作为加热介质有诸多优点，如：通过蒸汽管网，非常方便地把蒸汽引入各个用热负荷；通过改变蒸汽的压力来改变蒸汽的温度；水没有毒性，泄漏后对环境无害，蒸汽没有腐蚀性，蒸汽管线和阀门材质用的是普通碳钢。

蒸汽作为加热介质还具有如下特性。

（1）释放的热量来自蒸汽的潜热

蒸汽作为加热介质时，主要用的是蒸汽的潜热。尽管蒸汽有时需要过热 10~20℃，主要作用是减少蒸汽在管道输送过程中形成凝水，另外，蒸汽从过热蒸汽变成饱和蒸汽释放的那部分显热相对于潜热占比很小。同时，蒸汽释放潜热变为凝水后，也不可以在同一换热器中进一步降低温度利用其显热，凝水需要及时排出换热器，否则，新鲜蒸汽无法连续进入换热器，换热器也就无法连续工作。

（2）蒸汽加热侧的温度恒定

蒸汽作为加热介质用的是蒸汽相变过程释放出来的潜热，从换热器排出来的凝水的压力和温度与进换热器的蒸汽具有相同的压力和温度，换热器蒸汽加热侧的温度始终保持不变，这样非常有利于热负荷的温度控制和稳定运行。

（3）通过调节蒸汽的压力可方便改变蒸汽的温度

化工生产中，如果物料对换热器壁温没有特殊要求，理论上讲，只要蒸汽的温度高于被加热介质温度，就可以满足加热要求，蒸汽的压力和温度仅影响换热器的传热温差，进而影响换热器换热面积的大小。蒸汽温度的取值要在能量的合理利用和设备投资之间进行平衡。在有些场合，物料性质对换热器的壁温比较敏感，温度高可能会引起物料变性、产生颜色或者聚合，这时就需要通过改变蒸汽的压力来满足蒸汽温度的取值要求。

4.8.2 蒸汽动力循环

蒸汽动力循环是一种热机循环，其实质就是用水作为工质，让它吸收燃料燃烧、核裂变、化学反应等放出的热量，变为高压蒸汽，通过蒸汽降压膨胀对外做功，然后变为机械能、电能的过程。在化工生产中，有些反应是放热反应，有些物料具有很高的温度，因此，可以利用反应热和高温物料的热力学能，热通过废热锅炉产生高压蒸汽，通过蒸汽动力循环产生功，或带动发电机发电，然后利用背压式透平或从透平中引出不同压力的蒸汽用于工艺过程，进行能量综合利用。Carnot 循环是一种理想化的热机循环，循环的所有组成过程都是可逆过程，对应的效率是最高的热机效率。Rankine 循环是具有实际意义的理想蒸汽动力循环。

4.8.2.1 Carnot 循环

Carnot 循环的过程在 T-S 图上可以表示为图 4-20。卡诺循环由两个等温可逆过程和两个等熵可逆过程组成，在高温 T_H 下吸热，有 Q_H 的热量被工作介质吸收，在低温的 T_L 下有 Q_L 的热量被冷却介质带走，循环过程做的净功为工作介质膨胀对外做的功和压缩过程做的功的代数和。

已知 Carnot 循环具有最高的热机循环效率，循环的效率表达为

$$\eta_{max}=\frac{-W}{Q_H}=\frac{Q_H+Q_L}{Q_H}=\frac{T_H-T_L}{T_H}$$

Carnot 循环是完全可逆的循环，在实际中无法实现。此外，透平和泵均需要在两相区中工作，工作介质在透平中膨胀时产生严重的气缚现象，使得透平无法正常工作；在升压过程中，汽液混合物不能通过泵进行简单的升压输送，因此 Carnot 循环不能付诸实践。第一个有实际意义的蒸汽动力循环为 Rankine（朗肯）循环。

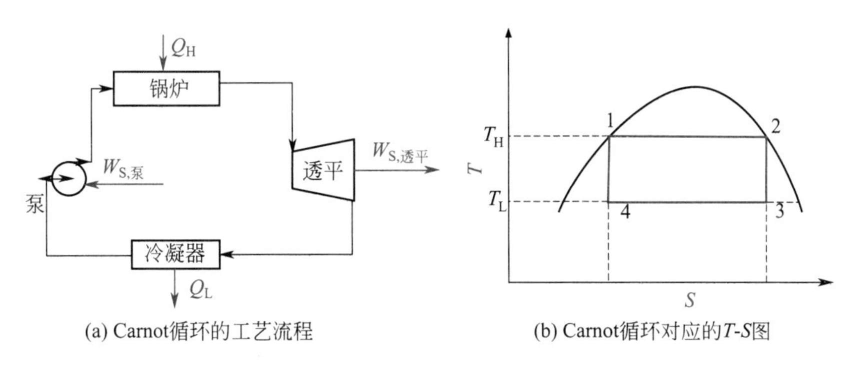

(a) Carnot循环的工艺流程　(b) Carnot循环对应的T-S图

图 4-20　Carnot 循环的工艺流程及 T-S 图

4.8.2.2　Rankine 循环

图 4-21（a）是简单蒸汽动力装置的示意图，由锅炉、过热器、透平机、冷凝器和泵所组成，图 4-21（b）是工作循环的 T-S 图，这一循环即为 Rankine 循环，它分以下四个过程。

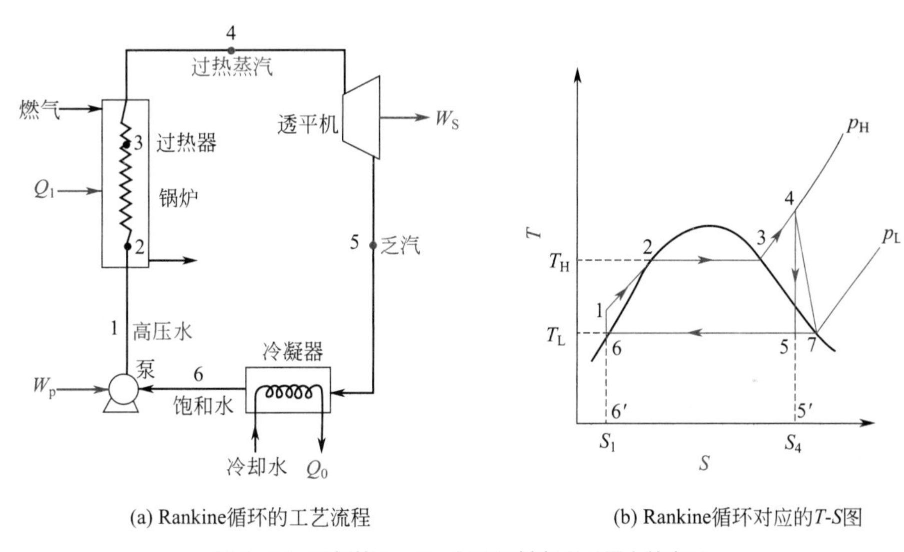

(a) Rankine循环的工艺流程　(b) Rankine循环对应的T-S图

图 4-21　理想的 Rankine 循环及其在 T-S 图上的表示

① 高温吸热　状态 1 的工质水在锅炉中吸热，升温、汽化并在过热器中吸热成为高温的过热蒸汽 4，所吸收的热量为

$$Q_1=\Delta H=H_4-H_1 \tag{4-76}$$

② 膨胀做功　过热蒸汽 4 在透平膨胀机中经绝热可逆膨胀，成为低温低压的湿蒸汽 5（工程上习惯称乏汽），同时对外做功。忽略动能和势能的变化，所做的功为

$$W_S=\Delta H=H_5-H_4 \quad （负值） \tag{4-77}$$

③ 低温放热　膨胀后的乏汽在冷凝器中放热冷凝，成为饱和水 6，冷凝放出的热量由冷却水带走。所放出的热量为

$$Q_0=\Delta H=H_6-H_5 \quad （负值） \tag{4-78}$$

④ 泵输送升压　来自冷凝器的饱和水 6，用泵经绝热可逆压缩后送回锅炉循环使用（状态 1），此过程耗功。忽略动能和势能的变化，所消耗的功为

$$W_p=\Delta H=H_1-H_6 \tag{4-79}$$

由于水的压缩性很小，水泵消耗的压缩功亦可按下式计算

$$W_p=V_{水}(p_1-p_6) \tag{4-80}$$

上述四个过程不断地重复进行，构成对外连续做功的蒸汽动力装置。此循环没有考虑实际运行过程中的各种损失，例如管路中的压力损失、摩擦扰动、蒸汽泄漏及散热等损失，因此循环中的吸热和放热过程在 T–S 图上可表示为等压过程，蒸汽的膨胀和冷凝水的升压可表示为等熵过程。这样的 Rankine 循环又称为理想 Rankine 循环，如图 4-21（b）所示的 1—2—3—4—5—6—1 循环。

整个循环的总功为

$$W_N=W_S+W_p=H_5-H_4+H_1-H_6 \tag{4-81}$$

其数值相当于图 4-21（b）中的曲线 1—2—3—4—5—6—1 所包围的面积，即蒸汽动力循环对外所做的理论净功。

评价动力循环的主要指标是热效率和汽耗率。热效率是循环的净功与锅炉所供给的热量之比，用符号 η 表示

$$\eta=\frac{-(W_S+W_p)}{Q_1} \tag{4-82}$$

由于水泵的功耗远小于透平机的做功量，即使压差很大，水泵的功耗也很小，所以可忽略不计，则热效率可近似表示为

$$\eta=\frac{-W_S}{Q_1}=\frac{H_4-H_5}{H_4-H_1} \tag{4-83}$$

汽耗率为做单位净功所消耗的蒸汽量（$kg \cdot kW^{-1} \cdot h^{-1}$），用 SSC（specific steam consumption）表示

$$SSC=\frac{1}{-W_N}\approx\frac{3600}{-W_S} \tag{4-84}$$

当对外做的净功相同时，热效率反映的是不同装置所消耗的能量，而汽耗率反映的是装置尺寸。显然，热效率越高，汽耗率越低，循环越完善。

以上各式计算时所需要的焓值由电子版附录 8 水蒸气表查得。

上面讨论的都是理想的可逆过程，实际的流动过程不可避免地存在着摩擦损失，因而都是不可逆的。锅炉和冷凝器的摩擦损失比较小，这两个设备中的过程仍可近似作为等压可逆过程处理；水泵所耗的功本来就小，不可逆性的影响也可以忽略；唯有透平机的不可逆性是不能忽略的。

蒸汽通过透平机的绝热膨胀实际上不是等熵的，而是向着熵增加的方向偏移，用 4—7 线表示。由图 4-21（b）可见，实际做的功应为 H_7-H_4，显然它小于等熵膨胀的功。两者之比称为**等熵膨胀效率**，用 η_i 表示，即

$$\eta_i=\frac{-W_{S(不可逆)}}{-W_{S(可逆)}}=\frac{H_4-H_7}{H_4-H_5} \tag{4-85}$$

等熵膨胀效率 η_i 也称为相对内部效率，反映的是透平机内部的损失，它与透平机的结构设计有关，一般可达到 80% ～ 90%。

除上述的内部损失外，透平机还有外部机械损失，例如克服轴承摩擦阻力的功耗。若

用 η_m 表示机械效率，则实际的总效率 η_e 为

$$\eta_e = \frac{\eta_m (H_4 - H_7)}{H_4 - H_1} = \eta_m \eta_i \frac{H_4 - H_5}{H_4 - H_1} = \eta_m \eta_i \eta \tag{4-86}$$

4.8.2.3　Rankine 循环效率的提高

（1）改变蒸汽参数

在理想的 Rankine 循环中，吸热过程和放热过程的温度和压力决定了循环的热效率。从吸热过程来看，不论是 1—2—3 的升温、汽化过程，还是 3—4 的蒸汽过热过程，其吸热温度都比高温燃气的温度低得多，致使热效率低下，传热不可逆损失极大，这是理想的 Rankine 循环存在的最主要问题。因此，要想提高 Rankine 循环的热效率，主要在于提高吸热过程的平均温度。从放热过程来看，若降低冷凝温度，也能提高 Rankine 循环的热效率，但这受到冷却介质温度和冷凝器尺寸的限制。下面通过 T-S 图来讨论蒸汽参数对热效率的影响。

① 提高蒸汽的出口温度　在相同的蒸汽压力下，若提高蒸汽的过热温度，可使平均吸热温度提高，从图 4-22 可以看出，表示功的面积随着过热温度升高而增大。提高蒸汽的过热温度还可提高蒸汽的干度，有利于透平机的安全运行。但温度的提高受到设备材料性能的限制，不能无限地提高，目前蒸汽出口温度一般不能超过 600℃。

② 提高蒸汽压力　当过热温度恒定时，提高蒸汽的压力也可使平均吸热温度升高，从而使热效率增大。从图 4-23 可以看出，当压力由 p_H 提高到 p'_H 时，代表沸腾过程的直线由 2—3 变为 2′—3′，因而使循环的净功增加了 1′2′3′4′7′211′ 部分的面积而减少了灰色部分 7′34577′ 的面积，变化不大，但蒸汽吸收的热量增加了红色部分的面积而减少了面积 7′34987′，净减量约为面积 57895，即做功量基本未变而吸热量减少，故热效率提高了。

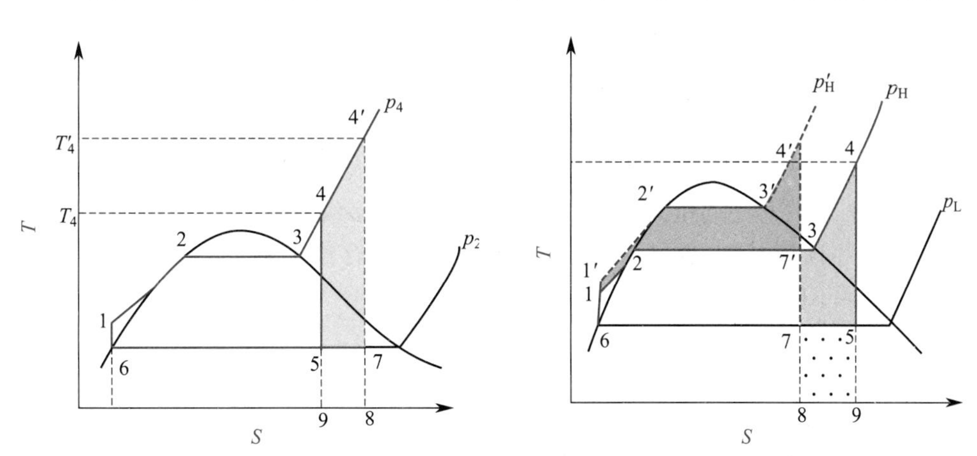

图 4-22　蒸汽温度对热效率的影响　　图 4-23　蒸汽压力对热效率的影响

常规电厂的最高压力 3 ～ 18MPa，锅炉出口的饱和蒸汽温度 455℃，过热器的蒸汽温度 565℃，目前国内已经有采用超临界发电和超超临界发电技术的（水蒸气的临界压力 22.1MPa，临界温度 374℃）。一般亚临界机组（蒸汽压力 17MPa，温度 538℃）的净效率 37% ～ 38%，超临界机组（蒸汽压力 24MPa，温度 538℃）的净效率 40% ～ 41%，超超临界机组（蒸汽压力 31MPa，温度 600℃）的净效率 44% ～ 45%。

③ 降低蒸汽透平的出口压力　降低蒸汽透平的出口压力可以提高 Rankine 的热效率，乏

汽冷凝时将一部分热量排往冷却介质，其中所含的有效能无法利用，因而浪费掉了。降低乏汽的压力进而降低冷凝温度，从而可降低有效能的损失，使做功量增加。乏汽压力降低受限于冷却介质的温度，乏汽的冷凝温度应高于冷却介质的温度，并保证一定的传热温差。

（2）改变工艺流程

① 采用再热循环　提高透平机的进口压力可以提高热效率，但如不相应提高温度，将引起乏汽干度降低而影响透平机的安全操作。为了解决这一问题而提出了再热循环。再热循环是使高压的过热蒸汽在透平中先膨胀到某一中间压力，然后全部导入锅炉中特设的再热器进行再加热，升高了温度的蒸汽，送入低压透平再膨胀到一定的排汽压力，这样就可以避免乏汽湿含量过高的缺点。图 4-24 是再热循环的流程示意图和 T-S 图。

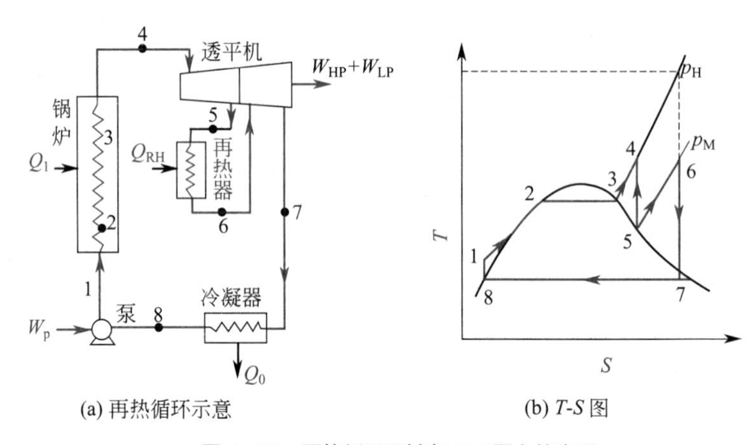

(a) 再热循环示意　　(b) T-S 图

图 4-24　**再热循环及其在 T-S 图上的表示**

② 回热循环　Rankine 循环热效率不高的原因是供给锅炉的水温低。因此，预热锅炉给水，使其温度升高后再进锅炉，对于提高工质的平均吸热温度起着重要作用。预热锅炉给水可以利用蒸汽动力装置系统以外的废热，也可以从本系统中的透平机抽出一部分蒸汽来预热冷凝水，即采用回热循环的办法。现在大中型蒸汽动力装置普遍采用回热循环。通常从透平机中抽取几种不同压力的蒸汽用来预热，称为多级回热。抽汽可以与冷凝水直接混合（开式回热预热器），也可以通过管壁与冷凝水进行热交换（闭式回热预热器）。图 4-25 是回热循环的流程示意和 T-S 图。

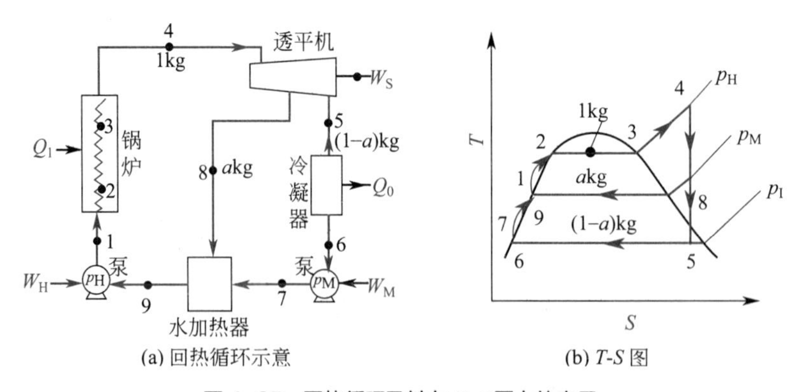

(a) 回热循环示意　　(b) T-S 图

图 4-25　**回热循环及其在 T-S 图上的表示**

4.9　制冷循环

在工业生产和日常生活中常需要低温空间，如低温精馏、低温结晶、低温反应。再如生活中使用的空气调节和食品冷藏。而为了得到比周围环境温度还要低的空间，就必须使用制冷循环。**制冷循环实际上是将热量不断地从低温空间排向高温环境的过程**。从热力学原理分析，将热从低温传向高温的过程必然是不能自发进行的，需要消耗外功或者其他能量实现。

习惯上，**制冷温度在 -100℃以上者称为普通制冷，低于 -100℃者称为深度制冷**。在化工生产中，制冷循环被广泛使用，因此对制冷装置的合理选择与设计对化工生产很重要。一般制冷过程是依靠某种工质进行热力循环来完成的，称为制冷循环或冷冻循环。常见的制冷循环是蒸气压缩制冷循环、吸收式制冷循环等，我们就以这几种制冷循环为例进行讨论，同时，对热泵也进行详细介绍。

4.9.1　理想制冷循环

制冷循环是连续地从低温吸热，然后将热量排放到高温环境的过程，因此制冷循环是热机的逆向循环。**理想制冷循环是逆向 Carnot 循环**，同样由两个等温可逆过程和两个绝热可逆过程所构成。图 4-26 是循环装置示意和工作过程的 T-S 图。图中的蒸发器置于低温系统，冷凝器放置高温环境，利用制冷剂的相变化来实现低温吸热和高温放热。

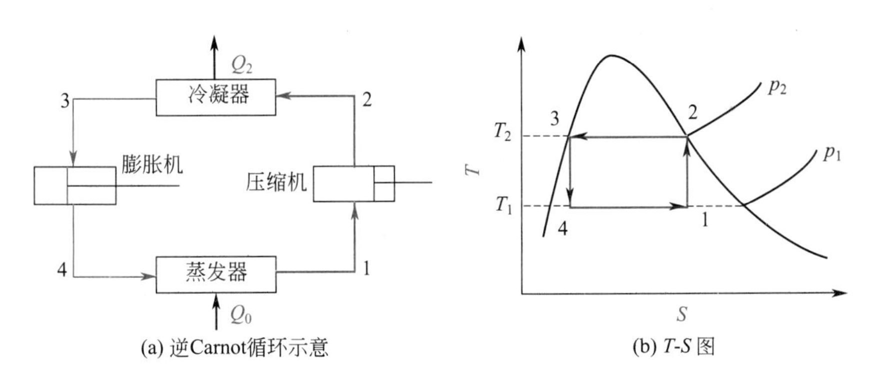

图 4-26　逆 Carnot 循环示意及 T-S 图

循环的具体过程为：

绝热可逆压缩过程 1—2：制冷剂等熵压缩，消耗外功，温度由 T_1 升至 T_2；

等温可逆放热过程 2—3：制冷剂在温度 T_2 下等温放热；

绝热可逆膨胀过程 3—4：制冷剂等熵膨胀，对外做功，温度由 T_2 降至 T_1；

等温可逆吸热过程 4—1：制冷剂在 T_1 下等温吸热，最后回到初始状态 1，至此完成一次制冷循环。

逆向 Carnot 循环中，功和热的关系和正向循环一样，但符号相反。

循环吸收的热量　　$Q_0=T_1（S_1-S_4）$　　（4-87）

循环放出的热量　　$Q_2=T_2（S_3-S_2）$　　（4-88）

由于整个循环的 $\Delta H=0$，故

$$W_N=-\sum Q=-(Q_0+Q_2)=(T_2-T_1)(S_1-S_4)=(T_2-T_1)(S_2-S_3) \tag{4-89}$$

因为 $T_2>T_1$，$S_2>S_1$，所以 $W_N>0$，说明制冷循环需要消耗外部功量。

衡量制冷效率的参数称为制冷系数 ε。制冷系数 ε 定义为制冷量与其所消耗的功量之比。对于逆向 Carnot 循环

$$\varepsilon=\frac{Q_0}{W_N}=\frac{T_1(S_1-S_4)}{(T_2-T_1)(S_1-S_4)}=\frac{T_1}{T_2-T_1} \tag{4-90}$$

可见，逆向 Carnot 循环的制冷系数仅仅是高温热源和低温热源热力学温度的函数，与工质无关。在环境温度与制冷温度之间操作的任何制冷循环，以逆向 Carnot 循环的制冷系数为最大。

4.9.2 蒸气压缩制冷循环

理想的逆向 Carnot 循环是效率最高的制冷循环，但是在实际应用中却很难实现，这是因为进入压缩机的工作物质（制冷剂）是汽液混合物，在压缩时其液滴易于损坏压缩机。为了避免这种不利状况，也为增加制冷量，可把蒸发器中的制冷剂汽化到干蒸气状态，使压缩过程移到过热蒸气区。此外，为了设备简单运行可靠，常常用节流阀代替膨胀机。

（1）单级蒸气压缩制冷循环

单级蒸气压缩制冷循环由**压缩机**、**冷凝器**、**节流阀和蒸发器**组成，如图 4-27 所示。其工作过程可用压焓图或温熵图表示。

压缩机吸入的是以状态 1 表示的饱和蒸气，1—2 表示制冷剂在压缩机中的压缩过程。这一过程在理想情况下为等熵过程，$S_1=S_2$。2—3—4 表示制冷剂在冷凝器中的冷却和冷凝过程，在这一过程中，制冷剂的压力保持不变，且等于冷凝温度下的饱和蒸气压。4—5 表示节流过程，制冷剂在节流过程中，压力和温度都降低，但焓值保持不变，$H_4=H_5$。5—1 表示制冷剂在蒸发器中的蒸发过程，制冷剂在温度 t_0、饱和压力 p_0 保持不变的情况下蒸发，吸收低温系统的热量实现制冷。

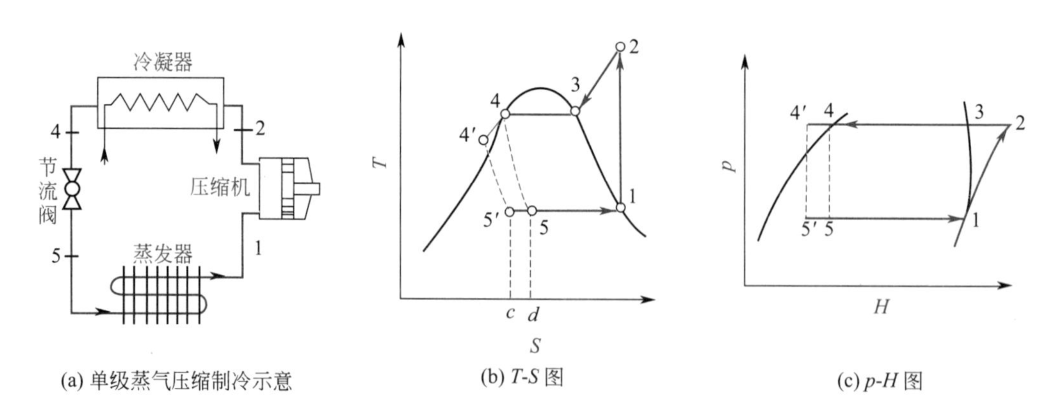

图 4-27 单级蒸气压缩制冷循环示意及 T-S 图、p-H 图

单级蒸气压缩制冷循环的性能指标如下。

① 单位制冷量 q_0，是指 1kg 制冷剂在一次循环中所制取的冷量。对蒸发器，应用稳定流动过程的能量平衡方程，就可以得出单位质量制冷剂的制冷量 q_0 为

$$q_0=H_1-H_5=H_1-H_4 \tag{4-91}$$

② 制冷剂每小时的循环量 G

$$G=\frac{Q_0}{q_0} \tag{4-92}$$

式中，Q_0 为制冷装置的制冷能力，是指制冷剂每小时从低温系统制取的冷量，$kJ \cdot h^{-1}$。

③ 冷凝器的单位放热量 Q_2，是指 1kg 制冷剂蒸气在冷凝器中放出的热量，包括显热和潜热两部分

$$Q_2=(H_3-H_2)+(H_4-H_3)=H_4-H_2 \tag{4-93}$$

④ 压缩机消耗的单位理论功 W_S（$kg \cdot h^{-1}$），是指在理论循环中，压缩机输送 1kg 制冷剂所消耗的功

$$W_S=H_2-H_1 \tag{4-94}$$

而制冷剂所消耗的单位理论功率（kW）则为

$$N_T=GW_S=\frac{GW_S}{3600} \tag{4-95}$$

式中，G 表示制冷剂每小时的循环量。

⑤ 制冷装置的制冷系数 ε

$$\varepsilon=\frac{q_0}{W_S}=\frac{H_1-H_4}{H_2-H_1} \tag{4-96}$$

由式（4-96）可见，在压缩机的性能指标不变的情况下，若降低冷凝器的出口温度，即采取过冷措施，可以提高制冷装置的制冷系数。液态制冷剂过冷后，在 T-S 图或 p-H 图上表示为 12344′5′1 循环，与未过冷的 123451 循环相比较，单位质量制冷剂的耗功量相同，但单位制冷量增加，如图 4-27 所示。因此，采用制冷剂过冷，对提高循环的性能指标总是有利的。另外，采用制冷剂过冷，还可以防止制冷剂液体在节流机构前汽化，保证节流机构运行稳定。

需要说明的是，4—4′过冷过程严格来说应沿着液相等压线运行，但是液体大多不可压缩，即液相等压线和饱和液相线很接近，而且过冷程度有限，4′和 4 状态点也很接近，为简单起见，状态点 4′的值实际是在饱和液相线上查得的。

进行制冷计算时，对于已经确定的制冷剂，已知条件是制冷能力，要计算的是制冷剂的循环量、压缩机所需要的理论功率以及制冷系数。为此，应先确定制冷循环的工作参数，即蒸发温度、冷凝温度以及过冷温度。蒸发温度的高低，取决于被冷却系统的温度及传热温差，通常温差取 Δt=5℃；至于冷凝温度和过冷温度，则是由冷却介质温度及传热温差决定的。用水做冷却介质时，冷凝温度一般定为比冷却水进口温度高 3 ～ 5℃，而冷凝温度又比过冷温度高 3 ～ 5℃；若用空气做冷却介质时，其冷凝温度与进风温度的温差取 3 ～ 5℃。由给定的工作条件可在制冷剂的热力学图表上找出相应的状态点，查得或计算各状态点的焓、熵值，然后代入相应的计算公式。

【例4-6】设需要制冷能力为 $Q_0=1.6\times10^5\text{kJ}\cdot\text{h}^{-1}$，试求 q_0、G、ε、N_T。已知：

制冷剂	冷凝温度/℃	蒸发温度/℃	过冷温度/℃
氨（1）	30	-15	25
氨（2）	30	-35	25
氨（3）	30	-35	无过冷
R12（4）	30	-15	25

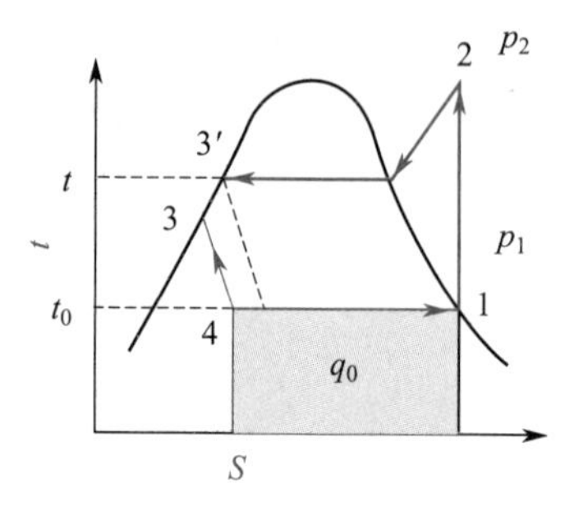

NH_3 制冷循环在 t-S 图上的表示

解：（1）由氨的 t-S 图查得在 $t_0=-15$℃时饱和蒸气的 $H_1=1660\text{kJ}\cdot\text{kg}^{-1}$，由该状态点沿等熵线向上，到温度为 $t=30$℃的交点，查得 $H_2=1875\text{kJ}\cdot\text{kg}^{-1}$，饱和压力 $p_2=1.15\text{MPa}$。同样，由过冷温度 $t_3=25$℃查得状态点 3 的焓值为 $H_3=540\text{kJ}\cdot\text{kg}^{-1}$，则节流前后焓值不变，$H_4=H_3=540\text{kJ}\cdot\text{kg}^{-1}$。代入式（4-91）得

$$q_0=H_1-H_4=1660-540=1120(\text{kJ}\cdot\text{kg}^{-1})$$

代入式（4-92）得
$$G=\frac{Q_0}{q_0}=\frac{1.6\times10^5}{1120}=142.9(\text{kg}\cdot\text{h}^{-1})$$

代入式（4-96）得
$$\varepsilon=\frac{H_1-H_4}{H_2-H_1}=\frac{1120}{1875-1660}=5.21$$

代入式（4-95）得
$$N_T=GW_S=\frac{142.9(H_2-H_1)}{3600}=8.5(\text{kW})$$

压缩机的压缩比为
$$\frac{p_2}{p_1}=\frac{1.15}{0.22}=5.23$$

这里，p_1 是对应于 $t_0=-15$℃时氨的饱和压力。

（2）按上述同样方法查得：$H_1=1625\text{kJ}\cdot\text{kg}^{-1}$，$H_2=2000\text{kJ}\cdot\text{kg}^{-1}$，$H_4=H_3$ 不变，仍为 $540\text{kJ}\cdot\text{kg}^{-1}$，$p_1=0.09\text{MPa}$，故

$$q_0=H_1-H_4=1625-540=1085(\text{kJ}\cdot\text{kg}^{-1})$$

$$G=\frac{Q_0}{q_0}=\frac{1.6\times10^5}{1085}=147.5(\text{kg}\cdot\text{h}^{-1})$$

$$\varepsilon=\frac{H_1-H_4}{H_2-H_1}=\frac{1085}{2000-1625}=\frac{1085}{375}=2.89$$

$$N_T=GW_S=\frac{147.5(H_2-H_1)}{3600}=\frac{147.5\times(2000-1625)}{3600}=15.4(\text{kW})$$

$$\text{压缩比}=\frac{p_2}{p_1}=\frac{1.15}{0.09}=12.7$$

（3）根据已知数据，查得 $H_1=1625\text{kJ}\cdot\text{kg}^{-1}$，$H_2=2000\text{kJ}\cdot\text{kg}^{-1}$，$t=30$℃的饱和液体的焓值为 $H_3=560\text{kJ}\cdot\text{kg}^{-1}$，而 $H_4=H_3=560\text{kJ}\cdot\text{kg}^{-1}$，故

$$q_0=H_1-H_4=1625-560=1065(\text{kJ}\cdot\text{kg}^{-1})$$

$$G=\frac{Q_0}{q_0}=\frac{1.6\times10^5}{1065}=150.2(\text{kg}\cdot\text{h}^{-1})$$

$$\varepsilon=\frac{H_1-H_4}{H_2-H_1}=\frac{1065}{2000-1625}=\frac{1065}{375}=2.84$$

$$N_\text{T}=GW_\text{S}=\frac{150.2(H_2-H_1)}{3600}=\frac{150.2\times(2000-1625)}{3600}=15.6(\text{kW})$$

$$\text{压缩比}=\frac{p_2}{p_1}=\frac{1.15}{0.09}=12.7$$

（4）根据已知数据，查 R12 的 ln$p$–H 图，得 H_1=345kJ·kg^{-1}，H_2=373kJ·kg^{-1}，H_4=H_3=223kJ·kg^{-1}，故

$$q_0=H_1-H_4=345-223=122(\text{kJ}\cdot\text{kg}^{-1})$$

$$G=\frac{Q_0}{q_0}=\frac{1.6\times10^5}{122}=1311.5(\text{kg}\cdot\text{h}^{-1})$$

$$\varepsilon=\frac{H_1-H_4}{H_2-H_1}=\frac{122}{28}=4.36$$

$$N_\text{T}=GW_\text{S}=\frac{122(H_2-H_1)}{3600}=\frac{122\times(373-345)}{3600}=9.5(\text{kW})$$

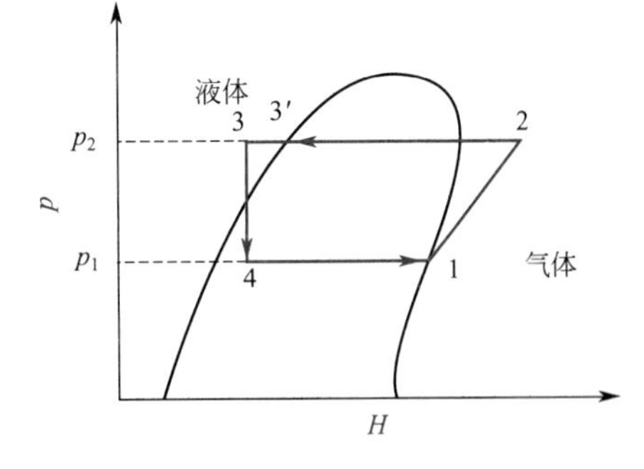

R12 制冷循环在 p–H 图上的表示

根据温度 t=30℃和 t_0=−15℃查得饱和压力为 p_2=0.76MPa 和 p_1=0.18MPa。由此，压缩比为

$$\frac{p_2}{p_1}=\frac{0.76}{0.18}=4.2$$

计算结果列表如下：

制冷剂	q_0/kJ·kg^{-1}	G/kg·h^{-1}	ε	N_T/kW	$\frac{p_2}{p_1}$
氨（1）	1120	142.9	5.21	8.5	5.23
氨（2）	1085	147.5	2.89	15.4	12.7
氨（3）	1065	150.2	2.84	15.6	12.7
R12（4）	122	1311.5	4.36	9.5	4.2

比较（1）~（4）的计算结果将不难发现：

① 冷凝温度和过冷温度相同时，蒸发温度较高者，制冷系数较大，消耗的理论功率较小；

② 蒸发温度和冷凝温度相同时，无过冷者，制冷量较小；

③ 制冷剂不一样，而上述（1）与（4）的冷凝温度、蒸发温度、过冷温度相同时，则 R12 的制冷量比氨小，制冷剂循环量比使用氨时要大，两者相差将近 10 倍。

以上四种情况的计算说明，由于冷凝温度和蒸发温度间的温差相差太大，使用一级压缩是不合理的。本例题只是在一级压缩条件下来讨论四种情况下的能耗及其他参数。

由于制冷剂在流经管道、阀门和换热设备时，存在着各种损失和热量交换，如克服流动阻力所造成的节流损失、克服机械摩擦力所造成的摩擦损失等，所以实际消耗的功率要比理论功率大一些。

（2）多级压缩制冷循环 *T-S* 图

当需要较低的制冷温度时，制冷剂的蒸发温度和蒸发压力都要相应降低，则蒸气的压缩比就要增加。压缩比过大会产生诸多不利：压缩机功耗增加，排气温度提高，甚至不能正常运行，这就需要进行多级压缩，于是便形成了多级压缩制冷循环。对氨压缩制冷，制冷温度在 −25 ～ −65℃时，需进行两级压缩甚至三级压缩。图 4−28 是常用的两级蒸气压缩制冷循环示意，图 4−29 是相应的 *T−S* 图。

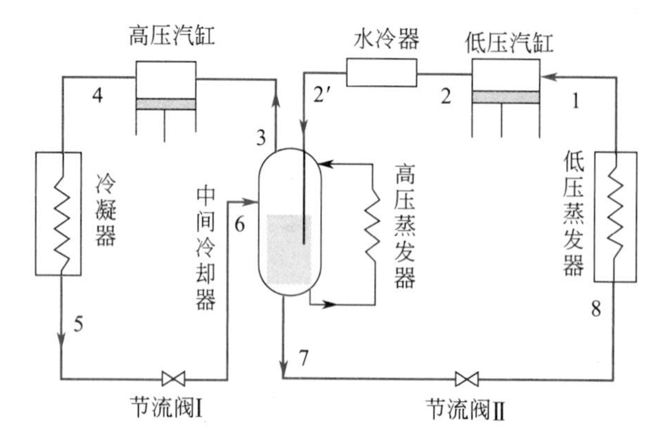

图 4−28 两级蒸气压缩制冷循环示意

图 4−29 两级蒸气压缩制冷循环的 *T−S* 图

两级蒸气压缩制冷循环实际上可分为一个低压循环和一个高压循环，两个循环通过一个中压分离器相连接，中压分离器同时担负着级间冷却的作用，所以又称为中间冷却器。

由于多级压缩使各蒸发器的压力不同，因此多级压缩制冷可以同时提供几种不同温度的低温。

4.9.3 吸收式制冷循环

蒸气压缩制冷循环靠的是消耗外部功来完成制冷过程的，这种功主要来源于电能，而电能大部分是由热能转化来的。换句话说，制冷机所需要的功最终来自热能。这就产生了直接利用热能作为制冷循环能量的可能性。**吸收式制冷就是以热能为动力的一种制冷方法**。

吸收式制冷需要两种介质作为工作流体，如水 − 氨、水 − 溴化锂体系等。其中低沸点组分用作制冷剂，利用它的蒸发和冷凝来实现制冷；高沸点组分用作吸收剂，利用它对制冷剂的吸收和解吸作用来完成工作循环。氨吸收制冷通常用于低温系统，制冷温度一般为 278K 以下；溴化锂吸收制冷适用于空气调节系统，制冷温度一般为 278K 以上，最低制冷温度不低于 273K。

无论是蒸气压缩式，还是吸收式制冷，二者都是制冷剂在低压下蒸发吸收热量和在高压下冷凝排放热量。二者的差别在于如何造成这种压力差和如何推动制冷剂循环。蒸气压缩式采用机械压缩方法造成压差并推动制冷剂循环；吸收式制冷中，采用第 2 种介质来推动制冷剂循环。

其工作原理如图 4-30 所示。图中虚线包围部分相当于蒸气压缩制冷装置中的压缩机，它由吸收器、解吸器、换热器及溶液泵等组成。除此之外，其余部分与蒸气压缩制冷循环的相同。

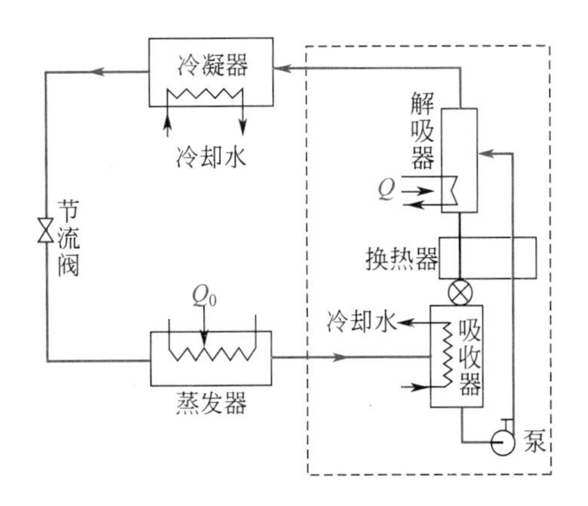

图 4-30 吸收式制冷循环示意

从冷凝器出来的液氨或液态水经节流膨胀降温降压进入两相区，在蒸发器中饱和液体蒸发吸热，制取冷量。从蒸发器出来的低压蒸气进入吸收器，与来自解吸器中的稀氨水或浓的溴化锂溶液逆流接触，这一过程中稀氨水逐渐吸收氨成为浓氨水，或者浓的溴化锂溶液吸收水蒸气变成稀的溴化锂溶液，吸收过程中所放出的热量由冷却水带走。吸收器中出来的浓氨水在进入解吸器之前，要与解吸器中出来的稀氨水在换热器中进行热交换，以便于热量充分利用。提高温度的浓氨水由溶液泵加压送入解吸器，在解吸器中浓氨水被外部热源加热，于是溶解在水中的氨又被解吸出来，成为压力较高的氨蒸气，然后送往冷凝器冷凝成液氨。如果是溴化锂体系，则在解吸器中是稀的溴化锂在加热后水变成水蒸气被解吸出来，如此完成一次制冷循环。

吸收式制冷中，解吸器的压力由冷凝器中制冷剂的冷凝温度决定，同样吸收器的压力决定于蒸发器中制冷剂的蒸发温度。解吸器压力较吸收器压力高。解吸器与吸收器的温度分别由所用热源与冷却水的温度所限定。由于氨水溶液的浓度由其温度和压力条件所决定，因此解吸器与吸收器中稀氨水与浓氨水的溶液浓度就不能随意变动了。

吸收式制冷装置的技术经济指标用热能利用系数 ε 表示

$$\varepsilon = \frac{Q_0}{Q} \tag{4-97}$$

式中，Q_0 是蒸发器中吸收的热量（制冷能力）；Q 是热源供给的热量。

吸收式制冷装置的特点是直接利用热能制冷，可以利用工业余热和低温热源，也可以直接利用燃料热能，还可以利用太阳能的辐射热。这对提高一次能源利用率，减少废热排放和温室效应等环境污染，具有重要意义。

4.10 热泵及其应用

4.10.1 热泵及其热力学计算

热泵是一个逆向的热机，在冬季可用于吸收低温环境的热并将热排放入房间中，借此达到冬天给房间取暖的目的。热泵也可用于工业生产中余热的回收。

热泵循环的热力学原理与制冷循环的完全相同，都是通过逆向热机循环，实现低温吸热而高温放热的循环过程，只是两者的工作范围和使用目的不同。制冷装置是用来制冷，热泵是用来供热。

热泵循环的能量平衡方程为

$$-Q_H=Q_L+W \tag{4-98}$$

式中，Q_H 为热泵的供热量；Q_L 为取自低温热源的热量；W 为完成循环所消耗的净功量。

一般情况下，Q_L 来自低品位的热量，有时是室外空气或天然水等自然介质，即便是生产中使用的热泵，消耗的也是工业废热，一般不影响成本。热泵的操作费用取决于压缩机消耗的机械能或者电能的费用，其经济性能以单位功量所得到的供热量来衡量，称为供热系数，用 ε_H 表示，即

$$\varepsilon_H=\frac{-Q_H}{W} \tag{4-99}$$

理想热泵（逆向 Carnot 循环）的供热系数为

$$\varepsilon_H=\frac{T_H}{T_H-T_L} \tag{4-100}$$

将能量平衡方程式（4-98）代入式（4-99），可导出供热系数与制冷系数的关系式，为

$$\varepsilon_H=\frac{-Q_H}{W}=\frac{Q_L+W}{W}=\frac{Q_L}{W}+1=\varepsilon+1 \tag{4-101}$$

上式表明，供热系数大于制冷系数，且 ε_H **永远大于** 1。这说明热泵所消耗的功最后也转变成热而一同输到高温热源。因此，热泵是一种合理的供热装置。

4.10.2 热泵精馏

热泵常与化工中的精馏系统相结合，构成简单的热泵精馏。

精馏是能耗极高的单元操作，传统的精馏方式热力学效率很低，能量消耗很大。如何降低精馏塔的能耗，充分利用低温热源，已成为人们普遍关注的问题。对此提出了许多节能措施，热泵精馏是其中很突出而又行之有效的节能技术。

热泵精馏是把精馏塔塔顶蒸气所带热量加压升温，使其用作塔底再沸器的热源，回收塔顶蒸气的冷凝潜热。有多少种方式的制冷循环就有多少种方式的热泵精馏。

根据热泵所消耗的外界能量不同，热泵精馏可分为蒸气加压方式和吸收式两种类型。蒸气加压方式热泵精馏又有两种：蒸气压缩机方式和蒸气喷射方式；蒸气压缩机方式又可细分为间接式、塔顶气体直接压缩式和塔釜液体闪蒸再沸式流程，下面仅对使用较多的直接式热泵精馏和间接式热泵精馏进行介绍。

（1）直接式

精馏塔塔顶气体经压缩机压缩升温后进入塔底再沸器，冷凝放热使釜液汽化，冷凝液经节流阀减压降温后，一部分作为产品出料，另一部分作为精馏塔顶的回流，精馏塔的再沸器是热泵的冷凝器，其具体流程如图 4-31 所示。

塔顶气体直接压缩式热泵精馏所需的工质是精馏塔塔顶物料，只需要一个热交换器（即再沸器），因此设备简单。它适合应用在塔顶和塔底的温差小，或被分离物系的组分因沸点相近难以分离必须采用较大回流比从而消耗大量加热蒸汽情况（即高负荷的再沸器），也可以用于塔顶冷凝物（即馏分）需低温冷却的精馏系统等。

塔顶气体直接压缩式热泵精馏应用十分广泛，如丙烯 - 丙烷的分离采用该流程，在相同条件下其热力学效率可以从 3.6% 提高到 8.1%，节能和经济效益非常显著。

（2）间接式

当塔顶气体具有腐蚀性，塔顶气体为热敏性产品或塔顶产品不宜压缩时，可以采用间接式热泵精馏，见图4-32，它主要由精馏塔、压缩机、蒸发器、冷凝器及节流阀等组成。这种流程利用单独封闭循环的工质（制冷剂）工作，制冷剂与塔顶物料换热后吸收热量蒸发为气体，气体经压缩提高压力和温度后，送至塔釜加热釜液，而本身冷凝成液体。液体经节流减压后再去塔顶吸热，完成一个循环。于是塔顶低温处的热量，通过制冷剂的媒介传递到塔釜高温处。在此流程中，**热泵循环中的冷凝器与精馏塔再沸器合为一个设备，热泵循环中的蒸发器与精馏塔塔顶冷凝器合为一个设备**。

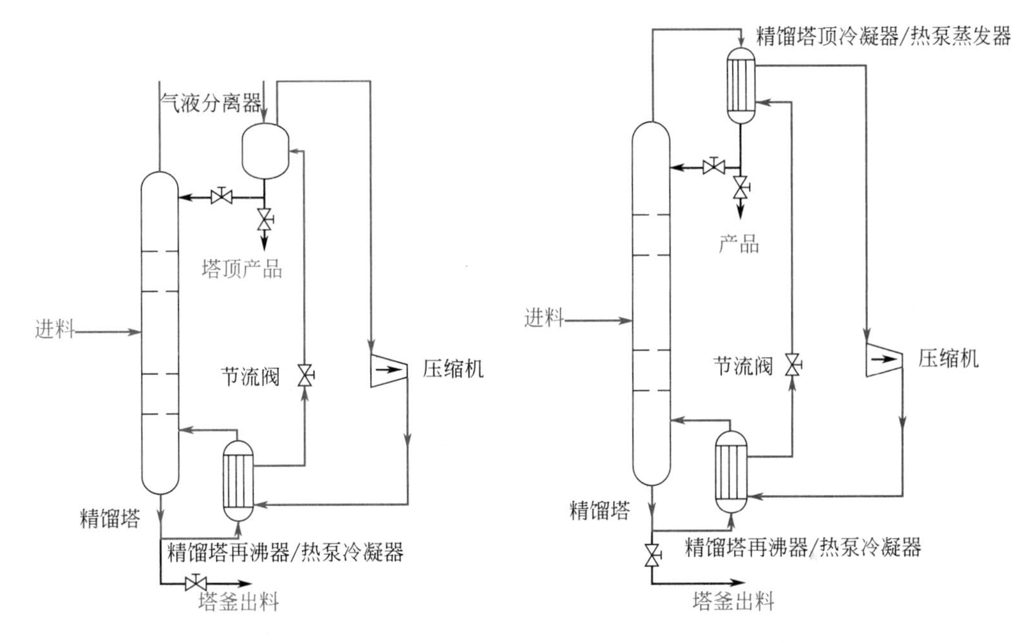

图4-31 **直接式热泵精馏流程**

图4-32 **间接式热泵精馏流程**

间接式热泵精馏流程适用于塔顶、塔釜温差小的物系。在塔顶和塔底温差较小、被分离物质的沸点接近、塔顶馏出物须采用冷冻系统进行冷凝等情况应用，蒸气压缩机方式热泵精馏可望取得良好效果。

4.11 深冷循环与气体液化

用人工制冷方法获得173K以下的低温称为深度冷冻，简称深冷。深冷技术已有一百多年的历史，主要用于低沸点气体的液化，例如空气、天然气和石油气等的液化。

不同于普通制冷循环以获得冷量为目的，**深冷循环的目的在于得到低温液体产品**。在深冷循环中，气体既起到制冷剂的作用而本身又被液化作为产品，是一不闭合的逆向循环。

深冷循环在工程中的应用非常广泛，且有多种循环形式。下面以最基本的Linde循环和Claude循环为例，说明深冷装置的基本原理以及基本计算。

4.11.1 Linde（林德）循环

利用一次节流膨胀液化气体是最简单的深冷循环，1895 年德国工程师 Linde 首先应用此法液化空气，故称其为 Linde 循环。图 4-33 是该循环的装置示意和 T-S 图。

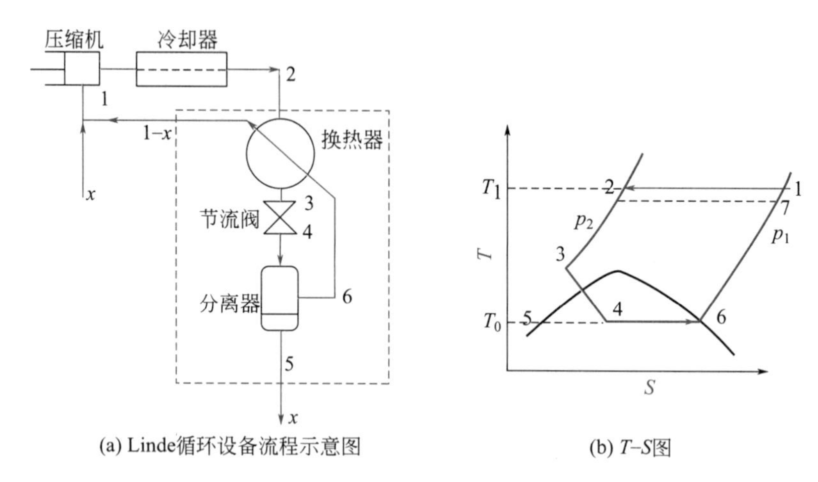

图 4-33 Linde 循环设备流程示意图和 T-S 图

Linde 循环由压缩机、冷却器、换热器、节流阀和气液分离器组成。

常温常压的气体从状态 1（T_1，p_1）经压缩和冷却到达状态 2（T_1，p_2），由于压缩比 p_2/p_1 相当大，因此压缩过程实际是多级的，压缩和冷却交替进行，直至达到状态 2 为止，上述过程在 T-S 图上用等温线 1—2 简化表示。状态 2 的气体经过换热器预冷到相当低的温度（状态 3），然后经节流阀膨胀变为压力 p_1 的气液混合物（状态 4），送入气液分离器。经沉降分离，液体（饱和液体 5）自气液分离器底部导出作为液化产品，未液化的气体（饱和蒸气 6）送入换热器去预冷新来的高压气体，而其本身被加热到原来状态 1，它和补充的新鲜气体再返回压缩机。

上述 T-S 图上所示的过程是操作已经稳定运行的情况，在刚开工时是无法立刻达到的，原因是由常温 T_1 开始，经一次节流所获得的降温是有限的，但借助于换热器，可以将此制冷能力逐渐累积，以达到液化温度 T_4。

深冷循环的基本计算主要是液化量、制冷量与压缩机的功耗。

（1）液化量与制冷量

在稳定操作情况下，气体的液化量可利用能量平衡关系式求得。以 1kg 气体为计算基准，设液化量为 $x$kg，则装置的制冷量 q_0（kJ・kg^{-1}）为

$$q_0=x(H_1-H_0)$$

式中，q_0 表示液化 $x$kg 气体需取走的热量，即装置的理论制冷量；H_1 是在初温 T_1 及压力 p_1 下气体的焓；H_0 是在液化温度 T_0 下饱和液体的焓。

对装置图中虚线框的部分进行热量衡算。进入的气体是 1kg 状态 2 的高压气体，分离出去 $x$kg 状态 5 的饱和液体，另外循环返回压缩机的（1−x）kg 状态 1 的低压气体，其热量平衡式如下

$$1H_2=xH_0+(1-x)H_1$$

理论液化量为
$$x=\frac{H_1-H_2}{H_1-H_0}$$

式中，H_2 是温度为 T_1 和压力为 p_2，即状态 2 的气体的焓。H_1、H_2 和 H_0 的焓值由热力学图表查得。

理论制冷量为

$$q_0=x(H_1-H_0)=H_1-H_2 \tag{4-102}$$

（2）压缩机消耗的理论功

如果按理想气体的可逆等温压缩考虑，消耗的理论功为

$$W_S=RT_1\ln\frac{p_2}{p_1} \tag{4-103}$$

以上讨论的是理想循环，实际循环中存在着许多不可逆损失，主要有：换热器中不完全热交换损失，即出去的低温低压气体，不可能将所有的冷量都传给进入的高压气体，此项损失称为温差损失；液化装置绝热不完全，环境介质热量传入而引起的冷损失；压缩过程的不可逆损失，此项损失考虑在压缩机的效率之内。

如果以 $\Delta H_{温损}$表示温差损失，以 $\Delta H_{冷损}$表示冷损失，以 η_T 表示等温压缩效率，则

实际液化量
$$x=\frac{H_1-H_2-\Delta H_{温损}-\Delta H_{冷损}}{H_1-H_0} \tag{4-104}$$

实际制冷量
$$q_0=H_1-H_2-\Delta H_{温损}-\Delta H_{冷损} \tag{4-105}$$

压缩机消耗的功
$$W=\frac{W_S}{\eta_T}=\frac{RT_1}{\eta_T}\ln\frac{p_2}{p_1} \tag{4-106}$$

式中，η_T 为等温压缩效率，一般取 0.6 左右。

4.11.2 Claude（克劳德）循环

前已指出，当气体对外做功绝热膨胀时，温度的降低要比相同条件下节流膨胀低得多。因此，在深冷循环中，利用做外功绝热膨胀无疑较利用节流膨胀经济得多。但由于膨胀机操作中不允许气体含有液滴，另外在低温下，膨胀机中润滑油很易凝固，难以操作，故一般不单独使用膨胀机，常与节流阀联合使用。

1902 年，法国的 Claude 首先采用带有膨胀机的液化循环，故称为 Claude 循环，其流程和 T-S 图如图 4-34 所示。

此循环系统由压缩机、水冷器、第一换热器、第二换热器、膨胀机、第三换热器、节流阀、气液分离器组成。

初始温度 T_1、压力 p_1 的气体（点 1）进入压缩机，等温压缩至 p_2（点 2），高压气体经第一换热器进行等压冷却，冷却到状态点 3 后分为两部分，其中一部分经第二、第三换热器冷却到节流所需的低温（点 6）；另一部分则送进膨胀机进行绝热膨胀，对外做功，膨胀后的低压气体（点 4）与由第三换热器来的低压气体合并，送入第二换热器作制冷剂用。采取这一措施，减少了被冷却的高压气体量，增加了作为制冷剂的低压气体量，因而可将高压气体冷却到更低的温度，从而提高了液化率，同时还可回收一部分有用功。

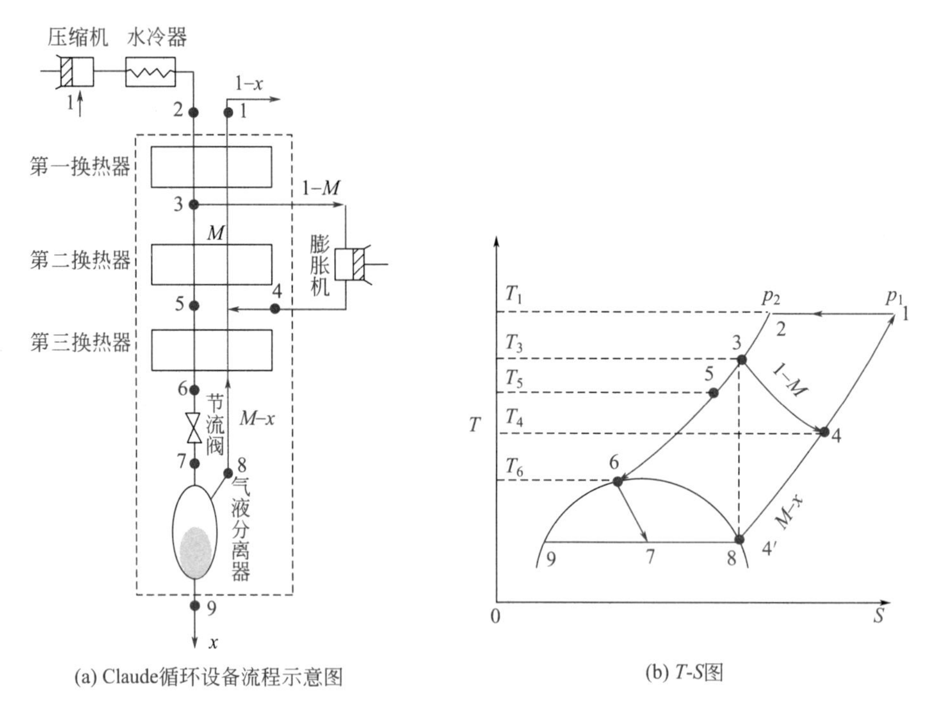

图 4-34 Claude 循环设备流程示意图及其 T-S 图

Claude 循环的液化量、制冷及与压缩机的功耗计算如下。

以 1kg 气体为计算基准，其中 $1-M$ 为送进膨胀机的量，M 为节流膨胀的量。设液化量为 $x$kg，对装置图中虚线框的部分进行热量衡算。

设体系中换热器不完全热交换损失为 $\Delta H_{温损}$，体系中冷量损失为 $\Delta H_{冷损}$，则

$$H_2+(1-M)H_4+\Delta H_{温损}+\Delta H_{冷损}=xH_9+(1-x)H_1+(1-M)H_3$$

气体的液化量为

$$x=\frac{(H_1-H_2)+(1-M)(H_3-H_4)-\Delta H_{温损}-\Delta H_{冷损}}{H_1-H_9} \qquad (4\text{-}107)$$

装置的制冷量为

$$q_0=(H_1-H_2)+(1-M)(H_3-H_4)-\Delta H_{温损}-\Delta H_{冷损} \qquad (4\text{-}108)$$

将式（4-105）与式（4-108）相比较，Claude 循环的制冷量比 Linde 循环增加了（$1-M$)(H_3-H_4)。

Claude 循环的功耗应为压缩机的功耗减去膨胀机的回收功。若压缩机的等温压缩效率为 η_T，膨胀机的机械效率为 η_m，则实际循环消耗的功为

$$W=\frac{RT_1}{\eta_T}\ln\frac{p_2}{p_1}-\eta_m(1-M)(H_3-H_4) \qquad (4\text{-}109)$$

4.12 制冷剂和载冷剂的选择

4.12.1 制冷剂的选择

前面已经指出，逆向 Carnot 循环的制冷系数与制冷剂无关。但是，实际制冷装置的效率却与制冷剂的性质密切相关，同时还要考虑其毒性、爆炸性以及耐腐蚀性等因素，这比效率更为重要，因此在热力学性质和环境保护等方面对制冷剂提出了更高要求。

从制冷工作原理、设备结构尺寸和生产上的安全操作考虑，制冷剂应符合如下条件。

① 在指定的温度范围内（蒸发温度、冷凝温度），操作压力和比体积要适中。即冷凝压力不要过高，蒸发压力不要过低，蒸发时的比体积也不要过大。因为冷凝压力高将增加压缩机和冷凝器的设备费用，功率消耗也会增加；而蒸发压力若低于大气压力，就会有空气漏入循环系统，不利于操作稳定。

② 汽化潜热要尽可能地大。因为潜热大，可增加单位质量工质的制冷能力，使制冷剂的循环量减少。

③ 临界温度应高于环境温度，使放热过程大部分在两相区内进行。凝固温度要低于制冷循环的下限温度，避免造成凝固阻塞。

④ 传热性能和流动性能要好，即具有高的热导率和低的黏度。

⑤ 要具有化学稳定性，对设备不能有显著的腐蚀作用。

此外，还要求制冷剂油溶性好，与金属材料及压缩机中的密封材料等有良好的相容性，安全无毒，价格低廉等。

制冷剂的发展经历了几个阶段，最早使用的是乙醚，之后是氨、二氧化碳和氯甲烷等，直到 1932 年发明合成卤代烷（商品名为氟利昂）以后，由于其具有无毒、不燃和热力学性能好等优点，大大促进了制冷技术的快速发展。

氨是一种良好的制冷剂，对应于制冷温度范围有合适的压力，汽化潜热大，制冷能力较强，价格低廉，对环境破坏小，但有较大的毒性，对铜有腐蚀性，具有气味，应用场合受到一定限制。氟利昂类制冷剂（通常指甲烷和乙烷的卤素衍生化合物）汽化时吸热能力适中，能够满足不同温度范围对制冷剂的要求，例如 CFC12（R12）、CFC11（R11）和 HCFC22（R22）等曾分别作为家用冰箱、汽车空调和热泵型空调的重要制冷剂。但是 20 世纪 70 年代美国科学家 Molina 和 Rowland 提出，由于 CFC 和 HCFC 类物质相当稳定，进入大气后能逐渐穿越大气对流层而进入同温层，在紫外线的照射下，CFC 和 HCFC 类物质中的氯游离成氯离子（Cl^-），能与大气中的臭氧结合生成氯的氧化物，由此导致大气臭氧层衰减，人们开始对氟利昂的应用产生担忧，这就是著名的 CFC 问题。为此国际组织召开了多次会议，在 1987 年的蒙特利尔会议上，制定了保护臭氧层的协定，提出了限制生产 CFC 和 HCFC 类物质的进程。我国政府于 1992 年 8 月起正式成为保护臭氧层的《蒙特利尔协定书》的缔约国。

作为替代物，首先必须满足环境保护方面的要求，而且也应该满足前述对制冷剂的热力学性质及其他方面的要求。

4.12.2 载冷剂的选择

制冷循环所产生的冷量，并不是由制冷剂通过换热设备直接传给需要降温的物流或对象，而是先由制冷剂在蒸发器中把制冷循环产生的冷量传给载冷剂，然后由载冷剂再把冷量传给需要降温的设备和装置，即载冷剂循环于制冷机和被冷物体之间。

常用的**载冷剂有两类，一类是无机盐**氯化钠、氯化钙和氯化镁的水溶液，**另一类是有机化合物**，如甲醇、乙醇和乙二醇的溶液或水溶液。

无机盐的水溶液又称冷冻盐水，对于一定的浓度，冷冻盐水有一定的冻结温度，当选用冷冻盐水的种类和浓度时，首先要考虑需要什么样的低温，选用的温度显然不能低于冷冻盐水的冻结温度，一般要高于冻结温度若干摄氏度。例如，饱和氯化钠盐水的冻结温度为 -21℃，而实际应用温度不低于 -18℃；饱和氯化钙冷冻盐水的冻结温度 -55℃，而实际应用温度不宜低于 -45℃。

冷冻盐水和有机化合物作载冷剂各有优缺点：冷冻盐水价格低廉，但冷冻盐水中的氯离子对设备有很强的腐蚀性；甲醇、乙醇等对设备不腐蚀，但是它们易挥发，随着使用时间的增长，需要不断地补充载冷剂；乙二醇的沸点比较高，不易挥发损失掉，但是它的黏度大，需要较大的输送动力。

前沿话题 3

能造出功率和效率都高的热机吗?

关键词：有限时间热力学、功率效率约束关系、不可逆熵产生、量子热力学

众所周知，热机是一种工作在两个热源之间，从高温热源中吸取热能并将其部分用于对外做功的机械装置。功率和效率是衡量热机性能的两个主要参数，其中功率表示单位时间内热机对外做功的多少，效率代表热机能以多大的比例将从高温热源吸收的热量转化为可用的输出功。卡诺热机在同样的温度区间热机效率最大，而其效率最大化依赖于其可逆假设（而可逆过程是时间无穷长的准静态过程），但其功率却为零。那么能造出功率和效率都高的热机吗？这成为热力学一个重要的科学挑战。

实际的绝大多数热力学过程是不可逆的，系统一般处在非平衡态（而热力学第二定律阐述了不可逆过程，但系统却是平衡态）。为了研究不可逆过程中热力学系统的非平衡效应，20 世纪 30 年代热力学的发展从平衡态拓展到非平衡态。在此期间，有限时间热力学理论得以发展，开始研究更接近现实的实际热机，它在偏离准静态假设的有限时间的热力学循环中运行。热力学第二定律指出，热机在经历这样的热力学循环后会有不可逆的熵增。这部分熵增反映了热机在有限时间内工作而损耗的能量，这些能量不能用于对外做功，降低了热机的效率。因此，有限时间热力学过程的不可逆性导致的熵产生会直接影响热机的功率和效率。如何优化有限时间热力学循环使热机获得更佳性能呢？

法国物理学家伊冯（J. Yvon）率先研究一种内可逆（endo-reversible）的卡诺热机（内可逆意味着热机自身工作在一个等效的可逆卡诺循环中，而不可逆性仅来源于循环中等温过程的温度与热源温度的温差导致的热流）。定义了循环最大功率时的循环效率，即最大功率效率（efficiency at maximum power，EMP），这是一个有限时间热力学中描述热机性能的重要参量。此后几十年，有限时间热力学领域得到了蓬勃发展，得到了在低耗散热机的整个参数区发现了功率与效率的一般约束关系，如图所示。

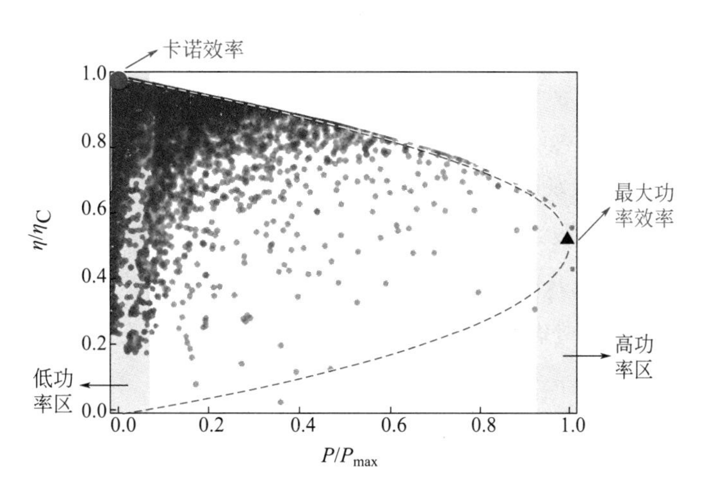

图　功率与效率的一般关系

从图可见，不可能造出功率和效率同时取到极大值的热机，在这一基本约束范围内，可以根据具体目标尽可能寻求功率和效率的最优权衡，即在享有“熊掌”的同时也能品尝“鱼”的美味。

从 20 世纪后期至今，除了研究非平衡热力学系统或过程的有限时间热力学效应，热力学的发展还与量子力学结合起来衍生出了一个新的分支：量子热力学。这一领域旨在探究量子效应引起的微观系统的非平衡热力学行为。需要强调的是，只有对于偏离热力学极限（经典极限）的小系统而言，量子效应才会有用武之地。量子热力学研究热点之一便是讨论一系列的量子效应，如能级离散、量子相干性、量子纠缠和量子相变等对热力学量或热力学过程的影响，以及是否有利于提高由量子系统构造的热机的性能。未来，在微观尺度下乃至量子区域讨论有限时间热力学过程中的能量传输、不可逆耗散、信息关联等问题是非常值得关注的发展方向，这会帮助我们深入理解原子尺度系统的非平衡热力学效应，也会为设计能在量子世界里工作的高性能器件打下理论基础。

参考文献

[1] 马宇翰，董辉，孙昌璞. 能造出功率和效率都高的热机吗？——有限时间热力学的发展与展望. 物理，2021，50（1）：1-9.

[2] The White House National Quantum Coordination Office. Quantum frontiers report on community input to the nation's strategy for quantum information science.https：//www.quantum.gov/wpcontent/uploads/2020/10/QuantumFrontiers.pdf.

本章小结

本章主要介绍了两个热力学基本定律，以及热力学基本定律在化工过程中的应用。

1. **热力学第一定律**是能量守恒和转换定律，**热力学第二定律**研究过程进行的方向和限度，系统分析和讨论了稳定流动系统的热力学第一定律和第二定律的表达式及应用情况。

2. **理想功**大小反映了能量的品位的高低，**损失功**反映了实际过程可逆程度。

3. 有效能用来度量能量的可利用程度或比较不同状态下可做功的能量大小，包括物理有效能和化学有效能。可以使用理想功或者有效能分析一个过程的能量利用情况，并根据合理用能原则设计用能过程。

4. **气体压缩**是化工生产中功耗较大的过程，了解影响压缩过程功耗大小的因素，为气体压缩机的设计和正确操作提供指导。

5. **气体的膨胀**是化工过程中经常遇到的另一种过程，常见的气体膨胀有三种方式：**节流膨胀、对外做功的绝热膨胀和通过喷管的膨胀**，三种膨胀各种有自己的热力学特征。

6. 蒸汽动力循环是热功转换最常用的方式，而 **Rankine 循环**是具有实用价值的各种复杂的蒸汽动力循环的基础循环。

7. 制冷循环是热机循环的逆循环，其目的是获得低于大气环境的温度。常见制冷循环有**蒸气压缩制冷循环、吸收式制冷循环**，其中蒸气压缩制冷循环是最常用的制冷循环，应作为学习的重点。

8. 水蒸气加热是化工生产过程中最常用的加热方式之一，对蒸汽的合理利用是**化工厂节能**的重要途径之一。

9. 在化工生产中精馏是一个能量消耗大的单元操作，热泵常与化工中的精馏系统相结合构成简单的**热泵精馏**。热泵精馏是化工节能另一种重要方法。

10. 常见的**深冷循环**与气体液化有 Linde **循环**和 Claude **循环**，它们的不同在于 Claude 循环中使用了膨胀机，不仅可以回收一部分功，还能增加制冷量。

习题

4-1 设有一台锅炉，水流入锅炉时的焓为 $62.7kJ \cdot kg^{-1}$，蒸汽流出时的焓为 $2717kJ \cdot kg^{-1}$，锅炉的效率为 70%，每千克煤可发生 29260kJ 的热量，锅炉蒸发量为 $4.5t \cdot h^{-1}$，试计算每小时的煤消耗量。

4-2 一位发明者称设计了一台热机，热机消耗热值为 $42000kJ \cdot kg^{-1}$ 的油料 $0.5kg \cdot min^{-1}$，其产生的输出功率为 170kW，规定该热机的高温与低温分别为 670K 与 330K，试判断此设计是否合理。

4-3 1kg 水在 $1 \times 10^5 Pa$ 的恒压下可逆加热到沸点，并在沸点下完全蒸发。试问加给水的热量有多少可能转变为功？环境温度为 293K。

4-4 如果上题中所需热量来自温度为 533K 的炉子，此加热过程的总熵变为多少？由于过程的不可逆性损失了多少功？

4-5 1mol 理想气体，400K 下在汽缸内进行恒温不可逆压缩，由 0.1013MPa 压缩到 1.013MPa。压缩过程中，由气体移出的热量，流到一个 300K 的蓄热器中，实际需要的功较同样情况下的可逆功大 20%。试计算气体的熵变、蓄热器的熵变以及 ΔS_g。

4-6 试求在恒压下将 2kg90℃的液态水和 3kg10℃的液态水绝热混合过程所引起的总熵变。（为简化起见，将水的比热容取作常数，C_p=$4184J \cdot kg^{-1} \cdot K^{-1}$）

4-7 一换热器用冷水冷却油，水的流量为 $1000kg \cdot h^{-1}$，进口温度为 21℃，水的比热容取作常数 $4184J \cdot kg^{-1} \cdot K^{-1}$；油的流量为 $5000kg \cdot h^{-1}$，进口温度为 150℃，出口温度 66℃，油的平均比热容取 $0.6kJ \cdot kg^{-1} \cdot K^{-1}$，假设无热损失。试计算：（1）油的熵变；（2）整个热交换过程总熵变化，此过程是否可逆？

4-8 试求 1.013×10^5Pa 下，298K 的水变为 273K 的冰时的理想功。设环境温度（1）248K；（2）298K。已知水和冰的焓熵值如下表：

状态	温度 /K	$H/kJ \cdot kg^{-1}$	$S/kJ \cdot kg^{-1} \cdot K^{-1}$
H_2O（l）	298	104.8	0.3666
H_2O（s）	273	-334.9	-1.2265

4-9 用一冷冻系统冷却海水，以 $20kg \cdot s^{-1}$ 的速率把海水从 298K 冷却到 258K；并将热排至温度为 303K 的大气中，求所需功率。已知系统热力效率为 0.2，海水的比热容为 $3.5kJ \cdot kg^{-1} \cdot K^{-1}$。

4-10 有一锅炉，燃烧气的压力为 1.013×10^5Pa，传热前后温度分别为 1127℃和 537℃，水在 6.890×10^5Pa、149℃下进入，以 6.890×10^5Pa、260℃的过热蒸汽送出。设燃烧气的 $C_p=4.56kJ \cdot kg^{-1} \cdot K^{-1}$，试求该传热过程的损失功。

4-11 某工厂有一在 1.013×10^5Pa 下输送 90℃热水的管道，由于保温不良，到使用单位，水温降至 70℃，试计算热水由于散热而引起的有效能损失。已知环境温度为 298K，水的比热容为 $4.184kJ \cdot kg^{-1} \cdot K^{-1}$。

4-12 某换热器完全保温，热流体的流量为 $0.042kg \cdot s^{-1}$，进、出口换热器时的温度分别为 150℃和 35℃，其定压比热容为 $4.36kJ \cdot kg^{-1} \cdot K^{-1}$。冷流体进出换热器时的温度分别为 25℃和 110℃，其定压比热容为 $4.69kJ \cdot kg^{-1} \cdot K^{-1}$。试计算冷热流体有效能的变化、损失功和有效能效率。

4-13 若将上题中热流体进口温度改为 287℃，出口温度和流量不变，冷流体进出口温度也不变，试计算这种情况下有效能的变化、损失功和有效能效率，并与上题进行比较。

4-14 在 25℃时，某气体的状态方程可以表示为 $pV=RT+5 \times 10^5p$，在 25℃、30MPa 时将气体进行节流膨胀，问膨胀后气体的温度是上升还是下降？

4-15 一台透平机每小时消耗水蒸气 4540kg，水蒸气在 4.482MPa、728K 下以 $61m \cdot s^{-1}$ 的速度进入机内，出口管道比进口管道低 3m，排汽速度 $366m \cdot s^{-1}$。透平机产生的轴功为 703.2kW，热损失为 $1.055 \times 10^5kJ \cdot h^{-1}$。乏汽中的一小部分经节流阀降压至大气压力，节流阀前后的流速变化可忽略不计。试计算经节流后水蒸气的温度及其过热度。

4-16 设有一台锅炉，每小时产生压力为 2.5MPa、温度为 350℃的水蒸气 4.5t，锅炉的给水温度为 30℃，给水压力 2.5MPa。已知锅炉效率为 70%，锅炉效率：$\eta_B = \dfrac{\text{蒸汽吸收的热量}}{\text{燃料可提供的热量}}$。如果该锅炉耗用的燃料为煤，每公斤煤的发热量为 $29260kJ \cdot kg^{-1}$，求该锅炉每小时的耗煤量。

4-17 某电厂采用 Rankine 循环操作，已知进入汽轮机的蒸汽温度为 500℃，乏汽压力为 0.004MPa，试计算进入汽轮机的蒸汽压力分别为 4MPa 和 14MPa 时：（1）汽轮机的做功量；

（2）乏汽的干度；（3）循环的汽耗率；（4）循环的热效率；（5）分析以上计算的结果。

4-18　如下图为喷气式飞机的引擎示意图，请结合透平和喷管的工作原理分析其工作过程及燃料的热力学性质变化情况。

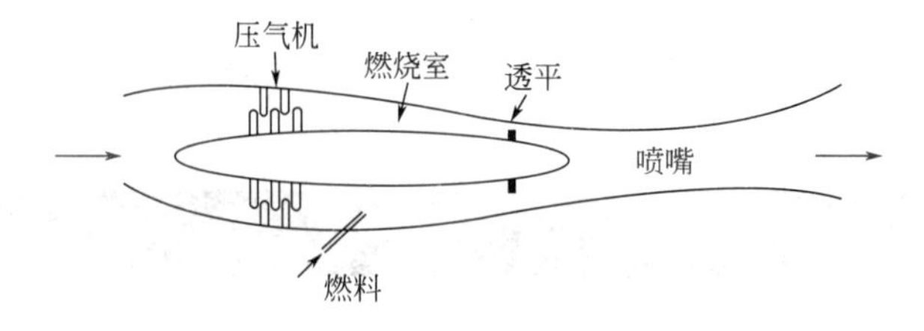

习题 4-18 图　**喷气式飞机的引擎示意**

4-19 逆卡诺（Carnot）循环供应 $35kJ \cdot s^{-1}$ 的制冷量，冷凝器的温度为 30℃，而制冷温度为 −20℃，计算此制冷循环所消耗的功率以及循环的制冷系数。

4-20 蒸气压缩制冷装置采用氟利昂（R12）作制冷剂，冷凝温度为 30℃，蒸发温度为 −20℃，节流膨胀前液体制冷剂的温度为 25℃，蒸发器出口处蒸气的过热温度为 5℃，制冷剂循环量为 $100kg \cdot h^{-1}$。试求：（1）该制冷装置的制冷能力和制冷系数；（2）在相同温度条件下逆向卡诺循环的制冷系数。

4-21 有一氨蒸气压缩制冷机组，制冷能力为 $4.0 \times 10^4 kJ \cdot h^{-1}$，在下列条件下工作：蒸发温度为 −25℃，进入压缩机的是干饱和蒸汽，冷凝温度为 20℃，冷凝过冷 5℃。试求：（1）单位质量制冷剂的制冷量；（2）每小时制冷剂循环量；（3）冷凝器中制冷剂放出热量；（4）压缩机的理论功率；（5）理论制冷系数。

4-22 某蒸气压缩制冷循环装置，制冷能力为 $10^5 kJ \cdot h^{-1}$，蒸发温度为 −20℃，冷凝温度为 25℃，设压缩机作可逆绝热压缩，H_1=1660$kJ \cdot kg^{-1}$，H_2=1890$kJ \cdot kg^{-1}$，H_4=560$kJ \cdot kg^{-1}$，H_6=355$kJ \cdot kg^{-1}$，试求：（1）制冷剂每小时的循环量；（2）压缩机消耗的功率；（3）冷凝器的热负荷；（4）该循环的制冷系数；（5）对应的逆向 Carnot 循环的制冷系数；（6）节流阀后制冷剂中的蒸气含量。

4-23 某蒸气压缩制冷装置中，−15℃气、液混合物的氨在蒸发器中蒸发，制冷能力为 $10^5 kJ \cdot h^{-1}$，蒸发后的氨成为饱和气态，进入压缩机经可逆绝热压缩使压力达到 1.17MPa。试求：（1）制冷剂每小时的循环量；（2）压缩机消耗的功率及处理的蒸气量；（3）冷凝器的放热量；（4）节流后制冷剂中蒸气的含量；（5）循环的制冷系数；（6）在相同温度区间内，逆向 Carnot 循环的制冷系数。

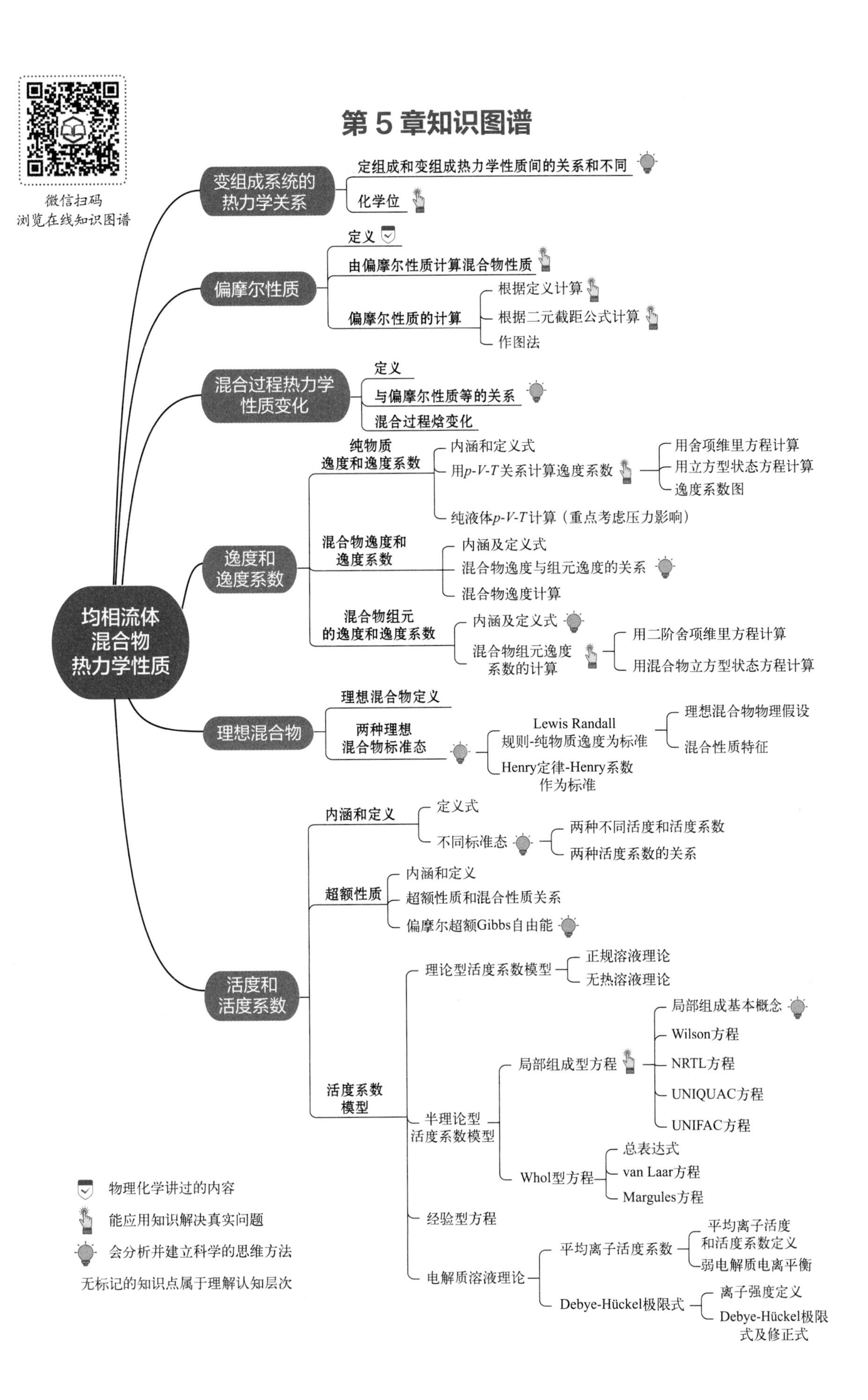
微信扫码
浏览在线知识图谱
第 5 章知识图谱
均相流体混合物热力学性质
变组成系统的热力学关系
定组成和变组成热力学性质间的关系和不同
化学位
偏摩尔性质
定义
由偏摩尔性质计算混合物性质
偏摩尔性质的计算
根据定义计算
根据二元截距公式计算
作图法
混合过程热力学性质变化
定义
与偏摩尔性质等的关系
混合过程焓变化
逸度和逸度系数
纯物质逸度和逸度系数
内涵和定义式
用p-V-T关系计算逸度系数
用舍项维里方程计算
用立方型状态方程计算
逸度系数图
纯液体p-V-T计算（重点考虑压力影响）
混合物逸度和逸度系数
内涵及定义式
混合物逸度与组元逸度的关系
混合物逸度计算
混合物组元的逸度和逸度系数
内涵及定义式
混合物组元逸度系数的计算
用二阶舍项维里方程计算
用混合物立方型状态方程计算
理想混合物
理想混合物定义
两种理想混合物标准态
Lewis Randall规则-纯物质逸度为标准
Henry定律-Henry系数作为标准
理想混合物物理假设
混合性质特征
活度和活度系数
内涵和定义
定义式
不同标准态
两种不同活度和活度系数
两种活度系数的关系
超额性质
内涵和定义
超额性质和混合性质关系
偏摩尔超额Gibbs自由能
活度系数模型
理论型活度系数模型
正规溶液理论
无热溶液理论
半理论型活度系数模型
局部组成型方程
局部组成基本概念
Wilson方程
NRTL方程
UNIQUAC方程
UNIFAC方程
Whol型方程
总表达式
van Laar方程
Margules方程
经验型方程
电解质溶液理论
平均离子活度系数
平均离子活度和活度系数定义
弱电解质电离平衡
Debye-Hückel极限式
离子强度定义
Debye-Hückel极限式及修正式
物理化学讲过的内容
能应用知识解决真实问题
会分析并建立科学的思维方法
无标记的知识点属于理解认知层次

第5章
均相流体混合物热力学性质

均相流体混合物是指由两种或两种以上的气体或液体以分子尺度的粒子混合而成的均匀系统。广义而论，均相混合物也可称为溶液。对于混合物中的各个组分通常均采用相同的原则选择标准态，而对于溶液若是将组分区分为溶剂和溶质，对溶剂和溶质采用不同的原则选择标准态，此时计算溶剂和溶质热力学性质的公式亦有所不同。

化工过程（无论是反应还是分离过程）的物系通常都是由两种或多种不同物质组成。不同物质的分子间相互作用不同，从而对体系的热力学性质产生影响，使得由纯物质计算混合物系热力学性质产生偏差。这种偏差又受系统的温度、压力以及混合物中组分的物理化学性质和浓度的影响。

本章的主要内容是讨论如何将这些影响因素关联起来，以提供解决真实的均相流体混合物热力学性质的计算方法。

5.1 变组成系统的热力学性质关系

对于含 N 个组元的均相敞开系统，其热力学性质间的关系可以由封闭系统的热力学基本关系式及焓、Helmholtz 自由能和 Gibbs 自由能的定义推导而来。

在无非体积功的情况下，含有 $n$mol 物质（n 为常数）的均相封闭系统的热力学能函数式为

$$\mathrm{d}(nU)=T\mathrm{d}(nS)-p\mathrm{d}(nV) \tag{5-1}$$

式中，$n=\{n_1，n_2，\cdots，n_N\}$ 是所有组元的摩尔总数；U、S、V 是摩尔性质。

式（5-1）表示总热力学能是总熵和总体积的函数，即

$$nU=f(nS，nV)$$

于是，nU 的全微分为

$$\mathrm{d}(nU)=\left[\frac{\partial(nU)}{\partial(nS)}\right]_{nV,n}\mathrm{d}(nS)+\left[\frac{\partial(nU)}{\partial(nV)}\right]_{nS,n}\mathrm{d}(nV) \tag{5-2}$$

式中，下标 n 表示所有物质的量保持不变。对比式（5-1）和式（5-2），可得到

$$\left[\frac{\partial(nU)}{\partial(nS)}\right]_{nV,n}=T \tag{5-3}$$

$$\left[\frac{\partial(nU)}{\partial(nV)}\right]_{nS,n}=-p \tag{5-4}$$

现在来讨论均相敞开系统。这种情况系统与环境之间有物质的交换，物质可以加入该均相系统，也可以从系统取出，这时的总热力学能 nU 不仅是 nS 和 nV 的函数，而且也是系统中各种组分物质的量的函数，即

$$nU=f(nS, nV, n_1, n_2, \cdots, n_i, \cdots, n_N)$$

式中，n_i 代表组分 i 的物质的量。nU 的全微分为

$$\mathrm{d}(nU)=\left[\frac{\partial(nU)}{\partial(nS)}\right]_{nV,n}\mathrm{d}(nS)+\left[\frac{\partial(nU)}{\partial(nV)}\right]_{nS,n}\mathrm{d}(nV)+\sum_{i=1}^{N}\left[\frac{\partial(nU)}{\partial n_i}\right]_{nS,nV,n_{j\neq i}}\mathrm{d}n_i \tag{5-5}$$

将式（5-3）和式（5-4）代入得

$$\mathrm{d}(nU)=T\mathrm{d}(nS)-p\mathrm{d}(nV)+\sum_{i=1}^{N}\left[\frac{\partial(nU)}{\partial n_i}\right]_{nS,nV,n_{j\neq i}}\mathrm{d}n_i \tag{5-6}$$

式中的求和项，是对存在于系统内的所有组分而言的，下标 $n_{j\neq i}$ 表示除组分 i 外，所有其他组分的物质的量都保持不变。

式（5-6）是多元均相敞开系统的热力学基本关系式之一，其中的偏导数定义为组元 i 的化学位（或称化学势），用 μ_i 表示，即

$$\mu_i=\left[\frac{\partial(nU)}{\partial n_i}\right]_{nS,nV,n_{j\neq i}} \tag{5-7}$$

化学位的物理意义是在恒熵恒容和除了组分 i 以外的其他组分的物质的量均不变的条件下，向体系加入 Δn_i 的组分 i 以后所造成体系热力学能的增量 ΔU 随 Δn_i 的变化率。

将式（5-7）代入式（5-6），得

$$\mathrm{d}(nU)=T\mathrm{d}(nS)-p\mathrm{d}(nV)+\sum_{i=1}^{N}\mu_i\mathrm{d}n_i \tag{5-8}$$

根据热力学基本关系，均相封闭系统焓的函数式可表示成

$$\mathrm{d}(nH)=T\mathrm{d}(nS)+(nV)\mathrm{d}p \tag{5-9}$$

含有 $n$mol 物质的 N 元均相混合物的总焓可表示成 nS、p 和系统中各种组分物质的量的函数，即

$$nH=H\left(nS,p,n_1,n_2,\cdots,n_N\right)$$

则

$$\mathrm{d}(nH)=\left(\frac{\partial(nH)}{\partial(nS)}\right)_{p,n}\mathrm{d}\left(nS\right)+\left(\frac{\partial(nH)}{\partial p}\right)_{nS,n}\mathrm{d}p+\sum_{i=1}^{N}\left(\frac{\partial(nH)}{\partial n_i}\right)_{nS,p,n_{j\neq i}}\mathrm{d}n_i$$

$$\mathrm{d}(nH)=T\mathrm{d}(nS)+(nV)\mathrm{d}p+\sum_{i=1}^{N}\left(\frac{\partial(nH)}{\partial n_i}\right)_{nS,p,n_{j\neq i}}\mathrm{d}n_i \tag{5-10}$$

又考虑焓的定义式为 $nH=nU+p(nV)$，将其全微分后，用式（5-8）代入得

$$\mathrm{d}(nH)=\mathrm{d}(nU)+\mathrm{d}\left[p(nV)\right]=T\mathrm{d}(nS)-p\mathrm{d}(nV)+\sum_{i=1}^{N}\mu_i\mathrm{d}n_i+(nV)\mathrm{d}p+p\mathrm{d}(nV)$$

$$=T\mathrm{d}(nS)+(nV)\mathrm{d}p+\sum_{i=1}^{N}\mu_i\mathrm{d}n_i \tag{5-11}$$

对比式（5-10）和式（5-11）得到

$$\mu_i=\left[\frac{\partial(nH)}{\partial n_i}\right]_{nS,p,n_{j\neq i}} \tag{5-12}$$

按照同样方法分别可得

$$\mathrm{d}(nA)=-(nS)\mathrm{d}T-p\mathrm{d}(nV)+\sum_{i=1}^{N}\left(\frac{\partial(nA)}{\partial n_i}\right)_{T,nV,n_{i\neq j}}\mathrm{d}n_i \tag{5-13}$$

$$\mathrm{d}(nG)=-(nS)\mathrm{d}T+(nV)\mathrm{d}p+\sum_{i=1}^{N}\left(\frac{\partial(nG)}{\partial n_i}\right)_{T,p,n_{i\neq j}}\mathrm{d}n_i \tag{5-14}$$

再结合 Helmholtz 自由能和 Gibbs 自由能的定义式

$$nA=nU-T(nS) \tag{5-15}$$

$$nG=nH-T(nS) \tag{5-16}$$

对上述两个方程进行全微分后，再分别结合式（5-8）和式（5-11）便可得到多元均相敞开系统的其他热力学基本关系式（5-17）和式（5-18）

$$\mathrm{d}(nA)=\mathrm{d}(nU)-\mathrm{d}\left[T(nS)\right]=-(nS)\mathrm{d}T-p\mathrm{d}(nV)+\sum_{i=1}^{N}\mu_i\mathrm{d}n_i \tag{5-17}$$

$$\begin{aligned}\mathrm{d}(nG)&=\mathrm{d}(nH)-\mathrm{d}\left[T(nS)\right]=\mathrm{d}(nU)+\mathrm{d}\left[p(nV)\right]-\mathrm{d}\left[T(nS)\right]\\&=-(nS)\mathrm{d}T+(nV)\mathrm{d}p+\sum_{i=1}^{N}\mu_i\mathrm{d}n_i\end{aligned} \tag{5-18}$$

对比式（5-13）和式（5-14）及式（5-17）和式（5-18）得

$$\mu_i=\left[\frac{\partial(nA)}{\partial n_i}\right]_{T,nV,n_{j\neq i}} \tag{5-19}$$

以及

$$\mu_i=\left[\frac{\partial(nG)}{\partial n_i}\right]_{T,p,n_{j\neq i}} \tag{5-20}$$

式（5-7）、式（5-12）、式（5-19）、式（5-20）表明：**化学位可以用 U、H、G、A 不同的能量函数来表达，表达了由于系统物质量的变化带来的对相应能量函数的影响。**

均相敞开系统的热力学基本关系式 [（5-8）、式（5-11）、式（5-17）和式（5-18）] 表达了系统与环境之间能量和物质的传递规律，在解决相平衡和化学平衡中起着重要的作用。几个基本关系式中，当 $\mathrm{d}n_i=0$ 时，它们就还原为封闭系统的热力学表达式；第三项则是以化学位能为推动力对系统能量变化的贡献。

5.2　偏摩尔量

5.2.1　偏摩尔量定义

对于 N 个组分的流体混合物系，体积（nV）不仅与温度、压力有关，而且随系统内各种物质的含量而变化。因此，nV 可表示成系统温度、压力和各组分的物质量的函数，即

$$nV=f(T,p,n_1,n_2,\cdots,n_N)$$

$$\mathrm{d}(nV)=\left[\frac{\partial(nV)}{\partial T}\right]_{p,n}\mathrm{d}T+\left[\frac{\partial(nV)}{\partial p}\right]_{T,n}\mathrm{d}p+\sum_{i=1}^{N}\left[\frac{\partial(nV)}{\partial n_i}\right]_{T,p,n_{j\neq i}}\mathrm{d}n_i \tag{5-21}$$

式中，n 表示混合物中所有物质的总量；$n_{j\neq i}$ 表示除了 i 组分以外的所有其他组分的物质总量。

恒温恒压时，式（5-21）变为

$$\mathrm{d}(nV)=\sum\left[\frac{\partial(nV)}{\partial n_i}\right]_{T,p,n_{j\neq i}}\mathrm{d}n_i \tag{5-22}$$

定义 $\left[\frac{\partial(nV)}{\partial n_i}\right]_{T,p,n_{j\neq i}}$ 为混合物组元 i 的偏摩尔体积，用符号 $\overline{V}_i$ 表示，即

$$\overline{V}_i=\left[\frac{\partial(nV)}{\partial n_i}\right]_{T,p,n_{j\neq i}} \tag{5-23}$$

组元 i 的偏摩尔体积体现了在一定温度、压力和组成下，i 的分子对混合物总体积的贡献率。

将上述关于偏摩尔体积的概念扩展到其他广度热力学性质。对于含有 N 个组分的均相混合物的任何广度热力学性质都可以表示成温度、压力和各组分的物质量的函数

$$nM=f(T,p,n_1,n_2,\cdots,n_N)$$

$$\mathrm{d}(nM)=\left[\frac{\partial(nM)}{\partial T}\right]_{p,n}\mathrm{d}T+\left[\frac{\partial(nM)}{\partial p}\right]_{T,n}\mathrm{d}p+\sum_{i=1}^{N}\left[\frac{\partial(nM)}{\partial n_i}\right]_{T,p,n_{j\neq i}}\mathrm{d}n_i \tag{5-24}$$

式中 $\left[\frac{\partial(nM)}{\partial n_i}\right]_{T,p,n_{j\neq i}}$ 称为混合物组分 i 的偏摩尔性质，用通式表示为

$$\overline{M}_i=\left[\frac{\partial(nM)}{\partial n_i}\right]_{T,p,n_{j\neq i}} \tag{5-25}$$

对比偏摩尔量的定义式（5-25）和式（5-20），可以得出

$$\mu_i=\overline{G}_i \tag{5-26}$$

将式（5-25）代入式（5-24）得

$$d(nM)=\left[\frac{\partial(nM)}{\partial T}\right]_{p,n}dT+\left[\frac{\partial(nM)}{\partial p}\right]_{T,n}dp+\sum_{i=1}^{N}\bar{M}_i dn_i \tag{5-27}$$

恒温恒压时，式（5-27）变为

$$d(nM)=\sum_{i=1}^{N}\bar{M}_i dn_i \quad （恒 T、p） \tag{5-28}$$

偏摩尔性质的含义是指在确定的 T、p 和组成下，向含有组分 i 的无限大量溶液中加入 1mol 的组分 i 所引起混合物系统的某一广度热力学性质的变化量。显然，偏摩尔性质是强度性质，它是温度、压力和组成的函数，与系统的量无关。

在恒定组成下，对式（5-28）从 0~n 积分，可得

$$nM=\sum_{i=1}^{N}n_i\bar{M}_i \quad （恒 T、p） \tag{5-29}$$

等式两边同除以 n 得到混合物的摩尔性质

$$M=\sum_{i=1}^{N}x_i\bar{M}_i \quad （恒 T、p） \tag{5-30}$$

式中，x_i 是混合物中组元 i 的摩尔分数。

式（5-29）表明，真实混合物的广度热力学性质与其组分的偏摩尔性质呈线性加和的关系。具体的各种广度热力学性质计算式如下

$$nV=\sum_{i=1}^{N}n_i\bar{V}_i \quad （恒 T、p） \tag{5-31}$$

$$nU=\sum_{i=1}^{N}n_i\bar{U}_i \quad （恒 T、p） \tag{5-32}$$

$$nH=\sum_{i=1}^{N}n_i\bar{H}_i \quad （恒 T、p） \tag{5-33}$$

$$nA=\sum_{i=1}^{N}n_i\bar{A}_i \quad （恒 T、p） \tag{5-34}$$

$$nG=\sum_{i=1}^{N}n_i\bar{G}_i=\sum n_i\mu_i \quad （恒 T、p） \tag{5-35}$$

5.2.2 偏摩尔量的计算

根据不同系统已有的实验数据情况采用不同的方法计算偏摩尔量。如对某个混合物系统，一般是先测定出系统的广度热力学性质随混合物各物质的量的变化关系，把总的广度热力学性质关联成 nM-n_i 的解析式，则可根据偏摩尔性质的定义对 nM 求偏微分直接计算。也可以首先根据实验数据推导出混合物摩尔性质与组成的方程式，则可采用截距法计算偏摩尔量。上述两种方法都属于解析法，更直观的方法是将实验数据绘制成 M-x_i 图，用作图法求偏摩尔量。下面通过实例介绍三种计算偏摩尔量的方法。

（1）用偏摩尔定义式计算

【例5-1】在 298K、101325Pa 下，$n_B$mol 的 NaCl（B）溶于 1kg 水（A）中形成的溶液的体积 V（cm^3）与 n_B 的关系为

$$nV = 1001.38 + 16.6253n_B + 1.7738n_B^{3/2} + 0.1194n_B^2 \tag{a}$$

求 n_B=0.5 时水和 NaCl 的偏摩尔体积 $\bar{V}_A$ 和 $\bar{V}_B$。

解： 该例中已知的关系式是系统总体积 V 与物质的量 n_i 的关系式，考虑将式（a）代入式（5-23）得

$$\bar{V}_B = \left[\frac{\partial(nV)}{\partial n_B}\right]_{T,p,n_A} = 16.6253 + 2.6607n_B^{1/2} + 0.2388n_B \tag{b}$$

将 n_B=0.5 代入式（b）得

$$\bar{V}_B = 16.6253 + 2.6607 \times 0.5^{1/2} + 0.2388 \times 0.5 = 18.6261(\text{cm}^3 \cdot \text{mol}^{-1})$$

据式（5-31）知 $nV = n_A\bar{V}_A + n_B\bar{V}_B$，则

$$\bar{V}_A = (nV - n_B\bar{V}_B)/n_A \tag{c}$$

$$n_A = 1/0.01805 = 55.402$$

将式（a）和式（b）联合代入式（c），并代入 n_A 值，得

$$\bar{V}_A = 18.075 - 0.01601n_B^{3/2} - 0.002155n_B^2,\quad n_B=0.5$$

$$\bar{V}_A = 18.075 - 0.01601 \times 0.5^{3/2} - 0.002155 \times 0.5^2 = 18.069(\text{cm}^3 \cdot \text{mol}^{-1})$$

（2）用截距法公式计算

截距法公式是关联偏摩尔性质与混合物的摩尔性质及组成的方程式，推导如下。将式（5-25）的偏导数展开，得

$$\bar{M}_i = M\left(\frac{\partial n}{\partial n_i}\right)_{T,p,n_{j\neq i}} + n\left(\frac{\partial M}{\partial n_i}\right)_{T,p,n_{j\neq i}}$$

因为 $\left(\frac{\partial n}{\partial n_i}\right)_{T,p,n_{j\neq i}} = 1$，故 $\bar{M}_i = M + n\left(\frac{\partial M}{\partial n_i}\right)_{T,p,n_{j\neq i}}$。

对于有 N 个组元的混合物，在等温、等压的条件下，摩尔性质 M 是 N−1 个摩尔分数的函数，即

$$M=f(x_1, x_2, \cdots, x_{i-1}, x_{i+1}, \cdots, x_N)$$

式中 x_i 被选作因变量而被扣除。等温、等压时，对上式全微分，可得

$$\text{d}M = \sum\left(\frac{\partial M}{\partial x_k}\right)_{T,p,x_{l\neq i,k}} \text{d}x_k$$

式中加和项不包括组元 i，下标 $x_{l\neq i,\,k}$ 表示在所有的摩尔分数中除去 x_i 和 x_k 之外均保持不变。

上式两边同除以 $\text{d}n_i$，并限制 $n_{j\neq i}$ 为常数，则

$$\left(\frac{\partial M}{\partial n_i}\right)_{T,p,n_{j\neq i}} = \sum\left[\left(\frac{\partial M}{\partial x_k}\right)_{T,p,x_{l\neq i,k}}\left(\frac{\partial x_k}{\partial n_i}\right)_{n_{j\neq i}}\right]$$

现在必须求算$\left(\frac{\partial x_k}{\partial n_i}\right)_{n_{j\neq i}}$的表达式，由摩尔分数的定义式$x_k=n_k/n$，得出

$$\left(\frac{\partial x_k}{\partial n_i}\right)_{n_{j\neq i}}=\frac{1}{n}\left(\frac{\partial n_k}{\partial n_i}\right)_{n_{j\neq i}}-\frac{n_k}{n^2}\left(\frac{\partial n}{\partial n_i}\right)_{n_{j\neq i}}$$

而$\left(\frac{\partial n_k}{\partial n_i}\right)_{n_{j\neq i}}=0$，$\frac{\partial n}{\partial n_i}=1$，所以

$$\left(\frac{\partial x_k}{\partial n_i}\right)_{n_{j\neq i}}=-\frac{n_k}{n^2}=-\frac{x_k}{n}$$

联立各式，得到最终的方程

$$\bar{M}_i=M-\sum_{k\neq i}\left[x_k\left(\frac{\partial M}{\partial x_k}\right)_{T,p,x_{l\neq i,k}}\right] \tag{5-36}$$

式中，i为所讨论的组元；k为不包括i在内的其他组元；l为不包括i及k的组元。这就是广义的截距法公式，用该公式可以由混合物的摩尔性质和组成数据计算组元的偏摩尔性质。

对于二元混合物，式（5-36）可简化为

$$\begin{cases}\bar{M}_1=M-x_2\dfrac{\mathrm{d}M}{\mathrm{d}x_2}\\ \bar{M}_2=M-x_1\dfrac{\mathrm{d}M}{\mathrm{d}x_1}\end{cases}$$

或

$$\begin{cases}\bar{M}_1=M+(1-x_1)\dfrac{\mathrm{d}M}{\mathrm{d}x_1}\\ \bar{M}_2=M-x_1\dfrac{\mathrm{d}M}{\mathrm{d}x_1}\end{cases} \tag{5-37}$$

式（5-37）揭示了偏摩尔性质$\bar{M}_i$在M-x_i直角坐标系中的截距位置，故称为截距法公式。此式只适用于二元物系，而偏摩尔定义式适用于任意多元系统。

【例5-2】某二元液体混合物在298K和1.0133×10^5Pa下的焓可用下式表示：

$$H=100x_1+150x_2+x_1x_2(10x_1+5x_2)$$

式中，H的单位为$\mathrm{J\cdot mol^{-1}}$。试确定该温度、压力下：

（1）用x_1表示的$\bar{H}_1$和$\bar{H}_2$；

（2）纯组元的焓H_1和H_2的数值；

（3）无限稀释下液体的偏摩尔焓$\bar{H}_1^\infty$和$\bar{H}_2^\infty$的数值。

解：（1）该例已知摩尔焓与组成的关系，很显然可以采用二元截距公式计算偏摩尔量

$$H=100x_1+150x_2+x_1x_2(10x_1+5x_2) \tag{A}$$

将$x_2=1-x_1$代入式（A），并化简得

$$H=100x_1+150(1-x_1)+x_1(1-x_1)[10x_1+5(1-x_1)]=150-45x_1-5x_1^3 \tag{B}$$

根据式（5-37），当 M=H 时

$$\bar{H}_1 = H + (1-x_1)\left(\frac{\partial H}{\partial x_1}\right)_{T,p}, \quad \bar{H}_2 = H - x_1\left(\frac{\partial H}{\partial x_1}\right)_{T,p}$$

由式（B）得

$$\left(\frac{\partial H}{\partial x_1}\right)_{T,p} = -45 - 15x_1^2$$

所以

$$\bar{H}_1 = 150 - 45x_1 - 5x_1^3 + (1-x_1)(-45-15x_1^2) = 105 - 15x_1^2 + 10x_1^3 \quad (C)$$

$$\bar{H}_2 = 150 - 45x_1 - 5x_1^3 + x_1(45+15x_1^2) = 150 + 10x_1^3 \quad (D)$$

（2）将 x_1=1 及 x_1=0 分别代入式（B），得纯组元焓 H_1 和 H_2。

$$H_1=100\text{J}\cdot\text{mol}^{-1}, \quad H_2=150\text{J}\cdot\text{mol}^{-1}$$

（3）$\bar{H}_1^\infty$和$\bar{H}_2^\infty$是指在 x_1=0 及 x_1=1 时的 $\bar{H}_1$ 和 $\bar{H}_2$ 的极限值，将 x_1=0 代入式（C）中得

$$\bar{H}_1^\infty=105\text{J}\cdot\text{mol}^{-1}$$

将 x_1=1 代入式（D）中得　$\bar{H}_2^\infty=160\text{J}\cdot\text{mol}^{-1}$

注意：一般$\bar{H}_2|_{x_2=1} \neq \bar{H}_1^\infty$，$\bar{H}_1|_{x_1=1} \neq \bar{H}_2^\infty$。

（3）用作图法计算

这种方法只适用于二元物系。对二元截距法公式（5-37），应用 x_1+x_2=1 及 dx_2=−dx_1，将 $\bar{M}_i$ 表示成 x_1 或 x_2 的函数，若选定 x_2，便可写成

$$\bar{M}_1 = M - x_2\frac{\mathrm{d}M}{\mathrm{d}x_2}, \quad \bar{M}_2 = M + (1-x_2)\frac{\mathrm{d}M}{\mathrm{d}x_2}$$

将实验数据绘制成 M–x_2 曲线图，如图 5-1 所示。若欲求某一浓度（x_2）下的偏摩尔量，则在 M–x_2 曲线上找到此点（例如图中 a 点），过此点作曲线的切线。在数学上，切线的斜率即等于导数 $\frac{\mathrm{d}M}{\mathrm{d}x_2}$ 的数值。根据图上的几何关系，便可证明，切线在两个纵坐标处的截距即为$\bar{M}_1$和$\bar{M}_2$。因此，切线的两个截距能直接给出两个偏摩尔性质。

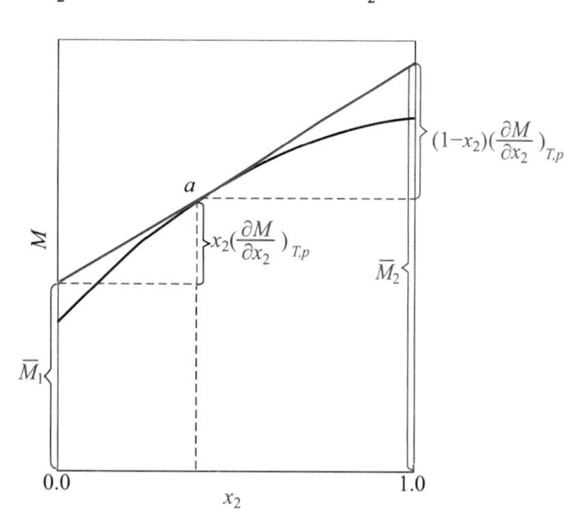

图 5-1　作图法求二元物系的偏摩尔性质

【例 5-3】利用下列实验数据计算在 273K、101325Pa 下，水（1）- 甲醇（2）混合物中水和甲醇的偏摩尔体积：

x_2	0.000	0.114	0.197	0.249	0.495	0.692	0.785	0.892	1.000
V/m^3·kmol^{-1}	0.0181	0.0203	0.0219	0.0230	0.0283	0.0329	0.0352	0.0379	0.0407

解： 将题给数据绘制成 V-x_2 曲线图，如图 5-2 所示。用作图法求出不同组成的$\overline{V}_1$ 和$\overline{V}_2$，并将结果列于下表中：

x_2	0.0	0.1	0.2	0.3	0.4	0.5
$\overline{V}_1/\mathrm{m^3\cdot kmol^{-1}}$	0.0181	0.0181	0.0178	0.0177	0.0175	0.0171
$\overline{V}_2/\mathrm{m^3\cdot kmol^{-1}}$	0.0374	0.0374	0.0384	0.0390	0.0392	0.0397

x_2	0.6	0.7	0.8	0.9	1.0
$\overline{V}_1/\mathrm{m^3\cdot kmol^{-1}}$	0.0166	0.0160	0.0155	0.0150	0.0144
$\overline{V}_2/\mathrm{m^3\cdot kmol^{-1}}$	0.0401	0.0404	0.0406	0.0407	0.0407

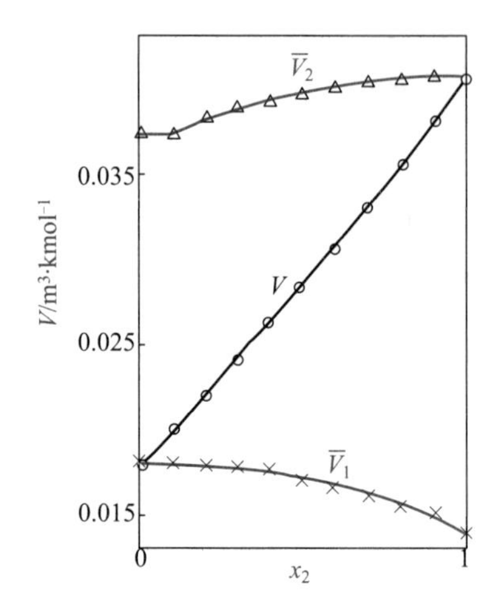

图 5-2 273K 水（1）- 甲醇（2）系统的偏摩尔体积

为了更清楚地看出偏摩尔体积与组成的关系，我们将$\overline{V}_1$-x_2和$\overline{V}_2$-x_2也绘制成两条曲线，见图 5-2。

由例 5-3 可见，作图法具有直观且物理概念明确的优点，但这种方法烦琐，误差也较大。

5.2.3 同一组元偏摩尔性质的热力学关系

研究混合物的热力学关系，将涉及三类性质，可用下列符号表达并区分。

① 混合物的摩尔性质 M，如 U、H、S、A、G；

② 组分的偏摩尔性质$\overline{M}_i$，如$\overline{U}_i$、$\overline{H}_i$、$\overline{S}_i$、$\overline{A}_i$、$\overline{G}_i$;

③ 纯组元的摩尔性质 M_i，如 U_i、H_i、S_i、A_i、G_i。

可以证明，本书第 3 章中每一个关联定组成混合物的热力学方程都对应存在一个关联混合物中组元 i 的热力学方程。

对 $n$mol 的物质，存在关系式 $nH=nU+p(nV)$，在 T、p 和 $n_{j\neq i}$ 恒定的条件下对 n_i 求偏微分，得

$$\left[\frac{\partial(nH)}{\partial n_i}\right]_{T,p,n_{j\neq i}}=\left[\frac{\partial(nU)}{\partial n_i}\right]_{T,p,n_{j\neq i}}+p\left[\frac{\partial(nV)}{\partial n_i}\right]_{T,p,n_{j\neq i}}$$

根据偏摩尔性质的定义，上式可写成

$$\overline{H}_i=\overline{U}_i+p\overline{V}_i \tag{5-38}$$

同理，可得

$$\overline{A}_i=\overline{U}_i-T\overline{S}_i \tag{5-39}$$

$$\overline{G}_i=\overline{H}_i-T\overline{S}_i \tag{5-40}$$

又如，封闭系统（或定组成系统）多元混合物系的热力学基本关系式

$$\mathrm{d}(nU)=T\mathrm{d}(nS)-p\mathrm{d}(nV) \tag{5-1}$$

$$\mathrm{d}(nH)=T\mathrm{d}(nS)+(nV)\,\mathrm{d}p \tag{5-9}$$

式中，n（$=n_1+n_2+n_3+\cdots+n_N$）是所有组元的物质的量。

在恒 T、p 和其他组分的量不变的条件下，等式（5-1）两边同时对 n_i 求偏微分得到

$$\mathrm{d}\left[\frac{\partial(nU)}{\partial n_i}\right]_{T,p,n_j\neq n_i}=T\mathrm{d}\left[\frac{\partial(nS)}{\partial n_i}\right]_{T,p,n_j\neq n_i}-p\mathrm{d}\left[\frac{\partial(nV)}{\partial n_i}\right]_{T,p,n_j\neq n_i}$$

即

$$\mathrm{d}\bar{U}_i=T\mathrm{d}\bar{S}_i-p\mathrm{d}\bar{V}_i \quad （定组成） \tag{5-41}$$

由（5-9）可得

$$\mathrm{d}\bar{H}_i=T\mathrm{d}\bar{S}_i+\bar{V}_i\mathrm{d}p \quad （定组成） \tag{5-42}$$

同理可得

$$\mathrm{d}\bar{A}_i=-\bar{S}_i\mathrm{d}T-p\mathrm{d}\bar{V}_i \quad （定组成） \tag{5-43}$$

$$\mathrm{d}\bar{G}_i=-\bar{S}_i\mathrm{d}T+\bar{V}_i\mathrm{d}p \quad （定组成） \tag{5-44}$$

以上例子说明，组元 i 的偏摩尔性质间的关系和系统总的摩尔性质间的关系一一对应。由第 3 章可知：纯物质热力学性质可通过 p-V-T 关系式计算，同理，偏摩尔热力学性质和 p-$\bar{V}_i$-T 之间也存在着类似的对应关系。

进一步由摩尔恒压热容可知偏摩尔恒压热容为

$$\bar{C}_{p,i}=\left(\frac{\partial\bar{H}_i}{\partial T}\right)_{p,n} \tag{5-45}$$

同理，偏摩尔恒容热容为

$$\bar{C}_{V,i}=\left(\frac{\partial\bar{U}_i}{\partial T}\right)_{V,n} \tag{5-46}$$

5.2.4　不同组元的同种偏摩尔性质关系（Gibbs-Duhem 方程）

真实混合物中各个组元对系统热力学性质的贡献不仅受该组元物性和组分含量的影响，还受到与之共存的其他组元的物性和贡献的影响。

对式（5-29）全微分，得

$$\mathrm{d}(nM)=\sum n_i\mathrm{d}\bar{M}_i+\sum\bar{M}_i\mathrm{d}n_i \tag{5-47}$$

对比式（5-47）与式（5-27），可得

$$\sum n_i\mathrm{d}\bar{M}_i=\left[\frac{\partial(nM)}{\partial T}\right]_{p,n}\mathrm{d}T+\left[\frac{\partial(nM)}{\partial p}\right]_{T,n}\mathrm{d}p \tag{5-48a}$$

又可写成

$$\sum x_i\mathrm{d}\bar{M}_i=\left(\frac{\partial M}{\partial T}\right)_{p,x}\mathrm{d}T+\left(\frac{\partial M}{\partial p}\right)_{T,x}\mathrm{d}p \tag{5-48b}$$

式（5-48）是 Gibbs-Duhem 方程的一般形式。表达了均相敞开系统中强度性质 T, p 和各组元偏摩尔性质之间的关系。若限制在恒定 T、p 条件下，式（5-48b）则变成

$$\sum x_i\mathrm{d}\bar{M}_i=0 \tag{5-49}$$

式（5-49）是一定温度压力下的 Gibbs-Duhem 方程表达式，关联了混合物中不同组元的同一偏摩尔性质间关系。它适用于均相体系中任何热力学函数 M。

对于二元系统，在等温、等压条件下有

$$x_1 \mathrm{d}\bar{M}_1 + x_2 \mathrm{d}\bar{M}_2 = 0 \tag{5-50}$$

或

$$(1-x_2)\frac{\mathrm{d}\bar{M}_1}{\mathrm{d}x_2} = -x_2\frac{\mathrm{d}\bar{M}_2}{\mathrm{d}x_2} \tag{5-51}$$

上式表明，在恒温恒压下，组元 1 的偏摩尔性质随组成 x_2 的变化率必然与组元 2 的偏摩尔性质随组成 x_2 的变化率反号。例 5-3 的计算结果图 5-2 表明了这一结论，即**无论混合物组成为多少，$\frac{\mathrm{d}\bar{V}_1}{\mathrm{d}x_2}$ 和 $\frac{\mathrm{d}\bar{V}_2}{\mathrm{d}x_2}$ 均反号。**

Gibbs-Duhem 方程的用途主要有两方面，一是用来检验混合物热力学性质数据或者关系式的正确性；二是对二元混合物，由一个组元的偏摩尔量推算另一个组元的偏摩尔量。

【例5-4】有人提出用下列方程组来表示二元体系的偏摩尔体积与组成的关系：

$$\bar{V}_1 - V_1 = a + (b-a)x_1 - bx_1^2$$

$$\bar{V}_2 - V_2 = a + (b-a)x_2 - bx_2^2$$

式中，V_1 和 V_2 是纯组元的摩尔体积，a、b 只是 T、p 的函数。试求当 a、b 满足什么条件时上述的方程符合热力学一致性？

解：根据 Gibbs-Duhem 方程 $\sum(x_i \mathrm{d}\bar{M}_i)_{T,p} = 0$，得恒温、恒压下

$$x_1 \mathrm{d}\bar{V}_1 + x_2 \mathrm{d}\bar{V}_2 = 0$$

或

$$x_1\frac{\mathrm{d}\bar{V}_1}{\mathrm{d}x_1} = -x_2\frac{\mathrm{d}\bar{V}_2}{\mathrm{d}x_1} = x_2\frac{\mathrm{d}\bar{V}_2}{\mathrm{d}x_2} \tag{A}$$

由本题所给的方程得到

$$x_1\frac{\mathrm{d}\bar{V}_1}{\mathrm{d}x_1} = -2bx_1^2 + (b-a)x_1 \tag{B}$$

同样可得

$$x_2\frac{\mathrm{d}\bar{V}_2}{\mathrm{d}x_2} = -2bx_2^2 + (b-a)x_2 \tag{C}$$

将式（B）和式（C）代入式（A）得

$$-2bx_1^2+(b-a)x_1+2bx_2^2-(b-a)x_2=0$$

$$2b(x_2^2-x_1^2)-(b-a)(x_2-x_1)=0$$

$$(a+b)(x_2-x_1)= 0$$

所以当 $a=-b$ 时，上述偏摩尔体积与组成的关系式符合热力学一致性。

5.3 流体混合过程热力学性质变化

由不同物质混合形成混合物的过程，即使不发生化学反应，由于任意 i 组分与 j 组分 $(i, j=1,2,3,\cdots,N)$ 的分子间作用力 $F_{i\text{-}i}$、$F_{j\text{-}j}$ 和 $F_{i\text{-}j}$ 在性质和大小上都是不同的，它们的热力

学性质会发生改变。例如，在生成混合物的过程中常常伴有体积效应和热效应。这种混合效应对形成液体混合物的过程尤为明显，例如，乙醇和水混合后体积会比纯乙醇加水的总体积小，浓硫酸和水混合时会产生强烈的放热现象。以上混合过程中热力学性质 M 的变化用 M 的“混合过程性质变化”来表示，符号是 ΔM，其定义式为

$$\Delta M=M-\sum x_i M_i \tag{5-52}$$

式中，ΔM 是指在一定温度和压力下由纯物质混合形成 1mol 混合物过程中，系统某广度性质的变化，可以简称为混合性质；M_i 是混合前纯组元 i 的摩尔性质；M 是混合后溶液的摩尔性质。

将式（5-30）代入式（5-52）并整理得

$$\Delta M=\sum x_i(\bar{M}_i-M_i) \tag{5-53}$$

比较式（5-30）与式（5-53），并根据偏摩尔性质的定义，得

$$\Delta M=\sum x_i \Delta\bar{M}_i \tag{5-54}$$

式中，$\Delta\bar{M}_i=\bar{M}_i-M_i$，称其为组元 i 的偏摩尔混合性质变化。对 ΔM 来说，$\Delta\bar{M}_i$ 也是偏摩尔性质，并且是 T、p 和 x 的函数。应用式（5-36）也可以关联 $\Delta\bar{M}_i$ 和 ΔM，即

$$\Delta\bar{M}_i=\Delta M-\sum_{k\neq i}\left[x_k\left(\frac{\partial\Delta M}{\partial x_k}\right)_{T,p,x_{l\neq i,k}}\right] \tag{5-55}$$

研究混合性质非常有意义，因为这些性质可以通过实验进行测定，进而通过 $M=\Delta M+\sum x_i M_i$ 可以获得混合物的性质。

根据式（5-53），可写出混合体积变化为

$$\Delta V=\sum_1^N x_i(\bar{V}_i-V_i) \tag{5-56}$$

相应地，也可写出混合焓 ΔH、混合热力学能 ΔU、混合 Gibbs 自由能 ΔG 以及混合熵 ΔS 的表达式，例如，对于混合焓

$$\Delta H=\sum_1^N x_i(\bar{H}_i-H_i) \tag{5-57}$$

混合 Gibbs 自由能

$$\Delta G=\sum_{i=1}^N x_i(\bar{G}_i-G_i)=\sum_{i=1}^N x_i(\mu_i-\mu_i^{\circ}) \tag{5-58}$$

式中，μ_i° 为与混合物相同温度、压力下的纯物质 i 的化学位。

混合性质和 T、p 之间也具有热力学基本方程形式的关系，例如

$$\left[\frac{\partial(\Delta G/T)}{\partial T}\right]_{p,x}=-\frac{\Delta H}{T^2} \tag{5-59}$$

$$\left(\frac{\partial\Delta G}{\partial p}\right)_{T,x}=\Delta V \tag{5-60}$$

$$\left(\frac{\partial\Delta G}{\partial T}\right)_{p,x}=-\Delta S \tag{5-61}$$

通过这些关系式可方便地计算 ΔG 和 ΔS 等重要热力学性质。

最简单方便测量的混合性质是混合体积 ΔV 和混合焓变 ΔH。ΔV 可以用膨胀计直接测定，也可以用密度计间接测定。一般情况下，混合体积不会超过液体总体积的 0.3%，在许多工程计算中是可忽略不计的。ΔH 是在等压条件下由两种或两种以上纯物质完全混合（无化学反应）过程系统与环境交换的热量，所以也称混合热，其值可用精密量热仪直接测定。根据混合过程不同，混合热的名称也不同。

在一定温度压力下，将纯气体、液体或固体溶解于纯液体中形成溶液的过程所产生的焓变称为溶解热。溶解热又分为积分溶解热和微分溶解热。积分溶解热是指 1mol 溶质溶解在一定量的纯溶剂中所发生的焓变。微分溶解热是指 1mol 溶质溶解于极大量的溶液（不改变溶液的浓度）过程中的焓变。对于浓度较大的溶液，积分溶解热和微分溶解热的数值相差较大。随着浓度的降低，其差别减小。对于无限稀释溶液，两者基本相等。积分溶解热和微分溶解热的关系可由式（5-62）计算

$$\Delta H_{\mathrm{I}} = m\int_{m}^{\infty} \frac{\Delta H_{\mathrm{D}}}{m^2}\mathrm{d}m \tag{5-62}$$

式中，ΔH_{I} 表示积分溶解热，是 1mol 溶质溶解在 $m$mol 溶剂中的焓变；ΔH_{D} 表示微分溶解热。

在一定温度压力下，向一定量组成的溶液中加入纯溶剂，形成稀释溶液过程产生的焓变称为稀释热。稀释热也可分为积分稀释热和微分稀释热。将一定量溶剂加入含有 1mol 溶质的溶液中发生的焓变称为积分稀释热。将 1mol 溶剂加入极大量的溶液中或往一定量的溶液中加入微量的溶剂所发生的焓变称为微分稀释热。

溶解热与稀释热是从两个不同的角度看待一个问题，当一定量的溶质与溶剂混合时，如果看成是溶质加入溶剂中——积分溶解热；如果看成是溶剂加入溶质中——积分稀释热。一般情况下，有机物之间混合的 ΔH 都不大，而硫酸与水、硝酸与水间的混合的 ΔH 是很大的。

【例5-5】某工厂用水稀释 93% H_2SO_4（质量分数，下同）配制 64% 硫酸溶液。稀释过程在 18℃下等温进行。求配制 100kg 64% H_2SO_4 的热效应。硫酸的积分溶解热可近似用下式计算

$$\Delta H_{\mathrm{int}} = -\frac{74726n}{n+1.7983}\ [\mathrm{kJ\cdot(mol\ H_2SO_4)^{-1}}]$$

式中，n 是每摩尔硫酸带入的水的物质的量。

解： 93% H_2SO_4 的含水量

$$n_{93\%} = \frac{100\times(1-0.93)/18}{100\times0.93/98} = 0.4098[\mathrm{kmolH_2O\cdot(kmolH_2SO_4)^{-1}}]$$

64% H_2SO_4 的含水量

$$n_{64\%} = \frac{100\times(1-0.64)/18}{100\times0.64/98} = 3.063[\mathrm{kmolH_2O\cdot(kmolH_2SO_4)^{-1}}]$$

93% H_2SO_4 的积分溶解热

$$\Delta H_{\mathrm{int}} = -\frac{74726\times0.4098}{0.4098+1.7983} = -13868[\mathrm{kJ\cdot(mol\ H_2SO_4)^{-1}}]$$

64% H_2SO_4 的积分溶解热

$$\Delta H_{\text{int}} = -\frac{74726 \times 3.063}{3.063 + 1.7983} = -47083[\text{kJ} \cdot (\text{mol H}_2\text{SO}_4)^{-1}]$$

由 93% H_2SO_4 稀释到 64% H_2SO_4 的积分稀释热

$$\Delta H_{\text{int}} = n_{\text{H}_2\text{SO}_4}(\Delta H_{\text{int},64\%} - \Delta H_{\text{int},93\%}) = \frac{100 \times 0.64}{98} \times (-47083 + 13868) = -21691(\text{kJ})$$

所以，用水稀释 93%H_2SO_4 配制 100kg64%H_2SO_4 溶液放出 21691kJ 热量。

【例5-6】在 303K、10^5Pa 下，液体 1 和 2 的混合体积变化与混合物的组成关系式如下

$$\Delta V = 2.64x_1x_2$$

在相同的温度和压力下，纯液体的摩尔体积分别为 $V_1=89.96\text{m}^3 \cdot \text{mol}^{-1}$，$V_2=109.40\text{m}^3 \cdot \text{mol}^{-1}$，求 303K、$10^5$Pa 下，无限稀释摩尔体积 $\overline{V}_1^\infty$ 和 $\overline{V}_2^\infty$。

解： 据式（5-37）及 $x_2=1-x_1$，得组元 1 和 2 的偏摩尔体积表达式分别为

$$\overline{V}_1 = V + (1 - x_1)\left(\frac{\partial V}{\partial x_1}\right)_{T,p}$$

$$\overline{V}_2 = V - x_1\left(\frac{\partial V}{\partial x_1}\right)_{T,p}$$

根据式（5-56），对二元混合物得

$$\Delta V = V - (x_1V_1 + x_2V_2)$$

变换得

$$V = \Delta V + x_1V_1 + x_2V_2 = 2.64x_1x_2 + 89.96x_1 + 109.40x_2$$
$$= 2.64x_1(1-x_1) + 89.96x_1 + 109.40(1-x_1) = 109.40 - 16.80x_1 - 2.64x_1^2$$

则

$$\left(\frac{\partial V}{\partial x_1}\right)_{T,p} = -16.80 - 2 \times 2.64x_1 = -16.80 - 5.28x_1$$

所以

$$\overline{V}_1 = 109.40 - 16.80x_1 - 2.64x_1^2 + (1-x_1)(-16.80 - 5.28x_1) = 92.60 - 5.28x_1 + 2.64x_1^2$$

$$\overline{V}_2 = 109.40 - 16.80x_1 - 2.64x_1^2 - x_1(-16.80 - 5.28x_1) = 109.40 + 2.64x_1^2$$

当 $x_1 \to 0$ 时，$\overline{V}_1^\infty = \lim\limits_{x_1 \to 0} \overline{V}_1 = 92.60\text{m}^3 \cdot \text{mol}^{-1}$；$x_2 \to 0$ 时，$\overline{V}_2^\infty = \lim\limits_{x_1 \to 1} \overline{V}_2 = 112.04\text{m}^3 \cdot \text{mol}^{-1}$。

5.4 逸度和逸度系数

化工热力学的一个重要任务就是计算相平衡和化学平衡，其目的是将抽象的热力学函数与温度、压力和组成等可测量的物理量联系起来。在众多的热力学函数中，Gibbs 自由能与温度和压力有着最简单的关系，所以它特别重要。但从 Gibbs 函数的定义可以看出，我们只能得到它的相对大小，而无法计算它的绝对数值，这给实际应用带来诸多不便。为方便应用，Lewis 定义了一个逸度函数，它可以比较容易地与物理真实性联系起来，广泛应用于分离工程和化学反应的计算。一般来说，有三种不同情况的逸度，即纯物质 i 的逸度、混合物中组元 i 的逸度和混合物的逸度。

5.4.1 纯物质的逸度和逸度系数

5.4.1.1 逸度和逸度系数的定义

Gibbs 自由能的热力学基本关系式

$$dG=-SdT+Vdp \tag{3-4}$$

在恒温条件下，将此关系式应用于 1mol 纯物质 i，可有

$$dG_i=V_idp \quad （T \text{恒定}） \tag{5-63}$$

如果 i 是理想气体，则 $V_i=RT/p$，代入上式可得

$$dG_i = RT\frac{dp}{p} = RTd\ln p \quad （T \text{恒定}） \tag{5-64}$$

这是恒温下用压力来表达 Gibbs 函数的一个方程式，它仅适用于理想气体。对于真实气体，式（5-63）中的 V_i 需要用真实气体的状态方程来描述，可以想象，这时得到的 dG_i 公式将不会像式（5-64）那样简单。为了方便计算真实气体 Gibbs 自由能，Lewis 提出用一个新函数代替式（5-64）中的压力，使公式保持原有形式不变，这个函数称为逸度，其量纲与压力相同。对于纯物质，逸度用 f_i 表示，定义为

$$dG_i=RTd\ln f_i \quad （T \text{恒定}） \tag{5-65}$$

式（5-65）适用于任何纯物质，但它只能计算 f_i 的变化，不能确定其绝对值，尚不完整。即若将式（5-65）用于纯理想气体时，它应该能还原成式（5-64）。任何物质在压力趋近于零时都表现出理想气体的行为，所以要使式（5-65）还原成式（5-64），必须增加一个边界条件的补充规定，即理想气体的逸度等于其压力。

综上所述，纯物质逸度定义的完整数学表达式为

$$\begin{cases} dG_i = RTd\ln f_i \\ \lim\limits_{p\to 0} f_i / p = 1 \end{cases} \quad （T \text{恒定}） \tag{5-66}$$

当压力不趋于零时，逸度和压力不相等，令其比值为 ϕ_i，称为逸度系数，即纯物质的逸度系数为

$$\phi_i=\frac{f_i}{p} \tag{5-67}$$

将式（5-67）代入式（5-65），得

$$dG_i=RTd\ln f_i=RTd\ln（\phi_i p）=RTd\ln\phi_i+RTd\ln p \tag{5-68}$$

式（5-68）是真实气体 Gibbs 函数的表达式。比较式（5-68）和式（5-64），可以认为逸度系数正好代表了真实气体对理想气体的偏差。因此，对真实气体非理想性偏差的校正可集中在对压力项的校正上，当压力乘上一校正因子 ϕ_i（即逸度系数）后，理想气体 Gibbs 函数的表达式就适用于真实气体了。

由于逸度的单位与压力的单位相同，因而逸度系数无单位。显然，理想气体的逸度系数等于 1。而真实气体的逸度系数在温度一定时与体系的压力有关，可能大于 1，也可能小于 1。

5.4.1.2 温度和压力对逸度的影响

对式（5-65）进行从理想气体到真实气体状态的积分，得

$$G_i - G_i^{ig} = RT\ln\frac{f_i}{p}$$

在恒压下，将上式对温度求导，并应用 $\left[\frac{\partial(G_i/T)}{\partial T}\right]_p = -\frac{H_i}{T^2}$，便可得温度对纯物质逸度的影响，即

$$\left(\frac{\partial \ln f_i}{\partial T}\right)_p = -\frac{H_i - H_i^{ig}}{RT^2} \tag{5-69}$$

式中，H_i 为纯物质 i 在体系温度和压力下的摩尔焓；H_i^{ig} 为纯物质 i 在理想气体状态时的摩尔焓。可根据式（5-69）研究恒压下逸度随温度的变化关系。若（$H_i - H_i^{ig}$）< 0，温度升高，则逸度增大，物质逃逸该系统的能力增强；反之，则相反。

将式（5-63）与式（5-65）合并，可有

$$RT\mathrm{d}\ln f_i = V_i\mathrm{d}p \quad （T\text{ 恒定}） \tag{5-70}$$

对上式整理，便可得压力对纯物质逸度的影响，即

$$\left(\frac{\partial \ln f_i}{\partial p}\right)_T = \frac{V_i}{RT} \tag{5-71}$$

式中，V_i 为纯物质 i 在体系温度和压力下的摩尔体积。此式可用来研究恒温下逸度随压力的变化关系。由于 $V_i > 0$，故逸度随着压力的增加而增大。

5.4.1.3　逸度系数的计算

将式（5-70）的两边减去恒等式 $RT\mathrm{d}\ln p = \frac{RT}{p}\mathrm{d}p$，得

$$RT\mathrm{d}\ln\frac{f_i}{p} = \left(V_i - \frac{RT}{p}\right)\mathrm{d}p$$

将 $\phi_i = \frac{f_i}{p}$ 代入上式并整理得　$\mathrm{d}\ln\phi_i = \left(\frac{V_i}{RT} - \frac{1}{p}\right)\mathrm{d}p = (Z_i - 1)\frac{\mathrm{d}p}{p}$

在恒温下，将上式从压力为零的状态积分到压力为 p 的状态，并考虑到当 $p \to 0$ 时，$\phi_i=1$，便可得到

$$\ln\phi_i = \frac{1}{RT}\int_0^p\left(V_i - \frac{RT}{p}\right)\mathrm{d}p = \int_0^p (Z_i - 1)\frac{\mathrm{d}p}{p} \tag{5-72}$$

这是计算纯物质逸度系数的普适公式，Z_i 为纯物质的压缩因子。由此式可知，逸度系数是流体 p-V-T 的函数关系，所有计算流体 p-V-T 的方法都可以用来计算逸度系数。既可以利用状态方程法计算，也可以用对比态法计算，如果有足够的 p、V、T 实验数据，还可以用图解积分法计算。

（1）利用状态方程计算逸度系数

原则上将适宜的状态方程代入式（5-72），便可解出任何 T、p 下的 ϕ_i 值。显然，该式更适合以 T、p 为自变量的状态方程。例如将二阶舍项维里方程 $Z_i=1+B_ip/(RT)$ 代入，便可得

$$\ln\phi_i = \frac{B_i p}{RT} \tag{5-73}$$

式中，B_i 为纯物质的第二维里系数。

由于多数状态方程是把压力表示成温度 T 和体积 V 的函数，特别是多参数状态方程，常含有体积的高次项，使摩尔体积的表达式不易获得，因此式（5-72）应用起来并不方便。采取的措施，一般是利用 $V\mathrm{d}p=\mathrm{d}(pV)-p\mathrm{d}V$ 的变换，将式（5-72）改变形式，使其变成以 T、V 为自变量的计算式，现推导如下。

将式（5-72）改写成下列形式

$$\ln\phi_i = \frac{1}{RT}\int_{p_0}^{p}\left(V_i - \frac{RT}{p}\right)\mathrm{d}p = \frac{1}{RT}\int_{p_0}^{p}V_i\mathrm{d}p - \int_{p_0}^{p}\frac{\mathrm{d}p}{p} \tag{5-74}$$

由于 $V_i\mathrm{d}p=\mathrm{d}(pV_i)-p\mathrm{d}V_i$，则

$$\ln\phi_i = \frac{1}{RT}\left[\int_{p_0V_{0i}}^{pV_i}\mathrm{d}(pV_i) - \int_{V_{0i}}^{V_i}p\mathrm{d}V_i\right] - \int_{p_0}^{p}\frac{\mathrm{d}p}{p} \tag{5-75}$$

式中，V_{0i} 是压力为 p_0 时纯物质的摩尔体积；V_i 是压力为 p 时纯物质的摩尔体积。

若将 RK 方程式（2-13）代入式（5-75），便得

$$\ln\phi_i = \frac{pV_i - p_0V_{0i}}{RT} - \ln\frac{V_i - b_i}{V_{0i} - b_i} + \frac{a_i}{b_iRT^{1.5}}\ln\left[\frac{V_i}{V_{0i}}\left(\frac{V_{0i}+b_i}{V_i+b_i}\right)\right] - \ln\frac{p}{p_0}$$

由于 $V_0 \gg b$，$V_{0i}-b_i \approx V_{0i}$，$\dfrac{V_{0i}+b_i}{V_{0i}} \approx 1$，则用 RK 方程计算纯物质逸度系数的公式为

$$\ln\phi_i = \frac{pV_i - p_0V_{0i}}{RT} - \ln\frac{V_i - b_i}{V_{0i}} + \frac{a_i}{b_iRT^{1.5}}\ln\frac{V_i}{V_i+b_i} - \ln\frac{p}{p_0} \tag{5-76}$$

其中 $a_i=0.42748R^2T_c^{2.5}/p_c$，$b_i=0.08664RT_c/p_c$。

将 $pV_i=Z_iRT$、$p_0V_{0i}=RT$ 代入上式，且合并 $\ln\dfrac{V_i-b_i}{V_{0i}-b_i}$ 和 $\ln\dfrac{p}{p_0}$，上式可表示为

$$\ln\phi_i = Z_i - 1 - \ln\left(Z_i - \frac{pb_i}{RT}\right) - \frac{a_i}{b_iRT^{1.5}}\ln\left(1+\frac{b_i}{V_i}\right) \tag{5-77}$$

若采用 RK 方程的迭代形式（2-17），即

$$pb_i/(RT)=B,\quad b_i/V_i=B/Z_i,\quad a_i/(b_iRT^{1.5})=A/B$$

则有

$$\ln\phi_i = Z_i - 1 - \ln(Z_i - B) - \frac{A}{B}\ln\left(1+\frac{B}{Z_i}\right) \tag{5-78}$$

式（5-78）是由 RK 方程给出的纯物质或定组成混合物的逸度系数计算式，并使 ϕ_i 成为 Z_i、B 和 $\dfrac{A}{B}$ 的函数。注意 Z_i 应由 RK 方程求得，不能采用其他来源的 Z_i 值代入式（5-78）。当然，式（5-78）是从 RK 方程导出的，若用其他方程，也可做相似的推导，只是形式有所不同。

（2）用对比态法计算逸度系数

将式（5-72）写成对比压力形式，得

$$\ln\phi_i = \int_0^{p_r} \frac{Z_i - 1}{p_r} \mathrm{d}p_r \tag{5-79}$$

此式表明，逸度系数是 p_r 和 Z_i 的函数，而 Z_i 的普遍化计算有两参数法和三参数法。以两参数普遍化压缩因子图为基础，结合式（5-79），可以制成两参数普遍化逸度系数图。只要知道气体所处状态的 T_r、p_r 值，便可以从图中直接查出相应的逸度系数，从而可计算逸度。这种方法由于计算误差较大，目前已很少使用。

为了提高计算精度，宜采用三参数法，比较成功的是将 ω 作为第三参数。与第 2 章中三参数压缩因子的计算方法相同，当气体所处状态的 T_r、p_r 值落在图 2-9 斜线上方，或对比体积 $V_r \geqslant 2$ 时，宜采用普遍化第二维里系数法计算压缩因子，即

$$Z_i = 1 + \frac{B_i p_{ci}}{RT_{ci}}\left(\frac{p_r}{T_r}\right) \tag{2-35}$$

式中，T_{ci} 和 p_{ci} 是纯物质的临界性质，其中

$$\frac{B_i p_{ci}}{RT_{ci}} = B^{(0)} + \omega_i B^{(1)} \tag{2-36}$$

将以上两式代入式（5-79），便可得到逸度系数的计算公式

$$\ln\phi_i = \frac{p_r}{T_r}\left[B^{(0)} + \omega_i B^{(1)}\right] \tag{5-80}$$

其中

$$B^{(0)} = 0.083 - 0.422 / T_r^{1.6} \tag{2-37a}$$

$$B^{(1)} = 0.139 - 0.172 / T_r^{4.2} \tag{2-37b}$$

当气体所处状态的 T_r、p_r 值落在图 2-9 斜线下方，或对比体积 $V_r < 2$ 时，像处理压缩因子一样，可以将逸度系数的对数值表示成 ω 的线性方程，即

$$\ln\phi_i = \ln\phi_i^{(0)} + \omega_i \ln\phi_i^{(1)} \tag{5-81}$$

式中，$\phi_i^{(0)}$ 和 $\phi_i^{(1)}$ 分别为简单流体的普遍化逸度系数和普遍化逸度系数的校正值，两者都是 T_r、p_r 的函数。图 5-3 ～图 5-6 示出了它们的普遍化关系曲线，以供查用。

5.4.1.4　液体逸度的计算

逸度和逸度系数的关系式不仅适用于气体，同样也适用于液体。

在使用式（5-72）计算纯液体的逸度时，由于在积分区间内存在着从蒸气到液体的相变化，使得流体的摩尔体积不连续，因此，须采用分段积分的方法（注意到 $\mathrm{d}G_i^{\mathrm{l}}=RT\mathrm{d}\ln f_i^{\mathrm{l}}=V_i\mathrm{d}p$），即

$$\Delta G = RT\ln\left(\frac{f_i^{\mathrm{l}}}{p}\right) = \int_0^{p_i^{\mathrm{s}}}\left(V_i - \frac{RT}{p}\right)\mathrm{d}p + RT\Delta\left(\ln\frac{f_i}{p}\right)_{\text{相变化}} + \int_{p_i^{\mathrm{s}}}^{p}\left(V_i - \frac{RT}{p}\right)\mathrm{d}p$$

上式右边第一项表示由理想蒸气到饱和蒸气时，真实气体与理想气体之间的 Gibbs 自由能变化值；第二项表示相转变时自由能的变化值；第三项表示将饱和液体压缩至实际状态的液体时 Gibbs 自由能的变化值。

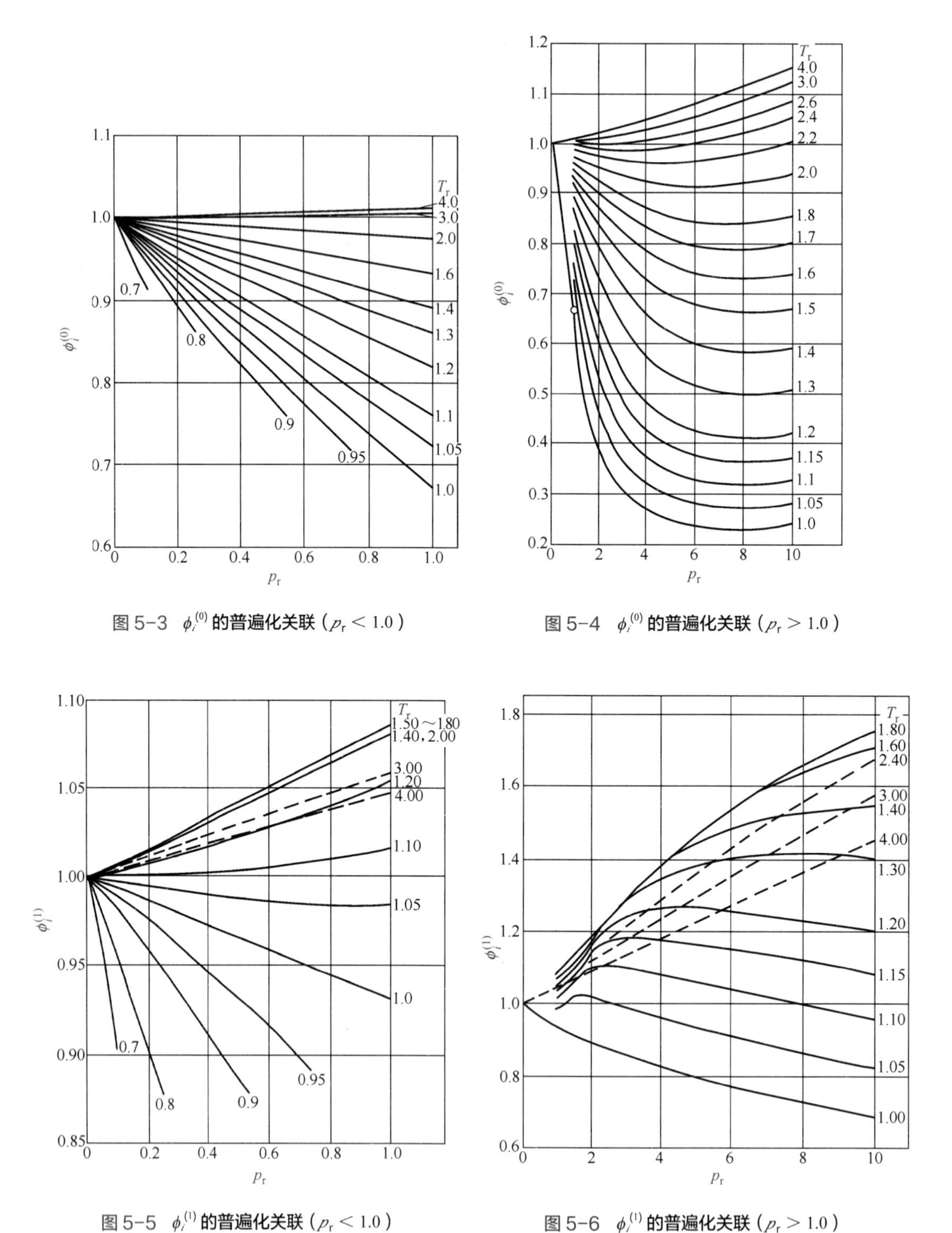

图 5-3　$\phi_i^{(0)}$ 的普遍化关联（$p_r < 1.0$）

图 5-4　$\phi_i^{(0)}$ 的普遍化关联（$p_r > 1.0$）

图 5-5　$\phi_i^{(1)}$ 的普遍化关联（$p_r < 1.0$）

图 5-6　$\phi_i^{(1)}$ 的普遍化关联（$p_r > 1.0$）

根据式（5-72），第一项积分所计算的是饱和蒸气 i 段的 Gibbs 自由能变，即

$$\int_0^{p_i^s}\left(V_i-\frac{RT}{p}\right)\mathrm{d}p = RT\ln\frac{f_i^s}{p_i^s}$$

对第二项，由于相变化时 $\Delta G_{相变化}=0$，则

$$RT\Delta\ln\left(\frac{f_i}{p}\right)_{相变化}=0$$

第三项积分表示为

$$\int_{p_i^s}^{p}\left(V_i^l-\frac{RT}{p}\right)dp=\int_{p_i^s}^{p}V_i^l dp-RT\ln\frac{p}{p_i^s}$$

联立以上三项方程，并展开得

$$RT\ln\frac{f_i^l}{p}=RT\ln\frac{f_i^s}{p_i^s}+\int_{p_i^s}^{p}V_i^l dp-RT\ln\frac{p}{p_i^s}=\int_{p_i^s}^{p}V_i^l dp+RT\ln\frac{f_i^s}{p}$$

整理得

$$f_i^l=f_i^s\exp\int_{p_i^s}^{p}\frac{V_i^l}{RT}dp \tag{5-82}$$

式中，V_i^l 是纯液体 i 的摩尔体积；f_i^s 是处于体系温度 T 和饱和压力 p_i^s 下的逸度。

虽然液体的摩尔体积为温度与压力的函数，但液体在远离临界点时可视为不可压缩，这种情况下式（5-82）可简化为

$$f_i^l=f_i^s\exp\left[\frac{V_i^l(p-p_i^s)}{RT}\right] \tag{5-83}$$

将 $f_i^s=p_i^s\phi_i^s$ 代入上式，得

$$f_i^l=p_i^s\phi_i^s\exp\left[\frac{V_i^l(p-p_i^s)}{RT}\right] \tag{5-84}$$

式中，ϕ_i^s 为饱和蒸气 i 的逸度系数；指数项称为 Poynting 因子。

由式（5-84）可看出，纯液体 i 在 T 和 p 时的逸度为该温度下的饱和蒸气压 p_i^s 乘以两项校正系数。其一为逸度系数 ϕ_i^s，用来校正饱和蒸气对理想气体的偏离；另一项为指数校正项，校正压力对逸度的影响，但它仅在高压时才产生明显作用。当压力比较低时，液体的摩尔体积比气体的小得多，这时，$\exp\left[\frac{V_i^l(p-p_i^s)}{RT}\right]\approx 1$，此时有

$$f_i^l=p_i^s\phi_i^s \tag{5-85}$$

【例5-7】试求液态异丁烷在 360.96K、1.02×10^7Pa 下的逸度。已知 360.96K 时，液体异丁烷的平均摩尔体积 $V_{C_4H_{10}}=0.119\times10^{-3}\ m^3\cdot mol^{-1}$，饱和蒸气压 $p_{C_4H_{10}}^s=1.574\times10^6\ Pa$。

解：首先计算 $f_{C_4H_{10}}^s$。查得异丁烷的临界常数及偏心因子为 T_c=408.1K，$p_c=3.6\times10^6$Pa，ω=0.176，则

$$T_r=\frac{T}{T_c}=\frac{360.96}{408.1}=0.88$$

$$p_r^s=\frac{p_{C_4H_{10}}^s}{p_c}=\frac{1.574\times10^6}{3.6\times10^6}=0.44$$

由式（5-80）计算逸度系数 $\phi_{C_4H_{10}}^s$

$$\ln \phi_{C_4H_{10}}^s = \frac{p_r^s}{T_r}\left[B^{(0)} + \omega B^{(1)}\right]$$

$$B^{(0)} = 0.083 - \frac{0.422}{T_r^{1.6}}, \quad B^{(1)} = 0.139 - \frac{0.172}{T_r^{4.2}}$$

当 T_r=0.88 时，$B^{(0)}$=−0.435，$B^{(1)}$=−0.155，则

$$\ln \phi_{C_4H_{10}}^s = \frac{0.44}{0.88} \times \left[-0.435 - (0.176 \times 0.155)\right] = -0.231$$

$$\phi_{C_4H_{10}}^s = 0.794$$

将各已知数据代入式（5-84），得到

$$f_{C_4H_{10}}^l = p_{C_4H_{10}}^s \phi_{C_4H_{10}}^s \exp \frac{V_{C_4H_{10}}^l (p - p_{C_4H_{10}}^s)}{RT}$$

$$= 1.574 \times 10^6 \times 0.794 \times \exp \frac{0.119 \times 10^{-3} \times (1.02 - 0.1574) \times 10^7}{8.3145 \times 360.96} = 1.759 \times 10^6 (\text{Pa})$$

5.4.2 混合物的逸度和逸度系数

5.4.2.1 混合物中组元的逸度和逸度系数

已经知道，定组成混合物偏摩尔性质的关系式与纯物质性质的关系式是一一对应的，例如，偏摩尔 Gibbs 函数可写成

$$\mathrm{d}\bar{G}_i = -\bar{S}_i \mathrm{d}T + \bar{V}_i \mathrm{d}p \qquad (5\text{-}44)$$

式（5-44）与式（3-4）表达了混合物中组元 i 与其纯物质 i 所遵循的热力学规律是相似的。同理，混合物中组元 i 逸度与其纯物质逸度也应有类似的关系。于是，我们可方便地得到混合物中组元逸度的定义式，写为

$$\begin{cases} \mathrm{d}\bar{G}_i = RT\mathrm{d}\ln\hat{f}_i \\ \lim\limits_{p\to 0} \dfrac{\hat{f}_i}{y_i p} = 1 \end{cases} \quad (T\text{ 恒定}) \qquad (5\text{-}86)$$

$\hat{f}_i$叫做混合物中组元 i 的逸度。$\hat{f}_i$头上的“^”一是区别于混合物中的纯组元 i 的逸度 f_i，二是指出它不是一个偏摩尔性质，但显然 $\ln \hat{f}_i$是一个偏摩尔性质。式（5-86）中 p 是总压，当真实气体的压力 $p \to 0$ 或是理想气体时，便有

$$p_i = y_i p$$

此时，混合物中任一组元都可以写成

$$\hat{f}_i^{\text{ig}} = y_i p = p_i \qquad (5\text{-}87)$$

式中，上标“ig”表示理想气体。上式说明理想气体的混合物中组元 i 的逸度等于其分压，它在相平衡和化学平衡中是经常使用的。

混合物组元逸度系数$\hat{\phi}_i$的定义为

$$\hat{\phi}_i = \frac{\hat{f}_i}{y_i p} \tag{5-88}$$

将式（5-87）代入式（5-88），得$\hat{\phi}_i = \dfrac{\hat{f}_i}{\hat{f}_i^{\text{ig}}}$，因此，**逸度系数$\hat{\phi}_i$表征了气体混合物中组元 i 和理想气体状态的偏差**。

根据混合物组元逸度与偏摩尔 Gibbs 自由能的关系式（5-86），结合 5.4.1.2 小节中的推导方法得到温度和压力对混合物组元逸度的影响如下：

温度的影响
$$\left(\frac{\partial \ln \hat{f}_i}{\partial T}\right)_{p,y} = -\frac{\bar{H}_i - \bar{H}_i^{\text{ig}}}{RT^2} \tag{5-89}$$

压力的影响
$$\left(\frac{\partial \ln \hat{f}_i}{\partial p}\right)_{T,y} = \frac{\bar{V}_i}{RT} \tag{5-90}$$

5.4.2.2　混合物系统的总逸度和逸度系数

类似于纯物质，混合物的总逸度 f 和总逸度系数 ϕ 分别定义为

$$\begin{cases} \mathrm{d}G = RT\mathrm{d}\ln f \\ \lim\limits_{p \to 0} \dfrac{f}{p} = 1 \end{cases} \quad （T\ 恒定） \tag{5-91}$$

$$\phi = \frac{f}{p} \tag{5-92}$$

至此，已有三种逸度，纯物质逸度 f_i、混合物中组元的逸度$\hat{f}_i$以及混合物的总逸度 f；相应也有三种逸度系数，ϕ_i、$\hat{\phi}_i$以及 ϕ。逸度和逸度系数均是体系的性质，其值由状态所决定，对于纯物质，它们是温度和压力的函数；对于混合物或混合物中的组元 i，它们是温度、压力和组成的函数。

引入逸度和逸度系数的概念，对研究相平衡等十分有用。以纯物质为例，当汽、液两相达到平衡时，饱和汽相的 Gibbs 自由能 G_i^{sv} 与饱和液相的 Gibbs 自由能 G^{sl} 相等，即

$$G_i^{\text{sv}} = G_i^{\text{sl}} \tag{5-93}$$

这是以 Gibbs 自由能表示的汽液平衡准则，而应用这一式子计算并不方便，但可以从它推导出以逸度和逸度系数表示的**汽液平衡准则**，即

$$f_i^{\text{sv}} = f_i^{\text{sl}} \tag{5-94}$$

$$\phi_i^{\text{sv}} = \phi_i^{\text{sl}} \tag{5-95}$$

式（5-94）和式（5-95）是计算纯物质汽液平衡的基础。不言而喻，混合物中组元逸度和逸度系数的表达式同样是计算混合物汽液平衡的基础（详见第 6 章）。

5.4.2.3　系统总逸度与组元逸度的关系

混合物的逸度与其组元逸度存在下列关系，即$\ln \dfrac{\hat{f}_i}{y_i}$是 $\ln f$ 的偏摩尔性质，证明如下。

根据混合物的逸度定义式（5-91），即

$$dG=RT\mathrm{d}\ln f$$

对此式在相同的温度、压力和组成下，进行由混合理想气体状态到实际状态的假想变化的积分，并考虑到理想气体的逸度等于其压力，即$f^{\mathrm{ig}}=p$，得

$$G-G^{\mathrm{ig}}=RT\ln f-RT\ln p$$

上式两边同乘以混合物的总物质的量n，得

$$nG-nG^{\mathrm{ig}}=RT(n\ln f)-nRT\ln p$$

在T、p及$n_{j\neq i}$恒定的条件下，对n_i微分，得

$$\bar{G}_i-\bar{G}_i^{\mathrm{ig}}=RT\left[\frac{\partial(n\ln f)}{\partial n_i}\right]_{T,p,n_{j\neq i}}-RT\ln p \tag{5-96}$$

根据混合物中的组元逸度定义式（5-86），即

$$\mathrm{d}\bar{G}_i=RT\mathrm{d}\ln\hat{f}_i$$

同样进行从混合理想气体状态到实际状态的积分，并考虑到$\hat{f}_i^{\ \mathrm{ig}}=y_ip$，得

$$\bar{G}_i-\bar{G}_i^{\mathrm{ig}}=RT\ln\hat{f}_i-RT\ln\hat{f}_i^{\mathrm{ig}}=RT\ln\frac{\hat{f}_i}{y_i}-RT\ln p \tag{5-97}$$

比较式（5-96）与式（5-97），得

$$\ln\frac{\hat{f}_i}{y_i}=\left[\frac{\partial(n\ln f)}{\partial n_i}\right]_{T,p,n_{j\neq i}} \tag{5-98}$$

对照偏摩尔性质的定义式（5-25），即

$$\bar{M}_i=\left[\frac{\partial(nM)}{\partial n_i}\right]_{T,p,n_{j\neq i}}$$

便可得到$\ln\frac{\hat{f}_i}{y_i}$是$\ln f$的偏摩尔性质这一结论。

若将式（5-98）减去恒等式$\ln p=\left[\frac{\partial(n\ln p)}{\partial n_i}\right]_{T,p,n_{j\neq i}}$，再根据$\phi$和$\hat{\phi}_i$的定义，同样可证明$\ln\hat{\phi}_i$是$\ln\phi$的偏摩尔性质，即

$$\ln\hat{\phi}_i=\left[\frac{\partial(n\ln\phi)}{\partial n_i}\right]_{T,p,n_{j\neq i}} \tag{5-99}$$

根据摩尔性质与偏摩尔性质的关系式（5-30），即

$$M=\sum y_i\bar{M}_i$$

便可得到以下有用的关系式

$$\ln f=\sum y_i\ln(\hat{f}_i/y_i) \tag{5-100}$$

$$\ln\phi=\sum y_i\ln\hat{\phi}_i \tag{5-101}$$

注意，这些摩尔性质与偏摩尔性质同样满足相应的截距法公式及Gibbs-Duhem方程。

5.4.2.4　混合物组元逸度系数的计算

混合物逸度系数的计算可以利用状态方程结合混合规则来实现，其计算式与纯物质逸度系数的计算式在形式上完全一样，只是增加组成恒定的限定条件。参照式（5-72），可以写出计算混合物组元逸度系数的基本关系式

$$\ln\hat{\phi}_i = \frac{1}{RT}\int_0^p\left(\overline{V}_i - \frac{RT}{p}\right)\mathrm{d}p = \int_0^p(\overline{Z}_i - 1)\frac{\mathrm{d}p}{p} \quad (T、y\text{ 恒定}) \tag{5-102}$$

式中，$\overline{Z}_i$ 为流体偏摩尔压缩因子。该式不论对气体混合物还是液体混合物都是适用的，对理想气体混合物来说，$\overline{Z}_i = Z_i = 1$，由式（5-72）和式（5-102）可以得出

$$\hat{\phi}_i^{\mathrm{ig}} = \phi_i = 1 \tag{5-103}$$

由于

$$\overline{V}_i = \left(\frac{\partial(nV)}{\partial n_i}\right)_{T,p,n_{j\neq i}} = \left(\frac{\partial V_{\mathrm{t}}}{\partial n_i}\right)_{T,p,n_{j\neq i}}$$

式中，V_{t} 为混合物的总体积。将 $\overline{V}_i$ 表达式代入式（5-102），得

$$\ln\hat{\phi}_i = \frac{1}{RT}\int_0^p\left[\left(\frac{\partial V_{\mathrm{t}}}{\partial n_i}\right)_{T,p,n_{j\neq i}} - \frac{RT}{p}\right]\mathrm{d}p$$

由上式又可导出（推导从略）

$$\ln\hat{\phi}_i = \frac{1}{RT}\int_{V_{\mathrm{t}}}^{\infty}\left[\left(\frac{\partial p}{\partial n_i}\right)_{T,V_{\mathrm{t}},n_{j\neq i}} - \frac{RT}{V_{\mathrm{t}}}\right]\mathrm{d}V_{\mathrm{t}} - \ln Z \tag{5-104}$$

式中，Z 为体系温度 T 和总压 p 下的混合物的压缩因子。

式（5-102）和式（5-104）都是利用状态方程计算混合物组元逸度系数的基本关系式。对于 $V=V(T, p)$ 的状态方程，用式（5-102）方便。而对于以 p 为显函数的状态方程，即 $p=p(T, V)$，则应用式（5-104）计算。

现以二元气体混合物为例，说明如何由“状态方程结合混合规则”来计算气体混合物中的组元逸度。

（1）用维里方程计算

以二阶舍项维里方程为例

$$Z = 1 + \frac{Bp}{RT}$$

将此式应用于二元物系的 $n$mol 气体混合物，则有

$$nZ - n = \frac{nBp}{RT}$$

当 T、p 和 n_2 保持不变时，对 n_1 微分得偏摩尔压缩因子 $\overline{Z}_1$

$$\overline{Z}_1 = \left[\frac{\partial(nZ)}{\partial n_1}\right]_{T,p,n_2} = \frac{p}{RT}\left[\frac{\partial(nB)}{\partial n_1}\right]_{T,p,n_2} + 1$$

二元气体混合物的第二维里系数 B 仅是温度和组成的函数，即

$$B = y_1^2B_{11} + 2y_1y_2B_{12} + y_2^2B_{22}$$

引入 $\delta_{12}=2B_{12}-B_{11}-B_{22}$，则 $$B=y_1B_{11}+y_2B_{22}+y_1y_2\delta_{12}$$

因为 $y_i=n_i/n$，则 $$nB=n_1B_{11}+n_2B_{22}+\frac{n_1n_2}{n}\delta_{12}$$

对 n_1 微分，得

$$\left[\frac{\partial(nB)}{\partial n_1}\right]_{T,p,n_2}=B_{11}+\left(\frac{1}{n}-\frac{n_1}{n^2}\right)n_2\delta_{12}=B_{11}+(1-y_1)y_2\delta_{12}=B_{11}+y_2^2\delta_{12}$$

所以 $$\overline{Z}_1=\frac{p}{RT}(B_{11}+y_2^2\delta_{12})+1$$

将 $\overline{Z}_1$ 代入式（5-102），得

$$\ln\hat{\phi}_1=\int_0^p(\overline{Z}_1-1)\frac{\mathrm{d}p}{p}=\int_0^p\left[\frac{p}{RT}(B_{11}+y_2^2\delta_{12})\right]\frac{\mathrm{d}p}{p}$$

由于此积分是在恒温和恒组成下对 p 的积分，故有

$$\ln\hat{\phi}_1=\frac{p}{RT}(B_{11}+y_2^2\delta_{12}) \tag{5-105a}$$

同理 $$\ln\hat{\phi}_2=\frac{p}{RT}(B_{22}+y_1^2\delta_{12}) \tag{5-105b}$$

将式（5-105）推广应用到多元气体混合物的任一组元上，得

$$\ln\hat{\phi}_i=\frac{p}{RT}\left\{B_{ii}+\frac{1}{2}\sum_j\sum_k\left[y_jy_k(2\delta_{ji}-\delta_{jk})\right]\right\} \tag{5-106}$$

其中 $$\begin{cases}\delta_{ji}=2B_{ji}-B_{jj}-B_{ii}\\ \delta_{jk}=2B_{jk}-B_{jj}-B_{kk}\end{cases} \tag{5-107}$$

式中，下标 i 指特定组元；j、k 两者均指一般组元，并且是包含 i 在内的所有组元。根据式（5-107），$\delta_{ii}=\delta_{jj}=\delta_{kk}=0$，且 $\delta_{jk}=\delta_{kj}$。纯物质的第二维里系数 B_{ii}、B_{jj} 等可以从普遍化关系式求得，而交叉第二维里系数 B_{ij} 等的计算在第 2 章中已经给出，即用以下经验式计算

$$B_{ij}=\frac{RT_{cij}}{p_{cij}}\left[B^{(0)}+\omega_{ij}B^{(1)}\right] \tag{2-52}$$

式中，各临界参数按第 2 章中介绍的 Prausnitz 提出的混合规则计算。

用舍项维里方程计算逸度系数适用于压力不高的非极性或弱极性的气体，当遇到的系统是极性混合物或混合物的密度接近临界值时，此方程就不再适用，这时要用半经验的状态方程来计算。

（2）用 RK 方程计算

若将 RK 方程和 Prausnitz 建议的混合规则代入式（5-104），得到计算逸度系数 $\hat{\phi}_i$ 的公式为

$$\ln\hat{\phi}_i=\ln\frac{V}{V-b}+\frac{b_i}{V-b}-\frac{2\sum_j y_ja_{ij}}{RT^{1.5}b}\ln\frac{V+b}{V}+\frac{ab_i}{RT^{1.5}b^2}\left(\ln\frac{V+b}{V}-\frac{b}{V+b}\right)-\ln Z \tag{5-108}$$

式中，V 为混合物的摩尔体积；Z 为混合物的摩尔压缩因子；a、b 为常数。

$$a=\sum_i\sum_j=y_iy_ja_{ij} \tag{2-55a}$$

$$b=\sum_i y_ib_i \tag{2-55b}$$

式中，a_{ii}、a_{jj}、b_i 和 b_j 分别为组元 i 和 j 的 RK 方程常数；a_{ij} 为交叉相互作用常数，其计算公式由第 2 章给出，即

$$a_{ij}=\frac{\Omega_a R^2 T_{cij}^{2.5}}{p_{cij}} \tag{2-58}$$

式中，交叉临界参数的计算仍然采用式（2-53a）～式（2-53e）。

混合物组元的逸度系数在汽液平衡计算中非常重要，为了便于应用，现给出 SRK、PR 方程的组元逸度系数计算公式，其相应的状态方程和混合规则见第 2 章。

SRK 方程的组元逸度系数计算公式

$$\ln\hat{\phi}_i=\frac{b_i}{b}(Z-1)-\ln\frac{p(V-b)}{RT}+\frac{a}{bRT}\left(\frac{b_i}{b}-\frac{2}{a}\sum_{j=1}^{N}y_ja_{ij}\right)\ln\left(1+\frac{b}{V}\right) \tag{5-109}$$

PR 方程的组元逸度系数计算公式：

$$\ln\hat{\phi}_i=\frac{b_i}{b}(Z-1)-\ln\frac{p(V-b)}{RT}+\frac{a}{2\sqrt{2}bRT}\left(\frac{b_i}{b}-\frac{2}{a}\sum_{j=1}^{N}y_ja_{ij}\right)\ln\left[\frac{V+\left(\sqrt{2}+1\right)b}{V-\left(\sqrt{2}+1\right)b}\right] \tag{5-110}$$

如果气体混合物适用于其他状态方程，则可将状态方程代入式（5-102）或式（5-104），导出计算组元逸度系数的式子。当缺乏适用的状态方程时，亦可先按对应状态原理法求出混合物整体的逸度系数，再根据 ϕ 与 $\hat{\phi}_i$ 的关系确定组元的逸度系数。

混合物逸度系数 ϕ 的计算法与纯物质逸度系数的对比态原理法相同，为了确定图 2-9 所示关系的适用性，需要用混合物的虚拟临界参数 T_{pc} 和 p_{pc}，然后可采用纯物质的方法和公式。T_{pc} 和 p_{pc} 最简单的计算公式是 Kay 混合规则，即

$$p_{pc}=\sum(y_ip_{ci}),\quad T_{pc}=\sum(y_iT_{ci})$$

由此计算虚拟对比变量

$$T_{pr}=\frac{T}{T_{pc}},\quad p_{pr}=\frac{p}{p_{pc}}$$

【例5-8】 试计算 313K、1.5MPa 下 CO_2（1）和丙烷（2）的等摩尔混合物中 CO_2 和丙烷的逸度系数。设气体混合物服从截止到第二维里系数的维里方程。已知各物质的临界参数和偏心因子的数值见下表，二元交互作用参数 k_{ij}=0。

ij	T_{cij}/K	p_{cij}/MPa	V_{cij}/cm³·mol⁻¹	Z_{cij}	ω_{ij}
11	304.19	7.382	94.0	0.274	0.228
22	369.83	4.248	200.0	0.277	0.152
12	335.40	5.482	140.4	0.2766	0.190

解：从上表所列纯物质参数的数值，计算混合物的参数，计算得到 $B^{(0)}$、$B^{(1)}$ 和 B_{ij} 的数值如下：

ij	T_{rij}	$B^{(0)}$	$B^{(1)}$	$B_{ij}/cm^3 \cdot mol^{-1}$
11	1.029	−0.320	−0.014	−110.7
22	0.850	−0.464	−0.201	−357.9
12	0.933	−0.389	−0.091	−206.7

$$\delta_{12}=2B_{12}-B_{11}-B_{22}=2\times(-206.7)-(-110.7)-(-357.9)=55.2(cm^3 \cdot mol^{-1})$$

$$\ln\hat{\phi}_1=\frac{p}{RT}(B_{11}+y_2^2\delta_{12})=\frac{1.5\times10^6}{8.3145\times313}\times(-110.7+0.5^2\times55.2)\times10^{-6}=-0.05585$$

$$\hat{\phi}_1=0.9457$$

$$\ln\hat{\phi}_2=\frac{p}{RT}(B_{22}+y_1^2\delta_{12})=\frac{1.5\times10^6}{8.3145\times313}\times(-357.9+0.5^2\times55.2)\times10^{-6}=-0.1983$$

$$\hat{\phi}_2=0.820$$

【例5-9】已知二元体系 H_2（1）-C_3H_8（2），y_1=0.208（摩尔分数），其体系压力和温度为 p=3797.26kPa，T=344.8K。试应用 RK 方程计算混合物中氢的逸度系数。

解：从电子版附录 3 中查得 H_2 与 C_3H_8 的物性数据，列于下表。

组分	T_c/K	p_c/kPa	$V_c/cm^3 \cdot mol^{-1}$	Z_c	ω
H_2	33.18	1313.0	64.2	0.305	−0.220
C_3H_8	369.83	4248.0	200	0.277	0.152

已知该系统经验系数 k_{ij}=0.07。按照第 2 章给出的式（2-14）、式（2-53）和式（2-55），计算以下各常数

$$a_{11}=\frac{0.42748\times8314.73^2\times33.18^{2.5}}{1313.0}=1.4273\times10^8(kPa^{-1}\cdot cm^6\cdot K^{0.5}\cdot mol^{-2})$$

$$a_{22}=\frac{0.42748\times8314.73^2\times369.83^{2.5}}{4248.0}=1.8299\times10^{10}(kPa^{-1}\cdot cm^6\cdot K^{0.5}\cdot mol^{-2})$$

$$b_{11}=\frac{0.08664\times8314.73\times33.18}{1313.0}=18.2045(cm^3\cdot mol^{-1})$$

$$b_{22}=\frac{0.08664\times8314.73\times369.83}{4248.0}=62.7168(cm^3\cdot mol^{-1})$$

$$T_{c12}=(1-0.07)\times(369.83\times33.18)^{1/2}=103.02(K)$$

$$V_{c12}=\frac{1}{8}\times(64.2^{1/3}+200^{1/3})^3=119.54(cm^3\cdot mol^{-1})$$

$$\omega_{12}=\frac{-0.220+0.152}{2}=-0.034$$

$$Z_{c12}=\frac{0.305+0.277}{2}=0.291$$

$$p_{c12}=\frac{0.291\times 8314.73\times 103.02}{119.54}=2085.21(\text{kPa})$$

$$a_{12}=\frac{0.42748\times 8314.73^2\times 103.02^{2.5}}{2085.21}=1.527\times 10^9(\text{kPa}^{-1}\cdot\text{cm}^6\cdot\text{K}^{0.5}\cdot\text{mol}^{-2})$$

已知 y_1=0.208，故 y_2=1−0.208=0.792，根据式（2-55），得到

$$a=0.208^2\times 1.4273\times 10^8+0.792^2\times 1.8299\times 10^{10}+2\times 0.208\times 0.792\times 1.527\times 10^9$$
$$=1.20\times 10^{10}(\text{kPa}^{-1}\cdot\text{cm}^6\cdot\text{K}^{0.5}\cdot\text{mol}^{-2})$$
$$b=0.208\times 18.2045+0.792\times 62.7168=53.46(\text{cm}^3\cdot\text{mol}^{-1})$$

将这些数据代入 RK 方程

$$\left[3797.26+\frac{1.20\times 10^{10}}{344.8^{1/2}V(V+53.46)}\right](V-53.46)=8314.73\times 344.8$$

应用迭代法解得 V=554cm³·mol⁻¹。

将以上数据代入式（5-108）

$$\ln\hat{\phi}_1=\ln\frac{554}{554-53.46}+\frac{18.2045}{554-53.46}-\frac{2\times(0.208\times 1.4273\times 10^8+0.792\times 1.527\times 10^9)}{8314.73\times 344.8^{1.5}\times 53.46}\times\ln\frac{554+53.46}{554}$$
$$+\frac{1.20\times 10^{10}\times 18.2045}{8314.73\times 344.8^{1.5}\times 53.46^2}\times\left(\ln\frac{554+53.46}{554}-\frac{554}{554+53.46}\right)-\ln\frac{3797.26\times 554}{8314.73\times 344.8}$$
$$=-0.8100$$

$$\hat{\phi}_1=0.4449$$

5.5　理想混合物

5.5.1　概念的提出

在上一节中讨论了由 p-V-T 关系计算逸度系数的方法，进而可以计算逸度。当计算混合物中某一组元 i 的逸度时必然还需要适应的混合规则。对于真实的混合物，尤其是真实的液体混合物，计算是一项繁重的工作。为此，工程中发展了一种更加简单且实用的方法，即对每个系统选择一个与研究状态同温、同压、同组成的理想混合物作参考态，然后在此基础上加以修正，以求得真实混合物的热力学性质。

理想混合物指的是，在恒温恒压下，每一组元的逸度正比于它在混合物中的浓度（通常为摩尔分数）。即在某一恒定的温度和压力下，对于理想混合物中的任一组元 i

$$\hat{f}_i^{\text{id}}=f_i^{\ominus}x_i \tag{5-111}$$

式中，$f_i^{\ominus}$称为标准态逸度。

5.5.2 理想混合物的模型与标准态

（1）第一种模型和标准态

在相同温度和压力下，式（5-102）和式（5-72）相减，得

$$\ln\frac{\hat{\phi}_i}{\phi_i}=\frac{1}{RT}\int_0^p(\overline{V}_i-V_i)\,\mathrm{d}p \tag{5-112}$$

将$\hat{\phi}_i$与ϕ_i的定义式代入上式，得

$$\ln\frac{\hat{f}_i}{x_i f_i}=\frac{1}{RT}\int_0^p(\overline{V}_i-V_i)\,\mathrm{d}p \tag{5-113}$$

第一种理想混合物是混合物的一种极限，它假设组成混合物的各组元结构、性质相近、分子间作用力相等，分子体积相同。通常可以将同分异构体、光学异构体、紧邻同系物作为该类理想混合物。

但当体系是该类理想混合物时，混合前后体积不发生变化，$\overline{V}_i=V_i$，于是式（5-113）可简化为

$$\hat{f}_i^{\mathrm{id}}=f_i x_i \tag{5-114}$$

式中，上标“id”表示理想混合物。该式表明，理想混合物中组元的逸度与它的摩尔分数成正比，这个关系称为Lewis-Randall规则，也是Raoult定律的普遍化形式。

比较式（5-114）和式（5-111）可知：**第一种理想混合物的标准态逸度选择为纯物质逸度**，记为

$$f_i^{\ominus}(\mathrm{LR})=f_i$$

此时，理想混合物中组元的逸度系数符合

$$\hat{\phi}_i^{\mathrm{id}}=\phi_i \tag{5-115}$$

即理想混合物中组元i的逸度系数等于同温同压下纯物质i的逸度系数，而与组成无关。

（2）第二种模型和标准态

在有些情况下，溶液中组元的逸度与组成成正比的简单关系仅适用于很小的组成范围。这种混合物称为理想稀溶液，此时理想稀溶液中的溶质符合

$$\hat{f}_i^{\mathrm{id}}=k_{\mathrm{H}}x_i \tag{5-116}$$

对比式（5-116）和式（5-111），**理想稀溶液中溶质的标准态逸度是与溶液相同温度压力下溶质i在溶剂（如组元j）中的Henry常数**，即

$$f_i^{\ominus}(\mathrm{HL})=\lim_{x_i\to 0}\frac{\hat{f}_i^{\mathrm{id}}}{x_i}=k_{\mathrm{H}} \tag{5-117}$$

至此可见：理想混合物又称理想溶液（这里溶液是广义的概念，气体混合物也可称溶液）。**有两种理想混合物模型，一种是在广泛浓度范围内，混合物中所有组元性质相近，组元逸度均符合Lewis-Randall规则；另一种通常称为理想稀溶液，该溶液中的溶质（如组元i）浓度很低，即$x_i\to 0$，其逸度符合Henry定律，而其溶剂（如组元j）浓度很高，即$x_j\to 1$，其逸度符合Lewis-Randall规则**。

Gibbs-Duhem 方程提供了 Lewis-Randall 规则和 Henry 定律之间的关系。即在一定温度和压力下，若二元溶液的组元 2 适合于 Henry 定律，则组元 1 就必然适合于 Lewis-Randall 规则。证明如下：在 T、p 一定的条件下，根据 Gibbs-Duhem 方程（5-49），即

$$\sum x_i \mathrm{d}\bar{M}_i = 0$$

将此式应用于二元溶液的组元逸度，有

$$x_1 \mathrm{dln}\hat{f}_1 + x_2 \mathrm{dln}\hat{f}_2 = 0$$

若组元 2 适合于 Henry 定律，即

$$\hat{f}_2 = k_2 x_2$$

考虑到 T、p 一定的条件下，k_2 是一个常数，所以

$$\mathrm{dln}\hat{f}_2 = \mathrm{dln}k_2 + \mathrm{dln}x_2 = \mathrm{dln}x_2$$

将其代入 Gibbs-Duhem 方程，并考虑 $\mathrm{d}x_1=-\mathrm{d}x_2$，整理得

$$\mathrm{dln}\hat{f}_1 = -\frac{x_2}{x_1}\mathrm{dln}\hat{f}_2 = -\frac{x_2}{x_1}\mathrm{dln}x_2 = \mathrm{dln}x_1$$

将上式在 $1 \to x_1$ 和 $f_1 \to \hat{f}_1$ 区间内积分，得

$$\ln\frac{\hat{f}_1}{f_1} = \ln x_1，即 \hat{f}_1 = f_1 x_1$$

结论得证。

5.5.3　理想混合物的特征及关系式

将理想混合物的定义和基本假设代入相应的热力学关系，可以得到理想混合物的一系列特征及热力学关系式。

理想混合物中组元 i 的偏摩尔热力学性质有以下关系

$$\bar{G}_i^{\mathrm{id}} = G_i + RT\ln x_i \tag{5-118}$$

$$\bar{S}_i^{\mathrm{id}} = S_i - R\ln x_i \tag{5-119}$$

$$\bar{V}_i^{\mathrm{id}} = V_i \tag{5-120}$$

$$\bar{U}_i^{\mathrm{id}} = U_i \tag{5-121}$$

$$\bar{H}_i^{\mathrm{id}} = H_i \tag{5-122}$$

根据以上偏摩尔性质关系式，可进一步得到理想混合物的混合过程性质变化系列关系式

$$\Delta G^{\mathrm{id}} = RT\sum_i x_i \ln x_i \tag{5-123}$$

$$\Delta S^{\mathrm{id}} = -R\sum_i x_i \ln x_i \tag{5-124}$$

$$\Delta V^{\mathrm{id}} = 0 \tag{5-125}$$

$$\Delta U^{\mathrm{id}} = 0 \tag{5-126}$$

$$\Delta H^{\mathrm{id}} = 0 \tag{5-127}$$

5.6　活度和活度系数

式（5-102）和式（5-104）是计算混合物中组元逸度系数的基本关系式，这是两个普适方程，适合于任何相态，在求解时要从 p=0 或 V= ∞的理想气体状态积分至实际系统的

状态，这对于液相的计算需要经历两相共存区。尽管已经有一些状态方程能同时适用于汽、液两相，如Peng-Robinson方程等，但由于状态方程在计算液相时相对困难，尤其计算高分子溶液、缔合体系等复杂体系时精度受限，这些问题在一定程度上限制了使用状态方程计算逸度。为了方便计算液体混合物的逸度，需要有一种更简单实用的方法，这便是活度的方法。

5.6.1 活度和活度系数的定义

真实溶液与理想溶液（理想混合物）或多或少存在着偏差。如果我们用"活度系数"来表示这种偏差的程度，便可通过对理想溶液进行校正的方式来解决真实溶液的计算。

对于理想溶液，组元 i 的逸度遵守式（5-111），即

$$\hat{f}_i^{\mathrm{id}} = f_i^{\ominus} x_i$$

对于真实溶液，同样希望溶液的组元逸度和浓度之间仍有类似式（5-111）的简单关系。为此，Lewis通过引入一个校正浓度$\hat{a}_i$来代替式（5-111）中的浓度 x_i，则对于真实溶液

$$\hat{f}_i = f_i^{\ominus} \hat{a}_i \tag{5-128}$$

式中，$\hat{a}_i$称为溶液中组元 i 的活度，可见其定义为

$$\hat{a}_i = \hat{f}_i / f_i^{\ominus} \tag{5-129}$$

即溶液中组元 i 的活度为该组元的逸度与其标准态的逸度之比。

很显然，对理想溶液有

$$\hat{a}_i^{\mathrm{id}} = x_i \tag{5-130}$$

可见，真实溶液对理想溶液的偏差可归结为$\hat{a}_i$对 x_i 的偏差，这个偏差程度用活度系数来表示，定义为

$$\gamma_i = \frac{\hat{a}_i}{x_i} \tag{5-131}$$

式中，γ_i 为真实溶液中组元 i 的活度系数，也称为校正系数。

应用式（5-111）和式（5-129），得

$$\gamma_i = \frac{\hat{f}_i}{f_i^{\ominus} x_i} = \frac{\hat{f}_i}{\hat{f}_i^{\mathrm{id}}} \tag{5-132}$$

可见，**活度系数等于真实溶液的组元逸度与理想溶液的组元逸度的比值**。

需要注意的是，逸度与标准态的选择无关，**而活度和活度系数与标准态的选择有关**。由于活度系数是对溶液非理想性的定量量度，因此，它可以方便地用来对溶液进行分类。

① 对于纯组元 i，其活度和活度系数都等于1，即

$$\lim_{x_i \to 1} \hat{a}_i = 1, \quad \lim_{x_i \to 1} \gamma_i = 1$$

② 对于理想溶液，组元 i 的活度等于其浓度，活度系数等于1，即

$$\hat{a}_i = x_i, \quad \gamma_i = 1$$

③ 对于真实溶液，由于$\hat{a}_i \neq x_i$，所以$\gamma_i \neq 1$。γ_i可能大于1，也可能小于1。当$\gamma_i > 1$时，称对理想溶液具有正偏差的溶液；当 $\gamma_i < 1$ 时，称对理想溶液具有负偏差的溶液。

5.6.2 标准态的选择

由活度的定义式（5-129）可知，活度是混合物中组元实际状态的逸度与标准态的逸度之比，而$\hat{f}_i$是体系的性质，客观上是某个状态下的定值。因此，活度和活度系数与标准态的选择有关，不同的标准态则对应于不同的活度和活度系数，若不指明标准态，它们就没有意义。为了计算方便，常选择理想溶液的标准态，这样理想溶液的活度系数就可以为 1。

上节已经阐述：Lewis-Randall 规则和 Henry 定律代表了两种理想溶液（理想混合物）的模型并相应地提出了两种标准态。

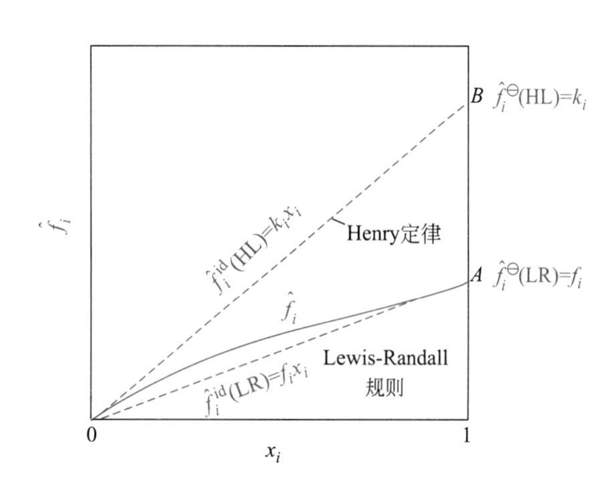

图 5-7　溶液中组元 i 的逸度与组成的关系

下面通过图 5-7 来说明两种基准态的选择方法。图 5-7 中，实线 L 代表在一定温度和压力下，二元溶液的组元逸度$\hat{f}_i$与其组成 x_i 的关系，即$\hat{f}_i = f_i^{\ominus}\gamma_i x_i$。上方虚线是曲线 L 在 $x_i \to 0$ 处的切线，符合 Henry 定律，表示当组元 i 为稀溶液中溶质时的逸度与其组成的关系，即$\hat{f}_i^{\mathrm{id}} = k_i x_i$。下方虚线是 L 在 $x_i \to 1$ 处的切线，符合 Lewis-Randall 规则，表示组元 i 为稀溶液中溶剂时的逸度与其组成的关系，即$\hat{f}_i^{\mathrm{id}} = f_i x_i$。

在一定 T、p 下，曲线 L 的一端与 Henry 定律直线相关联，而在曲线 L 的另一端与 Lewis-Randall 规则直线相关联。

为了计算方便，对于非电解质溶液，有以下两种选择基准态逸度的规则。

（1）规则 Ⅰ——可凝性组分的基准态逸度

对于可凝性组分，所取的基准态是与系统具有相同温度、相同压力和同一相态的纯物质 i。即当 $x_i \to 1$ 时 $\gamma_i \to 1$，$f_i^{\ominus} \to f_i$。此基准态在图 5-7 上是 A 点。

由图可见，A 点是纯 i 的实际状态，此情况下标准态是符合 Lewis-Randall 规则的理想溶液状态。显然，实际溶液在 x_i=1 处的切线即为相同 T、p 下 Lewis-Randall 规则的理想溶液曲线，$f_i^{\ominus}$是切线在 x_i=1 处的值，用数学公式表示为

$$\lim_{x_i \to 1} \frac{\hat{f}_i}{x_i} = f_i^{\ominus} = f_i = f_i^{\ominus}(\mathrm{LR}) \tag{5-133}$$

式中，$f_i^{\ominus}(\mathrm{LR})$表示标准态是以 Lewis-Randall 规则为基准的。

将$f_i^{\ominus}(\mathrm{LR})$代入式（5-128）和式（5-132），得

$$\hat{f}_i = f_i \hat{a}_i \quad 或 \quad \hat{a}_i = \frac{\hat{f}_i}{f_i} \tag{5-134}$$

$$\hat{f}_i = f_i \gamma_i x_i \quad 或 \quad \gamma_i = \frac{\hat{f}_i}{f_i x_i} \tag{5-135}$$

（2）规则Ⅱ——不可凝性组分的基准态选择

对于不可凝性组分，采取的基准态是当 $x_i \to 0$ 时 $\gamma_i^* \to 1$，$f_i^\ominus \to k_{\mathrm{H},i}$。$k_{\mathrm{H},i}$ 为组元 i 在系统 T、p 下的亨利常数。此基准态在图 5-7 上是 B 点，即 Henry 定律 $\hat{f}_i^{\mathrm{id}} = k_i x_i$ 外延到 x_i=1 的状态为标准态。

由图可见，B 点不在组元 i 的逸度曲线上，因而是一假想态。显然，此标准态是符合 Henry 定律的理想稀溶液状态。实际溶液在 x_i=0 处的切线即为相同 T、p 下的 Henry 定律曲线。$f_i^\ominus$是切线在 x_i=1 处的值，用数学公式表示为

$$\lim_{x_i \to 0} \frac{\hat{f}_i}{x_i} = f_i^\ominus = k_i = f_i^\ominus(\mathrm{HL}) \tag{5-136}$$

式中，$f_i^\ominus(\mathrm{HL})$表示标准态是以 Henry 定律为基准的。

将$f_i^\ominus(\mathrm{HL})$代入式（5-128）和式（5-132），得

$$\hat{f}_i = k_i \hat{a}_i^* \quad 或 \quad \hat{a}_i^* = \frac{\hat{f}_i}{k_i} \tag{5-137}$$

$$\hat{f}_i = k_i \gamma_i^* x_i \quad 或 \quad \gamma_i^* = \frac{\hat{f}_i}{k_i x_i} \tag{5-138}$$

式中，$\hat{a}_i^*$与γ_i^*表示标准态是以 Henry 定律为基准时得到的活度和活度系数。

综上所述，基准态通常选择$\hat{f}_i^{\mathrm{id}}(\mathrm{LR}) = f_i x_i$或$\hat{f}_i^{\mathrm{id}}(\mathrm{HL}) = k_i x_i$。当然，基准态的选择不局限于这两种方法，这里不再多作介绍。

一般情况下，$f_i^\ominus(\mathrm{LR})$与$f_i^\ominus(\mathrm{HL})$是不同的。$f_i^\ominus(\mathrm{LR})$是给定温度、压力下的纯液体 i 的逸度，其值只与 i 物质的性质有关。而$f_i^\ominus(\mathrm{HL})$是在溶液的温度和压力下沿 Henry 曲线外延至 $x_i \to 1$ 时的假想状态的逸度，数值上等于 Henry 常数 k_i，它不仅与组元 i 的性质有关，而且也和溶剂的性质有关。

对溶液中的组元，如果在整个组成范围内都能以液相存在（即两种组元都是可凝性组分，如乙醇的水溶液），那么，溶质和溶剂都选择$f_i^\ominus(\mathrm{LR})$作基准态比较方便。但是，如果溶液的温度已高出了某个组元 i 的临界温度（如 40℃、0.1MPa 时 CO_2 溶解在液体苯中形成的溶液）时，组元 i 就不能以纯液体存在，也就无法得到纯液体 i 的逸度数据，那么，组元 i（溶质）就应选择$f_i^\ominus(\mathrm{HL})$作基准态，而溶剂仍选择$f_i^\ominus(\mathrm{LR})$作基准态。此时，溶质和溶剂的标准态选择状况互不相同。

5.6.3 溶液中活度系数 γ_i 与 γ_i^* 的关系

溶液中组元选择基准态都是以活度系数为 1 的状态为选择基准，因此称之为活度系数的归一化。

当采用以 Lewis-Randall 规则为基准的基准态时，活度系数的归一化条件为

$$\lim_{x_i \to 1} \gamma_i = 1 \tag{5-139}$$

这种归一化法对于溶质和溶剂都适用，通常称之为对称的归一化法。

当采用以 Henry 定律为基准的标准态时，归一化条件则为

$$\lim_{x_i \to 0} \gamma_i^* = 1 \tag{5-140}$$

这种归一化法主要用于在溶液中不凝性溶质，因此，称之为非对称的归一化法。

对二元溶液来说，两种归一化法的活度系数很容易相关联。由式（5-135）和式（5-138）得

$$\frac{\gamma_i}{\gamma_i^*} = \frac{k_i}{f_i} \tag{5-141}$$

若定义无限稀释状态下溶质的活度系数为γ_i^∞，即

$$\gamma_i^\infty = \lim_{x_i \to 0} \gamma_i \tag{5-142}$$

将式（5-141）应用于无限稀释的溶液，则

$$\frac{k_i}{f_i} = \lim_{x_i \to 0} \frac{\gamma_i}{\gamma_i^*} = \frac{\lim\limits_{x_i \to 0} \gamma_i}{\lim\limits_{x_i \to 0} \gamma_i^*} = \gamma_i^\infty$$

再代入式（5-141），得

$$\frac{\gamma_i}{\gamma_i^*} = \lim_{x_i \to 0} \gamma_i = \gamma_i^\infty \tag{5-143}$$

式（5-143）就是两种不同归一化活度系数之间的关系。

【例5-10】已知一定 T、p 下，二元溶液中的逸度为

$$\ln f = 7 - 9x_1 + 3x_1^2$$

针对以下基准态的选择确定在上述 T、p 下的活度系数表达式：

（1）两组元均以 Lewis-Randall 规则为基准态时的 $\ln \gamma_1$ 和 $\ln \gamma_2$；

（2）组元 1 以 Henry 定律为基准态，组元 2 以 Lewis-Randall 规则为基准态时的 $\ln \gamma_1^*$ 和 $\ln \gamma_2$。

解：（1）将 $\ln f = 7 - 9x_1 + 3x_1^2$ 变换成 $n\ln f = 7 - 9n_1 + 3\dfrac{n_1^2}{n}$

$$\ln \frac{\hat{f}_1}{x_1} = \left[\frac{\partial (n\ln f)}{\partial n_1}\right]_{T,p,n_2} = 7 - 9 + 3\left(2x_1 - x_1^2\right)$$

$$\ln \frac{\hat{f}_2}{x_2} = \left(\frac{\partial \ln f}{\partial n_2}\right)_{T,p,n_1} = 7 - 3x_1^2$$

$$\frac{\hat{f}_1}{x_1} = \exp\left[7 - 9 + 3\left(2x_1 - x_1^2\right)\right], \quad \frac{\hat{f}_2}{x_2} = \exp\left(7 - 3x_1^2\right)$$

$$f_1^\ominus = \lim_{x_1 \to 1} \frac{\hat{f}_1}{x_1} = \exp(7 - 9 + 3) = \mathrm{e}, \quad f_2^\ominus = \lim_{x_2 \to 1} \frac{\hat{f}_2}{x_2} = \mathrm{e}^7$$

$$\ln \gamma_1 = \ln \frac{\hat{f}_1}{f_1^\ominus x_1} = -3x_2^2, \quad \ln \gamma_2 = \ln \frac{\hat{f}_2}{f_2^\ominus x_2} = -3x_1^2$$

（2）根据 Henry 常数 k_i 的计算公式

$$k_1 = \lim_{x_1 \to 0} \frac{\hat{f}_1}{x_1} = \exp(7 - 9) = \mathrm{e}^{-2}$$

$$f_2^{\ominus} = \lim_{x_2 \to 1} \frac{\hat{f}_2}{x_2} = e^7$$

$$\ln \gamma_1^* = \ln \frac{\hat{f}_1}{k_1 x_1} = 3\left(1 - x_2^2\right)$$

或

$$\ln \gamma_1^* = \ln \frac{f_1^{\ominus}\gamma_1}{k_1} = -\ln k_1 + \ln \gamma_1 + \ln f_1^{\ominus} = 3\left(1 - x_2^2\right)$$

$$\ln \gamma_2 = \ln \frac{\hat{f}_2}{f_2^{\ominus} x_2} = -3x_1^2$$

5.6.4 超额性质

已知真实混合物与理想混合物的热力学性质会有差异，前面已经讨论了理想混合物的性质，为了更方便得到真实混合物的热力学性质，将**实际混合物与同温、同压、同组成的理想混合物摩尔广度热力学性质的差值定义为超额性质**，用M^{E}表示，即

$$M^{\mathrm{E}} = M - M^{\mathrm{id}} \tag{5-144}$$

式中，M、M^{id}分别代表同温、同压、同组成下真实混合物和理想混合物的摩尔广度热力学性质（包括V、U、H、A、G等）。

超额性质可以是正数，也可以是负数，这取决于不同种类的分子间的相互作用。显然，**对于理想混合物，所有超额性质都等于零**。

对于真实混合物，不同超额性质间的关系与相应的热力学性质间的关系具有相同的形式，其偏导数也都类似于相应热力学性质的偏导数关系。例如

$$G^{\mathrm{E}} = H^{\mathrm{E}} - TS^{\mathrm{E}} \tag{5-145}$$

$$S^{\mathrm{E}} = -\left(\frac{\partial G^{\mathrm{E}}}{\partial T}\right)_{p,x} \tag{5-146}$$

$$V^{\mathrm{E}} = \left(\frac{\partial G^{\mathrm{E}}}{\partial p}\right)_{T,x} \tag{5-147}$$

$$\frac{H^{\mathrm{E}}}{T^2} = -\left[\frac{\partial (G^{\mathrm{E}}/T)}{\partial T}\right]_{p,x} \tag{5-148}$$

另外，依据混合性质的概念 $\Delta M = M - \sum_i x_i M_i$ （5-52）

则对于理想混合物 $\Delta M^{\mathrm{id}} = M^{\mathrm{id}} - \sum_i x_i M_i$ （5-149）

式（5-52）和式（5-149）式结合，并依据式（5-144）得

$$M^{\mathrm{E}} = \Delta M - \Delta M^{\mathrm{id}} \tag{5-150}$$

将理想混合物的各混合热力学性质代入可得到

$$G^{\mathrm{E}} = \Delta G - \Delta G^{\mathrm{id}} = \Delta G - RT\sum x_i \ln x_i \tag{5-151}$$

$$S^{\mathrm{E}} = \Delta S - \Delta S^{\mathrm{id}} = \Delta S + R\sum x_i \ln x_i \tag{5-152}$$

$$V^{\mathrm{E}} = \Delta V - \Delta V^{\mathrm{id}} = \Delta V \tag{5-153}$$

$$H^{\mathrm{E}} = \Delta H - \Delta H^{\mathrm{id}} = \Delta H \tag{5-154}$$

可见，对体积、内能和焓来说，体系的超额性质和其混合性质是一致的。而对于溶液

热力学，最有用的是超额 Gibbs 自由能。

将式（5-86）从标准态到真实溶液积分得

$$\bar{G}_i = G_i^{\ominus} + RT\ln\frac{\hat{f}_i}{f_i^{\ominus}} = G_i^{\ominus} + RT\ln\hat{a}_i \tag{5-155}$$

则由式（5-58）得

$$\Delta G = RT\sum_i x_i \ln\hat{a}_i \tag{5-156}$$

代入式（5-150）得

$$G^{\mathrm{E}} = \Delta G - \Delta G^{\mathrm{id}} = RT\sum_i x_i \ln\gamma_i \tag{5-157}$$

根据偏摩尔性质的定义，便可证明

$$\ln\gamma_i = \left\{\frac{\partial\left[nG^{\mathrm{E}}/(RT)\right]}{\partial n_i}\right\}_{T,p,n_{j\neq i}} \tag{5-158}$$

即 $\ln\gamma_i$ 是 G^{E}/（RT）的偏摩尔性质，能从 G^{E}/（RT）得到 $\ln\gamma_i$。

还可以写成另一种形式

$$\ln\gamma_i = \frac{\bar{G}_i^{\mathrm{E}}}{RT} \tag{5-159}$$

式（5-157）和式（5-159）表达了溶液的超额 Gibbs 自由能和溶液中组元 i 的偏摩尔超额 Gibbs 自由能与组元 i 的活度系数间的关系。这些关系在溶液热力学的研究中起着非常重要的作用。G^{E} 能反映溶液的非理想性，并有可能通过半理论或经验的数学解析式，再结合式（5-159）获得相应的活度系数模型，进而可计算溶液中组元的逸度或组成。

【例5-11】对于二元液体溶液，其各组元在化学上没有太大的区别，并且具有相差不大的分子体积时，其超额 Gibbs 自由能在定温定压条件下能够表示成为组成的函数

$$G^{\mathrm{E}}/(RT) = Ax_1x_2$$

式中，A 与 x 无关，其标准态以 Lewis-Randall 规则为基础。试导出作为组成函数的 $\ln\gamma_1$ 和 $\ln\gamma_2$ 的表达式。

解：对组元 1，已知 $\frac{G^{\mathrm{E}}}{RT} = Ax_1x_2$，其中 $x_1 = \frac{n_1}{n}$，$x_2 = \frac{n_2}{n}$，则 $\frac{nG^{\mathrm{E}}}{RT} = \frac{An_1n_2}{n}$。根据

$$\ln\gamma_1 = \left\{\frac{\partial\left[nG^{\mathrm{E}}/(RT)\right]}{\partial n_1}\right\}_{T,p,n_2}$$

则

$$\ln\gamma_1 = An_2\left[\frac{\partial(n_1/n)}{\partial n_1}\right]_{n_2} = An_2\left(\frac{1}{n} - \frac{n_1}{n^2}\right) = A\frac{n_2}{n}\left(1 - \frac{n_1}{n}\right)$$

或

$$\ln\gamma_1 = Ax_2(1 - x_1) = Ax_2^2$$

同理，对组元 2

$$\ln\gamma_2 = Ax_1^2$$

5.6.5　活度系数模型

所谓活度系数模型是指表达溶液中组元的活度系数和溶液温度、压力和组成的函数关系式。

式（5-158）给出了活度系数与超额 Gibbs 自由能的内在联系，即

$$\ln\gamma_i = \left\{ \frac{\partial\left[nG^{E}/(RT) \right]}{\partial n_i} \right\}_{T,p,n_{j\neq i}}$$

可见，G^E 是构建溶液的 γ_i 与其 T、p 和组成关系的桥梁。对溶液来说，因目前还没有一种理论能够包容所有液体的性质，所以还找不到一个通用的 G^E 模型来解决所有的问题。故表达 G^E-x_i 的关联式很多，包括基于溶液理论的理论型模型、半理论模型和基于实验数据的经验模型。其中大多数关联式都是在一定的溶液理论基础上，通过适当的假设或简化，再结合经验提出的半理论半经验的模型。下面将根据溶液的分类，从应用的角度来介绍几种最具代表性的活度系数模型。

5.6.5.1 正规溶液模型

所谓正规溶液是指超额体积和超额熵都为零的溶液，即 $V^E=0$，$S^E=0$。

根据定义可知，正规溶液的混合熵等于理想混合熵，混合体积为零，但正规溶液的混合热不等于零，这正是正规溶液有别于理想溶液的地方。根据正规溶液的特点，超额 Gibbs 自由能可写成

$$G^E=H^E=U^E$$

Scatchard 和 Hildebrand 先后提出了正规溶液理论。对二元正规溶液，其超额 Gibbs 自由能可表示为

$$G^E=(x_1V_1+x_2V_2)\phi_1\phi_2(\delta_1-\delta_2)^2 \tag{5-160}$$

式中，ϕ_1、ϕ_2 分别为组元 1 和 2 的体积分数，其定义式为（5-161）；δ_1、δ_2 为组元 1 和 2 的溶解度参数，其定义式为（5-162）；V_1、V_2 为组元 1 和 2 的液体摩尔体积。

$$\phi_i = \frac{x_iV_i}{x_1V_1 + x_2V_2} \tag{5-161}$$

$$\delta_i = \left(\frac{\Delta U_i}{V_i} \right)^{\frac{1}{2}} \tag{5-162}$$

式中，ΔU_i 为纯物质 i 作为饱和液体时蒸发转变为理想气体所经历的摩尔内能的变化。

将式（5-160）代入式（5-158），便可得到

$$\ln\gamma_1 = \frac{V_1\phi_2^2}{RT}(\delta_1-\delta_2)^2,\quad \ln\gamma_2 = \frac{V_2\phi_1^2}{RT}(\delta_1-\delta_2)^2 \tag{5-163}$$

式即为 Scatchard-Hildebrand 活度系数方程。这样，只要已知各纯液体的摩尔体积及蒸发热力学能，便可求得二元溶液两个组元的活度系数。

正规溶液模型适用于由非极性物质构成的分子大小相近、形状相似的正偏差类体系。Scatchard-Hildebrand 方程的优点是仅需纯物质的性质即可预测混合物组元的活度系数，而无需进行混合物的汽液平衡测定。缺点是能适用的体系不多。

5.6.5.2 无热溶液模型

无热溶液理论假定由纯物质形成溶液时，其混合热基本为零，即 $\Delta H\approx 0$ 或 $H^E\approx 0$。溶液非理想性的原因主要来自超额熵不等于零，即 $S^E\neq 0$。根据无热溶液的特点，超额

Gibbs 自由能可写成

$$G^{E}=-TS^{E}$$

Flory 和 Huggins 在似晶格模型的基础上，采用统计力学的方法导出无热溶液超额熵的方程：

$$S^{E}=-R\sum x_1\ln\frac{\phi_i}{x_i}\qquad (i=1, 2, \cdots, N)\tag{5-164}$$

则

$$G^{E}=-TS^{E}=RT\sum x_i\ln\frac{\phi_i}{x_i}\tag{5-165}$$

式中，ϕ_i 为组元 i 的体积分数。

对于二元溶液，G^{E} 的表达式为

$$\frac{G^{E}}{RT}=x_1\ln\frac{\phi_1}{x_1}+x_2\ln\frac{\phi_2}{x_2}\tag{5-166}$$

利用式（5-158），可得描述二元无热溶液的 Flory-Huggins 方程，即

$$\ln\gamma_1=\ln\frac{\phi_1}{x_1}+1-\frac{\phi_1}{x_1},\quad \ln\gamma_2=\ln\frac{\phi_2}{x_2}+1-\frac{\phi_2}{x_2}\tag{5-167}$$

正如式（5-163）一样，Flory-Huggins 方程也只需要纯组元的摩尔体积。无热溶液模型适用于由分子大小相差甚远，而相互作用力很相近的物质构成的溶液，特别是高聚物溶液。由 Flory-Huggins 方程求得的活度系数都小于 1，因此，无热溶液模型只能用来预测对 Raoult 定律呈负偏差的体系性质，且不能用于极性相差大的体系。

5.6.5.3　Whol 模型

由于正规溶液的非理想性主要表现为 $\Delta H\neq 0$，故超额 Gibbs 自由能的数值主要取决于分子间的相互作用。根据对不同大小分子群中不同分子间相互作用的考察，人们提出了不少超额 Gibbs 自由能模型。Whol 将其归纳总结，认为分子间相互作用的贡献与分子群形成的相对频率以及反映该分子群的有效摩尔体积成比例，而分子群形成的相对频率可用各组元有效体积分数的乘积来表示，即

$$\frac{G^{E}}{RT}=\sum q_i x_i\left(\sum_i\sum_j Z_iZ_ja_{ij}+\sum_i\sum_j\sum_k Z_iZ_jZ_ka_{ijk}+\sum_i\sum_j\sum_k\sum_l Z_iZ_jZ_kZ_la_{ijkl}+\cdots\right)\tag{5-168}$$

式中，q_i 为组元 i 的有效摩尔体积；Z_i 为组元 i 的有效体积分数，其定义为

$$Z_i=\frac{q_ix_i}{\sum q_ix_i}\tag{5-169}$$

a_{ij}, a_{ijk}, a_{ijkl}, …分别为 i、j 两分子，i、j、k 三分子，i、j、k、l 四分子，…相互作用参数，它们描述了不同分子群的特征。相同分子群参数则为零，即

$$a_{ii}=a_{iii}=a_{iiii}=\cdots=0$$

式（5-168）是 G^{E} 的 Whol 型通用表达式。根据实验物系的复杂程度及对计算准确度的要求，可以选取任意项的 Whol 方程对实验数据进行关联。选取的项数越多，越能代表实际体系的性质，但方程中出现的参数也就越多。实际上，特别是对多元体系，多分子作用的参数几乎不可能由实验得到，通常表示四分子相互作用的参数已经很少见了。因此，

下面具体讨论截取至三分子相互作用项的 Whol 方程。

略去四分子以上基团相互作用参数，将式（5-168）用于二元体系时，可有

$$\frac{G^{\mathrm{E}}}{RT}=(q_1x_1+q_2x_2)(2Z_1Z_2a_{12}+3Z_1^2Z_2a_{112}+3Z_1Z_2^2a_{122}) \tag{5-170}$$

令 $A_{12}=q_1(2a_{12}+3a_{122})$，$A_{21}=q_2(2a_{12}+3a_{112})$，则式（5-170）可表示为

$$\frac{G^{\mathrm{E}}}{RT}=\left(\frac{q_2}{q_1}A_{12}x_2+\frac{q_1}{q_2}A_{21}x_1\right)Z_1Z_2 \tag{5-171}$$

应用上式，可求得二元体系的两个活度系数方程，为

$$\ln\gamma_1=Z_2^2\left[A_{12}+2Z_1\left(A_{21}\frac{q_1}{q_2}-A_{12}\right)\right],\quad \ln\gamma_2=Z_1^2\left[A_{21}+2Z_2\left(A_{12}\frac{q_2}{q_1}-A_{21}\right)\right] \tag{5-172}$$

式（5-172）中含有三个参数 A_{12}、A_{21} 及 $\frac{q_1}{q_2}$。通过对三个参数进行不同的简化，便可导出一些早期建立的著名的活度系数方程。

（1）Scatchard-Hamer 方程

用纯组元的摩尔体积 V_1 和 V_2 来取代有效摩尔体积 q_1 和 q_2，即可得到 Scatchard-Hamer 方程

$$\ln\gamma_1=Z_2^2\left[A_{12}+2Z_1\left(A_{21}\frac{V_1}{V_2}-A_{12}\right)\right],\quad \ln\gamma_2=Z_1^2\left[A_{21}+2Z_2\left(A_{12}\frac{V_2}{V_1}-A_{21}\right)\right] \tag{5-173}$$

若令 $\frac{A_{12}}{V_1}=\frac{A_{21}}{V_2}=\frac{(\delta_1-\delta_2)^2}{RT}$，并引入体积分数 ϕ_i，式（5-173）就演化为 Scatchard-Hildebrand 方程式（5-163）。

（2）Margules 方程

若令 $q_1/q_2=1$，则 $Z_i=x_i$，代入式（5-170）和式（5-171）即可得到 Margules 方程

$$\frac{G^{\mathrm{E}}}{RT}=x_1x_2(x_1A_{21}+x_2A_{12}) \tag{5-174}$$

$$\ln\gamma_1=x_2^2[A_{12}+2x_1(A_{21}-A_{12})],\quad \ln\gamma_2=x_1^2[A_{21}+2x_2(A_{12}-A_{21})] \tag{5-175}$$

当 $x_1\to 0$ 时

$$\lim_{x_1\to 0}\gamma_1=\ln\gamma_1^{\infty}=A_{12} \tag{5-176a}$$

当 $x_2\to 0$ 时

$$\lim_{x_2\to 0}\gamma_2=\ln\gamma_2^{\infty}=A_{21} \tag{5-176b}$$

Margules 方程参数 A_{12} 和 A_{21} 也称为端值常数，γ_1^{∞} 和 γ_2^{∞} 称为无限稀释活度系数，其值由实验数据拟合求得（见 5.6.6 节）。

（3）van Laar 方程

van Laar 假设：①形成二元混合物的两种物质的分子尺寸大小相近和分子间作用力相似；② van der Waals 方程同时适用于混合物和纯组分。因此可以令 $q_2/q_1=A_{21}/A_{12}$，则

$$Z_1 = \frac{x_1 A_{12}}{x_1 A_{12} + x_2 A_{21}}, \quad Z_2 = \frac{x_2 A_{21}}{x_1 A_{12} + x_2 A_{21}}$$

代入式（5-172）即可得 van Laar 方程

$$\ln \gamma_1 = A_{12}\left(\frac{A_{21}x_2}{A_{12}x_1 + A_{21}x_2}\right)^2, \quad \ln \gamma_2 = A_{21}\left(\frac{A_{12}x_1}{A_{12}x_1 + A_{21}x_2}\right)^2 \tag{5-177}$$

当 $x_1 \to 0$ 和 $x_2 \to 0$ 时，也得到和式（5-176a）和式（5-176b）完全一样的结果。

可见，参数 A_{12} 和 A_{21} 也分别是 x_1=0 和 x_2=0 时的活度系数对数。

（4）Margules 方程和 van Laar 方程中的两个端值参数 A_{12} 和 A_{21}

通常都是以实验数据为基础而求的。若 Margules 方程和 van Laar 方程中的两个参数 $A_{12}=A_{21}$，则两个活度系数方程就变成相同的形式

$$\ln \gamma_1 = A_{12}x_2^2, \quad \ln\gamma_2 = A_{21}x_1^2 \tag{5-178}$$

显然，由式（5-178）所描绘的两条 $\ln\gamma-x$ 曲线是相互对称的，故称为对称系统。

苯 - 环己烷二元混合物是典型的对称系统。图 5-8 和图 5-9 显示了该混合物的超额 Gibbs 自由能与组成的关系和活度系数与组成的关系。

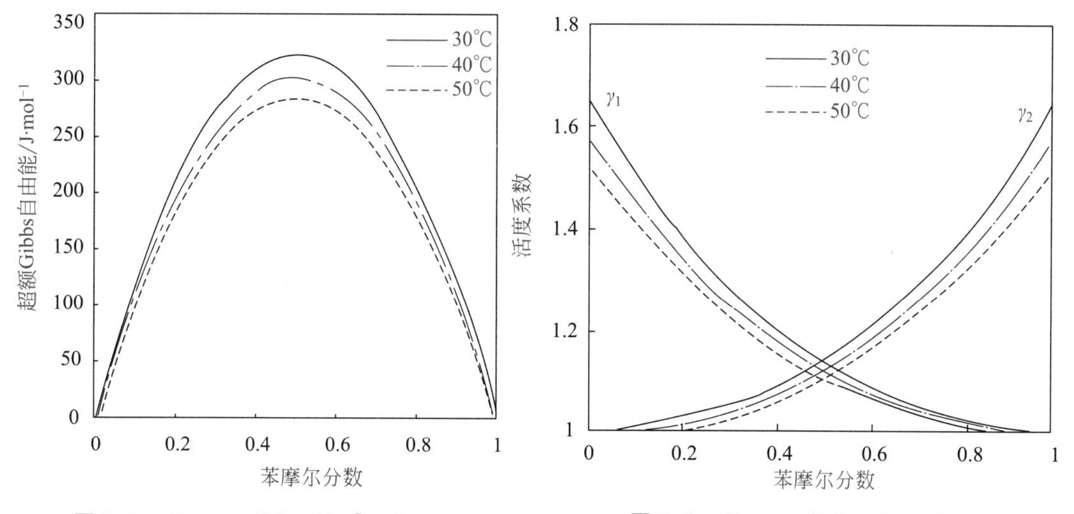

图 5-8　苯 - 环己烷物系的 G^E-x 曲线　　图 5-9　苯 - 环己烷物系的 $\gamma-x$ 曲线

Whol **型方程是建立在正规溶液基础上的通用模型，它有一定的理论概念，其简化形式常用于计算非理想性不大的二元溶液的活度系数。**Margules 方程和 van Laar 方程都是 Whol 方程的特例，实际上它们都是经验式，早在 Whol 提出模型前几十年就已开始使用了。在实际应用中至于选哪个方程更合适，并无明确界定，通常对分子体积相差不太大的体系选择 Margules 方程较为合适，反之则宜选用 van Laar 方程或 Scatchard-Hamer 方程。在图上 $G^E/(RTx_1x_2)$ 与 x_1 的关系近似地为一条直线，则选用 Margules 方程；如果 $(RTx_1x_2)/G^E$ 与 x_1 的关系近似地为一直线，则应使用 van Laar 方程；而 $G^E/(RTx_1x_2)$ 与 x_1 的关系接近水平线时，则选用单参数对称性方程更合适；如果不符合上述情况，则应考虑用其他类型的方程。

Whol 型方程在考虑分子的相互作用时，认为分子的碰撞是随机的。这样，对于那些分子间作用力相差太大，特别是极性或多组元复杂混合物的计算，Whol 型方程的应用就受到了限制。且 Whol 模型不能由二元物系简单地计算多元物系。

5.6.5.4 局部组成型方程

前面所介绍的几种活度系数模型都是建立在随机溶液基础上的，也就是认为分子的碰撞完全是随机的，溶液中各部分组成均为溶液组成的宏观量度。但从微观上看，只有当所有分子间的作用力均相等时，才会出现随机分布的情况。而事实上，溶液中分子间的相互作用力一般并不相等。根据这一事实，Wilson 首先提出了局部组成的概念，认为在某个中心分子 i 的近邻，出现 i 分子和出现 j 分子的概率不仅与分子的组成 x_i 和 x_j 有关，而且与分子间相互作用的强弱有关。例如由 1 和 2 两个组元构成的二元溶液中，1-1、2-2、1-2 分子的作用并不相同，当 1-1、2-2 的相互作用明显大于 1-2 时，在分子 1 周围出现分子 1 的概率将大些；而在分子 2 的周围出现分子 2 的概率也将大些。相反，当 1-1、2-2 的相互作用显著小于 1-2 时，则在某分子近邻出现异种分子的概率就将大些。所以从微观上看，某个分子（中心分子）周围的其他分子的摩尔分数并不等于它们在溶液中的宏观摩尔分数，也就是说，溶液的局部组成不等于其总体组成。

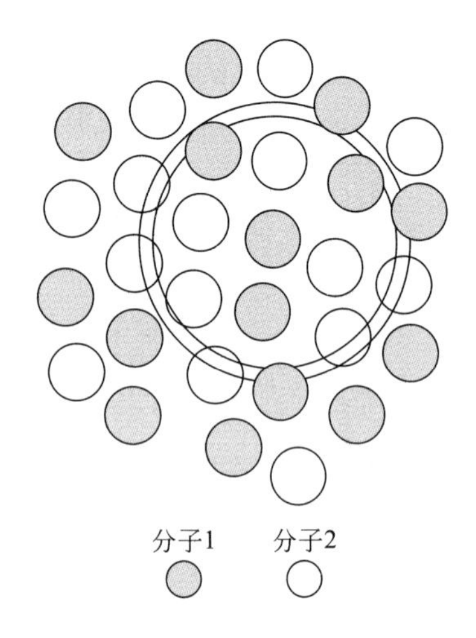

图 5-10 局部组成和局部摩尔分数的概念图

图 5-10 所示的属后一种情况，图中有 15 个分子 1 和 15 个分子 2，总体组成为 $x_1=x_2=0.5$，但从局部来看，如图中分子 1，在它的周围分子 1 的局部组成即分子 1 的摩尔分数为 3/8，分子 2 的局部组成分数为 5/8。这样二元溶液中便有两种局部：一是以分子 1 为中心；另一是以分子 2 为中心。若用 x_{ji} 代表 i 分子周围 j 分子的局部摩尔分数，并对二元溶液定义如下

$$x_{21}=\frac{\text{与中心分子1紧邻的分子2的分子数}}{\text{与中心分子1紧邻的总分子数}} \tag{5-179a}$$

$$x_{11}=\frac{\text{与中心分子1紧邻的分子1的分子数}}{\text{与中心分子1紧邻的总分子数}} \tag{5-179b}$$

则有 $x_{12}+x_{22}=1$，$x_{21}+x_{11}=1$。

（1）Wilson 方程

基于局部组成概念，Wilson 提出了如下方程

$$\frac{x_{ji}}{x_{ii}}=\frac{x_j\exp[-g_{ji}/(RT)]}{x_i\exp[-g_{ii}/(RT)]} \tag{5-180}$$

式中，x_{ii} 和 x_{ji} 分别代表中心分子 i 近邻 i 类和 j 类分子的局部摩尔分数；x_i 是组元 i 总体平均摩尔分数；分子相互作用的强弱用 Boltzmann 因子 $\exp[-g_{ij}/(RT)]$ 来度量，g_{ij} 是 i-j 分子对的相互作用能（$g_{ij}=g_{ji}$），g_{ii} 是 i-i 分子对的相互作用能。

中心分子 i 近邻各类分子的摩尔分数之和等于 1，其中 i 类分子的摩尔分数为

$$x_{ii}=\frac{x_i\exp[-g_{ii}/(RT)]}{\sum_j x_j\exp[-g_{ji}/(RT)]} \tag{5-181}$$

中心分子 i 近邻 i 类分子的局部体积分数则为

$$\phi_{ii}=\frac{x_iV_i\exp[-g_{ii}/(RT)]}{\sum_j x_jV_j\exp[-g_{ji}/(RT)]} \tag{5-182}$$

式中，V_i 和 V_j 表示纯液体 i 和 j 的摩尔体积。

Wilson **将局部组成概念应用于无热溶液的** Flory-Huggins **模型**，并用局部体积分数 ϕ_{ii} 替代方程中的总体平均体积分数 ϕ_i，得

$$\frac{G^{\mathrm{E}}}{RT}=\sum x_i\ln\frac{\phi_{ii}}{x_i} \tag{5-183}$$

式中，x_i 为 i 组元的总体平均摩尔分数；ϕ_{ii} 为 i 组元的局部体积分数。

将式（5-182）代入式（5-183），可得

$$\frac{G^{\mathrm{E}}}{RT}=-\sum_i x_i\ln\left(\sum_j \Lambda_{ij}x_j\right) \tag{5-184}$$

其中

$$\Lambda_{ij}=\frac{V_j}{V_i}\exp[-(g_{ij}-g_{ii})/(RT)] \tag{5-185}$$

式中，Λ_{ij} 称为 Wilson 参数，是无量纲量，其中 $\Lambda_{ij}>0$，$\Lambda_{ij}\neq\Lambda_{ji}$ 而 $\Lambda_{ii}=\Lambda_{jj}=1$；（$g_{ij}-g_{ii}$）为二元交互作用能量参数，可以为正值或负值，且 $g_{ij}=g_{ji}$。

由式（5-184）可求得著名的 Wilson 方程

$$\ln\gamma_i=1-\ln\left(\sum_j \Lambda_{ij}x_j\right)-\sum_k\frac{\Lambda_{ki}x_k}{\sum_j \Lambda_{kj}x_j} \tag{5-186}$$

式中，每个加和项表示包括所有的组元。

对二元溶液，式（5-184）简化为

$$\frac{G^{\mathrm{E}}}{RT}=-x_1\ln(x_1+\Lambda_{12}x_2)-x_2\ln(x_2+\Lambda_{21}x_1) \tag{5-187}$$

活度系数方程为

$$\ln\gamma_1=-\ln(x_1+\Lambda_{12}x_2)+x_2\left(\frac{\Lambda_{12}}{x_1+\Lambda_{12}x_2}-\frac{\Lambda_{21}}{x_2+\Lambda_{21}x_1}\right) \tag{5-188a}$$

$$\ln\gamma_2=-\ln(x_2+\Lambda_{21}x_1)+x_1\left(\frac{\Lambda_{21}}{x_2+\Lambda_{21}x_1}-\frac{\Lambda_{12}}{x_1+\Lambda_{12}x_2}\right) \tag{5-188b}$$

式中，Wilson 参数 Λ_{12} 和 Λ_{21} 为

$$\Lambda_{12}=\frac{V_2}{V_1}\exp[-(g_{12}-g_{11})/(RT)] \tag{5-189a}$$

$$\Lambda_{21}=\frac{V_1}{V_2}\exp[-(g_{21}-g_{22})/(RT)] \tag{5-189b}$$

式中，（$g_{12}-g_{11}$）和（$g_{21}-g_{22}$）需由二元汽液平衡的实验数据拟合确定。通常采用多点组成下的实验数据，用非线性最小二乘法回归求取参数最佳值。如果有无限稀释活度系数 γ_1^∞ 和 γ_2^∞ 的数据，Λ_{12} 和 Λ_{21} 也可按下列方程解出

当 $x_1\to 0$ 时
$$\ln\gamma_1^\infty=-\ln\Lambda_{12}-\Lambda_{21}+1 \tag{5-190a}$$

当 $x_2\to 0$ 时
$$\ln\gamma_2^\infty=-\ln\Lambda_{21}-\Lambda_{12}+1 \tag{5-190b}$$

Wilson **方程的突出优点是可以准确地描述非极性或极性互溶物系的活度系数**，例如它可以很好地回归烃醇类物系。Wilson 方程对二元溶液是一个两参数方程，且对多元体系的描述也仅用二元参数即可，这是 Wilson 方程优于早期多元活度系数方程的重要体现。在应用 Wilson 方程时，由于二元交互作用参数（$g_{ij}-g_{ii}$）受温度影响较小，在不太宽的温度范围内通常将它视作常数，但 Wilson 参数 Λ_{ij} 却并非常数，它随溶液温度的变化而变化，因此 Wilson 方程实际上包含了温度对活度系数的影响，这也是它的一个优点。若要更好地体现温度的影响，在回归时，可以把（$g_{ij}-g_{ii}$）处理成温度的函数。然而，Wilson **方程也存在一些缺点，它不能用于部分互溶体系。**

【例5-12】349.25K 时，由甲醇（1）-水（2）组成的二元溶液，其组成 x_1=0.400，试用 Wilson 方程计算该溶液的活度系数 γ_1 和 γ_2。已知有关数据如下：
$g_{12}-g_{11}$=1087J · mol^{-1}，$g_{21}-g_{22}$=1634J · mol^{-1}，V_1=42.898cm^3 · mol^{-1}，V_2=18.532cm^3 · mol^{-1}。

解：据式（5-189）

$$\Lambda_{12}=\frac{V_2}{V_1}\exp\left[\frac{-(g_{12}-g_{11})}{RT}\right]=\frac{18.532}{42.898}\times\exp\left(\frac{-1087}{8.314\times 349.25}\right)=0.2972$$

$$\Lambda_{21}=\frac{V_1}{V_2}\exp\left[\frac{-(g_{21}-g_{22})}{RT}\right]=\frac{42.898}{18.532}\times\exp\left(\frac{-1634}{8.314\times 349.25}\right)=1.3192$$

$$\ln\gamma_1=-\ln(x_1+\Lambda_{12}x_2)+x_2\left(\frac{\Lambda_{12}}{x_1+\Lambda_{12}x_2}-\frac{\Lambda_{21}}{\Lambda_{21}x_1+x_2}\right)$$

$$=-\ln(0.400+0.2972\times 0.600)+0.600\times\left(\frac{0.2972}{0.400+0.2972\times 0.600}-\frac{1.3192}{1.3192\times 0.400+0.600}\right)$$

$$=0.1544$$

$$\gamma_1=1.167$$

$$\ln\gamma_2=-\ln(\Lambda_{21}x_1+x_2)+x_1\left(\frac{\Lambda_{21}}{\Lambda_{21}x_1+x_2}-\frac{\Lambda_{12}}{x_1+\Lambda_{12}x_2}\right)$$

$$=-\ln(1.3192\times 0.400+0.600)+0.400\times\left(\frac{1.3192}{1.3192\times 0.400+0.600}-\frac{0.2972}{0.400+0.2972\times 0.600}\right)$$

$$=0.1424$$

$$\gamma_2=1.153$$

（2）NRTL 方程

Renon 和 Prausnitz 发展了 Wilson 的局部组成概念，在关联局部组成与总体组成的 Boltzmann 型方程中，引入了一个能反映体系特征的参数 α_{12}，即

$$\frac{x_{21}}{x_{11}}=\frac{x_2\exp[-\alpha_{12}g_{21}/(RT)]}{x_1\exp[-\alpha_{12}g_{11}/(RT)]}$$

$$\frac{x_{12}}{x_{22}}=\frac{x_1\exp[-\alpha_{12}g_{12}/(RT)]}{x_2\exp[-\alpha_{12}g_{22}/(RT)]}$$

式中，α_{12} 是组元 1 和 2 之间的参数，称为非随机参数。

在计算超额 Gibbs 自由能时，采用双液体理论，导出下列能用于部分互溶体系的 NRTL（Non-Random Two Liquids）方程

$$\frac{G^{\mathrm{E}}}{RT}=x_1x_2\left(\frac{\tau_{21}G_{21}}{x_1+x_2G_{21}}+\frac{\tau_{12}G_{12}}{x_2+x_1G_{12}}\right) \tag{5-191}$$

$$\ln\gamma_1=x_2^2\left[\frac{\tau_{21}G_{21}^2}{(x_1+x_2G_{21})^2}+\frac{\tau_{12}G_{12}}{(x_2+x_1G_{12})^2}\right] \tag{5-192a}$$

$$\ln\gamma_2=x_1^2\left[\frac{\tau_{12}G_{12}^2}{(x_2+x_1G_{12})^2}+\frac{\tau_{21}G_{21}}{(x_1+x_2G_{21})^2}\right] \tag{5-192b}$$

其中，$G_{21}=\exp(-\alpha_{12}\tau_{21})$，$G_{12}=\exp(-\alpha_{12}\tau_{12})$；$\tau_{21}=(g_{21}-g_{11})/(RT)$，$\tau_{12}=(g_{12}-g_{22})/(RT)$。

对多元体系，NRTL 方程的通式为

$$\frac{G^{\mathrm{E}}}{RT}=\sum_j x_i\left(\sum_i \tau_{ji}G_{ji}x_j\Big/\sum_k G_{ki}x_k\right) \tag{5-193}$$

$$\ln\gamma_i=\frac{\sum\limits_j \tau_{ji}G_{ji}x_j}{\sum\limits_k G_{ki}x_k}+\sum_j\frac{G_{ij}x_j}{\sum\limits_k G_{kj}x_k}\left(\tau_{ij}-\frac{\sum\limits_l \tau_{lj}G_{lj}x_l}{\sum\limits_k G_{kj}x_k}\right) \tag{5-194}$$

其中，$\tau_{ji}=(g_{ji}-g_{ii})/(RT)$；$G_{ji}=\exp(-\alpha_{ji}\tau_{ji})$；$\alpha_{ji}=\alpha_{ij}$。

和 Wilson 方程一样，NRTL **方程也可以用二元溶液的数据推算多元溶液的性质。但它最突出的优点是能用于部分互溶体系，因而特别适用于液液分层物系的计算。**NRTL **方程中的** α_{ij} **有一定理论解释，但实际使用中只是作为一个参数回归，因此该方程是一个三参数方程。**

（3）UNIQUAC 方程

UNIQUAC（universal quasi-chemical）方程是在似晶格模型和局部组成概念的基础上，采用双液体理论推导出的一个理论性较强的方程。

UNIQUAC 方程的推导从超额 Gibbs 自由能出发，由组合超额 Gibbs 自由能 $G_{\mathrm{C}}^{\mathrm{E}}$ 和剩余超额 Gibbs 自由能 $G_{\mathrm{R}}^{\mathrm{E}}$ 两部分构成，即

$$G^{\mathrm{E}}=G_{\mathrm{C}}^{\mathrm{E}}+G_{\mathrm{R}}^{\mathrm{E}} \tag{5-195}$$

其中

$$\frac{G_{\mathrm{C}}^{\mathrm{E}}}{RT}=\sum_i x_i\ln\frac{\phi_i}{x_i}+\frac{Z}{2}\sum_i q_ix_i\ln\frac{\theta_i}{\phi_i} \tag{5-196a}$$

$$\frac{G_{\mathrm{R}}^{\mathrm{E}}}{RT}=\sum_i q_i x_i \ln\left(\sum_j \theta_j \tau_{ji}\right) \tag{5-196b}$$

则通用活度系数表达式为

$$\ln\gamma_i=\ln\frac{\phi_i}{x_i}+\left(\frac{Z}{2}\right)q_i\ln\frac{\theta_i}{\phi_i}+l_i-\frac{\phi_i}{x_i}\sum_j x_j l_j-q_i\ln\left(\sum_j\theta_j\tau_{ji}\right)+q_i-q_i\sum_j\frac{\theta_j\tau_{ij}}{\sum_k\theta_k\tau_{kj}} \tag{5-197}$$

其中 $l_i=\frac{Z}{2}(r_i-q_i)-(r_i-1)$， $\theta_i=\frac{q_i x_i}{\sum_j q_j x_j}$， $\phi_i=\frac{r_i x_i}{\sum_j r_j x_j}$， $\tau_{ji}=\exp\left(-\frac{u_{ji}}{RT}\right)$

式中，θ_i 和 ϕ_i 是纯物质 i 的平均面积分数和体积分数；r_i 和 q_i 是纯物质参数，其值根据分子的 van der Waals 体积和表面积算出；Z 为晶格配位数，其值取为 10；u_{ij} 是分子对 i–j 的相互作用能，但 $u_{ij}\neq u_{ji}$，由实验数据确定其值。

对二元溶液，式（5-196a）与式（5-196b）可简化为

$$\frac{G_{\mathrm{C}}^{\mathrm{E}}}{RT}=x_1\ln\frac{\phi_1}{x_1}+x_2\ln\frac{\phi_2}{x_2}+\frac{Z}{2}\left(q_1x_1\ln\frac{\theta_1}{\phi_1}+q_2x_2\ln\frac{\theta_2}{\phi_2}\right) \tag{5-198a}$$

$$\frac{G_{\mathrm{R}}^{\mathrm{E}}}{RT}=-q_1x_1\ln(\theta_1+\theta_2\tau_{21})-q_2x_2\ln(\theta_2+\theta_1\tau_{12}) \tag{5-198b}$$

$$\ln\gamma_1=\ln\frac{\phi_1}{x_1}+\left(\frac{Z}{2}\right)q_1\ln\frac{\theta_1}{\phi_1}+\phi_2\left(l_1-\frac{r_1}{r_2}l_2\right)-q_1\ln(\theta_1+\theta_2\tau_{21})+\theta_2q_1\left(\frac{\tau_{21}}{\theta_1+\theta_2\tau_{21}}-\frac{\tau_{12}}{\theta_2+\theta_1\tau_{12}}\right) \tag{5-199a}$$

$$\ln\gamma_2=\ln\frac{\phi_2}{x_2}+\left(\frac{Z}{2}\right)q_2\ln\frac{\theta}{\phi_2}+\phi_1\left(l_2-\frac{r_2}{r_1}l_1\right)-q_2\ln(\theta_2+\theta_1\tau_{12})+\theta_1q_2\left(\frac{\tau_{12}}{\theta_2+\theta_1\tau_{12}}-\frac{\tau_{21}}{\theta_1+\theta_2\tau_{21}}\right) \tag{5-199b}$$

UNIQUAC 方程式计算精度高，通用性好，且仅用两个可调参数便可应用于部分互溶体系。方程的缺点是要有微观参数 r_i 和 q_i，而这些参数有些物质还无法提供。UNIQUAC **可用于多种体系，包括分子大小相差悬殊的聚合物体系及部分互溶体系。因此，又称它为通用化学模型**。

5.6.5.5 UNIFAC 模型

UNIFAC（Universal Quasichemical Functional Group Activity Coefficient）模型是在 1975 年由 Fredenslund、Jones 和 Prausnitz 提出的一种**以 UNIQUAC 方程为基础的基团贡献法**计算活度系数的方法。UNIFAC 模型通过基团贡献确定 UNIQUAC 方程中的体积参数 r_i 和表面积参数 q_i。该方法将混合物中的所有组元的分子都拆分成若干功能基团，并假设分子与分子之间的相互作用可以用基团与基团相互作用的加权总和表示，同一种基团在不同的分子中的体积参数 r_i 和表面积参数 q_i 值不变。这样只用二元物系的实验数据回归出基团与基团相互作用的参数，就可以计算无实验数据的分子与分子的相互作用。例如，无论是乙烷还是甲苯中的甲基基团（CH_3—）对总体积、总表面积的贡献是相同的，即一个（CH_3—）基团对混合物的性质所起的作用不受分子中其他基团的影响。混合溶液中分子的 r_i 和 q_i 值可以用该分子所包含的所有基团的基团贡献参数 R 和 Q 分别加和计算。这样

一来，就能够用有限个基团的不同组合构成很多种物质，从而使活度系数方程在缺少实验数据的情况下也可以使用。迄今为止，已经有大量的基团 - 基团相互作用参数报道。

UNIFAC 模型已经成功应用于汽液平衡分离单元操作系统的设计计算，在逐渐发展中也可用于气体溶解度等相平衡计算，但是对于不同类型相平衡的计算精度和适用范围均不同。对于 UNIFAC 的详细介绍请参照教材的 10.2 部分。

5.6.6　活度系数模型参数的获取

在化工装置设计计算中，活度系数的计算必不可少。如何获得准确可靠的活度系数方程参数是至关重要的问题。下面介绍几种实用的获取活度系数方程参数的方法。

（1）从手册中获取

J. Gmehling 和 U. Onken 主编的手册系列《Vapor–Liquid Equilibrium Data Collection》中收集了大量二元混合物系的活度系数方程参数，包括以下 8 个分册：Part 1(水与有机物的混合物系)、Part 2(含醇或酚的二元物系)、Part 3+4(含有醛、酮或醚的二元物系)、Part 5(含有羧酸、酐或酯的二元物系)、Part 6(脂肪烃混合物)、Part 7(含有芳香烃的二元物系) 及 Part 8(含有卤素、含氮化合物、含硫化合物或其他物质的二元物系)。这些都是收集历年科技期刊文献报道的汽液平衡实验数据回归得到的活度系数方程参数。对于同一种混合物系，往往有若干组实验数据关联的活度系数方程参数可供选择，它们出自不同学者发表的论文。图 5-11 是该手册中的一组乙醇水溶液数据，该数据最初是 1949 年报道的，为常压下的汽液平衡实验数据以及用五个活度系数方程回归得到的活度系数方程参数。

（2）用无限稀释活度系数计算

利用沸点计、气相色谱仪等可以测定同一温度下两个组元的无限稀释活度系数，进而确定两参数活度系数方程参数。例如 Margules 方程和 van Laar 方程中的两个参数与无限稀释活度系数的关系如下

$$\ln\gamma_1^{\infty} = A_{12},\quad \ln\gamma_2^{\infty} = A_{21} \tag{5-176}$$

Wilson 方程在无限稀释条件下化为

$$\ln\gamma_1^{\infty} = 1-\ln\Lambda_{12}-\Lambda_{21},\quad \ln\gamma_2^{\infty} = 1-\ln\Lambda_{21}-\Lambda_{12} \tag{5-190}$$

知道γ_1^{∞}和γ_2^{∞}以后，代入上面的两个方程组可迭代求出 Λ_{12} 和 Λ_{21}。

（3）利用共沸点数据计算

对于存在共沸物的物系，可以通过实验测定共沸点温度、压力和组成，并确定共沸温度下的纯组分饱和蒸气压。用下式计算出共沸点的一对活度系数

$$\gamma_i = \frac{py_i}{p_i^{s}x_i} = \frac{p_i}{p_i^{s}x_i} \tag{5-200}$$

上式是假定汽液平衡时压力不高，汽相可作为理想气体而建立起来的，式中 p 是体系的总压，p_i^{s} 则是在体系温度下纯物质 i 的饱和蒸气压。

将这组活度系数代入 Margules 方程或 van Laar 方程求解 A_{12} 和 A_{21}。

例如，对 van Laar 方程进行变换，可得

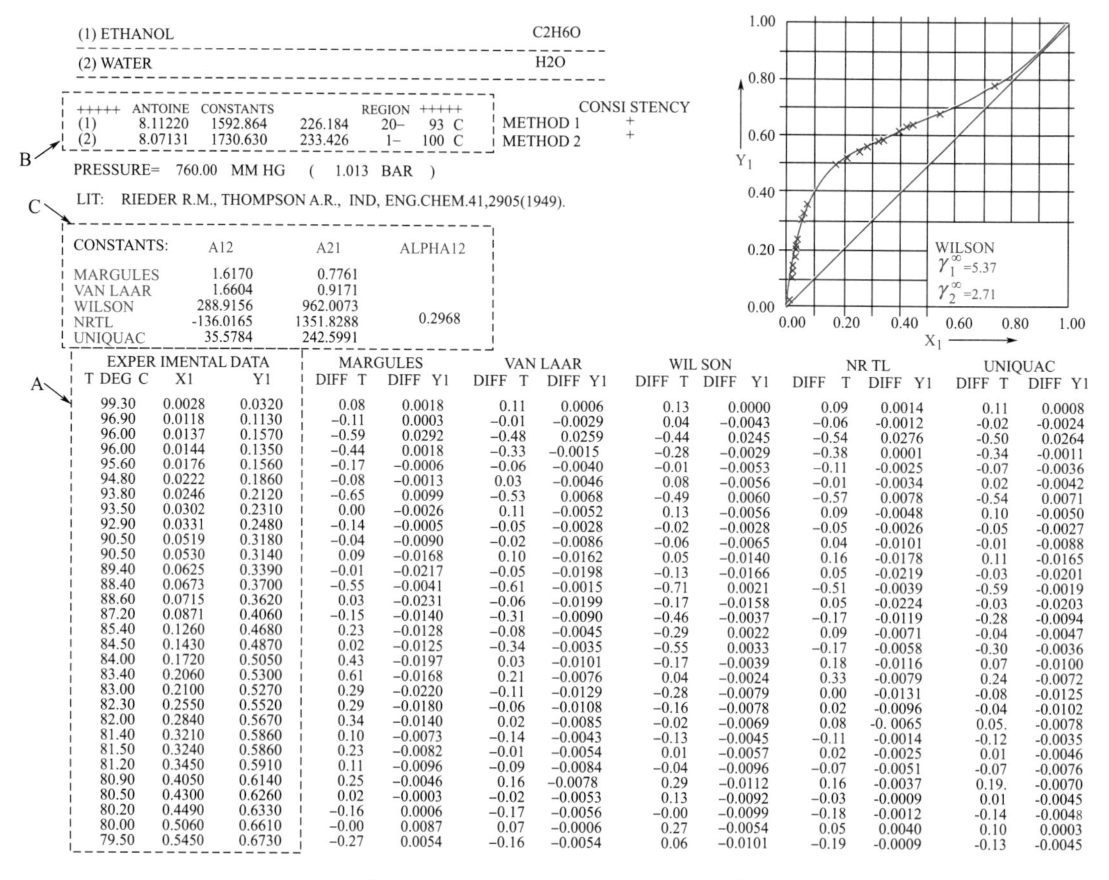

(1) ETHANOL C2H6O

(2) WATER H2O

+++++	ANTOINE	CONSTANTS		REGION	+++++
(1)	8.11220	1592.864	226.184	20–	93 C
(2)	8.07131	1730.630	233.426	1–	100 C

CONSI STENCY
METHOD 1 +
METHOD 2 +

PRESSURE= 760.00 MM HG (1.013 BAR)

LIT: RIEDER R.M., THOMPSON A.R., IND, ENG.CHEM.41,2905(1949).

CONSTANTS:	A12	A21	ALPHA12
MARGULES	1.6170	0.7761	
VAN LAAR	1.6604	0.9171	
WILSON	288.9156	962.0073	
NRTL	-136.0165	1351.8288	0.2968
UNIQUAC	35.5784	242.5991	

EXPER IMENTAL DATA			MARGULES		VAN LAAR		WIL SON		NR TL		UNIQUAC	
T DEG C	X1	Y1	DIFF T	DIFF Y1	DIFF T	DIFF Y1	DIFF T	DIFF Y1	DIFF T	DIFF Y1	DIFF T	DIFF Y1
99.30	0.0028	0.0320	0.08	0.0018	0.11	0.0006	0.13	0.0000	0.09	0.0014	0.11	0.0008
96.90	0.0118	0.1130	−0.11	0.0003	−0.01	−0.0029	0.04	−0.0043	−0.06	-0.0012	-0.02	-0.0024
96.00	0.0137	0.1570	−0.59	0.0292	−0.48	0.0259	−0.44	0.0245	−0.54	0.0276	-0.50	0.0264
96.00	0.0144	0.1350	−0.44	0.0018	−0.33	−0.0015	−0.28	−0.0029	−0.38	0.0001	-0.34	-0.0011
95.60	0.0176	0.1560	−0.17	−0.0006	−0.06	−0.0040	−0.01	−0.0053	−0.11	-0.0025	-0.07	-0.0036
94.80	0.0222	0.1860	−0.08	−0.0013	0.03	−0.0046	0.08	−0.0056	−0.01	-0.0034	0.02	-0.0042
93.80	0.0246	0.2120	−0.65	0.0099	−0.53	0.0068	−0.49	0.0060	−0.57	0.0078	-0.54	0.0071
93.50	0.0302	0.2310	0.00	−0.0026	0.11	−0.0052	0.13	−0.0056	0.09	-0.0048	0.10	-0.0050
92.90	0.0331	0.2480	−0.14	−0.0005	−0.05	−0.0028	−0.02	−0.0028	−0.05	-0.0026	-0.05	-0.0027
90.50	0.0519	0.3180	−0.04	−0.0090	−0.02	−0.0086	−0.06	−0.0065	0.04	-0.0101	-0.01	-0.0088
90.50	0.0530	0.3140	0.09	−0.0168	0.10	−0.0162	0.05	−0.0140	0.16	-0.0178	0.11	-0.0165
89.40	0.0625	0.3390	−0.01	−0.0217	−0.05	−0.0198	−0.13	−0.0166	0.05	-0.0219	-0.03	-0.0201
88.40	0.0673	0.3700	−0.55	−0.0041	−0.61	−0.0015	−0.71	0.0021	−0.51	-0.0039	-0.59	-0.0019
88.60	0.0715	0.3620	0.03	−0.0231	−0.06	−0.0199	−0.17	−0.0158	0.05	-0.0224	-0.03	-0.0203
87.20	0.0871	0.4060	−0.15	−0.0140	−0.31	−0.0090	−0.46	−0.0037	−0.17	-0.0119	-0.28	-0.0094
85.40	0.1260	0.4680	0.23	−0.0128	−0.08	−0.0045	−0.29	0.0022	0.09	-0.0071	-0.04	-0.0047
84.50	0.1430	0.4870	0.02	−0.0125	−0.34	−0.0035	−0.55	0.0033	−0.17	-0.0058	-0.30	-0.0036
84.00	0.1720	0.5050	0.43	−0.0197	0.03	−0.0101	−0.17	−0.0039	0.18	-0.0116	0.07	-0.0100
83.40	0.2060	0.5300	0.61	−0.0168	0.21	−0.0076	0.04	−0.0024	0.33	-0.0079	0.24	-0.0072
83.00	0.2100	0.5270	0.29	−0.0220	−0.11	−0.0129	−0.28	−0.0079	0.00	-0.0131	-0.08	-0.0125
82.30	0.2550	0.5520	0.29	−0.0180	−0.06	−0.0108	−0.16	−0.0078	0.02	-0.0096	-0.04	-0.0102
82.00	0.2840	0.5670	0.34	−0.0140	0.02	−0.0085	−0.02	−0.0069	0.08	-0. 0065	0.05.	-0.0078
81.40	0.3210	0.5860	0.10	−0.0073	−0.14	−0.0043	−0.13	−0.0045	−0.11	-0.0014	-0.12	-0.0035
81.50	0.3240	0.5860	0.23	−0.0082	−0.01	−0.0054	0.01	−0.0057	0.02	-0.0025	0.01	-0.0046
81.20	0.3450	0.5910	0.11	−0.0096	−0.09	−0.0084	−0.04	−0.0096	−0.07	-0.0051	-0.07	-0.0076
80.90	0.4050	0.6140	0.25	−0.0046	0.16	-0.0078	0.29	−0.0112	0.16	-0.0037	0.19.	-0.0070
80.50	0.4300	0.6260	0.02	−0.0003	−0.02	−0.0053	0.13	−0.0092	−0.03	-0.0009	0.01	-0.0045
80.20	0.4490	0.6330	−0.16	0.0006	−0.17	−0.0056	−0.00	−0.0099	−0.18	-0.0012	-0.14	-0.0048
80.00	0.5060	0.6610	−0.00	0.0087	0.07	−0.0006	0.27	−0.0054	0.05	0.0040	0.10	0.0003
79.50	0.5450	0.6730	−0.27	0.0054	−0.16	−0.0054	0.06	−0.0101	−0.19	-0.0009	-0.13	-0.0045

图 5-11 《Vapor-Liquid Equilibrium Data Collection》手册示例

A—实验数据；B—纯组元的安东尼方程常数；C—活度系数方程参数

$$A_{12}=\ln\gamma_1\left(1+\frac{x_2\ln\gamma_2}{x_1\ln\gamma_1}\right)^2,\quad A_{21}=\ln\gamma_2\left(1+\frac{x_1\ln\gamma_1}{x_2\ln\gamma_2}\right)^2 \tag{5-201}$$

可见，如果测得某一浓度下的一对 γ_1 和 γ_2 的数据，原则上就可以通过式（5-201）确定 van Laar 方程中的 A_{12} 和 A_{21}。一点法目前只在恒沸点时选用。

（4）用全浓度范围的汽液平衡数据计算

更多情况是测定一批汽液平衡数据，再用优化技术通过数据拟合确定参数，以求得到较可靠的结果。

常用的优化方法有阻尼最小二乘法、单纯形法、复合形法、共轭梯度法和 Powell 法等。可以采用的目标函数有如下两种。

① Q 函数误差的平方和　令

$$Q=\frac{G^{\mathrm{E}}}{RT}=x_1\ln\gamma_1+x_2\ln\gamma_2 \tag{5-202}$$

目标函数为

$$F=\sum_{j=1}^{m}\left(Q_{实验}-Q_{计算}\right)_j^2 \tag{5-203}$$

式中，$Q_{实验}$表示由实验数据按式（5-202）计算得到的 Q 值；$Q_{计算}$是采用活度系数方程算出活度系数后，再按式（5-202）计算的 Q 值；m 是实验点数。

② 活度系数误差平方和

目标函数
$$F=\sum_{j=1}^{m}\left[\left(\gamma_{1实验}-\gamma_{1计算}\right)^2+\left(\gamma_{2实验}-\gamma_{2计算}\right)^2\right]_j \tag{5-204}$$

5.6.7 电解质溶液的活度系数

电解质溶液是由作为溶质的电解质（如酸、碱、盐）与液态溶剂所组成的均相液体混合物。一种情况是，电解质在溶剂中完全解离，以阳离子和阴离子的形式存在，称之为强电解质；另一种情况是，电解质在溶剂中只有部分解离，其余的以缔合分子的形式存在，称之为弱电解质。描述电解质溶液的自变量通常采用温度、渗透压和所有溶质组分的浓度。非电解质溶液通常用摩尔分数表示组成，电解质溶液的溶质浓度通常用摩尔质量表示，单位为：mol 溶质 · kg^{-1} 溶剂。对于含有非挥发性溶质溶解于溶剂的混合物，溶剂和溶质的偏摩尔 Gibbs 自由能计算适合采用不同的基准态，所以溶质和溶剂的活度系数是非对称性的。

非电解质溶液的分子间作用主要体现短程作用力，电解质溶液更多受离子与离子之间、离子与溶剂分子之间的长程静电力和短程交互影响。由于长程库仑力的存在，即使相隔较远，离子之间的吸引力和排斥力也是显著的。因此，电解质溶液不适合使用前面所述的活度系数计算模型，描述电解质溶液的平衡关系需要对活度系数计算模型进行充分的修正。

5.6.7.1 平均离子活度系数

由于电解质溶液是电中性的，所以阳离子数和阴离子数是有一定比例关系的。例如，食盐水溶液中的阳离子 Na^+ 数和阴离子 Cl^- 数的比例由解离式（5-205）确定为 1∶1。

$$NaCl \longrightarrow Na^+ + Cl^- \tag{5-205}$$

在强电解质 NaCl 水溶液中，有 2 个组分，但是有 3 个物种——Na^+、Cl^- 和 H_2O。所以，电解质的化学位是阳离子和阴离子化学位的代数和，即

$$\mu_{NaCl}=\mu_+ + \mu_- = \left(\mu_+^{\ominus}+RT\ln a_+\right)+\left(\mu_-^{\ominus}+RT\ln a_-\right)=\mu_+^{\ominus}+\mu_-^{\ominus}+RT\ln a_+a_- \tag{5-206}$$

式中，$a_+=m_+\gamma_+$，$a_-=m_-\gamma_-$。

令 $a_\pm=a_+a_-$ 为电解质的平均离子活度，$\gamma_\pm=\gamma_+\gamma_-$ 为电解质的平均离子活度系数，$m_\pm=m_+m_-$ 为电解质的平均离子质量摩尔浓度，则

$$a_\pm=m_\pm\gamma_\pm \tag{5-207}$$

如果电解质离解出的正负离子数不等，则

$$A_{\nu+}B_{\nu-} \longrightarrow \nu_+A^{z_+} + \nu_-B^{z_-} \tag{5-208}$$

电解质的化学位
$$\mu=\nu_+\mu_+ + \nu_-\mu_- \tag{5-209}$$

平均离子活度
$$a_\pm=\left(a_+^{\nu_+}a_-^{\nu_-}\right)^{1/(\nu_+ + \nu_-)} \tag{5-210}$$

平均离子活度系数
$$\gamma_\pm=\left(\gamma_+^{\nu_+}\gamma_-^{\nu_-}\right)^{1/(\nu_+ + \nu_-)} \tag{5-211}$$

平均离子质量摩尔浓度 $$m_{\pm}=\left(m_{+}^{\nu_{+}}m_{-}^{\nu_{-}}\right)^{1/(\nu_{+}+\nu_{-})} \tag{5-212}$$

若电解质的摩尔质量浓度为 m，则强电解质溶液中的离子质量摩尔浓度为

$$m_{+}=\nu_{+}m \text{ 和 } m_{-}=\nu_{-}m \tag{5-213}$$

所以 $$\mu=\nu_{+}\mu_{+}^{\ominus}+\nu_{-}\mu_{-}^{\ominus}+RT\ln a_{\pm}^{\nu}=\nu_{+}\mu_{+}^{\ominus}+\nu_{-}\mu_{-}^{\ominus}+RT\ln\left(\gamma_{\pm}^{\nu}m_{\pm}^{\nu}\right) \tag{5-214}$$

式中，$\nu=\nu_{+}+\nu_{-}$。

平均离子活度系数 $\gamma_{\pm}$ 反映出电解质溶液中正负离子之间和离子与溶液之间的相互影响，其数值与离子价数、温度及溶液中其他离子的浓度和价数有关。图 5-12 给出了一些电解质在 298K 的水溶液中的平均离子活度系数随质量摩尔浓度的变化趋势。

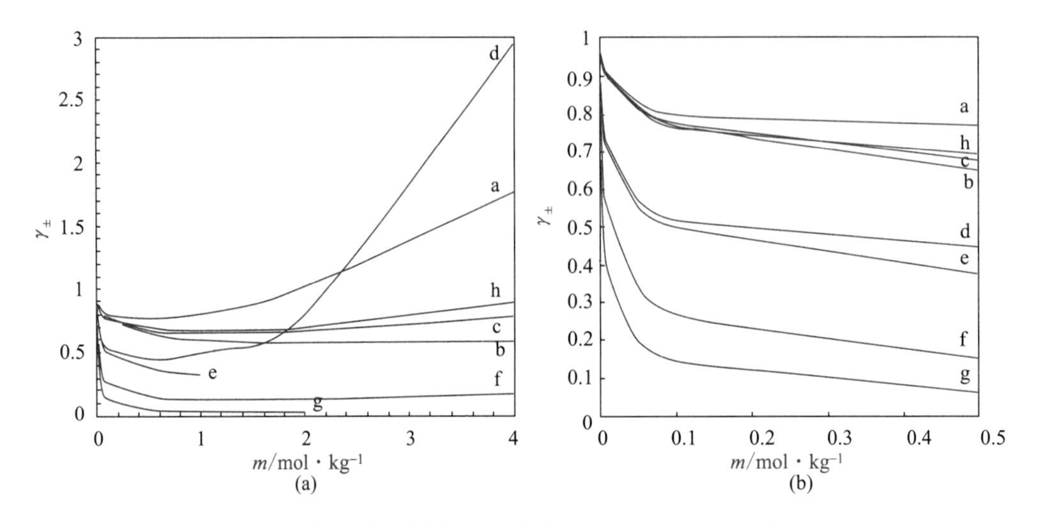

图 5-12 电解质水溶液在 298K 的平均离子活度系数与浓度的关系

a—HCl；b—KCl；c—NaCl；d—$CaCl_2$；e—$ZnCl_2$；f—H_2SO_4；g—$ZnSO_4$；h—NaOH

对于弱电解质溶液，除了离子以外还存在着部分不解离的电解质分子。在平衡时，离子的活度与电解质分子的活度之间的关系为

$$A_{\nu+}B_{\nu-} \rightleftharpoons \nu_{+}A^{z_{+}}+\nu_{-}B^{z_{-}}$$

$$K_{AB}=\frac{a_{+}^{\nu_{+}}a_{-}^{\nu_{-}}}{a_{AB}^{*}} \tag{5-215}$$

式中，a_{AB}^{*} 为溶液中未解离电解质 $A_{\nu+}B_{\nu-}$ 分子的活度；K_{AB} 称为电解质的解离（离子化）平衡常数，体现了电解质在溶液中的解离程度。例如，醋酸在溶液中的解离平衡式为

$$CH_3COOH \rightleftharpoons H^{+}+CH_3COO^{-}$$

解离平衡常数 $$K_{醋酸}=\frac{a_{H^{+}}a_{CH_3COO^{-}}}{a_{CH_3COOH}^{*}}=\frac{m_{H^{+}}m_{CH_3COO^{-}}}{m_{CH_3COOH}^{*}}\times\frac{\gamma_{\pm}^{2}}{\gamma_{CH_3COOH}^{*}}$$

而硫酸在溶液中的解离平衡式为

$$H_2SO_4 \rightleftharpoons 2H^{+}+SO_4^{2-}$$

$$K_{硫酸}=\frac{a_{H^+}^2 a_{SO_4^{2-}}}{a_{H_2SO_4}^*}=\frac{m_{H^+}^2 m_{SO_4^{2-}}}{m_{H_2SO_4}^*}\times\frac{\gamma_\pm^3}{\gamma_{H_2SO_4}^*}$$

5.6.7.2 Debye-Hückel 极限式

具有相同离子浓度的电解质溶液，离子的价态对离子活度系数的影响随着离子价态的升高而增大。为了表达离子价态和电解质浓度对 $\gamma_\pm$ 的共同影响，引出离子强度的概念，定义如下

$$I=\frac{1}{2}\sum_i m_i z_i^2 \qquad \left(\text{mol}\cdot\text{kg}^{-1}\right) \tag{5-216}$$

式中，I 为电解质溶液的离子强度；m_i 为离子 i 的质量摩尔浓度；z_i 为 i 的电荷数。

例如，HCl 的离子强度等于其质量摩尔浓度 m_{HCl}，而 $Ca(NO_3)_2$ 的离子强度为 $3m_{Ca(NO_3)_2}$，$CuSO_4$ 的离子强度为 $4m_{CuSO_4}$。

离子间相互作用力属于库仑力，比分子间相互作用势能具有更大的影响范围，并且具有方向性。在阳离子周围，阴离子的平均密度大，呈现负的氛围；在阴离子周围，阳离子的平均密度大，呈现正的氛围。Debye 和 Hückel 根据经典静电学理论推导出离子强度为 I 的稀溶液中，电荷为 z 的离子活度系数计算式

$$\ln\gamma_\pm^{(m)}=-\frac{e^3 N_A^2\sqrt{2\rho_s}}{8\pi\left(\varepsilon_0\varepsilon_r RT\right)^{3/2}}\left|z_+z_-\right|\sqrt{I} \tag{5-217}$$

式中，电子电荷 e=1.60218×10^{-19}C；真空介电常数 ε_0=8.85419×$10^{-12}$$C^2$·$N^{-1}$·$m^{-2}$；$N_A$ 为阿伏加德罗常数；ε_r 为相对介电常数；ρ_s 为溶剂的密度，kg·m^{-3}。

若令
$$A=\frac{e^3 N_A^2\sqrt{2\rho_s}}{8\pi\left(\varepsilon_0\varepsilon_r RT\right)^{3/2}}$$

则 Debye-Hückel 极限式为
$$\ln\gamma_\pm^{(m)}=-A\left|z_+z_-\right|\sqrt{I} \tag{5-218}$$

对于 25℃和 1atm 的电解质水溶液 ε_r=78.41，ρ_s=997kg·m^{-3}，则有

$$\ln\gamma_\pm^{(m)}=-1.174\left|z_+z_-\right|\sqrt{I} \tag{5-219}$$

Debye-Hückel 极限式在计算稀电解质溶液（$I\leqslant 0.01$mol·kg^{-1}）的离子活度系数时误差很小。因为在电解质浓度很低的时候，活度系数受电解质的价电荷数影响较大，随着浓度增大，化学性质的影响逐渐显现出来，致使 Debye-Hückel 极限式的计算结果对实际值的负偏差增大。对于浓电解质溶液，有两个重要因素需要考虑。一个是离子的体积效应，另一个是溶剂分子对离子的作用。

Debye-Hückel 极限式的假设之一是离子为点电荷，但实际上离子也是具有体积的，并且离子四周的溶剂化层使得离子的有效体积更大一些。

当溶液浓度较大时，提出了多种对 Debye-Hückel 极限式的修正，如对于 $I\leqslant 0.1$mol·kg^{-1} 的水溶液，修正式为

$$\ln\gamma_\pm^{(m)}=\frac{-A\left|z_+z_-\right|\sqrt{I}}{1+\sqrt{I}} \tag{5-220}$$

实验证实电解质在极性溶剂（如水）中解离后，离子被溶剂分子所包围，迁移的离子带着水化分子一起移动。由于电解质加入后会将一部分水分子约束在离子的溶剂化数层，使自由的溶剂分子相对减少，会降低非电解质的溶解度（盐析效应）。溶剂化分子被极化，围绕着离子定向排列，使溶剂的介电常数相应地增大，导致离子之间的相互作用受阻，因而对离子活度系数有较大影响。对于离子强度为 $1\text{mol}\cdot\text{kg}^{-1}$ 的电解质溶液，需要再增加一项浓度校正

$$\ln\gamma_{\pm}^{(m)}=\frac{-A|z_{+}z_{-}|\sqrt{I}}{1+\sqrt{I}}+bI \qquad (5\text{-}221)$$

式中，b 为可调参数，可看作离子水化数目的函数。

通常来说，Debye-Hückel 理论只有在电解质浓度非常稀的情形下才是有效的，在实际应用中比较受限，后续又有 Pitzer 方程、局部组成模型、平均近似球模型等电解质溶液理论。

前沿话题 4
离子液体："百变"绿色溶剂

关键词：离子液体、溶液热力学、活度系数、相平衡、静电作用

离子液体（ILs）是指在室温或接近室温下呈现液态的、完全由阴阳离子所组成的盐，也称为低温熔融盐。由于有机阳离子和阴离子的多样性，通过改变配比组合设计出具备特殊功能的 ILs（理论上讲 ILs 可能有 1 万亿种）。ILs 有很多特殊物理化学性质，例如可忽略不计的蒸气压；溶解有机、无机和聚合材料的能力；很高的热稳定性等，ILs 可以成功地用作挥发性有机溶剂的"绿色"替代品，应用非常广泛，比如化工分离（吸收、萃取和膜），化学合成（有机合成、催化反应、纳米材料合成和聚合反应），能量转换（电池、燃料电池和储热）和生物技术（生物催化、生物分子纯化和生物燃料生产）。ILs 溶液热力学性质主要包括密度、表面张力、混合热、混合熵、热容、组分逸度、活度（或对应的相平衡常数、分配系数、溶解度）等，由其结构决定，对于 ILs 的应用有着至关重要的影响。

ILs 兼具电解质和非电解质的特点，分子间作用强且种类多。与分子溶剂相比，ILs 存在离子长程静电作用，对 ILs 热力学性质的影响至关重要。然而，与无机盐相比，离子浓度（$\text{mol}\cdot\text{L}^{-1}$）只有无机盐的 10% ～ 20%，这使 ILs 的晶格能和熔点大幅降低。此外，ILs 具有非电解质分子的所有作用力，如色散、偶极、氢键或缔合。而且，ILs 还具有胶束或液晶结构。

ILs 中存在大量离子对，类似于偶极分子，ILs 可以看作离子与离子对的混合物或电解质溶液。在 ILs 的稀溶液和浓溶液中，起主要作用的分别为离子间静电作用和离子对间的短程作用。ILs 中也存在氢键或氢键网络结构，使得 ILs 溶液中形成团簇、自组装或局部组成结构。

计算 ILs 溶液的热力学性质和相平衡时需注意以下几点。

① 可以将 ILs 视为中性离子对，当作偶极分子处理，避免离子 - 离子和离子 - 偶极中长程作用项，使模型简化。使用传统的非电解质溶液活度系数模型计算 ILs 溶液。

② ILs 是离子化合物，也可将其作为电解质处理，如假定 ILs 是球形阴、阳离子组成的电解质，体系的作用力包括短程排斥和色散吸引、长程静电作用、氢键缔合和离子缔合等。可以用电解质溶液的热力学模型（状态方程和活度系数模型）计算。

③ 在 ILs 中，离子间的堆积更为紧密，使得离子液体中的阴离子也可与 OH、NH 等缔合，ILs 与溶剂之间也会交叉缔合，形成氢键，因此，在 ILs 溶液中必须充分考虑氢键对热力学性质的影响。

总之，在 ILs 的热力学模型研究中，可以将 ILs 简化看作中性分子（离子对），也可以简化为离子化合物，相应的模型分为非电解质模型和强电解质溶液模型。实际上，ILs 总是离子和离子对的混合物，其离子化程度随溶剂性质（介电常数和离子溶剂化能）、温度和溶液组成而变化。将 ILs 作为强电解质处理需要充分考虑 ILs 的电离或缔合平衡对离子间静电作用的影响。目前，对于离子静电作用贡献都是基于点电荷或球对称离子假设的理论模型，这与 ILs 的情况相去甚远。ILs 中的离子尤其是阳离子是高度非对称的，其较长的烷基侧链具有较大的空间位阻，严重影响阴阳离子以及离子 - 偶极分子的作用模式和强度。因此，建议针对 ILs 的结构特征对离子静电作用以及离子 - 偶极静电作用进行修正。

ILs 的溶液热力学模型包括过量 Gibbs 自由能模型和 EOS 模型，其中前者对于相平衡和单一热力学性质的关联具有更好的适用性和关联精度。EOS 模型更适合多种热力学性质的关联及不同性质间的相互预测。建议通过焓或比热容等热力学数据的同时关联和预测来评价各种模型用于 ILs 溶液的合理性，并加强同时适用于不同性质计算的分子热力学模型研究。

参考文献

李春喜. 离子液体的溶液热力学模型研究进展. 化工学报，2020，71（1）：81-91.

本章小结

本章主要涉及的是气体或液体的均相混合物，重点研究了均相敞开系统的热力学性质。

1. 均相混合物或溶液热力学内容的应用，最重要的就是相平衡计算。对一个相平衡体系，其中的任何一相都可以看作是均相敞开系统，因此，**均相敞开系统的热力学性质是研究相平衡的基础**。要弄清封闭系统与敞开系统之间的关系。

2. 实际过程所涉及的混合物性质需要用模型来描述，但由于物质的多样性和过程的复杂性，我们只能**采用理想模型加校正的方法来处理实际物系**，因此我们研究的是事物的本质而非个别现象，得到的结论一般是抽象的但又是普遍适用的公式。这种研究方法对学习是非常重要的。

3. 混合物定组成的热力学性质与纯物质性质的计算相同，其性质变化由系统的温度、压力决定。混合物变组成即均相敞开系统的热力学性质，除了与系统的温度、压力有关，还与组成有关，这种关系用偏摩尔性质来表达。因此，除了均相敞开系统的热力学基本关系式外，更应掌握**偏摩尔性质的定义及用途**，要重视偏摩尔性质之间的约束关系式——Gibbs-Duhem方程及其应用。

4. 弄清**混合过程性质变化和超额性质之间的区别和联系**，掌握其定义及基本计算。

5. 均相系统的摩尔性质与 Gibbs 函数紧密相连，通过 Gibbs 函数，引入了**逸度系数、组元逸度系数和活度系数**等概念，这些既是本章的重点，也是难点。要掌握它们的定义，了解它们的作用，熟悉它们的计算。

6. **逸度系数的计算，离不开状态方程**。用状态方程计算混合物时，除选择适合的方程外，还要考虑混合规则，因为逸度系数对所用的混合规则是敏感的。

7. **活度和活度系数是真实混合物非理想性的量度**，用活度系数模型是计算溶液中组元活度系数与温度、组成的函数关系，并进而可以计算混合物逸度。一定要注意模型的应用范围及标准状态的选择。

8. 掌握理想气体、理想溶液的定义、特点及作用，并熟悉标准态的概念及选择。

9. 这一章所学的内容在后几章有直接的应用，尤其与下一章的关系非常密切，在后面的学习中要注意互相联系。

习题

5-1 试判断下列说法是否正确：

（1）在恒定 T 和 p 下的理想溶液，溶液中组元的逸度与其摩尔分数成比例；

（2）对于理想溶液，混合过程的所有性质变化均为零；

（3）对于理想溶液，所有超额性质均为零。

5-2 真实气体混合物的非理想性表现在哪几个方面？

5-3 为什么活度系数计算要引入不同的标准态？

5-4 试总结和比较各种活度系数方程，并说明其应用情况。

5-5 由组分 1 和组分 2 在恒定 T 及 p 下混合成溶液过程的焓变与组成的关系可用下式表示

$$\Delta H=21x_1x_2(2x_1+x_2)(\mathrm{J\cdot mol^{-1}})$$

已知纯组分在 T 及 p 下的焓 $H_1=418\mathrm{J\cdot mol^{-1}}$，$H_2=627\mathrm{J\cdot mol^{-1}}$，试确定在该温度、压力状态下无限稀释液体的偏摩尔焓$\overline{H}_1^\infty$和$\overline{H}_2^\infty$的数值。

5-6 某二元液体混合物在 T，p 下的摩尔体积 V 与组分 1 的摩尔分数 x_1 的关系如下

$$V=109.4-16.8x_1-2.64x_1^2(\mathrm{cm^3\cdot mol^{-1}})$$

试导出 $\overline{V}_1$ 和 $\overline{V}_2$ 和 ΔV 的表达式。

5-7 某二元混合物中组元 1 和 2 的偏摩尔焓可用下式表示

$$\overline{H}_1=a_1+b_1x_2^2,\quad \overline{H}_2=a_2+b_2x_1^2$$

证明 b_1 必须等于 b_2。

5-8 在 25℃和 0.1MPa 时，测得甲醇（1）- 水（2）二元系统的组分 2 的偏摩尔体积近似为：

$$\overline{V}_2=18.1-3.2x_1^2(\mathrm{cm^3 \cdot mol^{-1}})$$

已知纯甲醇的摩尔体积 $V_1=40.7\mathrm{cm^3 \cdot mol^{-1}}$，试求该条件下的甲醇的偏摩尔体积和混合物的摩尔体积。

5-9 如果 $\overline{G}_1=G_1+RT\ln x_1$ 是在 T、p 不变时，二元溶液系统中组元 1 的偏摩尔 Gibbs 自由能表达式，试证明 $\overline{G}_2=G_2+RT\ln x_2$ 是组元 2 的偏摩尔 Gibbs 自由能表达式。G_1 和 G_2 是在 T 和 p 时纯液体组元 1 和组元 2 的摩尔 Gibbs 自由能，而 x_1 和 x_2 是摩尔分数。

5-10 在一定温度和压力下，某二元液体混合物的活度系数如用下式表示

$$\ln\gamma_1=a+(b-a)x_1-bx_1^2,\quad \ln\gamma_2=a+(b-a)x_2-bx_2^2$$

式中，a 和 b 是温度和压力的函数。试问，这两个公式在热力学上是否正确？为什么？

5-11 试估算 1- 丁烯蒸气在 478K、6.88×10^6Pa 时的逸度。

5-12 二氧化碳（1）和丙烷（2）所组成的混合物组成为 $x_1=0.35$（摩尔分数）。试用 RK 方程和 Prausnitz 建议的混合规则（令 $k_{i,j}=0.1$）计算混合物在 400K 和 13.78MPa 下的逸度系数 $\hat{\phi}_i$ 和 ϕ。

5-13 在 25℃和 2MPa 条件下，由组元 1 和组元 2 组成的二元液体混合物中，组元 1 的逸度 $\hat{f}_1$ 由下式给出

$$\hat{f}_1=5x_1-8x_1^2+4x_1^3$$

式中，x_1 是组元 1 的摩尔分数，$\hat{f}_1$ 的单位为 MPa。在上述的 T 和 p 下，试计算：（1）纯组元 1 的逸度 f_1；（2）纯组元 1 的逸度系数；（3）组元 1 的亨利常数 k_1；（4）作为 x_1 函数的活度系数 γ_1 表达式（组元 1 以 Lewis-Randall 规则为标准态）；（5）作为 x_1 函数的不对称活度系数 γ_1^* 表达式（组元 1 以 Henry 定律为标准态）。

5-14 试根据（1）维里方程和（2）RK 方程，计算摩尔分数为 0.30N_2（1）和 0.70 正丁烷（2）的二元气体混合物，在 461K 和 7.0MPa 的摩尔体积和 N_2 的逸度系数。第二维里系数数值为：$B_{11}=14$，$B_{22}=-265$，$B_{12}=-9.5$，单位均为 $\mathrm{cm^3 \cdot mol^{-1}}$。

5-15 在 470K、4MPa 下两气体混合物的逸度系数可用下式表示

$$\ln\phi=y_1y_2(1+y_2)$$

式中，y_1、y_2 为组分 1 和组分 2 的摩尔分数，试求 $\hat{f}_1$ 及 $\hat{f}_2$ 的表达式，并求出当 $y_1=y_2=0.5$ 时 $\hat{f}_1$、$\hat{f}_2$ 各为多少。

5-16 乙醇（1）- 甲苯（2）二元系统汽液平衡实验测得的数据为：$T=318\mathrm{K}$，$p=24.4\mathrm{kPa}$，$x_1=0.300$，$y_1=0.634$。并已知 318K 纯组元的饱和蒸气压为 $p_1^s=23.06\mathrm{kPa}$，$p_2^s=10.05\mathrm{kPa}$。设蒸气相为理想气体，此时选用的汽液平衡关系式为：$py_i=p_i^s\gamma_i x_i$。求：（1）液体各组元的活度系数；（2）液相 ΔG 和 G^E 的值；（3）如果还知道混合热，可近似表示为 $\dfrac{\Delta H}{RT}=0.437$，试估算 333K、$x_1=0.300$ 时液体混合物的 G^E 值。

5-17 某二元特殊混合物的逸度，可以表示为

$$\ln f=A+Bx_1-Cx_1^2$$

式中，A、B、C 仅为 T、p 的函数。试确定：

（1）两组元均以 Lewis-Randall 规则为标准态时，$G^E/(RT)$、$\ln\gamma_1$、$\ln\gamma_2$ 的关系式；

（2）组元 1 以 Henry 定律为标准态，组元 2 以 Lewis-Randall 规则为标准态时，$G^E/(RT)$、

$\ln\gamma_1$、$\ln\gamma_2$ 的关系式。

5-18 在一定温度压力下某二元溶液的超额 Gibbs 自由能模型如下

$$\frac{G^E}{RT}=-x_1x_2(1.5x_1+1.8x_2)$$

（1）推导 $\ln\gamma_1$ 和 $\ln\gamma_2$ 的表达式；（2）求 $\ln\gamma_1^\infty$ 和 $\ln\gamma_2^\infty$；（3）判断该物系对理想混合物的偏差性质。

5-19 某二元混合物组元 1 的活度系数与摩尔分数的关系如下

$$\ln\gamma_1=ax_2^2+bx_2^3+cx_2^4$$

式中，a，b，c 是与组成无关的独立参数。求 $\ln\gamma_2$ 的表达式。

5-20 盐酸水溶液在 25℃的 HCl 平均离子活度系数随质量摩尔浓度变化关系实验数据如下：

m_{HCl}/mol·kg^{-1}	0.001	0.005	0.01	0.05	0.1	0.5	1.0
$\gamma_\pm$	0.965	0.928	0.904	0.830	0.796	0.757	0.809
m_{HCl}/mol·kg^{-1}	3.0	5.0	8.0	10.0	12.0	14.0	16.0
$\gamma_\pm$	1.316	2.380	5.900	10.44	17.25	27.30	42.40

分别用 Debye-Hückel 极限式和修正式计算 HCl 平均离子活度系数随质量摩尔浓度变化关系，并作曲线图与实验数据进行比较和讨论。已知：Debye-Hückel 修正式（5-221）的参数分别为 b=0.1 和 b=0.3。

第 6 章知识图谱

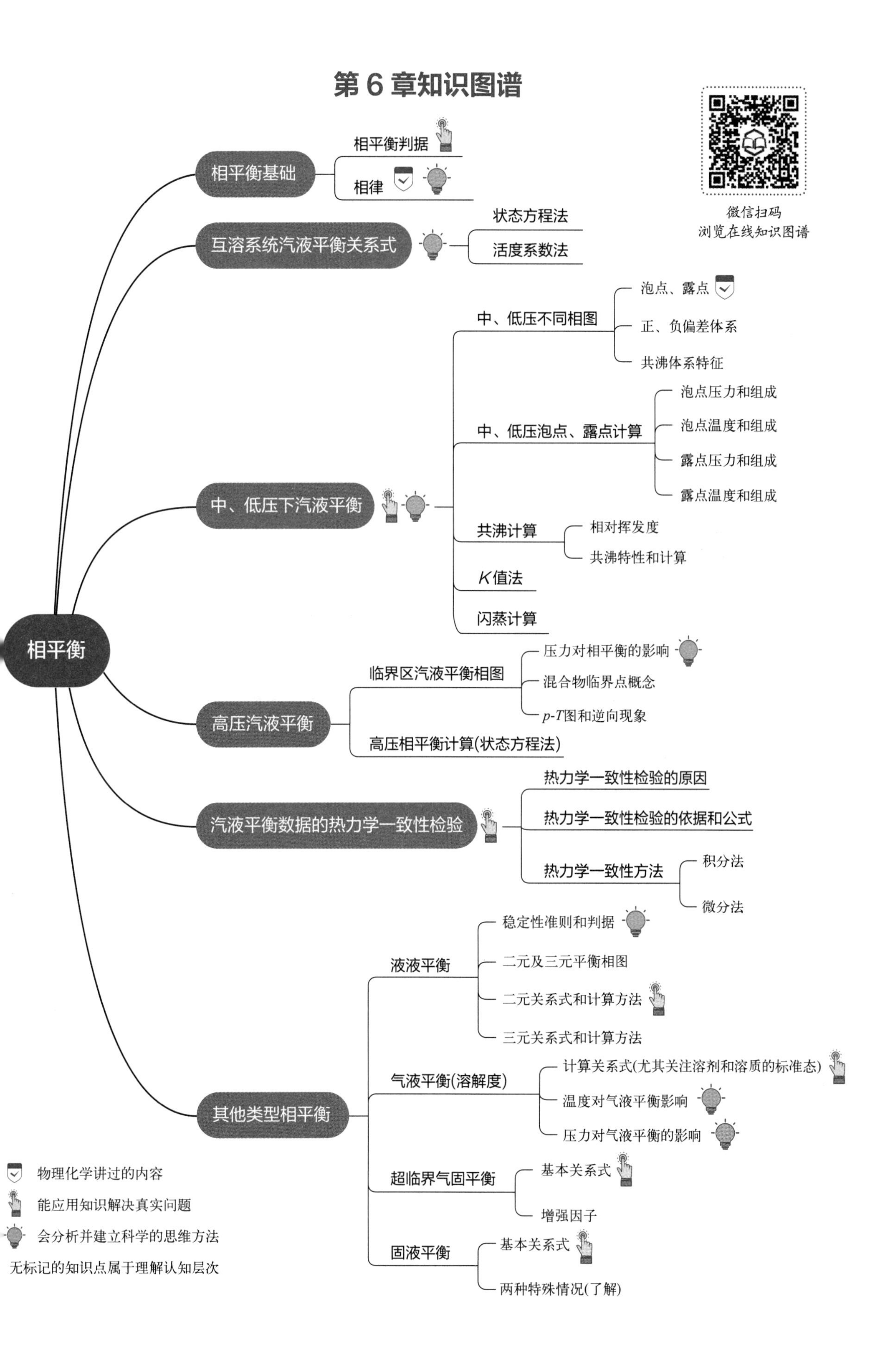

微信扫码
浏览在线知识图谱
相平衡
相平衡基础
相平衡判据
相律
互溶系统汽液平衡关系式
状态方程法
活度系数法
中、低压下汽液平衡
中、低压不同相图
泡点、露点
正、负偏差体系
共沸体系特征
中、低压泡点、露点计算
泡点压力和组成
泡点温度和组成
露点压力和组成
露点温度和组成
共沸计算
相对挥发度
共沸特性和计算
K值法
闪蒸计算
高压汽液平衡
临界区汽液平衡相图
压力对相平衡的影响
混合物临界点概念
p-T图和逆向现象
高压相平衡计算(状态方程法)
汽液平衡数据的热力学一致性检验
热力学一致性检验的原因
热力学一致性检验的依据和公式
热力学一致性方法
积分法
微分法
其他类型相平衡
液液平衡
稳定性准则和判据
二元及三元平衡相图
二元关系式和计算方法
三元关系式和计算方法
气液平衡(溶解度)
计算关系式(尤其关注溶剂和溶质的标准态)
温度对气液平衡影响
压力对气液平衡的影响
超临界气固平衡
基本关系式
增强因子
固液平衡
基本关系式
两种特殊情况(了解)
物理化学讲过的内容
能应用知识解决真实问题
会分析并建立科学的思维方法
无标记的知识点属于理解认知层次

第6章
相平衡

扫码获取
线上学习资源

化工生产时常需要将流体混合物中的各个组分加以分离，有时需要做到清晰分割，而有时仅仅需要分块切割。所有这些平衡分离操作都是以相平衡作为理论基础的。由于组分在不同相中的浓度梯度的存在，当进行相接触时会发生质量传递；或者相态之间存在温度、压力的差别，进而发生能量的交换。总之，当各相的性质达到稳定，不再随时间而变化，就叫做达到了相平衡。实际上，相平衡是一种动态的平衡，在相界面处，时刻存在着物质分子的流入和流出，只不过在相平衡时，流入流出的物质在种类和数量上，时刻保持相等。在热力学上，相平衡问题更多地在讨论各平衡相的组成之间的关系。

由于物质所处的相态具有多样性，相平衡也是多种多样的。最典型的、研究最充分的是汽液平衡（vapor liquid equilibrium，VLE），在化工过程中指导精馏操作；另外还有气液平衡（gas liquid equilibrium，GLE）应用于吸收单元，液液平衡（liquid liquid equilibrium，LLE）应用于萃取，固液平衡（solid liquid equilibrium，SLE）应用于结晶等。

相平衡给出平衡分离过程进行分离操作的极限，因此它是多组元分离的计算基础。例如精馏操作中，VLE 数据（以及对应的关联式）对精馏塔塔高和塔径的计算具有决定性影响，也决定了操作成本和投资。由于分离在化工操作中的重要性，相平衡计算在化工计算和设计中常占有很大的比重。

本章从多角度讨论 VLE，详细介绍平衡理论、计算方法和实际应用，同时简要介绍 GLE、LLE、SLE 等有关内容。

6.1 相平衡基础

6.1.1 平衡判据

要判断一个多相体系是否达到平衡状态，需要衡量它是否满足一定的热力学条件，这些条件就叫做热力学的相平衡判据。

假设多组元多相体系中含有 α, β, γ, …, π 相，组元为 i=1, 2, …, N。为保持系统的热平衡和机械平衡，体系内各相之间必须温度相等、压力相等，否则，依据热力学第二定律，存在温差时，会自发发生热从高温传向低温；有压差存在，会自发地发生流动，这样就不符合“平衡”的定义了。热平衡和机械平衡的判据如下

$$T^{\alpha} = T^{\beta} = \cdots = T^{\pi} \tag{6-1}$$

$$p^{\alpha} = p^{\beta} = \cdots = p^{\pi} \tag{6-2}$$

另外，在物理化学中，根据平衡物系的Gibbs自由能最小的原则，有

$$(\mathrm{d}G)_{T,p}=0 \tag{6-3}$$

针对α相和β相，结合5.1节“变组成系统的热力学性质关系”的内容，上式可以写成

$$\mathrm{d}(nG)^{\alpha}=-(nS)^{\alpha}\mathrm{d}T+(nV)^{\alpha}\mathrm{d}p+\sum\mu_i^{\alpha}\mathrm{d}n_i^{\alpha}$$

$$\mathrm{d}(nG)^{\beta}=-(nS)^{\beta}\mathrm{d}T+(nV)^{\beta}\mathrm{d}p+\sum\mu_i^{\beta}\mathrm{d}n_i^{\beta}$$

等温等压下，若体系为仅含有α相和β相两相的封闭体系，将上两式相加，结合式（6-3）得

$$\mathrm{d}(nG)_{T,p}=\mathrm{d}(nG)^{\alpha}+\mathrm{d}(nG)^{\beta}=\sum\mu_i^{\alpha}\mathrm{d}n_i^{\alpha}+\sum\mu_i^{\beta}\mathrm{d}n_i^{\beta}=0 \tag{6-4}$$

因为体系为没有发生化学反应的封闭体系，与环境没有物质交换，因此$\left(n_i^{\alpha}+n_i^{\beta}\right)$为定值，可得

$$\mathrm{d}n_i^{\alpha}=-\mathrm{d}n_i^{\beta} \tag{6-5}$$

将式（6-5）代入式（6-4）中，得

$$\sum\left(\mu_i^{\alpha}-\mu_i^{\beta}\right)\mathrm{d}n_i^{\alpha}=0 \text{ 且 } \mathrm{d}n_i^{\alpha}\neq 0$$

于是

$$\mu_i^{\alpha}=\mu_i^{\beta}$$

对于多相体系，可以推广得到

$$\mu_i^{\alpha}=\mu_i^{\beta}=\cdots=\mu_i^{\pi} \quad (i=1,2,\cdots,N) \tag{6-6}$$

上式是以化学势表示的相平衡判据。若将混合物中组元i的逸度的定义式（5-86）代入上式，得

$$\hat{f}_i^{\alpha}=\hat{f}_i^{\beta}=\cdots=\hat{f}_i^{\pi} \quad (i=1,2,\cdots,N) \tag{6-7}$$

由于逸度本身与温度、压力、组成等因素有关，而这些因素都是描述相平衡的基本数据，因此，上式是在相平衡计算中常用的平衡判据。

总之，相平衡判据为：①各相的温度相等；②各相压力相等；③组元$i(i=1,2,\cdots,N)$在各相中的化学位相等；④组元$i(i=1,2,\cdots,N)$在各相中的逸度相等。

6.1.2 相律

描述一个相平衡体系需要多个参数，如温度、压力、各相组成等。在这些量中，有些是互相牵制的，仅有F个强度性质是独立的，可以自由决定的。习惯用“自由度F”这个概念表示平衡系统的强度性质中独立变量的数目。但体系没有化学反应时，符合

$$F=C-P+2 \tag{6-8}$$

式中，F表示体系的自由度；C表示组元数；P表示相数。

相律是各种平衡系统都必须遵守的规律。通常在式（6-8）中的组元分数C比较容易得到，容易混淆的是相数P。例如：

（1）甲醇-水二元汽液平衡

$C=2$；由于甲醇和水可以在全浓度下互溶，因此，仅存在一个液相，再加上相平衡的汽相，共有相数$P=2$。于是，$F=2-2+2=2$。即对互溶的二元汽液平衡体系，在温度、压

力、汽相组成和液相组成中，只可任意选择两个变量。如选定温度、压力，则汽相组成和液相组成就相应确定了。另外，由于各组元的摩尔分数总和为一，当确定了液相（汽相）中一个组元的摩尔分数，液相（汽相）中另一个组元的摩尔分数就确定了，即液相分数（或汽相分数）是一个自由度。

（2）戊醇-水二元汽液平衡

$C=2$；与甲醇-水体系不同，戊醇和水不能在全浓度下互溶，在大部分的浓度范围内部分互溶，出现两个液相（见本章液液平衡部分）、一个汽相，形成汽-液-液平衡，即 P=2+1=3。但在有限的浓度范围内，戊醇和水能够互溶，仅有一个液相和一个汽相，形成汽液平衡，即 P'=1+1=2。因此，对于这样的体系，它的自由度 F 是 1 或 2。

（3）含有惰性气体的水-水蒸气三相三元系统

在水与其蒸汽形成的平衡系统中，加入某两种不溶于水的惰性气体，此系统中，$P=3$，$F=2$。此时温度、压力均可独立确定，但温度、压力确定后，该系统的蒸汽组成也就确定了；当固定汽相组成时，温度和压力两个参数还可以任意规定一个。

6.2 互溶系统的汽液平衡关系式

清晰地描述汽液平衡，需要提供平衡体系的温度 T、压力 p、气相组成 y_i（$i=1,2,\cdots,N$）和液相组成 x_i（$i=1,2,\cdots,N$）。这些参数可以实验测量，但更多的时候，需要建立描述汽液平衡的关系式以便计算得到更多的（T, p, y_i, x_i）数据，才能满足工程实践的需要。

对于汽液平衡，由相平衡判据式（6-7），得

$$\hat{f}_i^{\mathrm{v}}=\hat{f}_i^{\mathrm{l}} \quad (i=1,2,\cdots,N) \tag{6-9}$$

上式说明，对于汽液平衡体系中的任一组元 i，在汽相中的逸度等于其在液相中的逸度。根据逸度和逸度系数的定义式以及活度和活度系数的定义式，对于汽相，组元 i 的逸度通常通过逸度系数计算

$$\hat{f}_i^{\mathrm{v}}=py_i\hat{\phi}_i^{\mathrm{v}} \quad (i=1,2,\cdots,N) \tag{6-10}$$

对于液相，组元 i 的逸度既可以由逸度系数表示，也可以由活度系数表示

$$\hat{f}_i^{\mathrm{l}}=px_i\hat{\phi}_i^{\mathrm{l}} \quad (i=1,2,\cdots,N) \tag{6-11}$$

$$\hat{f}_i^{\mathrm{l}}=f_i^{\ominus}\gamma_i^{\mathrm{l}}x_i \quad (i=1,2,\cdots,N) \tag{6-12}$$

这样，常用的汽液平衡计算式根据液相 $\hat{f}_i^{\mathrm{l}}$ 的表达方法而分为以下两种：状态方程法和活度系数法。

6.2.1 状态方程法（EOS 法）

综合式（6-9）～式（6-11），有

$$py_i\hat{\phi}_i^{\mathrm{v}}=px_i\hat{\phi}_i^{\mathrm{l}}$$

即

$$\hat{\phi}_i^{\mathrm{v}}y_i=\hat{\phi}_i^{\mathrm{l}}x_i \quad (i=1,2,\cdots,N) \tag{6-13}$$

式中，$\hat{\phi}_i^{\mathrm{v}}$、$\hat{\phi}_i^{\mathrm{l}}$分别为汽、液相中组元 i 的逸度系数，在第 5 章介绍了它们的计算方法。由式（5-102）可以看出，$\hat{\phi}_i^{\mathrm{v}}$与（$T$，$p$，$y_i$）有关，$\hat{\phi}_i^{\mathrm{l}}$与（$T$，$p$，$x_i$）有关，它们的计算需要依赖状态方程（EOS）和混合规则，因此，该方法被称为状态方程法（EOS 法）。使用式（6-13）计算汽液平衡时，$\hat{\phi}_i^{\mathrm{v}}$、$\hat{\phi}_i^{\mathrm{l}}$需要采用同一个状态方程，因此，该状态方程和相应的混合规则必须同时适用于汽、液两相，代入式（5-102）中，可导出组元 i 的$\hat{\phi}_i^{\mathrm{v}}$、$\hat{\phi}_i^{\mathrm{l}}$的表达式。

该方法原则上适用于常压至高压（各种压力）下的汽液平衡计算，但是在带压，特别是高压下，更显示其优点。

6.2.2 活度系数法

若液相$\hat{f}_i^{\mathrm{l}}$以活度系数表示，综合式（6-9）、式（6-10）和式（6-12），得

$$py_i\hat{\phi}_i^{\mathrm{v}} = f_i^{\ominus}\gamma_i x_i \quad (i=1,2,\cdots,N) \tag{6-14}$$

式中，$f_i^{\ominus}$是 i 组元的标准态下的逸度。以 Lewis-Randall 规则为基准的标准态下，标准态的逸度等于相平衡温度 T 和压力 p 下纯液体 i 的逸度，即

$$f_i^{\ominus} = f_i^{\mathrm{l}} \quad (i=1,2,\cdots,N)$$

代入式（5-84），得

$$py_i\hat{\phi}_i^{\mathrm{v}} = p_i^{\mathrm{s}}\phi_i^{\mathrm{s}}\gamma_i x_i \exp\left[\frac{V_i^{\mathrm{l}}\left(p-p_i^{\mathrm{s}}\right)}{RT}\right] \quad (i=1,2,\cdots,N) \tag{6-15}$$

式中，p 为相平衡的压力；y_i 为 i 组元在汽相中的摩尔分数；$\hat{\phi}_i^{\mathrm{v}}$为 i 组元在汽相混合物中的逸度系数；p_i^{s} 为相平衡温度 T 下纯物质 i 的饱和蒸气压；ϕ_i^{s} 为 i 组元作为纯气体时，在相平衡温度 T、饱和蒸气压 p_i^{s} 下的逸度系数；γ_i 为组元 i 的活度系数；x_i 为 i 组元在液相中的摩尔分数；V_i^{l} 为纯物质 i 的液相摩尔体积；R 是摩尔通用气体常数。

式（6-15）是**中低压下常用的汽液平衡计算通式**。由于基于溶液理论推导的活度系数方程中没有考虑压力 p 对于 γ_i 的影响，因此式（6-15）不适用于高压汽液平衡的计算。

通常，针对具体的汽液平衡体系，可以根据不同的具体条件对式（6-15）做相应的化简。

（1）压力远离临界区

压力不大时，衡量式（6-15）的指数项的值。取体积 V_i^{l} 单位是 $\mathrm{m^3 \cdot mol^{-1}}$，压力不高时液体体积的数量级约为 -5；$p$ 和 p_i^{s} 的单位为 Pa，压力不高时它们的差别不大，(p-p_i^{s}) 的数量级近似为零；R=8.314$\mathrm{m^3 \cdot Pa \cdot mol^{-1} \cdot K^{-1}}$；温度 T 的数量级为 2。这样，指数项$\exp\left[\frac{V_i^{\mathrm{l}}\left(p-p_i^{\mathrm{s}}\right)}{RT}\right]\approx 1$。

（2）体系中各组元性质相似

若体系中各组元是同分异构体、顺反异构体、光学异构体或碳数相近的同系物，那么，汽液两相均可视为理想混合物，根据 Lewis-Randall 规则，有$\hat{\phi}_i^{\mathrm{v}}=\phi_i^{\mathrm{v}}$；同时，$\gamma_i$=1。

（3）低压下的汽液平衡

低压下，汽相可视为理想气体，于是有$\hat{\phi}_i^{\mathrm{v}}$=1，$\phi_i^{\mathrm{s}}$=1。

综上所述，汽液平衡体系若满足条件（1），其表达式为

$$py_i\hat{\phi}_i^{\mathrm{v}} = p_i^{\mathrm{s}}\phi_i^{\mathrm{s}}\gamma_i x_i \qquad (i=1,2,\cdots,N) \tag{6-16}$$

若满足条件（1）+（2），其表达式为

$$py_i\phi_i^{\mathrm{v}} = p_i^{\mathrm{s}}\phi_i^{\mathrm{s}}x_i \qquad (i=1,2,\cdots,N) \tag{6-17}$$

式中，ϕ_i^{v} 为在相平衡的温度 T 和压力 p 下，组分 i 作为纯蒸汽时的逸度系数。计算方法见5.3.4节。

若满足条件（1）+（3），其表达式为

$$py_i = p_i^{\mathrm{s}}\gamma_i x_i \qquad (i=1,2,\cdots,N) \tag{6-18}$$

若满足条件（1）+（2）+（3），其表达式为

$$py_i = p_i^{\mathrm{s}}x_i \qquad (i=1,2,\cdots,N) \tag{6-19}$$

上式即为拉乌尔（Raoult）定律。由此也可知，Raoult定律只是汽液相平衡的一种特例，这种情况还是在众多的汽液平衡物系中极少见的特殊情况。

在化学工业的大量汽液平衡计算中，式（6-18）最为常用，在使用该式时，主要的困难是活度系数的计算。由于活度系数的取值范围极大，在缺乏实验值时，不能任意用式（6-19）简化计算。

6.2.3　方法比较

状态方程法和活度系数法在描述汽液平衡时各有特点，适用于不同的场合，所遇到的计算难度也不同。表6-1是两种方法的对比。

表6-1　状态方程法和活度系数法的比较

项目	状态方程法	活度系数法
优点	1. 不需要标准态 2. 关键是选择EOS，如已有交互作用系数，不需要相平衡数据 3. 在一定程度上结合了对比态原理 4. 可用于临界区和近临界区	1. 活度系数方程和相应的系数较全 2. 温度的影响主要反映在 f_i^{l} 上，对 γ_i 的影响不大 3. 适用于多种类型的化合物，包括聚合物、电解质体系
缺点	1.EOS需要同时适用汽液两相，难度大 2. 需要搭配使用混合规则，且其影响大 3. 对极性物质、大分子化合物和电解质体系难于应用	1. 需要其他方法求取偏摩尔体积，进而求算摩尔体积 2. 需要确定标准态 3. 对含有超临界组分的体系应用不便，在临界区使用无望
适用范围	原则上可适用于各种压力下汽液平衡，但更常用于中、高压汽液平衡	中、低压下的汽液平衡，当缺乏中压汽液平衡数据时，中压下使用很困难

【例6-1】在总压101.33kPa、温度350.8K下，苯（1）-正己烷（2）形成 x_1=0.525的恒沸混合物，求（1）Margules方程参数；（2）液相的 $G^{\mathrm{E}}/(RT)$；（3）液相的 $\Delta G/(RT)$。已知350.8K下两组分的饱和蒸气压分别是99.4kPa和97.27kPa。

解：在该题条件下，汽相可以被认为是理想气体，液相按非理想溶液计算；由于压力较低，汽液平衡关系式为

$$py_i\hat{\phi}_i^{\text{v}}=\gamma_i^{\text{l}}x_ip_i^{\text{s}}\phi_i^{\text{s}}\exp\left[\frac{V_i^{\text{l}}\left(p-p_i^{\text{s}}\right)}{RT}\right]$$

可以简化为 $$py_i=\gamma_i x_i p_i^{\text{s}}$$

因为在共沸点汽液两相组成相同，即 $y_i^{\text{az}}=x_i^{\text{az}}$，可进一步得到

$$\gamma_i=\frac{p}{p_i^{\text{s}}}$$

（1）计算 Margules 方程参数

代入相关数据，可以计算出两组分的活度系数为

$$\gamma_1=\frac{p}{p_1^{\text{s}}}=\frac{101.33}{99.4}=1.019,\quad \gamma_2=\frac{p}{p_2^{\text{s}}}=\frac{101.33}{97.27}=1.042$$

将此代入 Margules 方程

$$\ln\gamma_1=\left[A_{12}+2\left(A_{21}-A_{12}\right)x_1\right]x_2^2,\quad \ln\gamma_2=\left[A_{21}+2\left(A_{12}-A_{21}\right)x_2\right]x_1^2$$

得 $\ln 1.019=\left[A_{12}+2\left(A_{21}-A_{12}\right)\times 0.525\right]\times 0.475^2$，　$\ln 1.042=\left[A_{21}+2\left(A_{12}-A_{21}\right)\times 0.475\right]\times 0.525^2$

可解出 Margules 方程参数为 A_{12}=0.1459，A_{21}=0.0879。

（2）计算液相的 $G^{\text{E}}/(RT)$

$$\frac{G^{\text{E}}}{RT}=x_1\ln\gamma_1+x_2\ln\gamma_2=\ln 0.525\times 1.019+\ln 0.475\times 1.042=0.535+0.495=0.0294$$

（3）计算液相的 $\Delta G/(RT)$

$$\frac{\Delta G}{RT}=\frac{G^{\text{E}}}{RT}+\frac{\Delta G^{\text{id}}}{RT}=\frac{G^{\text{E}}}{RT}+x_1\ln x_1+x_2\ln x_2=-0.662$$

【例6–2】计算甲醇（1）–水（2）在 1.00atm 和 344.44K 下的一组汽液平衡数据为：x_1=0.6000，y_1=0.8287，计算该条件下的汽液平衡常数。已知 NRTL 方程参数为

$$g_{12}-g_{22}=-1228.8\text{J}\cdot\text{mol}^{-1},\quad g_{21}-g_{11}=-4039.5\text{J}\cdot\text{mol}^{-1},\quad a_{12}=0.2989$$

解： 由于两组分的极性较强，汽相、液相均按非理想溶液计算。压力较低，可以忽略 Ponynting 因子，因此汽液平衡关系式

$$py_i\hat{\phi}_i^{\text{v}}=\gamma_i^{\text{l}}x_ip_i^{\text{s}}\phi_i^{\text{s}}\exp\left[\frac{V_i^{\text{l}}\left(p-p_i^{\text{s}}\right)}{RT}\right]$$

可简化为汽液平衡常数的计算式

$$K_i=\frac{y_i}{x_i}=\frac{\gamma_i p_i^{\text{s}}\phi_i^{\text{s}}}{p\hat{\phi}_i^{\text{v}}}$$

该式中，已知总压和组分饱和蒸气压，需要计算汽相中组分的逸度系数、组分饱和蒸汽的逸度系数和液相中组分的活度系数。

（1）利用维里方程计算组分饱和蒸汽的逸度系数

$$\ln\phi^{\text{v}}=\frac{Bp}{RT}=-0.1718$$

代入相关参数可以计算出 ϕ_1^{s}=0.9726，ϕ_2^{s}=0.9941

（2）利用维里方程计算汽相中组分的逸度系数

对于二元体系，有

$$\ln\hat{\phi}_1=\frac{p}{RT}\left(B_{11}+y_2^2\delta_{12}\right),\quad \ln\hat{\phi}_2=\frac{p}{RT}\left(B_{22}+y_1^2\delta_{12}\right)$$

代入相关参数可以计算出

$$\hat{\phi}_1=0.9788,\quad \hat{\phi}_2=0.9814$$

其中，计算 $\delta_{12}=2B_{12}-B_{11}-B_{22}$ 利用的混合规则为

$$\omega_{ij}=\frac{\omega_i+\omega_j}{2},\quad Z_{ij}=\frac{Z_i+Z_j}{2}$$

$$T_{cij}=\sqrt{T_{ci}T_{cj}},\quad V_{cij}=\left(\frac{V_{ci}^{1/3}+V_{cj}^{1/3}}{2}\right)^3$$

（3）利用 NRTL 方程计算活度系数

将相关参数代入 NRTL 计算公式

$$\ln\gamma_1=x_2^2\left[\frac{\tau_{21}G_{21}^2}{\left(x_1+x_2G_{21}\right)^2}-\frac{\tau_{12}G_{12}}{\left(x_2+x_1G_{12}\right)^2}\right],\quad \ln\gamma_2=x_1^2\left[\frac{\tau_{12}G_{12}^2}{\left(x_2+x_1G_{12}\right)^2}-\frac{\tau_{21}G_{21}}{\left(x_1+x_2G_{21}\right)^2}\right]$$

可以计算出 $\gamma_1=1.0660$，$\gamma_1=1.3197$

其中 $\tau_{ij}=(g_{ij}-g_{jj})/(RT)$，$G_{ij}=\exp(-a_{ij}\tau_{ij})$

（4）将相关数据代入简化得出的汽液平衡常数计算公式，可得

$$K_1=1.3740,\quad K_2=0.4344$$

6.3 中、低压下汽液平衡

研究汽液平衡的目的是能够给出各种体系的平衡数据，在大多数情况下是从液相组成求汽相组成，或者反之，为涉及汽液平衡的化工过程的设计和优化提供工具及依据。实际上，大部分化工过程中的汽液平衡体系都属于中、低压下的汽液平衡，完全可以用式（6-16）描述

$$py_i\hat{\phi}_i^{\rm v}=p_i^{\rm s}\phi_i^{\rm s}\gamma_i x_i\quad(i=1,2,\cdots,N)\tag{6-16}$$

实际上，热力学中的汽液平衡研究基本上是从平衡数据的测定入手，总结得到相应的平衡规律，拟合得到活度系数方程参数，利用具有外推功能的活度系数方程，并结合式（6-16）计算得到其他条件（一般是不同浓度，有时是不同压力或温度）下的汽液平衡性质。也就是说，计算是一项很重要的汽液平衡研究手段。当然，得到的汽液平衡性质数据以相图的形式表示出来更加直观，并得到定性的指导。

6.3.1 中、低压下二元汽液平衡相图

根据相律，中、低压下的二元汽液平衡体系的自由度 $F=2-2+2=2$。描述相平衡的四类强度性质的量（T, p, y_i, x_i）中，有两个是自变量，其他的量可以通过相平衡式计算得

到。如果以图来表示，相图应该是三维立体图，较为复杂。通常在实际应用中，二元体系汽液平衡的特性是通过二维图表示的，即首先确定某一个量，以该定量的参数面去切三维立体，得到一个截面，就是常见的二维相图了。在物理化学中系统学习过了这类相图，例如：恒温 T 下的 p–x–y 图或恒压 p 下的 T–x–y 图。下面简介各种热力学中研究的中、低压下的二元汽液平衡相图。

6.3.1.1 基本线型

以恒温 T 下的 p-x-y 图 6-1 为例，说明一般相图中的主要元素。相图中最主要的是泡点线 KMN（通常以实线表示）和露点线 KGN（常以虚线表示）。它们将相图分为三部分，泡点线以上是纯液相区，露点线以下是纯汽相区，泡点线与露点线之间是汽液共存区。二元汽液平衡相图的共轭线是平行于横轴并与泡点线、露点线相交的线段，如 MG，它的两个端点 G 和 M 分别表示在相应压力 p 下达到平衡的汽相点和液相点，它们的横坐标分别表示平衡的汽相组成 y_i 和液相组成 x_i。

6.3.1.2 理想混合物体系相图

二元理想混合物系符合拉乌尔（Raoult）定律，各组元的液相活度系数 $\gamma_1=\gamma_2=1$。另由式（6-19）可推出

$$p=p_1^s x_1+p_2^s x_2=p_2^s+(p_1^s-p_2^s)x_1 \tag{6-20}$$

当温度 T 一定时，相应的 p_1^s 和 p_2^s 也一定，上式为直线的表达式。相图见图 6-2。

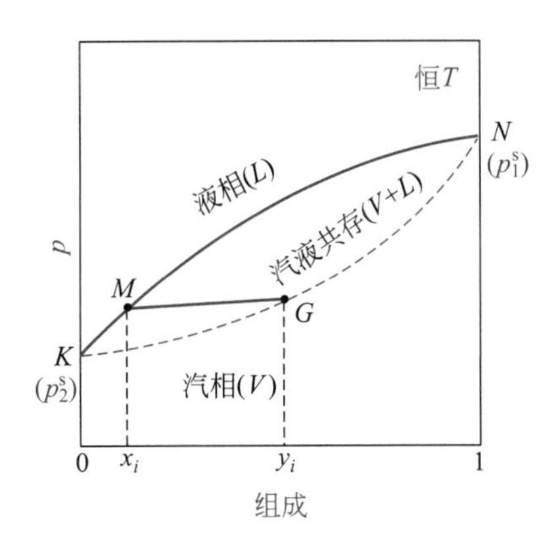

图 6-1 恒温 T 下的 p–x–y 示意图

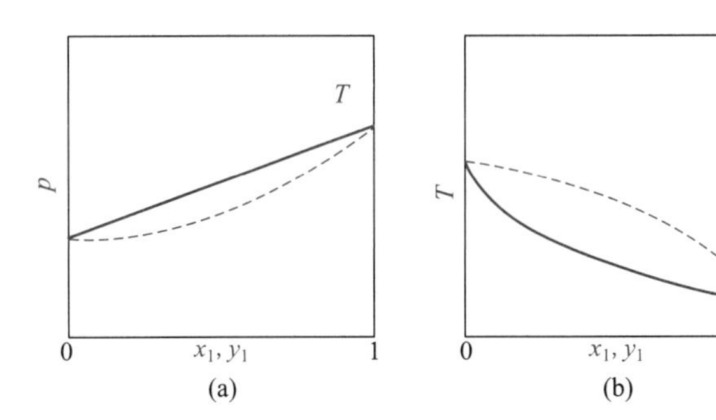

图 6-2 理想混合物体系汽液平衡相图

6.3.1.3 正偏差与负偏差体系相图

所谓正偏差或负偏差，是指对于 Raoult 定律的偏差。对于正偏差物系，各组分的活度系数 $\gamma_1>1$，$\gamma_2>1$。而负偏差体系组分的活度系数 $\gamma_1<1$，$\gamma_2<1$。

正偏差体系中各组分的分压均大于 Raoult 定律的计算值，于是总的相平衡压力 p 在全浓度范围内高于理想线（Raoult 线），但仍位于两组分饱和蒸气压之间。这种体系形成时伴有吸热及体积增大的现象。典型的体系如 CH_3OH–H_2O 二元汽液平衡。相图如图 6-3 所示。

相对地，负偏差体系中各组分的分压均小于 Raoult 定律的计算值，于是总的相平衡

压力 p 在全浓度范围内处于理想线（Raoult 线）以下，但仍位于两组分饱和蒸气压之间。这种体系形成时伴有放热及体积缩小的现象。典型的体系如 CH_2Cl_2–CH_3OCH_3 二元汽液平衡。相图如图 6-4 所示。

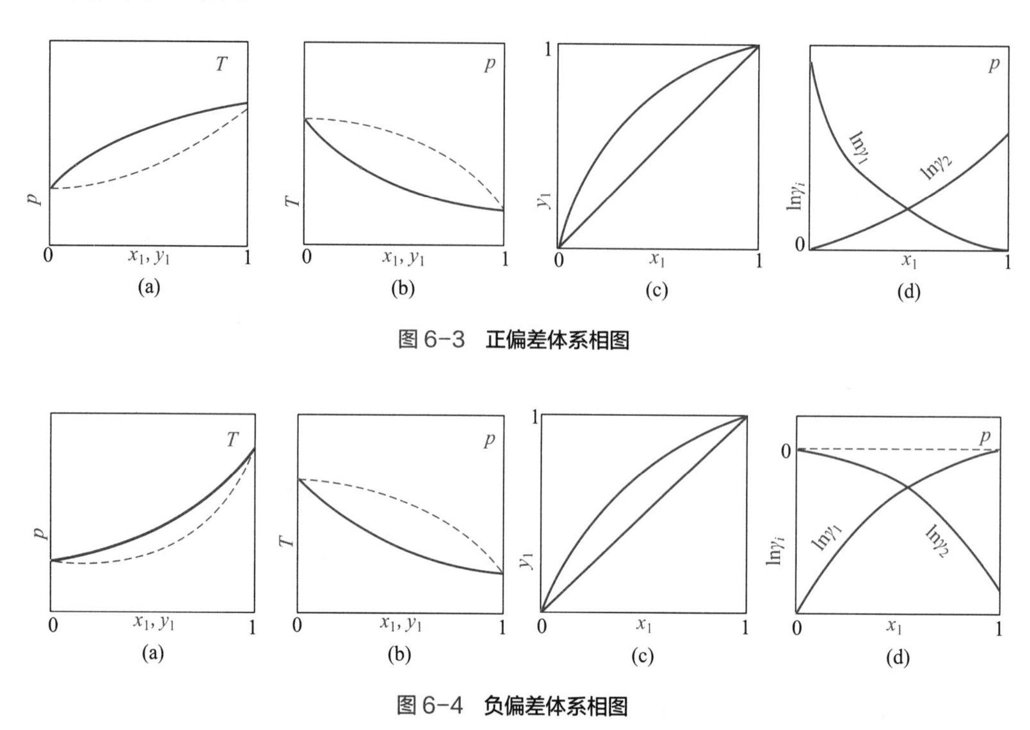

图 6-3 正偏差体系相图

图 6-4 负偏差体系相图

6.3.1.4 共沸体系相图

正偏差达到一定程度，相图中的 p–x 泡点线就会出现一个最高点，相平衡压力 p 不再像正偏差物系一样总是位于两组分饱和蒸气压之间，而会在某一段高出饱和蒸气压，如图 6-5（a）所示。该最高点处泡点线和露点线相交，$x^{az}=y^{az}$，**称为恒沸点，以上标 az 表示**。相应的，T-x-y 图同时出现最低点，如图 6-5（b）所示；y-x 图上曲线与对角线相交叉，如图 6-5（c）所示。典型的体系有 CH_3CH_2OH–H_2O 和 CH_3CH_2OH–$C_6H_5CH_3$ 二元汽液平衡体系。采用普通的精馏分离这类混合物，无法在一个精馏塔中得到纯组元 1 或纯组元 2，常常不得不使用特殊精馏方法。

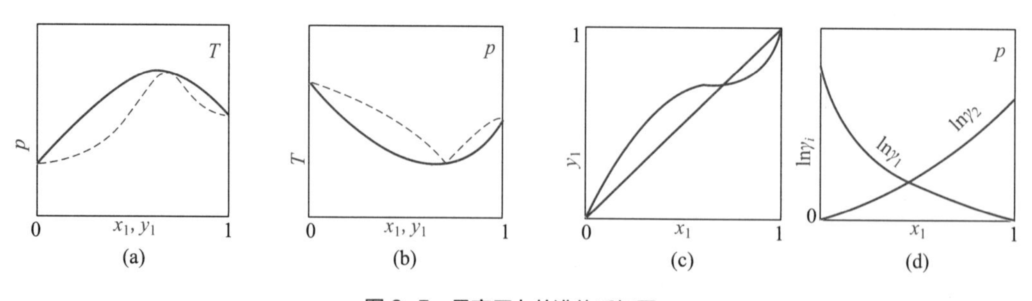

图 6-5 最高压力共沸体系相图

同样的，负偏差达到一定程度，相图中的 p–x 泡点线就会出现一个最低点，该点压力均小于两纯组分的饱和蒸气压，如图 6-6（a）所示，也叫做恒沸点，并以上标 az 表示。

相应的，该点在 T-x-y 图上表现为最高点，如图6-6（b）所示；在 y-x 图上表现为曲线与对角线的交叉点，如图6-6（c）所示。典型的体系有 HNO_3-H_2O 和 CH_3OCH_3-$CHCl_3$ 二元汽液平衡体系。对于这种物系，利用普通精馏，也不能同时得到两个纯组元。

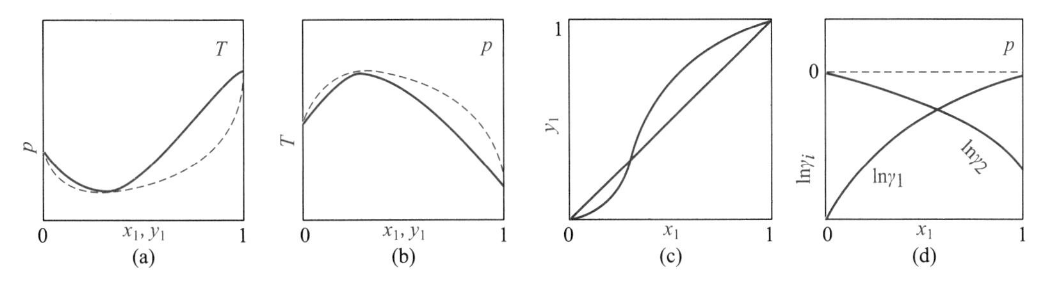

图6-6 **最低压力共沸体系相图**

6.3.1.5 液相部分互溶体系相图

如果溶液的正偏差很大，溶液中同种分子间的吸引力大大超过异类分子间的吸引力，那么，溶液会在一定的组成范围内发生相分裂（见稳定性准则）而形成两个液相，这种体系叫做液相部分互溶。实际上，这种相平衡是一种汽-液-液平衡，相图如图6-7所示。典型的体系如正丁醇-水、正戊醇-水体系等。这种物系在相当宽的范围内液相要分为两相，实际上不存在汽液平衡。

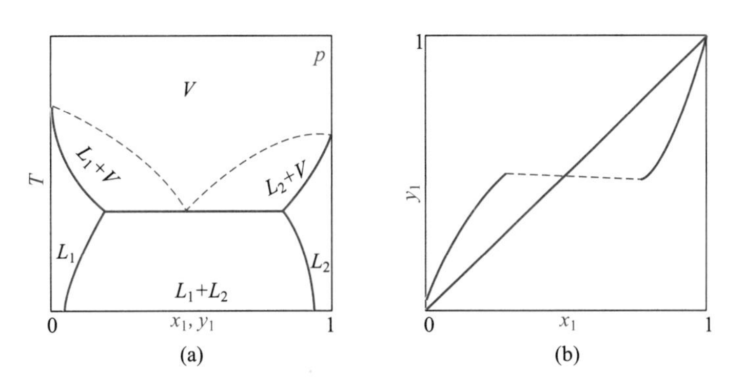

图6-7 **液相部分互溶体系相图**

6.3.2 中、低压下泡点和露点计算

相平衡计算的实质是求取一定温度和压力下的汽液相组成。描述一个 N 组元的汽液平衡，需要使用 $2(N+1)$ 个变量：$(T, p, y_1, y_2, \cdots, y_{N-1}, y_N, x_1, x_2, \cdots, x_{N-1}, x_N)$。同时，相律规定，该体系的自由度为 $F=N-2+2=N$，还需要另外 N 个关系式求解规定变量以外的变量的值。这（$N+2$）个关系式由式（6-16）和组成归1共同构成，即

$$\begin{cases} y_i = \dfrac{p_i^s \phi_i^s \gamma_i x_i}{p \hat{\phi}_i^v} \qquad (i=1,2,\cdots,N) \\ \sum\limits_{i=1}^{N} y_i = 1, \quad \sum\limits_{i=1}^{N} x_i = 1 \end{cases} \tag{6-16}$$

其中各种量的计算分别见本书的第 3 章和第 5 章的相关章节。

$$p_i^s=f(T) \tag{6-21}$$

$$\phi_i^s=g(T) \tag{6-22}$$

$$\gamma_i=K(T, x_1, \cdots, x_N) \tag{6-23}$$

$$\hat{\phi}_i^v=F(T, p, y_1, \cdots, y_N) \tag{6-24}$$

工程上，典型的汽液平衡计算是泡点、露点计算，共有如下四类。

（1）泡点压力和组成计算（BUBLP）

已知：平衡温度 T，液相组成 $x_1, x_2, \cdots, x_N$。

求：平衡压力 p，汽相组成 $y_1, y_2, \cdots, y_N$。

由式（6-21）~式（6-24）的分析可知，在已知 T 和（$x_1, x_2, \cdots, x_N$）时，式（6-16）的分子中的各项都可以选择相应的方法直接计算得到，而分母中的$\hat{\phi}_i^v$ 计算需要总压 p 和（$y_1, y_2, \cdots, y_N$），为此，需要假设，并进行迭代试差求解。$\sum y_i$ 是否等于 1 是是否结束计算的标准。当 $\sum y_i > 1$ 时，下一步压力应该增大；$\sum y_i < 1$ 时，应该减小压力的设定值；$\sum y_i=1$ 时，计算结束。计算框图如图 6-8 所示。本类计算相对比较简单。

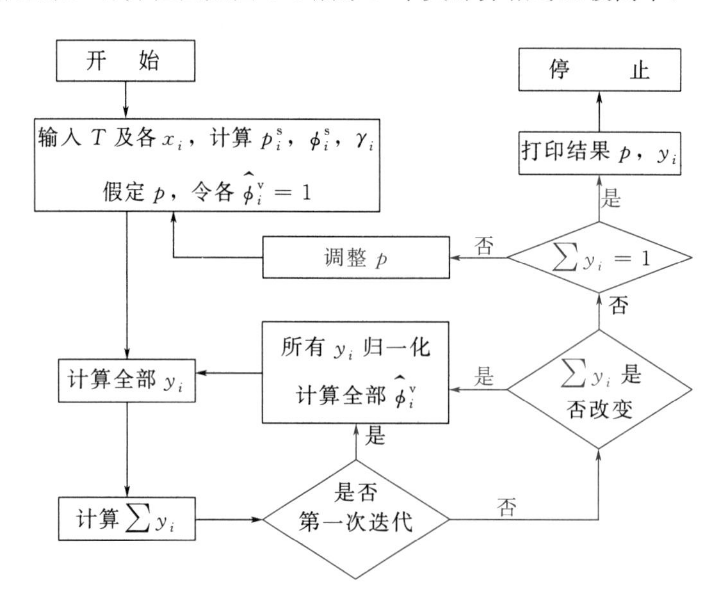

图 6-8 泡点压力组成计算框图

（2）泡点温度和组成计算（BUBLT）

已知：平衡压力 p，液相组成 $x_1, x_2, \cdots, x_N$。

求：平衡温度 T，汽相组成 $y_1, y_2, \cdots, y_N$。

由式（6-21）~式（6-24）的分析可知，式（6-16）分子中的 p_i^s、ϕ_i^s 和 γ_i 都需要温度 T 才可以选择相应的方法计算得到，而分母中的$\hat{\phi}_i^v$ 计算也需要温度 T，为此，需要首先假设 T，然后迭代。计算框图如图 6-9 所示。具体的计算步骤为：

① 假设 T，因为$\hat{\phi}_i^v$ 与 y_i 有关，第一次试算时，先令所有组分的$\hat{\phi}_i^v$=1；

② 用 Antoine 方程计算 p_i^s，选择适当的 EOS 计算 ϕ_i^s，选择活度系数方程计算 γ_i；

③ 用式（6-16）计算所有的 y_i，进而计算 $\sum y_i$；

④ 若是第一次迭代，则归一化所有计算得到的 y_i，并以此值、设定温度 T 和已知压力 p 共同计算 $\hat{\phi}_i^{\mathrm{v}}$，若不是第一次迭代，跳到⑥；

⑤ 将最新的 $\hat{\phi}_i^{\mathrm{v}}$、$p_i^{\mathrm{s}}$、$\phi_i^{\mathrm{s}}$、$\gamma_i$ 和已知压力 p 及 x_i 代入式（6-16），计算所有的 y_i，进而计算 $\sum y_i$；

⑥ 比较最近两次计算的 $\sum y_i$ 是否相等，如果不相等，则归一化所有计算得到的 y_i，并以此值、设定温度 T 和已知压力 p 共同计算 $\hat{\phi}_i^{\mathrm{v}}$，返回⑤，如果相等，进入⑦；

⑦ 考察 $\sum y_i$ 是否等于 1，若 $\sum y_i \neq 1$，则重新给定温度 T 值，返回②，若 $\sum y_i=1$，则计算结束，最新给定的温度就是相平衡温度 T，最后一次归一化的 y_i 即为汽相组成。

另外，如果 $\sum y_i > 1$，重新设定温度 T 时，应该有所降低；相反，$\sum y_i < 1$ 时，应提高温度。

与 BUBLP 相比，BUBLT 的计算方程虽然没有改变，但需要更多的迭代计算，因此计算过程明显更复杂。

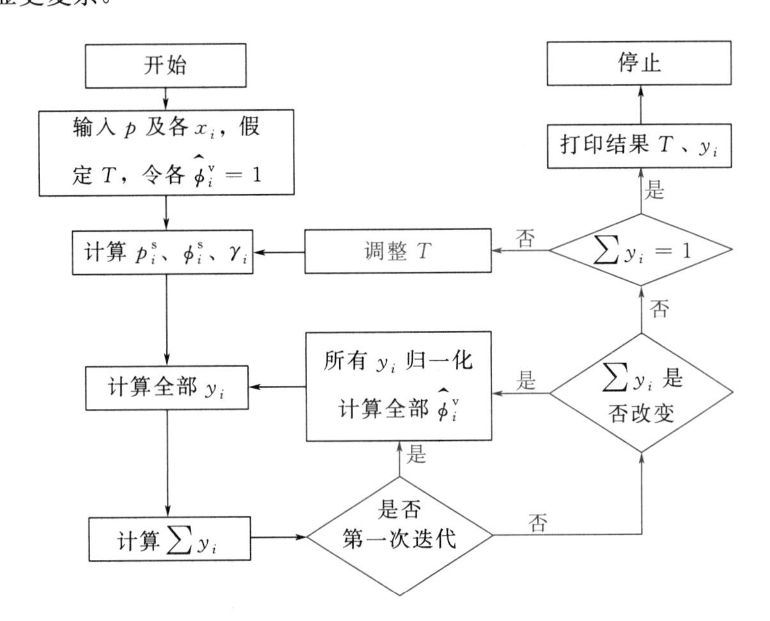

图 6-9 **泡点温度组成计算框图**

(3) 露点压力和组成计算（DEWP）

已知：平衡温度 T，汽相组成 $y_1, y_2, \cdots, y_N$。

求：平衡压力 p，液相组成 $x_1, x_2, \cdots, x_N$。

将式（6-16）做恒等变形，得

$$x_i=\frac{p y_i \hat{\phi}_i^{\mathrm{v}}}{p_i^{\mathrm{s}} \phi_i^{\mathrm{s}} \gamma_i} \quad (i=1,2,\cdots,N) \tag{6-25}$$

由式（6-21）~式（6-24）的分析可知，已知温度 T 就直接可得到 p_i^{s}、ϕ_i^{s} 的值，若假定了 p，结合已知的温度 T 和液相组成 y_i，可计算 $\hat{\phi}_i^{\mathrm{v}}$ 的值。那么，等式两边就是关于 x_i 的迭代。计算框图如图 6-10 所示。具体的计算步骤为：

① 假设 p，因为 γ_i 与 x_i 有关，第一次试算时，先令所有组分的 γ_i=1；

② 用 Antoine 方程计算 p_i^s，选择适当的 EOS 计算 ϕ_i^s；

③ 选择适当的 EOS 计算 $\hat{\phi}_i^v$；

④ 用式（6–25）计算所有的 x_i，进而计算 $\sum x_i$；

⑤ 若是第一次迭代，则归一化所有计算得到的 x_i，并以此值和已知的温度 T 共同计算 γ_i，若不是第一次迭代，跳到⑧；

⑥ 将最新的 γ_i 和 $\hat{\phi}_i^v$、p_i^s、ϕ_i^s，已知的汽相组成 y_i、设定的压力 p 代入式（6–25），计算所有的 x_i，进而计算 $\sum x_i$；

⑦ 返回⑤；

⑧ 比较最近两次计算的 $\sum x_i$ 是否相等，如果不相等，则归一化最近一次计算得到的 x_i，并以此值和已知的温度 T 共同计算 γ_i，返回⑥，如果相等，进入⑨；

⑨ 考察 $\sum x_i$ 是否等于 1，若 $\sum x_i \neq 1$，则重新给定平衡压力 p 值，返回③，若 $\sum x_i$=1，则计算结束，最新给定的压力就是相平衡压力 p，最后一次归一化的 x_i 即为液相组成。

另外，如果 $\sum x_i > 1$，压力 p 的设定值应该有所降低，相反，$\sum x_i < 1$ 时，应提高压力设定值。

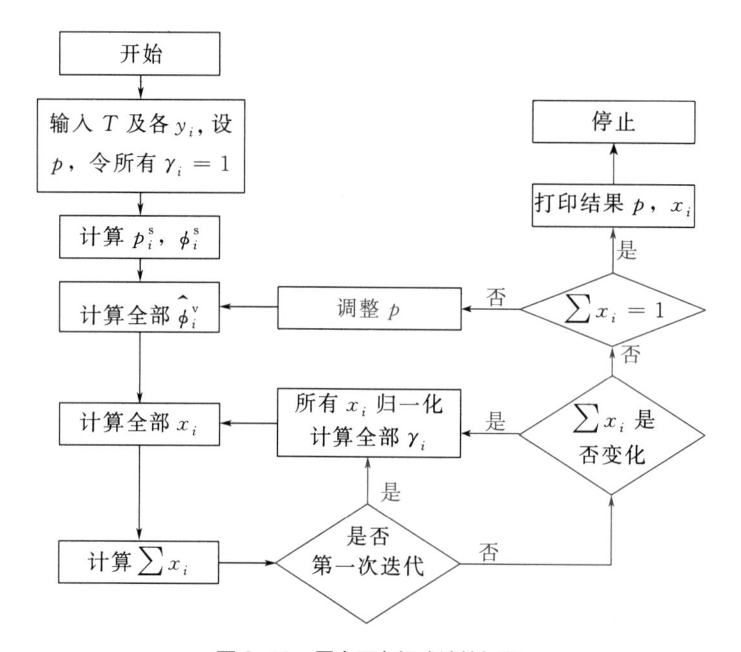

图 6–10 **露点压力组成计算框图**

总的说，露点计算比泡点计算复杂，DEWT 和 BUBLT 比 BUBLP 复杂。

（4）露点温度和组成计算（DEWT）

已知：平衡压力 p，汽相组成 $y_1, y_2, \cdots, y_N$。

求：平衡温度 T，液相组成 $x_1, x_2, \cdots, x_N$。

这类计算与前面的计算大同小异，这里只给出具体的计算框图，如图 6–11 所示，读者可自行给出计算步骤，并与框图对照比较。

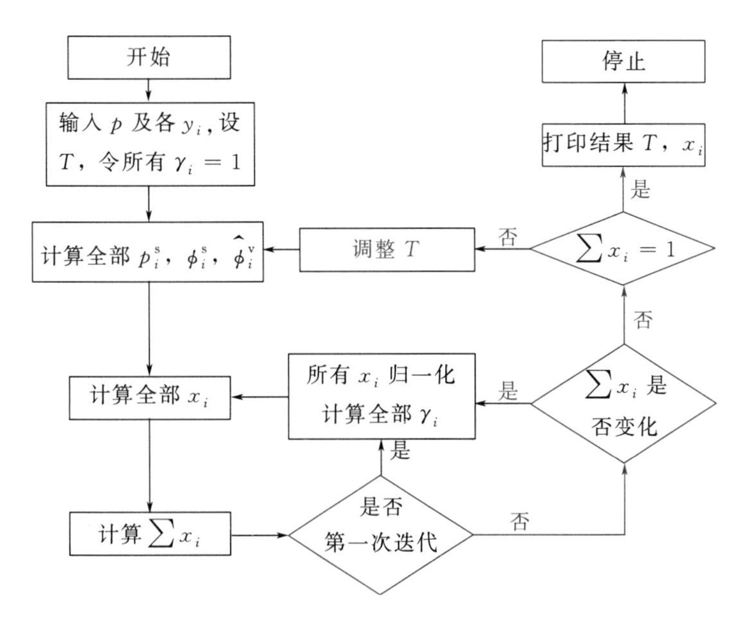

图 6-11　**露点温度组成计算框图**

6.3.3　低压下汽液平衡的计算

当相平衡的压力属于低压范畴时，汽相可视为理想气体，于是相平衡的计算式可化简为式（6-18）

$$py_i=p_i^s\gamma_i x_i \qquad (i=1,2,\cdots,N)$$

由于逸度系数$\hat{\phi}_i^v=1$，$\phi_i^s=1$，与本节 6.3.2 的泡露点计算相比，低压下的汽液平衡计算可以看作是泡露点计算的特例或简化。在大部分的情况下，不需要内外嵌套式的复杂的迭代过程，有时可以直接求解。

对于低压的二元汽液平衡，分压 p_1、p_2，总压 p，汽相组成 y_1 分别为

$$p_1=py_1=p_1^s\gamma_1x_1 \tag{6-26}$$

$$p_2=py_2=p_2^s\gamma_2x_2 \tag{6-27}$$

$$p=p_1+p_2=p_1^s\gamma_1x_1+p_2^s\gamma_2x_2 \tag{6-28}$$

$$y_1=\frac{p_1^s\gamma_1x_1}{p_1^s\gamma_1x_1+p_2^s\gamma_2x_2} \tag{6-29}$$

另外，在精馏计算中习惯使用相对挥发度 α 表示汽液平衡关系，它定义为平衡汽液两相的摩尔分数之比，即

$$\alpha=\frac{y_1/y_2}{x_1/x_2} \tag{6-30}$$

又由于 $y_1+y_2=1$，$x_1+x_2=1$，上式可推出

$$y_1=\frac{\alpha x_1}{1+(\alpha-1)x_1} \tag{6-31}$$

上式常作为本章 6.3.1 中、低压下二元汽液平衡相图中 y-x 图的表达式。但目前实际汽液

平衡相图中用的是实验值或关联值。在化工原理中解决精馏理论板计算时，通常认为式（6-31）中的 α 是常数，实际上，即便是在低压下的汽液平衡体系，它的 α 也是一个随平衡温度 T 和液相组成 x_i 而变化的量。下面加以说明。

将式（6-29）代入式（6-30），得

$$\alpha = \frac{p_1^{\mathrm{s}}\gamma_1}{p_2^{\mathrm{s}}\gamma_2} \tag{6-32}$$

上式说明，**相对挥发度 α 与活度系数和饱和蒸气压有关，它决定于温度 T 和液相组成 x_i**。因为 α 随 x_i 有明显的变化，在精馏操作中，每一块板上的温度、压力和汽液相组成都在变化，因此，每块板的相对挥发度 α 都是不同的。在早期的计算，曾取 α 为常数，得到具体的式（6-31）形式的平衡关系，造成了理论板数计算存在较大的误差，除粗略计算外，在目前通行的逐板计算中，已经不再使用这种简化的关系式了。

【例6-3】 计算 60℃下，含乙酸乙酯（1）35%（摩尔分数，余同）、丙酮（2）20%、乙醇（3）45% 的三元溶液的泡点压力以及相平衡的汽相组成 y_i（i=1, 2, 3）。已知 50℃下各组元的饱和蒸气压为 p_1^{s}=55.62kPa，p_2^{s}=115.40kPa，p_3^{s}=46.91kPa。假定汽相为理想气体，已知液相为理想混合物。

解： 本题要求解泡点压力，根据相图的特点，分析可知：x_1=0.35，x_2=0.20，x_3=0.45。由本题的假设可知，该平衡符合拉乌尔定律 5：

$$py_i = p_i^{\mathrm{s}}x_i \quad (i=1, 2, 3)$$

故
$$p = p_1^{\mathrm{s}}x_1 + p_2^{\mathrm{s}}x_2 + p_3^{\mathrm{s}}x_3 = 55.62\times0.35 + 115.40\times0.20 + 46.91\times0.45 = 63.66\ (\mathrm{kPa})$$

于是
$$y_1 = \frac{p_1^{\mathrm{s}}x_1}{p} = \frac{55.62\times0.35}{63.66} = 0.31$$

$$y_2 = \frac{p_2^{\mathrm{s}}x_2}{p} = \frac{115.40\times0.20}{63.66} = 0.36$$

$$y_3 = \frac{p_3^{\mathrm{s}}x_3}{p} = \frac{46.91\times0.45}{63.66} = 0.33$$

【例6-4】 试求 101.325kPa 下含有甲醇 40%（摩尔分数）的甲醇（1）－水（2）物系的泡点温度和汽相组成 y_i（i=1，2）。

已知，纯物质的饱和蒸气压的表达式为

$$\lg(p_1^{\mathrm{s}}/\mathrm{kPa}) = 7.13392 - \frac{1541.861}{t/℃ + 236.154}$$

$$\lg(p_2^{\mathrm{s}}/\mathrm{kPa}) = 7.0641 - \frac{1650.4}{t/℃ + 226.27}$$

纯物质的液相摩尔体积 V_i^{l}（$\mathrm{cm^3 \cdot mol^{-1}}$）计算式如下

$$V_1^{\mathrm{l}} = 64.509 - 0.19716T + 3.8735\times10^{-4}T^2$$

$$V_2^{\mathrm{l}} = 22.888 - 0.03642T + 0.6857\times10^{-4}T^2$$

Wilson 方程参数为
$$g_{12} - g_{11} = 1086\mathrm{J \cdot mol^{-1}}$$

$$g_{21} - g_{22} = 1633\mathrm{J \cdot mol^{-1}}$$

解： 在计算泡点温度时，题给的组成即为液相组成，即

$$x_1=0.4, \quad x_2=0.6$$

根据题意知，该汽液平衡是低压下的汽液平衡，于是满足式（6-18），即

$$\begin{cases} y_1 = p_1^s \gamma_1 x_1 / p & \text{(A)} \\ y_2 = p_2^s \gamma_2 x_2 / p & \text{(B)} \\ y_1 + y_2 = 1 & \text{(C)} \end{cases}$$

本题的计算实际上是已知 p 和（x_1, x_2）而求 T 及（y_1, y_2）的 BUBLT 计算的一种简化计算。计算步骤可简化为：

① 假设 T；

② 求算 p_i^s（i=1, 2）；

③ 用 Wilson 方程计算 γ_i（i=1, 2）；

④ 用式（A）和式（B）计算 y_i（i=1, 2）；

⑤ 计算 $\sum_{i=1}^{2} y_i$；

⑥ 若 $\sum_{i=1}^{2} y_i \neq 1$，回到①，若 $\sum_{i=1}^{2} y_i = 1$，输出最新的 T 和（y_1，y_2）。

设 T=76.1℃（349.25K），则

$$\lg p_1^s=7.13392-\frac{1541.861}{76.1+236.154}=2.1961, \quad p_1^s=157.1\text{kPa}$$

$$\lg p_2^s=7.0641-\frac{1650.4}{76.1+226.27}=1.6059, \quad p_2^s=40.4\text{kPa}$$

$$V_1^l=64.509-0.19716\times349.25+3.8735\times10^{-4}\times349.25^2=42.898\ (\text{cm}^3\cdot\text{mol}^{-1})$$

$$V_2^l=22.888-0.03642\times349.25+0.6857\times10^{-4}\times349.25^2=18.532\ (\text{cm}^3\cdot\text{mol}^{-1})$$

$$\Lambda_{12}=\frac{V_2^l}{V_1^l}\exp\left[-\frac{(g_{12}-g_{11})}{RT}\right]=\frac{18.532}{42.898}\times\exp\left(-\frac{1086}{8.314\times349.25}\right)=0.2972$$

$$\Lambda_{21}=\frac{V_1^l}{V_2^l}\exp\left[-\frac{(g_{21}-g_{22})}{RT}\right]=\frac{42.898}{18.532}\times\exp\left(-\frac{1633}{8.314\times349.25}\right)=1.3191$$

代入 Wilson 方程，得

$$\ln\gamma_1=-\ln(x_1+\Lambda_{12}x_2)+x_2\left(\frac{\Lambda_{12}}{x_1+\Lambda_{12}x_2}-\frac{\Lambda_{21}}{x_2+\Lambda_{21}x_1}\right)$$

$$=-\ln(0.4+0.2972\times0.6)+0.6\times\left(\frac{0.2972}{0.4+0.2972\times0.6}-\frac{1.3191}{0.6+1.3191\times0.4}\right)$$

$$=0.1541$$

$$\gamma_1=1.167$$

$$\ln\gamma_2=-\ln(x_2+\Lambda_{21}x_1)+x_1\left(\frac{\Lambda_{21}}{x_2+\Lambda_{21}x_1}-\frac{\Lambda_{12}}{x_1+\Lambda_{12}x_2}\right)$$

$$=-\ln(0.6+1.3191\times0.4)+0.4\times\left(\frac{1.3191}{0.6+1.3191\times0.4}-\frac{0.2972}{0.4+0.2972\times0.6}\right)$$

$$=0.1422$$

$$\gamma_2=1.153$$

将 p_1^s、p_2^s、γ_1、γ_2、x_1、x_2 代入式（A）和式（B）中，得

$$y_1=\frac{157.1\times1.167\times0.4}{101.325}=0.724,\quad y_2=\frac{40.4\times1.153\times0.6}{101.325}=0.272$$

$$y_1+y_2=0.996$$

取 $\varepsilon=1\times10^{-3}$，$|1-(y_1+y_2)|=0.004>\varepsilon$，显然不满足 $\sum y_i=1$ 的要求。而 $(y_1+y_2)<1$，于是下一步将提高设定温度。

设 T=76.2℃（349.35K），同理可得

$$y_1=0.725,\quad y_2=0.274$$

$$y_1+y_2=0.999$$

$$|1-(y_1+y_2)|\leqslant\varepsilon$$

所以 T=76.2℃时 $$y_1=\frac{0.725}{0.999}=0.726,\quad y_2=\frac{0.274}{0.999}=0.274$$

从上述两例可见，例 6-4 是非理想溶液，在二元汽液平衡计算中，由于含有 γ_i-x_i 关系的计算，计算过程比例 6-3 的三元理想液体的计算还要复杂得多。

【例6-5】乙醇（1）-氯苯（2）二元汽液平衡体系在 80℃时，有

$$\frac{G^E}{RT}=2.2x_1x_2$$

试问该体系可否在 80℃下出现共沸？如果可以，试求共沸压力和相应的共沸组成，并确定该体系为最高压力共沸还是最低压力共沸？已知两组分的饱和蒸气压表达式分别如下

$$\lg(p_1^s/\text{kPa})=7.23710-\frac{1592.864}{t/℃+226.184}$$

$$\lg(p_2^s/\text{kPa})=6.07963-\frac{1419.045}{t/℃+216.633}$$

解： 按照题意，首先计算 80℃下两物质的饱和蒸气压，得

$$p_1^s=108.34\text{kPa},\quad p_2^s=19.76\text{kPa}$$

根据 $\ln\gamma_i=\frac{\bar{G}_i^E}{RT}$，得

$$\begin{cases}\ln\gamma_1=\dfrac{G^E}{RT}+(1-x_1)\dfrac{d[G^E/(RT)]}{dx_1} & \text{(A)}\\ \ln\gamma_2=\dfrac{G^E}{RT}-x_1\dfrac{d[G^E/(RT)]}{dx_1} & \text{(B)}\end{cases}$$

将 $\frac{G^E}{RT}$ 表达式化简，得

$$\frac{G^E}{RT}=2.2x_1-2.2x_1^2 \quad \text{(C)}$$

将式（C）代入式（A）、式（B），得

$$\begin{cases}\ln\gamma_1=2.2x_2^2>0 & \text{(D)}\\ \ln\gamma_2=2.2x_1^2>0 & \text{(E)}\end{cases}$$

假设该汽液平衡属于低压汽液平衡范畴，则汽液平衡符合

$$py_i=p_i^{s}\gamma_i x_i \quad (i=1,\ 2)$$

若有恒沸现象，则在恒沸点处 $y_i^{az}=x_i^{az}$，于是上式进一步可以写成

$$\begin{cases} p=p_1^{s}\gamma_1^{az} & \text{(F)} \\ p=p_2^{s}\gamma_2^{az} & \text{(G)} \end{cases}$$

即

$$p_1^{s}\gamma_1=p_2^{s}\gamma_2$$

$$\ln\gamma_2^{az}-\ln\gamma_1^{az}+（\ln p_2^{s}-\ln p_1^{s}）=0$$

将 $\ln\gamma_1$、$\ln\gamma_2$ 的表达式与 p_1^{s}、p_2^{s} 的值代入，得

$$2.2[(x_1^{az})^2-(x_2^{az})^2]+\ln\frac{19.76}{108.34}=0$$

$$x_1^{az}-x_2^{az}=0.7735$$

所以

$$x_1^{az}=0.887,\quad x_2^{az}=0.113$$

这样表明，该体系的确存在共沸现象，共沸组成出现在 $x_1^{az}=0.887$ 处。由于 $\ln\gamma_2>0$，$\ln\gamma_1>0$，于是该共沸是最高压力共沸的类型。

将共沸组成 $x_1^{az}=0.887$ 代入式（D）和式（F），得

$$p^{az}=p_1^{s}\gamma_1^{az}=108.34\times\exp[2.2\times(1-0.887)^2]=111.4(\text{kPa})$$

从最高压力共沸物系的相图特征看，相平衡压力 p 的范围为

$$19.76\text{kPa}=p_2^{s}<p<p^{az}=111.4\text{kPa}$$

可见，该压力范围的确属于低压范畴，故最初的假设成立，计算合理。

6.3.4 烃类系统的 K 值法和闪蒸计算

6.3.4.1 K 值和 K 值法

K 值又叫汽液平衡比，或相平衡比，定义式为

$$K_i=\frac{y_i}{x_i} \tag{6-33}$$

某组分的 K 值是指该组分在已经达到汽液平衡的体系中的汽、液相摩尔分数之比。分别将描述汽液平衡的状态方程法关系式（6-13）和活度系数法关系式（6-15）代入，得

$$K_i=\frac{y_i}{x_i}=\frac{\hat{\phi}_i^{l}}{\hat{\phi}_i^{v}} \tag{6-34}$$

$$K_i=\frac{y_i}{x_i}=\frac{p_i^{s}\phi_i^{s}\gamma_i\exp\left[\dfrac{V_i^{l}\left(p-p_i^{s}\right)}{RT}\right]}{p\hat{\phi}_i^{v}} \tag{6-35}$$

由式（6-33）得

$$y_i=K_i x_i \tag{6-36}$$

式（6-36）就叫做描述汽液平衡的 K 值法。与式（6-13）和式（6-15）比较，式（6-36）的形式简单很多，但由于 K_i 并不是常数，而是与相平衡的 T、p、y_i、x_i 均有关的一个变量。

6.3.4.2 烃类系统的 K 值法

当 K 值法用于描述石油化工中烃类系统的汽液平衡体系时，汽液平衡计算就“简便”很多。

烃类系统的混合物接近理想混合物，关系式（6-35）中 γ_i=1，同时根据 Lewis-Randall 规则，对于理想混合物有 $\hat{\phi}_i^{\mathrm{v}}=\phi_i$，则式（6-35）简化为

$$K_i=\frac{y_i}{x_i}=\frac{p_i^{\mathrm{s}}\phi_i^{\mathrm{s}}}{p\phi_i} \tag{6-37}$$

可见，烃类系统的 K 值仅与 T、p 有关，而与组成 y_i、x_i 无关。这样，K 值可根据 T、p 在德-普列斯特（De-Priester）的 p-T-K 图上查出 K 的具体值，使得式（6-36）真正简单地描述汽液平衡。p-T-K 图如图 6-12 和图 6-13 所示。

烃类系统的 K 值法可简便地用于泡露点计算，由于 K 值仅与 T、p 有关，而与组成 y_i、x_i 无关，计算时就可以省去泡露点计算框图中计算组成 y_i 或 x_i 的内层嵌套，其他计算途径不变，仅需要在每一次改变 T 或 p 时，重新查取 K_i 值，计算大为简化。

【例6-6】利用维里方程计算乙烯在温度为 311K、压力为 3444.2kPa 下的 K 值。已知该温度下乙烯的饱和蒸气压为 9111.7kPa。

解：由于压力较高，汽、液相按理想溶液计算。此时 K 的计算公式为

$$K=\frac{p^{\mathrm{s}}\phi^{\mathrm{s}}}{p\phi^{\mathrm{v}}}$$

（1）利用维里方程计算乙烯的逸度系数

查得 T_{c}=282.4K，p_{c}=5.034MPa，ω=0.085。在 T=311K 和 p=3444.2kPa 下

$$B^{(0)}=0.083-\frac{0.422}{T_{\mathrm{r}}^{1.6}}=-0.2786,\quad B^{(1)}=0.139-\frac{0.172}{T_{\mathrm{r}}^{4.2}}=0.0243$$

$$\frac{Bp_{\mathrm{c}}}{RT_{\mathrm{c}}}=B^{(0)}+\omega B^{(1)}=-0.2766$$

$$B=-128.9\times10^{-6}\,\mathrm{m^3\cdot mol^{-1}}$$

$$\ln\phi^{\mathrm{v}}=\frac{Bp}{RT}=-0.1718$$

所以汽相逸度系数 ϕ^{v}=0.8422。

（2）利用维里方程计算乙烯的温度下饱和汽体的逸度系数

计算方法如上，可得 ϕ^{s}=0.6347。

（3）计算 K

$$K=\frac{p^{\mathrm{s}}\phi^{\mathrm{s}}}{p\phi^{\mathrm{v}}}=1.994$$

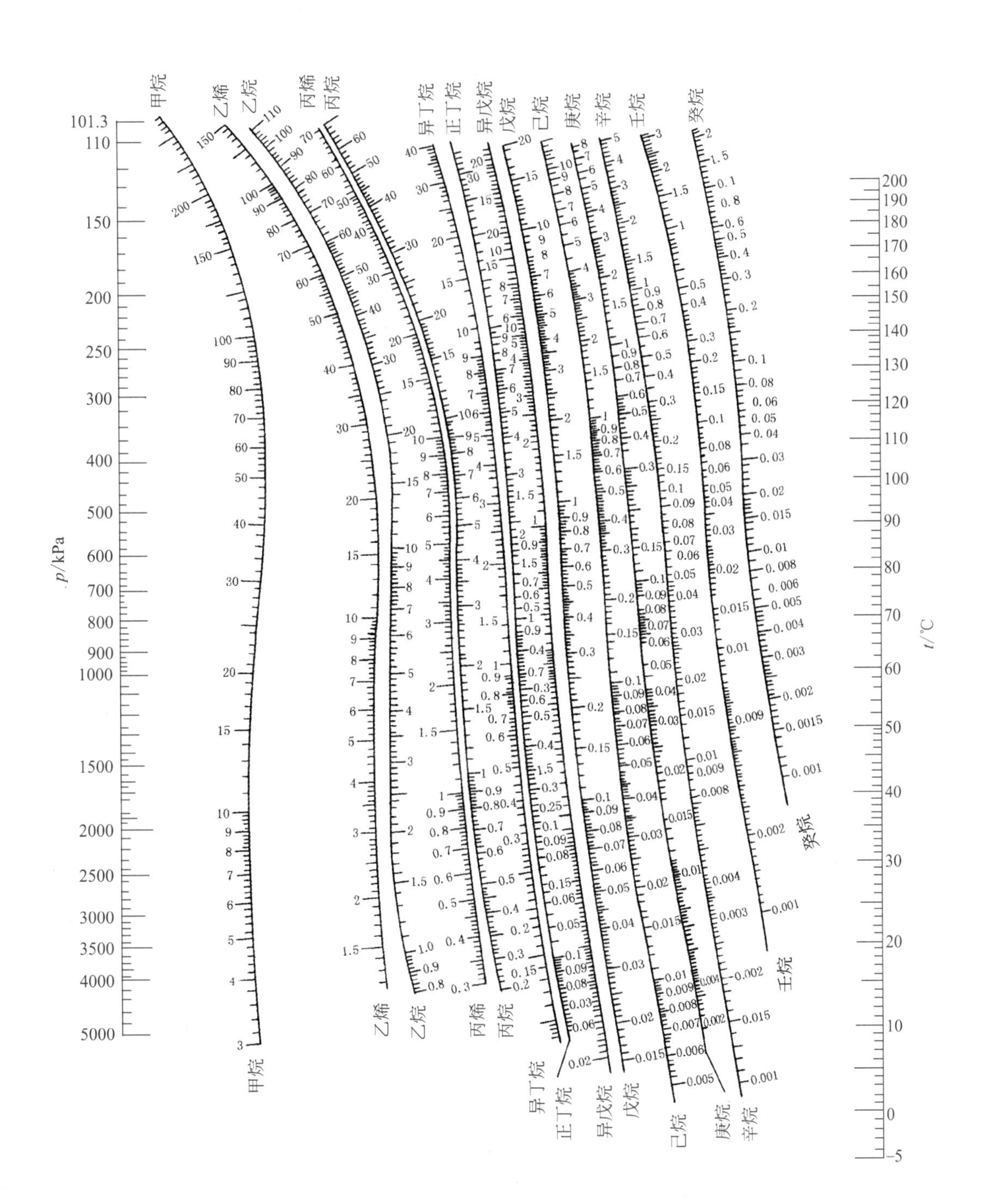

图6-12 $p-T-K$图（高温部分）

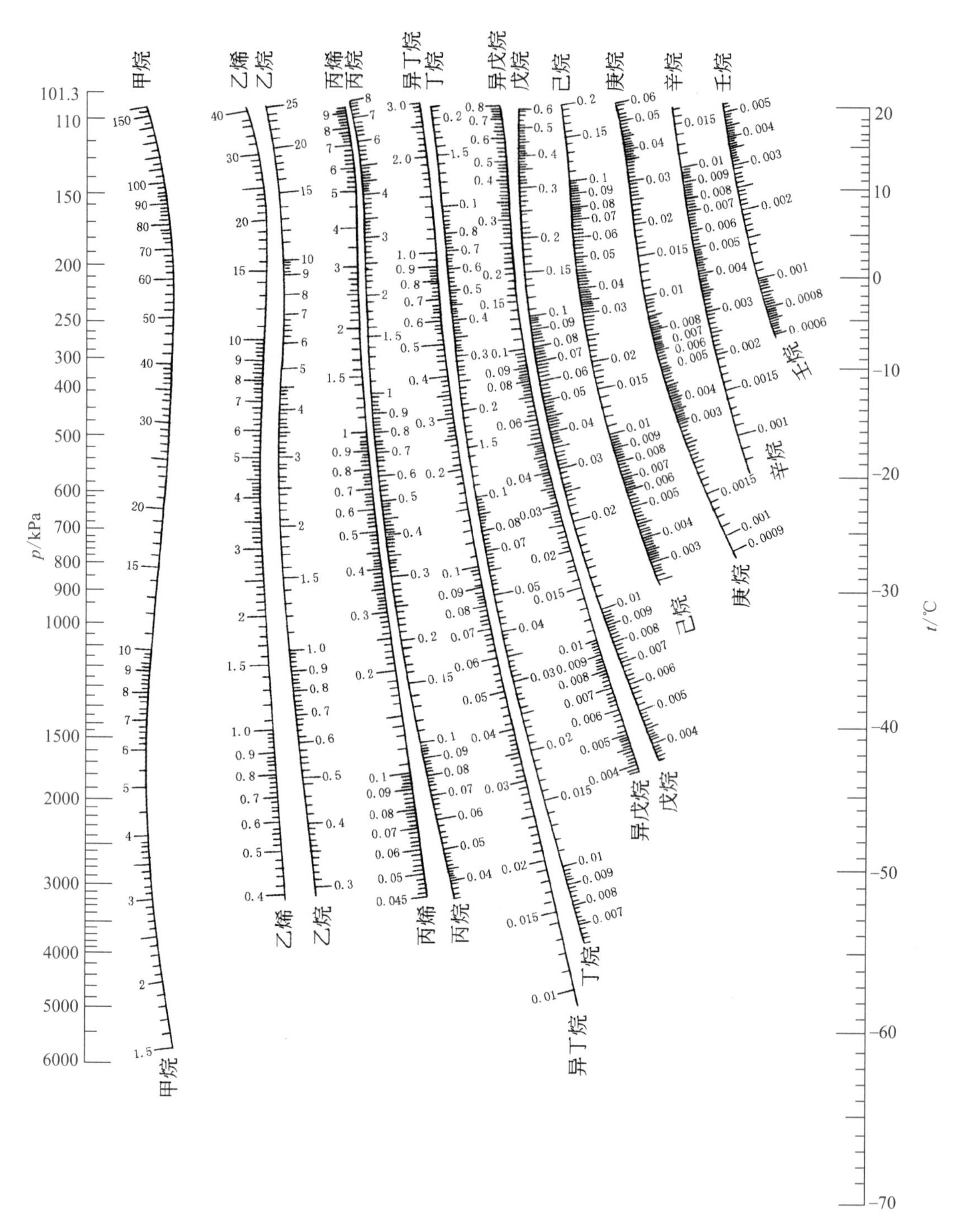

图 6-13 p-T-K 图（低温部分）

【例6–7】某烃类混合物的组成如下表，试求压力为 2776 kPa（27.4 atm）时，该混合物的泡点温度及汽相组成。

组元	CH_4	C_2H_6	C_3H_6	C_3H_8	i-C_4H_{10}	n-C_4H_{10}	总计
组成	0.05	0.35	0.15	0.20	0.10	0.15	1.00

解：求解泡点温度时，题给的组成即为液相组成 x_i。计算过程如下：

p=27.4atm，假设T —(p–T–K图)→ K_i（i=1, 2, …, 6）—(x_i)→ y_i（i=1, 2, …, 6）→ $\sum y_i$ {=1 结束；≠1 返回 → 调整T}

假定泡点温度 T，计算过程见下表，最终结果以黑体表示。

设定温度	组元	CH_4	C_2H_6	C_3H_6	C_3H_8	i-C_4H_{10}	n-C_4H_{10}	总计
	x_i	**0.05**	**0.35**	**0.15**	**0.20**	**0.10**	**0.15**	**1.00**
24 ℃	K_i	6.0	1.30	0.47	0.43	0.20	0.381	—
	y_i	0.30	0.455	0.0705	0.086	0.02	0.0207	0.952
26 ℃	K_i	6.2	1.37	0.51	0.45	0.212	0.147	—
	y_i	0.306	0.480	0.0765	0.090	0.0212	0.0220	0.996
归一化	y_i	**0.307**	**0.482**	**0.0768**	**0.0904**	**0.0213**	**0.0221**	**1.000**

6.3.4.3　闪蒸及其计算

闪蒸是一种工艺过程，它是指总组成为 $z_1, z_2, \cdots, z_N$ 的单相混合物，当改变温度、压力条件时，使其处于泡露点之间，产生了达到汽液平衡的两相，汽相组成为 $y_1, y_2, \cdots, y_N$，液相组成为 $x_1, x_2, \cdots, x_N$。实际上，**闪蒸是单级平衡分离过程**。常用于高于泡点压力的液体混合物，压力降低，达到泡点压力与露点压力之间，就会部分汽化，发生闪蒸，如图 6–14 所示。令闪蒸罐的进料量为 F，闪蒸后的汽相量为 V，液相量为 L，则汽化率为 $e=V/F$，液化率为 $l=L/F$，$e+l=1$。闪蒸过程同时符合质量守恒和热力学的相平衡原则，即总的物料平衡、组元的物料平衡和汽液平衡。

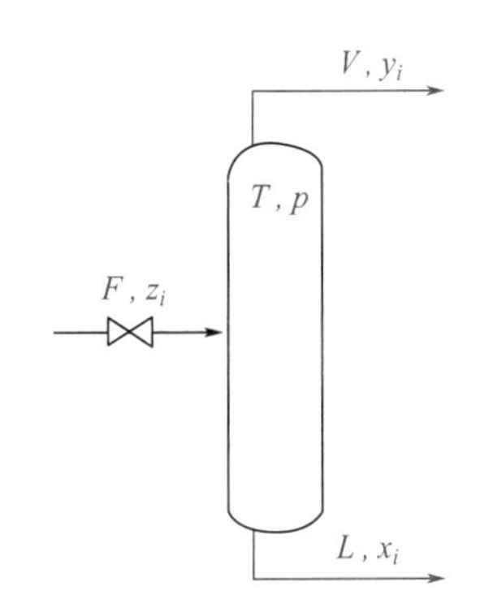

图 6–14　闪蒸示意

$$F=V+L \tag{6-38}$$

$$Fz_i=Vy_i+Lx_i \quad (i=1, 2, \cdots, N) \tag{6-39}$$

$$y_i=K_ix_i \quad (i=1, 2, \cdots, N) \tag{6-40}$$

联立解得

$$x_i=\frac{z_i}{e(K_i-1)+1} \quad (i=1, 2, \cdots, N) \tag{6-41}$$

$$y_i=\frac{K_iz_i}{e(K_i-1)+1} \quad (i=1, 2, \cdots, N) \tag{6-42}$$

由于汽液两相组成 y_i 或 x_i 值不完全独立，需要同时满足 $\sum y_i=1$ 或 $\sum x_i=1$。

如果所处理的体系是烃类系统的混合物，那么 K_i 值就可以从 p–T–K 图上查出。一般，闪蒸前的混合物的总组成 z_i 是已知的，根据不同的已知和求取，闪蒸计算主要分为三类：

① 已知 T、p，求闪蒸后的汽化率 e、汽液相组成 y_i 和 x_i。

p, T, z_i 假设e → p–T–K图 → K_i（i=1, 2, …, N）→ 式(6-41) → x_i（i=1, 2, …, N）→ $\sum x_i$

=1 → $y_i = K_i x_i$（i=1, 2, …, N）→ $\sum y_i$ → 归一化 → 输出结果 e, y_i, x_i

≠1 返回 → 调整e

② 已知 T、汽化率 e，求闪蒸压力 p、汽液相组成 y_i 和 x_i。

T, e, z_i 假设p → p–T–K图 → K_i（i=1, 2, …, N）→ 式(6-41) → x_i（i=1, 2, …, N）→ $\sum x_i$

=1 → $y_i = K_i x_i$（i=1, 2, …, N）→ $\sum y_i$ → 归一化 → 输出结果 p, y_i, x_i

≠1 返回 → 调整p

③ 已知 p、汽化率 e，求闪蒸温度 T、汽液相组成 y_i 和 x_i。

p, e, z_i 假设T → p–T–K图 → K_i（i=1, 2, …, N）→ 式(6-41) → x_i（i=1, 2, …, N）→ $\sum x_i$

=1 → $y_i = K_i x_i$（i=1, 2, …, N）→ $\sum y_i$ → 归一化 → 输出结果 T, y_i, x_i

≠1 返回 → 调整T

除上述三种外，还有已知 T、e 和 p、e 两种情况，其计算方法与②、③类似，不再细说。

【例6–8】丙烷（1）–异丁烷（2）体系中含有丙烷 0.3、异丁烷 0.7（均为摩尔分数），在总压 3445.05 kPa 下，被冷却至 115℃，求混合物的冷凝率及汽液相组成。

解： 本题是典型的闪蒸计算，属于第一种闪蒸计算类型。

假设液化率为 l=80%，T=388.15K，p=3445.05kPa 下，丙烷和异丁烷的 K_i 值分别为

$$K_1=1.45，K_2=0.84$$

代入式（6–41），可计算得到

$$x_1=0.2752，\quad x_2=0.7231，\quad \sum x_i = 0.9983$$

由于 $\sum x_i<1$，需要重新调整液化率 $l = 68\%$，同理计算可以得到

$$x_1=0.2622，\quad x_2=0.7377，\quad \sum x_i = 0.9999$$

于是，在体系的温度和压力下，液化率为 68% 时，汽相组成分别为

$$y_1=0.3802，\quad y_2=0.6198$$

在工程上闪蒸计算不限于烃类物系，此时，式（6–41）、式（6–42）都是适用的，但式中的 K_i 不但随 T、p 而变，还要随 y_i 和 x_i 而变，因此计算复杂得多，也需要更多的迭代层次。

6.4　高压汽液平衡

高压汽液平衡和中压汽液平衡绝无绝对的分界线，这里所说的**高压汽液平衡是指平衡区接近或者在临界区范围内**，此时的高压汽液平衡的表现与普通汽液平衡有所不同，呈现

出一些新的特点，同时，对于高压汽液平衡的研究也需要根据这些特点采取区别于普通汽液平衡的方法。本节主要从相图和计算方法两方面体现高压汽液平衡。

6.4.1　高压汽液平衡相图

对于二元的高压汽液平衡，根据相律，自由度 $F = 2$。当其中的一个变量确定后，就可以采用平面的图形来描述高压汽液平衡的行为了。

6.4.1.1　p-x-y 图与 T-x-y 图

图 6-15 的 (a)、(b) 分别是二元体系高压汽液平衡的 p-x-y 和 T-x-y 图。

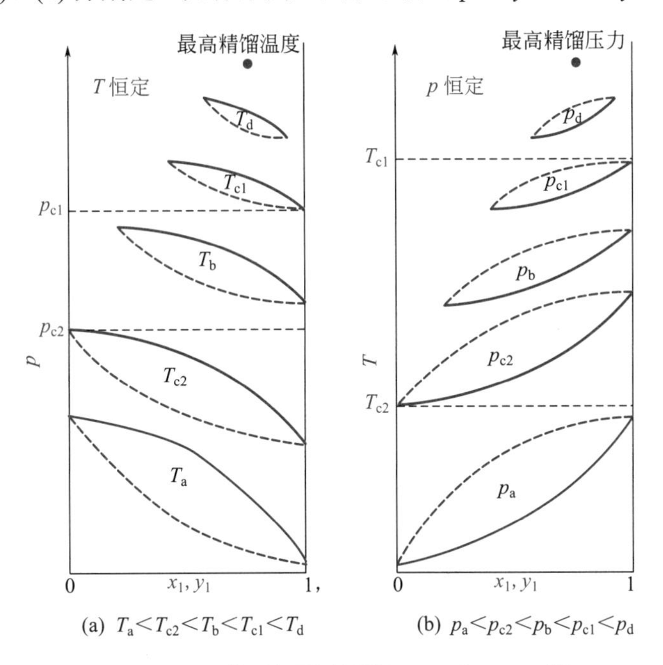

图 6-15　二元体系高压汽液平衡 p-x-y 和 T-x-y 图

在相图中可以发现，根据压力的不同，相图分为三段，以 p-x-y 图为例，分别说明三段的特点（假定 $p_{c2} < p_{c1}$，$T_{c2} < T_{c1}$）。

（1）$p < p_{c2}$

相平衡的压力低于 p_{c2} 时，由泡点线和露点线构成的相界面环基本上与普通的汽液平衡一致，贯穿整个组成范围内，并随着温度的升高，相界面环上升。

（2）$p_{c2} < p < p_{c1}$

当相平衡的压力高于某一种纯物质的临界压力，且位于两个临界压力之间时，由于对于物质 2 而言，相平衡的温度压力条件已经超过了它的临界值，于是纯物质 2 就成为超临界状态，相界面环不再贯穿整个组成范围内，开始脱离纯物质 2 的坐标轴，向物质 1 的轴收缩。通过精馏操作已经不能得到纯物质 2。

（3）$p > p_{c1}$

当相平衡的压力高于所有物质的临界压力以后，每一种纯物质都处于超临界状态，既不是汽态，也不是液态，相界面环同时脱离两个纯物质轴，向中间收缩。随着压力逐步升高，最后收缩为一个点，在该点处，汽液两相不再有区别，于是该点就成了精馏操作的最高温度点和最高压力点。

纵观整个相图特点，无论是 p–x–y 图还是 T–x–y 图，一个共同的特点就是随着温度压力的升高，相界面环不断上升，环逐渐变窄，汽液两相的组成差别减小，最后收缩到一点。

图 6-16 从 y–x 图的角度显示了相界面环脱离纯物质坐标轴的情况。由于 p_4、p_5 压力低于 p_{c2}，y–x 线贯穿整个组成范围；当压力升高到 p_2、p_3，高于 p_{c2}，曲线脱离了表示纯物质 2 的左下角；压力继续升高到 p_1，高于 p_{c1}，曲线也同时脱离了表示纯物质 1 的右上角，向中间收缩。

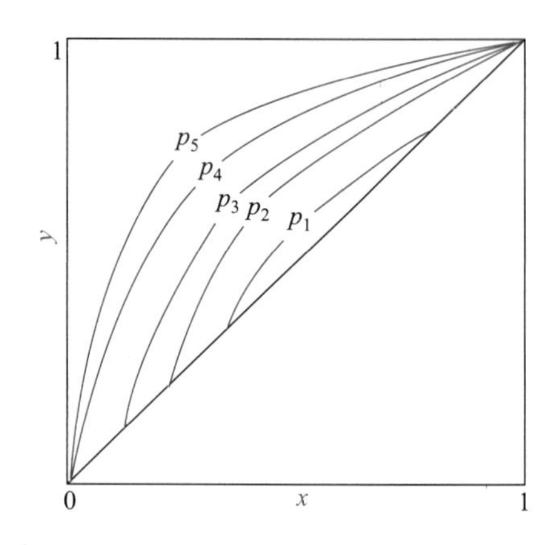

图 6-16 二元体系高压汽液平衡 y–x 图

（$p_5 < p_4 < p_{c2} < p_3 < p_2 < p_{c1} < p_1$）

总的来说，**压力升高，汽液平衡表现为相界面环缩小，汽液平衡线 y–x 线向对角线靠近，汽液相组成的差别减小，分离困难**。

6.4.1.2 p–T 图

将二元高压汽液平衡的立体图用不同的组成平面去切，可以得到一系列的截面。将它们画在同一个图上，就得到了图 6-17 所示的二元高压汽液平衡的 p–T 相图。

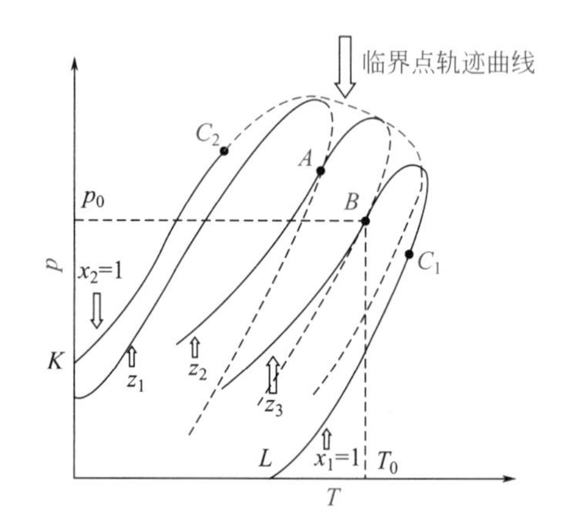

图 6-17 二元系统高压汽液平衡 p–T 图

如果用 x_2=1 的面去切立体图，得到曲线 KC_2，其中 C_2 点为纯物质 2 的临界点；同理可以得到曲线 LC_1，C_1 点为纯物质 1 的临界点；而如果分别使用固定组成为 z_1、z_2、z_3 的面去切，会得到一系列的曲线，每一条曲线中的实线表示泡点线，即该固定组成为液相组成，$z = x$；虚线表示露点线，即该固定组成为汽相组成，z=y。不同的截面线会有所相交，交点分别为 A、B、C。对于这种点，如 B 点，该点对应的相平衡的压力为 p_0，温度为 T_0，该点同时在一条组成为 z_3 的实线上（表示液相组成为 z_3），又在一条组成为 z_2 的虚线上（表示汽相组成为 z_2），因此，该点实际上表示了一个相平衡状态（p_0, T_0, z_3, z_2）。在二元高压汽液平衡的 p–T 图上，这种实线和虚线的交点（如点 A、B、C）表示的是不同的相平衡状态，其共轭组成就是相交的实线和虚线所代表的组成。

图 6-17 中除了点 C_1、C_2 为临界点外，每一个固定组成（如 z_1）线都有泡点实线与露点虚线的交点，该点的温度压力一致，同时汽液相组成相等，符合临界点的定义。将这些点和 C_1、C_2 点连成曲线，形成了临界点轨迹曲线。

6.4.1.3 混合物临界点与逆向现象

混合物临界点定义为"汽液两相性质完全相同的点"，具体说是指汽液两相的温度相等、压力相等、汽相组成等于液相组成。对于纯物质来说，临界点 C 是汽液两相共存的最高温度点和最高压力点；而研究表明，混合物的临界点 C 不一定是汽液共存的最高温度点，也不一定是最高压力点。

将图 6-17 中的 z_1 线放大，如图 6-18 所示，临界点 C 的温度低于点 F，而 C 点的压力低于 E 点。当然，这只是一种情况，临界点的状况也可以是温度和压力中的一项最高，而另一项不是最高的情况；也可能存在与纯物质的临界点一致，即温度压力都是最高。

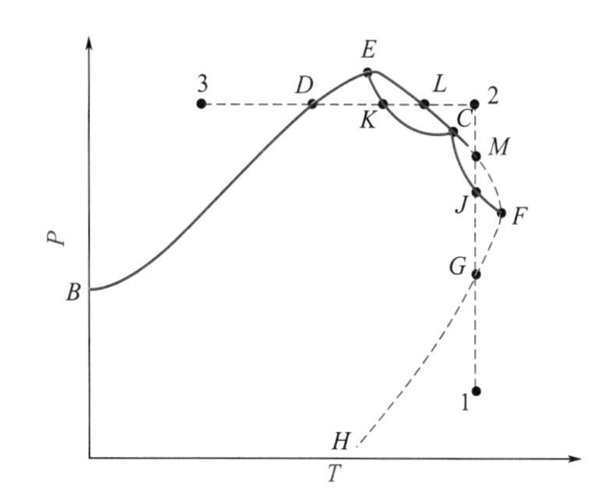

图 6-18 逆向冷凝与逆向蒸发示意

如果物系的初始状态在 1 点，这时，物系是单纯的汽相。使物系等温增压，当物系的变化趋势线第一次与露点线相交于 G 点，此时出现第一滴液体，液体量很少，随后进入了汽液共存区，液体量增加。如果继续等温增压，物系会第二次与露点线相交于 M 点，在该点处仍然是液体量很少。那么在从 G 点到 M 点的过程中，液体量经历了由增到减的过程，其中必然存在液体量最大的点，称为 J 点。从 J 点到 M 点，压力增加，但液体量减少，这与常规状况相反，于是称从 J 点到 M 点的过程为逆向蒸发；相反的，从 M 点到 J 点的过程为逆向冷凝。若将趋势线 1—2 保持垂直左右移动，会得到一系列的液体量最大的点，将它们连成曲线，得到区域 $CJFMC$，该区域为发生逆向现象的区域。

同理，当物系发生等压升温的过程时，也会存在逆向现象。如果物系的初始状态在 3 点，等压升温后与泡点线第一次相交于 D 点，此时出现第一个气泡，气体量很少，随后进入了汽液共存区，气体量增加。如果继续等压升温，物系会第二次与泡点线相交于 L 点，在该点处仍然是气体量很少。那么在从 D 点到 L 点的过程中，气体量经历了由增到减的过程，其中必然存在气体量最大的点，称为 K 点。从 K 点到 L 点，温度增加，但气体量减少，这与常规状况相反，于是称从 K 点到 L 点的过程为逆向冷凝；相反的，从 L 点到 K 点的过程为逆向蒸发。若将趋势线 3—2 保持水平上下移动，会得到一系列的气体量最大的点，将它们连成曲线，得到区域 $EKCLE$，该区域为发生逆向现象的区域。

总体来看，**发生逆向现象的首要条件是等温线可以两次与露点线相交，或等压线可以两次与泡点线相交。发生的原因是混合物的临界点 C 不一定是最高温度点，也不一定是最高压力点。**

常规的化工生产中，很少遇到近临界点高压汽液平衡的情况，但在采油工程中，高压相平衡是常见的现象，充分利用它的特点可以帮助优化生产。

原油和天然气都是石油工程师最关心的物质，通常它们在地下或深井中是以汽液两相共存的。油井和油层中的流体是什么状态取决于温度和压力。而在温度因素和压力因素这二者之间，压力常常起决定因素，而温度的变化不大。常见的油藏所处的地层温度为 100℃附近，而压力可以达到几十兆帕。比较油藏的温度压力与环境温度压力，可以看出，压力的差别比温度的差别显著得多。几十兆帕的压力完全可以将油层本身举升到地面，称为自喷；当然，如果油层自身的能量较低，可以采用人工举升，如游梁式抽油机 - 深井泵采油。

油品自地底层向地面举升的过程，可以近似看作是等温减压的过程。由于出油管的体积是一定的，为了单位时间油品的产量最大，油品以液相采出最为经济。根据图 6-18，在 1—2 线上，J 点的液相量最大。于是，控制出口压力为 J 点压力，可以保证油品的举升产量最大。实际上是利用了高压汽液平衡的逆向现象。

6.4.2 高压汽液平衡的计算

高压汽液平衡的计算与普通的汽液平衡一样，都依据相平衡判据式（6-7）。在本章 6.2.1 曾介绍了适合于高压汽液平衡的状态方程法（EOS 法）关系式（6-13）。

高压汽液平衡符合

$$\hat{\phi}_i^{\mathrm{v}} y_i = \hat{\phi}_i^{\mathrm{l}} x_i \qquad (i=1,2,\cdots,N) \tag{6-13}$$

其中汽、液两相的逸度系数的计算是关键。根据 5.4.2 节，逸度系数的计算式为

$$\ln\hat{\phi}_i = \frac{1}{RT}\int_{\infty}^{V}\left[\left(\frac{RT}{V}\right)-\left(\frac{\partial p}{\partial n_i}\right)_{T,V,n_j}\right]\mathrm{d}V - \ln Z \tag{5-104}$$

对于式（6-13），其中的两个逸度系数需要采用同一个状态方程以及相应的混合规则，因此这个状态方程既要适用于汽相，也要适用于液相。在本书介绍的状态方程中，可选的有 SRK、PR、BWR 等。将这些方程和混合规则代入式（5-104）中，推导出$\hat{\phi}_i$的计算式（或查阅参考书籍得到）

$$\ln\hat{\phi}_i^{\mathrm{l}} = f\left(p,T,V^{\mathrm{l}},x_i\right) \qquad (i=1,2,\cdots,N)$$

$$\ln\hat{\phi}_i^{\mathrm{v}} = f\left(p,T,V^{\mathrm{v}},y_i\right) \qquad (i=1,2,\cdots,N) \tag{6-43}$$

上两式的公式形式完全一致，只不过计算液相逸度系数$\hat{\phi}_i^{\mathrm{l}}$时使用 V_i^{l} 和 x_i，而计算汽相逸度系数$\hat{\phi}_i^{\mathrm{v}}$时使用 V_i^{v} 和 y_i。

当然，这种计算是高度非线性的，而且随着组成数的增加，联立的方程数也增多，需要依靠计算机实现。

6.5 汽液平衡数据的热力学一致性检验

实验测定完整的 T、p、x、y 汽液平衡数据时，产生的测定误差可能是多方面的，在一定程度上也是不可完全避免的，这就要求测定者和使用者都要判断所测各组汽液平衡数据的可靠性。从热力学的角度分析，任一物系的 T、p、x、y 之间都不是完全独立的，它们受相律的制约。活度系数是最便于联系 T、p、x、y 值的，采用 Gibbs-Duhem 方程的活度系数形式来检验实验数据的质量的方法，这种方法称为汽液平衡数据的热力学一致性检验。

对于二元系统，其相应的 Gibbs-Duhem 方程形式为

$$x_1\mathrm{d}\ln\gamma_1 + x_2\mathrm{d}\ln\gamma_2 = -\frac{H^{\mathrm{E}}}{RT^2}\mathrm{d}T + \frac{V^{\mathrm{E}}}{RT}\mathrm{d}p \tag{6-44}$$

6.5.1 积分检验法（面积检验法）

由于实验测定汽液平衡数据时往往控制在等温或等压条件下，汽液平衡数据的一致性检验也分为等温和等压两种情况。

（1）等温汽液平衡数据

在等温条件下，式（6-44）中右边第一项等于零，对于液相，$\frac{V^{\mathrm{E}}}{RT}$ 的数值很小，近似可以取为零，此时式（6-44）可以写为

$$x_1 \mathrm{d}\ln\gamma_1 + x_2 \mathrm{d}\ln\gamma_2 = 0 \tag{6-45}$$

式（6-45）两边同除以 $\mathrm{d}x_1$，得

$$x_1 \frac{\mathrm{d}\ln\gamma_1}{\mathrm{d}x_1} - x_2 \frac{\mathrm{d}\ln\gamma_2}{\mathrm{d}x_2} = 0 \tag{6-46}$$

用 Gibbs-Duhem 方程判断汽液平衡数据质量时，原则上可以使用式（6-46），但由于导数式涉及不易测准的斜率，所以很难直接使用该式。赫林顿（Herington）在 1947 年提出了积分法。由 x_1=0 到 x_1=1 对式（6-46）积分，得

$$\begin{aligned}
&\int_{x_1=0}^{x_1=1} x_1 \mathrm{d}\ln\gamma_1 + \int_{x_1=0}^{x_1=1} x_2 \mathrm{d}\ln\gamma_2 \\
&= \int_{x_1=0}^{x_1=1} \left[\mathrm{d}(x_1 \ln\gamma_1) - \ln\gamma_1 \mathrm{d}x_1\right] + \int_{x_1=0}^{x_1=1} \left[\mathrm{d}(x_2 \ln\gamma_2) - \ln\gamma_2 \mathrm{d}x_2\right] \\
&= \int_{x_1=0}^{x_1=1} (-\ln\gamma_1 \mathrm{d}x_1 - \ln\gamma_2 \mathrm{d}x_2) = \int_{x_1=0}^{x_1=1} \ln\frac{\gamma_2}{\gamma_1} \mathrm{d}x_1 = 0
\end{aligned} \tag{6-47}$$

使用式（6-47）进行热力学一致性校验，可以表示在图 6-19 的 $\ln\frac{\gamma_1}{\gamma_2} - x_1$ 曲线上。

该曲线与横坐标轴所包含面积的代数和应该等于零，即横坐标以上的面积应该等于横坐标以下的面积，故此法又称为面积检验法。由于实验数据总难免有一定的误差，实验值的积分严格等于零是不可能的，允许的误差常视混合物的非理想性和所要求的精度而定。定义

$$D = \left|\frac{(\text{面积}+) - (\text{面积}-)}{(\text{面积}+) + (\text{面积}-)}\right| \times 100$$

对于具有中等非理想性的系统，当 $D < 2$ 时，可以认为符合热力学一致性。

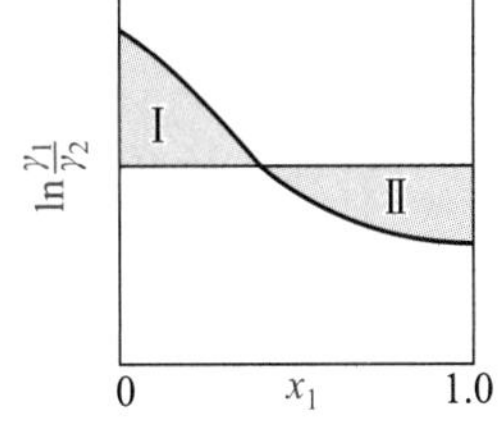

图 6-19 积分检验法

（2）等压汽液平衡数据

在等压条件下，式（6-44）中右边第二项等于零。式（6-44）变为

$$x_1 \mathrm{d}\ln\gamma_1 + x_2 \mathrm{d}\ln\gamma_2 = -\frac{H^{\mathrm{E}}}{RT^2}\mathrm{d}T \tag{6-48}$$

由 x_1=0 到 x_1=1 对式（6-48）积分，得

$$\int_{x_1=0}^{x_1=1} \ln\frac{\gamma_2}{\gamma_1} \mathrm{d}x_1 = \int_{x_1=0}^{x_1=1} -\frac{H^{\mathrm{E}}}{RT^2}\mathrm{d}T \tag{6-49}$$

式（6-49）右边常不可忽略，其 H^{E} 数据又随组成而变，并且较不易获得，常采用 Herington 推荐的半经验方法对二元的等压汽液平衡数据进行热力学一致性检验。其方法为：由实验数据得到图 6-19 并计算出偏差值 D，另外，定义

$$J=150\times\frac{T_{\max}-T_{\min}}{T_{\min}}$$

式中，$T_{\max}$ 和 $T_{\min}$ 分别是系统的最高和最低温度。若 $(D-J)<10$，则认为该套等压汽液平衡实验数据符合热力学一致性。

面积检验法简单易行，但该法**是对实验数据进行整体检验而非逐点检验**。这样，不同实验点的误差可能相互抵消而使面积法得以通过。因此，一般来说，通不过面积法的实验数据基本上是不可靠的，而通过了面积法的实验数据也不一定是完全可靠的。

若要剔出实验中的“坏”点，显然还需要对实验点进行逐点检验，这就要采用微分检验法（点检验法）。

6.5.2 微分检验法（点检验法）

1959 年 van Ness 等提出了微分法。已知二元体系的摩尔超额 Gibbs 自由能与活度系数的关系式为

$$\frac{G^{\mathrm{E}}}{RT}=x_1\ln\gamma_1+x_2\ln\gamma_2 \tag{6-50}$$

由实验值可以求出 γ_1 和 γ_2，进而可以求得 $\frac{G^{\mathrm{E}}}{RT}$，然后绘制 $\frac{G^{\mathrm{E}}}{RT}-x_1$ 曲线，如图 6-20 所示。

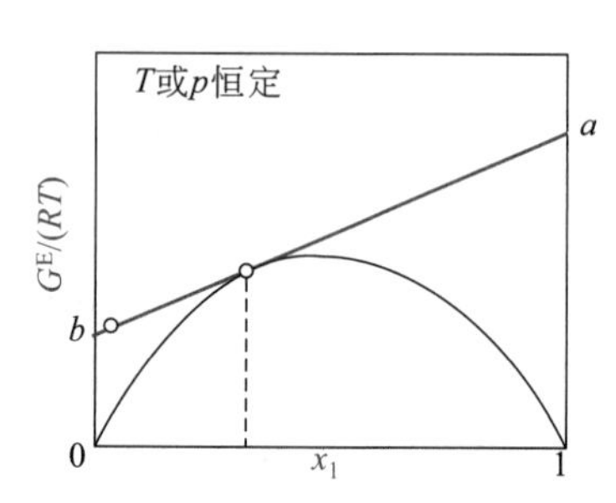

图 6-20 微分检验法（1）

在任一组成下，对该曲线作切线，此切线于 $x_1=1$ 和 $x_1=0$ 轴上的截距分别为

$$a=\frac{G^{\mathrm{E}}}{RT}+x_2\frac{\mathrm{d}\left[G^{\mathrm{E}}/(RT)\right]}{\mathrm{d}x_1},\quad b=\frac{G^{\mathrm{E}}}{RT}-x_1\frac{\mathrm{d}\left[G^{\mathrm{E}}/(RT)\right]}{\mathrm{d}x_1} \tag{6-51}$$

另外，将式（6-50）对 x_1 微分得

$$\frac{\mathrm{d}\left[G^{\mathrm{E}}/(RT)\right]}{\mathrm{d}x_1}=\ln\gamma_1-\ln\gamma_2+x_1\frac{\mathrm{d}\ln\gamma_1}{\mathrm{d}x_1}+x_2\frac{\mathrm{d}\ln\gamma_2}{\mathrm{d}x_1} \tag{6-52}$$

将等温或等压条件下的 Gibbs-Duhem 方程代入可得

$$\frac{\mathrm{d}\left[G^{\mathrm{E}}/(RT)\right]}{\mathrm{d}x_1}=\ln\gamma_1-\ln\gamma_2+\beta \tag{6-53}$$

式中，等温数据 $\beta=\left(\frac{V^{\mathrm{E}}}{RT}\right)\frac{\mathrm{d}p}{\mathrm{d}x_1}$，等压数据 $\beta=-\left(\frac{H^{\mathrm{E}}}{RT^2}\right)\frac{\mathrm{d}T}{\mathrm{d}x_1}$。

将式（6-50）和式（6-53）代入式（6-51）得到

$$a=\ln\gamma_1+x_2\beta,\quad b=\ln\gamma_2-x_1\beta \tag{6-54}$$

使用微分法进行热力学一致性检验时，用式（6-54）计算得到的 a 和 b 值与由实验点作图求出的截距 a 和 b 进行比较，以决定各实验点的可靠性。

为了提高微分检验法的准确度，van Ness 等后来建议用相对平直的 $\frac{G^E}{RTx_1x_2}-x_1$ 曲线（如图6-21）代替 $\frac{G^E}{RT}-x_1$ 曲线，同样对每个实验点作切线进行计算。本法的优点是可以剔除不可靠的点，缺点是要作切线，可靠性差。后来克服了这一缺点，并使之可以适用于计算机计算。

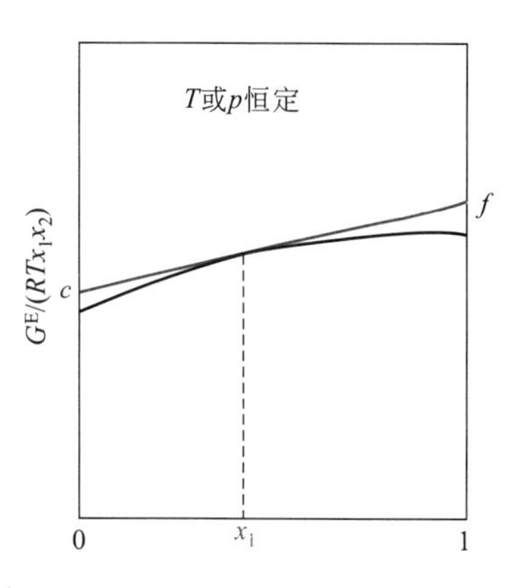

图6-21 **微分检验法（2）**

上述的积分和微分检验法均没有涉及多元混合物系，多元物系的一致性检验很复杂，目前还缺乏可以普遍使用和广泛接受的方法。

【例6-9】测定了101.3kPa下异丙醇（1）－水（2）的汽液平衡数据如下表。

x_1	0.00	0.0160	0.0570	0.1000	0.1665	0.2450	0.2980	0.3835	0.4460
y_1	0.00	0.2115	0.4565	0.5015	0.5215	0.5390	0.5510	0.5700	0.5920
t/℃	100	93.40	84.57	82.70	81.99	81.62	81.28	80.90	80.67
x_1	0.5145	0.5590	0.6605	0.6955	0.7650	0.8090	0.8725	0.9535	1.000
y_1	0.6075	0.6255	0.6715	0.6915	0.7370	0.7745	0.8340	0.9325	1.000
t/℃	80.381	80.3	80.16	80.11	80.23	80.37	80.70	81.48	82.25

试采用Herington的方法检验此套数据的可靠性。

解：该套数据为等压汽液平衡数据，采用Herington方法进行热力学一致性检验，需要计算$\ln\frac{\gamma_1}{\gamma_2}$。实验压力为101.3kPa。

$$\gamma_1=\frac{py_1}{p_1^s x_1},\quad \gamma_2=\frac{py_2}{p_2^s x_2}$$

从电子版附录5中查出异丙醇、水的Antoine常数，求得不同温度下的p_1^s、p_2^s，然后计算出$\ln\gamma_1$、$\ln\gamma_2$，计算结果列于下表。

x_1	0.0160	0.0570	0.1000	0.1665	0.2450	0.2980	0.3835	0.4460
$\ln\frac{\gamma_1}{\gamma_2}$	2.134	1.965	1.538	1.031	0.617	0.397	0.092	0.112
x_1	0.5145	0.5590	0.6605	0.6955	0.7650	0.8090	0.8725	0.9535
$\ln\frac{\gamma_1}{\gamma_2}$	0.286	0.389	0.616	0.684	0.814	0.874	0.973	1.060

为了方便计算积分值（即面积），将$\ln\frac{\gamma_1}{\gamma_2}$拟合为$x_1$的二次多项式

$$\ln\frac{\gamma_1}{\gamma_2}=3.6308x_1^2-6.753x_1+2.1841$$

令$\ln\frac{\gamma_1}{\gamma_2}$=0，解得 x_1^0=0.4169。

积分求面积

$$S_A=\left|\int_0^{x_1^0}\ln\frac{\gamma_1}{\gamma_2}dx_1\right|=\left|\int_0^{0.4169}\left(3.6308x_1^2-6.753x_1+2.1841\right)dx_1\right|$$

$$=\left|\left[\frac{3.6308}{3}x_1^3-\frac{6.753}{2}x_1^2+2.1841x_1\right]_0^{0.4169}\right|=0.4114$$

$$S_B=\left|\int_{x_1^0}^{1}\ln\frac{\gamma_1}{\gamma_2}dx_1\right|=\left|\int_{0.4169}^{0}\left(3.6308x_1^2-6.753x_1+2.1841\right)dx_1\right|$$

$$=\left|\left[\frac{3.6308}{3}x_1^3-\frac{6.753}{2}x_1^2+2.1841x_1\right]_{0.4169}^{1}\right|=0.3935$$

所以

$$D=100\times\left|\frac{S_A-S_B}{S_A+S_B}\right|=100\times\left|\frac{0.4114-0.3935}{0.4114+0.3935}\right|=2.22$$

$$J=150\times\frac{T_{max}-T_{min}}{T_{min}}=150\times\frac{100-80.11}{80.11+273.15}=8.5$$

$$D-J=2.22-8.5=-6.28<10$$

因此，本套汽液平衡数据满足 Herington 的热力学一致性要求。

6.6 平衡与稳定性

现考虑一封闭的多组元系统，系统可以包含任意相数，但系统内的温度和压力均匀一致。开始时，系统内相间存在物质传递及化学反应而未达到平衡状态，此时系统内发生的任何变化都是不可逆的，并且必定使系统更接近平衡状态。假设该系统处于一个环境中，并且系统与环境永远保持热与机械平衡，系统与环境间的热交换和膨胀功都是可逆的。根据熵的定义，则环境的熵变为

$$dS_{surr}=\frac{dQ_{surr}}{T_{surr}}=\frac{-dQ}{T} \tag{6-55}$$

式中，S_{surr} 代表环境熵变；dQ_{surr} 和 dQ 分别代表环境和系统的热交换量；T_{surr} 及 T 分别表示环境和系统的温度。对于可逆热交换，dQ_{surr}=$-dQ$，并且，T_{surr}=T，根据热力学第二定律

$$dS_{sys}+dS_{surr}\geqslant 0 \tag{6-56}$$

式中，S_{sys} 为系统熵变。结合式（6-55）及式（6-56）得

$$dQ\leqslant TdS_{sys} \tag{6-57}$$

应用封闭系统的第一定律 dU_{sys}=dQ-dW=dQ-pdV_{sys}，结合式（6-57）得到

$$dU_{sys}+pdV_{sys}\leqslant TdS_{sys}$$

即

$$dU_{sys}+pdV_{sys}-TdS_{sys}\leqslant 0 \tag{6-58}$$

尽管式（6-58）是在机械及热交换可逆进行的条件下推演而得的，但由于式中只含有状态函数，因此该式适用于任何温度和压力均匀的封闭系统的状态变化。不等号应用于系统在非平衡状态间的任何增量变化，它表示其变化方向导致平衡。等号则在平衡状态间的变化（可逆过程）时成立。

式（6-58）十分通用而很难应用于实际问题，严格的叙述更加有用。不难看出，从式（6-58）可以得出

$$\left(\mathrm{d}U_{\mathrm{sys}}\right)_{S_{\mathrm{sys}},V_{\mathrm{sys}}} \leqslant 0 \tag{6-59}$$

$$\left(\mathrm{d}S_{\mathrm{sys}}\right)_{U_{\mathrm{sys}},V_{\mathrm{sys}}} \geqslant 0 \tag{6-60}$$

若一个过程限定在固定的温度和压力下进行，则式（6-58）可以写为

$$(\mathrm{d}U_{\mathrm{sys}})_{T,p}+\mathrm{d}(pV_{\mathrm{sys}})_{T,p}-\mathrm{d}(TS_{\mathrm{sys}})_{T,p} \leqslant 0$$

或者

$$\mathrm{d}(U_{\mathrm{sys}}+pV_{\mathrm{sys}}-TS_{\mathrm{sys}})_{T,p} \leqslant 0 \tag{6-61}$$

根据 Gibbs 自由能 G 的定义

$$G=H-TS=U+pV-TS$$

则式（6-61）可以用 G 表示为

$$(\mathrm{d}G_{\mathrm{sys}})_{T,p} \leqslant 0 \tag{6-62}$$

在方程式（6-58）的多种表达式中，式（6-61）或式（6-62）最为有用。因为将 T 和 p 当作常数比将任何其他性质当作常数更加方便。

式（6-62）指出，任何给定 T 和 p 的不可逆过程都是朝着使 Gibbs 自由能降低的方向进行。因此，封闭系统的平衡状态就是在给定 T、p 时，所有可能的变化中总 Gibbs 自由能为最低时的状态。

在平衡状态中，若固定系统的 T 和 p，可能产生极微小的变化而不影响 G_{sys} 的改变，这就是式（6-62）中等号的含义。因此，另一个平衡准则为

$$(\mathrm{d}G_{\mathrm{sys}})_{T,p}=0 \tag{6-63}$$

应用其准则时，首先需要写出 $\mathrm{d}G_{\mathrm{sys}}$ 与不同相中各组元物质的量的关系函数，然后令其为零，所得的方程式和质量不变定律方程式联合用来解决简单的平衡问题。此方法对于解决相平衡问题和化学平衡问题都十分有用。

若一个均匀的液相被分成两个稳定液相，则该均相系统必定满足式（6-62）提供的准则。因此，在一定的 T 和 p 下，两个液体相混时，总的 Gibbs 自由能必定降低，因为总 Gibbs 自由能比未混合状态低，因此可得

$$G_{\mathrm{sys}}=nG<\sum n_i G_i$$

即 $G<\sum x_i G_i$，或者写为 $G-\sum x_i G_i<0$（定 T，p）根据混合性质的定义可知：$\Delta G<0$，即混合过程的 Gibbs 自由能变化始终是负的。

对于二元物系，ΔG 与 x_1 的图形必定出现图6-22所示的曲线Ⅰ。对于曲线Ⅱ，需要进一步说明。如果混合时，形成两个液相比形成单一液相得到的 Gibbs 自由能更低，则该系统必定会分成两个液相。实际上，曲线Ⅱ上的 α、β 两点便代表

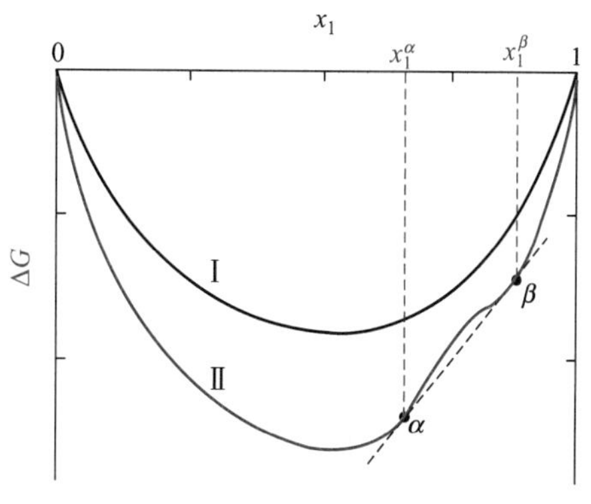

图6-22 二元溶液的摩尔混合 Gibbs 自由能

这种情况，连接点 α 及 β 的虚直线代表组成为 x_1^{α} 和 x_1^{β} 的两个液体以不同比例混合得到两个液相时的 ΔG。因此，相对于相分裂，图中曲线Ⅱ上连接 α、β 两点的实曲线不能代表稳定相。因此，在 α 和 β 之间的平衡状态包含两相。

从以上讨论可以得到**单相二组元系统的稳定性准则**。在温度和压力一定的情况下，ΔG 及其一阶和二阶导数必定为 x_1 的连续函数，并且满足

$$\frac{\mathrm{d}^2\Delta G}{\mathrm{d}x_1^2}>0\text{（定 }T,\ p\text{）} \tag{6-64}$$

由于 T 是常数，还可以用下式表示

$$\frac{\mathrm{d}^2\left[\Delta G/(RT)\right]}{\mathrm{d}x_1^2}>0\text{（定 }T,\ p\text{）} \tag{6-65}$$

由此式还可以得出许多结果。对于二元系统，ΔG 可以用 G^{E} 表示

$$\Delta G=\Delta G^{\mathrm{id}}+G^{\mathrm{E}}=RT\left(x_1\ln x_1+x_2\ln x_2\right)+G^{\mathrm{E}}$$

则
$$\frac{\mathrm{d}\left[\Delta G/(RT)\right]}{\mathrm{d}x_1}=\ln x_1-\ln x_2+\frac{\mathrm{d}\left[G^{\mathrm{E}}/(RT)\right]}{\mathrm{d}x_1}$$

因此
$$\frac{\mathrm{d}^2\left[\Delta G/(RT)\right]}{\mathrm{d}x_1{}^2}=\frac{1}{x_1x_2}+\frac{\mathrm{d}^2\left[G^{\mathrm{E}}/(RT)\right]}{\mathrm{d}x_1{}^2}$$

由式（6-65）可得
$$\frac{\mathrm{d}^2\left[G^{\mathrm{E}}/(RT)\right]}{\mathrm{d}x_1^2}>-\frac{1}{x_1x_2}\text{（定 }T,\ p\text{）} \tag{6-66}$$

并且，对于二元混合物 $G^{\mathrm{E}}=RT\left(x_1\ln\gamma_1+x_2\ln\gamma_2\right)$，则

$$\frac{\mathrm{d}\left[G^{\mathrm{E}}/(RT)\right]}{\mathrm{d}x_1}=\ln\gamma_1-\ln\gamma_2+x_1\frac{\mathrm{d}\ln\gamma_1}{\mathrm{d}x_1}+x_2\frac{\mathrm{d}\ln\gamma_2}{\mathrm{d}x_1}$$

根据 Gibbs-Duhem 方程

$$x_1\frac{\mathrm{d}\ln\gamma_1}{\mathrm{d}x_1}+x_2\frac{\mathrm{d}\ln\gamma_2}{\mathrm{d}x_1}=0\quad\text{（定 }T,\ p\text{）}$$

可得
$$\frac{\mathrm{d}\left[G^{\mathrm{E}}/(RT)\right]}{\mathrm{d}x_1}=\ln\gamma_1-\ln\gamma_2$$

对上式求二阶导数，并且再一次使用 Gibbs-Duhem 方程得

$$\frac{\mathrm{d}^2\left[G^{\mathrm{E}}/(RT)\right]}{\mathrm{d}x_1^2}=\frac{\mathrm{d}\ln\gamma_1}{\mathrm{d}x_1}-\frac{\mathrm{d}\ln\gamma_2}{\mathrm{d}x_1}=\frac{1}{x_2}\frac{\mathrm{d}\ln\gamma_1}{\mathrm{d}x_1}$$

上式结合式（6-66），可以得到
$$\frac{\mathrm{d}\ln\gamma_1}{\mathrm{d}x_1}>-\frac{1}{x_1}$$

从此式还可以进一步推导出
$$\frac{\mathrm{d}\hat{f}_1}{\mathrm{d}x_1}>0,\quad\frac{\mathrm{d}\mu_1}{\mathrm{d}x_1}>0$$

上述三个式子对于二元混合物可以写为通式

$$\frac{\mathrm{d}\ln\gamma_i}{\mathrm{d}x_i}>-\frac{1}{x_i} \quad (6\text{-}67)$$

$$\frac{\mathrm{d}\hat{f}_i}{\mathrm{d}x_i}>0 \quad (6\text{-}68)$$

$$\frac{\mathrm{d}\mu_i}{\mathrm{d}x_i}>0 \quad (6\text{-}69)$$

【例6-10】在某一特定的温度下，二元溶液的超额Gibbs自由能表示为

$$G^{\mathrm{E}}/(RT)=Bx_1x_2$$

若考虑该二元体系为低压汽液平衡。在 $0<x_1<1$ 的范围内，问 B 为何值时不会发生相分裂？

解：等温、等压相分裂的条件为

$$\frac{\mathrm{d}^2\left[\Delta G/(RT)\right]}{\mathrm{d}x_1^2}<0$$

$$\frac{\Delta G}{RT}=\frac{\Delta G^{\mathrm{id}}}{RT}+\frac{G^{\mathrm{E}}}{RT}=x_1\ln x_1+x_2\ln x_2+Bx_1x_2$$

$$\frac{\mathrm{d}\left[\Delta G/(RT)\right]}{\mathrm{d}x_1}=\ln x_1-\ln x_2+B\left(x_2-x_1\right)$$

$$\frac{\mathrm{d}^2\left[\Delta G/(RT)\right]}{\mathrm{d}x_1^2}=\frac{1}{x_1x_2}-2B$$

相分裂条件为 $\frac{1}{x_1x_2}-2B<0$ 或 $\frac{1}{x_1x_2}<2B$

当 x_1 由0变化到1时，$\frac{1}{x_1x_2}$ 的最小值为4，即

$$4\leqslant\frac{1}{x_1x_2}<2B$$

故，当 $B>2$ 时，形成相分裂；反之，当 $B<2$ 时，不会发生相分裂。

【例6-11】试证明理想溶液不可能形成部分互溶液层。

解：相稳定的条件为 $\left(\frac{\partial^2\Delta G}{\partial x_1^2}\right)_{T,p}>0$，对理想溶液 $\frac{\Delta G^{\mathrm{id}}}{RT}=\sum x_i\ln x_i$，二元体系 $\frac{\Delta G^{\mathrm{id}}}{RT}=x_1\ln x_1+x_2\ln x_2$。

$$\left\{\frac{\partial\left[\Delta G/(RT)\right]}{\partial x_1}\right\}_{T,p}=\ln x_1+1-\ln x_2-1=\ln x_1-\ln x_2$$

$$\left\{\frac{\partial^2\left[\Delta G/(RT)\right]}{\partial x_1^2}\right\}_{T,p}=\frac{1}{x_1}+\frac{1}{x_1}=\frac{2}{x_1}$$

由此可知，$\left\{\frac{\partial^2\left[\Delta G/(RT)\right]}{\partial x_1^2}\right\}_{T,p}$ 恒大于零。所以，理想溶液不可能形成部分互溶液层。

6.7 液液平衡

许多液体在一定的浓度范围内混合时不满足平衡稳定性准则式（6-65），这样的体系在此浓度范围内由于各组元相互饱和，使得它们的平衡态不是一个单一的液相，而是分裂成两个不同组成的液相，即这样的液体是部分互溶的。化工生产和设计中常遇到的液、液分离（如萃取）和汽、液、液三相分离（如非均相共沸精馏）都要涉及液液平衡（LLE）的理论。

6.7.1 液液平衡 LLE 相图

（1）二元相图

若忽略压力对液液平衡的影响，二元液液平衡相图可以非常方便地用温度 T 与溶解度 x 的曲线表示出来。图 6-23 就是典型的二元系统液液相图。

从图 6-23 可以看出，温度对液体的溶解度影响非常显著。图 6-23（a）中的溶解度曲线（又称双结点曲线）所包围的是两液相共存区，其中，曲线 UAL 代表富含组元 2 的 α 相，而曲线 UBL 代表富含组元 1 的 β 相，在一定温度 T 下的水平线与双结点曲线的交点分别代表组元在两相中的平衡组成 x_1^{α} 和 x_1^{β}。图中的温度 T_L 称为下部会溶温度、最低会溶温度或最低临界温度；T_U 则称为上部会溶温度、最高会溶温度或最高临界温度。当温度 T 满足 $T_L < T < T_U$ 时，才可能存在液液平衡；当温度高于 T_U 或低于 T_L 时，在全浓度范围内将形成一个均一的液相，不存在液液相平衡。液液平衡相图中的会溶点与纯物质的汽液临界点非常相似，它们都是相平衡的极限状态，并且在此点两相的所有热力学性质完全一致。

一切部分互溶混合物都可能有一个或两个会溶温度。若下部会溶温度低于混合物的凝固点，则不出现下部会溶温度［如图 6-23（b）］；若上部会溶温度高于混合物的泡点，则不出现上部会溶温度［如图 6-23（c）］。当然，还存在第四种平衡相图，这时既不出现上部会溶温度，也不出现下部会溶温度，这是由于液液平衡区同时与汽液平衡线和固液平衡线相交。

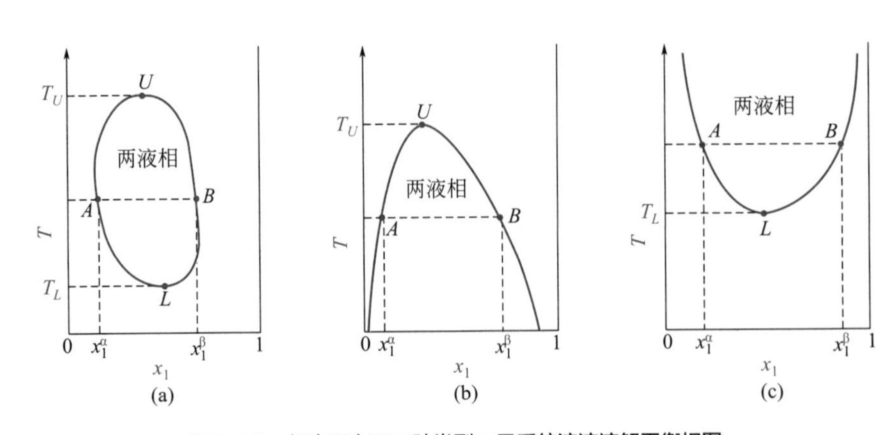

图 6-23 恒定压力下三种类型二元系统液液溶解平衡相图

（2）三元相图

在萃取过程中，常选择第三种溶剂对液体混合物进行选择性溶解，因此，三元液液平衡相图也是十分重要的。

常用三角形来表达三元体系的液液平衡（一般使用等边三角形或等腰直角三角形）。如图6-24（a）～（f）代表典型的几种三元液液平衡相图，顶点1、2、3分别表示三个纯组元。图6-24（a）表示三种组元可以以任意比例混溶，图中无任何曲线；图6-24（b）表示1和3部分互溶而组元1-2和2-3可全部互溶，图中含有一个溶解度曲线。图中*AB*称为结线，它与溶解度曲线的交点*A*和*B*是在此温度下该三元体系的两个液相的平衡组成，*P*称为折点，表示部分互溶度的极限，是由部分互溶向全部混溶的转折。

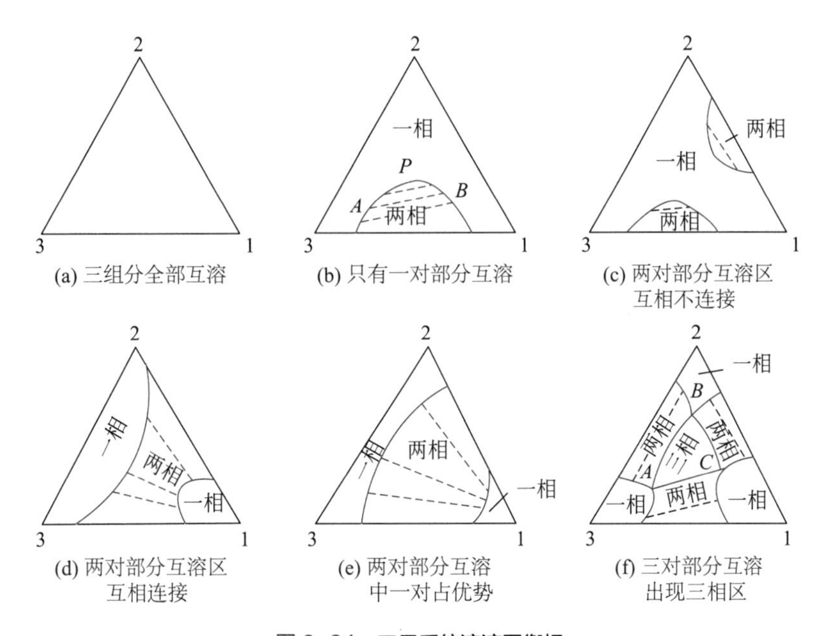

图6-24 三元系统液液平衡相

在三元体系的液液萃取中，重要的是要计算分配系数（如针对组元2，用m_2表示），它的定义为

$$m_2 = \frac{x_2^1}{x_2^3}$$

其中x_2^1和x_2^3分别表示组元2在富1相中的浓度和在富3相中的浓度。

分配系数对于萃取操作非常重要，m_2越大，则萃取操作越容易。若结线平行于1-3边，则此时m_2=1，此时使用2作为萃取剂无法分离1和3。

图6-24（c）表示两对组元间出现了部分互溶现象；当这两对部分互溶区范围扩大而互相重叠时，就出现了图6-24（d）。图6-24（e）中依然是两对组元部分互溶，但其中有一对占有优势。图6-24（f）中三个组元两两都部分互溶，并且出现了三相区。

6.7.2 LLE平衡关系及计算

与汽液相平衡VLE一样，液液相平衡LLE同样符合相平衡判据，即平衡两液相的温

度、压力相等，各组元在两相中的化学势和逸度相等。**若平衡两相分别用 α 和 β 表示，则液液平衡的基本关系为**

$$\hat{f}_i^{\alpha} = \hat{f}_i^{\beta}$$

由此可得

$$\gamma_i^{\alpha} x_i^{\alpha} = \gamma_i^{\beta} x_i^{\beta} \tag{6-70}$$

（1）二元 LLE 的计算

在给定的 T、p 下，求算二元液液平衡的组成 x_1^{α}、x_1^{β}、x_2^{α}、x_2^{β}时，由液液平衡基本关系可以列出以下四个方程

$$\begin{cases} \gamma_1^{\alpha} x_1^{\alpha} = \gamma_1^{\beta} x_1^{\beta} & \text{（6-71a）} \\ \gamma_2^{\alpha} x_2^{\alpha} = \gamma_2^{\beta} x_2^{\beta} & \text{（6-71b）} \\ x_1^{\alpha} + x_2^{\alpha} = 1 & \text{（6-71c）} \\ x_1^{\beta} + x_2^{\beta} = 1 & \text{（6-71d）} \end{cases}$$

液相活度系数 γ_i^{α} 和 γ_i^{β} 通过活度系数方程如 Margulas 方程、van Laar 方程、NRTL 方程和 UNIQUAC 方程求得，方程参数一般通过液液平衡数据拟合得到。另外，在 VLE 计算中，常近似地认为 Margulas 方程、van Laar 方程中的参数与温度无关，但是，对于 LLE 而言，液体溶解度受温度的影响常常很大，为此提出了一些经验关系式以描述方程参数随温度的改变情况，如

$$A = a + \frac{b}{T} + cT \tag{6-72}$$

（2）三元 LLE 的计算

三元 LLE 的计算在化学工程中是很重要的，其基本关系式为

$$\begin{cases} \gamma_1^{\alpha} x_1^{\alpha} = \gamma_1^{\beta} x_1^{\beta} & \text{（6-73a）} \\ \gamma_2^{\alpha} x_2^{\alpha} = \gamma_2^{\beta} x_2^{\beta} & \text{（6-73b）} \\ \gamma_3^{\alpha} x_3^{\alpha} = \gamma_3^{\beta} x_3^{\beta} & \text{（6-73c）} \\ x_1^{\alpha} + x_2^{\alpha} + x_3^{\alpha} = 1 & \text{（6-73d）} \\ x_1^{\beta} + x_2^{\beta} + x_3^{\beta} = 1 & \text{（6-73e）} \end{cases}$$

对于三元 LLE，共有 8 个变量（包括 6 个组成和温度 T、压力 p），根据相律，其自由度为 3。即若给定三个变量（如 T、p 和其中一个组成），另外 5 个组成便可以通过联立以上 5 个方程求解。求解过程中，还需要选择合适的活度系数方程以便计算各组元在各相中的活度系数值。

在计算中，习惯性地规定 $K_i = \dfrac{\gamma_i^{\alpha}}{\gamma_i^{\beta}}$（称为分配比），则

$$x_i^{\beta} = \left(\frac{\gamma_i^{\alpha}}{\gamma_i^{\beta}}\right) x_i^{\alpha} = K_i x_i^{\alpha} \tag{6-74}$$

并令 ϕ 为 α 相的摩尔分数。根据物料衡算，可以写出 i 组元的总组成 z_i 为

$$z_i = \phi x_i^{\alpha} + (1-\phi)x_i^{\beta} = \left[\phi + K_i(1-\phi)\right]x_i^{\alpha} \tag{6-75}$$

把所有组元的摩尔分数加起来，在平衡时

$$f(\phi) = \sum \frac{z_i}{\phi + K_i(1-\phi)} - 1 = 0 \tag{6-76}$$

另外，用总组成 z_i、分配比 K_i 及 ϕ 表示的 β 相组成为

$$x_i^{\beta} = \frac{1}{\left[1 + \left(\frac{1}{K_i} - 1\right)\phi\right]} \tag{6-77}$$

与汽液闪蒸相仿，计算步骤如下：

① 假定 α 相中的组成，x_1^{α}、x_2^{α}、x_3^{α} 和 ϕ。

② 用物料衡算计算另一相中的组成

$$x_i^{\beta} = (z_i - \phi x_i^{\alpha})/(1-\phi) \tag{6-78}$$

③ 用活度系数模型计算所有的 γ_i^{α}、γ_i^{β}，然后计算出 K_i。

④ 用式（6-77）求出新的 x_i^{β}，再计算 $\sum x_i^{\beta}$ 是否等于 1。

⑤ 若 $\sum x_i^{\beta} \neq 1$ 时，再求 γ_i^{β}，算出 $K_i = \dfrac{\gamma_i^{\alpha}}{\gamma_i^{\beta}}$，而且使用式（6-74）求出 x_i^{α}。返回步骤②。反复计算，直到 $\sum x_i^{\beta}=1$ 的允许误差范围内为止。这样当求出 x_i^{β} 后，便使用式（6-75）计算 x_i^{α}。

在计算过程中，使用式（6-76）来迭代 ϕ，一旦 ϕ 值求出后，用于上面的计算中。达到收敛时的 x_i^{α} 和 x_i^{β}，即为平衡组成。

两相三组元的液液平衡计算比较复杂，收敛的速度很大程度上取决于初值的选择。三相三组元的液液平衡计算会更复杂些。

6.7.3　汽液液平衡 VLLE

在前一部分中已经提到，有时液液溶解度曲线会和汽液平衡的泡点线相交，此时便产生了汽液液平衡（VLLE）问题。二元系的 VLLE 体系中具有两个液相、一个汽相，因此只有一个自由度，若给定压力 p，则平衡温度和三个相的组成都将是唯一确定的。如图 6-25 是恒定压力下的温度和平衡组成曲线图，三相平衡温度为 T^*，C 点和 D 点分别代表两个液相，E 点代表汽相。在温度 T^* 下，随着组元的组成变化，体系的相态也发生相应的变化，组成落在了 α 区域内，体系是富含组元 2 的单一液相；落在 β 区域内，体系是富含组元 1 的单一液相；若在区域 α-V 内，体系处于汽液平衡状态，汽液相的平衡组成分别用曲线 AE 和 AC 表示；类似地，在区域 β-V 内，汽液相的平衡组成分别用曲线 BE 和 BD 表示；若体系位于区域 V 内，则是单一的汽相区。当体系的温度低于 T^* 时，体系将是前一部分讨论的液液平衡系统。

图 6-25 中三条垂直线描述了三种蒸气在恒压下冷却的变化途径，蒸气所处的位置不

同，将经历不同的变化，图中的点 k 所处的蒸气恒压冷凝后分别成为单一的液相 β，n 点冷却后在 T^* 处完全冷凝，生成由点 C 和点 D 代表的两个液相；m 点冷却到露点后，沿着 BE 线变化的蒸气与沿着 BD 线变化的液体成平衡，到达 T^* 时，蒸气相在 E 点，产生的冷凝液生成点 C 和点 E 的两种液体。

图 6-25 只绘出了单一恒定压力下的汽液液平衡曲线，实际上，平衡相组成和平衡曲线的位置随压力而变化。但是在一定的压力范围内，相图总的特征不变。

如图 6-26 绘出了恒温相图。需要注意的是三相平衡压力 p^*、平衡汽相组成 y_1^* 以及两个液相组成 x_1^α 和 x_1^β。由于压力对液体溶解度仅有弱影响，三个液相区的两条边界线（x_1^α 和 x_1^β）几乎都是垂直线。

图 6-25 及图 6-26 所对应的汽液平衡线如图 6-27，组成在 x_1^α 和 x_1^β 之间的液体分为两层，一层的组成为 x_1^α，另一层的组成为 x_1^β。两液相有同样的泡点，也有同样的汽相组成 y_1^*，并在此组成形成非均相共沸物。此种共沸物的液相组成和汽相组成并不相等，此种情况下可以使用精馏的方法制取两个纯组元，但不能用连续精馏在一个塔中完成混合物的分离。在化工生产中非均相共沸物的体系是很多的，有许多有机物和水具有此类汽液平衡关系。

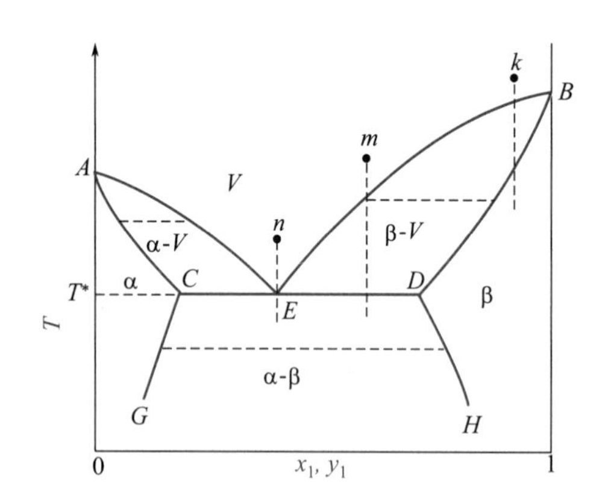

图 6-25　**二元等压汽液液平衡相图**

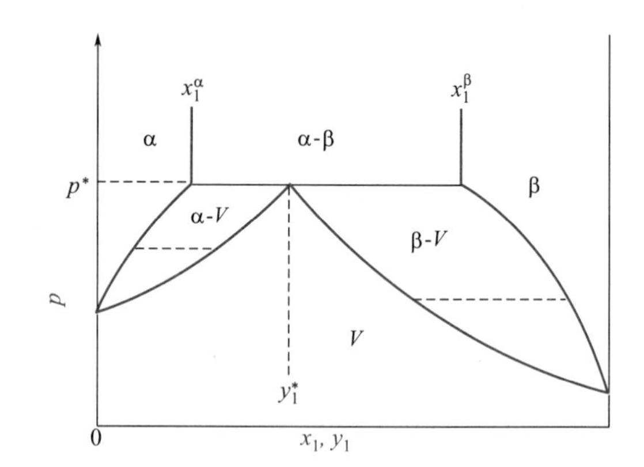

图 6-26　**二元等温汽液液平衡相图**

在汽液液相平衡体系中某些体系不形成共沸物。如图 6-28，此类体系的平衡溶解度 x_1^α 和 x_1^β 在对角线的同一侧，平衡线不与对角线相交。浓度为 x_1^α 和 x_1^β 的液体对应相同的蒸气组成 y_1^*，但 y_1^* 值不在 x_1^α 和 x_1^β 之间。这种体系比较少见，如环氧丙烷和水是其中之一。

汽液液相平衡的计算是汽液平衡计算的延伸，特别需要注意，液相部分互溶意味着高度非理想性，组成计算时不能考虑任何液相理想性的一般假设。

【例6-12】25℃时，A，B 二元溶液处于汽液液三相平衡，饱和液相的组成为

$$x_A^\alpha=0.02，x_B^\alpha=0.98，x_A^\beta=0.98，x_B^\beta=0.02$$

25℃时，A、B 物质的饱和蒸气压 $p_A^s=0.01\text{MPa}$，$p_B^s=0.1013\text{MPa}$。试作合理的假设，并说明理由，估算三相共存平衡时，压力与汽相组成。

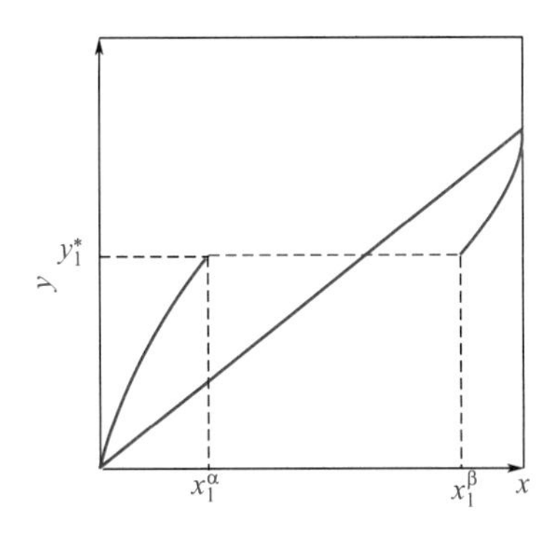

图6-27 **多相共沸系统的** y-x

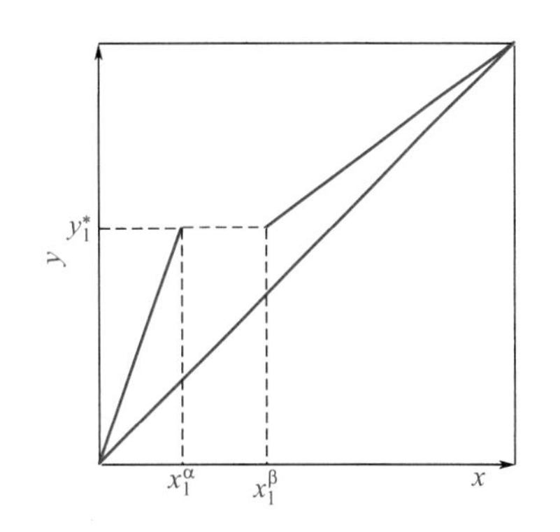

图6-28 **多相非共沸系统的** y-x

解：取 Lewis-Randall 规则为标准态。

在 α 相中组分 B 含量高，$x_B^\alpha=0.98\approx 1$，故 $\gamma_B^\alpha=1$；

在 β 相中组分 A 含量高，$x_A^\beta=0.98\approx 1$，故 $\gamma_A^\beta=1$。

假设汽液平衡符合 $py_i=p_i^s\gamma_i x_i$ 的关系式，在液液平衡中

$$\gamma_A^\alpha x_A^\alpha=\gamma_A^\beta x_A^\beta$$

$$\gamma_A^\alpha=\frac{\gamma_A^\beta x_A^\beta}{x_A^\alpha}=\frac{1\times 0.98}{0.02}=49$$

同理

$$\gamma_B^\alpha x_B^\alpha=\gamma_B^\beta x_B^\beta$$

$$\gamma_B^\beta=\frac{\gamma_B^\alpha x_B^\alpha}{x_B^\beta}=\frac{1\times 0.98}{0.02}=49$$

汽液液三相平衡压力

$$p=p_A^s\gamma_A^\alpha x_A^\alpha+p_B^s\gamma_B^\alpha x_B^\alpha=(0.01\times 49\times 0.02+0.1013\times 1\times 0.98)\times 10^3=109.1(\text{kPa})$$

汽液液三相平衡的汽相组成为

$$y_A=\frac{p_A^s\gamma_A^\alpha x_A^\alpha}{p}=\frac{0.01\times 10^3\times 49\times 0.02}{109.1}=0.0898$$

从此题可以看出，汽液液三相平衡的活度系数值都相当大。一般说，液液相平衡系统中的活度系数大于汽液相平衡中的活度系数。本例题的活度系数为49，在液液相平衡系统中，还可有更大的活度系数值。因此，按理想溶液处理含液液相平衡的体系，会形成极大的误差。这个例题也说明活度系数的计算在化工计算中的重要性。

【例6-13】已测定了某二元系统在25℃时某一点液液平衡数据 $x_1^\alpha=0.2$，$x_1^\beta=0.9$。

（1）试由此估算出该温度下的 Margules 活度系数方程常数；（2）若该点正好是汽液液平衡的三相点，如何确定汽相组成和系统压力？还要输入哪些数据？

解：（1）由 Margules 活度系数方程

$$\ln\gamma_1=\left[A_{12}+2(A_{21}-A_{12})x_1\right]x_2^2,\quad \ln\gamma_2=\left[A_{21}+2(A_{12}-A_{21})x_2\right]x_1^2$$

式（6-71a）和式（6-71b）可以写为

$$\ln\left(\frac{\gamma_1^\alpha}{\gamma_1^\beta}\right)=\ln\left(\frac{x_1^\beta}{x_1^\alpha}\right),\quad \ln\left(\frac{\gamma_2^\alpha}{\gamma_2^\beta}\right)=\ln\left(\frac{1-x_1^\beta}{1-x_1^\alpha}\right)$$

将 Margules 活度系数方程代入可得

$$\ln\left(\frac{\gamma_1^\alpha}{\gamma_1^\beta}\right)=\left[(x_2^\alpha)^2(x_2^\alpha-x_1^\alpha)-(x_2^\beta)^2(x_2^\beta-x_1^\beta)\right]A_{12}+2\left[x_1^\alpha(x_2^\alpha)^2-x_1^\beta(x_2^\beta)^2\right]A_{21}=\ln\left(\frac{x_1^\beta}{x_1^\alpha}\right)$$

$$\ln\left(\frac{\gamma_2^\alpha}{\gamma_2^\beta}\right)=\left[(x_1^\alpha)^2(x_1^\alpha-x_2^\alpha)-(x_1^\beta)^2(x_1^\beta-x_2^\beta)\right]A_{21}+2\left[x_2^\alpha(x_1^\alpha)^2-x_2^\beta(x_1^\beta)^2\right]A_{12}=\ln\left(\frac{1-x_1^\beta}{1-x_1^\alpha}\right)$$

由于 x_1^α=0.2、x_1^β=0.9，得 x_2^α=0.8、x_2^β=0.1，代入上式整理得

$$0.392A_{12}+0.238A_{21}=1.5041$$

$$-0.672A_{21}-0.0098A_{12}=-2.0794$$

解上述线性方程得 A_{12}=2.1484，A_{21}=2.7811

（2）由于 25℃时正好是汽液液三相平衡点，故汽相将与其中的任一个液相成汽液平衡，由汽相与 α 液相的平衡准则，得到平衡压力和汽相组成（属于等温泡点计算）

$$p=p_1^s\gamma_1^\alpha x_1^\alpha+p_2^s\gamma_2^\alpha x_2^\alpha$$

$$y_1=\frac{p_1^s\gamma_1^\alpha x_1^\alpha}{p}$$

式中，γ_1^α（γ_2^α）可以从 Margules 活度系数方程计算得到，要确定系统压力和平衡汽相组成，还需要输入两个纯组元的蒸气压数据。

6.8 气液平衡

气液平衡（GLE）是指在常规条件下气态组元与液态组元间的平衡关系。与上述汽液平衡（VLE）之间的区别是，在所定的条件下，VLE 的各组元都是可凝性组元；而在 GLE 中，至少有一种组元是非凝性的气体。常压下的 GLE 常被简单地称为气体溶解度，但考虑的出发点有所不同，气体溶解度主要讨论气体的溶解量。而 GLE 则需要兼顾气相和液相的组成。

在现代工业中，利用各种气体在液体中溶解能力的不同可以实现气体的分离、原料气的净化以及环境中废气的处理，因此，GLE 是单元操作中吸收操作的相平衡基础，GLE 的计算也是吸收计算的基础。

6.8.1 常压下的 GLE（气体在液体中的溶解度）

根据相平衡判据，气液平衡的基本关系式为

$$\hat{f}_i^g=\hat{f}_i^l \tag{6-79}$$

对于二元气液平衡，溶质和溶剂分别用组元 1 和组元 2 表示。溶质组元 1 在液相中的浓度很低又无法用此组元 1 表示标准状态，使用不对称活度系数

$$\hat{f}_1 = py_1\hat{\phi}_1^{g} = k_{1,2}\gamma_1^{*}x_1 \tag{6-80}$$

其中 $k_{1,2}$ 是溶质 1 在溶剂 2 中的 Henry 常数，它与溶质、溶剂的种类以及温度有关。

而溶剂组元 2，仍采用对称归一化的活度系数

$$\hat{f}_2 = py_2\hat{\phi}_2^{g} = p_2^{s}\phi_2^{s}\gamma_2 x_2 \tag{6-81}$$

当系统的压力较低时，$\hat{\phi}_1^{g} = \hat{\phi}_2^{g} = 1$，并且，$\phi_2^{s} = 1$；又由于液相中 $x_1 \to 0$，$x_2 \to 1$，根据活度系数标准态选取原则可知

$$\lim_{x_1 \to 0}\gamma_1^{*} = 1, \quad \lim_{x_2 \to 1}\gamma_2 = 1$$

则式（6-80）和式（6-81）分别简化为

$$py_1 = k_{1,2}x_1 \tag{6-82}$$

$$py_2 = p_2^{s}x_2 \tag{6-83}$$

即溶质组元 1 符合 Henry 定律，而溶剂组元 2 符合 Raoult 定律。

类似地，多元的低压气液平衡，溶质和溶剂同样分别符合 Henry 定律和 Raoult 定律。

6.8.2　压力对气体溶解度的影响

等温下，对于逸度$\hat{f}_i$存在热力学关系

$$\left(\frac{\partial \ln \hat{f}_i}{\partial p}\right)_{T,x} = \frac{\overline{V}_i^{1}}{RT}$$

代入 Henry 常数 $k_{i,\text{solvent}}$ 的定义式 $k_{i,\text{solvent}} = \lim\limits_{x_i \to 0}\dfrac{\hat{f}_i}{x_i}$得

$$\left(\frac{\partial \ln k_{i,\text{solvent}}}{\partial p}\right)_{T} = \frac{\overline{V}_i^{\infty}}{RT} \tag{6-84}$$

式中，$k_{i,\text{solvent}}$ 是 i 组元在溶剂中的 Henry 常数；$\overline{V}_i^{\infty}$是溶质 i 在无限稀释溶液中的偏摩尔体积。

在不是很高的压力范围内，溶质的活度系数没有明显的变化，可以作为常数处理，则由式（6-85）知：溶质 i 的逸度$\hat{f}_i$正比于 x_i，符合 Henry 定律

$$\hat{f}_i = k_{i,\text{solvent}}x_i \tag{6-85}$$

从压力 p^{r} 到 p 积分式（6-84）得

$$\ln k_{i,\text{solvent}} = \ln\frac{\hat{f}_i}{x_i} = \ln k_{i,\text{solvent}}^{(p^{r})} + \frac{\int_{p^{r}}^{p}\overline{V}_i^{\infty}}{RT} \tag{6-86}$$

式中，$k_{i,\text{solvent}}^{(p^{r})}$表示在任意参比压力 p^{r} 下 i 组元在溶剂中的 Henry 常数。当 $x_i \to 0$ 时，总压可以认为是溶剂的饱和蒸气压，因此，$p^{r}=p_{\text{solvent}}^{s}$。

另外，如果体系的温度远低于溶剂的临界温度，可以假设$\overline{V}_i^{\infty}$与压力无关，此时，式（6-86）可以写为

$$\ln\frac{\hat{f}_i}{x_i}=\ln k_{i,\text{solvent}}^{(p_{\text{solvent}}^{\text{s}})}+\frac{\overline{V}_i^{\infty}}{RT}(p-p_{\text{solvent}}^{\text{s}}) \tag{6-87}$$

对于二元溶液（溶质为 1，溶剂为 2），则式（6-87）写为

$$\ln\frac{\hat{f}_1}{x_1}=\ln k_{1,2}^{(p_2^{\text{s}})}+\frac{\overline{V}_1^{\infty}}{RT}(p-p_2^{\text{s}}) \tag{6-88}$$

上式称为 Krichevsky-Kasarnovsy 方程。从以上的推导过程中可知，**应用此方程需要两个假设，其一是在所研究的 x_i 范围内，溶质的活度系数没有明显的变化，即 x_i 必须很小。其二是无限稀释的溶液必须是不可压缩的。**因此，该方程用于 Henry 定律适用范围内的气体的溶解度计算。

当温度一定时，用$\ln\frac{\hat{f}_i}{x_i}$对体系总压 p 作图，可得一条直线，直线的截距是 $\ln k_{i,\text{solvent}}$，斜率是 $\frac{\overline{V}_i}{RT}$。因此，利用气体的溶解度数据可以计算液相中溶质气体的偏摩尔体积$\overline{V}_i$。

当体系的状态接近于临界区时，气体在液相中的浓度 x_i 比较大时，则式（6-87）不再适用。

6.8.3 温度对气体溶解度的影响

不同气体在不同溶剂中的温度效应可完全不同。气体在液体中的溶解度随温度的升高可以减小，也可以增加。温度对气体溶解度的影响不仅与体系有关，还与所研究的具体温度值有关。

对于二元溶液，仍然将溶质和溶剂分别用组元 1 和组元 2 代替。气体 1 在溶剂 2 中的溶解度很小，可以视为符合 Henry 定律的理想溶液，气体组元 1 符合理想溶液的定义式：

$$\mu_1^{\text{l}}=\mu_1^{*}+RT\ln x_1$$

在一定的温度及压力下，将上式对溶解度 x_1 求导得

$$\left(\frac{\partial\mu_1^{\text{l}}}{\partial x_1}\right)_{T,p}=RT\frac{\partial\ln x_1}{\partial x_1}=\frac{RT}{x_1} \tag{6-89}$$

另外

$$\left(\frac{\partial\mu_1^{\text{l}}}{\partial T}\right)_{p,x_1}=-\overline{S}_1^{\text{l}} \tag{6-90}$$

在一定的压力下，将组元 1 在液相中的化学势 μ_1^{l} 表示为温度和组成 x_1 的全微分

$$\mathrm{d}\mu_1^{\text{l}}=\left(\frac{\partial\mu_1^{\text{l}}}{\partial T}\right)_{p,x_1}\mathrm{d}T=\left(\frac{\partial\mu_1^{\text{l}}}{\partial x_1}\right)_{T,p}\mathrm{d}x_1 \tag{6-91}$$

将式（6-89）及式（6-90）代入式（6-91）中得

$$\mathrm{d}\mu_1^{\text{l}}=-\overline{S}_1^{\text{l}}\mathrm{d}T+\frac{RT}{x_1}\mathrm{d}x_1=-\overline{S}_1^{\text{l}}\mathrm{d}T+RT\mathrm{d}\ln x_1 \tag{6-92}$$

恒定压力下，纯气体 1 的化学势 μ_1^{g} 符合

$$\mathrm{d}\mu_1^* = -S_1^{\mathrm{g}}\mathrm{d}T$$

$$\mathrm{d}\mu_1^{\mathrm{l}} - \mathrm{d}\mu_1^* = -\bar{S}_1^{\mathrm{l}}\mathrm{d}T + RT\mathrm{d}\ln x_1 + S_1^{\mathrm{g}}\mathrm{d}T = (-\bar{S}_1^{\mathrm{l}} + S_1^{\mathrm{g}})\mathrm{d}T + RT\mathrm{d}\ln x_1 \tag{6-93}$$

若忽略气相中溶剂组元的含量，溶质组元1在气相中的化学势 μ_1^{g} 近似等于纯气体1的化学势，即 $\mu_1^{\mathrm{g}}=\mu_1^*$，又由气液平衡条件 $\mu_1^{\mathrm{g}}=\mu_1^{\mathrm{l}}=\mu_1^*$，代入式（6-93）得

$$(-\bar{S}_1^{\mathrm{l}} + S_1^{\mathrm{g}})\mathrm{d}T + RT\mathrm{d}\ln x_1 = 0$$

即

$$\left(\frac{\partial \ln x_1}{\partial T}\right)_p = \frac{\bar{S}_1^{\mathrm{l}} - S_1^{\mathrm{g}}}{RT}$$

又可写为

$$\left(\frac{\partial \ln x_1}{\partial \ln T}\right)_p = \frac{\bar{S}_1^{\mathrm{l}} - S_1^{\mathrm{g}}}{R} \tag{6-94}$$

实验证明，若温度范围不宽，气体的溶解熵 $(\bar{S}_1^{\mathrm{l}} - S_1^{\mathrm{g}})$ 可以看作一个常数，积分式（6-94）得

$$\ln\frac{x_1'}{x_1} = \frac{\bar{S}_1^{\mathrm{l}} - S_1^{\mathrm{g}}}{R}\ln\frac{T'}{T} \tag{6-95}$$

只要知道某一温度 T 下气体1的溶解度 x_1 和溶解熵，则可以利用式（6-95）求得任意其他温度 T' 下该气体的溶解度 x_1'。

【例6-14】试求75℃、总压为40MPa下 CO_2 在水中的溶解度 x_{CO_2}。

解：查得75℃时，Henry常数 k_{CO_2}=4043.2atm/摩尔分数=409.57MPa/摩尔分数，CO_2 在水中的偏摩尔体积 $\bar{V}_{CO_2}$=31.4cm^3·mol^{-1}。

由式（6-87）得

$$\ln\frac{\hat{f}_{CO_2}}{x_{CO_2}} = \ln k_{i,\mathrm{solvent}}^{(p^{\mathrm{s}}_{\mathrm{solvent}})} + \frac{\bar{V}_{CO_2}}{RT}(p - p^{\mathrm{s}}_{\mathrm{solvent}}) = \ln 409.57 + \frac{31.4\times(40-0.1013)}{8.314\times(75+273.15)} = 6.015 + 0.433 = 6.448$$

$$\frac{\hat{f}_{CO_2}}{x_{CO_2}} = 632.1\mathrm{MPa}$$

求75℃、40MPa条件下 CO_2 的逸度 $\hat{f}_{CO_2}$。由于 CO_2 是纯气体，故 $\hat{f}_{CO_2}=f_{CO_2}$。用RK方程进行计算求得

$$\hat{f}_{CO_2} = f_{CO_2} = 16.0\mathrm{MPa}$$

$$x_{CO_2} = \frac{16.0}{632.1} = 0.0253$$

随着系统压力的增大，气体在液体中的溶解度将明显增大，此时，气液平衡的计算与汽液平衡非常相似。主要的方法也是活度系数法和状态方程法。

6.8.4 活度系数法计算GLE

气体组元1在气相的逸度用逸度系数计算，而在液相中的逸度用非对称的活度系数计算；溶剂组元 i 依然选用对称活度系数，可以得到活度系数法计算气液平衡的基本关系

式为

$$py_1\hat{\phi}_1^{\mathrm{g}} = k_{1,\mathrm{s}}\gamma_1^* x_1 \tag{6-96}$$

$$py_i\hat{\phi}_i^{\mathrm{g}} = f_i\,\gamma_i x_i \tag{6-97}$$

式中，$k_{1,\mathrm{s}}$ 为气体 1 在溶剂中的 Henry 常数；γ_1^* 为组元 1 在液相中的非对称活度系数。其计算关系为

$$\ln\gamma_1^* = \ln\gamma_1 - \lim_{x_1\to 0}\ln\gamma_1 \tag{6-98}$$

只要知道 $\ln\gamma_1$的表达式，由上式就可以计算 γ_1^* 了。例如，对于二元系统，van Laar 方程为

$$\ln\gamma_1 = A_{12}\left(\frac{A_{21}x_2}{A_{12}x_1 + A_{21}x_2}\right)^2$$

则

$$\lim_{x_1\to 0}\ln\gamma_1 = A_{12}$$

$$\ln\gamma_1^* = A_{12}\left[\left(\frac{A_{21}x_2}{A_{12}x_1 + A_{21}x_2}\right)^2 - 1\right] \tag{6-99}$$

一般来说，$\lim\limits_{x_1\to 0}\ln\gamma_1$ 为活度系数方程中的一个参数值。用其他的活度系数方程可以得到类似 $\ln\gamma_1^*$ 的表达式。

在求得非对称活度系数后，便可以利用气液平衡基本关系进行计算了。此法一般用于压力不太高时的气液平衡计算。

6.8.5 状态方程计算 GLE

应用状态方程法可以较好地计算气液平衡，特别是高压的气液平衡。方法的关键仍然是选择合适的状态方程和相应的混合规则。其计算方程为

$$py_i\hat{\phi}_i^{\mathrm{g}} = px_i\hat{\phi}_i^{\mathrm{l}} \tag{6-100}$$

并可以简化为

$$K_i = \frac{y_i}{x_i} = \frac{\hat{\phi}_i^{\mathrm{l}}}{\hat{\phi}_i^{\mathrm{g}}} \tag{6-101}$$

气、液两相需要选择同一逸度系数的表达式。

使用状态方程法进行气液平衡计算的一般步骤为：

① 选择合适的状态方程及与之相适应的混合规则。

② 确定目标函数。常用的目标函数有以下几种：气液两相逸度相等，计算和实验的压力相等，组元的浓度相等以及压力加组元浓度的组合型等。

其中，气液两相逸度相等的目标函数表达式为

$$F = \sum_{j=1}^{N}\sum_{i=1}^{M}(\hat{f}_i^{\mathrm{g}} - \hat{f}_i^{\mathrm{l}})_j^2 \tag{6-102}$$

式中，F 为目标函数；M 和 N 分别为组元数和实验点数。

式（6-102）或表示为

$$F=\sum_{j=1}^{N}\sum_{i=1}^{M}(\ln\hat{f}_i^{g}-\ln\hat{f}_i^{l})_j^2 \tag{6-103}$$

③ 用优化方法回归得到可调参数，这一步是整个计算的关键。参数的求算是一个解非线性方程组的问题，需要用优化的方法进行。只有得到相应体系的二元可调参数才可以进行气液平衡计算。参数回归的整个过程可用计算框图来表示，见图6-29。

④ 得到二元可调参数后，便可进行气液平衡的计算。这是整个计算的目的。计算过程见框图，如图6-30。一般可以进行内插和外推计算，通常内插计算效果较好，外推的结果不会太好。

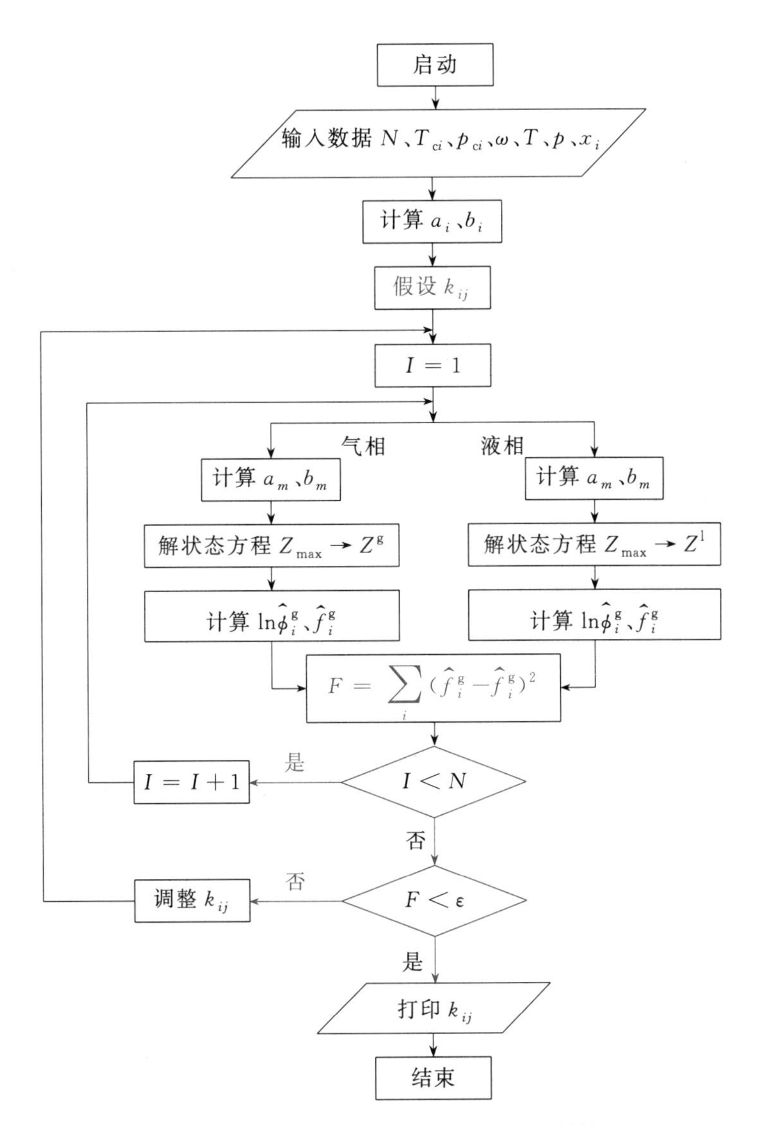

图6-29 **状态方程法计算气液平衡参数回归计算框图**

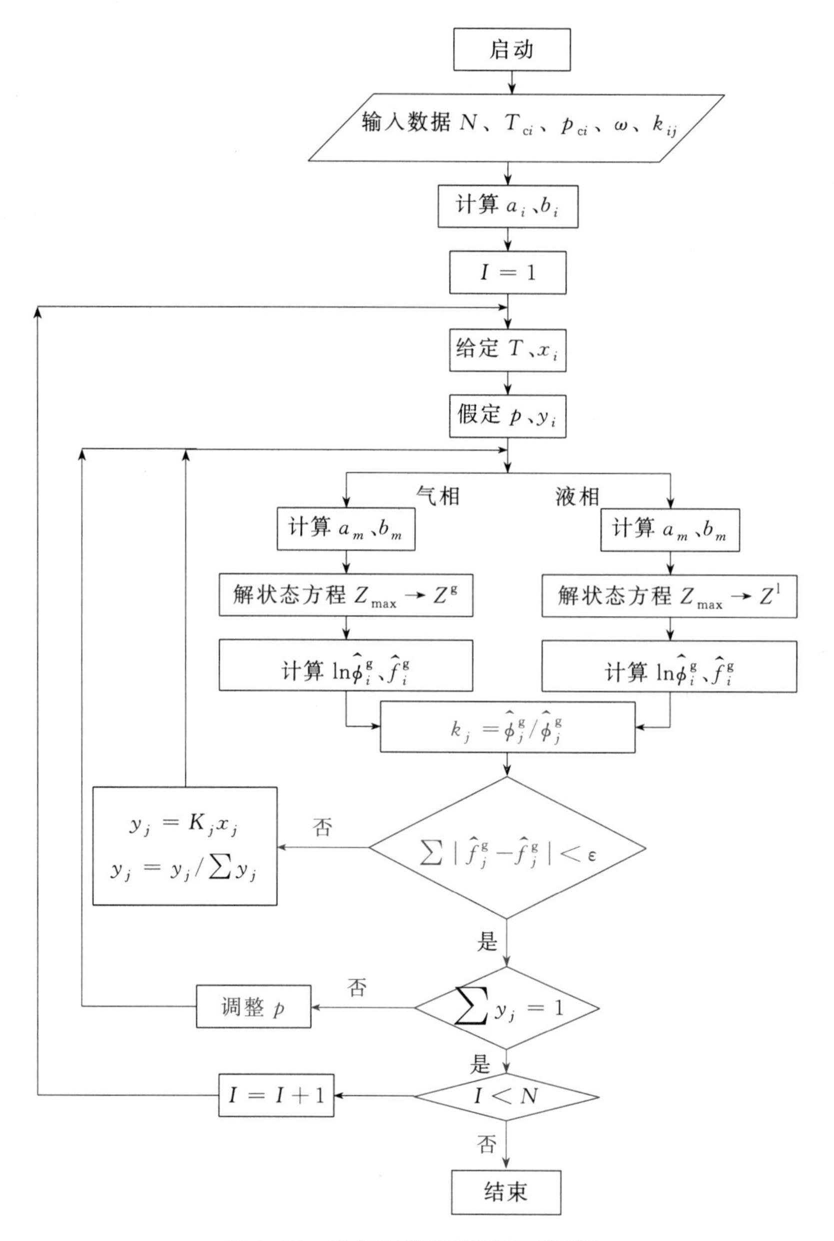

图 6-30 **状态方程法计算气液平衡框图**

6.9 固液平衡 SLE

固液平衡（SLE）也是一类重要的相平衡，**主要有两类，一类是溶解平衡，另一类是熔融平衡**。前者是相差很大的化学试样的液体和固体间的平衡，讨论的重点是固体在液体中的溶解度问题，后者则是相近（有时熔点相近）化学试样的熔融和固体形式间的平衡。这里主要介绍溶解平衡。如在结晶分离过程中，固液间的平衡数据和模型便是分离的基础。

6.9.1 固液平衡SLE的热力学关系

固液平衡与汽液平衡一样，符合相平衡的基本判据，即两相有均一的温度、压力，各组元在两相中的化学势和逸度相等，基本平衡关系为

$$\hat{f}_i^{\mathrm{l}} = \hat{f}_i^{\mathrm{s}} \tag{6-104}$$

式中，上标l和s分别代表液相和固相。若两相中的逸度均用活度系数表示，则有

$$f_i^{\mathrm{l}}\gamma_i^{\mathrm{l}}x_i = f_i^{\mathrm{s}}\gamma_i^{\mathrm{s}}z_i \tag{6-105}$$

式中，z_i为i组元在固相中摩尔分数；f_i^{l}和f_i^{s}分别为纯i液体和纯i固体的逸度。令$\psi_i = \dfrac{f_i^{\mathrm{s}}}{f_i^{\mathrm{l}}}$，则式（6-105）变为

$$\gamma_i^{\mathrm{l}}x_i = \psi_i\gamma_i^{\mathrm{s}}z_i \tag{6-106}$$

接下来讨论ψ_i的计算问题。为估算ψ_i，有关系式

$$\frac{\Delta_{\mathrm{m}}G_i}{RT} = \frac{G_i^{\mathrm{l}} - G_i^{\mathrm{s}}}{RT} = \ln\frac{f_i^{\mathrm{l}}}{f_i^{\mathrm{s}}} = \ln\frac{1}{\psi_i} \tag{6-107}$$

式中，$\Delta_{\mathrm{m}}G_i$为i物质的熔化Gibbs自由能，求$\Delta_{\mathrm{m}}G_i$，可将计算过程分为三步：

① 固体等压下加热，温度由T升高到$T_{\mathrm{m}i}$；

② 在温度$T_{\mathrm{m}i}$下，固体熔化；

③ 液体进行冷却，从温度$T_{\mathrm{m}i}$降至系统温度T。

分别计算三个过程的焓变ΔH和熵变ΔS。

$$\Delta H = \int_T^{T_{\mathrm{m}i}} C_p^{\mathrm{s}}\mathrm{d}T + \Delta_{\mathrm{m}}H_{i(T_{\mathrm{m}i})} + \int_{T_{\mathrm{m}i}}^T C_p^{\mathrm{l}}\mathrm{d}T = \Delta_{\mathrm{m}}H_{i(T_{\mathrm{m}i})} + \int_{T_{\mathrm{m}i}}^T \Delta C_p\,\mathrm{d}T \tag{6-108a}$$

$$\Delta S = \int_T^{T_{\mathrm{m}i}} \frac{C_p^{\mathrm{s}}}{T}\mathrm{d}T + \Delta_{\mathrm{m}}S_{i(T_{\mathrm{m}i})} + \int_{T_{\mathrm{m}i}}^T \frac{C_p^{\mathrm{l}}}{T}\mathrm{d}T = \Delta_{\mathrm{m}}S_{i(T_{\mathrm{m}i})} + \int_{T_{\mathrm{m}i}}^T \frac{\Delta C_p}{T}\mathrm{d}T = \frac{\Delta_{\mathrm{m}}H_{i(T_{\mathrm{m}i})}}{T_{\mathrm{m}i}} + \int_{T_{\mathrm{m}i}}^T \frac{\Delta C_p}{T}\mathrm{d}T \tag{6-108b}$$

式中，$\Delta_{\mathrm{m}}H_i$、$\Delta_{\mathrm{m}}S_i$分别为组元i的熔化焓和熔化熵。

$$\Delta C_p = C_p^{\mathrm{l}} - C_p^{\mathrm{s}}$$

$$\Delta_{\mathrm{m}}G_i = \Delta H - T\Delta S = \Delta_{\mathrm{m}}H_{i(T_{\mathrm{m}i})}\left(1 - \frac{T}{T_{\mathrm{m}i}}\right) + \int_{T_{\mathrm{m}i}}^T \Delta C_p\mathrm{d}T - T\int_{T_{\mathrm{m}i}}^T \frac{\Delta C_p}{T}\mathrm{d}T = RT\ln\frac{f_i^{\mathrm{l}}}{f_i^{\mathrm{s}}} = -RT\ln\psi_i \tag{6-108c}$$

则

$$\ln\psi_i = -\frac{\Delta_{\mathrm{m}}H_{i(T_{\mathrm{m}i})}}{RT}\left(1 - \frac{T}{T_{\mathrm{m}i}}\right) - \frac{1}{RT}\int_{T_{\mathrm{m}i}}^T \Delta C_p\mathrm{d}T + \frac{1}{R}\int_{T_{\mathrm{m}i}}^T \frac{\Delta C_p}{T}\mathrm{d}T \tag{6-108d}$$

此式是基本严格的，只是没有考虑极小的外压对逸度的影响，上式可以进行一些近似的处理。

① **若认为ΔC_p与温度无关，**则

$$\ln\psi_i = -\frac{\Delta_{\mathrm{m}}H_{i(T_{\mathrm{m}i})}}{RT}\left(1 - \frac{T}{T_{\mathrm{m}i}}\right) - \frac{\Delta C_p}{R}\left(1 - \frac{T_{\mathrm{m}i}}{T} + \ln\frac{T_{\mathrm{m}i}}{T}\right) \tag{6-109}$$

② 上式的后一项的值远比前一项小，可以忽略，则

$$\ln\psi_i=-\frac{\Delta_{\mathrm{m}}H_{i(T_{\mathrm{m}i})}}{RT}\left(1-\frac{T}{T_{\mathrm{m}i}}\right)=\frac{\Delta_{\mathrm{m}}H_{i(T_{\mathrm{m}i})}}{R}\left(\frac{1}{T_{\mathrm{m}i}}-\frac{1}{T}\right) \tag{6-110}$$

则式（6-110）又可以写为

$$\psi_i=\exp\left[\frac{\Delta_{\mathrm{m}}H_i}{R}\left(\frac{1}{T_{\mathrm{m}i}}-\frac{1}{T}\right)\right] \tag{6-111}$$

则固液平衡计算的关系式为

$$\gamma_i^{\mathrm{l}}x_i=\gamma_i^{\mathrm{s}}z_i\exp\left[\frac{\Delta_{\mathrm{m}}H_i}{R}\left(\frac{1}{T_{\mathrm{m}i}}-\frac{1}{T}\right)\right] \tag{6-112}$$

6.9.2 SLE 的两种极限情况

求解 SLE 问题依然需要活度系数 γ_i^{l} 和 γ_i^{s} 与温度及组成的变化关系，其中求解 γ_i^{l} 常用的是 Wilson 方程，也有人用溶度参数法（见第 5 章），而 γ_i^{s} 计算过程常常是更复杂的，现仅讨论两种极限情况：第一种，固液两相均为理想溶液；第二种，液相为理想溶液，而固相不互溶。

① 第一种情况　由于固液两相均为理想溶液，$\gamma_i^{\mathrm{l}}=\gamma_i^{\mathrm{s}}=1$，对于二元体系，式（6-106）可以写出两个方程

$$x_1=z_1\psi_1,\quad x_2=z_2\psi_2 \tag{6-113}$$

并且

$$x_1+x_2=1,\quad z_1+z_2=1$$

则可以解出

$$x_1=\frac{\psi_1(1-\psi_2)}{\psi_1-\psi_2},\quad z_1=\frac{1-\psi_2}{\psi_1-\psi_2} \tag{6-114}$$

由于 $T=T_{\mathrm{m}i}$ 时，$\psi_i=1$，因此，当 $T=T_{\mathrm{m1}}$ 时，$x_1=z_1=1$，当 $T=T_{\mathrm{m2}}$ 时，$x_1=z_1=0$，则呈现出图6-31所示的透镜形固液平衡相图。

在图 6-31 中，上面的曲线为凝固线，下面的曲线为熔解线，两线之间为固液共存区。其固液平衡行为与汽液平衡中的 Raoult 定律非常类似。式（6-113）很少用来描述实际系统的行为，只是用作考察固液平衡的比较标准。

② 第二种情况　液相为理想溶液，而固相不互溶，则 $z_i\gamma_i^{\mathrm{s}}=1$，对于二元体系，式（6-106）可以写为

$$x_1=\psi_1 \tag{6-115}$$

$$x_2=\psi_2 \tag{6-116}$$

图 6-32 绘出了这种情形的固液平衡相图。

由式（6-111）可知，ψ_1、ψ_2 都只是温度的函数，则 x_1、x_2 也只是温度的函数。在图 6-32 中，描绘了三种不同的平衡状态：曲线 AE 和 BE 以及点 E。曲线 AE 和 BE 分别是固体 1 和 2 的溶解度曲线，式（6-115）中单独适用于组元 1 而式（6-116）单独适用于组元 2。这两个方程又同时适用于一个特殊点 E，该点所对应的温度称为最低共熔温度 T_{e}，在该温度下，$\psi_1+\psi_2=1$，且 $x_1+x_2=1$。曲线 AE 和 BE 之上，是液体溶液区；最低共熔点之下是两个固体区；图中的 Ⅰ 和 Ⅱ 分别为固体 1 和固体 2 与液相的共存区。

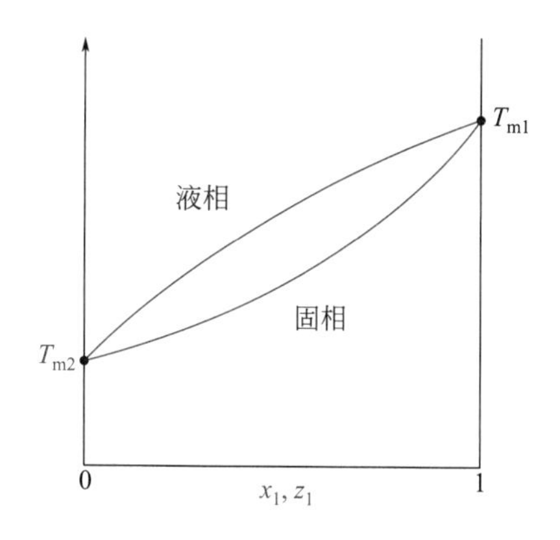

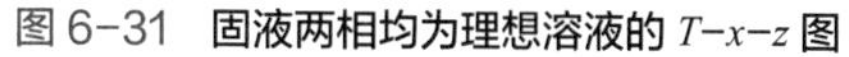
图 6-31 **固液两相均为理想溶液的 $T-x-z$ 图**

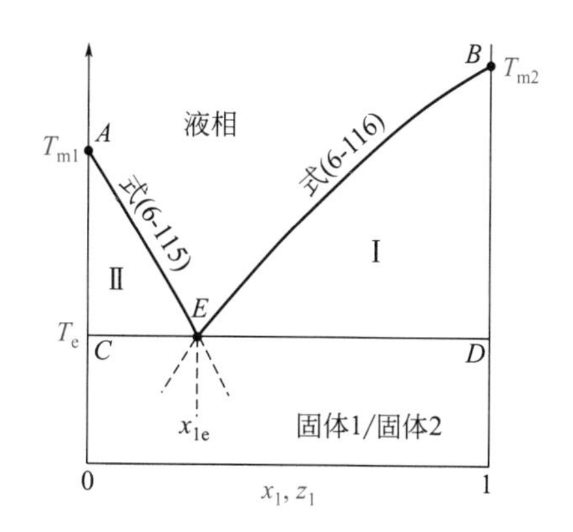

图 6-32 **液相为理想溶液，固相不互溶时的 $T-x-z$ 图**

式（6-115）联立式（6-111）得

$$\psi_1 = x_1 = \exp\left[\frac{\Delta_m H_1}{R}\left(\frac{1}{T_{m1}} - \frac{1}{T}\right)\right] \tag{6-117}$$

该方程仅适用于 $T=T_{m1}$ 到 $T=T_e$ 范围内。

式（6-116）联立式（6-111）得

$$x_1 = 1 - x_2 = 1 - \exp\left[\frac{\Delta_m H_2}{R}\left(\frac{1}{T_{m2}} - \frac{1}{T}\right)\right] \tag{6-118}$$

该方程仅适用于 $T=T_{m2}$ 到 $T=T_e$ 范围内。

这两个方程同时应用时，则可以给出最低共熔点时对应的**最低共熔组成** x_{1e}，联立式（6-117）和式（6-118）得

$$x_{1e} = \exp\left[\frac{\Delta_m H_1}{R}\left(\frac{1}{T_{m1}} - \frac{1}{T_e}\right)\right] = 1 - \exp\left[\frac{\Delta_m H_2}{R}\left(\frac{1}{T_{m2}} - \frac{1}{T_e}\right)\right] \tag{6-119}$$

坐标 T_e 和 x_{1e} 定义出了最低共熔状态，即三相平衡状态，用图 6-32 中的 CED 线来表示。在这条线上，组成为 x_{1e} 的液相与纯固体 1 和纯固体 2 共存，这就是固固液三相平衡。

【例6-15】 苯（1）和萘（2）的熔点分别为 T_{m1}=5.5℃、T_{m2}=79.9℃，其摩尔熔化焓分别是 $\Delta_m H_1$=9.873kJ · mol^{-1}、$\Delta_m H_2$=19.08kJ · mol^{-1}。若苯和萘形成的液相混合物可以视为理想溶液，而它们的固相互不相溶，并形成最低共熔点。求：①固体苯在萘中的溶解度随温度的变化曲线，固体萘在苯中的溶解度随温度的变化曲线；②最低共熔点的温度和组成；③计算 x_1=0.9 的苯（1）- 萘（2）溶液的凝固点，1mol 此混合物结晶后最多能得到多少纯苯？温度应降到多少？

解： ① 由于液体是理想溶液，而固相互不相溶，则固体苯（1）在萘（2）中的溶解度曲线随着温度的变化曲线是式（6-117），即

$$x_1 = \exp\left[\frac{\Delta_m H_1}{R}\left(\frac{1}{T_{m1}} - \frac{1}{T}\right)\right] = \exp\left[\frac{9.873 \times 1000}{8.314} \times \left(\frac{1}{278.65} - \frac{1}{T}\right)\right] = \exp\left(4.26 - \frac{1187.52}{T}\right)$$

此式的适用范围为：$x_{1e} \leqslant x_1 \leqslant 1$；$T_e \leqslant T \leqslant T_{m1}$。

固体萘（2）在苯（1）中的溶解度随着温度的变化曲线为

$$x_2=\exp\left[\frac{\Delta_m H_2}{R}\left(\frac{1}{T_{m2}}-\frac{1}{T}\right)\right]=\exp\left[\frac{19.08\times1000}{8.314}\times\left(\frac{1}{353.1}-\frac{1}{T}\right)\right]=\exp\left(6.5-\frac{2294.92}{T}\right)$$

此式的适用范围为：$1-x_{1e}\leqslant x_2\leqslant 1$，$T_e\leqslant T\leqslant T_{m2}$。

② 最低共熔点是两条溶解度曲线的交点。因为

$$x_1+x_2=1$$

故可以通过试差解出 T_e=270.15K，并将此代入溶解度曲线得 x_{1e}=0.13。

③ 当 x_1=0.9 时，代入苯的溶解度曲线解出 T=271.93K，也是该溶液的凝固点。

对照图 6-32，x_1=0.9 的混合物落在了右侧的曲线上，降温至凝固点 T=271.93K 后，应该析出纯组分 1，即苯。当温度降至 T_e=270.15K 时，析出了最多的纯固体苯，设为 Bmol，由物料平衡得到方程

$$1\times0.9=B\times1+(1-B)x_{1e}$$

则

$$B=\frac{1\times0.9-1x_{1e}}{1-x_{1e}}=\frac{0.9-0.13}{1-0.13}=0.816(\text{mol})$$

从上例中可以看出：由于最低共熔点的存在，使得溶解溶质后溶剂的凝固点比纯溶剂的凝固点降低了。这与物理化学课程中的凝固点降低原理是一样的。

上例是理想溶液，若不是理想溶液，则需要用活度系数模型计算相关的活度系数。

6.10 气固平衡 GSE 和超临界流体在固体（或液体）中的溶解度

6.10.1 气固平衡 GSE

气固平衡（GSE）即升华或凝华平衡。当温度低于三相点的温度时，纯固体可以蒸发，叫做升华，纯物质的气固平衡在 p-T 图上（如图 2-2）用升华曲线表示。像这样在特殊温度下的平衡压力称为固体的饱和蒸气压。

现考虑纯固体组元 1 与含有组元 1 和组元 2 的二元蒸气混合物（假设该二元蒸气不溶于固相）处于气固两相平衡状态。在蒸气相中，2 组元为主要组分，通常被称为“溶剂”，1 组元则被称为“溶质”。1 组元在气相中的摩尔分数 y_1 便是其在溶剂中的溶解度。1 组元的溶解度 y_1 是蒸气溶剂温度和压力的函数，下面推导出计算 y_1 的方法。

根据上述假设，组元 2 不在两相中分布（仅存在于气相中），所以系统只有一个相平衡方程，为

$$f_1^s=\hat{f}_1^v \tag{6-120}$$

将适用于纯液体逸度的式（5-84），符号上略作改变，相应的可有

$$f_1^s=\phi_1^{sat}p_1^{sat}\exp\frac{V_1^s(p-p_1^{sat})}{RT} \tag{6-121}$$

式中，p_1^{sat} 为温度 T 下纯固体的饱和蒸气压；V_1^s 是纯固体 1 的摩尔体积。组元 1 在气相中

的逸度为

$$\hat{f}_1^{\mathrm{v}} = py_1\hat{\phi}_1^{\mathrm{v}} \tag{6-122}$$

将式（6-120）～式（6-122）联立，可以解得 y_1 为

$$y_1 = \frac{p_1^{\mathrm{sat}}}{p}E_1 \tag{6-123}$$

$$E_1 = \frac{\phi_1^{\mathrm{sat}}}{\hat{\phi}_1^{\mathrm{v}}}\exp\frac{V_1^{\mathrm{s}}(p-p_1^{\mathrm{sat}})}{RT} \tag{6-124}$$

其中，设 $\phi_1 = \exp\frac{V_1^{\mathrm{s}}(p-p_1^{\mathrm{sat}})}{RT}$，称为组元 1 的 Poynting 因子。

函数 E_1 通过 ϕ_1^{sat} 和 $\hat{\phi}_1^{\mathrm{v}}$ 反映出气相的非理想性，而压力对固体逸度的影响通过指数的 Poynting 因子表现出来。在足够低的压力下，上述两者的影响均可忽略，在这种情形下，$E_1 \approx 1$，$y_1 = \frac{p_1^{\mathrm{sat}}}{p}$。在中等压力或高压下，气相的非理想性变得重要起来，Poynting 因子也不能忽略。通常在低压下 $y_1 = \frac{p_1^{\mathrm{sat}}}{p}$ 的值是很小的，但当系统压力较高时，E_1 的值迅速增大，使得固体在高压流体中的溶解度也迅速增大，故 E_1 被称为组元 1 的增强因子。

6.10.2 超临界流体在固体（或液体）中的溶解度

我们知道，在常温和常压下，**固体在气体中的溶解度很小，一般是可以忽略的，但当溶剂超过其临界点的温度和压力时，固体在其中的溶解度却相当可观。**工业上就用超临界流体来提纯固体产物，这种过程称为超临界萃取。如从咖啡豆中萃取咖啡碱，从重油组分中分离沥青烯等都是很好的例子。对于典型的汽固平衡问题，固体的饱和蒸气压 p_1^{sat} 很小，饱和蒸汽在实际应用中可以当作理想气体处理，并且 Poynting 因子中的 $(p-p_1^{\mathrm{sat}})$ 可以近似等于 p。纯溶质在蒸气压下的 $\phi_1^{\mathrm{sat}}=1$。这样，式（6-124）简化为

$$E_1 = \frac{1}{\hat{\phi}_1^{\mathrm{v}}}\exp\frac{V_1^{\mathrm{s}}p}{RT} \tag{6-125}$$

这是一个可以在工程中应用的表达式。在这个方程中，V_1^{s} 是纯物质性质，可以从相关手册中查到或从适宜的关联式估算，在绝大多数情况下，$\exp\frac{V_1^{\mathrm{s}}p}{RT}$ 的值也接近于 1，而 $\hat{\phi}_1^{\mathrm{v}}$ 则必须由适用于高压蒸汽混合物的 $p-V-T$ 关系计算出来。由于 $\hat{\phi}_1^{\mathrm{v}}$ 可达 10^{11}，因此 E_1 的数量级可达 10^{11}，正因为 E_1 可很大，使得 $y_1 = \frac{p_1^{\mathrm{sat}}}{p}E_1$ 迅速增大，才使得超临界萃取在工程上成为可能。

超临界流体在液体中溶解度与其在固体中的溶解度的计算原理和方法基本相同，不再详细阐述。

前沿话题 5

CO_2 捕集、固定与利用（CCUS）技术中的热力学

关键词：“双碳”目标，CO_2 捕集、固定与利用（CCUS），CO_2 驱油技术，相平衡

面对不断恶化的温室效应所带来的危机，各国同意采取措施减少二氧化碳排放量，中国也明确提出 2030 年“碳达峰”与 2060 年“碳中和”目标（即“双碳”目标）。然而，二氧化碳捕集和封存（Carbon Capture and Storage，CCS）仍是全球环境的一大挑战，而碳捕集的高成本和地质埋存的高生态环境风险是阻碍 CCS 大规模应用的瓶颈。近年来，将二氧化碳封存和固定一直是学者们努力的方向和研究重点，并试图为实现更加彻底高效的碳捕获和封存引入新的方法——二氧化碳捕集、利用与封存（Carbon Capture, Utilization and Storage，CCUS）。

国际能源署（IEA）曾表示，要实现升温不超过 2℃的目标，CCUS 技术需要在 2015~2020 年贡献全球碳减排总量的 13%。图 1 是主要 CCUS 技术的示意图，包括 CO_2 捕获、储存、利用（直接使用）和转化为化学品或燃料。

在 CCUS 技术中，涉及大量热力学的研究内容。例如，二氧化碳捕捉技术中需要考虑气液平衡、化学反应平衡等。二氧化碳储存于地质、深海、盐水和矿物的技术中需要考虑 CO_2、盐水、矿物、原油多相平衡和化学平衡问题。以下以 CO_2 驱油技术（CO_2-EOR 技术）为例，说明热力学在 CCUS 技术中的应用。

CO_2-EOR 技术就是把 CO_2 注入油层中以提高油田采油率的技术，是由 CO_2 捕集、压缩、运输、加注、封存及利用等多个工艺串联在一起的复杂技术链条（如图 2 所示），可见 CO_2-EOR 技术在实现 CO_2 封存的同时提升原油采收率，是一个“一箭双雕”的绿色技术。那么，CO_2 驱到底是向地层注入纯 CO_2 气体吗？CO_2 进入地层都是高温高压状态，会跟地层中矿物质发生化学反应吗？长期埋存于地下会对地层产生影响吗？长期安全吗？CO_2 在地层条件下，与盐水、油的存在状态如何呢？多组分热力学性质变化规律和相态特征怎样？以上都需要 CO_2 及其混合物的热物性参数和热力学性质。因此充分了解 CO_2 及其混合物的热力学性质是 CO_2-EOR 技术得以实施的基础，例如：相平衡性质，密度性质，黏度性质，界面张力性质，比热容性质，热导率性质，扩散系数等。其中 CO_2 及其混合物的体积和相平衡性质（p, V, T, x, y）是设计高性能高可靠性 CO_2-EOR 工艺过程的前提，同时也是计算其他热力学性质的基础。

CO_2-EOR 技术全链条温度范围达到 218 ～ 423K，压力范围覆盖 0.05 ～ 50MPa，所以对于整个 CO_2-EOR 技术相平衡的研究更多是在高温高压下的研究。依据 CO_2-EOR 技术的实施链条，首先 CO_2 捕集气中会不可避免地含有各种杂质，且杂质的种类和含量主要取决于原始燃料的种类，其中 N_2、CH_4 等不凝气，以及 H_2O 是 CO_2 强化采油中的主要

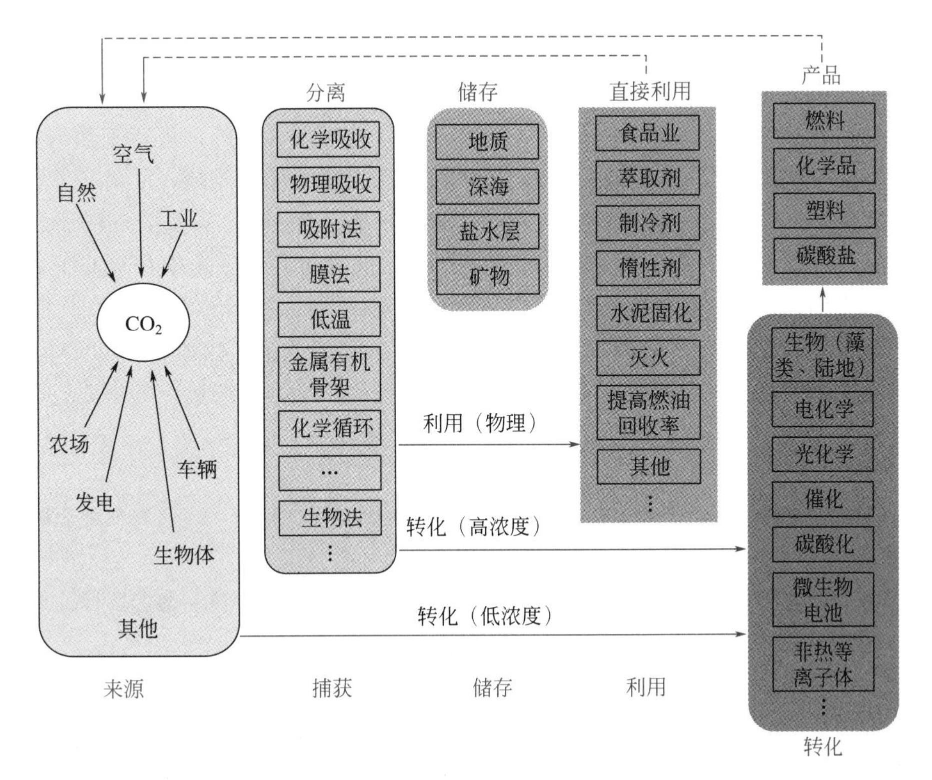

图1 主要CCUS技术的示意

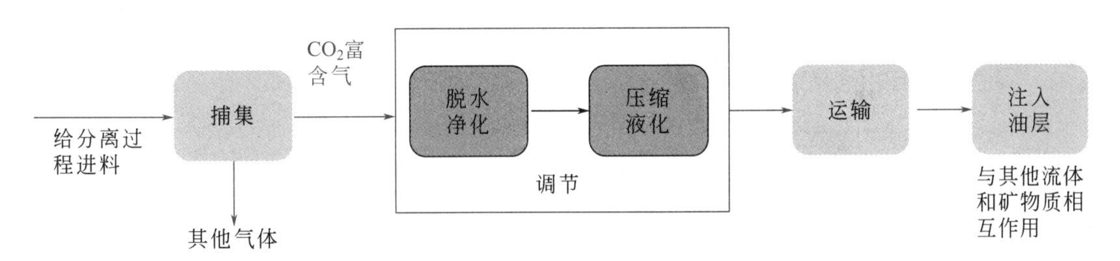

图2 CO_2-EOR链条的主要组成

杂质气体，因此科学家们率先研究了 CO_2-N_2, CO_2-CH_4, CO_2-H_2O 二元体系的相平衡，以及 CO_2-N_2-CH_4 和 CO_2-H_2O-CH_4 三元体系的相平衡，后续又研究了 CO_2 与其他杂气，例如 O_2,Ar,H_2,SO_2,H_2S 以及 NH_3 的二元和多元相平衡。另外在减压过程中，干燥 CO_2 混合物的温度显著下降，有利于固体 CO_2(干冰) 的形成，因此就会涉及含有固体相平衡性质的研究。当 CO_2 注入油层后，CO_2 与油层中的不同流体以及矿物质发生作用，因此 CO_2-碳氢化合物的二元以及多元体系的相平衡也被大量研究，CO_2- 盐水物质（如 NaCl、KCl、$MgCl_2$、Na_2SO_4 和 $CaCl_2$）的二元及多元体系的平衡性质也被广泛研究。由于地层真实流体的混合性以及存在于石油储层中的水或盐水会影响 CO_2 与碳氢化合物的混合，因此 CO_2- 烷烃和水，CO_2- 烷烃和盐水等不可混溶流体的多元体系的VLLE性质也需要被研究。

与 CO_2-EOR 技术相关的最常见的 EOS 有：BWR、LK、PT、RK、PR、Predictive-PR、SRK、Predictive-SRK、SAFT等。在这些热力学模型中，立方型状态方程的结构最简

单，如果能确定二元相互作用参数的计算方法，则能够在 p、T、x、y 计算方面更有优势。具有复杂结构的状态方程，如 BWR 和 SAFT，在体积计算方面有更高的精度。可以根据混合物体系的差别和计算热力学性质的不同选择不同的模型。另外，近年来随着计算机技术的发展，分子模拟技术日渐成熟。将分子模拟技术应用于化工领域，从分子水平研究系统的微观结构，从而得到所研究物系的宏观热力学性质，也是最近备受关注的研究方向。

总的来说，针对 CO_2-EOR 技术的热力学性质的现有研究仍然集中在对 CO_2 混合物体积和汽液相平衡性质等基础物性的研究，未来针对 CO_2 混合物固 - 液 - 汽相平衡，黏度、比热容、热导率、扩散系数等物性的研究仍需开展大量的工作。构建全面的 CO_2-EOR 技术热力学体系，搭建夯实的理论基础，对 CO_2-EOR 技术的全面实施至关重要。

参考文献

[1] 王建行，赵颖颖，李佳慧，等. CO_2 捕集、固定与利用（CCUS）技术之研发全景瞭望. 无机盐工业，2020，53（4）：12-17.

[2] 王珺瑶，张月，邓帅，等. CO_2 混合物热物性在 CCS 研究中的作用：实验数据，理论模型和典型应用. 化工进展，2019，38（3）：1244-1258.

本章小结

本章系统阐述了化工过程中有可能涉及的相平衡过程，学习时应重点掌握其中的基本概念和计算方法：

1. 平衡判据和相律是理解并掌握后续相平衡计算的基础内容；

2. 各种相平衡的基本表达式；

3. 汽液平衡是相平衡研究中最为完善和成熟的一类相平衡，其中涉及的泡露点计算方法、K 值法、闪蒸计算是重点内容；

4. 掌握汽液平衡数据的一致性校验；

5. 能够读懂液液平衡的三元相图；

6. 了解其他相平衡体系的特点与平衡表达式。

习题

6-1 相图是一种较为直观的表达相平衡的方式，是化工分离的依据。有些相图可以在文献或手册中找到，而大多数相图是无法直接获得的。请思考，如何得到符合需要的相图？

6-2 精馏是利用汽液平衡进行混合物分离的一种重要的单元操作，相平衡的条件（如温度、压力）会影响物质在汽液两相中的分配，进而影响分离效果。对于某一混合物系，如何根据热力学的相平衡知识选择适当的分离条件？为什么有些物系需要加压精馏（如甲醇生产工艺中甲醇 - 二甲醚的分离），而另一些体系需要进行减压精馏（如人造麝香的生产，甘油三醋酸酯的提纯，从合成樟脑的副产物中分离双戊烯)?

6-3 闪蒸是一种单级平衡分离方法，试从热力学的角度分析比较它与多级平衡分离手段（如精馏）之间的共同点与区别。在能量利用和安全的角度上，闪蒸有何优势？工业上在何种情况下需要采用闪蒸？

6-4 如何分离液相部分互溶体系（如正丁醇－水的混合物），以便得到纯正丁醇和纯水？

6-5 高压汽液平衡和普通汽液平衡在汽液平衡特点和计算方法上有何区别与联系？

6-6 中压下的汽液平衡泡露点的计算需要进行内外嵌套大量迭代。试分析如果出现不收敛的情况，有可能是计算过程中的哪些方面需要调整或改进？

6-7 纯物质达到沸点时会出现汽液两相共存，混合物的汽液平衡也是汽液两相共存的状态，那么纯物质在沸点处（饱和态）时是否遵循相平衡的准则？这两种汽液共存有何区别与联系？

6-8 所谓热力学一致性是什么？有何作用？怎样检验？

6-9 液液相分裂的条件是什么？

6-10 温度对气体溶解度的影响如何？

6-11 什么是增强因子？它为什么被称为增强因子？

6-12 低压下，苯（1）－甲苯（2）系统达到汽液平衡。试求：

（1）90℃下，x_1=0.3（摩尔分数，下同）时系统的汽相组成和压力；

（2）90℃、101.325kPa 下，体系的汽液两相组成；

（3）体系在 x_1=0.55、y_1=0.75 时的平衡温度和压力。

6-13 有下列组成的混合物：丙烯 0.60、丙烷 0.35、乙烷 0.02、正丁烷 0.03（均为摩尔分数）。在压力为 2026.5kPa 时，有汽液两相并存的温度范围是多少？如欲保证该馏分为液相，并处于 1013.25kPa 下，最高温度是多少？

6-14 总压 101.325kPa、温度 350.8K 下，正己烷（1）－苯（2）形成 x_1= 0.475 的恒沸物。若液相活度系数选用 Margules 方程描述，试给出该汽液平衡的泡点线的表达式。

6-15 0.1013MPa 压力下正戊烷（1）－丙酮（2）二元体系汽液平衡的实验结果如下表所示。试检验此套数据是否符合热力学一致性。

x_1	y_1	t/℃	p^s_1/kPa	p^s_2/kPa
0.021	0.108	49.15	156.0	80.3
0.061	0.307	45.76	139.7	70.3
0.134	0.475	39.58	114.7	55.1
0.210	0.550	36.67	103.6	49.3
0.292	0.614	34.35	96.0	45.3
0.405	0.664	32.58	91.3	42.5
0.508	0.678	33.35	90.3	42.1
0.611	0.711	31.97	88.7	41.3
0.728	0.739	31.93	88.0	41.0
0.869	0.810	32.27	89.6	41.9
0.953	0.906	33.89	94.5	44.5

6-16 25℃、0.1013MPa 时，甲烷在甲醇中的溶解度为 $x_1=8.695\times10^{-4}$（甲烷的摩尔分数），溶解熵 $\bar{S}_1^{l}-S_1^{g}=-12.12\text{J}\cdot\text{mol}^{-1}\cdot\text{K}^{-1}$。试求 18℃、0.1013MPa 时，甲烷在甲醇中的溶解度。

6-17 已知某二元液体的 G^E 模型是 $G^E=RT\left(\dfrac{-975}{T}+22.4-3\ln T\right)x_1x_2$，问：（a）该系统是否有 UCST 和 LCST 存在？（b）若有，试求这两点的温度。

6-18 对于互溶度很小的两个液体形成的汽液液系统，若近似地认为在液相中两组分互不相溶（即形成纯的液相），这种系统的汽液液相图如左图所示。（a）试分析相图上重要的点、线、面，并指出汽液平衡的泡点线和露点线，液液平衡的双结点曲线；（b）讨论相平衡关系；（c）决定 E 点。

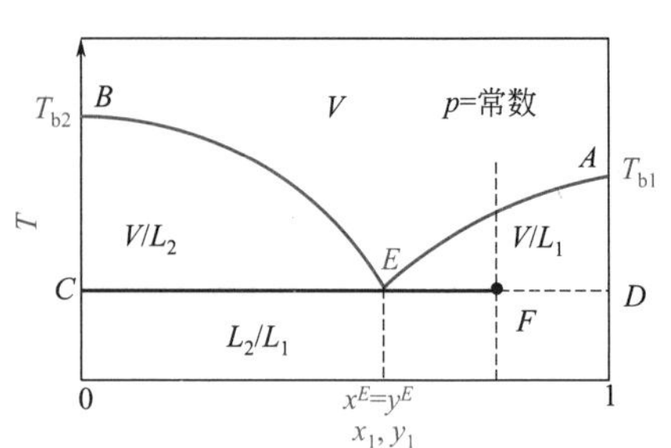

习题 6-18 图

6-19 A-B 是一个形成简单最低共熔点的系统，液相是理想溶液，并已知下列数据：

组分	T_{mi}/K	ΔH_i^{fus}/J · mol^{-1}
A	446.0	26150
B	420.7	21485

（1）确定最低共熔点。

（2）$x_A=0.865$ 的液体混合物，冷却到多高温度开始有固体析出？析出为何物？每摩尔这样的液体，最多能析出多少该物质？此时的温度是多少？

6-20 0℃时固体萘（2）在正己烷（1）的溶解度为 $x_2=0.09$，试估算在 40℃时萘在正己烷中的溶解度。已知萘的熔化热和熔点分别为 1922.8J · mol^{-1} 和 80.2℃。该溶液的活度系数模型为 $\ln\gamma_2=\dfrac{a}{RT}x_1^2$。

6-21 某二元物系其超额吉布斯自由能可表达为：$G^E/(RT)=Ax_1x_2$，式中，A 仅为温度的函数。

（1）求活度系数与组成的关联式；

（2）设纯组元蒸气压之比基本上为一常数（r），求这类物系出现均相共沸物的 A 值范围，汽相可视为理想气体；

（3）在什么条件下，共沸物将为非均相的（液相分层）?

6-22 某二元液液平衡物系，其超额吉布斯自由能为：$G^E/(RT)=Ax_1x_2$，式中，A 为常数。求证下列关系式

$$A\left|(x_2^{\alpha})^2-(x_2^{\beta})^2\right|=\ln(x_1^{\beta}/x_1^{\alpha})$$

$$A\left|(x_1^{\alpha})^2-(x_1^{\beta})^2\right|=\ln(x_2^{\beta}/x_2^{\alpha})$$

式中，x_1^{α}、x_1^{β}分别为平衡时组元1在α、β两液相中的组成；x_2^{α}、x_2^{β}分别为平衡时组元2在α、β两液相中的组成。

第7章 物性数据的估算

7.1 化工数据概要

化工数据一般指化工中有关物质的热力学性质和传递性质数据，也包括微观数据，扩大些则应该包括化工安全及环境化工数据。传递性质（黏度、热导率、扩散系数等）的产生也是基于分子间作用力的，虽不属于传统热力学范围，但可认为是化工热力学的一个分支，特别是分子热力学的一个分支。

化工计算的水平（广度和难度）是化学工程学科发展水平的标志。良好的化工计算要依靠理论、半理论或经验的数学模型。以流体力学、传热和传质中的特征数模型关系式计算为例，*Re*、*Pr*、*Nu*、*Sc*、*Sh* 等特征数中都需要许多化工数据，例如密度、热容、黏度、扩散系数等。化工单元操作、化工热力学、分离工程、反应工程等学科中都有大量的模型关系（或计算式），这些计算式中都涉及大量化工数据。总之，**化工数据在化工计算、模拟中必不可少**。随着人工智能、信息化技术的发展及其化学化工中的应用，化工数据的重要性更加凸显。

化工数据中的绝大部分是各种纯物质或混合物的物理或化学性质，常被称为物化性质或物性数据，本章只涉及物性数据。

物性估算是物性数据的重要组成部分。估算涉及几十项物性，国内外已有多本专著进行了系统总结。本章只作一些入门的介绍，以沸点、临界性质、蒸气压、气体黏度为例，讨论一些具体的估算方法。估算混合物相平衡的 UNIFAC 法作为辅修材料列入第 10 章。

在选择物性数据时，一定要注意区分实验值和估算值，因为前者可靠得多。当同一条件下有多个实验值，应该按数据的可靠性及可能的误差进行选择，并给出自己的推荐值，这样的工作称为**数据评价（估）**。在数据评价时，为比较数据的可靠性，常用实验值可能的误差范围来表达，或者用某种符号表示其可靠性，这样的符号常被称为质量码。在数据评估时还应遵循如下规则：①一般应选用经典的实验方法所得的数据；②采用较新年代的实验或评选的数据；③信任其他数据专家（测定者或评估者）的成果；④优先使用高知名度的测定者或其实验室的数据；⑤注意作者自己公布的测定误差；⑥注意测定者所公布的原料的提纯方法及纯度，了解分析方法及其可靠性；⑦注意实验温度、压力的测定方法及精度，注意恒温装置的可靠性；⑧了解实验目的，为了其他目的而附带测定的数据一般不宜采用。

化工所涉化合物极多，又需要在不同温度、压力、组成下的数据，因此经评价后有极大量的物性数据，需要很好的表达方式。经评价后的数据主要集中在数据手册或一些专门数据文献中，形成系统的数据源。由于物性数据量大，不可能在一本手册中包括各类化合物的各项物性。因此，总的趋势是在一本或一套（多本）手册中只含有一种或一类数据，这种手册中所推荐的数据具有更大的权威性。对临界性质、蒸气压、蒸发热、相变热、生成焓、热容、熵、生成 Gibbs 自由能、汽液平衡、气液平衡、液液平衡、气液黏度、表面张力等项物性都有这类权威性手册。

不同数据源的权威性和严谨性有很大差异。某些手册或数据文献中，详细介绍整理数据的过程，在此基础上给出推荐值及可靠性（误差或质量码）；更多的手册只是提供最后的结果，其数据质量未必上乘，甚至可能混有估算值。与手册数据的质量参差不齐一样，网络上数据的严谨性也是差别很大的，其中有著名的数据库，每个数据都有依据，并能及时更新，这些数据库大多是专项的；更多的网上数据是质量不高的，也可能混有许多估算值。

即使在手册中已有大量数据，在网上还能找到许多数据，但在化工中涉及的化合物数量实在太大，更要考虑到不同温度、压力条件下物性的不同，工业中实际处理的又多是混合物，物性项目中不可避免地要把组成也作为变量，在这么多的变化条件下，物性实验值不可能齐备。当需要的数据处于一批实验值范围内时，可以选用适宜的关联方程式进行内插，一般其误差可以接受，甚至可视为相当于实验值。在更多场合下，是缺乏足够的物性数据可供关联的。若要进行相应的测定，不但费时费钱，有时在时间上完全不允许，有时对使用者来说在测定技术上的困难难以克服，此时不得不使用一些估算方法，以便得出一些相对可靠的物性数据，供工程计算或设计之用。在工程实际计算中这样的估算基本上是必不可少的。同时也要注意到，估算值当然比不上实验值可靠，采用估算值是没有办法时的办法。

为实现有效的估算，有下列基本要求。

① 误差小，所得的估算值与实验值接近。

② 估算方法中所用的其他物性参数或别的待定参数尽可能地少。

③ 计算过程或估算方程不要太复杂。

④ 估算方法要尽可能具有通用性。

⑤ 估算方法的理论基础要坚实、严谨。

总之，选用估算方法也要有一定知识和经验。在没有把握的情况下，可参考估算方法专著上的推荐意见，更好的办法是用类似而又有同一类物性数据的化合物，进行不同方法的考核。

每项物性有各自的多种估算方法，同一类型的估算方法又用于不同的物性项。目前，**实用的估算方法主要是对比态法和基团贡献法**。此外，偶尔也使用参考物质法和物性间相互估算法，也有把物性与化合物碳数相联系的方法，后者一般只能用于直链化合物，而直链化合物的数据比较齐全，估算的重要性小得多，因而只在早些年前使用。下面先对两类比较通用的方法作一综合介绍。

7.2 对比态法

在第 2 章中，结合 p-V-T 关系，已提出了对比态法，并初步涉及二参数法和三参数法。在第 2 章和第 3 章中已讨论了对比态法和状态方程法处理 p-V-T 关系，并计算了一系列的热力学性质。从计算方法看，这两种方法有较大差异。但可注意到，几乎所有状态方程式的参数都是用 T_c、p_c、ω 等参数来表达的。在实用计算中，不必去寻找每个物质各个状态方程参数，而只需要临界参数及 ω。用状态方程计算混合物时，由于要用实验值回归交互作用系数，这样的计算不是估算方法，而成为关联计算；而用对比态法计算混合物热力学关系时，也有同样的问题。对比态法可适用于大多数物性估算的，本节将对其使用和发展作全面的介绍。

7.2.1 二参数法

对比态法是从 p-V-T 关系开始的。1873 年 van der Waals 提出了对比态原理，即任何物质用对比态表示后，其 p-V-T 函数间有普遍适用的函数关系

$$\phi(p/p_c, T/T_c, V/V_c)=0 \tag{7-1}$$

或

$$\phi(p_r, T_r, V_r)=0 \tag{7-2}$$

20 世纪 30 年代制成了普遍适用的二参数压缩因子（Z）图后，作为 p-V-T 关系的一种表达方式，在一般物理化学教材中普遍使用。这类二参数对比态法不但用于 p-V-T 参数间的互求，也广泛用于蒸气压（p^s）、焓差（$H-H^{id}$）$_T$、熵差（$S-S^{id}$）$_T$、热容差（$C_p-C_p^{id}$）$_T$、逸度系数（ϕ）等一系列热力学性质的计算，后来也把它用于传递性质（黏度和热导率）的计算。在 20 世纪 50 年代前，它是化工热力学中最主要的方法之一，但该法主要用于气相，用于液相误差大得多。

7.2.2 三参数法

二参数对比态原理是简单对比态原理，只是一种近似关系。为了进一步提高对比态原理的计算精度，在 20 世纪 50 年代出现了修正方法，即再引入一个表达物质特性的参数。所引入的第三参数主要是偏心因子（ω）或临界压缩因子（Z_c），它们的使用参见第 2 章。**三参数对比态法广泛用于热力学性质和传递性质的计算，其结果优于二参数法，在计算液体性质时，优势更明显，因此三参数法也扩大了对比态法的使用范围**。

在 p-V-T 及其他热力学性质的计算中，用 ω 及 Z_c 的两种计算方法的精度大致相当，但 ω 的使用广泛得多。特别是在状态方程计算中，在第 2 章中已讨论的立方型状态方程参数大体上都要用 ω 作为第三参数。这两种方法的最大问题是 ω 和 Z_c 数据不足，ω 和 Z_c 都是从临界参数计算而得的，而绝大部分化合物远低于临界点时就发生分解或聚合（甚至有一大批化合物在沸点前就已不稳定了），临界参数数据是很有限的。缺乏临界数据，无法提供 ω 或 Z_c，二参数法或三参数法都难以使用。

ω 是用球形流体（Ar、Kr、Xe）为参考流体，其他流体与球形流体的偏差来表达。Lee 和 Kesler 提出用两类流体作参考流体，第一类流体仍然是球形流体，第二类流体是“长”流体——正辛烷。这样的方法可称为双参考流体法。该法同时结合状态方程进行运算，误差有所减小，也便于计算机运算，但复杂得多。

7.2.3 使用沸点参数的对比态法

沸点（T_b）反映物质的特性，从微观角度看反映分子间作用力，其实验数据也很充分，因此 T_b 也可用作特性参数以补充 p_r、T_r 作参数的不足，并可认为是一种特殊的第三参数法。由于沸点对应着蒸气压，因此这种三参数法广泛用于计算液体饱和密度、蒸气压及与之相联系的蒸发热。估算饱和液体对比密度（$d_{lr}=d_l/d_c$）时的 UNISAT 法就是一例。

$$d_{lr}-1=1.5914(1-X_{T_r})^{0.35}+0.26942(1-X_{T_r})+0.53463(1-X_{T_r})^{4/3}-0.013916(1-X_{T_r})^{5/3} \tag{7-3}$$

式中
$$X_{T_r}=\frac{T_r(T_{br}-1)}{T_{br}-T_r} \tag{7-4a}$$

$$T_{br}=T_b/T_c \tag{7-4b}$$

计算蒸气压（p^s）的实例见下式

$$\ln p_r^s=h\left(1-\frac{1}{T_r}\right) \tag{7-5}$$

$$h=T_{br}\frac{\ln(p_c/101.325)}{1-T_{br}} \tag{7-6}$$

$$p_r^s=p^s/p_c \tag{7-7}$$

Giacalone 式是估算沸点下蒸发焓（$\Delta_v H_b$）的实例

$$\Delta_v H_b=RT_cT_{br}\frac{\ln(p_c/101.325)}{1-T_{br}} \tag{7-8}$$

式（7-7）和式（7-8）中 p_c 的单位是 kPa。

7.2.4　使用第四参数（极性参数）的对比态法

物质的极性对分子间作用力影响很大，因而对热力学性质或传递性质都有很大影响。除了 p_r 和 T_r 外，第三参数 ω 或 Z_c 中虽也可反映了分子的极性，但这两个参数又都与分子形状有关。未能充分反映极性的影响。为了更充分反映极性的影响，一些研究者提出的对比态法中增加了另一个与分子极性有关的参数，有时也称为第四参数。以计算第二维里系数（B）为例，在 Tsonopolous 法中

$$B_r=\frac{Bp_c}{RT_c}=B_r^{(0)}+\omega B_r^{(1)}+\frac{a}{T_r^6}-\frac{b}{T_r^8} \tag{7-9}$$

$$a=-2.112\times10^{-4}\mu_r-3.877\times10^{-21}\mu_r^{\ 8} \tag{7-10a}$$

$$a=2.076\times10^{-11}\mu_r-7.048\times10^{-21}\mu_r^{\ 8} \tag{7-10b}$$

$$a=-0.00020483\mu_r \tag{7-10c}$$

$$\ln(-a)=-12.63147+2.09681\ln\mu_r \tag{7-10d}$$

$$\mu_r=10^5\times\frac{\mu^2(p_c/101.325)}{T_c} \tag{7-11}$$

式中，μ 为偶极矩，D（1D=3.33564×10^{-30}C·m，下同）；μ_r 为对比偶极矩，起第四参数的作用。式（7-10a）适用于醛、腈、酯、醚、NH_3、H_2S、HCN；式（7-10b）适用于单卤烃；式（7-10c）适用于酮；式（7-10d）适用于醚。硫醇的 a=0，醇类的 a=0.0870，酚类的 a=−0.0136。除醇的 b=0.04 ～ 0.06 外，其他化合物的 b 均为零。非极性化合物的 a 及 b 均为零，此时式（7-9）简化为一般的含 ω 的三参数法。

至今还没有一个已被广泛接受的第四参数。不同研究者提出了不同的第四参数，例如有人提出压缩因子（Z）的表达式中

$$Z=Z^{(0)}+\omega Z^{(1)}+XZ^{(2)}+\omega XZ^{(3)}+X^2Z^{(4)} \tag{7-12}$$

$$X=\lg p^{s}_{r(T_r=0.6)}+1.70\omega+1.552 \tag{7-13}$$

式中，X 是第四参数，由 ω 及某一温度下的对比蒸气压数据求出。若为球形流体，$Z^{(0)}$ 及 $Z^{(1)}$ 由一般的三参数法求得。

7.2.5 使用量子参数（第五参数）的对比态法

由对比态原理的统计力学基础可知，由于其使用了经典的统计力学，忽略了移动自由度的量子化效应，使它不能应用于 H_2、He、Ne 等被称为量子流体的很小分子。早在使用二参数 Z 图时，就曾提出对氢使用“临界参数”加 8 规则

$$T_r=\frac{T}{T_c+8},\quad p_r=\frac{p}{p_c+8} \tag{7-14}$$

但要注意当时使用的单位，T_c 为 K（33.2K），p_c 为 atm（12.8atm）。此法精度不高，且在不同 T、p 范围内适用性也不同。

从理论上分析，可以再加入一个与分子大小有关的量子参数（或称第五参数），但未得到实际使用。目前广泛应用的是临界参数的经验修正法如下

$$T_c=\frac{T_c^0}{1+21.8/(MT)},\quad p_c=\frac{p_c^0}{1+44.2/(MT)},\quad V_c=\frac{V_c^0}{1-9.91/(MT)} \tag{7-15}$$

式中，T_c^0、p_c^0、V_c^0 是经验修正后的临界参数（表 7-1）。从式（7-15）可知，本法把量子效应纳入改变后的 T_c、p_c、V_c 中，即首先经验地修正了 T_c^0、p_c^0、V_c^0，然后考虑摩尔质量 M 及温度的影响。M 越小或温度越低，量子效应越大。温度高于 80K 时，已可直接使用 T_c^0、p_c^0、V_c^0 代替真实的临界参数。也就是说，温度较高时，加 8 规则才有一定的适用性。

表 7-1 量子流体的 T_c^0、p_c^0 和 V_c^0 值

物质	Ne	^{4}He	^{3}He	H_2	HD	HT	D_2	DT	T_2
T_c^0/K	45.5	10.47	10.55	43.6	42.9	42.3	43.6	43.5	43.8
p_c^0/MPa	2.73	0.676	0.601	2.05	1.99	1.94	2.04	2.06	2.08
V_c^0/$cm^3\cdot mol^{-1}$	40.3	37.5	42.6	51.5	52.3	52.9	51.8	51.2	51.0

7.3 基团贡献法

7.3.1 概述

对比态法的优点是通用和简捷，也便于在计算机上使用，一般情况下，又有一定的可靠性。它的不足之处是过于依赖于临界参数。至今具有临界数据的物质只略多于千种。若使用估算的临界性质，当估算结果不可靠时，将使随后的对比态法产生很大的误差。还要指出，有许多类型的化合物，如硫酸酯、亚硝酸酯、亚硝基化合物、磺酸化合物、萘酚类

化合物、过氧化合物等，至今仍无法估算其临界性质。因而可以认为对比态法无法估算这许多类型化合物的所有物性。

基团贡献法（简称基团法）具有完全不同的出发点。它的**基本假定是纯化合物或混合物的物性，等于构成此化合物或混合物的各种基团对于此物性贡献值的总和**，也就是说，本法假定在任何体系中，同一种基团对某个物性的贡献值都是相同的。

基团法的优点是具有最大的通用性。以周期表中100多个元素所组成的双原子分子就能超过3000种，三原子分子有几十万种。由这些分子构成的混合物更无法计数，要通过实验取得这么多纯化合物或混合物的全部物理或化学性质是不可能的。但是，构成常见有机物的基本基团仅100多种。因此，若能利用已有一些物性实验数据来确定为数不多的基团对各种物性的贡献值，就可以再利用它们去预测无实验值物系的物性值。由以上分析可知，基团法主要用于估算有机化合物的物性。

一些基团法不依赖于任何其他物性，但也有许多基团法关系式中需要其他物性参数，例如在计算T_c时引入沸点（T_b）可提高其可靠性；计算相平衡时，要引入基团的两个微观参数：表面积参数和体积参数。

7.3.2 发展和分类

早期的基团法很简单，甚至是“粗糙”的，所划基团很少，因此不能计算全体有机物。在20世纪中叶，用基团法估算标准生成焓（$\Delta_f H_{298}^{\ominus}$）及临界性质时，划分的基团较多较细，已有40种左右，其中包括至今在各种基团法中仍广泛使用的 —CH_3、—CH_2—、>CH—、>C<、=CH_2、=CH—、=C<、—CH=（环）、>C=（环）、—OH（醇）、—OH（酚）、—CHO、>C=O、—COOH、—COO—等，也包括至今已较少使用的—F、—Cl、—Br、—I基团。在20世纪80年代提出了划分基团更多更细的方法，例如使用了—CF_3、—CCl_3、—CF_2Cl等基团以解决原来的方法在计算多卤化物时误差很大的缺点。新的方法需要烃的基团值，还需要—CF_3、—CF_2—、—CHF—、—CHF_2、—CH_2F、—CCl_3、—CCl_2—、—CHCl—、—$CHCl_2$、—CH_2Cl、—CF_2Cl、—$CFCl_2$、—CHFCl、—CFCl—基团值。若缺乏含这些基团化合物的物性值，就不能提供基团值，也就限制了基团法的顺利使用。若再考虑含Br、I或烯烃、芳烃结构，所需基团品种还要大大增加。以上情况说明误差减小是要付出代价的，基团数也不能过分膨胀，对基团数的某种“折中”是必要的。

在早期的基团法中，是不考虑各种基团间的相互作用的，使用时十分方便，但也拉大了与实际的距离，对某些类型化合物的估算结果可能很差。例如CH_2OHCH_2OH中两个—OH基团间的作用是不能忽略的，只用两个—OH基团相加是不够的。从20世纪40年代开始发展的$\Delta_f H_{G,298}^{\ominus}$基团法中，已开始修正邻近基团的影响了，以后修正项愈来愈多。至20世纪90年代，修正项已接近基团数，并在T_b、T_m、T_c、p_c、V_c、$\Delta_f H_{G,298}^{\ominus}$的计算中得到体现。基团划分的多少也常常体现基团间的相互作用，例如把—CF_3、—CF_2—作为一个单独的基团也是一种结构校正或邻近基团影响校正，即把在同一个碳原子上的F原子间相互影响加以校正的一种方法。

一般说来，结构校正项愈多，估算结果愈好，估算方法愈烦琐，对实验值依赖愈大，通用性也愈差。到了极端情况，每种分子就有一种结构校正方案，也就不成为基团法了。为了实用，应该把基团划分或结构校正控制在适度范围内。

基团法是从计算固定温度点的物性开始的，包括沸点（T_b）、熔点（T_m）、临界点（T_c、p_c、V_c、Z_c）、生成焓（$\Delta_f H_{298}^{\ominus}$）、燃烧焓（$\Delta_c H_{298}^{\ominus}$）、熵（$S_{298}^{\ominus}$）、理想气体定压热容（$C_{p298}^{id}$）、生成 Gibbs 自由能（$\Delta_f G_{298}^{\ominus}$）、沸点下蒸发焓（$\Delta_v H_b$）、298.15K 下蒸发为理想气体的蒸发焓（$\Delta_v H_{298}^{\ominus}$）。目前这些计算是基团法的主要部分，其中绝大部分用对比态法是不能估算的。经过发展，某些基团法已可用于各种温度下，即提出带有温度关联式系数的基团值，目前已成功地用于计算理想气体定压热容（C_{pT}^{id}）、液体热容（$C_{pL,T}$），并方便地应用于计算机的使用中。

长时间以来，基团法只用于纯化合物的物性计算。20 世纪 60 年代，基团法开始用于估算汽液平衡，并应用于多种相平衡中，成为其主要的和唯一实用的估算方法（见第 11 章）。

在大部分情况下，对比态法和基团贡献法对不同物性有大体的分工。例如，对一般 p-V-T（包括蒸气压）主要用对比态法，而临界性质、T_m、T_b、$\Delta_f H_{298}^{\ominus}$、$S_{298}^{\ominus}$等主要用基团法。同时也有许多物性两类方法都能用。

7.3.3　沸点和临界性质的估算——基团法的一组实例

沸点（T_b）是最重要的物性，其实测数据量虽非常大，但许多情况下仍需估算。临界数据是最重要的基础物性之一，作为对比态法和状态方程法计算时必不可少的数据，在化工数据中占有极其重要的地位，又因为其实验数据严重不足，估算方法历来受人重视。

实用的 T_b 和临界参数的估算方法主要是基团法。在众多的基团法中，本节将介绍一种最简单的和一种很复杂的，这两种方法都能同时估算 T_b、T_c、p_c 和 V_c。

（1）Joback 法

Joback 法是最简单的基团法。

$$T_b=198+\sum n_i \Delta T_{bi} \tag{7-16}$$

$$T_c=T_b[0.584+0.965\sum n_i \Delta T_{ci}-(\sum n_i \Delta T_{ci})^2]^{-1} \tag{7-17a}$$

$$p_c=(0.113+0.0032n_A-\sum n_i \Delta p_{ci})^{-2}\times 0.1 \tag{7-17b}$$

$$V_c=40+\sum n_i \Delta V_{ci} \tag{7-17c}$$

式中，$\sum n_i$ 是基团数；ΔT_{bi}(K) 是沸点的基团值；ΔT_{ci}(K)、Δp_{ci}(MPa)、ΔV_{ci}($cm^3\cdot mol^{-1}$) 是临界参数的基团值（均见表 7-2）；n_A 为分子中的原子数。

表 7-2　Joback 法基团贡献值

基团	ΔT_{ci}	Δp_{ci}	ΔV_{ci}	ΔT_{bi}	基团	ΔT_{ci}	Δp_{ci}	ΔV_{ci}	ΔT_{bi}
非环增量					>C<	0.0067	0.0043	27	18.25
—CH_3	0.0141	−0.0012	65	23.58	=CH_2	0.0113	−0.0028	56	18.18
—CH_2—	0.0189	0.0	56	22.88	=CH—	0.0129	−0.0006	46	24.96
>CH—	0.0164	0.0020	41	21.74	=C<	0.0117	0.0011	38	24.14

续表

基团	ΔT_{ci}	Δp_{ci}	ΔV_{ci}	ΔT_{bi}	基团	ΔT_{ci}	Δp_{ci}	ΔV_{ci}	ΔT_{bi}
=C=	0.0026	0.0028	36	26.15	>C=O（环）	0.0284	0.0028	55	94.97
≡CH	0.0027	-0.0008	46	9.20	—CHO	0.0379	0.0030	82	72.24
≡C—	0.0020	0.0016	37	27.38	—COOH	0.0791	0.0077	89	169.09
环增量					—COO—	0.0481	0.0005	82	81.10
—CH_2—	0.0100	0.0025	48	27.15	=O（上述以外）	0.0143	0.0101	36	-10.50
>CH—	0.0122	0.0004	38	21.78	氮增量				
>C<	0.0042	0.0061	27	21.32	—NH_2	0.0243	0.0109	38	73.23
=CH—	0.0082	0.0011	41	26.73	>NH（非环）	0.0295	0.0077	35	50.17
=C<	0.0143	0.0008	32	31.01	>NH（环）	0.0130	0.0114	29	52.82
卤增量					>N—（非环）	0.0169	0.0074	9	11.74
—F	0.0111	-0.0057	27	6.31	—N=（非环）	0.0255	-0.0099	—	74.60
—Cl	0.0105	-0.0049	58	38.13	—N=（环）	0.0085	0.0076	34	57.55
—Br	0.0133	0.0057	71	66.86	—CN	0.0496	-0.0101	91	125.66
—I	0.0068	-0.0034	97	93.84	—NO_2	0.0437	0.0064	91	152.54
氧增量					硫增量				
—OH（醇）	0.0741	0.0112	28	92.88	—SH	0.0031	0.0084	63	63.56
—OH（酚）	0.0240	0.0184	-25	76.34	—S—（非环）	0.0119	0.0049	54	68.78
—O—（非环）	0.0168	0.0015	18	22.42	—S—（环）	0.0019	0.0051	38	52.10
—O—（环）	0.0098	0.0048	13	31.22					
>C=O（非环）	0.0380	0.0031	62	76.75					

Joback 法估算 T_b 的平均误差为 12.9K（3.6%）。因为此法在基团划分中，未考虑多卤化物间相互作用，因此计算多卤化物时误差要增加。有人曾对此进行修正，试图改善估算多卤化物 T_b 时的效果。按其他研究者考核，用 Joback 法估算 T_c、p_c、V_c 的误差分别约为 1%、5%、3%。

（2）Constantinous-Gani 法（C-G 法）

Constantinous-Gani 法（C-G 法）是比较复杂的，此法可考虑邻近基团的影响。

$$T_b=204.359\times\ln(\sum n_i\Delta T_{bi}+\sum n_j\Delta T_{bj}) \tag{7-18}$$

$$T_c=181.728\times\ln(\sum n_i\Delta T_{ci}+\sum n_j\Delta T_{cj}) \tag{7-19a}$$

$$p_c=0.13705+0.1(0.100220+\sum n_i\Delta p_{ci}+\sum n_j\Delta p_{cj})^{-2} \tag{7-19b}$$

$$V_c=-4.350+(\sum n_i\Delta V_{ci}+\sum n_j\Delta V_{cj}) \quad (7\text{-}19c)$$

式中，ΔT_{bi}、ΔT_{ci}、Δp_{ci}、ΔV_{ci} 是一级基团贡献值；而 ΔT_{bj}、ΔT_{cj}、Δp_{cj}、ΔV_{cj} 是二级基团贡献值。二级基团是反映基团间相互作用的，也是对简单基团加和所作的修正。由于数据不足，这种修正只能是局部的。一级和二级基团贡献值分别见表 7-3 和表 7-4。

表 7-3　C-G 法一级基团贡献值

基团	ΔT_{bi}	ΔT_{ci}	Δp_{ci}	ΔV_{ci}	$\Delta\omega_i$
$-CH_3$	0.8894	1.6781	0.019904	75.04	0.29602
$-CH_2-$	0.9225	3.4920	0.010558	55.76	0.14691
$>CH-$	0.6033	4.0330	0.001315	31.53	−0.07063
$>C<$	0.2878	4.8823	−0.010404	−0.34	−0.35125
$CH_2=CH-$	1.7827	5.0146	0.025014	116.48	0.40842
$-CH=CH-$	1.8433	7.3691	0.017865	95.41	0.25424
$CH_2=C<$	1.7117	6.5081	0.022319	91.83	0.22309
$-CH=C<$	1.7957	8.9582	0.012590	73.27	0.23492
$>C=C<$	1.8881	11.3764	0.002044	76.18	−0.21017
$CH\equiv C-$	2.3678	7.5433	0.014827	93.31	0.61802
$-C\equiv C-$	2.5645	11.4501	0.004115	76.27	—
$CH_2=C=CH-$	3.1243	9.9318	0.031270	148.31	0.73865
$(=CH-)_A$	0.9297	3.7337	0.007542	42.15	0.15188
$(=C<)_A$	1.6254	14.6409	0.002136	39.85	0.02725
$(=C)_A-CH_3$	1.9669	8.2130	0.019360	103.64	0.33409
$(=C)_A-CH_2-$	1.9478	10.3239	0.012200	100.99	0.14598
$(=C)_A-CH<$	1.7444	10.4664	0.002769	71.20	−0.08807
$-CF_3$	1.2880	2.4778	0.044232	114.80	0.50023
$-CF_2-$	0.6115	1.7399	0.012884	95.19	
$>CF-$	1.1739	3.5192	0.004673		
$(=C)_A-F$	0.9442	2.8977	0.013027	56.72	0.26254
$-CCl_3$	4.5797	18.5875	0.034935	210.31	0.61662

续表

基团	ΔT_{bi}	ΔT_{ci}	Δp_{ci}	ΔV_{ci}	$\Delta\omega_i$
$-CCl_2-$	3.5600				
$\diagdown CCl-$ / $\diagup$	2.2073	11.3959	0.003086	79.22	
$-CH_2Cl$	2.9637	11.0752	0.019789	115.64	0.57021
$-CHCl-$	2.6948	10.8632	0.011360	103.50	
$-CHCl_2$	3.9300	16.3945	0.026808	169.51	0.71592
$(=\overset{\vert}{C})_A-Cl$	2.6293	14.1565	0.013135	101.58	
$Cl-(C=C)$	1.7824	5.4334	0.016004	56.78	
$-Br$	2.6495	10.5371	−0.001771	82.81	0.27778
$-I$	3.6650	17.3947	0.002753	108.14	0.23323
$-CCl_2F$	2.8881	9.8408	0.035446	182.12	0.50260
$-CClF_2$	1.9163	4.8923	0.039004	147.53	0.54685
$-HCClF$	2.3086				
$-F$（除上述外）	1.0081	1.5974	0.014434	37.83	0.43796
$-OH$	3.2152	9.7292	0.005148	38.97	1.52370
$(=\overset{\vert}{C})_A-OH$	4.4014	25.9145	−0.007444	31.62	0.73657
$-CHO$	2.8526	10.1986	0.014091	86.35	0.96265
CH_3CO-	3.5668	13.2896	0.025073	133.96	1.01522
$-CH_2CO-$	3.8967	14.6273	0.017841	111.95	0.63264
$-COOH$	5.8337	23.7593	0.011507	101.88	1.67037
$-COO-$	2.6446	12.1084	0.011294	85.88	
$HCOO-$	3.1459	11.6057	0.013797	105.65	0.76454
CH_3COO-	3.6360	12.5965	0.029020	158.90	1.13257
$-CH_2COO-$	3.3950	3.8116	0.021836	136.49	0.75574
CH_3O-	2.2536	6.4737	0.020440	87.46	0.52646
$-CH_2O-$	1.6249	6.0723	0.015135	72.86	0.44184
$\diagdown CHO-$ / $\diagup$	1.1557	5.0663	0.009857	58.65	0.21808
FCH_2O-	2.5892	9.5059	0.009011	68.58	0.50922
$-C_2H_5O_2$	5.5566	17.9668	0.025435	167.54	
$\diagdown C_2H_4O_2$ / $\diagup$	5.4248				
$-CH_2NH_2$	3.1656	12.1726	0.012558	131.28	0.79963
$\diagdown CHNH_2$ / $\diagup$	2.5983	10.2075	0.010694	75.27	

续表

基团	ΔT_{bi}	ΔT_{ci}	Δp_{ci}	ΔV_{ci}	$\Delta \omega_i$
$CH_3NH—$	3.1376	9.8554	0.012589	121.52	0.95344
$—CH_2NH—$	2.6127	10.4677	0.010390	99.56	0.55018
$>CHNH—$	1.5780	7.2121	-0.000462	91.65	0.38623
$CH_3N<$	2.1647	7.6924	0.015874	125.98	0.38447
$—CH_2N<$	1.2171	5.5172	0.004917	67.05	0.07508
$(=\overset{\vert}{C})_A—NH_2$	5.4736	28.7570	0.001120	63.58	0.79337
$—CH_2CN$	5.0525	20.3781	0.036133	158.31	
$—C_5H_4N$	6.2800	29.1528	0.029565	248.31	
$>C_5H_3N$	5.9234	27.9464	0.025653	170.27	
$—CH_2NO_2$	5.7619	24.7369	0.020974	165.31	
$>CHNO_2$	5.0767	23.2050	0.012241	142.27	
$(=\overset{\vert}{C})_A—NO_2$	6.0837	34.5870	0.015050	142.58	
$HCON(CH_2—)_2$	7.2644				
$—CONH_2$	10.3428	65.1053	0.004266	144.31	
$—CON(CH_3)_2$	7.6904	36.1403	0.040419	250.31	
$—CON(CH_2—)_2$	6.7822				
$—CH_2SH$	3.2914	13.8058	0.013572	102.52	
$CH_3S—$	3.6796	14.3969	0.016048	130.21	
$—CH_2S—$	3.6763	17.7916	0.011105	116.50	0.42753
$>CHS—$	2.6812				
$—C_4H_3S$	5.7093				
$>C_4H_2S$	5.8260				

注：下标A表示芳烃结构。

表7-4　C-G法二级基团贡献值

基团	ΔT_{bj}	ΔT_{cj}	Δp_{cj}	ΔV_{cj}	$\Delta \omega_j$	实例
$(CH_3)_2CH—$	-0.1157	-0.5334	0.000488	4.00	0.01740	2-甲基戊烷(1)
$(CH_3)_3C—$	-0.0489	-0.5143	0.001410	5.72	0.01922	2,2-二甲基戊烷(1) 2,2,4,4-四甲基戊烷(2)
$—CH(CH_3)CH(CH_3)—$	0.1798	1.0699	-0.001849	-3.98	-0.00475	2,3-二甲基戊烷(1) 2,3,4-三甲基戊烷(2)

续表

基团	ΔT_{bj}	ΔT_{cj}	Δp_{cj}	ΔV_{cj}	$\Delta \omega_j$	实例
$—CH(CH_3)C(CH_3)_2—$	0.3189	1.9886	−0.005198	−10.81	−0.02883	2,2,3- 三甲基戊烷 (1) 2,2,3,4,4- 五甲基戊烷 (2)
$—C(CH_3)_2C(CH_3)_2—$	0.7273	5.8254	−0.013230	−23.00	−0.08623	2,2,3,3- 四甲基戊烷 (1) 2,2,3,3,4,4- 六甲基戊烷 (2)
$CH_n═CH_m—CH_p═CH_k$ $k,n,m,p \in (0,2)$	0.1589	0.4402	0.004186	−7.81	0.01648	1,3- 丁二烯 (1)
$CH_3—CH_m═CH_n$ $m,n \in (0,2)$	0.0668	0.0167	−0.000183	−0.98	0.00619	2- 丁烯 (2) 2- 甲基 -2- 丁烯 (3)
$—CH_2—CH_m═CH_n$ $m,n \in (0,2)$	−0.1406	−0.5231	0.003538	2.81	−0.0115	1,4- 戊二烯 (2)
$>CH—CH_m═CH_n$ 或 $—\overset{\diagdown}{\underset{\diagup}{C}}—CH_m═CH_n$ $m,n \in (0,2)$	−0.0900	−0.3850	0.005675	8.26	0.02778	4- 甲基 -2- 戊烯 (1)
$—(C)_R— C_m$ $m > 1$	0.0511	2.1160	−0.002546	−17.55	−0.11024	乙基环戊烷 (1) 丙基环戊烷 (1)
3 元环	0.4745	−2.3305	0.003714	−0.14	0.17563	环丙烷 (1)
4 元环	0.3563	−1.2978	0.001171	−8.51	0.22216	环丁烷 (1)
5 元环	0.1919	−0.6785	0.000424	−8.66	0.16284	环戊烷 (1) 乙基环戊烷 (1)
6 元环	0.1957	0.8479	0.002257	16.36	−0.03065	环己烷 (1) 甲基环己烷 (1)
7 元环	0.3489	3.6714	−0.009799	−27.00	−0.02094	环庚烷 (1) 乙基环庚烷 (1)
$CH_m═CH_nF$ $m,n \in (0,2)$	−0.1168	−0.4996	0.000319	−5.96		1- 氟 -1- 丙烯 (1)
$CH_m═CH_nBr$ $m,n \in (0,2)$	−0.3201	−1.9334	−0.004305	5.07		1- 溴 -1- 丙烯 (1)
$CH_m═CH_nI$ $m,n \in (0,2)$	−0.4453					1- 碘 -1- 丙烯 (1)
$(═\overset{\mid}{C})_A—Br$	−0.6776	−2.2974	0.009027	−8.32	−0.03078	溴代甲苯 (1)
$(═\overset{\mid}{C})_A—I$	−0.3678	2.8907	0.008247	−3.41	0.00001	碘代甲苯 (1)
$>CHOH$	−0.5385	−2.8035	−0.004393	−7.77	0.03654	2- 丁醇 (1)
$—\overset{\diagdown}{\underset{\diagup}{C}}OH$	−0.6331	−3.5442	0.000178	15.11	0.21106	2- 甲基 -2- 丁醇 (1)
$(CH_m)_R—OH\ m \in (0,1)$	−0.0690	0.3233	0.006917	−22.97		环戊醇 (1)
$CH_m(OH)CH_n(OH)$ $m,n \in (0,2)$	1.4108	5.4941	0.005052	3.97		1,2,3- 丙三醇 (1)

续表

基团	ΔT_{bj}	ΔT_{cj}	Δp_{cj}	ΔV_{cj}	$\Delta\omega_j$	实例
>CHCHO 或 >C(—)CHO	-0.1074	-1.5826	0.003659	-6.64		2- 甲基丁醛 (1)
$(=\overset{\vert}{C})_A$CHO	0.0735	1.1696	-0.002481	6.64		苯甲醛 (1)
CH_3COCH_2—	0.0224	0.2996	0.001474	-5.10	-0.20789	2- 戊酮 (1)
CH_3COCH< 或 CH_3COC(<)—	0.0920	0.5018	-0.002303	-1.22	-0.1657	3- 甲基 -2- 戊酮 (1)
$—(\overset{\vert}{C})_R=O$	0.5580	2.9571	0.003818	-19.66		环戊酮 (1)
>CHCOOH 或 >C(—)COOH	-0.1552	-1.7493	0.004920	5.59	0.08774	2- 甲基丁酸 (1)
$(=\overset{\vert}{C})_A$—COOH	0.7801	6.1279	0.000344	-4.15		苯甲酸 (1)
—CO—O—CO—	-0.1977	-2.7617	-0.004877	-1.44	0.91939	丙酸酐 (1)
CH_3COOCH< 或 CH_3COOC(<)—	-0.2383	-1.3406	0.000659	-2.93	0.26623	乙酸异丙酯 (1)
—$COCH_2COO$— 或 —$CO\overset{\vert}{C}HCOO$ 或 —$CO\overset{\vert}{\underset{\vert}{C}}COO$—	0.4456	2.5413	0.001067	-5.91		乙酰乙酸乙酯 (1)
$(=\overset{\vert}{C})_A$—COO—	0.0835	-3.4235	-0.000541	26.05		苯甲酸乙酯 (1)
CH_m—O—CH_n=CH_p $m,n,p \in (0,2)$	0.1134	1.0159	-0.000878	2.97		乙基乙烯基醚 (1)
$(=\overset{\vert}{C})_A$—O—CH_m $m \in (0,3)$	-0.2596	-5.3307	-0.002249	-0.45		乙基苯基醚 (1)
$CH_m(NH_2)CH_n(NH_2)$ $m,n \in (0,2)$	0.4247	2.0699	0.002148	5.80		1,2- 丙二胺 (1)
$(CH_m)_RNH_p(CH_n)_R$ $m,n,p \in (0,2)$	0.2499	2.1345	0.005947	-13.80	-0.13106	吡咯烷 (1)
$CH_m(OH)CH_n(NH_p)$ $m,n,p \in (0,2)$	1.0682	5.4864	0.001408	4.33		2- 羟基 -1- 丁胺 (1) 1- 羟基 -*N*- 甲基丁胺 (1)
$(CH_m)_RS(CH_n)_R$ $m,n \in (0,2)$	0.4408	4.4847			-0.01509	四氢噻吩 (1)

注：1. 下标 R 表示环烷结构，A 表示芳烃结构。
　　2. 实例括号中的数字表示计算的次数。

C–G 法可只用一级基团，在估算 T_b 时，平均误差为 2.04%；加上二级基团时，平均误差为 1.42%。在估算 T_c、p_c、V_c 时，只用一级基团平均误差分别为 1.62%、3.72%、2.04%，加上二级基团后，平均误差分别为 0.85%、2.89%、1.42%。本法同样可用于估算偏心因子，基团值也列于表 7–3 和表 7–4 中，平均误差约为 3%，已接近实验误差，其计算式为

$$\exp\left(\frac{\omega}{0.4085}\right)^{0.5050}-1.1507=\sum n_i\Delta\omega_i+\sum n_j\Delta\omega_j \tag{7-20}$$

【例7–1】估算 1- 丁烯的 T_b、T_c、p_c、V_c，实验值分别为 267.9K、419.5K、4.02MPa、240.8cm³·mol⁻¹。

解： 用 Joback 法时，其基团是 1 个 CH_3、1 个 CH_2、1 个 ═CH—、1 个 ═CH_2，由表 7–2 可得基团值为

$$\sum n_i\Delta T_{bi}=23.58+22.88+24.96+18.18=89.60$$
$$\sum n_i\Delta T_{ci}=0.0141+0.0189+0.0129+0.0113=0.0572$$
$$\sum n_i\Delta p_{ci}=-0.0012+0-0.0006-0.0029=-0.0047$$
$$\sum n_i\Delta V_{ci}=65+56+46+56=223$$

代入式（7–16）和式（7–17），得

$$T_b=198+89.60=287.6(\text{K})$$
$$T_c=267.9\times(0.584+0.965\times0.0572-0.0572^2)^{-1}=421.3(\text{K})$$
$$p_c=(0.113+0.0032\times12+0.0047)^{-2}\times0.1=4.104(\text{MPa})$$

上式中化合物原子数 n_A=12

$$V_c=40+223=263(\text{cm}^3\cdot\text{mol}^{-1})$$

用 C–G 法时，一级基团为 1 个—CH_3、1 个—CH_2—、1 个—CH═CH_2，二级基团为 1 个—CH_2—CH═CH_2，由表 7–3、表 7–4 可得基团值为

$$\sum n_iT_{bi}=0.8894+0.9225+1.7827=3.5946,\quad \sum n_jT_{bj}=-0.1406$$
$$\sum n_iT_{ci}=1.6781+3.4920+5.0146=10.1847,\quad \sum n_jT_{cj}=-0.5231$$
$$\sum n_ip_{ci}=0.019904+0.010558+0.025014=0.055476,\quad \sum n_jp_{cj}=0.003538$$
$$\sum n_iV_{ci}=75.04+55.76+116.48=247.28,\quad \sum n_jV_{cj}=2.81$$

代入式（7–18）和式（7–19），只有一级基团时

$$T_b=204.359\times\ln(3.5946)=261.5(\text{K})$$
$$T_c=181.728\times\ln(10.1847)=421.8(\text{K})$$
$$p_c=0.13705+0.1\times(0.100220+0.055476)^{-2}=4.262(\text{MPa})$$
$$V_c=-4.35+247.28=242.9(\text{cm}^3\cdot\text{mol}^{-1})$$

考虑二级基团时

$$T_b=204.359\times\ln(3.5946-0.1406)=253.1(\text{K})$$
$$T_c=181.728\times\ln(10.1847-0.5231)=412.2(\text{K})$$
$$p_c=0.13705+0.1\times(0.100220+0.0055476+0.003538)^{-2}=4.081(\text{MPa})$$
$$V_c=-4.35+247.28+2.81=245.8(\text{cm}^3\cdot\text{mol}^{-1})$$

从上例可见，对于 1- 丁烯这样的简单化合物，Joback 法是可以使用的，C-G 法只考虑一级基团时，也是可用的。C-G 法加上二级基团时，对于某些化合物的某种物性，误差可能变大，例如，本例的 T_b 值、T_c 值、V_c 值。但是从总体看，在大部分情况下用二级基团是有改进的。另外，对此化合物的一些物性，简单的 Joback 法并不比 C-G 法差，但对结构复杂的化合物，例如多卤化物，预期 C-G 法将有更好的结果。C-G 法的另一优点是在估算 T_c 时不需要另一物性（沸点 T_b），这是因为 C-G 法用固定的甲烷沸点（181.728K）代替了。对于缺乏 T_b 的精细化学品，C-G 法是有优点的。

作为实例，本节只介绍了 T_b 及临界性质的两种典型的基团法。这不是这些物性估算方法的全部，也不一定是这些物性的最佳估算方法。下面几节中，将选择几组物性为例，介绍不同估算方法的应用。

7.4　蒸气压的估算

蒸气压（p^s）在化工计算中的重要性是明显的。p^s 的数据很多，由于它随温度变化很大，不便于内插，更方便的是用关联式来表达不同温度的 p^s 值。最常用的关联式是 Clapeyron 方程和 Antoine 方程。

$$\ln p^s = A - \frac{B}{T} \text{(Clapeyron 方程)} \tag{7-21}$$

$$\ln p^s = A - \frac{B}{T+C} \text{(Antoine 方程)} \tag{7-22}$$

以上两式中，A、B 和 C 是物质自有的关联系数。在工程计算中，更常用的是 $\lg p^s$ 的形式。

$$\lg p^s = A - \frac{B}{T} \tag{7-23}$$

$$\lg p^s = A - \frac{B}{T+C} \tag{7-24}$$

若要把 Antoine 方程（或 Clapeyron 方程）应用于更宽广的温度范围，可增加修正项，例如在式（7-24）或式（7-23）后加 DT^n（或 DT^T），也可引入有 T_c 的对比态形式的方程，这样一些修改使关联方程的误差变小，但关联及计算过程也更复杂，有 T_c 的方程不能用于缺乏 T_c 实验值的物质。目前广泛使用的还是 Antoine 方程，在手册中也能找到大量物质的 Antoine 系数。电子版附录 5 中提供了一些按式（7-24）的 Antoine 系数值，供习题求解及一些化工计算使用。

蒸气压的实测数据很多，但仍必须对更多的化合物进行估算。

7.4.1　对比态法

基于 p^s-T 关联式，使用 T_r 和 T_{br} 作参数，再代入 T=T_b 时，p^s=101.325kPa，而 T=T_c 时，p^s=p_c，可以消去 p^s-T 关联式中两个参数。两参数关联方程就变为 p_r^s（=p^s/p_c）与 T_r 和 T_{br} 的关系式，例如式（7-21）就变为

$$\ln p_{\mathrm{r}}^{\mathrm{s}}=h\left(1-\frac{1}{T_{\mathrm{r}}}\right) \tag{7-5}$$

其中

$$h=T_{\mathrm{br}}\frac{\ln(p_{\mathrm{c}}/101.325)}{1-T_{\mathrm{br}}} \tag{7-6}$$

式中，p_c 的单位是 kPa。

Antoine 方程有三个参数，用 T_b、T_c 两点的 p^s，只能消去其中 A、B 两个参数。

$$\ln\left(\frac{p^{\mathrm{s}}}{101.325}\right)=\frac{(T_{\mathrm{c}}-C)}{(T_{\mathrm{c}}-T_{\mathrm{b}})}\frac{(T-T_{\mathrm{b}})}{(T-C)}\ln\left(\frac{p_{\mathrm{c}}}{101.325}\right) \tag{7-25}$$

式中，p^s 及 p_c 的单位都是 kPa；而 C 可粗略估算如下

$$C=-0.3+0.034T_{\mathrm{b}}\quad（单原子元素或 T_{\mathrm{b}}<125\mathrm{K} 的物质） \tag{7-26a}$$

$$C=-18+0.19T_{\mathrm{b}}\quad（其他物质） \tag{7-26b}$$

更好的一些估算方程复杂得多，例如 Riedel 式

$$\ln p_{\mathrm{r}}^{\mathrm{s}}=A^{+}-\frac{B^{+}}{T_{\mathrm{r}}}+C^{+}\ln T_{\mathrm{r}}+D^{+}T_{\mathrm{r}}^{6} \tag{7-27}$$

$$A^{+}=-35Q,\quad B^{+}=-36Q,\quad C^{+}=42Q+\alpha_{\mathrm{c}},\quad D^{+}=-Q \tag{7-28a}$$

$$Q=0.0838(3.758-\alpha_{\mathrm{c}}) \tag{7-28b}$$

$$\alpha_{\mathrm{c}}=\frac{0.315\psi_{\mathrm{b}}+\ln(p_{\mathrm{c}}/101.325)}{0.0838\psi_{\mathrm{b}}-\ln T_{\mathrm{br}}} \tag{7-28c}$$

$$\psi_{\mathrm{b}}=-35+\frac{36}{T_{\mathrm{br}}}+42\ln T_{\mathrm{br}}-T_{\mathrm{br}}^{\ 6} \tag{7-28d}$$

Vetere 提出了修正的 Riedel 式，该法仍使用式（7-27）、式（7-28a）、式（7-28d），而式（7-28b）和式（7-28c）要改为

$$Q=K(3.758-\alpha_{\mathrm{c}}) \tag{7-29a}$$

$$\alpha_{\mathrm{c}}=\frac{3.758K\psi_{\mathrm{b}}+\ln(p_{\mathrm{c}}/101.325)}{K\psi_{\mathrm{b}}-\ln T_{\mathrm{br}}} \tag{7-29b}$$

式中，对于非极性物质 $K=0.066+0.0027h$，酸类 $K=-0.120+0.025h$，醇类 $K=0.373-0.030h$，多元醇类 $K=0.106-0.006h$，其他极性物质 $K=-0.008+0.14T_{br}$。h 仍用式（7-6）。经这样的改进后对极性化合物的误差有很大改进。若把 K 值改为

$$K=d+eT_{\mathrm{br}} \tag{7-30}$$

式中，d 和 e 由关联求得，这样的算法变为关联式。

也可以把一些复杂的 p^s 关联式改为对比态式，例如 Riedel-Plank-Miller 估算式也是从某关联式改变而得的。

$$\ln p_{\mathrm{r}}^{\mathrm{s}}=-\frac{G}{T_{\mathrm{r}}}[1-T_{\mathrm{r}}^{2}+k(3+T_{\mathrm{r}})(1-T_{\mathrm{r}})^{3}] \tag{7-31}$$

$$G=0.4835+0.4605h \tag{7-32a}$$

$$k=\frac{\dfrac{h}{G}-(1+T_{br})}{(3+T_{br})(1-T_{br})^2} \tag{7-32b}$$

式中，h 仍用式（7-6）计算。

按不同类型化合物用不同方程的方法还有 Gomez-Thodos 法

$$\ln p_r^s=\beta\left(\frac{1}{T_r^m}-1\right)+\gamma(T_r^7-1) \tag{7-33}$$

$$\gamma=ah+b\beta \tag{7-34a}$$

$$a=\frac{1-1/T_{br}}{T_{br}^7-1},\quad b=\frac{1-1/T_{br}^m}{T_{br}^7-1} \tag{7-34b}$$

不同种类化合物的 β、m、γ 的求取方式不同，其中对非极性化合物

$$\beta=-4.26700-\frac{221.79}{h^{2.5}\exp(0.0384h^{2.5})}+\frac{3.8126}{\exp\left(\dfrac{2272.44}{h^3}\right)}+\Delta \tag{7-35a}$$

$$m=0.78425\exp(0.089315h)-\frac{8.5217}{\exp(0.74826h)}+\Delta \tag{7-35b}$$

除 He(Δ=0.41815)、H_2(Δ=0.19904) 和 Ne(Δ=0.02319) 外，其他物质 Δ=0。对于非氢键型极性化合物（包括氨和乙酸）

$$m=0.466T_c^{0.166} \tag{7-35c}$$

$$\gamma=0.08594\exp(7.462\times10^{-4}T_c) \tag{7-35d}$$

对氢键型化合物（水和乙醇）

$$m=0.0052M^{0.29}T_c^{0.72} \tag{7-35e}$$

$$\gamma=\frac{2.464}{M}\exp(9.8\times10^{-6}MT_c) \tag{7-35f}$$

式中，M 为摩尔质量，$g \cdot mol^{-1}$；T_c 为临界温度，K。对这两类极性化合物，β 按下式计算

$$\beta=\frac{\gamma}{b}-\frac{ah}{b} \tag{7-35g}$$

已有几个把第三参数 ω 引入的估算式，例如用 Ambrose 和 Walton 的表达式

$$\ln p_r^s=f^{(0)}+\omega f^{(1)}+\omega^2 f^{(2)} \tag{7-36}$$

$$f^{(0)}=\frac{-5.97616\tau+1.29874\tau^{1.5}-0.60394\tau^{2.5}-1.06841\tau^5}{T_r} \tag{7-36a}$$

$$f^{(1)}=\frac{-5.03365\tau+1.11505\tau^{1.5}-5.41217\tau^{2.5}-7.46628\tau^5}{T_r} \tag{7-36b}$$

$$f^{(2)}=\frac{-0.64771\tau+2.41539\tau^{1.5}-4.26979\tau^{2.5}+3.25259\tau^5}{T_r} \tag{7-36c}$$

式中，$\tau=1-T_r$。$f^{(2)}$ 项只对具有大偏心因子值的流体以及在较低 T_r 下比较重要，而在 T_r=0.7 时，$f^{(2)}$ 为零。

7.4.2 基团贡献法

p^s 随温度上升而飞速上升，用一般基团法估算很困难，目前可使用的是 20 世纪 90 年代中期提出的基团对比态法（CSGC 法）。该法使用对比态法的简单关系式，使用基团法得出模拟的临界参数（T_c^*，p_c^*），进而计算模拟的对比温度（T_r^*）和对比压力（p_r^*）。这类方法不需要实测的 T_c、p_c，扩大了对比态法的使用范围，也具有基团法的特征，并有较高的精度。在估算 p_s 时，相对比较简单的是 CSGC-PR 法，该法以 Riedel 方程式（7-27）为基础，结合基团法提出。

$$\ln p_r^s = A - \frac{B}{T_r^*} + C\ln T_r^* + DT_r^{*6} \tag{7-37}$$

$$T_c^* = T_b[A_T + B_T\sum n_i\Delta T_i + C_T(\sum n_i\Delta T_i)^2 + D_T(\sum n_i\Delta T_i)^3]^{-1} \tag{7-38a}$$

$$p_c^* = 101.325(\ln T_b)\left[A_p + B_p\sum n_i\Delta p_i + C_p(\sum n_i\Delta p_i)^2 + D_p(\sum n_i\Delta p_i)^3\right]^{-1} \tag{7-38b}$$

$$T_r^* = T / T_c^*, \quad p_c^* = p / p_c^*, \quad T_{br} = T_b / T_c^* \tag{7-38c}$$

$$A=-35Q, \quad B=-36Q, \quad C=42Q+\alpha_c, \quad D=-Q \tag{7-38d}$$

$$\psi_b = -35 + \frac{36}{T_{br}^*} + 42\ln T_{br}^* - T_{br}^{*6} \tag{7-38e}$$

$$\alpha_c = \frac{0.315\psi_b + \ln(p_c^*/101.325)}{0.0838\psi_b - \ln T_{br}^*} \tag{7-38f}$$

$$Q=0.0838(3.758-\alpha_c) \tag{7-38g}$$

式中，基团值 ΔT_i、Δp_i 见表 7-5，式（7-38a）和式（7-38b）中的系数值见表 7-6。本法平均误差约为 1%。

表 7-5 CSGC 法基团贡献值

基团	$\Delta T_i\times10^4$	$\Delta p_i\times10^3$	基团	$\Delta T_i\times10^4$	$\Delta p_i\times10^3$
—CH₃—	140.86	104.75	≡CH	1.43	10.05
—CH₂—	125.20	48.64	≡C—	98.27	2.02
＞CH—	97.94	16.68	(—CH₂—)$_R$	129.50	75.29
＞C＜	27.54	-2.86	(＞CH—)$_R$	119.05	70.48
═CH₂	113.63	95.44	(＞C＜)$_R$	-36.43	20.27
═CH—	134.87	56.43	(—CH₃)$_{RC}$	106.77	51.51
═C＜	228.86	56.29	(—CH₂)$_{RC}$	117.57	59.24
═C═	22.39	20.49	(＞CH—)$_{RC}$	126.37	47.41

续表

基团	$\Delta T_i \times 10^4$	$\Delta p_i \times 10^3$	基团	$\Delta T_i \times 10^4$	$\Delta p_i \times 10^3$
$(>C<)_{RC}$	101.11	90.83	$-N<$	338.14	123.74
$(=CH-)_R$	201.32	113.79	$(-NH-)_R$	78.16	14.74
$(=C<)_R$	-165.68	-105.90	$(-NH_2)_{RC}$	60.03	25.93
$(=CH-)_{RC}$	232.82	42.71	$(-NH_2)_{AC}$	-31.50	-16.98
$(=CH-)_A$	83.68	43.80	$(-NH-)_{AC}$	4.02	-83.52
$(=C<)_A$	115.77	1.09	$(>N-)_{AC}$	14.09	-40.95
$(-CH_3)_{AC}$	151.88	123.97	$(=N-)_R$	9.71	-1.23
$(-CH_2-)_{AC}$	174.00	100.97	$(=N-)_N$	20.26	-1.43
$(-CH<)_{AC}$	14.17	-24.94	$(-NH-)_N$	22.75	-44.66
$(>C<)_{AC}$	97.77	6.82	$-SH$	29.01	14.78
$(=CH-)_N$	108.93	45.33	$(-SH)_{RC}$	8.05	-2.58
$(=C<)_N$	62.37	67.90	$(-SH)_{AC}$	-1.62	11.82
$(-CH_3)_{NC}$	248.47	89.60	$-S-$	22.49	70.17
$-OH$	1017.00	1.78	$(-S-)_R$	27.71	10.67
$(-OH)_{RC}$	225.88	-281.97	$(-S-)_{RC}$	11.39	-29.40
$(-OH)_{AC}$	88.73	-116.34	$(-S-)_{AC}$	9.37	-15.89
$>C=O$	187.40	-10.71	$-CF_3$	31.01	13.95
$-O-$	176.17	27.55	$-CF_2-$	24.14	13.76
$-CHO$	767.71	337.48	$-CF<$	5.58	52.50
$(-CHO)_{AC}$	536.46	255.93	$-CH_2F$	19.14	82.87
$-COOH$	1381.60	209.87	$-CHF-$	13.85	64.94
$HCOO-$	294.12	46.19	$(-CF_2-)_R$	12.40	56.51
$-COO-$	188.41	-487.60	$(>CF-)_R$	18.22	32.40
$(-COO-)_{AC}$	892.07	496.59	$(-CHF-)_R$	-2.41	19.67
$-CN$	334.95	130.14	$(-CF_3)_{RC}$	21.62	15.60
$-NH_2$	-18.93	-84.92	$(-CF_2-)_{RC}$	13.61	14.62
$-NH-$	-319.57	-211.72	$(-CF_3)_{AC}$	19.30	11.29

续表

基团	$\Delta T_i \times 10^4$	$\Delta p_i \times 10^3$	基团	$\Delta T_i \times 10^4$	$\Delta p_i \times 10^3$
$=CF_2$	45.76	21.01	$=CCl-$	26.09	70.10
$=CF-$	31.05	11.53	$=CHCl$	13.18	77.90
$(=CF-)_A$	27.80	12.75	$(=CCl-)_A$	21.64	10.02
$-CCl_3$	47.08	28.37	$-CBr<$	36.62	15.52
$>CCl-$	27.04	28.14	$-CH_2Br$	16.27	89.31
$-CHCl_2$	39.38	15.48	$=CHBr$	50.35	18.73
$-CH_2Cl$	17.28	78.17	$(=CBr-)_A$	17.00	81.57
$-CHCl-$	16.46	85.99	$(-Br)_{NC}$	-8.66	26.64
$=CCl_2$	15.24	85.70	$(=CI-)_A$	53.54	26.95

注：下标，A—芳烃环；AC—与芳烃环相连的基团；R—非芳烃环；RC—与非芳烃环相连的基团；N—萘环；NC—与萘环相连的基团。

表 7-6　CSGC-PR 方程系数值

A_T	B_T	C_T	D_T	A_p	B_p	C_p	D_p
0.5782585	1.061273	-1.778714	-0.4998375	0.04564342	0.3046466	-0.0652039	-0.04390779

【例7-2】使用以上不同方法估算乙苯在 460.0K 下的蒸气压。已知乙苯的 T_b=409.3K，T_c=617.20K，p_c=3609kPa，ω=0.299。实验值为 338.8kPa。

解：

$$T_r=460.0/617.20=0.7453$$

$$T_{br}=409.3/617.20=0.6632$$

$$1-T_{br}=1-0.6632=0.3368$$

$$1-\frac{1}{T_r}=1-\frac{1}{0.7453}=-0.3417$$

$$1-\frac{1}{T_{br}}=1-\frac{1}{0.6632}=-0.5079$$

由式（7-6）得

$$h=0.6632\times\frac{\ln(3609/101.325)}{0.3368}=7.034$$

（1）Clapeyron 对比态式

由式（7-5）得

$$\ln（p^s/3609）=7.034\times(-0.3417)=-2.4038$$

$$p^s=326.2\text{kPa}$$

（2）Antoine 对比态式

$$C=-18+0.19\times 409.3=59.77$$

由式（7-25）得

$$\ln(p^{s}/101.325)=\frac{(617.20-59.77)\times(460.0-409.3)}{(617.20-409.3)\times(460.0-59.77)}\times\ln\left(\frac{3609}{101.325}\right)=1.214$$

p^{s}=341.0kPa

（3）Riedel 式

由式（7-27）、式（7-28）得

$$\psi_{b}=-35+\frac{36}{0.6632}+42\times\ln0.6632-0.6632^{6}=1.950$$

$$\alpha_{c}=\frac{0.315\times1.950+\ln(3609/101.325)}{0.0838\times1.950-\ln0.6632}=7.293$$

Q=0.0838×(3.758−7.293)=−0.2962

A^{+}=−35×(−0.2962)=10.37

B^{+}=−36×(−0.2962)=10.66

C^{+}=42×(−0.2962)+7.293=−5.148

D^{+}=0.2962

$$\ln(p^{s}/3609)=10.37-\frac{10.66}{0.7453}-5.148\times\ln0.7453+0.2962\times0.7453^{6}=-2.376$$

p^{s}=335.3kPa

（4）Vetere 的修正 Riedel 式

由式（7-27）、式（7-28a）和式（7-29）得

K=0.066+0.0027×7.034=0.08499

$$\alpha_{c}=\frac{3.758\times0.08499\times1.950+\ln(3609/101.325)}{0.08499\times1.950-\ln0.6632}=7.278$$

Q=0.08499×(3.758−7.278)=−0.2992

A^{+}=−35×(−0.2992)=10.47

B^{+}=−36×(−0.2992)=10.77

C^{+}=42×(−0.2992)+7.278=−5.288

D^{+}=0.2992

$$\ln(p^{s}/3609)=10.47-\frac{10.77}{0.7453}-5.288\times\ln0.7453+0.2992\times0.7453^{6}=-2.374$$

p^{s}=335.9kPa

（5）Riedel-Plank-Miller 式

由式（7-31）、式（7-32）得

G=0.4835+0.4605×7.034=3.723

$$k=\frac{\dfrac{7.034}{3.723}-(1+0.6632)}{(3+0.6632)\times0.3368^{2}}=0.5446$$

$$\ln(p^{s}/3609)=-\frac{3.723}{0.7453}\times\left[1-0.7453^{2}+0.5446\times(3+0.7453)\times(1-0.7453)^{3}\right]=-2.388$$

p^{s}=331.1kPa

（6）Gomez-Thodos 式

由式（7-33）、式（7-34）和式（7-35）得

$$a=\frac{-0.5079}{0.6632^7-1}=0.5383$$

$$\beta=-4.26700-\frac{221.79}{7.034^{2.5}\times\exp(0.0384\times7.034^{2.5})}+\frac{3.8126}{\exp\left(\frac{2272.44}{7.034^3}\right)}=-4.272$$

$$m=0.78425\times\exp(0.089315\times7.034)-\frac{8.5217}{\exp(0.74826\times7.034)}=1.426$$

$$b=\frac{1-\frac{1}{0.6632^{1.426}}}{0.6632^7-1}=0.8437$$

γ=0.5383×7.034+0.8437×(−4.272)=0.1817

$$\ln(p^s/3609)=-4.272\times\left(\frac{1}{0.7453^{1.426}}-1\right)+0.1817\times(0.7453^7-1)=-2.383$$

p^s=333.1kPa

（7）Ambrose 和 Walton 式

由式（7-36）得 τ=1−0.7453=0.2547，则

$f^{(0)}$=(−5.9716×0.2547+1.29874×$0.2547^{1.5}$−0.60394×$0.2547^{2.5}$−1.6841×0.2547^5)×0.7453^{-1}
=−1.8448

$f^{(1)}$=(−5.03365×0.2547+1.11505×$0.2547^{1.5}$−5.41217×$0.2547^{2.5}$−7.46628×0.2547^5)×0.7453^{-1}
=−1.7764

$f^{(2)}$=(−0.64771×0.2547+2.41539×$0.2547^{1.5}$−4.26979×$0.2547^{2.5}$+3.25259×0.2547^5)×0.7453^{-1}
=0.01235

$$\ln p_r^s=-1.8448+0.299\times(-1.7764)+0.299^2\times0.01235=-2.3749$$

$$p_r^s=0.09303,\quad p^s=335.7\text{kPa}$$

（8）CSGC-PR 式

乙苯有基团：1 个—CH_3，1 个（—CH_2—）$_{AC}$，1 个($\gt$C═)$_A$，5 个(—CH═)$_A$。由表 7-5 查得

$$\sum\Delta T_i=(140.86+174.00+115.77+5\times83.68)\times10^{-4}=0.084903$$

$$\sum\Delta p_i=(104.75+100.97+1.09+5\times43.80)\times10^{-3}=0.42581$$

由式（7-38）及表 7-6 得

T_c^*=409.3×(0.5782585+1.061273×0.084903−1.1778714×0.084903^2−0.4998375×0.084903^3)$^{-1}$=620.56(K)

p_c^*=101.325×ln409.3×(0.04564342+0.3046466×0.42581−0.0652039×0.42581^2−0.04390779×0.42581^3)$^{-1}$=3805.2(kPa)

以上 T_c^* 和 p_c^* 并不很贴近 T_c 和 p_c 的实验值，但通过它可计算 p^s，在估算其他物性时，所用 CSGC 法也有如此特点。

$$T_r^*=460.0/620.56=0.7413,\quad T_{br}^*=409.3/620.56=0.6596$$

由式（7-38）得 $\psi_{\rm b} = -35 + \dfrac{36}{0.6596} + 42 \times \ln 0.6596 - 0.6596^6 = 2.020$

$$\alpha_{\rm c} = \frac{0.315 \times 2.020 + \ln\left(\dfrac{3805.2}{101.325}\right)}{0.0838 \times 2.020 - \ln 0.6596} = 7.280$$

Q=0.0838×(3.758−7.280)=−0.2952

A=−35×0.2952=10.33，　B=−36×0.2952=10.63

C=42×(−0.2952)+7.280=−5.116，　D=0.2952

最后，由式（7-37）得

$$\ln(p^{\rm s}/3805) = 10.33 - \frac{10.63}{0.7413} - 5.116 \times \ln 0.7413 + 0.2952 \times 0.7413^6 = -2.423$$

$p^{\rm s}$=337.3kPa

以上各种估算方法除 Clapeyron 对比态式误差较大外，其他各种方法都适用于乙苯 $p^{\rm s}$ 的估算，误差都在 2% 以内，有的还在 1% 以内。当估算极性化合物时，误差可能增大。误差最小的是 CSGC-PR 法，它的另一重要优点是不需要临界数据，原则上可用于估算缺乏临界数据的复杂一些的化合物。

7.5　纯气体黏度的估算

在化工计算或设计中，不管是流体力学，还是传热传质，或者反应工程，黏度数据都是必不可少的基础数据。与液体黏度相反，气体黏度（$\eta_{\rm G}$）测定难度极大，因此估算方法具有特殊的重要性。

$\eta_{\rm G}$ 的关联式很多，大都是经验性的，例如

$$\eta_{\rm G}=A_0+A_1T,\quad \eta_{\rm G}=A_0+A_1T+A_2T^2,\quad \eta_{\rm G}=A_0+A_1T+A_2T^2+A_3T^3 \tag{7-39}$$

$$\eta_{\rm G}=aT^n \tag{7-40}$$

$$\eta_{\rm G} = \frac{KT^{3/2}}{T+S} \tag{7-41a}$$

$$\eta_{\rm G} = \frac{KT^n}{1+\dfrac{S}{T}} \tag{7-41b}$$

$$\ln\eta_{\rm G} = A_0 + B_0\ln T + \frac{B_1}{T} + \frac{B_2}{T^2} \tag{7-42}$$

在这些关联式中，式（7-39）是多项式，式（7-41a）中的 S 是著名的 Sutherland 系数，目前常与 K 一起回归求得。这些关联式中关联系数为 2 ～ 4 个，若实验温度范围小，可用二参数关联式；若温度范围大，可用四参数关联式。

7.5.1　势能函数法计算

气体黏度是由运动中不同分子层间分子碰撞并交换动能而产生的，因而可以利用势能函数按无分子间作用的硬球碰撞可导出关系式

$$\eta_G = 2.6695 \times 10^{-6} \frac{(MT)^{1/2}}{\sigma^2} \tag{7-43}$$

式中，M 为摩尔质量，$g \cdot mol^{-1}$；σ 为硬球直径，单位为 0.1nm；η_G 的单位为 Pa·s。对于常压或低压气体，按经典力学并只考虑弹性碰撞，分子按质点计，可得

$$\eta_G = 2.6695 \times 10^{-6} \frac{(MT)^{1/2}}{\sigma^2 \Omega_v} f_\eta \tag{7-44}$$

式中，Ω_v 反映分子间作用力，称为碰撞积分。若能在理论上严格计算，就可以从微观上直接计算 η_G，但分子间作用力在理论计算上有困难，在使用上只能依靠一些半理论半经验的势能函数模型，其中最常用的是 Lennard-Jones 12-6 模型，其关系式为

$$\varepsilon_{(r)} = 4\varepsilon \left[\left(\frac{\sigma}{r} \right)^{12} - \left(\frac{\sigma}{r} \right)^{6} \right] \tag{7-45}$$

式中，ε 和 σ 是物质的势能参数，目前只能用物质的气体黏度或 p-V-T 数据关联求出。有了 ε 和 σ 后，原来只能由数据表求 Ω_v，需要内插，很不方便。为计算机使用方便，在 $0.3 < T^* \leqslant 100$ 范围内

$$\Omega_v = \frac{1.16145}{T^{*B}} + \frac{0.52487}{\exp(0.77320T^*)} + \frac{2.16178}{\exp(2.43787T^*)} \tag{7-46}$$

$$T^* = kT/\varepsilon \tag{7-47}$$

式中，B=0.14874; k 是 Boltzman 常数。在式（7-44）中，f_η 是校正碰撞的非弹性的函数。f_η 值与 T^* 的关系见表 7-7。从表中可见，f_η 与 1 相差不大，因此，如果忽略 f_η 也不致产生较大的误差。

表 7-7 **修正项 f_η 值**

T^*	0.30	0.50	0.75	1.00	1.25	1.5	2.0	2.5
f_η	1.0014	1.0002	1.0000	1.0000	1.0001	1.0004	1.0014	1.0025
T^*	3.0	4.0	5.0	10.0	50.0	100.0	400.0	
f_η	1.0034	1.0049	1.0058	1.0075	1.0079	1.0080	1.0080	

使用本法计算，离不开 σ 和 ε/k 值。已有这两个参数的物质仅几百种，常常不得不使用临界参数估算 σ 和 ε/k，这是因为临界参数值多于 σ 和 ε/k 值，而其估算方法也可靠得多。也可以把临界参数直接引入计算式

$$\eta_G = 3.33 \times 10^{-6} \frac{(MT_c)^{1/2}}{V_c^{2/3}} \phi \tag{7-48}$$

或

$$\eta_G = 0.423 \times 10^{-6} \frac{M^{1/2}(p_c/0.101325)^{2/3}}{T_c^{1/6}} \phi \tag{7-49}$$

式中，V_c 的单位为 $cm^3 \cdot mol^{-1}$；T_c 的单位为 K；p_c 的单位为 MPa。可从手册或文献中查表，由 T^* 得 ϕ，在 T^*=10 ～ 400 范围内，也可由下式求出

$$\phi=0.878T^{*0.645} \tag{7-50}$$

由于 Lennard-Jones 模型原则上只限于非极性流体，在处理极性流体时，可略作修正

$$\Omega_{v(s)}=\Omega_v+\frac{0.2\delta^2}{T^*} \tag{7-51}$$

$$\delta=\frac{\mu^2}{2\varepsilon\sigma^3} \tag{7-52}$$

式中，μ 是偶极矩，D；ε 和 σ 是 Stockmayer 势能函数；δ 反映极性影响，按一般 Lennard-Jones 12-6 参数计算的 Ω_v 加入 δ，即得按 Stockmayer 修正的 $\Omega_{v(s)}$。由于可供使用的 Stockmayer 参数值极少，在实际中还是使用近似式

$$\sigma=\left(\frac{1.585V_b}{1+1.3\delta^2}\right)^{1/3} \tag{7-53a}$$

$$\varepsilon/k=1.18(1+1.3\delta^2)T_b \tag{7-53b}$$

$$\delta=\frac{1940\mu^2}{V_bT_b} \tag{7-53c}$$

式中，T_b 和 V_b 分别为沸点（K）和沸点下的摩尔体积（$cm^3 \cdot mol^{-1}$）；μ 的单位为 D（德拜）；δ 是无量纲的。上述方法需要 V_b 值，但 V_b 极少有实测值，只能再引入一个估算方法。因此，这不是一个方便的方法。

对极性气体，还可改用下式

$$\eta_G=4.0785\times10^{-6}\frac{F_c(MT)^{1/2}}{V_c^{2/3}\Omega_v} \tag{7-54}$$

$$F_c=1-0.2756\omega+0.059035\mu_r^4+K \tag{7-55}$$

$$\mu_r=131.3\frac{\mu}{V_c^{1/2}T_c^{1/2}} \tag{7-56}$$

Ω_v 仍用式（7-46）计算，其中 T^* 为

$$T^*=1.2593T_r \tag{7-57}$$

以上式中，μ 的单位为 D；V_c 的单位为 $cm^3 \cdot mol^{-1}$；T_c 的单位为 K；μ_r 是无量纲的；K 为含氢键化合物专用的校正项，例如甲醇为 0.2152，乙醇为 0.1748，乙酸为 0.09155，水为 0.07591。

由势能函数出发，有时结合临界参数或第三参数、第四参数计算 η_G 有实用意义，也有理论意义。p-V-T 关系的实验测定比 η_G 的实验测定容易得多，通过气体 p-V-T 测定，并由此求出 Lennard-Jones 12-6 参数（σ 和 ε/k），并进一步可求 η_G，得出一个热力学测定代替传递性质测定的途径，也说明分子热力学比传统的化工热力学有更深入的研究及更大的使用范围。

7.5.2　对比态法估算

低压气体黏度可以用 T_r、p_r 来表达，例如在 Lucas 法中

$$\eta_G\xi=\left[0.807T_r^{0.618}-0.357\exp(-0.449T_r)+0.340\exp(-4.058T_r)+0.018\right]F_P^0F_Q^0 \tag{7-58}$$

$$\xi = 0.03792\times10^{7}\left(\frac{T_c}{M^3 p_c^4}\right)^{1/6} \quad (7-59)$$

式中，ξ的单位是黏度单位的倒数（Pa·s）$^{-1}$，因此$\eta_G\xi$是无单位的；F_P^0和F_Q^0分别为极性校正和量子校正，前者以对比偶极矩μ_r为参照

$$\mu_r = 524.6\frac{\mu^2 p_c}{T_c^2} \quad (7-60)$$

式中，μ的单位为D；p_c的单位为MPa；T_c的单位为K。

$$F_P^0=1 \qquad (0 \leqslant \mu_r < 0.022) \quad (7-61a)$$

$$F_P^0=1+30.55(0.292-Z_c)^{1.72} \qquad (0.022 \leqslant \mu_r < 0.075) \quad (7-61b)$$

$$F_P^0=1+30.55(0.292-Z_c)^{1.72}\times|0.96+0.1(T_r-0.7)| \qquad (0.075 \leqslant \mu_r) \quad (7-61c)$$

式中，Z_c是临界压缩因子。F_Q^0只用于量子气体

$$F_Q^0=1.22Q^{0.15}|1+0.00385[(T_r-12)^2]^{1/M}\text{sign}(T_r-12)| \quad (7-62)$$

$$\text{sign}(T_r-12)=\begin{cases}1 & (T_r-12>0)\\ -1 & (T_r-12<0)\end{cases}$$

不同量子气体有不同的M（摩尔质量）值，并取不同的Q值，即He为1.38，H_2为0.76，D_2为0.52。

Thodos法按物质的极性及氢键选择不同的方程。对于非极性分子

$$\eta_G\xi_T=4.610T_r^{0.618}-2.04\exp(-0.449T_r)+1.94\exp(-4.058T_r)+0.1 \quad (7-63a)$$

对于氢键型极性分子（$T_r<2.0$）

$$\eta_G\xi_T=(0.755T_r-0.055)Z_c^{-1.25} \quad (7-63b)$$

对于非氢键极性分子（$T_r<2.5$）

$$\eta_G\xi_T=(1.90T_r-0.29)^{0.8}Z_c^{-2/3} \quad (7-63c)$$

$$\xi_T = 0.2173\times10^{7}\left(\frac{T_c}{M^3 p_c^4}\right)^{1/6} \quad (7-64)$$

式中，T_c的单位为K；p_c的单位为MPa；Z_c为临界压缩因子；M为摩尔质量，g·mol^{-1}；ξ_T的单位为Pa^{-1}·s^{-1}。使用本法有温度范围的限制，且不适用于H_2、He、卤族气体及强缔合气体。

【例7-3】试采用不同方法，估算$CHClF_2$在50℃、常压下的η_G，实验值为134×10^{-7}Pa·s。已知该化合物的M=86.469g·mol^{-1}，T_c=369.38K，p_c=5.00MPa，V_c=166cm^3·mol^{-1}，Z_c=0.270，ω=0.215，μ=1.4D。Lennard-Jones 12-6参数为σ=0.4803nm，ε/k=297.2K。

解：T_r=323.15/369.38=0.8750

（1）势能函数法

由式（7-47）和式（7-46）得

$$T^*=323.15/297.2=1.0873$$

$$\Omega_v = \frac{1.16145}{1.0873^{0.14874}}+\frac{0.52487}{\exp(0.77320\times1.0873)}+\frac{2.16178}{\exp(2.43787\times1.0873)}=1.5261$$

再由式（7-44）得

$$\eta_G = 2.6695\times10^{-6}\times\frac{(86.469\times323.15)^{1/2}}{4.803^2\times1.5261}\times1.000 = 126.75\times10^{-7}\,(\mathrm{Pa\cdot s})$$

以上式中，f_η 是由表 7-7 查得的。

若按极性气体修正，由式（7-55）～式（7-57）得

$$T^{*}=1.2593\times0.8750=1.1019$$

$$\mu_r = 131.3\times\frac{1.4}{166^{0.5}\times369.38^{0.5}} = 0.7423$$

$$F_c=1-0.2756\times0.215+0.059035\times0.7423^4+0=0.9588$$

仍用式（7-46）得

$$\Omega_v = \frac{1.16145}{1.1019^{0.14874}}+\frac{0.52487}{\exp(0.77320\times1.1019)}+\frac{2.16178}{\exp(2.43787\times1.1019)}=1.5160$$

再由式（7-54）得

$$\eta_G = 4.0785\times10^{-6}\times\frac{(86.469\times369.38)^{1/2}\times0.9588}{166^{2/3}\times1.5160} = 142.75\times10^{-7}\,(\mathrm{Pa\cdot s})$$

（2）Lucas 法

由式（7-60）和式（7-59）得

$$\mu_r = 524.6\times\frac{1.4^2\times5.0}{369.38^2} = 0.03768$$

$$\xi = 0.03792\times10^7\times\left(\frac{369.38}{86.469^3\times5.0^4}\right)^{1/6} = 3.734\times10^4$$

再由式（7-61b）得　　$F_P^0=1+30.55\times(0.292-0.27)^{1.72}=1.0431$

由式（7-58）得

$$\eta_G\times3.734\times10^4=[0.807\times0.8750^{0.618}-0.357\times\exp(-0.449\times0.8750)+$$
$$0.340\times\exp(-4.058\times0.8750)+0.018]\times1.0431\times1=0.5339$$

$$\eta_G=142.98\times10^{-7}\mathrm{Pa\cdot s}$$

（3）Thodos 法

由式（7-64）得

$$\xi_T = 0.2173\times10^7\times\left(\frac{369.38}{86.469^3\times5.0^4}\right)^{1/6} = 21.407\times10^4$$

对非氢键型极性分子，由式（7-63c）得

$$\eta_G\xi_T=(1.90\times0.875-0.29)^{0.8}\times0.27^{-2/3}=3.084$$

$$\eta_G=144.06\times10^{-7}\mathrm{Pa\cdot s}$$

总之，上例估算误差较大，但这对于传递性质的估算是常见的。虽然一般认为 Lennard-Jones 模型用于极性化合物不太好，但实际上也不是绝对不能用，一些校正极性的方法未必有好的效果。

也有人把 T_r 与基团作为参数估算 η_G，由于基团划分很粗，总的效果不佳。该法用于估算 $CHClF_2$ 时，由于未考虑 F、Cl 原子间的强烈作用，效果很差。

本章小结

1. 化工数据是化工热力学的一个重要分支，在化工计算中占有重要地位。化工数据的估算是化工数据的重要组成部分，在许多化工计算中必不可少，但要注意其可靠性显然不及实验值，因此只是一种“补救”的办法。

2. 对比态法在化工热力学中占有重要地位，也是化工数据估算方法中主流方法之一。该法从两参数法开始，发展为三参数法、四参数法等，其中三参数法最为重要。**对比态法具有形式简单、误差不大、适于计算机使用等优点，但过分依赖于临界参数。**

3. 基团贡献法（简称基团法）是另一类主要估算方法，**具有更大的通用性，误差也小，但较难用计算机计算，用于混合物时也有困难。**

4. 有一些化工数据项的实用估算方法只是基团法，例如临界参数、生成热及汽液平衡关系；而另一些化工数据项主要选用对比态法，例如气体黏度和剩余焓；而有更多的化工数据项可选用这两类方法，且都很重要，例如蒸气压和蒸发焓等。总的说，新发表的方法绝大部分是基团法。

5. 使用化工数据的一般过程为**一查**（查找实验数据）、**二审**（从不同实验数据中选用最可靠的）、**三算**（选择良好的关联方程进行内插计算）、**四选**（选择适当的估算方法进行估算）。若通过了前一步可免去后几步，例如已有可靠的实验值就不必进行估算了。

习题

7-1 总结对比态法和基团法这两种估算方法，说明各自的优缺点。

7-2 纯物质蒸气压是温度的函数，它也是压力的函数吗？

7-3 比较各类估算 η_G 的方法，讨论各自特点。

7-4 总结气体热容 C_{pG} 分别与温度、压力的函数关系（计算式）。这是化工热力学的内容，也是化工数据的内容。

7-5 估算甲苯的临界性质，其 T_b=383.8K。临界参数实验值为 T_c=591.75K，p_c=4.108MPa，V_c=316cm^3·mol^{-1}。

7-6 估算甲苯在 560.0K 下的蒸气压，实验值为 2768kPa。已知其 M=92.141g·mol^{-1}，T_b=383.8K，T_c=591.75K，p_c=4.108MPa，V_c=316cm^3·mol^{-1}，Z_c=0.264，ω=0.264。

7-7 估算甲苯在 298.15K 下的 η_G，实验值为 71.22×10^{-7}Pa·s。

第 8 章知识图谱

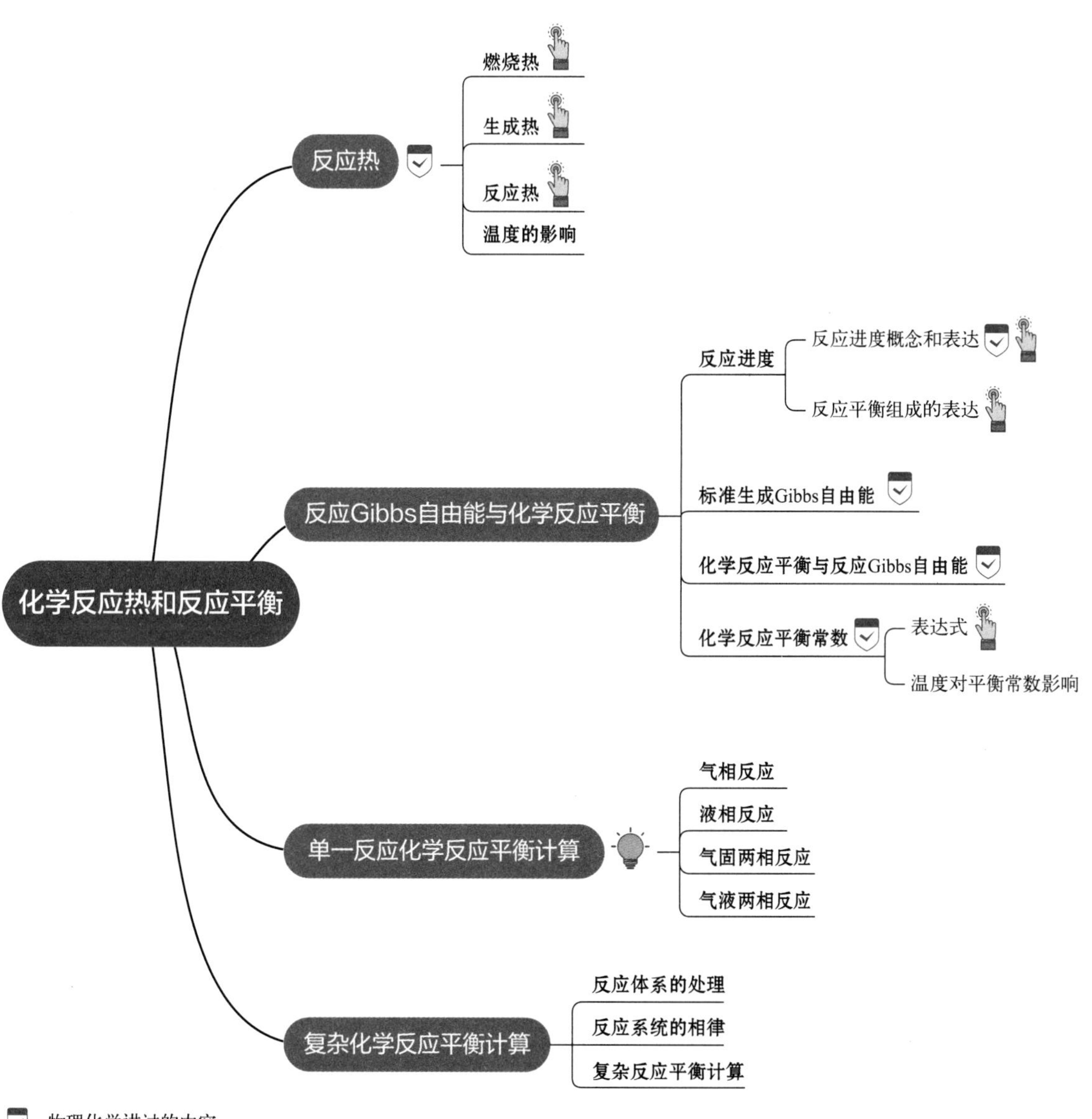

物理化学讲过的内容

能应用知识解决真实问题

会分析并建立科学的思维方法

无标记的知识点属于理解认知层次

第8章 化学反应热和反应平衡

化学反应过程中体系与环境的热交换量，即反应热，直接关系到反应装置热负荷的设计和计算，是化工过程设计的重要内容之一。例如，乙烯环氧化反应过程产生大量的热，使体系的温度快速升高，然而在更高的温度下容易导致过度氧化，生成副产物CO_2甚至发生爆炸，因此必须明确其反应热，并及时从反应器中移出热量，以维持反应温度不变。

可逆反应都有达到平衡的状态，这种状态是反应的极限。尽管在工业生产中实施的化学反应不会在平衡状态下进行，反应平衡仍然影响着操作条件的选择。而且平衡转化率常用作评价装置效率和工艺条件的标准。

反应热和反应平衡的计算均可建立在热力学性质的基础上，利用热力学状态函数的性质将各种参量与p-V-T建立某种关联。

在热力学计算中常需要规定标准状态，作为化学反应平衡计算的基准。气体的标准态是指标准压力下表现出理想气体性质的状态；液体的标准态是标准压力下的纯液体；固体标准态是纯固体。物质的标准压力常采用两种规定：$p^{\ominus}$=101.325kPa（1993年以前）和$p^{\ominus}$=100kPa（1993年以后），但目前国外的手册中仍有使用$p^{\ominus}$=101.325kPa的。对标准温度则没有硬性规定，只是多数场合采用298.15K。

8.1 化学反应的热效应

8.1.1 标准燃烧热

燃烧是一类容易进行实验研究的反应，采用量热法测定物质标准燃烧热，可进一步推算出该物质的标准生成热数据。**标准燃烧热的定义是，在标准状态下单位量（通常为1mol）物质与氧发生充分燃烧反应过程产生的热量，其数值等于燃烧反应前后体系的焓变，用符号$\Delta_c H$表示。**

对于有机化合物，燃烧反应的产物及相态规定如下：

① 化合物中只含有C和H

$$C_aH_b + \left(\frac{4a+b}{4}\right)O_2(g) \longrightarrow aCO_2(g) + \frac{b}{2}H_2O(l)$$

② 化合物中含有C、H和O

$$C_aH_bO_c + \left(\frac{4a+b-2c}{4}\right)O_2(g) \longrightarrow aCO_2(g) + \frac{b}{2}H_2O(l)$$

③ 化合物中含有 C、H 、O 和 N

$$C_aH_bO_cN_d+\left(\frac{4a+b-2c}{4}\right)O_2(g)\longrightarrow aCO_2(g)+\frac{b}{2}H_2O(l)+\frac{d}{2}N_2(g)$$

④ 化合物中含有 C、H 、O 、N 和 S

$$C_aH_bO_cN_dS_e+\left(\frac{4a+b-2c+6e}{4}\right)O_2(g)+\left(116e-\frac{b}{2}\right)H_2O(l)\longrightarrow$$

$$aCO_2(g)+\frac{d}{2}N_2(g)+e[H_2SO_4(115H_2O)](l)$$

含 S 有机化合物燃烧反应生成物有时会受反应条件的影响，反应式的形式也要具体问题具体分析。

含卤素有机化合物的燃烧反应更为复杂，例如氟化物燃烧产物中含有 HF 和 CF_4，因此还要考虑产物的转化，并规定为 $HF\cdot nH_2O$。

8.1.2　标准生成热

化合物的标准生成热是指，在标准状态下由构成该化合物的稳定态单质直接化合生成 1mol 该化合物反应过程的热效应，其数值等于生成反应前后体系的焓变，亦称为标准生成焓，用符号 $\Delta_f H^{\ominus}$ 表示，单位为 $kJ\cdot mol^{-1}$。手册中可查到的标准生成焓大都是 298.15K 的数据，个别手册同时提供了不同温度下的标准生成焓，列表给出 100K、200K、273.15K、298.15K、300K、400K、500K 等零散数据点。同种物质不同相态的标准生成焓是不同的，例如同温度下液体的标准生成焓（$\Delta_f H^{\ominus}_{298L}$）与气体的标准生成焓（$\Delta_f H^{\ominus}_{298V}$）之差等于蒸发焓（$\Delta_v H^{\ominus}_{298}$）。注意此相变焓的终态是理想气体状态，因此该值与实测的（$\Delta_v H_{298}$）是有差异的，只是这个差异在绝大多数情况下很小。

一般单质状态的规定如下：

固体——C（石墨）、S（菱形）、I_2、Li、Mg、Fe、Co 等；

液体——Br_2、Hg；

气体——H_2、O_2、N_2、F_2、Cl_2。

单质的标准态是在该温度下最稳定的相态（磷例外），α- 白磷的标准态不是最稳定的。对于晶体，只有最稳定的晶体的（$\Delta_f H^{\ominus}$）是零，而其他晶体不为零，例如在 C 的几种结构中只有石墨的 $\Delta_f H^{\ominus}_{298}$ 为零。

对于大多数有机化合物，可由 $\Delta_c H^{\ominus}_{298}$ 求取 $\Delta_f H^{\ominus}_{298}$。对于含 C、H、O、N 的有机化合物，除需要其 $\Delta_c H^{\ominus}_{298}$ 外，还需要 CO_2（g）和 H_2O（l）的 $\Delta_f H^{\ominus}_{298}$，这两个数据是早就已知的，且十分可靠，在很长时间里已无争议，因此可以说有 $\Delta_c H^{\ominus}_{298}$ 即有 $\Delta_f H^{\ominus}_{298}$。对于含 S 有机物，还需要有 H_2SO_4（$115H_2O$）的生成热。对于含卤有机物，$\Delta_c H^{\ominus}_{298}$ 的测定及 $\Delta_f H^{\ominus}_{298}$ 的计算都比较复杂，也影响了它们的可靠性，因此很少使用由 $\Delta_c H^{\ominus}_{298}$ 计算的方法。

对于不适用 $\Delta_c H^{\ominus}_{298}$ 计算 $\Delta_f H^{\ominus}_{298}$ 的物质，常用反应量热法。所选择的反应应该是：①反应必须完全；②没有副反应；③反应有足够的速度；④在反应中涉及的各物质中只有一个（所要求的）物质缺乏 $\Delta_f H^{\ominus}$。例如下列反应

$$CH_3Cl(g)+H_2(g)\longrightarrow CH_4(g)+HCl(g)$$

反应热（$\Delta_r H^\ominus$）测得后，又已知 $CH_4(g)$、$HCl(g)$、$H_2(g)$ 的 $\Delta_f H^\ominus$，就可按下式求得 $CH_3Cl(g)$ 的 $\Delta_f H^\ominus$。

$$\Delta_f H^\ominus_{g(CH_3Cl)} = \Delta_f H^\ominus_{g(CH_4)} + \Delta_f H^\ominus_{g(HCl)} - \Delta_f H^\ominus_{g(H_2)} - \Delta_r H^\ominus$$

上述反应在气相反应器中进行。另外，一些反应适合于在气液反应器或液液反应器中进行。例如，利用下列反应的反应热求取 $SnR_4(l)$（R 指烷基）及 $CH_3COOC_2H_5(l)$ 的反应焓变就是分别在气液反应器及液液反应器中进行的。

$$SnR_4(l)+Br_2(g) \longrightarrow SnR_3Br(l)+RBr(g)$$

$$CH_3COOC_2H_5(l)+H_2O(l) \longrightarrow C_2H_5OH(l)+CH_3COOH(l)$$

求取无机化合物的 $\Delta_f H^\ominus$时，大多是在水溶液中进行的，反应在液相量热器中进行。

$\Delta_f H^\ominus_{298}$ 数据量很大，且有系统收集和评价，评选时习惯列出该化合物近百年的所有测定成果。由于大多数有机化合物 $\Delta_f H^\ominus_{298}$ 来源于 $\Delta_c H^\ominus_{298}$，因此这两类数据常在一起评价，在同一手册上出现。无机化合物的 $\Delta_f H^\ominus_{298}$ 则收集整理在另外一些专门的手册中。虽然不少有机化合物和无机化合物已经有 $\Delta_f H^\ominus_{298}$ 数据，但仍有许多化合物缺乏 $\Delta_f H^\ominus_{298}$ 数据，不得不需要估算。所用的估算方法多数只能用于估算 $\Delta_f H^\ominus_{298(g)}$，而且只有基团贡献法。

8.1.3　标准反应热

每种化学反应都能以若干不同的方式进行，以某种方式进行的反应会伴有相应的热效应，称为化学反应热，其数值与反应过程的焓变相同。**在标准状态下，化学反应过程的热效应为标准反应热**。例如，对化学反应 $aA+bB \longrightarrow cC+dD$，定义标准反应热为，当 $a$mol 的 A 与 $b$mol 的 B 在标准态温度 T 下反应生成相同状态的 $c$mol 的 C 和 $d$mol 的 D 过程的焓变，亦称为标准反应焓变。

在工程计算中，反应焓变的数据通常由生成焓计算。如果化学反应通式为

$$\nu_1A_1+\nu_2A_2+\cdots+\nu_cA_c \longrightarrow \nu_{c+1}A_{c+1}+\nu_{c+2}A_{c+2}+\cdots+\nu_nA_n$$

式中，ν_i 是组分 i 的反应计量系数，规定产物的 ν_i 为正，反应物的 ν_i 为负，则标准反应焓变为

$$\Delta_r H^\ominus = \sum_i \nu_i (\Delta_f H^\ominus)_i \tag{8-1}$$

任何复杂的反应式总能由若干生成反应式合并得到，而且焓是状态函数，与变化的途径无关，因此通过标准生成焓计算标准反应焓的方法是合理的。

如果实际反应温度不是 298K，有两种计算反应热的方法。一种是计算所需温度（T）下的 $\Delta_f H^\ominus_T$，然后按式（8-1）计算 $\Delta_r H^\ominus_T$；另一种方法是设计一个变化途径，通过 $\Delta_f H^\ominus_{298}$ 计算：先使反应物等压变温至 298.15K，再在 298.15K 下进行反应，用反应物和产物的 $\Delta_f H^\ominus_{298}$ 数据计算反应焓变 $\Delta_f H^\ominus_{298}$，再将产物等压变温至温度 T。$\Delta_r H^\ominus_T$ 等于上述 3 个过程焓变的总和，即

$$\Delta_r H^\ominus_T = \Delta_r H^\ominus_{298} + \int_{298}^{T} [\sum C_{p(产物)} - \sum C_{p(反应物)}]\mathrm{d}T \tag{8-2}$$

这两种方法都需要反应物和产物的热容（C_p）值，前一种方法还需要单质的 C_p 值，如果在手册中能找到 $\Delta_f H^\ominus_T$ 值，此法就方便些。

8.1.4　温度对标准反应热的影响

由于标准反应热的数值等于标准状态下化学反应过程的焓变，所以温度对标准反应热的影响可通过焓变与温度的关系计算。标准状态下的系统压力为 100kPa，这种条件下组分的定压热容仅是温度的函数。当温度从 T_0 变到 T 时，组分的焓变为

$$dH_i^{\ominus} = C_{p,i}^{\ominus} dT$$

结合式（8-1）得

$$d(\Delta_r H^{\ominus}) = \sum_i (\nu_i C_{p,i}^{\ominus}) dT = \Delta C_p^{\ominus} dT$$

$$\Delta_r H_T^{\ominus} - \Delta_r H_{T_0}^{\ominus} = \int_{T_0}^{T} \Delta C_p^{\ominus} dT \tag{8-3}$$

或

$$\Delta_r H_T^{\ominus} - \Delta_r H_{T_0}^{\ominus} = R\int_{T_0}^{T} \frac{\Delta C_p^{\ominus}}{R} dT \tag{8-4}$$

从手册中可查到的常常是 298K 下的标准态化学热力学数据值，实际温度下的标准反应焓变可采用式（8-3）或式（8-4）由 298K 的标准反应焓变计算。

8.1.5　工业反应热效应的计算

工业中的化学反应多数并不在标准状态进行，例如：反应物的加料比不等于反应式的计量系数比，反应在加压条件下进行，反应过程中温度会发生变化，有时系统中还有惰性组分，多个反应同时进行等。以下将通过一个实例说明计算工业反应热效应的一种途径。

【例8-1】生产合成气的反应器中发生如下两个反应：甲烷在高温和常压下与水蒸气发生重整反应

$$CH_4(g)+H_2O(g) \longrightarrow CO+3H_2$$

水煤气变换反应

$$CO+H_2O(g) \longrightarrow CO_2+H_2$$

原料中水蒸气与甲烷的摩尔比为 2，进料温度为 600K。为了使甲烷转化完全，必须供给足够的热量使产物温度达到 1300K，此时产物流中含 17.4% 的 CO。计算反应器所需热量。

解： 以 1mol 甲烷为计算基准。从电子版附录 4 数据计算 298K 的标准反应热

$$CH_4(g)+H_2O(g) \longrightarrow CO+3H_2 \qquad \Delta_r H_{298}^{\ominus}=205813J$$

$$CO+H_2O(g) \longrightarrow CO_2+H_2 \qquad \Delta_r H_{298}^{\ominus}=-41166J$$

为计算方便，将化学反应式进行适当变换。由以上两个反应式相加得到

$$CH_4(g)+2H_2O(g) \longrightarrow CO_2+4H_2 \qquad \Delta_r H_{298}^{\ominus}=164647J$$

上述三个反应式中的任意两个都能构成一组独立的反应，现采用第一个式子和第三个式子的组合进行计算，即

$$\begin{cases} CH_4(g)+H_2O(g) \longrightarrow CO+3H_2 \qquad \Delta_r H_{298}^{\ominus}=205813J & (a) \\ CH_4(g)+2H_2O(g) \longrightarrow CO_2+4H_2 \qquad \Delta_r H_{298}^{\ominus}=164647J & (b) \end{cases}$$

设反应（a）消耗掉 $x$mol 甲烷，则反应（b）消耗掉（$1-x$）mol 甲烷，最终产物中组分的物质的量（mol）为

$$n_{CO}=x, \quad n_{H_2}=3x+4(1-x)=4-x, \quad n_{CO_2}=1-x, \quad n_{H_2O}=2-x-2(1-x)=x$$

产物总量为

$$x+4-x+1-x+x=5mol$$

其中，CO 摩尔分数为$\frac{x}{5}=17.4\%$，所以 x=0.87。代入前式得

$$n_{CO}=0.87,\quad n_{H_2}=3x+4(1-x)=3.13,\quad n_{CO_2}=0.13,\quad n_{H_2O}=2-x-2(1-x)=0.87$$

根据两个反应中消耗甲烷的量，可计算出总反应的 $\Delta_r H_{298}^{\ominus}$

$$\Delta_r H_{298}^{\ominus}=0.87\times 205813+0.13\times 164647=200460\ (\mathrm{J})$$

因为实际的反应温度由 600K 上升到 1300K，故设计变温途径如下。

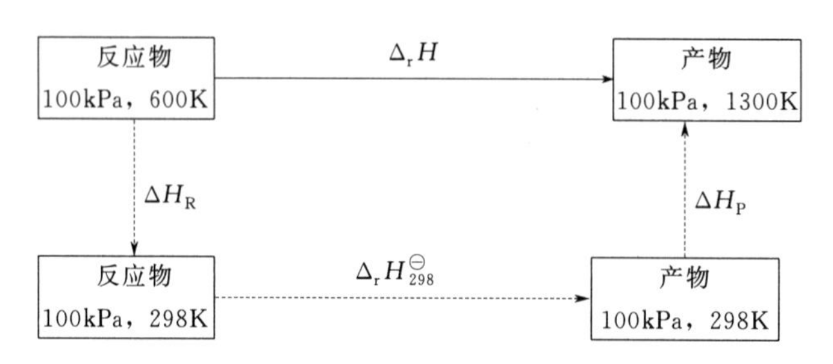

$$\Delta_r H=\Delta H_R+\Delta_r H_{298}^{\ominus}+\Delta H_P \tag{8-5}$$

与温度相比，压力对反应热的影响很小，通常可以忽略。

由式（8-4）得

$$\Delta H_R=R\int_{600}^{298}\frac{\Delta C_{p,R}^{\ominus}}{R}\mathrm{d}T=R\int_{600}^{298}\sum_R n_i(a_{0,i}+a_{1,i}T+a_{2,i}T^2+a_{3,i}T^3+a_{4,i}T^4)\mathrm{d}T \tag{8-6}$$

及

$$\Delta H_P=R\int_{298}^{1300}\frac{\Delta C_{p,P}^{\ominus}}{R}\mathrm{d}T=R\int_{298}^{1300}\sum_P n_i(a_{0,i}+a_{1,i}T+a_{2,i}T^2+a_{3,i}T^3+a_{4,i}T^4)\mathrm{d}T \tag{8-7}$$

由电子版附录 6 查得组分的热容温度系数如下表。

	组分	n_i	$a_{0,i}$	$a_{1,i}\times 10^3$	$a_{2,i}\times 10^5$	$a_{3,i}\times 10^8$	$a_{4,i}\times 10^{11}$	ΔT
反应物	CH_4 H_2O	1 2	4.568 4.395	−8.975 −4.186	3.631 1.405	−3.407 −1.564	1.091 0.632	50 ~ 1000 50 ~ 1000
产物	CO	0.87	3.912 0.574	−3.913 6.257	1.182 −0.374	−1.302 0.095	0.515 −0.008	50 ~ 1000 1000 ~ 5000
	H_2	3.13	2.883 3.252	3.681 0.206	−0.772 0.026	0.692 −0.009	−0.213 0.001	50 ~ 1000 1000 ~ 5000
	CO_2	0.13	3.259 0.269	1.356 11.337	1.502 −0.667	−2.374 0.167	1.056 −0.015	50 ~ 1000 1000 ~ 5000
	H_2O	0.87	4.395 0.507	−4.186 7.331	1.405 −0.372	−1.564 0.089	0.632 −0.008	50 ~ 1000 1000 ~ 5000

分别代入式（8-6）和式（8-7）并积分得到

$$\Delta H_R=-34390\mathrm{J},\quad \Delta H_P=161940\mathrm{J}$$

由式（8-5）得 $\Delta_r H=-34390+200460+161940=328010(\mathrm{J})$

假设反应器中气体稳定流动过程的动能和势能变化的影响可以忽略，并且无轴功，则

$$Q=\Delta_r H=328010\mathrm{J}$$

8.2　化学反应平衡

工业反应器的设计既要考虑反应速率，也需要考虑平衡转化率。例如，合成甲基叔丁基醚（MTBE）的反应

$$CH_3OH+C_4H_8 \longrightarrow CH_3OC_4H_9$$

其反应速率随着温度的升高而增加，但是升高温度却会使异丁烯的平衡转化率降低，因此在选择反应温度时需要综合考虑平衡转化率和反应速率两个因素。酯化反应也是一类典型的平衡反应，例如乙酸和乙醇生成乙酸乙酯的反应在很大温度范围内不能进行到底，需要及时移走反应产物（水）以推动反应平衡的移动。平衡转化率作为可逆化学反应的极限，能够为设备改进和催化剂研究提供一个评价标准，通常以反应平衡常数的大小表示理论上正反应能够达到的最大限度。

化学反应平衡常数是温度的函数，通常由标准反应 Gibbs 自由能计算。本节所讨论的反应平衡计算方法以及真实物系反应平衡组成和平衡转化率的计算，对工艺设计和生产条件的确定以及经济核算都是必不可少的。

8.2.1　化学反应进度

对于可逆反应

$$CH_4(g)+H_2O(g) \rightleftharpoons CO+3H_2$$

由 $\sum$产物 $-\sum$反应物 $=0$ 得

$$CO+3H_2-CH_4(g)-H_2O(g)=0$$

该体系包含四个组分，如果以 A_i 表示 i 组分的分子，ν_i 表示 i 组分的化学反应式计量系数，则有

$$\nu_1A_1+\nu_2A_2+\nu_3A_3+\nu_4A_4=0$$

或

$$\sum_{i=1}^{4}\nu_iA_i=0$$

式中，$\nu_1=1$，$\nu_2=3$，$\nu_3=-1$，$\nu_4=-1$。

类推可得，对于包含 C 个组分的任意单一反应体系，各组分之间的关系可表示为

$$\sum_{i=1}^{C}\nu_iA_i=0$$

式中，C 为反应物和产物中的组分总数。

对于同一个化学反应，当采用不同形式的反应方程式时，化学计量系数 ν_i 的表达不同，例如合成氨反应，采用方程式

$$N_2+3H_2 \rightleftharpoons 2NH_3$$

其化学计量系数为　$\nu_{N_2}=-1$，$\nu_{H_2}=-3$，$\nu_{NH_3}=2$

若采用方程式

$$\frac{1}{2}N_2+\frac{3}{2}H_2 \rightleftharpoons NH_3$$

则化学计量系数为　$\nu_{N_2}=-\dfrac{1}{2}$，$\nu_{H_2}=-\dfrac{3}{2}$，$\nu_{NH_3}=1$

这种变化还会影响到平衡常数 K 的表达。

反应进行时，体系中任意物质 i 和 j 的物质的量变化的比例均符合化学计量系数比，即

$$\frac{dn_i}{dn_j}=\frac{\nu_i}{\nu_j}，或表示为\frac{dn_i}{\nu_i}=\frac{dn_j}{\nu_j}$$

若反应体系包含 C 种物质，则有通式

$$\frac{dn_1}{\nu_1}=\frac{dn_2}{\nu_2}=\cdots=\frac{dn_n}{\nu_n} \tag{8-8}$$

令反应进行到 t 时刻的

$$\frac{dn_i}{\nu_i}=d\varepsilon \tag{8-9}$$

ε 表示经过 t 时间，化学反应进行的程度，称为反应进度，单位为mol。

若规定 $t=t_0$ 时，$\varepsilon=0$，由 $t_0\to t$ 积分式（8-8）得

$$\int_{n_{i,0}}^{n_{i,t}}dn_i=\nu_i\int_0^{\varepsilon}d\varepsilon$$

反应进行到 t 时刻，反应进度为 ε 时，组分 i 的物质的量为

$$n_{i,t}=n_{i,0}+\nu_i\varepsilon \qquad (i=1,2,3,\cdots,C) \tag{8-10}$$

反应达到平衡时，组分 i 的物质的量为

$$n_i^{e}=n_{i,0}+\nu_i\varepsilon^{e} \qquad (i=1,2，3,\cdots,C) \tag{8-11}$$

ε^{e} 称为平衡反应进度。

通过引入反应进度的概念，将 C 个组分的浓度变量转化成一个变量，可以更方便地计算反应体系的组成和平衡转化率。

反应进度用于表达反应进行的“深度”，这一概念不限于表达化学平衡，在化学反应的物料平衡计算及反应工程中也广泛使用。

【例8-2】反应 $CH_4(g)+H_2O(g) \rightleftharpoons CO+3H_2$ 的原料配比为 $n_{H_2O,0}/n_{CH_4,0}=2$。计算当反应进度 $\varepsilon=0.5$ 时各组分的浓度。

解：取计算基准为 $n_{CH_4,0}=1$mol。根据原料配比和式（8-10）得到下表。

组分	$n_{i,0}$	ν_i	$n_{i,t}=n_{i,0}+\nu_i\varepsilon$
CH_4	1	−1	1−1×0.5=0.5
H_2O	2	−1	2−1×0.5=1.5
CO	0	1	1×0.5=0.5
H_2	0	3	3×0.5=1.5
			$\sum n_{i,t}=4$

$$y_{CH_4}=\frac{0.5}{4}=0.125，\quad y_{H_2O}=\frac{1.5}{4}=0.375，\quad y_{CO}=\frac{0.5}{4}=0.125，\quad y_{H_2}=\frac{1.5}{4}=0.375$$

如果系统中同时存在 r 个独立的化学反应，反应式 j 的反应进度为 ε_j，用 $\nu_{i,j}$ 代表第 j 个反应中第 i 个组分的化学计量数，则

$$d\varepsilon_j=\frac{dn_{j,i}}{\nu_{j,i}} \tag{8-12}$$

$$dn_i = \sum_{j=1}^{r} dn_{j,i} = \sum_{j=1}^{r} \nu_{j,i} d\varepsilon_j \tag{8-13}$$

由 $t_0 \to t$ 积分式（8-13）得

$$n_{i,t} = n_{i,0} + \sum_{j=1}^{r} \nu_{j,i}\varepsilon_j \qquad (i=1,2,3,\cdots,C) \tag{8-14}$$

$$n_t = \sum_{i-1}^{C} n_{i,t} = n_0 + \sum_{j=1}^{r} \nu_j \varepsilon_j \tag{8-15}$$

$$y_i = \frac{n_{i,0} + \sum_{j=1}^{r} \nu_{j,i}\varepsilon_j}{n_0 + \sum_{j=1}^{r} \nu_j \varepsilon_j} \tag{8-16}$$

可见，反应系统在任何时刻的组成是 r 个反应进度（$\varepsilon_1,\varepsilon_2,\cdots,\varepsilon_r$）的函数。

【例8-3】用反应进度表示例 8-1 中反应体系在任意时刻的组成。

解： 取计算基准为 $n_{CH_4,0}$=1mol，则 $n_{H_2O,0}$=2mol。反应方程组为

$$CH_4(g)+H_2O(g) \longrightarrow CO+3H_2 \tag{1}$$

$$CO+H_2O(g) \longrightarrow CO_2+H_2 \tag{2}$$

的反应进度分别为 ε_1 和 ε_2。化学计量系数和组分的初始物质的量如下表：

组分	$n_{i,0}$	$\nu_{1,i}$	$\nu_{2,i}$
CH_4	1	−1	0
H_2O	2	−1	−1
CO	0	1	−1
H_2	0	3	1
CO_2	0	0	1
		ν_1=2	ν_2=0

应用式（8-16）得到反应体系中各组分的组成

$$y_{CH_4} = \frac{1-\varepsilon_1}{3+2\varepsilon_1},\quad y_{H_2O} = \frac{2-\varepsilon_1-\varepsilon_2}{3+2\varepsilon_1},\quad y_{CO} = \frac{\varepsilon_1-\varepsilon_2}{3+2\varepsilon_1},\quad y_{H_2} = \frac{3\varepsilon_1+\varepsilon_2}{3+2\varepsilon_1},\quad y_{CO_2} = \frac{\varepsilon_2}{3+2\varepsilon_1}$$

8.2.2　标准生成 Gibbs 自由能

生成 Gibbs 自由能（$\Delta_f G$）是从稳定单质生成单位量（一般为 1mol）该物质时所发生的 Gibbs 自由能变化。对其相关的标准态和稳定单质的规定同生成焓，其中 298K 的标准生成 Gibbs 自由能（$\Delta_f G_{298}^{\ominus}$）最重要，常用于计算实际反应过程的 Gibbs 自由能变（$\Delta_r G^{\ominus}$），进而求取反应平衡常数。

$\Delta_f G^{\ominus}$的数值不能直接由实验测得，需要通过如下定义式计算

$$\Delta_f G_{298}^{\ominus} = \Delta_f H_{298}^{\ominus} - 298.15\Delta_f S_{298}^{\ominus} \tag{8-17}$$

$$\Delta_f G_T^\ominus = \Delta_f H_T^\ominus - T\Delta_f S_T^\ominus \tag{8-18}$$

从 $\Delta_f H_{298}^\ominus$ 和 $S_{298}^\ominus$ 计算 $\Delta_f H_T^\ominus$ 及 $S_T^\ominus$，需要知道 C_p 的数据。相对于生成焓，熵的数据少得多，常成为计算 $\Delta_f G^\ominus$的难点。

在化学数据手册中，$\Delta_f G_{298}^\ominus$ 的数据常常与 $\Delta_c H_{298}^\ominus$ 和 $\Delta_f H_{298}^\ominus$ 一起编排，由于 $S_{298}^\ominus$ 的数据比较少，使 $\Delta_f G_{298}^\ominus$ 的数据相对要少一些，$\Delta_f G_T^\ominus$ 的数据则更少，仅在个别手册中有些以每 100K 为间隔的 $\Delta_f G_T^\ominus$ 计算值。

8.2.3 化学反应平衡的判据

任何反应物系都是由反应物和产物组成的多元混合物系。在一定的 T、p 和 $\mathrm{d}t$ 时间下，反应系统 Gibbs 自由能变为

$$\mathrm{d}G_{T,p} = \sum_{i=1}^{C} \mu_i \mathrm{d}n_i = \sum_{i=1}^{C} \mu_i \nu_i \mathrm{d}\varepsilon \tag{8-19a}$$

或

$$\left(\frac{\partial G}{\partial \varepsilon}\right)_{T,p} = \sum_{i=1}^{C} \nu_i \mu_i \tag{8-19b}$$

对于一个自发的反应过程，在恒定的温度 T 和压力 p 下，系统的 Gibbs 自由能随反应程度的增加而减小，即化学反应方向的判据为：

$$\mathrm{d}G_{T,p} < 0，或\ \Delta_r G_{T,p} < 0 \tag{8-20}$$

图 8-1 为单一反应 Gibbs 自由能与反应进度的关系曲线，曲线中的箭头表示了反应过程中系统 Gibbs 自由能变化的方向，曲线的最低点对应化学平衡时的反应进度 $\varepsilon = \varepsilon^e$。达到化学平衡时，Gibbs 自由能最小，即

$$\left(\frac{\partial G}{\partial \varepsilon}\right)_{T,p} = 0 \tag{8-21a}$$

或

$$\sum_{i=1}^{C} \nu_i \mu_i = 0 \tag{8-21b}$$

或

$$\mathrm{d}G_{T,p} = 0 \tag{8-21c}$$

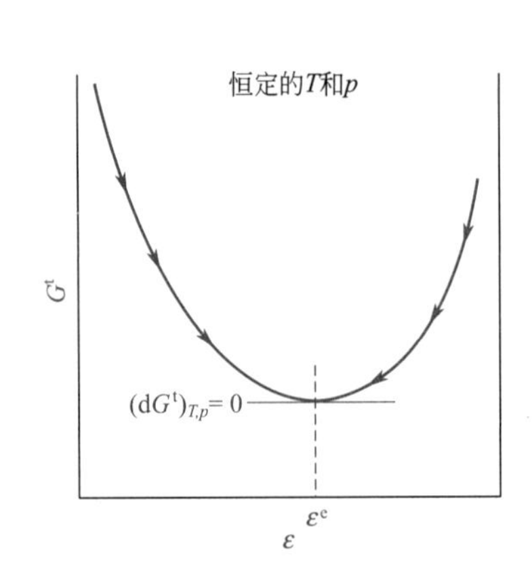

图 8-1 Gibbs 自由能与反应进度的关系

式（8-21）是反应平衡的判据。因为 Gibbs 自由能是状态函数，所以实际中如何达到平衡状态并不重要，只要平衡态的温度和压力一定，即可应用该判据。

由图可见，在一定 T、p 下，可逆反应 $\Delta_r G$ 的正负取决于反应物和产物的浓度。反应进度不同，反应的方向也会不同，但都趋向于达到 ε^e。

8.2.4 化学反应平衡常数

化学平衡计算的主要目的是确定化学反应中反应物与产物达到平衡时的组成关系，而反应平衡常数正是连接平衡组成与系统热力学性质关系的一个桥梁。

混合物中组分 i 的化学势 $\mu_i = \bar{G}_i$。将化学势与活度的关系 $\mu_i = \mu_i^\ominus + RT\ln \hat{a}_i$ 代入式（8-21b）得到

$$\sum_{i=1}^{C}\nu_i\mu_i=\sum_{i=1}^{C}\nu_i(\mu_i^{\ominus}+RT\ln\hat{a}_i)=0$$

式中，$\mu_i^{\ominus}=G_i^{\ominus}$为标准态化学势，或 i 组分的标准 Gibbs 自由能。在化学平衡计算中，取纯组分在系统温度和固定压力下的状态为标准态（这与相平衡计算中的标准态压力不同）。经整理得到

$$\ln\prod(\hat{a}_i)^{\nu_i}=-\frac{\sum\nu_iG_i^{\ominus}}{RT}$$

或

$$\prod(\hat{a}_i)^{\nu_i}=\exp\left(-\frac{\sum\nu_iG_i^{\ominus}}{RT}\right)=K \tag{8-22}$$

式中，K 称为反应平衡常数。**由于 $G_i^{\ominus}$表示纯物质 i 在固定压力的标准状态下的性质，仅与温度有关，故 K 仅是温度的函数。**式（8-22）可改写为

$$\Delta_rG^{\ominus}=\sum\nu_iG_i^{\ominus}=-RT\ln K \tag{8-23}$$

虽然原则上可以从实验值反求 K 值，但是要达到平衡可能需要相当长的时间，也难以确定和掌握，因此实际上这不是一个实用的方法。可用的方法是利用式（8-23）从反应的 Gibbs 自由能改变计算 K，即从反应物和生成物的 $\Delta_fG_T^{\ominus}$或 $\Delta_fG_{298}^{\ominus}$ 求取，在多相反应计算中需要注意各物质的标准态。通常情况下，从数据手册中可查到标准生成 Gibbs 自由能 $\Delta G_{f,298}^{\ominus}$，$\Delta_rG^{\ominus}$的计算可参照计算 $\Delta_rH^{\ominus}$的方法。

$\Delta_rG_T^{\ominus}$的正负决定 K 的大小。按照式（8-23），当 $\Delta_rG_T^{\ominus}$为负时，其绝对值越大，K 值越大。但是当 $\Delta_rG_T^{\ominus}$为正时，只要其值不是很大，K 值就不会太小，反应仍然会自发进行。为了克服平衡的影响，需要不断分离移出产物，以促使反应继续进行。

下面以乙烯水合反应为例说明怎样由 $\Delta_rG^{\ominus}$计算平衡常数 K。

【例8-4】乙烯气相水合反应式如下

$$C_2H_4(g)+H_2O(g)\rightleftharpoons C_2H_5OH(g)$$

计算 298K 的反应平衡常数。

解：由电子版附录 4 查出乙烯、水蒸气和乙醇蒸气的标准热化学数据如下：

组分	相态	$\Delta_fH_{298}^{\ominus}$/kJ · mol^{-1}	$\Delta_fG_{298}^{\ominus}$/kJ · mol^{-1}
C_2H_4	g	52.5	68.5
H_2O	g	−241.8	−228.4
C_2H_5OH	g	−234.01	−166.7

$$\Delta_rG^{\ominus}=\sum\nu_iG_i^{\ominus}=-RT\ln K$$

$$K=\exp\left(-\frac{\sum\nu_iG_i^{\ominus}}{RT}\right)=\exp\left[-\frac{(-166.7+228.4-68.5)\times10^3}{8.3145\times298}\right]=15.55$$

8.2.5　温度对平衡常数的影响

根据热力学基本方程式 dG=Vdp−SdT，又因为

$$\mathrm{d}\left(\frac{G}{RT}\right)=\frac{1}{RT}\mathrm{d}G-\frac{G}{RT^2}\mathrm{d}T$$

以及热力学性质间的关系 $G=H-ST$

所以
$$\mathrm{d}\left(\frac{G}{RT}\right)=\frac{V}{RT}\mathrm{d}p-\frac{H}{RT^2}\mathrm{d}T$$

恒压时
$$\frac{H}{RT}=-T\left\{\frac{\partial[G/(RT)]}{\partial T}\right\}_p$$

在标准状态下
$$H_i^{\ominus}=-RT^2\frac{\mathrm{d}[G_i^{\ominus}/(RT)]}{\mathrm{d}T}$$

等式两边同时乘以 ν_i 并求和得到

$$\sum\nu_i H_i^{\ominus}=-RT^2\frac{\mathrm{d}[\sum\nu_i G_i^{\ominus}/(RT)]}{\mathrm{d}T}$$

所以
$$\Delta H^{\ominus}=-RT^2\frac{\mathrm{d}[\Delta G^{\ominus}/(RT)]}{\mathrm{d}T}$$

结合式（8-23）得
$$\frac{\mathrm{d}\ln K}{\mathrm{d}T}=\frac{\Delta_r H^{\ominus}}{RT^2} \tag{8-24}$$

上式称为 van't Hoff 等压方程，式中 $\Delta_r H^{\ominus}$为化学反应的标准焓变。对于吸热反应，$\Delta_r H^{\ominus}>0$，平衡常数 K 随温度升高而增大；放热反应，$\Delta_r H^{\ominus}<0$，K 随温度升高而减小。如果温度变化范围不大，或 $\Delta_r H^{\ominus}$对温度不敏感，可近似地把 $\Delta_r H^{\ominus}$视为常数对式（8-24）进行积分，得

$$\ln\frac{K_{T_1}}{K_{T_2}}=-\frac{\Delta_r H^{\ominus}}{R}\left(\frac{1}{T_1}-\frac{1}{T_2}\right) \tag{8-25a}$$

或
$$\ln K_{T_2}=\frac{\Delta_r H^{\ominus}}{R}\left(\frac{1}{T_1}-\frac{1}{T_2}\right)+\ln K_{T_1} \tag{8-25b}$$

或
$$\ln K=-\frac{\Delta_r H^{\ominus}}{RT}+I \tag{8-26}$$

式（8-26）表明，$\ln K$ 与 $1/T$ 符合线性关系。式中 I 为积分常数，可由一组已知的反应热及平衡常数求得。

当 $\Delta_r H^{\ominus}$随温度有较大变化或讨论的温度范围较大时，可利用各反应物及产物的热容（C_p）关联式求出 $\Delta_r H^{\ominus}$与 T 的关系。按各物质 $C_p=a_0+a_1T+a_2T^2+\cdots$的形式，则

$$\Delta_r H^{\ominus}=\Delta H_0+\Delta AT+\frac{1}{2}\Delta BT^2+\frac{1}{3}\Delta CT^3+\cdots \tag{8-27}$$

式中，积分常数 ΔH_0 也要由某一温度下的 $\Delta_r H^{\ominus}$值来确定，结合式（8-24）得

$$R\ln K=-\frac{\Delta H_0}{T}+(\Delta A)\ln T+\frac{1}{2}(\Delta B)T+\frac{1}{6}(\Delta C)T^2+\cdots+I \tag{8-28}$$

式中，积分常数 I 也是由某个温度的平衡常数来确定的。

【例8-5】计算例 8-4 反应在 373K 温度下的平衡常数。

解：对式（8-24）积分可计算温度对平衡常数的影响

$$\int_{298}^{373}\frac{\mathrm{d}\ln K}{\mathrm{d}T}=\int_{298}^{373}\frac{\Delta_r H^\ominus}{RT^2}$$

因为温度变化范围不大，所以 $\Delta_r H^\ominus$可近似视为常数。积分得到

$$\ln K_{373}=\frac{\Delta_r H^\ominus}{R}\left(\frac{1}{298}-\frac{1}{373}\right)+\ln K_{298}$$

$$\Delta_r H^\ominus\approx\Delta_r H_{298}=\sum\nu_i\Delta_f H_{298}^\ominus=-234.01-(52.5-241.8)=-44.71(\mathrm{kJ\cdot mol^{-1}})$$

将 $\Delta_r H^\ominus$和 [例 8-4] 中得到的 K_{298} 代入得

$$\ln K_{373}=\frac{-44710}{8.3145}\times\left(\frac{1}{298}-\frac{1}{373}\right)+\ln 15.55=-0.1919$$

$$K_{373}=0.825$$

8.2.6　单一反应平衡组成的计算

在分析和设计工业反应装置时，常常需要根据平衡常数来计算平衡组成，从而获得平衡转化率和产率的信息。为了比较简便地计算平衡组成，对于不同类型的反应，可将平衡常数与组成的关系用不同的形式表达。反应在不同的相态下进行，平衡常数可有不同的表达方式。

8.2.6.1　气相反应

气体混合物中组分的化学势可用逸度表示为

$$\mu_i=\mu_i^\ominus+RT\ln(\hat{f}_i/f_i^\ominus)$$

结合式（8-22）可得

$$K=\prod(\hat{a}_i)^{\nu_i}=\prod(\hat{f}_i/f_i^\ominus)^{\nu_i}=K_f \tag{8-29}$$

气体的逸度标准态是在同温下，压力为 100kPa 的理想气体状态，此时 $f_i^\ominus$=100kPa。用逸度系数表示式（8-29）为

$$K_f=\left(\frac{p}{100}\right)^{\sum\nu_i}\prod\hat{\Phi}_i^{\nu_i}\prod y_i^{\nu_i}=\left(\frac{p}{100}\right)^{\sum\nu_i}K_\Phi K_y \tag{8-30a}$$

式中，$K_\Phi=\prod\hat{\Phi}_i^{\nu_i}$、$K_y=\prod y_i^{\nu_i}$。$p$ 是系统总压，单位为kPa。如果压力和逸度均以atm为单位，则式（8-30a）可转化为

$$K_f=p^{\sum\nu_i}K_\Phi K_y \tag{8-30b}$$

以上各式中，y_i 是组分 i 的平衡摩尔分数，K_f 无量纲。

【例8-6】反应 $C_2H_4+H_2O(g) \rightleftharpoons C_2H_5OH(g)$ 在 523K 和 3.4MPa 下的 $K_f=8.15\times10^{-3}$。若原料中 $H_2O:C_2H_4=5:1$（摩尔比），计算乙烯的平衡转化率和乙醇的平衡组成。

解： 由式（8-30b）得

$$K_y=K_f K_\Phi^{-1}\left(\frac{p}{0.101325}\right)^{-\sum\nu_i}=8.15\times10^{-3}\times\left(\frac{3.4}{0.101325}\right)^{-(1-1-1)}K_\Phi^{-1}=0.2735K_\Phi^{-1}$$

如果近似地按理想混合物计算，则

$$K_{\Phi}^{-1}=\frac{\Phi_{C_2H_4}\Phi_{H_2O}}{\Phi_{C_2H_5OH}}$$

其中 Φ_i 可由对比态舍项维里方程计算

$$\ln\Phi_i=\frac{p_{ri}}{T_{ri}}[B^{(0)}+\omega_i B^{(1)}]$$

$$B^{(0)}=0.083-\frac{0.442}{T_{ri}^{1.6}},\quad B^{(1)}=0.139-\frac{0.172}{T_{ri}^{4.2}}$$

由电子版附录 3 查出的各组分临界数据，以及主要计算结果见下表。

组分	T_c/K	p_c/MPa	ω_i	T_{ri}	p_{ri}	$B^{(0)}$	$B^{(1)}$	Φ_i
C_2H_4	282.3	5.041	0.085	1.853	0.674	−0.074	0.126	0.977
H_2O	647.1	22.055	0.345	0.808	0.154	−0.511	−0.282	0.891
C_2H_5OH	514.0	6.137	0.637	1.018	0.554	−0.327	−0.021	0.831

$$K_{\Phi}=\frac{0.831}{0.977\times0.891}=0.9546$$

$$K_y=\frac{y_{C_2H_5OH}}{y_{C_2H_4}y_{H_2O}}=0.2735K_{\Phi}^{-1}=\frac{0.2735}{0.9546}=0.2865$$

又根据平衡组成与反应进度的关系得

$$y_i=\frac{n_i^e}{\sum_{j=1}^{C}n_j^e}$$

式中，$n_i^e=n_{i,0}+\nu_i\varepsilon^e$。

取计算基准 $n_{C_2H_4,0}=1\text{mol}$，则

$$n_{C_2H_4}^e=n_{C_2H_4,0}+\nu_{C_2H_4}\varepsilon^e=1+(-1)\varepsilon^e=1-\varepsilon^e$$

$$n_{H_2O}^e=5-\varepsilon^e,\quad n_{C_2H_5OH}^e=0+\varepsilon^e=\varepsilon^e$$

$$\sum_{j=1}^{C}n_i^e=6-\varepsilon^e$$

$$y_{C_2H_4}=\frac{1-\varepsilon^e}{6-\varepsilon^e},\quad y_{H_2O}=\frac{5-\varepsilon^e}{6-\varepsilon^e},\quad y_{C_2H_5OH}=\frac{\varepsilon^e}{6-\varepsilon^e}$$

$$K_y=\frac{\varepsilon^e(6-\varepsilon^e)}{(5-\varepsilon^e)(1-\varepsilon^e)}=0.2865$$

上式为 ε^e 的二次方程，解得两个根 0.192 和 5.808。

$$C_2H_4\text{的转化率}=\frac{n_{C_2H_4,0}-n_{C_2H_4}^e}{n_{C_2H_4,0}}=\frac{1-(1-\varepsilon^e)}{1}=\varepsilon^e$$

应取 $\varepsilon^e<1$ 的根，即 ε^e=0.192。所以 C_2H_4 转化率为 19.2%。

$$y_{C_2H_5OH}=\frac{\varepsilon^e}{6-\varepsilon^e}=\frac{0.192}{6-0.192}=0.033$$

计算了平衡浓度后，可以得出若干有用的结论：①本反应是放热反应，从热力学分析，温度宜低，但这是一个催化反应，反应温度还要由所选催化剂适应的温度来决定；②在 523K 下，反应平衡常数仅为 8.15×10^{-3}，对应的 $\Delta_r G_{523}^{\ominus}$=20.9kJ · mol^{-1}，此值虽较大，但在一定条件下（包括压力、反应物配比），反应仍可有一定转化率；③加压和增加水蒸气配比可提高乙烯平衡化率，但设备费用增加，也增加能耗，并使得乙醇浓度太低，增加了分离的困难及成本；④计算平衡转化率后，可知大部分 C_2H_4 未反应，必须回用；⑤算出的平衡转化率指示了热力学的极限，若工业装置中接近这一平衡转化率，再开发新催化剂已无多大的可能。总之，化学平衡计算对工艺条件的选择及改进有重要作用。

8.2.6.2　单液相反应

液体的活度为 $a_i=\gamma_i x_i$。结合式（8-22）得到反应平衡常数

$$K=K_a=\prod(\hat{a}_i)^{\nu_i}=\prod\gamma_i^{\nu_i}\prod x_i^{\nu_i}=K_\gamma K_x \tag{8-31}$$

（1）不添加溶剂的液相反应

反应体系是由反应物和产物组成的均相混合物，采用系统温度下的纯液体作为活度系数的基准态。式（8-31）中的 $K_\gamma=f_1(T,x_i)$，$x_i=f_2(\varepsilon^e)$，需迭代计算出 ε^e，再求 x_i。如果混合物为理想溶液，则 $K=K_x$，计算简单得多，但这种情况极少见。对非理想溶液，因为 γ 值与组成有关，组成需要迭代求解。

（2）添加溶剂的液相反应

如果溶剂量不大，按一般溶液计算活度系数，计算方法基本同上。

如果溶剂的量较大，按稀溶液处理可使问题得到简化。

对于溶质，$a_i=\gamma_i^* m_i$，i 为反应物或产物，其活度系数的基准态符合亨利定律，即稀溶液时 $a_i=m_i$，m_i 是组分 i 的质量浓度；

对于溶剂，$a_s=\gamma_s x_s$，s 为溶剂，其活度系数的基准态符合 Lewis-Randall 规则，即稀溶液中溶剂的 $a_s=x_i$。

溶剂不参加反应时　$$K=\prod m_i^{\nu_i}=K_m$$

溶剂参加反应时　$$K=x_s^{\nu_s}\prod m_i^{\nu_i}=K_m x_s^{\nu_s}$$

【例8-7】在 298.15K 下，1mol 乙醇（Et）与 1mol 乙酸（Ac）的酯化反应在大量水（W）中进行，产物为乙酸乙酯（Ea）。反应方程式如下

$$Et_{aq}+Ac_{aq}=\!=\!=Ea_{aq}+W_1$$

反应开始时水的量为 1000mol，计算乙酸乙酯的平衡浓度。

解：溶质采用质量浓度，溶剂（W）的标准态是纯水。

查得各组分在 298.15K 的标准生成 Gibbs 自由能数值如下：

组分	Et	Ac	Ea	W
$\Delta_f G_{m,298.15}^{\ominus}$/kJ · mol^{-1}	−180.8	−397.6	−332.7	−237.2

（1）计算化学反应的 Gibbs 自由能变

$$\Delta_r G_{m,298.15}^{\ominus}=(\Delta_f G_{m,Ea}^{\ominus}+\Delta_f G_{m,W}^{\ominus})-(\Delta_f G_{m,Et}^{\ominus}+\Delta_f G_{m,Ac}^{\ominus})$$

$$=(-332.7-237.2)-(-180.8-397.6)=8.5(\text{kJ}\cdot\text{mol}^{-1})$$

（2）计算平衡常数

$$K_{298.15}^{\ominus}=\exp\left(\frac{-\Delta_{\rm r}G_{\rm m,298.15}^{\ominus}}{RT}\right)=\exp\left(\frac{-8.5}{8.3145\times298.15}\right)=0.0324$$

（3）计算平衡浓度

因为溶液很稀，所以溶质和溶剂的活度系数接近于 1，由平衡常数关系得

$$K_{298.15}^{\ominus}=\frac{\hat{a}_{\rm Ea}\hat{a}_{\rm W}}{\hat{a}_{\rm Et}\hat{a}_{\rm Ac}}=\frac{\gamma_{\rm Ea}^{*}\gamma_{\rm W}}{\gamma_{\rm Et}^{*}\gamma_{\rm Ac}^{*}}=\frac{m_{\rm Ea}x_{\rm W}}{m_{\rm Et}m_{\rm Ac}}=0.0324$$

用反应进度表示各组分平衡时的量为

$$n_{\rm Et}^{\rm e}=n_{\rm Et,0}^{\rm e}-\varepsilon^{\rm e}=1-\varepsilon^{\rm e}，\quad n_{\rm Ac}^{\rm e}=n_{\rm Ac,0}^{\rm e}-\varepsilon^{\rm e}=1-\varepsilon^{\rm e}，\quad n_{\rm Ea}^{\rm e}=n_{\rm Ea,0}^{\rm e}+\varepsilon^{\rm e}=\varepsilon^{\rm e}$$

水的质量为（$1000+\varepsilon^{\rm e}$）$\times0.018\approx18$kg，且 $x_{\rm W}\approx1$，因此

$$m_{\rm Et}=m_{\rm Ac}=\frac{1-\varepsilon^{\rm e}}{18}(\text{mol}\cdot\text{kg}^{-1})，\quad m_{\rm Ea}=\frac{\varepsilon^{\rm e}}{18}(\text{mol}\cdot\text{kg}^{-1})$$

代入平衡常数关系式得

$$\frac{18\varepsilon^{\rm e}}{(1-\varepsilon^{\rm e})^2}=0.0324，\quad \varepsilon^{\rm e}=0.00181\text{mol}$$

$$m_{\rm Ea}^{\rm e}=\frac{0.00181}{18}=1.01\times10^{-4}(\text{mol}\cdot\text{kg}^{-1})$$

8.2.6.3 气 - 固两相反应

在多相反应计算中，各相的标准态不同，表示含量的单位也不同。例如 $CaCO_3$ 的分解反应

$$CaCO_3(s)\rightleftharpoons CaO(s)+CO_2(g)$$

体系中 $CaCO_3$ 和 CaO 都是纯固体，所以

$$f_{CaCO_3}=f_{CaCO_3}^{\ominus}，\quad f_{CaO}=f_{CaO}^{\ominus}$$

即

$$a_{CaCO_3}=a_{CaO}=1$$

【例8-8】979K 下 $CaCO_3$ 的分解反应平衡常数 $K_{979}^{\ominus}=0.15$，计算 979K、1atm 下 $CaCO_3$ 分解得到的 CO_2 分压。

解：

$$K_{979}^{\ominus}=\frac{a_{CaO}f_{CO_2}}{a_{CaCO_3}}=f_{CO_2}=p_{CO_2}=0.15\text{atm}$$

8.2.6.4 气 - 液两相反应

在化学吸收过程和气液相反应中，在反应体系中既有液相，又有气相。因此，平衡组成的计算既要满足气液相平衡，又要满足化学反应平衡的要求。需要联合运用相平衡和化学平衡的规律开展相关计算。

在计算中满足的条件是

$$\hat{f}_i^{\rm I}=\hat{f}_i^{\rm II}=\cdots=\hat{f}_i^{\rm P}\qquad(i=1,2,\cdots,N)$$

式中，Ⅰ, Ⅱ ,⋯, P 代表每个不同的相。上式对所有的相都要符合要求，在任一相中又要满足

$$K_{a,j}=\prod_{i=1}^{N}\hat{a}_{ij}^{\nu_i}\qquad (j=\mathrm{I},\mathrm{II},\cdots,\mathrm{P})$$

在求取答案时，同时要解许多非线性代数方程，计算相当复杂。若标准态选择得当，可以简化计算。现以某种气体 A 和水 B 进行反应得到水溶液 C 来说明。假设反应在气相中进行，同时在相间进行传质，以保持相平衡。在此情况下，根据气体物种在其标准状态（在反应温度和 1atm 的理想气体状态）的 $\Delta G_T^{\ominus}$ 值可计算化学反应平衡常数。假设反应在液相中进行，$\Delta G_T^{\ominus}$ 由液态标准态决定。假设反应按如下方式进行

$$\mathrm{A(g)+B(l)} \rightleftharpoons \mathrm{C(aq)}$$

在此条件下，$\Delta G_T^{\ominus}$ 的计算是根据：组分 C 在 $1\mathrm{mol}\cdot\mathrm{L}^{-1}$ 浓度假想溶液中的标准态，组分 B 在 0.1013MPa（1atm）时的纯液体，组分 A 在 0.1013MPa（1atm）时的理想气体。选择这些标准状态后，由式（8-22）表示的平衡常数变为

$$K=\frac{\hat{a}_\mathrm{C}}{\hat{a}_\mathrm{B}\hat{a}_\mathrm{A}}=\frac{\hat{f}_\mathrm{C}/f_\mathrm{C}^{\ominus}}{(\hat{f}_\mathrm{B}/f_\mathrm{B}^{\ominus})\left(\hat{f}_\mathrm{A}/f_\mathrm{A}^{\ominus}\right)}=\frac{m_\mathrm{C}}{(\gamma_\mathrm{B}x_\mathrm{B})(\hat{f}_\mathrm{A}/p^{\ominus})}$$

上式最后项是源于式$\hat{a}_i=\dfrac{\hat{f}_i}{\hat{f}_i^{\ominus}}=m_i$应用于组分C，式$\dfrac{\hat{f}_i}{\hat{f}_i^{\ominus}}=\gamma_i x_i\left(\dfrac{f_i}{f_i^{\ominus}}\right)$和$\dfrac{f_B}{f_B^{\ominus}}=1$应用于组分B，$f_\mathrm{A}^{\ominus}=p^{\ominus}$应用于气相组分A。此$K$的方程式，是假设在液相中的组分C满足亨利定律。因为K与标准状态有关，使用本公式计算得到的K值与将各组分的标准态选择为1atm理想气体的K值不同。理论上，所有方法都将得到相同的平衡组成；事实上，某种标准态选择将使计算简化或得到更精确的结果。因为这种选择能将可获得的资料作最大利用。

【例8-9】乙烯与水在 200℃及 34.5bar（$1\mathrm{bar}=10^5\mathrm{Pa}$，下同）时反应生成乙醇，有液相及蒸气相存在，试估计液相及蒸气相的组成。反应器里没有其他反应发生。已知在 200℃时，$\Delta G^{\ominus}=13657\mathrm{J}$。

解：此系统有两个自由度。固定温度及压力后，即没有其他自由度，与反应物的初始量无关。因此，物料平衡方程无法解决此问题。我们无法使用相关于组成和反应进度的方程式。需要使用相平衡关系式。只要方程数目足够，即可求出组成解。

本题最方便的方法是考虑化学反应发生在气相。因而

$$\mathrm{C_2H_4(g)+H_2O(g)} \rightleftharpoons \mathrm{C_2H_5OH(g)}$$

选择纯理想气体在 1bar 作为标准状态。对于这些标准状态，$\hat{f}_i^{\ominus}=p^{\ominus}$，平衡方程式（8-29）变为

$$K=\Pi\left(\frac{\hat{f}_i}{p^{\ominus}}\right)^{\nu_i}$$

则有

$$K=\frac{\hat{f}_\mathrm{EtOH}}{\hat{f}_\mathrm{C_2H_4}\hat{f}_\mathrm{H_2O}}p^{\ominus}\qquad\text{(A)}$$

此外，对于 $\ln K$ 为 T 函数的一般式

$$\ln K=-\frac{\Delta G^{\ominus}}{RT}=\frac{-13657}{8.314\times 473}=-3.473,\quad K=0.0310$$

将相平衡方程$\hat{f}_i^{\mathrm{v}}=\hat{f}_i^{\mathrm{l}}$代入式（A），可得逸度与组成的关系，并可解之。方程式（A）可以写成

$$K=\frac{\hat{f}_{\mathrm{EtOH}}^{\mathrm{v}}}{\hat{f}_{\mathrm{C_2H_4}}^{\mathrm{v}}\hat{f}_{\mathrm{H_2O}}^{\mathrm{v}}}p^{\ominus}=\frac{\hat{f}_{\mathrm{EtOH}}^{\mathrm{l}}}{\hat{f}_{\mathrm{C_2H_4}}^{\mathrm{l}}\hat{f}_{\mathrm{H_2O}}^{\mathrm{l}}}p^{\ominus} \tag{B}$$

液相用活度系数表示

$$\hat{f}_i^{\mathrm{l}}=x_i\gamma_i f_i^{\mathrm{l}} \tag{C}$$

蒸气相逸度可表示为

$$\hat{f}_i^{\mathrm{v}}=y_i\hat{\phi}_i p \tag{D}$$

将这些逸度表达式代入式（B），得

$$K=\frac{x_{\mathrm{EtOH}}\gamma_{\mathrm{EtOH}}f_{\mathrm{EtOH}}^{\mathrm{l}}p^{\ominus}}{(y_{\mathrm{C_2H_4}}\hat{\phi}_{\mathrm{C_2H_4}}p)\left(x_{\mathrm{H_2O}}\gamma_{\mathrm{H_2O}}f_{\mathrm{H_2O}}^{\mathrm{l}}\right)} \tag{E}$$

f_i^{l}是纯液体i在系统温度和压力时的逸度。对于液体，压力对逸度的影响不大，所以下式可以得到相当的准确度

$$f_i^{\mathrm{l}}=f_i^{\mathrm{sat}}$$

所以

$$f_i^{\mathrm{l}}=\phi_i^{\mathrm{sat}}p_i^{\mathrm{sat}} \tag{F}$$

ϕ_i^{sat}是纯饱和i（不论液体还是蒸气）在系统温度及在纯i蒸气压（p_i^{sat}）时的逸度系数。蒸气相是理想溶液的假设，可使$\hat{\phi}_{\mathrm{C_2H_4}}$用$\phi_{\mathrm{C_2H_4}}$来代替。$\phi_{\mathrm{C_2H_4}}$是纯乙烯在系统温度及压力时的逸度系数。将该替换和式（F）代入式（E）中，得

$$K=\frac{x_{\mathrm{EtOH}}\gamma_{\mathrm{EtOH}}\phi_{\mathrm{EtOH}}^{\mathrm{sat}}p_{\mathrm{EtOH}}^{\mathrm{sat}}p^{\ominus}}{(y_{\mathrm{C_2H_4}}\phi_{\mathrm{C_2H_4}}p)\left(x_{\mathrm{H_2O}}\gamma_{\mathrm{H_2O}}\phi_{\mathrm{H_2O}}^{\mathrm{sat}}p_{\mathrm{H_2O}}^{\mathrm{sat}}\right)} \tag{G}$$

除方程式（G）外，基于$\sum y_i=1$，还可以得到

$$y_{\mathrm{C_2H_4}}=1-y_{\mathrm{EtOH}}-y_{\mathrm{H_2O}} \tag{H}$$

利用相平衡关系式，可用x_{EtOH}及$x_{\mathrm{H_2O}}$消去y_{EtOH}及$y_{\mathrm{H_2O}}$

$$\hat{f}_i^{\mathrm{v}}=\hat{f}_i^{\mathrm{l}}$$

将此与 式 (C)、式 (D) 及式 (F) 相结合得

$$y_i=\frac{\gamma_i x_i\phi_i^{\mathrm{sat}}p_i^{\mathrm{sat}}}{\phi_i p} \tag{I}$$

其中ϕ_i已代换$\hat{\phi}_i$，因为蒸气相假设为理想溶液。由方程式（H）及式（I）可得

$$y_{\mathrm{C_2H_4}}=1-\frac{\gamma_{\mathrm{EtOH}}x_{\mathrm{EtOH}}\phi_{\mathrm{EtOH}}^{\mathrm{sat}}p_{\mathrm{EtOH}}^{\mathrm{sat}}}{\phi_{\mathrm{EtOH}}p}-\frac{\gamma_{\mathrm{H_2O}}x_{\mathrm{H_2O}}\phi_{\mathrm{H_2O}}^{\mathrm{sat}}p_{\mathrm{H_2O}}^{\mathrm{sat}}}{\phi_{\mathrm{H_2O}}p} \tag{J}$$

因为乙烯远较乙醇及水更易挥发，因此可假设$x_{\mathrm{C_2H_4}}=0$，故

$$x_{\mathrm{H_2O}}=1-x_{\mathrm{EtOH}} \tag{K}$$

方程式（G）、式（J）及式（K）是解此问题的基础。这些方程式中的三个主要变量为x_{EtOH}、$x_{\mathrm{H_2O}}$及$y_{\mathrm{C_2H_4}}$。其他的物理量不是已知就是需由数据相关式求之。

p_i^{sat} 的数值可以轻易获得，200℃时， $p_{H_2O}^{sat}=15.55atm$， $p_{EtOH}^{sat}=30.22atm$ 。

ϕ_i^{sat} 及 ϕ_i 可由式 (5-80)、式（2-37a）和式（2-37b）求得，如下

$$\ln\phi_i=\frac{p_{ri}}{T_{ri}}\left[B^{(0)}+\omega_i B^{(1)}\right]$$

$$B^{(0)}=0.083-\frac{0.422}{T_{ri}^{1.6}},\quad B^{(1)}=0.139-\frac{0.172}{T_{ri}^{4.2}}$$

查电子版附录 3 得临界数据和偏心因子，计算不同的逸度系数可得到下列结果：

项目	T_c/K	p_c/atm	ω	T_{ri}	p_{ri}	p_{ri}^{sat}	$B^{(0)}$	$B^{(1)}$	ϕ_i	ϕ_i^{sat}
EtOH	513.9	61.48	0.645	0.921	0.561	0.492	−0.399	−0.104	0.753	0.780
H_2O	647.1	220.55	0.345	0.731	0.156	0.071	−0.613	−0.502	0.846	0.926
C_2H_4	282.3	50.40	0.087	1.676	0.685	…	−0.102	0.119	0.963	—

将求得的数值代入式（G）、式（J）及式（K），此三个方程式可简化为

$$K=\frac{0.0493x_{EtOH}\gamma_{EtOH}}{y_{C_2H_4}x_{H_2O}\gamma_{H_2O}} \tag{L}$$

$$y_{C_2H_4}=1-0.907\gamma_{EtOH}x_{EtOH}-0.493\gamma_{H_2O}x_{H_2O} \tag{M}$$

$$x_{H_2O}=1-x_{EtOH} \tag{K}$$

剩下未决定的参数为 γ_{EtOH} 及 γ_{H_2O}。因为乙醇和水的溶液具有高度的非理想行为，其数值必须由实验求之。所需的资料，由 VLE 测定求得，已由 Otsuki 及 Williams 给出报告（Chem Engr Progr Symp Series No. 6，49：55，1953）。从他们对于乙醇 / 水系统的测定结果，我们可以估算在 200℃时 γ_{EtOH} 及 γ_{H_2O} 的数值。压力对于液体的活度系数的影响很小。

解出前面三个方程式的步骤如下：

① 假定一个 x_{EtOH} 的值，由式（K）求出 x_{H_2O}。

② 由参考文献的数据确定 γ_{EtOH} 及 γ_{H_2O}。

③ 由式（M）求出 $y_{C_2H_4}$。

④ 由式（L）求出 K，并与标准反应数据所决定的值（0.0310）比较。

⑤ 如果两值相符，则所假定的 x_{EtOH} 值为正确。如果两值不相符，再假定一个新 x_{EtOH} 值，并重复上述步骤。

如果我们取 $x_{EtOH}=0.06$，则由式（K）求得 $x_{H_2O}=0.94$，并由参考文献查得 $\gamma_{EtOH}=3.34$，$\gamma_{H_2O}=1.00$。由式（M）

$$y_{C_2H_4}=1-0.907\times3.34\times0.06-0.492\times1.00\times0.94=0.355$$

由式（L）求得 K 值为

$$K=\frac{0.0493\times0.06\times3.34}{0.355\times0.94\times1.00}=0.0296$$

此结果与由标准反应数据求得的值（0.0310）相符，因此我们取 $x_{EtOH}=0.06$ 及 $x_{H_2O}=0.94$ 作为液相的组成。蒸气相的组成（$y_{C_2H_4}$ 已决定为 0.356）由式（I）求出（y_{EtOH} 及 y_{H_2O}）。所有结果归纳在下表中。

项目	x_i	y_i
EtOH	0.060	0.180
H_2O	0.940	0.464
C_2H_4	0.000	0.356
	$\sum_i x_i = 1.000$	$\sum_i y_i = 1.000$

若没有其他反应发生，这些计算结果对实际值的估计是非常合理的。

8.3 复杂化学反应平衡

以上各节的讨论局限于单个化学反应，而在生产、设计和科学研究中会遇到两个或两个以上的反应同时发生。例如由 H_2 和 CO 可合成 CH_3OH、烃类等，也可以生成 H_2O、CO_2 和 C 等。前者属于有限制的平衡态，后者十分稳定，属于最终平衡态。从经济观点看，不希望到达最终的平衡态。如何使反应能停留在限制平衡态上，或提高甲醇等的产率，或减少 H_2O、CO_2 等的生成。这不仅和催化剂有关，而且也是个复杂的化学反应平衡问题。

对于复杂化学反应问题的分析和处理，大致上可以分为 4 个步骤：

① 检验或确定在平衡混合物中有显著存在量的物种；

② 运用相律分析；

③ 对此问题做出数学模型；

④ 进行解题，获得答案。

8.3.1 复杂化学反应体系的处理

解决复杂反应体系中化学平衡的问题，虽然计算比较烦琐，但其基本原理和单一化学反应平衡体系相同，只不过在处理步骤上比较复杂。现介绍处理方法上的一般原则：

① 列出可能发生的各个反应；

② 选择出与平衡组成有关的主要反应；

③ 进行平衡计算。

选择主要反应时应该遵循以下原则。

① 平衡常数值极小的反应可以忽略。

② 在特定的反应条件下（如温度、压力、初始组成），有些反应进行的速度极慢，反应进行的程度极小，则它们在实际上可以忽略。因此，不仅要从化学热力学角度上来考虑，同时还得从化学动力学方面来考虑，这样才能全面分析问题。

③ 独立反应的挑选。若某一反应是另外几个反应综合的结果，则该反应不是独立反应。在给定的复杂反应体系中如有 N 个物质，它们由 m 种原子所组成（构成元素者除外），则独立反应数 r 为 $N-m$。应该指出，对某一反应体系来说，根据不同的消去方法，可以有不止一个完整的独立反应组，但独立反应的数目却是不变的。至于哪些反应是独立的，可以用矩阵判别法来解决。

【例 8-10】在甲烷转化反应系统中设想可能包括下列反应，并已知它们在 600℃时的平衡常数。

① $CH_4+H_2O \rightleftharpoons CO+3H_2$ $K_1=0.573$

② $CO+H_2O \rightleftharpoons CO_2+H_2$ $K_2=2.2$

③ $CH_4+2H_2O \rightleftharpoons CO_2+4H_2$ $K_3=1.26$

④ $CO \rightleftharpoons C+\frac{1}{2}O_2$ $K_4=1.49\times10^{-12}$

⑤ $CO_2 \rightleftharpoons C+O_2$ $K_5=1.08\times10^{-23}$

⑥ $CO_2 \rightleftharpoons CO+\frac{1}{2}O_2$ $K_6=4.95\times10^{-13}$

⑦ $H_2O \rightleftharpoons H_2+\frac{1}{2}O_2$ $K_7=1.12\times10^{-12}$

⑧ $2CH_4 \rightleftharpoons C_2H_6+H_2$ $K_8=5.51\times10^{-5}$

⑨ $CH_4 \rightleftharpoons C+2H_2$ $K_9=2.13$

⑩ $C+H_2O \rightleftharpoons CO+H_2$ $K_{10}=0.269$

⑪ $2CO \rightleftharpoons CO_2+C$ $K_{11}=8.14$

请根据上述原则，确定主要反应和独立反应。

解： 该体系中虽然反应很多，但反应④～⑧平衡常数很小，可以忽略；另外，反应⑨～⑪虽均有相当大的平衡常数，但如系统中水蒸气大量过量时，它们是无法和反应①～③竞争的。在这种情况下，反应⑨～⑪的平衡转化率是可以忽略的。因而在该条件下研究平衡组成就只须考虑①～③。

此外，分析反应①～③中只有两个反应是独立的（因 $K_1K_2=K_3$），所以在计算中只须考虑两个反应，例如①及②。在实际中，如有碳沉积时，还应考虑有碳参加的另一反应，例如反应⑨。

8.3.2 化学反应系统的相律

相律中的变量有 T、p 和各相中的 $N-1$ 个摩尔分数，其中 N 为经检验存在的化学物种数目。总的变量数为 $2+(N-1)\pi$，其中 π 为相数。在平衡时，各相的温度、压力和相内每个物种的化学位都相等。相平衡的方程数为 $(\pi-1)N$。每个独立反应有一个附加关系式，$\sum \mu_i\nu_i=0$，μ 是温度、压力和组成的函数。在体系内若有 R 个独立反应，则关联强度变量间的方程总数为 $(\pi-1)N+R$。相律中自由度应是变量数与方程数间的差值，即

$$F=2+(N-1)\pi-(\pi-1)N-R=N-R+2-\pi \tag{8-32}$$

上式表达了化学反应系统相律的基本方程。在某些情况下，还会有特殊限制方程存在，用 S 表示。故更普遍的反应系统的相律表达式为

$$F=N-R-S+2-\pi \tag{8-33}$$

若与没有反应的物系的相律式（$F=C+2-\pi$）相比，则 $C=N-R-S$。

C 为独立组分数，可视为构成含 N 个物种系统中最少的物质数。什么性质的方程属于特殊限制的方程呢？在电解质系统中，要保持电性中和，必须附加关联离子浓度间的方程；又如因两种物种在一个反应中形成，又在一个相内存在，则在该相内，这两个物种的比例必被固定。如 $NH_4Cl(c) \rightleftharpoons NH_3(g)+HCl(g)$，固体氯化铵分解后，一旦有气相形成，

NH_3 和 HCl 一定是等摩尔的，存在着特殊限制方程 $y_{NH_3}=y_{HCl}=0.5$。要运用相律来研究复杂反应系统的化学平衡，最重要的问题在决定 C 值。可以先决定 R 值，也可以直接决定 C。下面讨论这两种方法。

（1）R 的确定

写出包含在 N 中的每个物种的生成化学反应。所谓生成化学反应是指由元素生成物种的反应。在所列方程中，对那些在平衡组成中不包含的元素，用加和的方法予以消除。最后存在的方程数即独立方程数 R。

（2）C 的确定

含 N 个化学物种的系统是由 m 个元素组成的，但在平衡时，在 N 个物种中并不是所有的 m 种元素都同时存在。常常是有些元素不包含在平衡组成中。第 i 个物种的化学式 A_i 可以写为

$$A_i = X_{\beta_{i1}}^{(1)} X_{\beta_{i2}}^{(2)} \cdots X_{\beta_{ik}}^{(k)} \cdots X_{\beta_{im}}^{(m)}$$

式中，$X^{(k)}$ 是第 k 个元素（k=1, …, m）；β 是其在化学式中的系数。例如二氧化碳的化学式为 CO_2，第 1 号元素式 C，其系数是 1；第 2 号元素是 O，其系数是 2。因此 β 总是正整数或零。可以证明，化学式中系数矩阵的秩 ρ 等于 C 与 S 的加和值，即

$$\rho=C+S$$

化学式中系数矩阵按下列方式构成，β_{ik} 中以物种（i=1, 2, …, N）为行，以组成物的元素（k=1, 2, …, m）为列：

	$X^{(1)}$	…	$X^{(k)}$	…	$X^{(m)}$
A_1	β_{11}	…	β_{1k}	…	β_{1m}
…	…	…	…	…	…
A_i	B_{i1}	…	B_{ik}	…	B_{im}
…	…	…	…	…	…
A_N	B_{N1}	…	B_{Nk}	…	B_{Nm}

矩阵的秩是指该矩阵中不为零的行列式的最大阶数。所谓行列式的阶数或方阵的阶数是指行或列的数目。化学式中系数矩阵的秩 ρ 不会大于组成物的元素数目，但是可以小于该数，即 $\rho \leqslant m$。

【例 8-11】试确定下列各个体系的自由度 F。

① 两个互溶而不反应的物质，处于汽液平衡，并形成共沸混合物；

② $CaCO_3$ 部分分解的体系；

③ NH_4Cl 部分分解的体系。

解：① 系统由两相、两个不反应的物质所组成；又必须为共沸混合物 $x_1=y_1$，这是一个特殊限制。

$$F=2-\pi+N-R-S=2-2+2-0-1=1$$

② 此系统只有一个化学反应

$$CaCO_3(s) \longrightarrow CaO(s)+ CO_2(g)$$

R=1，有 3 个化学物质及 3 个相：固相 $CaCO_3$、固相 CaO 及气相 CO_2。也许会考虑到该系统是按照特殊方法构建，即分解 $CaCO_3$，这是一个外加的特别限制条件。但并非如此，因

为按此条件不能写出关联相律变量的方程式。所以

$$F=2-\pi+N-R-S=2-3+3-1-0=1$$

只有一个自由度。这是 $CaCO_3$ 在定温时只有一个固定分解压力的理由。

③ NH_4Cl 部分分解的化学反应为

$$NH_4Cl(s) \longrightarrow NH_3(g)+HCl(g)$$

有 3 个组分，2 个相：固相 NH_4Cl 和 NH_3 与 HCl 的气体混合物。系统有一个特殊限制条件，即 NH_4Cl 分解，生成的气相 NH_3 和 HCl 必须是等分子的。因此，能够写出一个关联相律变量的特殊方程 $y_{NH_3}=y_{HCl}=0.5$。

$$F=2-\pi+N-R-S=2-2+3-1-1=1$$

本系统只有一个自由度，结果和②相同。实际上也是这样，NH_4Cl 在给定温度下有一个给定的分解压力。

【例 8-12】某反应系统在平衡时含有以下诸物种：CO_2、CO、C、CH_4、H_2、H_2O、N_2。用上述两种方法来确定独立组分数和独立反应数。

解：在平衡混合物中有 7 个物种，包括 3 个由单一元素构成的物种，即 C、H_2 和 N_2。这 7 个物种由 4 种元素构成。

（1）先确定 *R* 再求 *C*

生成化学反应如下

$$C+O_2 \rightleftharpoons CO_2 \tag{A}$$

$$C+\frac{1}{2}O_2 \rightleftharpoons CO \tag{B}$$

$$C+2H_2 \rightleftharpoons CH_4 \tag{C}$$

$$H_2+\frac{1}{2}O_2 \rightleftharpoons H_2O \tag{D}$$

平衡混合物的七个物种中没有元素氧，必须在反应式中消去。将式（A）和式（B）合并，将式（B）和式（D）合并，可以得到

$$C+CO_2 \rightleftharpoons 2CO$$

$$C+H_2O \rightleftharpoons CO+H_2$$

加上反应式（C），$C+2H_2 \rightleftharpoons CH_4$，一共 3 个方程。

因此，$R=3$，即独立反应数为 3。因 $N=7$，不存在化学计量的特殊限制方程，即 $S=0$，故 $C=N-R=7-3=4$。即独立组分数为 4。

（2）直接确定 *C*

化学式中系数矩阵为

	C	O	H	N
CO_2	1	2	0	0
CO	1	1	0	0
C	1	0	0	0
CH_4	1	0	4	0
H_2	0	0	2	0
H_2O	0	1	2	0
N_2	0	0	0	2

对于此矩阵可找出一个4阶非零行列式，如$\begin{vmatrix}1&2&0&0\\1&1&0&0\\0&1&2&0\\0&0&0&2\end{vmatrix}\neq 0$。因此，$\rho$=4。因$S$=0，则$C$=4，$R$=$N$−$C$=7−4=3。结果和第一种方法所得的答案相同。两种方法可以互相校核。

8.3.3 复杂化学反应平衡计算

（1）平衡常数法

首先列出必须考虑的独立反应的平衡方程式。每一个独立反应都有对应的一个平衡常数，则式（8-22）将变成

$$K_j=\prod \hat{a}_i^{v_{i,j}} \tag{8-34}$$

式中，j表示第j个反应。对于气相反应，上式变成

$$K_j=\prod \hat{f}_i^{v_{i,j}} \tag{8-35}$$

如果平衡混合物是理想气体，则可以写成

$$K_j p^{-v_j}=\prod y_i^{v_{i,j}} \tag{8-36}$$

对R个独立反应有R个平衡常数，每个独立反应对应一个反应进度。借助于R个ε_j消去y_i，方程组联立，求解R个反应进度，从而求出平衡组成。

【例8-13】将水蒸气和空气通入气化炉煤层（设为纯碳），产生含有H_2、CO、O_2、H_2O、CO_2和N_2的气流。如果气化炉中的进料组成为1mol的水蒸气和2.38mol的空气，试计算气体压力p=2.026MPa而温度分别为1000K、1100K、1200K、1300K、1400K和1500K时气体产物的平衡组成。已知下述数据：

T/K	$\Delta G_f^\ominus$/J·mol^{-1}			$\Delta H_f^\ominus$/J·mol^{-1}		
	H_2O	CO	CO_2	H_2O	CO	CO_2
1000	−192723	−200338	−396113	−248004	−112063	−394828
1100	−187164	−209141	−396238	−248611	−112662	−395037
1200	−181551	−217877	−396335	−249147	−113282	−395238
1300	−175904	−226571	−396418	−249628	−113935	−395447
1400	−170215	−235207	−396481	−250047	−114596	−395640
1500	−164497	−243797	−396531	−250423	−115270	−395837

解： 进入煤层的气流含有1mol水蒸气和2.38mol空气，则空气中含有的氧和氮分别为：

$$0.21\times 2.38=0.5\ \text{mol}\ O_2,\quad 0.79\times 2.38=1.88\ \text{mol}\ N_2$$

处于平衡态的物质种类有C、H_2、O_2、N_2、H_2O、CO和CO_2，共七种。用矩阵判断法知该体系的独立反应数为3。这些独立反应是

$$H_2 + \frac{1}{2}O_2 \rightleftharpoons H_2O \tag{1}$$

$$C + \frac{1}{2}O_2 \rightleftharpoons CO \tag{2}$$

$$C + O_2 \rightleftharpoons CO_2 \tag{3}$$

除了碳以纯固相存在外，其他组分都在气相中存在。

纯碳的活度为

$$\hat{a}_C = a_C = \frac{f_C}{f_C^{\ominus}}$$

$$\mathrm{d}\ln f_i = \frac{V_i}{RT}\mathrm{d}p \text{（恒温）}$$

从标准态压力 0.1MPa 积分至 p（单位为 MPa），并考虑到固体的 V_i 随压力的变化很小，得

$$\ln\frac{f_i}{f_i^{\ominus}} \simeq \frac{V_i(10p-1)}{RT}$$

$$\frac{f_i}{f_i^{\ominus}} \simeq \exp\frac{V_i(10p-1)}{RT}$$

除非当 p 很大，否则上述的指数值是很小的。所以，压力 2.026MPa 时，a_C 的近似值为

$$\hat{a}_C = \frac{f_C}{f_C^{\ominus}} \simeq 1$$

因此可以从平衡常数表达式中略去固体碳的活度项。若假设余下的组分都服从理想气体定律，则将式（8-36）

$$K_j p^{-\nu_j} = \Pi y_i^{\nu_{i,j}}$$

用于反应（1）~（3），得

$$K_1 = \frac{y_{H_2O}}{y_{O_2}^{\frac{1}{2}} y_{H_2}} p^{-\frac{1}{2}}, \quad K_2 = \frac{y_{CO}}{y_{O_2}^{\frac{1}{2}}} p^{\frac{1}{2}}, \quad K_3 = \frac{y_{CO_2}}{y_{O_2}}$$

分别用 ε_1、ε_2、ε_3 表示三个反应的反应进度，将式（8-13）应用于每个组分，得

$$\mathrm{d}n_{H_2} = -\mathrm{d}\varepsilon_1, \quad \mathrm{d}n_{CO} = \mathrm{d}\varepsilon_2, \quad \mathrm{d}n_{CO_2} = \mathrm{d}\varepsilon_3, \quad \mathrm{d}n_{N_2} = 0$$

$$\mathrm{d}n_{O_2} = -\frac{1}{2}\mathrm{d}\varepsilon_1 - \frac{1}{2}\mathrm{d}\varepsilon_2 - \mathrm{d}\varepsilon_3, \quad \mathrm{d}n_{H_2O} = \mathrm{d}\varepsilon_1$$

将上述方程式从初态（$\varepsilon_1=\varepsilon_2=\varepsilon_3=0$ 和 $n_{H_2} = n_{CO} = n_{CO_2} = 0, n_{H_2O} = 1, n_{O_2} = 0.5, n_{N_2} = 1.88$）到最终的平衡态进行积分得

$$n_{H_2} = -\varepsilon_1, \quad n_{CO} = \varepsilon_2, \quad n_{CO_2} = \varepsilon_3, \quad n_{N_2} = 1.88$$

$$n_{O_2} = 0.5 - \frac{1}{2}\varepsilon_1 - \frac{1}{2}\varepsilon_2 - \varepsilon_3, \quad n_{H_2O} = 1 + \varepsilon_1$$

$$n = 3.38 + \frac{\varepsilon_2 - \varepsilon_1}{2}$$

$$y_{H_2} = \frac{-\varepsilon_1}{n}, \quad y_{CO} = \frac{\varepsilon_2}{n}, \quad y_{CO_2} = \frac{\varepsilon_3}{n}, \quad y_{N_2} = \frac{1.88}{n}$$

$$y_{O_2} = \frac{0.5 - \frac{1}{2}\varepsilon_1 - \frac{1}{2}\varepsilon_2 - \varepsilon_3}{n}, \quad y_{H_2O} = \frac{1+\varepsilon_1}{n}$$

ε_j 都表示平衡值。为简化，ε 的下标 e 被省略。

将各组分的 y_i 值代入平衡常数式中，得到下面三个方程式

$$K_1 = \frac{(1+\varepsilon_1)(2n)^{1/2} p^{-1/2}}{(1-\varepsilon_1-\varepsilon_2-2\varepsilon_3)^{\frac{1}{2}}(-\varepsilon_1)}$$

$$K_2 = \frac{\sqrt{2}\varepsilon_2 p^{1/2}}{(1-\varepsilon_1-\varepsilon_2-2\varepsilon_3)^{\frac{1}{2}} n^{1/2}}$$

$$K_3 = \frac{2\varepsilon_3}{1-\varepsilon_1-\varepsilon_2-2\varepsilon_3}$$

联立求解 ε_1、ε_2 和 ε_3 是麻烦的，应设法加以简化。注意到每个反应的生成自由焓$\Delta G^{\ominus}$是很大的负值，所以每个 K 都是很大的正数。例如，在 1500K 时

$$\ln K_1 = \frac{-\Delta G_1^{\ominus}}{RT} = \frac{164497}{8.314\times1500} = 13.2 \quad (K_1\text{约为}10^6)$$

$$\ln K_2 = \frac{-\Delta G_2^{\ominus}}{RT} = \frac{243797}{8.314\times1500} = 19.6 \quad (K_2\text{约为}10^8)$$

$$\ln K_3 = \frac{-\Delta G_3^{\ominus}}{RT} = \frac{396531}{8.314\times1500} = 31.8 \quad (K_3\text{约为}10^{14})$$

K 的值如此大说明平衡常数式的分母（$1-\varepsilon_1-\varepsilon_2-2\varepsilon_3$）接近于零。即平衡混合物中氧的摩尔分数很小，故可假设

$$1-\varepsilon_1-\varepsilon_2-2\varepsilon_3=0 \tag{A}$$

联立 K_j 式，以便消去这个很小的量。结果得到下面两个方程式

$$\frac{K_1}{K_2} = \frac{(1+\varepsilon_1)n}{-\varepsilon_1\varepsilon_2 p} = \frac{(1+\varepsilon_1)}{-\varepsilon_1\varepsilon_2 p}\left(3.38 + \frac{\varepsilon_2-\varepsilon_1}{2}\right) \tag{B}$$

$$\frac{K_1K_2}{K_3} = \frac{(1+\varepsilon_1)\varepsilon_2}{-\varepsilon_1\varepsilon_3} \tag{C}$$

将式（A）~ 式（C）改写成

$$\varepsilon_1 + \varepsilon_2 + 2\varepsilon_3 = 1 \tag{D}$$

$$\varepsilon_2 = \frac{6.76-\varepsilon_1}{\frac{2K_1(-\varepsilon_1)p}{K_2(1+\varepsilon_1)} - 1} \tag{E}$$

$$\varepsilon_3 = \frac{K_3(1+\varepsilon_1)\varepsilon_2}{K_1K_2(-\varepsilon_1)} \tag{F}$$

按下述程序根据已知的 K_j 值解出上述三个变数：

① 假设一个 ε_1 值（是负值）；

② 由式（E）解出 ε_2；

③ 由式（F）解出 ε_3；

④ 将得到的 ε_1、ε_2 和 ε_3 代入式（D）中；

⑤ 如果满足式（D），则表明得到的 ε_1、ε_2 和 ε_3 是正确的。如果不符合式（D），则要重新假定 ε_1 值，并重复进行计算，直到满意为止。

根据给定的数据由式（8-23）求出 K_1/K_2 和 $K_3/(K_1K_2)$ 的值。

$$\ln\frac{K_1}{K_2}=\ln K_1-\ln K_2=\frac{-\Delta G_1^{\ominus}+\Delta G_2^{\ominus}}{RT}$$

$$\ln\frac{K_3}{K_1K_2}=\ln K_3-\ln K_1-\ln K_2=\frac{-\Delta G_3^{\ominus}+\Delta G_1^{\ominus}+\Delta G_2^{\ominus}}{RT}$$

当温度为 1500K 时

$$\ln\frac{K_1}{K_2}=\frac{164497-243797}{8.314\times1500}=-6.359,\quad \frac{K_1}{K_2}=1.731\times10^{-3}$$

$$\ln\frac{K_3}{K_1K_2}=\frac{396531-164497-243797}{8.314\times1500}=-0.9432,\quad \frac{K_3}{K_1K_2}=0.3895$$

p=2.026MPa 时，式（E）和式（F）变成

$$\varepsilon_2=\frac{6.76-\varepsilon_1}{0.06944\left(\dfrac{-\varepsilon_1}{1+\varepsilon_1}\right)-1}\qquad（E）$$

$$\varepsilon_3=\frac{0.3895(1+\varepsilon_1)\varepsilon_2}{-\varepsilon_1}\qquad（F）$$

设 ε_1=−0.529，则得到 ε_2=0.429，ε_3=0.550。

将其代入式（D），得 −0.529+0.429+2×0.550=1.00。

说明此解是合理的。对每个温度进行同样的计算，得到结果示于下表：

T/K	K_1/K_2	$K_3/(K_1K_2)$	ε_1	ε_2	ε_3
1000	0.4003	1.4432	−0.529	0.429	0.550
1100	0.09054	0.9927	−0.711	0.947	0.382
1200	0.02627	0.7335	−0.854	1.483	0.185
1300	0.009225	0.5711	−0.935	1.793	0.071
1400	0.003768	0.4640	−0.970	1.916	0.027
1500	0.001736	0.3895	−0.986	1.964	0.011

各组分在平衡混合物中的摩尔分数根据前面所给的公式计算。例如在 1500K 得

$$n=3.38+\frac{\varepsilon_2-\varepsilon_1}{2}=3.38+\frac{1.964+0.986}{2}=4.855$$

$$y_{H_2}=\frac{-\varepsilon_1}{n}=\frac{0.986}{4.855}=0.203$$

$$y_{CO}=\frac{\varepsilon_2}{n}=\frac{1.964}{4.855}=0.405$$

其他组分 y_i 的计算与此相似，其计算结果列于下表。

T/K	y_{H_2}	y_{CO}	y_{H_2O}	y_{CO_2}	y_{N_2}
1000	0.137	0.111	0.122	0.143	0.487
1100	0.169	0.225	0.069	0.091	0.446
1200	0.188	0.326	0.032	0.041	0.413
1300	0.197	0.378	0.014	0.015	0.396
1400	0.201	0.397	0.006	0.006	0.390
1500	0.203	0.405	0.003	0.002	0.387

通过本例说明用平衡常数法计算多个反应的平衡时，求解方程复杂，而且不易标准化得出供计算机编程求解的普遍化方法。

（2）最小 Gibbs 自由能法

该法的依据是当体系达到平衡时，总 Gibbs 自由能有一极小值。对单相体系，在定温定压条件下总 Gibbs 自由能应满足

$$(G_t)_{T,p}=G(n_1, n_2, n_3,\cdots, n_N)$$

计算相平衡的目的是在一定的温度和压力下求出一组 n_i 使 G_t 为极小，并须符合物料平衡的条件。这种问题的标准解法是根据条件极值的 Lagrange 待定乘子法。现以气相反应为例介绍求解方法。

① 列出物料平衡式　虽然在封闭的反应体系中分子数不守恒，但各元素的总原子数要守恒。用下标 k 表示各种不同的原子。A_k 表示体系中存在的第 k 元素原子的总数，这可由体系的初始组成来确定。a_{ik} 代表在物质 i 中的 k 原子数。则每种 k 的物料衡算式可写成为

$$\sum n_i a_{ik}=A_k \tag{8-37}$$

或

$$\sum n_i a_{ik}-A_k=0 \qquad (k=1,2,\cdots,W)$$

② 对每种元素都引进 Lagrange 待定乘子 λ_k，即把物料平衡式乘以 λ_k 得

$$\lambda_k\left(\sum_i n_i a_{ik}-A_k\right)=0 \qquad (k=1,2,\cdots,W)$$

将所有元素 k 的物料平衡式求和，得

$$\sum_k \lambda_k\left(\sum_i n_i a_{ik}-A_k\right)=0 \qquad (k=1,2,\cdots,W)$$

③ 将上式加上 G_t，得到一个新的函数 F，于是

$$F = G_t + \sum_k \lambda_k \left(\sum_i n_i a_{ik} - A_k \right)$$

由于等式右边第二项为零，所以此新函数 F 与 G_t 是相等的。但 F 和 G_t 对于 n_i 的偏导数是不同的，因为函数 F 要受到物料平衡的限制。

④ 当 F 对于 n_i 的偏导数为零时，F 和 G_t 的值为最小。因此

$$\left(\frac{\partial F}{\partial n_i} \right)_{T,p,n_j} = \left(\frac{\partial G_t}{\partial n_i} \right)_{T,p,n_j} + \sum_k \lambda_k a_{ik} = 0$$

由于 $\left(\frac{\partial G_t}{\partial n_i} \right)_{T,p,n_j} = \mu_i$，因此前式可写成

$$\mu_i + \sum_k \lambda_k a_{ik} = 0 \left(i = 1, 2, \cdots, N \right) \tag{8-38}$$

由化学势与活度的关系

$$\mu_i = G_i^{\ominus} + RT\ln\hat{a}_i$$

对于气相反应，标准态为 1bar 或 1atm 下的理想气体，上式变成

$$\mu_i = G_i^{\ominus} + RT\ln\hat{f}_i$$

如果令所有元素在标准态时的$G_i^{\ominus}$为零，那么对于化合物$G_i^{\ominus} = \Delta G_{fi}^{\ominus}$，即为组分 i 的标准生成自由焓变化。加之

$$\hat{f}_i = x_i \hat{\phi}_i p$$

代入后，μ_i 的方程式变成

$$\mu_i = \Delta G_{fi}^{\ominus} + RT\ln\left(x_i \hat{\phi}_i p \right)$$

将此式与式（8-38）联立，得

$$\Delta G_{fi}^{\ominus} + RT\ln\left(x_i \hat{\phi}_i p \right) + \sum_k \lambda_k a_{ik} = 0 \left(i = 1, 2, \cdots, N \right) \tag{8-39}$$

如果组分 i 是元素，则$\Delta G_{fi}^{\ominus}$为零。压力 p 的单位必须为 bar 或 atm。

N 个化学组分就有 N 个平衡方程式 [式（8-39）]；W 个元素就有 W 个物料平衡方程式 [式（8-37）]，总共有 $N+W$ 个方程式。N 个关于 n_i 的未知数和 W 个关于 λ_k 的未知数，共有 $N+W$ 个未知数。故可以解出各未知数。

前面讨论时假定$\hat{\phi}_i$为已知，如果是理想气体则$\hat{\phi}_i$为 1。如果是理想溶液则$\hat{\phi}_i = \phi_i$。对于真实气体，$\hat{\phi}_i$是 x_i 的函数，而 x_i 是待定的。因此要用迭代法，可先假定$\hat{\phi}_i$等于 1，解此方程组得到一组初始 x_i；对于低压或高温，这个结果通常是可行的。当不能满足时，可利用已经算得的 x_i 值代入一个状态方程，算出新的更接近正确值的$\hat{\phi}_i$值以供式（8-39）使用，然后可以确定一组新的 x_i 值。这样重复进行直到前后两次所得的 x_i 值没有明显变化为止。所有的计算都在计算机上进行。

【例8-14】 试计算 1000K 和 0.1013MPa 时 CH_4、H_2O、CO、CO_2 和 H_2 体系的平衡组成。

已知反应前含有 2mol 的 CH_4 和 3mol 的 H_2O，1000K 时各物质的$\Delta G_{fi}^{\ominus}$值为

$\Delta G_{fCH_4}^{\ominus} = 19297 J \cdot mol^{-1}$，$\Delta G_{fH_2O}^{\ominus} = -192682 J \cdot mol^{-1}$，$\Delta G_{fCO}^{\ominus} = -200677 J \cdot mol^{-1}$，$\Delta G_{fCO_2}^{\ominus} = -396037 J \cdot mol^{-1}$

解：A_k 值由初始物质的系数来决定，a_{ik} 值由化学分子式来决定。如下表所示：

项目	A_k= 体系中 k 的原子数		
	A_C=2	A_O=3	A_H=14
物质 i	a_{ik}= 每个 i 分子中 k 的原子数		
CH_4	$a_{CH_4,C}=1$	$a_{CH_4,O}=0$	$a_{CH_4,H}=4$
H_2O	$a_{H_2O,C}=0$	$a_{H_2O,O}=1$	$a_{H_2O,H}=2$
CO	$a_{CO,C}=1$	$a_{CO,O}=1$	$a_{CO,H}=0$
CO_2	$a_{CO_2,C}=1$	$a_{CO_2,O}=2$	$a_{CO_2,H}=0$
H_2	$a_{H_2,C}=0$	$a_{H_2,O}=0$	$a_{H_2,H}=2$

在 0.1013MPa 和 1000K 的条件下，可假定气体为理想气体，则 $\hat{\phi}_i$ 都为 1。因为 p=0.1013MPa=1atm，式（8-39）可以写成

$$\frac{\Delta G_{fi}^{\ominus}}{RT}+\ln\frac{n_i}{\sum n_i}+\sum\frac{\lambda_k}{RT}a_{ik}=0$$

有 5 个组分，可有 5 个相应的方程式

CH_4 $$\frac{19297}{RT}+\ln\frac{n_{CH_4}}{\sum n_i}+\frac{\lambda_C}{RT}+\frac{4\lambda_H}{RT}=0$$

H_2O $$\frac{-192682}{RT}+\ln\frac{n_{H_2O}}{\sum n_i}+\frac{\lambda_O}{RT}+\frac{2\lambda_H}{RT}=0$$

CO $$\frac{-200677}{RT}+\ln\frac{n_{CO}}{\sum n_i}+\frac{\lambda_C}{RT}+\frac{\lambda_O}{RT}=0$$

CO_2 $$\frac{-396037}{RT}+\ln\frac{n_{CO_2}}{\sum n_i}+\frac{\lambda_C}{RT}+\frac{2\lambda_O}{RT}=0$$

H_2 $$\ln\frac{n_{H_2}}{\sum n_i}+\frac{2\lambda_H}{RT}=0$$

三个物料平衡方程式（8-37）为

C $$n_{CH_4}+n_{CO}+n_{CO_2}=2$$

H $$4n_{CH_4}+2n_{H_2O}+2n_{H_2}=14$$

O $$n_{H_2O}+n_{CO}+2n_{CO_2}=3$$

并且 $$\sum n_i=n_{CH_4}+n_{H_2O}+n_{CO}+n_{CO_2}+n_{H_2}$$

RT=8314J·mol^{-1}，用计算机联立求解此八个方程式，得到下述结果（$x_i=n_i/\sum n_i$）

$$x_{CH_4}=0.0199，x_{H_2O}=0.0995，x_{CO}=0.1753，x_{CO_2}=0.0359，x_{H_2}=0.6694$$

$$\sum x_i = 1.0000$$

$$\frac{\lambda_C}{RT} = 0.797,\quad \frac{\lambda_H}{RT} = 25.1,\quad \frac{\lambda_O}{RT} = 0.201$$

此处，$\dfrac{\lambda_k}{RT}$ 的值是没有意义的，列出只是为了使结果完整。

复杂化学反应平衡不只是在化学及其相关工业的反应器设计和开发中有其显著的重要性，而且在高技术领域（如航空、火箭）中都有很大的用途。推进器的设计和火箭推进剂的燃烧都要和高温、高压的复杂化学反应平衡有关。很多复杂化学反应平衡的研究，本身就和发展航天事业密切相关。

本章小结

1. 化学反应的热效应和化学平衡常数是设计反应装置和选择操作条件的重要依据。反应热通常由反应物系中各物质的标准生成热计算，但是标准生成热不易测量，而通常是由物质的燃烧热计算。燃烧是一类容易进行实验研究的反应，采用量热法能够测出物质的标准燃烧热。

2. $\Delta_r G^{\ominus}$是标准状态下化学反应的 Gibbs 自由能变化，用于计算平衡常数，但本身不能直接指明反应方向。$\Delta_r G$ 是实际反应条件下（包括温度、压力、组成）化学反应的 Gibbs 自由能变化。由 $\Delta_r G$ 符号的正负可判断反应进行的方向。化学反应平衡常数的大小表示了反应可进行的最大程度，可由反应物系中各物质的标准生成 Gibbs 自由能数据或者由标准反应热和标准反应熵来估算。对于放热反应，平衡常数随温度升高而减小；对于吸热反应，平衡常数随温度升高而增大。为了计算反应过程中某时刻的物质含量（或组成），本章引出“反应进度”的概念，反应系统在任何时刻的组成均可表示成反应进度的函数，从而消减了反应平衡关系式中的变量个数。

3. 相律适用于非反应体系，其表达式为：$F=2-\pi+N$。适用于反应体系的相律与反应体系中的独立化学反应个数有关，其表达式为：$F=2-\pi+N-R-S$。如果反应体系含有汽液两相，需要同时考虑化学反应平衡和汽液平衡。多个反应共存的复杂反应体系，计算其化学平衡的基本原理和单一化学反应相同，但需要对反应体系进行分析和处理，进而使用平衡常数法或最小 Gibbs 自由能法计算平衡组成。

4. 本章包括六个主要的知识点：①**标准反应热和标准生成热**；②**化学反应平衡的判断**；③**化学反应进度**；④**反应平衡常数的计算及其影响因素**；⑤**单一化学反应平衡组成的计算**；⑥**复杂化学反应平衡计算**。

习题

8-1 CO 加氢合成甲醇的反应式为

$$CO+2H_2 \rightleftharpoons CH_3OH\ (g)$$

原料组成（摩尔分数）为：x_{H_2}=0.7，x_{CO}=0.12，x_{CO_2}=0.08，x_{N_2}=0.1。系统内还同时发生以下反应

$$CO_2+H_2 \rightleftharpoons CO+H_2O\text{（g）}$$

在277℃、5MPa下反应达到平衡，平衡常数分别为$K_1=6.741\times10^{-4}$、$K_2=1.728\times10^{-2}$，计算平衡混合物的组成。

8-2 在308K、100kPa下，N_2O_4分解为NO_2的平衡分解率为0.27，计算反应平衡常数以及10kPa下的平衡反应进度。

8-3 计算1000℃下，水煤气合成反应$C(s)+H_2O(g) \rightleftharpoons CO(g)+H_2(g)$的平衡常数和反应热。

8-4 在400℃下某异构化反应A $\rightleftharpoons$ B可快速达到平衡，该温度下组分的蒸气压分别为$p_A^s=202.65\text{kPa}$、$p_B^s=253.31\text{kPa}$。将气相A和气相B混合后加入带有活塞的管式反应器中，维持400℃，推动活塞，对反应器缓慢加压至222.92kPa时可观察到露点。假设体系为理想混合物，分别计算反应A（g）$\rightleftharpoons$ B(g)和A(l) $\rightleftharpoons$ B(l)的平衡常数。

8-5 乙酸和乙醇液相反应生成乙酸乙酯的反应方程式如下

$$CH_3COOH(l)+C_2H_5OH(l) \rightleftharpoons CH_3COOC_2H_5(l)+H_2O(l)$$

将乙酸和乙醇按等摩尔量加入反应器，在373.15K和0.1013MPa下进行反应达到平衡，计算混合物中乙酸乙酯的摩尔分数。

8-6 在900K下，反应$SO_2(g)+\frac{1}{2}O_2(g) \rightleftharpoons SO_3(g)$的平衡常数为$K$=6.827。若假设体系为理想气体，原料配比为$SO_2:O_2$=1∶1，要使$SO_2$的转化率达到85%，至少需加多大压力？

8-7 由C_5异构体组成的混合气体含有正戊烷（1）、异戊烷（2）和新戊烷（3）。已知400K的标准生成Gibbs自由能为$\Delta G_{f,1}=40.195\text{kJ}\cdot\text{mol}^{-1}$，$\Delta G_{f,2}=34.415\text{kJ}\cdot\text{mol}^{-1}$，$\Delta G_{f,3}=37.640\text{kJ}\cdot\text{mol}^{-1}$。估算400K、101.325kPa下混合物的平衡组成。

8-8 乙苯脱氢反应$C_6H_5C_2H_5(g) \rightleftharpoons C_6H_5CHCH_2(g)+H_2(g)$在常压和873K的反应平衡常数$K$=0.224。原料乙苯的流率为$400\text{kg}\cdot\text{h}^{-1}$，计算乙苯的平衡转化率。如果向反应系统中加入水蒸气，其流率为$600\text{kg}\cdot\text{h}^{-1}$，乙苯的平衡转化率将发生怎样的变化？

8-9 ZrO_2分解反应$ZrO_2(s) \rightleftharpoons Zr(s)+O_2(g)$的Gibbs自由能与温度的关系为$\Delta G=1087.59+18.12T\lg T-24.73T(\text{J}\cdot\text{mol}^{-1})$，计算2000K下反应的平衡常数和氧的分压。

8-10 氧化银分解反应式为

$$Ag_2O(s) \rightleftharpoons 2Ag(s)+\frac{1}{2}O_2(g)$$

计算200℃下氧化银的分解反应平衡压力。

8-11 有一化学反应系统，在气相中含有NH_3、NO、NO_2、O_2和H_2O，试求该体系的独立化学反应数和自由度数。

8-12 某反应气体混合物含戊烷的三种异构体，假设该混合物为理想气体，试估算127℃、0.1013MPa时的平衡组成。已知气体混合物可以进行下列两个独立反应

$$\text{正}-C_5 \rightleftharpoons \text{异}-C_5$$

$$\text{正}-C_5 \rightleftharpoons \text{新}-C_5$$

127℃时各物质的标准生成自由焓为：正戊烷（1）$\Delta G_f^\ominus(1)=40195\text{J}\cdot\text{mol}^{-1}$，异戊烷（2）$\Delta G_f^\ominus(2)=34415\text{J}\cdot\text{mol}^{-1}$，新戊烷（3）$\Delta G_f^\ominus(3)=37640\text{J}\cdot\text{mol}^{-1}$。

辅修部分

第9章 环境热力学

环境问题关系到人类生存和发展的现在和未来，关系到每个国家和公民的生死存亡，环境的科学问题和技术问题受到巨大关注。

在众多环境问题中，化学品对环境的影响是最复杂的，其难度在于：①环境问题中化学品品种多，其中一部分是由化工生产所引发的，还有一大部分是生活、自然界或其他行业所引发的，例如冶金、发电、食品等工业中所产生的污染物。②化学品在环境中分布十分复杂，可能挥发进入大气，也可能溶于各种水体，或进入各种废渣或泥土，甚至进入食物链以至人体；又可能由于化学反应而在大气、水体或固体中的分布发生变化。③化学品污染物可能是大量集中排放的，例如燃煤发电产生的 SO_2；也可能是分散排放而总量很大的，例如汽车尾气排放；更多的小量分散排放，其量不大，但可能是对人体极其有害的，例如一些精细化学品生产中的少量排放、泄漏。④环境中化学品的产生、分布、消除过程涉及化学、化工、能源、生物、环保等多个理工类学科，甚至也包括人文学科。

环境化工是涉及环境的化工问题，它包括化工生产中的环境问题，其中最主要的是废气、废液、固体废物中化学品的含量，以氯乙烯单体生产为例，要严格控制尾气中氯乙烯含量，要使用多种化工技术，使这种强致癌物质含量降到 1×10^{-6} 以下。环境化工也包括把化工方法或技术应用于其他生产或生活中的环境治理。例如，各种锅炉的烟气是遍及城乡的，而形成的污染是严重的，其治理方法有物理的或化学的，后者主要是碱性溶液的化学吸收。又例如，汽车尾气治理是在汽车中进行的，所用的是催化技术，也是典型的化工技术。

在环境化工中，有许多科学规律需要研究，其中包括一系列的热力学问题，可称为“环境热力学”。

9.1 环境热力学与一般化工热力学的异同

环境热力学并不制定新的热力学规律，只是热力学原理、方法和模型研究化学品在环境中的分布问题，与一般化工热力学相比有如下特点。

① **相平衡**是化工热力学中的核心问题之一，也是**环境热力学中的重点问题**，因为它涉及废气、废液、废渣的组成及污染物在不同相之间的转移。与之相反，在化工热力学中很重要的能量平衡及利用和化学平衡问题，在环境热力学中不占重要地位。

② 化学工业和生产生活中可能有几万或更多的化合物进入三废，其他一些工业（电厂锅炉、能源、食品制造等）也还有一大批化合物进入三废或环境。环境热力学与一般化工热力学一样，也有化合物品种特别多的特点。

③ 对环境有害的化合物中，有一批小分子化合物，例如氢氰酸、光气、氯乙烯等，但**更多的有害化合物是结构复杂的化合物**，其中有许多是芳烃类化合物，例如苯并芘。这些化合物大都在常压沸点前即已分解，因此不存在常压沸点，更无法测定临界参数。由此可知，一般化工热力学的对比态法及状态方程法都无法使用，也就是传统的化工热力学中的许多计算方法无法使用。

④ 由于进入三废或环境的化合物众多，所需要的蒸气压、各相浓度分布等数据量也极大。虽已有许多实验测定数据，并已有多个专用大型实验数据库，但还远不能满足各种环境分析、环境评价、环境治理、风险评价等的需要，**估算方法**仍是**很重要**的。在这些方法中，基团贡献法是最重要的，在许多情况下，是唯一可使用的方法。由于许多污染物结构复杂，活性基团多，它们间的相互作用常对物性有较大影响，因此，对结构复杂的化合物，发展了一些修正的、有时是专用的基团法。

⑤ 一般的化工热力学涉及很大的温度、压力范围以适应各种化学工艺的需要，而环境热力学限于常压，大多也限于常温附近。

⑥ **绝大多数有害物质在空气或水中的浓度极低**，因此环境热力学的数据测定难度大，可靠性差，相应的计算方法及估算方法的可靠性也相对差。

⑦ 环境中要涉及一些结构不明的物质，例如土壤，环境热力学也需要面对，为此发展出一些专用的方法，例如在测定污染物分布时使用包括土壤的有机碳法。

9.2 辛醇/水分配系数

9.2.1 定义和应用

辛醇/水分配系数（*n*-octanol/water partition coefficient），常用 K_{ow} 表示，有时也用 $K_{i,\ ow}$ 或 P_i 表示，其定义为某物质在一定温度下，在正辛醇相和水相达到分配平衡后，两相中浓度的比值

$$K_{ow}=\frac{i\text{组元在辛醇相中的浓度}}{i\text{组元在水相中的浓度}}=\frac{c_{oi}}{c_{wi}} \tag{9-1}$$

它是一个决定物质在环境中迁移、转化及在不同圈层交换行为的重要参数，常用于环境风险评价。一般规定溶质浓度小于 0.01mol·L^{-1}，测定在室温（25℃ ±5℃）下进行，在此范围内温度和浓度对 K_{ow} 的影响都不大，故常把 K_{ow} 视为常数。

按热力学关系

$$\gamma_{oi}x_{oi}=\gamma_{wi}x_{wi} \tag{9-2}$$

式中，γ 是活度系数；下标“o”表示辛醇相；下标“w”表示水相。在很稀的溶液中：

$$x_{oi}=\frac{n_{oi}}{n_o}=c_{oi}V_{om} \tag{9-3}$$

式中，V_{om} 是辛醇层的摩尔体积，单位为 L·mol^{-1}。相似的有

$$x_{wi}=c_{wi}V_{wm} \tag{9-4}$$

式中，V_{wm} 是水层的摩尔体积。由此得

$$\gamma_{oi}c_{oi}V_{om}=\gamma_{wi}c_{wi}V_{wm} \tag{9-5}$$

$$K_{ow}=\frac{\gamma_{wi}}{\gamma_{oi}}\times\frac{V_{wm}}{V_{om}} \tag{9-6}$$

混合物的摩尔体积应该由偏摩尔体积求得，但是把条件限制在25℃及极稀溶液，V_{om}=0.120L·mol^{-1}，V_{wm}=0.018L·mol^{-1}，$V_{wm}/V_{om}\approx 0.15$，得

$$K_{ow}\approx 0.15\frac{\gamma_{wi}}{\gamma_{oi}} \tag{9-7}$$

对于大多数有机物，可认为与辛醇性质有若干相近之处，因此式（9-1）中，c_{oi}的变化范围小，大致为0.2～2mol·L^{-1}，而c_{wi}的变化范围大得多，这也表明K_{ow}主要决定于化学品水溶性。因此K_{ow}可用来表示有机化合物的亲水性。当$K_{ow}<10$时，常被认为是亲水的；当$K_{ow}>10^4$时，可认为是疏水的。K_{ow}还可表示其他特性，例如可用于估计土壤/沉积物质吸附，反映有机物结构与活性的关系，并应用于药物的研究。

K_{ow}是温度的函数，但温度效应不大，**通常只研究室温下的**K_{ow}。

最简单的K_{ow}的测定方法是把物质加入辛醇和水的分层液体中，经长时间摇动达平衡后，经沉降或离心分离成为两相，分别分析两相的组成，这种方法常被称为“摇瓶法”。本法仅限于$K_{ow}<10^5$的化合物，原因是疏水性更强的化合物在水相中溶解度太低，难以准确测定，即使采用很小的辛醇/水体积比也难以解决。为此，对强疏水性化合物，通常采用“产生柱”法，即使用装有固体的小柱。简单地说，该法就是将大体积的已用辛醇饱和的水通过一个小柱子，柱中装有待测化合物辛醇溶液（典型的约10mL）的惰性材料。当水通过柱子时，化合物在不互溶的辛醇溶液和缓慢流动的水之间建立平衡。通过收集柱中流出的大量水溶液，并用固体吸附剂小柱富集流出液中的化合物，可以使水中的痕量化合物富集到足够准确测定的量。通过与萃取所用水的体积进行换算及测定化合物在辛醇中的浓度，最终可算出K_{ow}值。

一般情况下，当K_{ow}值在10^6以下时，实验数据通常是准确的，对疏水性更强的化合物，测定难度大，准确性差，因此，不同作者所提供的高疏水性化合物的K_{ow}值之间常存在较大差异，同一化合物文献中的K_{ow}值可相差$10^{0.4}\sim10^{3.5}$。例如，已公布的DDT的K_{ow}值在$10^{3.98}\sim10^{6.36}$之间。

由于K_{ow}值一般都很大，更常见的是用$\lg K_{ow}$表示此系数，使数据中不出现指数。

9.2.2 估算方法

已有K_{ow}数据的化合物虽然很多，并已有几个著名的数据库进行了整理，但涉及环境的化合物更多，估算仍是很必要的，而且要适应分子结构复杂、实验数据可靠性差的难点。K_{ow}的估算值准确性有限，且常用$\lg K_{ow}$表示。

虽然可用液相色谱数据联系不同类型化合物的K_{ow}值，也可用水溶性估算K_{ow}值，但通用的方法是基团贡献法。由于所涉及的化合物大都结构复杂，基团间的相互作用难以校正，常把一些组合基团作为一个特殊的基团考虑，例如把$H_2NCH_2CH_2OH$作为一个基团，这样**处理大基团的方法被称为“碎片”法**。此外，也常把相邻基团间的作用作为二次基团作用进行修正。

Klopman等的方法是1994年提出的，主要关系式是很简单的

$$\lg K_{ow}=-0.703+\sum n_i\Delta k_i \tag{9-8}$$

式中基团值包括普通基团值 Δk_i 和结构的校正因子，具体基团和贡献值可查阅文献得到。

1995 年提出的 Meylan 和 Howard 法是更典型的碎片基团法

$$\lg K_{ow}=\sum n_i \Delta f_i+\sum m_j \Delta c_j+0.229 \tag{9-9}$$

式中，Δf_i 指一般基团值，其中大部分见表 9-1，而 Δc_j 指结构修正值（见表 9-2）。在表 9-1 中，基团按结构重要性排列，若某一化合物有多种基团排列法，应按表中基团的先后顺序安排，例如一个氧基团同时连接 N 和—CO—基，应按—ON—基团处理。本法处理 2351 个化合物时平均误差为 16.1%，若处理 6055 个化合物，平均误差达 31%。与第 7 章的一般物性估算方法相比，误差大得多，这首先与实验数据可靠性太差有关。

表 9-1　Meylan-Howard 法 $\lg K_{ow}$ 基团值

基团	Δf_i	基团	Δf_i
芳烃原子		$=CH_2$	0.5184
C	0.2940	$=CH-$ 或 $=C<$	0.3836
O	-0.0423	$\equiv CH$ 或 $\equiv C-$	0.1334
S	0.4082	**羰基或硫羰基**	
芳烃氮		—CHO（连接脂）	-0.9422
N（氧化物型）	-2.4729	—CHO（连接芳环）	-0.2828
芳烃氮		—COOH（连接脂）	-0.6895
N（五价型）	-6.6500	—COOH（连接芳环）	-0.1186
N（稠环连接点）	-0.0001	—NC（=O）N—（尿素型）	1.0453
N（五环中）	-0.5262	—NC（=O）O—（氨基甲酸型）	0.1283
N（六环中）	-0.7324	—NC（=O）S—（硫代氨基甲酸型）	0.5240
脂链中 C		—COO（连接脂）	-0.9505
$-CH_3$	0.5473	—COO（连接芳环）	-0.7121
$-CH_2-$	0.4911	—CON（连接脂）	-0.5236
$-CH<$	0.2676	—CON（连接芳环）	0.1599
或 $>C<$（无氢，3 或 4 碳原子相连）		—COS—（连接脂）	-1.100
C（无氢）	0.9723	—CO—（非环，连接两个芳环）	-0.6099
不饱和烃		—CO—（环，连接两个芳环）	-0.2063
$=C<$（接两个芳环）	-0.4186	—CO—（芳环，连接烯）	-0.5497

续表

基团	Δf_i
—CO—（连接烯）	-1.2700
—CO—（连接脂）	-1.5586
—CO—（连接单芳环）	-0.8666
NC（═S）N（硫脲型）	1.2905
氰基	
—C≡N（连接硫）	0.3540
—C≡N（连接氮）	0.3731
—C≡N	0.0562
—C═N—（连接脂）	-0.9218
—C≡N（连接芳环）	-0.4530
脂类中氮	
—NO_2（连接脂）	-0.8132
—NO_2（连接芳环）	-0.1823
N（五价单键）	-6.6000
—N═C═S（连接脂）	0.5236
—N═C═S（连接芳环）	1.3369
—NP（连接 P）	-0.4367
—N<（连接两个芳环）	-0.4657
—N<（连接单芳环）	-0.9170
—N（O）（亚硝基，5 价氮）	-1.0000
—N═C（连接脂）	-0.0010
—NH_2（连接脂）	-1.4148
—NH—（连接脂）	-1.4962
—N<（连接脂）	-1.8323
—N（O）（亚硝基）	-0.1299
—N═N（重氮）	0.3541
脂类中氧	
—OH（连接氮）	-0.0427
—OH（连接 P）	0.4750
—OH（连接烯）	-0.8855
—OH（连接羰基）	0.0
—OH（连接脂）	-1.4086
—OH（连接芳环）	0.4802
═O	0.0
—O—（连接两个芳环）	0.2923
—OP（连接芳环）	0.5345
—OP（连接脂）	-0.0162
—ON—（连接氮）	0.2352
—O—（连接羰基）	0.0
—O—（连接单芳环）	-0.4664
—O—（连接脂）	-1.2566
P	
—P═O	-2.4239
—P═S	-0.6587
脂类中硫	
—SO_2N（连接芳环）	-0.2079
—SO_2N（连接脂）	-0.4351
—SOOH	-3.1580
—SO_2O（连接脂）	-0.7250
—S（═O）—（连接单芳环）	-2.1103
—SO_2—（连接单芳环）	-1.9775
—SO_2—（连接两个芳环）	-1.1500
—SO_2—（连接脂）	-2.4292
—S（═O）—（连接脂）	-2.5458
—S—S—	0.5497
—S—（连接单芳环）	0.0535
—S—（连接两个芳环）	0.5335
—SP—	0.6270
—S—（连接两个 N）	1.200
—SC═C═（连接脂）	-0.1000

续表

基团	Δf_i	基团	Δf_i
—S—（连接脂）	-0.4045	—Br（连接脂）	0.3997
=S	0.0	—Br（连接芳环）	0.8900
卤		—I（连接脂）	0.8146
各类卤（连接 N）	0.0001	—I（连接芳环）	1.1672
—F（连接脂）	-0.0031	**硅**	
—F（连接芳环）	0.2004	—Si—（连接芳环或氧）	0.6800
—Cl（连接脂）	0.3102	—Si—（连接脂）	0.3004
—Cl（连接芳环）	0.6445		

表 9-2　Meylan-Howard 法 $\lg K_{ow}$ 的修正项

芳烃修正	Δc_j
邻位作用	
—COOH/—OH	1.1930
—OH/ 酯	1.2556
吡啶上邻位氨基	0.6421
芳烃氮邻位烷氧基或烷硫基	0.4549
芳烃双氮（或吡嗪）邻位烷氧基	0.8955
芳烃双氮（或吡嗪）邻位烷硫基	0.5415
芳烃氮邻位上 [—C（=O）N]	0.6427
任何基团[①]/—NHC（=O）C，例如 2- 甲基 -*N*- 乙酰苯胺	-0.5634
任何两个基团[①]/—NHC（=O）C，例如 2，6- 二甲基乙酰苯胺	-1.1239
任何基团[①]/—C（=O）NH，例如 2- 甲基苯甲酰胺	-0.7352
任何两个基团[①]/—C（=O）NH，例如 2，6- 二甲基苯甲酰胺	-1.1284
伯、仲、叔胺，包括—NC（=O）/—C（=O）N	0.6194
邻位或非邻位	
$—NO_2$ 与—OH、—N<、—N=N—	0.5770
—N—C 与—OH、—N，例如氰酚、氰胺	0.5504
$—NO_2$ 与—NC（=O）（环型）	0.3994
$—NO_2$ 与—NC（=O）（非环型）	0.7181

续表

芳烃修正	Δc_j
非邻位	
—N< 与—OH，例如 4- 氨基酚	-0.3510
—N< 与酯，例如 4- 氨基苯甲酸甲酯	0.3953
—OH 与酯	0.6487
其他	
在三氮烯、嘧啶、吡嗪的 2- 位上的各种胺（伯、仲、叔），包括—N—C（=O）	0.8566
在三氮烯、嘧啶的 2- 位上的 NC（=O）NS	-0.7500
1，2，3- 三烷氧基	-0.7317
其他修正	Δc_j
特殊羰基修正	
脂族酸多于一个	-0.5865
HOCC（=O）CO—	1.7838
—C（=O）—C—C（=O）N	0.9739
—C（=O）NC（=O）NC（=O）—，例如巴比妥酸盐	1.0254
—NC（=O）NC（=O）—，例如尿嘧啶	0.6074
环酯（非烯型）	-1.0577
环酯（烯型）	-0.2969
氢基酸（α- 碳型）	-2.0238
二氮尿素 / 乙酰胺芳烃取代	-0.7203
C（COOH）带芳烃，例如苯基乙酸	-0.3662
二氮脂基取代氨基甲酸酯	0.1984
—NC（=O）CX（X 是卤原子）	0.3263
—NC（=O）CX_2（X 是卤原子，两个或三个）	0.6365
CC（=O）NCCOOH	0.4193
CC（=O）NC（COOH）S—	1.5505
（芳基—O 或—C—O）—CC（=O）NH—	0.4874
>C=NOCO	-1.0000
环影响	
1，2，3- 三唑	0.7525
吡啶环（非稠环）	-0.1621
均三嗪	0.8856

续表

其他修正	Δc_j
稠脂环（按稠环上连接C原子数计）	-0.3421
醇、醚、氮影响	
多于一个脂类的OH	0.4064
—NC（COH）COH	0.6365
—NCOC	0.5494
HOCHCOCHOH	1.0649
HOCHCOHCHOH	0.5944
—NHNH—	1.1330
>N—N<	0.7306

① 除—OH或氨基外的任何基团。

【例9-1】估算苄基溴的 $\lg K_{ow}$ 值，实验值为2.92。

解： 按Meylan-Howard法，有6个芳烃C，1个脂链中—CH_2—，1个脂连接的Br。按式（9-9），并查表9-1得

$$\lg K_{ow}=0.229+6\times0.2940+0.4911+0.3997=2.8838$$

本例有良好结果，但这只是一个特例。

除了使用一般的基团法外，还可以从结构相似的化合物出发，用增减相应的基团的方法来估算，可用下式表示

$$\lg K_{ow}=\lg K_{ow}(\text{相似化合物})-\sum_i n_i\Delta f_i(\text{移去的碎片})+\sum_j n_j\Delta f_j(\text{增加的碎片})$$
$$-\sum_k n_k\Delta c_k(\text{移去的校正})+\sum_l n_l\Delta c_l(\text{增加的校正}) \tag{9-10}$$

下面以实例说明上式的使用。

【例9-2】从DDT的 $\lg K_{ow}$（6.20）估算甲氧氯的 K_{ow}，后者也是一种杀虫剂。

解： 这两种化合物的结构式分别是

Cl—C_6H_4—CH(CCl_3)—C_6H_4—Cl　　CH_3O—C_6H_4—CH(CCl_3)—C_6H_4—OCH_3

(DDT)　　(甲氧氯)

它们的结构相似，只要从DDT中除去两个与芳烃相邻的Cl，加上两个—CH_3 及两个单芳环连接的—O—基团。用Meylan-Howard法，由表9-1得

$$\lg K_{ow}=6.20-2\times0.6445+2\times0.5473+2\times(-0.4664)=5.0728$$

实验值为5.08。这又是一个很好的结果，但这是基于取DDT的 $\lg K_{ow}$ 为6.20，而前面已提到不同测定者取DDT的 $\lg K_{ow}$ 差别是很大的。因此在选择相似化合物时，应该尽可能选用其 K_{ow} 是无争议的化合物。

这一类估算方法是基团法的一个特例或发展，不但在估算有关环境的物性时可用，在一般的物性计算中，也常常是很有效的。

9.3 有机溶剂 / 水分配系数

有关 K_{ow} 的概念还可以推广到其他有机溶剂 / 水分配系数（K_{lw}）

$$K_{lw}=\frac{c_{li}}{c_{wi}} \tag{9-11}$$

相似于式（9-6），有

$$K_{lw}=\frac{\gamma_{wi}}{\gamma_{li}}\times\frac{V_{wm}}{V_{lm}} \tag{9-12}$$

式中，下标“w”指水；下标“l”指有机溶剂。V_{wm} 仍可用纯水摩尔体积（$18cm^3\cdot mol^{-1}$）近似代替，而对非极性或弱极性有机溶剂，也可用无水溶剂的摩尔体积代替 V_{lm}。在式（9-12）中，决定 K_{lw} 值的主要是两个活度系数之比。在不同溶剂中一些化合物的 $\lg K_{lw}$ 值见表 9-3。表中溶剂的极性有很大差异，但每个化合物在不同溶剂中 K_{lw} 值相差不大，特别是对非极性化合物（表中正辛烷、甲苯）更是这样，若有某化合物在一种有机溶剂中的 K_{lw} 值，则可估计该化合物在其他溶剂 / 水系统中的 K_{lw} 值，在数量级上大致可靠。

表 9-3 25℃时一些化合物在不同有机溶剂中的 $\lg K_{lw}$ 值

化合物	正己烷	甲苯	乙醚	$CHCl_3$	1-辛醇
正辛烷	6.08	5.98	6.03	6.01	5.53
氯苯	2.91			3.40	2.78
甲苯	2.83		3.07	3.43	2.66
吡啶	-0.21	0.29	0.08	1.43	0.65
丙酮	-0.92	-0.31	-0.21	0.72	-0.24
苯胺	0.01	0.78	0.85	1.23	0.90
1-己醇	0.45	1.29	1.80	1.69	2.03
苯酚	-0.89	0.12	1.58	0.37	1.49
己酸	-0.14	0.48	1.78	0.71	1.95

由于 K_{ow} 数据比较齐全，因此也试图从 K_{ow} 求取 K_{lw}，并提出

$$\lg K_{ilw}=a\lg K_{iow}+b \tag{9-13}$$

同类化合物可取相同的 a、b，因而有一定的外推功能。

用活度系数表达组元 i 在两相（1 和 2）中的相平衡，由化学势相等得

$$\mu_{i1}=\mu_{iL}+RT\ln x_{i1}+RT\ln\gamma_{i1}$$

$$\mu_{i2}=\mu_{iL}+RT\ln x_{i2}+RT\ln\gamma_{i2}$$

$$\ln K'_{i,12}=\ln\frac{x_{i1}}{x_{i2}}=-\frac{RT\ln\gamma_{i1}-RT\ln\gamma_{i2}}{RT} \tag{9-14a}$$

或

$$K'_{i,12}=\exp\left[\frac{-(RT\ln\gamma_{i1}-RT\ln\gamma_{i2})}{RT}\right]=\exp\left(\frac{-\Delta G_{i,12}}{RT}\right) \tag{9-14b}$$

式中，$K'_{i,12}$ 是用摩尔浓度表达的相平衡比，在化工热力学中，这种表达方式能简单地给出浓度与活度系数的关系，也便于用 γ-x 关系式进行计算。在环境化工中，更常用的是以单位溶液摩尔体积表达的浓度 c_i

$$c_i = \frac{x_i}{V_{im}}$$

再用纯化合物体积代替溶液体积，可得到用溶液浓度表达的相平衡比

$$\ln K_{i,12} = \ln \frac{c_{i1}}{c_{i2}} = -\ln \frac{V_1}{V_2} - \frac{RT \ln \gamma_{i1} - RT \ln \gamma_{i2}}{RT} \tag{9-15}$$

在不同温度下 $K_{i,12}$ 有所变化，计算其变化时，需要化合物在两相间转移时的相转移热 $\Delta_{12}H_i$

$$\frac{\mathrm{d}\ln K_{i,12}}{\mathrm{d}T} = \frac{\Delta_{12}H_i}{RT^2} \tag{9-16}$$

由于 $\Delta_{12}H_i$ 是难于测量的，只能在不同温度下测量 $K_{i,12}$，并进行相应的回归。在环境问题中，温度间隔不大，可认为 $\Delta_{12}H_i$ 不变化，积分上式，得

$$\ln K_{i,12} = -\frac{A}{T} + B \tag{9-17}$$

$K_{i,12}$ 对于从水相中萃取（或富集）有机物的工艺计算是重要的，对于有机物由复杂混合物中向水中溶解的计算也是必不可少的，例如在计算多氯苯的环境污染时，$K_{i,12}$ 是重要的基础数据。从式（9-14b）或式（9-15）都可知，求取 $K'_{i,12}$ 或 $K_{i,12}$ 的关键仍是两相中活度系数的计算。

9.4 水溶解度

化学品污染物（气体、液体、固体）在水中的溶解度是污染物在水中分布的关键参数。从热力学角度，这**正是气体、液体和固体与水的相平衡**，即一种特殊的气液平衡、液液平衡、固液平衡，也正是化工热力学与环境化工的一个重要接合点。

水溶解度可用多种形式及相应单位表示，对化工热力学来说，以摩尔分数表示最为通用。环境分析或测定时，常用的单位是 mol 溶质·L^{-1} 溶液、g 溶质·L^{-1} 溶液、g 溶质·kg^{-1} 溶液、mol 溶质 · kg^{-1} 溶液。由于在环境领域中，溶解度一般很小，对这样的稀溶液，分母可近似按纯溶剂计。在环境化工中，最常用的浓度单位是 c_{wi}（mol · L^{-1}）。

在手册中有大量的 c_{wi} 值，但多数是定性的，即把 c_{wi} 分为全溶（$c_{wi}=\infty$）、可溶（$c_{wi}>0.1\text{mol}\cdot\text{L}^{-1}$）、中等可溶（$0.01\text{mol}\cdot\text{L}^{-1}<c_{wi}<0.1\text{mol}\cdot\text{L}^{-1}$）、不溶（$c_{wi}<0.01\text{mol}\cdot\text{L}^{-1}$）和特别不溶（$c_{wi}\leqslant 1\text{g}\cdot\text{L}^{-1}$）。特别不溶的体系也是较多的，例如重要污染物苯并芘在水中的溶解度仅为 0.20×10^{-12}（质量分数）。

原则上，水溶解度测定方法是气液平衡、液液平衡、固液平衡测定方法的一部分，只是在大多数情况下要适应溶解量很小的特点。

9.4.1 热力学关系

在环境问题中一般需要气体分压很低时的气液平衡关系。气相分压 p_i 与液相分率 x_{wi} 的基本关系式是以 Henry 定律表示的标准态

$$p_i = \gamma'_{wi} x_{wi} k_{wi} \tag{9-18}$$

式中，γ'_{wi} 是按 Henry 定律标准态计的活度系数。在极稀水溶液中，γ'_{wi} 可取为 1。

$$p_i = x_{wi} k_{wi} \tag{9-19}$$

因此，只要查到 Henry 系数，即可求得 x_{wi}。若用 c_{wi} 表示则为

$$c_{wi} = \frac{p_i}{k_{wi} V_w} \tag{9-20}$$

式中，已取 γ'_{wi} 为 1，并用水的摩尔体积（V_w）代替溶液的摩尔体积。

对于有机液体溶质，水溶解度可按液液平衡计算

$$\gamma_{oi} x_{oi} = \gamma_{wi} x_{wi} \tag{9-21}$$

式中，下标“o”表示在有机相中；下标“w”表示在水相中。对溶解极少量水的有机液体，$x_{oi}=1$，$\gamma_{oi}=1$，则

$$x_{wi} = \frac{1}{\gamma_{wi}} \tag{9-22}$$

或

$$c_{wi} = \frac{1}{V_w \gamma_{wi}} = 55.6 / \gamma_{wi} \tag{9-23}$$

很明显，x_{wi} 或 c_{wi} 主要决定于有机液体在水中的活度系数。γ_{wi} 值很大，例如在饱和态下，苯的 γ_{wi} 为 2.5×10^3，氯苯为 1.4×10^4，1，3，5- 三甲苯为 1.3×10^{15}，相应的 c_{wi} 极小。式（9-22）和式（9-23）只适用于特别不溶至中等可溶的化合物，因此对摩尔质量不太大的醇不太合适。

对固体溶质，溶解度近似可表达为

$$x_{wi} = \frac{1}{\gamma_{wi}} \times 0.023(25 - t_m) \tag{9-24}$$

式中，t_m 是凝固点，℃。式（9-24）中 γ_{wi} 可有更大的值，例如萘的 γ_{wi} 为 6.7×10^4，菲为 2.0×10^6，蒽为 2.5×10^6，六氟苯为 4.3×10^7，苯并芘为 3.2×10^8。

从式（9-7）可知，K_{ow} 主要决定于 γ_{wi}，而从式（9-22）或式（9-23）可知，x_{wi} 或 c_{wi} 也主要决定于 γ_{wi}，因此 K_{ow} 与 c_{wi}（或 x_{wi}）是容易联系起来的，并有如下互算关系式

$$\lg c_{wi} = -1.016 \lg K_{ow} + 0.516 \tag{9-25a}$$

$$\lg x_{wi} = -1.026 \lg K_{ow} - 0.23 \tag{9-25b}$$

但以上两式仍是粗略的近似式。

在环境热力学中，c_{wi} 主要是指 25℃的，但有时也需要其他温度下的。在热力学关系上，需要有相转移热，使用上有困难，只能依靠关联式

$$\ln x_{wi} = -\frac{A}{T} + B \quad 或 \ln c_{wi} = -\frac{A'}{T} + B' \tag{9-26}$$

9.4.2 估算方法

c_{wi} 数据量很大，但仍需要估算，估算式常用 $\lg c_{wi}$ 表示。在估算方法中，首先要提到用 UNIFAC 法（见第 10 章）先估算 γ_{wi}，再按式（9-22）或式（9-23）计算得 x_{wi} 或 c_{wi}。一般地说，在溶液浓度较高时，用 UNIFAC 法更好些，对于计算极低浓度的 c_{wi}，误差可能大大增加；另外，对结构复杂的化合物，UNIFAC 法也未必适用。下面讨论几种在环境热力学中使用的方法。

9.4.2.1 基团法

在 c_{wi} 的估算方法中最重要的是基团法。1992 年，Klopman 等方法提出了两个计算式，其中之一是

$$\lg S_{wi} = 3.5650 + \sum n_i \Delta s_i \tag{9-27}$$

式中，S_{wi} 是 c_{wi} 的质量单位表达，$g \cdot g^{-1}$；Δs_i 是基团值，见表 9-4。

表 9-4 Klopman 等方法估算 S_{wi} 的基团值

基团	Δs_i	基团	Δs_i	基团	Δs_i
$-CH_3$	-0.3361	$(=C<)_R$	-0.4944	—COOH（共轭酸）	0.2653
$-CH_2-$	-0.5729			—COOH（非共轭酸）	1.1695
$>CH-$	-0.6057	—F（连饱和 C）	-0.4472	—COO—	0.8724
		—F（连其他原子）	-0.1773	—CONH—	0.1931
$>C<$	-0.7853	—Cl（连饱和 C）	-0.4293	—CO—	1.3049
		—Cl（连其他原子）	-0.6318	$(-CO-)_R$	1.5413
$=CH_2$	-0.6870	—Br（连饱和 C）	-0.6321	—SO—	0.5826
$=CH-$	-0.3230	—Br（连其他原子）	-0.9643	$-NH_2$	0.6935
$=C<$	-0.3345	—I（连饱和 C）	-1.2391	—NH—	0.9549
		—I（连其他原子）	-1.2597	—CN	0.6262
$-C\equiv CH$	-0.6013	—OH（伯醇）	1.4642	$(-N=)_R$	-0.3722
$(-CH_2-)_R$	-0.4568	—OH（仲醇）	1.5629	$-NO_2$	-0.2647
$(>CH-)_R$	-0.4072	—OH（叔醇）	1.0885	—SH	-0.5118
		—OH（连非饱和 C）	1.1919	S=P—	-2.4096
$(>C<)_R$	-0.3122	$(-O-)_R$	-0.2991	S=	-1.3197
		—O—	0.8515	烷	-1.5397
$(=CH-)_R$	-0.3690	—CHO	0.4476	烃（非烷）	-0.2598

注：下标 R 表示在环中。

另一个基团法是 1995 年 Kuhne 等提出来的。

$$\lg c_{wi} = 0.4273 + \sum n_i \Delta s_i \tag{9-28}$$

式中，c_{wi} 的单位是 $mol \cdot L^{-1}$；基团值 Δs_i 见表 9-5，表中也包括了校正项。另外，对于

熔点高于25℃的化合物，还要加上（t_m−25）相乘系数的校正项，系数也见表9-5，t_m的单位为℃。

【例9-3】估算五氯苯的c_{wi}值，熔点为85℃，两个实验值为2.24×10^{-6}mol·L^{-1}和3.32×10^{-6}mol·L^{-1}。

解： 采用Klopman等方法：C_6HCl_5有5个$(=C\langle)_R$，1个$(=CH-)_R$，5个—Cl（连非饱和C）。由式（9-27）得

$$\lg S_{wi}=3.5650+5\times(-0.4944)+(-0.3690)+5\times(-0.6318)=-2.4350$$

$$S_{wi}=3.67\times10^{-3}\mathrm{g\cdot g^{-1}},\quad c_{wi}=1.46\times10^{-4}\mathrm{mol\cdot L^{-1}}$$

Kuhne等方法：有1个氢，6个非稠环芳烃C，5个与芳烃相连的Cl，再加上熔点校正项，得

$$\lg c_{wi}=0.4273+0.0727+6\times(-0.4257)+5\times(-0.5694)-0.00589\times(85-25)=-5.2544$$

$$c_{wi}=5.57\times10^{-6}\mathrm{mol\cdot L^{-1}}$$

表9-5 Kuhne等方法估算$\lg c_{wi}$的基团值

Δs_i	描述	Δs_i	描述
0.0727	H接触任何C原子或与芳烃C相连的非芳烃N上的H	0.9212	脂链中的—O—（醚）
		0.5668	芳烃C与其他任何原子间的—O—
0.0	三键C与别的C相连	−0.7242	芳烃环中的—O—（例如二噁英）
−0.5610	双键C与别的C相连	1.1042	O与任何原子间双键
−0.6113	单键脂族C	−0.4591	与非芳烃C相连的醛基中的CH
−0.4257	非稠环芳烃C	−0.8240	与芳烃C相连的醛基中的CH
−0.3803	存于芳烃中C	0.7538	与非芳烃C相连的COOH基
−0.2327	连于非芳烃C的F	0.4747	与芳烃C相连的COOH基
−0.5201	连于非芳烃C的Cl	0.4694	与非芳烃C相连的COO基
−0.6409	连于非芳烃C的Br	0.3610	与芳烃C相连的COO基
−1.2959	连于非芳烃C的I	0.0	CN
0.0	连于芳烃C的F	0.5814	相连于非芳烃C的NH_2（伯氨基）
−0.5694	连于芳烃C的Cl	0.8909	相连于非芳烃C的NH（仲氨基）
−0.9387	连于芳烃C的Br	1.0124	相连于非芳烃C的N（叔氨基）
−1.4597	连于芳烃C的I	0.8308	相连于芳烃C的N
1.0917	连于非芳烃C的伯醇（OH）	−1.7814	非芳烃N以双键相连于其他任何原子
1.2120	连于非芳烃C的仲醇（OH）	2.1701	芳烃环中的N（例如吡啶）
1.0736	连于非芳烃C的叔醇（OH）	−0.9504	芳烃环NCNCCC（嘧啶型）
1.3169	连于芳烃C的OH基	−2.7665	芳烃环NCNCNC（三嗪型）
0.5479	连于S的OH基	1.2685	NH_2CO_2（氨基甲酸酯类）

续表

Δs_i	描述	Δs_i	描述
0.0	$O{=}CNH_2$		校正项
0.0	$O{=}CNH$	0.2288	非芳烃 C 的无氢支链（除 COO 外）
0.4489	$O{=}CN$	0.2990	非芳烃环
0.0	与非芳烃相连的 NO_2	-0.1839	非芳烃中的 CH_2 基
-0.2657	与芳烃相连的 NO_2	-0.4299	非芳烃中的 CH_3 基
0.0	单键相连的 S	-1.1063	2 个 OH 基连于邻位
-1.0613	一个双键相连的 S	-0.5774	一个 C 上有 4 个卤原子
-1.7472	其他 S		**固体化合物的熔点校正（t_m > 25℃）**
0.5766	NH_2SO_2	-0.00305	非芳烃
-1.9164	任何 P	-0.00589	芳烃及 6π 电子的 5 元环

9.4.2.2 杂化模型法

可以在 $\lg c_{wi}$-$\lg K_{ow}$ 关系中加一个有一定理论意义的修正项 f_i，可用下列 3 个关系式之一

$$\lg c_{wi}=0.342-1.0374\lg K_{ow}-0.0108(t_m-25)+\sum f_i \tag{9-29a}$$

$$\lg c_{wi}=0.796-0.854\lg K_{ow}-0.00728M+\sum f_i \tag{9-29b}$$

$$\lg c_{wi}=0.693-0.96\lg K_{ow}-0.0292(t_m-25)-0.00314M+\sum f_i \tag{9-29c}$$

式中，M 是摩尔质量，$g\cdot mol^{-1}$；f_i 值见表 9-6，使用范围为 $\lg c_{wi}=-12\sim1.5$。

【例 9-4】估算硝基苯的 c_{wi}，$M=123.11g\cdot mol^{-1}$，$\lg K_{ow}=1.85$，$t_m<25℃$，因此不需要 t_m 项校正。测定值 $\lg c_{wi}=-1.80$。

解： 由表 9-6 及式（9-29）得

$$\lg c_{wi}=0.342-1.0374\times1.85-0.555=-2.13$$

$$\lg c_{wi}=0.796-0.854\times1.85-0.00728\times123.11-0.390=-2.07$$

$$\lg c_{wi}=0.693-0.96\times1.85-0.00314\times123.11-0.505=-1.98$$

表 9-6 杂化模型法估算 c_{wi} 中的校正项 f_i

化合物类	使用说明	式（9-29a）	式（9-29b）	式（9-29c）
脂肪醇	只用于一个—OH 基，不适用于多个—OH 基，也没有乙酰胺、氨基、偶氮类、—S═O	0.466	0.510	0.424
脂肪酸	不适用于氨基酸、—CO—N—C—COOH	0.689	0.395	0.650
脂肪胺	用于伯、仲、叔液体胺，并只与脂肪 C 相连	0.883	1.008①	0.834
芳族酸	直接连于芳烃 C，不适用于含有任何氨基取代（例如—NH_2、—NH—CO—）	1.104		0.898

续表

化合物类	使用说明	式（9-29a）	式（9-29b）	式（9-29c）
酚	不适用于含有任何氨基取代（例如—NH_2、—NH—CO—），也不适用有NO_2或烷氧基相邻于—OH基	1.092	0.580	0.961
烷基吡啶		1.293	1.300	1.243
偶氮	—N═N—两边都与C相连	-0.638	-0.432	-0.341
氰类	不适用于NCCN	-0.381	-0.265	-0.362
烃	只含C和H	-0.112	-0.537	-0.441
硝基类	脂类或芳烃类硝基化合物，但—NO_2与N不得相连，即不适于N—NO_2	-0.555	-0.390	-0.505
—SO_2	用于任何芳环上带有氨磺酰及其他取代基（酮、砜、硫酰胺），也可用于带有—SO—C—CO—C的酯族化合物	-1.187	-1.051	-0.865
氟代烷	用于带两个或两个以上氟的烷烃	-0.832	-0.742	-0.945
PAH	用于多环芳烃，三环化合物中至少有两个环是芳烃，芳烃不一定是稠环		-1.110②	
多N	用于两个或多个脂族N，其中之一与CO、SO、CS相连，4个或更多的芳族N，两个或更多的芳族N和一个或更多的酯族N与CO、SO、CS相连，不能用于CN、NO_2、偶氮、巴比妥酸酯和金属化合物		-1.310②	
氨基酸		-2.070②		

① 不能用于乙酰胺、酸、酰亚胺。
② 不用于含 t_m 项的公式。

9.5 空气 / 水分配系数

9.5.1 定义和热力学关系

空气 / 水分配系数 K_{aw} 定义为

$$K_{aw}=c_g/c_w \tag{9-30}$$

式中，c_g 是化学品的气相摩尔浓度，mol · m^{-3}；c_w 是该化学品在水相中的摩尔浓度，mol · m^{-3}。从定义可知 K_{aw} 是一种相分配比，无单位，也称为无量纲的 Henry 系数。

K_{aw} 是气液平衡的一种，只是规定液相是水，且专注于环境内容的。气液平衡有多种表达方式，这些表达式能与 K_{aw} 相联系，例如相平衡比（K'_{aw}）和亨利系数（H_{aw}）

$$K'_{aw}=y_i/x_i \tag{9-31}$$

$$K_{aw}=K'_{aw}\frac{c_{ml}}{c_{mg}} \tag{9-32}$$

$$H_{aw}=p_i/c_{wi} \tag{9-33}$$

$$H'_{aw}=p_i/x_{wi}=H_{aw}/V_{wm} \tag{9-34}$$

$$H_{aw}=K_{aw}RT \tag{9-35}$$

式中，c_{ml} 是液体水溶液的摩尔浓度，mol · m^{-3}；c_{mg} 是空气的摩尔浓度，mol · m^{-3}；V_{wm} 是水溶液的摩尔体积，L · mol^{-1}；R 为气体常数，8.3145Pa · m^3 · mol^{-1} · K^{-1}。

研究 K_{aw} 的主要目的是了解各种化学品从空气中向水中的溶解，或水中的污染物向空气的挥发，即 c_{wi}（或 x_i）或 p_i（或 y_i）的探求。由热力学基本关系

$$p_i / x_i = \gamma_i p_i^s / \hat{\phi}_i$$

环境问题中压力很低，$\hat{\phi}_i$ 可取为 1。上式表明，从热力学角度，求取 γ_i 是最基本的难点；另外，在所需温度下化学品的蒸气压也是必要的基础数据，该数据有时也未必有实验值。

若已知水溶解度 c_{wi}，则由式（9-33）～式（9-35），可求气、水相组成。这样的方法不需要难求的活度系数，因为由式（9-23），c_{wi} 是直接与活度系数有关的。

【例 9-5】 DDT 在 20℃下 p_i^s=2.53×10^{-5}Pa，ρ_{wi}=（2.7±2.1）×10^{-3}g · m^{-3}，M=352.46 g · mol^{-1}，估算 K_{aw}。文献值为 5.2×10^{-4} ～ 9.5×10^{-4}。

解： c_{wi}=2.7×10^{-3}/352.46=7.7×10^{-6}（mol · m^{-3}），由式（9-33）、式（9-35）得

$$H_{aw}=2.53\times10^{-5}/7.7\times10^{-6}=3.3\ (\text{Pa}\cdot\text{m}^3\cdot\text{mol}^{-1})$$

$$K_{aw}=\frac{1}{8.3145\times293}\times3.3=1.4\times10^{-3}$$

这是一个估算误差比较大的实例，在环境热力学计算中这样的误差是常见的。

9.5.2 用基团贡献法估算

20 世纪 90 年代提出了基团贡献法估算 K_{aw}，计算式是

$$\lg K_{aw}=\sum n_i g_i+\sum n_j F_j \tag{9-36}$$

式中，g_i 为 i 键的贡献值；F_j 是校正项；其键数和修正项数分别为 n_i 和 n_j。在 25℃下，g_i 和 F_j 的值分别见表 9-7 及表 9-8。由表可知，这是以化学键为基础的特殊基团法。

表 9-7　估算 $\lg K_{aw}$ 的 g_i 键值（25℃）

键	g_i	键	g_i	键	g_i	键	g_i
C—H	-0.1197	C_A—C_D	0.4391	C_A—Br	0.2454	C_D—CO	1.9260
C—C	0.1163	C_A—$C_A^{①}$	0.2638	C_A—I	0.4806	C_D—CN	2.5514
C—C_A	0.1619	C_A—$C_A^{②}$	0.1490	C—CO	1.7057	C_A—O	0.3473
C—C_D	0.0635	C—F	-0.4184	C—O	1.0855	C_A—CO	1.2387
C—C_T	0.5375	C—Cl	0.3335	C—N	1.3001	C_A—OH	0.5967
C_D—H	-0.1005	C—Br	0.8187	C—NO_2	3.1231	C_A—O_A	0.2419
C_D═C_D	0.0000	C—I	1.0074	C—CN	3.2624	C_A—N	0.7304
C_D—C_D	0.0997	C_D—F	-0.3824	C—S	1.1056	C_A—N_A	1.6282
C_T—H	0.0040	C_D—Cl	0.0426	C═S	-0.0460	C_A—CN	1.8606
C_T≡C_T	0.0000	C_A—F	-0.2214	C—P	0.7786	C_A—NO_2	2.2496
C_A—H	-0.1543	C_A—Cl	-0.0241	C_D—O	0.2051	C_A—S	0.6345

续表

键	g_i	键	g_i	键	g_i	键	g_i
$C_A—S_A$	0.3739	O—H	3.2318	N═O③	1.0956	S—P	0.6334
CO—H	1.2101	O—O	-0.4036	N—N③	1.0956	S═P	-1.0317
CO—O	0.0714	O—P	0.3930	N═N	0.1374		
CO—N	2.4261	O═P	1.6334	S—H	0.2247		
CO—CO	2.4000	N—H	1.2835	S—S	-0.1891		

①芳烃内部环；②芳烃外部环，如联苯；③专用于亚硝胺。
注：下标，A—芳环；D—双键；T—三键。

表 9-8 估算 $\lg K_{aw}$ 的校正因子 F_j（25℃）

直链或支链烷烃	-0.75	比一元醇所多的—OH 基	-3.00
环烷	-0.28	在一个环中超过一个 N 数	-2.50
单烯烃	-0.20	只含一个氟的氟烷	0.95
环单烯烃	0.25	只含一个氯的氯烷	0.50
直链或支链烷基醇	-0.20	全氯烷	-1.35
相邻两个醚基（—C—O—C—O—C—）	-0.70	全氟烷	-0.60
环醚	0.90	全卤含氟烷	-0.90
环氧化物（例如环氧乙烷）	0.50		

【例 9-6】 估算 1- 丙醇的 $\lg K_{aw}$，测定值为 3.55。

解： 由式（9-36）及表 9-7、表 9-8 得

$$\lg K_{aw}=7\times(-0.1197)+2\times0.1163+1\times1.0855+1\times3.2318-0.20=3.5120$$

9.6 土壤或沉积物的吸附作用

化学物质与固相表面的结合过程通常称为吸附作用，此时分子被吸引到一个二维界面上。化学物质可以是气体，也可以是液体，本节重点讨论后者。固相可以是纯固体，并有明确的晶型，也可以是混合物，对环境化工来说，还应包括土壤或各种结构的沉积物。这里所讨论的吸附作用对于污染物在水体或大气中的分布是重要的，对于污染物在土壤中的分布也很重要，这类物质迁移影响污染物对生物的作用（包括毒性）。

9.6.1 吸附等温线

当研究化学物质在固相表面和溶液或气体间的平衡时，最重要的是溶液中化学物质的浓度 c_w（$mol\cdot L^{-1}$）与固体表面上吸附物的总浓度 c_s（$mol\cdot kg^{-1}$）之间的关系，这两种浓

度间的关系通常可用吸附等温线表示。化学物质与吸附剂作用力有强有弱，有化学作用也有物理作用，因此 c_w 与 c_s 间的关系曲线有多种形式，并已在其他课程中进行了讨论，其中最重要的是 Freundlich 式和 Langmuir 式，前者为

$$c_s=K_F c_w^n \tag{9-37}$$

式中，n 为 Freundlich 指数；K_F 为 Freundlich 常数或容量因子，其单位与 c_w 的单位有关。

Langmuir 式更反映化学吸附作用

$$c_s=\frac{\Gamma_{max}K_L c_w}{1+K_L c_w} \tag{9-38}$$

式中，K_L 为吸附反应的平衡常数；Γ_{max} 为单位质量吸附剂表面位点总数。

9.6.2 几种分配系数

在环境化工中常用如下分配系数。

（1）泥土 / 水分配比 K_d

$$K_d=c_s/c_w \tag{9-39}$$

c_s 与 c_w 的单位同前。

（2）泥土 / 水分配系数 K_{sw}

$$K_{sw}=K_d\rho_s=c_s\rho_s/c_w \tag{9-40}$$

式中，ρ_s 是吸附剂的密度；K_{sw} 常是无单位的。

（3）土壤（或吸附剂）中有机碳含量系数（f_{oc}）和总有机质量系数（f_{om}）

$$f_{oc}=\frac{吸附剂中的机碳的质量}{吸附剂的总质量} \tag{9-41a}$$

$$f_{om}=\frac{吸附剂中有机物的质量}{吸附剂的总质量} \tag{9-41b}$$

一般来说，天然有机质（包括土壤）含碳 40% ～ 60%，因此，f_{om} 近似等于 $2f_{oc}$，也有人认为是 $1.74f_{oc}$。

土壤中有机物含量越高（f_{om} 值大），对一般有机物吸附性能越强；反之，大部分无机化合物的表面是极性的，易于吸附水分子这类易于生成氢键的化合物。

（4）有机相 / 水分配系数 K_{om}

$$K_{om}=c_{om}/c_w \tag{9-42}$$

式中，c_{om} 是吸附剂中（按有机物计）被吸附的化学品浓度，$mol \cdot kg^{-1}$。由此定义

$$K_d=f_{om}K_{om} \tag{9-43}$$

（5）有机碳 / 水分配系数 K_{oc}

$$K_{oc}=c_{oc}/c_w \tag{9-44}$$

式中，c_{oc} 是土壤中按有机碳计的被吸附化学品浓度，$mol \cdot kg^{-1}$。相似地有

$$K_d=f_{oc}K_{oc} \tag{9-45}$$

以上各种分配系数中，以 K_{oc} 最为常用。以估算为例，大都集中在 K_{oc} 的估算方法中，其中包括对不同体系，使用 $\lg K_{oc}$ 与 $\lg K_{ow}$ 的线性关系式。重视 K_{oc} 的原因是按有机碳作为计算标准时，可以对不同土壤作出统一的比较或研究。

本章小结

1. **难度最大的环境问题是化学品在环境中的分布**，除人们已熟知 CO_2、SO_2、NO_x 在大气中含量增高外，还有极多的化学品进入我们的生活圈，其中有许多危害人类健康。

2. 化学品在环境中的分布符合化学、化工等学科的规律，其治理方法中最重要的也是化学、化工的方法。

3. **化学品在环境（或自然界）的分布符合相平衡关系**，主要是汽液平衡、气液平衡、液液平衡、固液平衡等，也是各种消除污染物方法的重要物理基础。

4. 在污染物分布的化工热力学关系中，有计算式（关系式）的确定，也包括浓度测定、数据测定、估算方法建立等，在**估算方法中主要是基团法**。

5. 表达**化学品在环境中分布的典型代表是辛醇 / 水分配系数**（K_{ow}）。

6. 在 K_{ow} **等环境热力学参数计算中最关键的是求取相应的活度系数**（γ），在环境问题中化合物常常是极稀的，其 γ 值可达 10^{15} 或更大，由此也说明 γ 值的重要性及实用性。

习题

9-1 在环境热力学中包括哪些相平衡问题？与一般相平衡比较，有什么特点？

9-2 说明 K_{ow} 的重要性。

9-3 分析基团法估算 K_{ow} 的可靠性不高的原因。

9-4 为什么温度对 K_{ow} 或有机物在有机溶剂 / 水中的分配系数影响不大？

9-5 分别测定 i 组元在正辛醇和水中的浓度，称之为 c_{oi} 及 c_{wi}，相除后可得 K_{ow} 吗？为什么？

9-6 举例说明有机污染物在：（1）大气和有机液相及（2）大气和水之间平衡分配系数的重要性。

9-7 估算乙酸乙酯及对硫磷的 $\lg K_{ow}$ 值。实验值分别为 0.73 及 3.83。对硫磷的结构式为

$$C_2H_5OP(=S)(OC_2H_5)\,O-C_6H_4-NO_2$$

9-8 估算：（1）正己烷、（2）苯、（3）乙醚在 25℃下的 $\lg K_{aw}$ 值。实验值分别为 −1.81、0.68、1.18。

第 10 章
相平衡的估算

第 6 章中学习了相平衡的基本理论和计算方法，明确相平衡指混合物各相之间的温度、压力、组成关系。相平衡计算常用方法包括状态方程法和活度系数法，两种方法的计算模型中都需要加入反映不同组元之间的相互作用的参数。通常情况下，方程参数可以通过拟合混合流体的 p、V、T 实验数据或者相平衡实验数据得到。然而，生产中各种组元间可能的组合非常多，即使对二元物系也不可能提供充分的实验数据，若考虑到多组元相平衡的计算更为广泛和重要，而且多元实验数据基本上空白，则估算更是必不可少的。

10.1 ASOG 活度系数估算法

在各种相平衡关系中，汽液平衡是最重要的，**相平衡的估算**也是从此开始的。目前**最常使用的方法主要是对活度系数 γ 的估算**。

不同物系的活度系数 γ 值相差极大，同一物系的 γ 值也随混合物系组成的不同而有较大变化，其估算必须提出一种浓度关系式，难度很大。

在 7.3 节中对基团贡献法进行了介绍，**活度系数的估算也以基团贡献法为主**。

最早提出的活度系数估算法是 ASOG 基团解析法，该法最早由 Redlich、Derr 等于 1959 年提出，其后由 Wilson 和 Deal 发展。

混合物中某组分 i 的活度系数由两部分组成：由分子大小提供的贡献和基团间相互作用提供的贡献。

$$\ln\gamma_i = \ln\gamma_i^{S} + \ln\gamma_i^{G} \tag{10-1}$$

式中，上标 S 表示分子大小；上标 G 表示基团间相互作用。

活度系数 γ_i^{S} 仅仅取决于组成混合物的各种分子中不同大小的基团，如 CH_2、CO、OH 的数目。由 Flory-Huggins 关于分子大小不同的无热混合物理论得

$$\ln\gamma_i^{S} = 1 - R_i - \ln R_i \tag{10-2}$$

式中

$$R_i = \frac{s_i}{\sum_j s_j x_j} \tag{10-3}$$

式中，x_j 为混合物中组分 j 的摩尔分数；s_j 为分子 j 中大小不同的基团的数目，求和是针对混合体系中的所有组分，包括 i 组分。

为了计算 γ_i^{G}，必须知道基团摩尔分数 X_k，下标表示分子 j 中一个特定的基团

$$X_k = \frac{\sum_j x_j \nu_{kj}}{\sum_j x_j \sum_k \nu_{kj}} \tag{10-4}$$

式中，v_{kj} 是在一个分子 j 中相互作用基团 k 的数目。活度系数 γ_i^{G} 由公式（10-5）计算。

$$\ln\gamma_i^{\mathrm{G}} = \sum_k v_{ki}\ln\Gamma_k - \sum_k v_{ki}\ln\Gamma_k^* \tag{10-5}$$

式中，Γ_k 为混合物中基团 k 的活度系数；Γ_k^* 为基团 k 在标准态的活度系数。标准态与分子 i 有关。

活度系数 Γ_k 由 Wilson 方程给出。

$$\ln\Gamma_k = -\ln\sum_i X_i A_{ki} + \left(1 - \sum_i \frac{X_i A_{ik}}{\sum_m X_m A_{im}}\right) \tag{10-6}$$

式中，求和是对混合物中的所有基团而言。

式（10-6）也可以用来计算组分 i 的 Γ_k^*，此时它是用于纯组分 i 所含的各基团“组合物”。A_{ki}、A_{ik} 是基团相互作用系数，一般二者不同，与温度相关。一般是从汽液平衡实验数据拟合得到。在给定的温度下，参数值仅与基团有关，而与具体的分子无关。因此，可以从已知一些混合体系的汽液平衡数据得到基团参数，用这些参数估算其他含有不同分子但相同基团的混合物的活度系数。

10.2 UNIFAC 活度系数估算法

1975 年发表的 UNIFAC 法已在 5.6.5.5 节中做了基本介绍，它是一种迄今非常常用的基团溶液模型。在理论上，UNIFAC 法和 ASOG 一脉相承，都是把混合物中的活度系数与结构基团间的相互作用联系起来。其基本方程如下。

$$\ln\gamma_i = \ln\gamma_i^{\mathrm{c}} + \ln\gamma_i^{\mathrm{R}} \tag{10-7}$$

$$\ln\gamma_i^{\mathrm{c}} = \ln\frac{\phi_i}{x_i} + \frac{Z}{2}q_i\ln\frac{\theta_i}{\phi_i} + l_i - \frac{\phi_i}{x_i}\sum_j x_j l_j \tag{10-8}$$

$$l_i = \frac{Z}{2}(r_i - q_i) - (r_i - 1) \tag{10-9a}$$

$$\theta_i = \frac{q_i x_i}{\sum_j q_j x_j} \tag{10-9b}$$

$$\phi_i = \frac{r_i x_i}{\sum_j r_j x_j} \tag{10-9c}$$

$$q_i = \sum v_k^{(i)} Q_k \tag{10-9d}$$

$$r_i = \sum v_k^{(i)} R_k \tag{10-9e}$$

式（10-7）～式（10-9）与原 UNIQUAC 式十分相似，只是把按分子计改为按分子中基团计。其中配位数 Z 仍取 10；θ_i 和 ϕ_i 分别是表面积分数和体积分数，它们分别由基团表面积参数 Q_k 和体积参数 R_k 计算而得；$v_k^{(i)}$是在分子 i 中基团 k 的数目，它是整数；γ_i^{c} 称为组合项活度系数，反映纯组元 i 分子构成和大小对 γ 的贡献，即只与纯组元结构和性质有关，计算 γ_i^{c} 需要的数据有两种微观参数 Q_k 和 R_k，分别反映基团的形状和体积大小，具体值见表 10-1，是本基团法的一部分；γ_i^{R} 是各基团间相互作用的贡献，称为剩余活度系数，计算式是

$$\ln\gamma_i^{\mathrm{R}} = \sum v_k^{(i)}\left[\ln\Gamma_k - \ln\Gamma_k^{(i)}\right] \tag{10-10}$$

式中，Γ_k是基团k的活度系数；$\Gamma_k^{(i)}$是在纯组元i中基团k的活度系数。在式（10-10）中引入$\Gamma_k^{(i)}$是为了当$x_i \to 1$时，组元i的γ为1。$\Gamma_k^{(i)}$值只与k基团所在分子i的结构有关，$\Gamma_k^{(i)}$的表达式是

$$\ln \Gamma_k^{(i)} = Q_k \left\{ 1 - \ln\left[\sum_m \theta_m^{(i)} \psi_{mk} \right] - \sum_m \frac{\theta_m^{(i)} \psi_{km}}{\sum_n \theta_n^{(i)} \psi_{nm}} \right\} \tag{10-11}$$

（m和n=1, 2, ⋯, N，所有的基团）

式中，$\theta_m^{(i)}$是i组元中基团m的表面积分数。

$$\theta_m^{(i)} = \frac{Q_m X_m^{(i)}}{\sum_n Q_n X_n^{(i)}} \tag{10-12}$$

Q_m和Q_n是基团m和基团n的表面积参数；$X_m^{(i)}$是i组元中基团m的分数。

$$X_m^{(i)} = \frac{\nu_m^{(i)}}{\sum_k \nu_k^{(i)}} \tag{10-13}$$

以1-丙醇为例，由CH_3、CH_2、OH三种基团组成，其中CH_3和OH基团各占0.25，而CH_2占0.50。

混合物中基团k的活度系数Γ_k的计算式是

$$\ln \Gamma_k = Q_k \left[1 - \ln\left(\sum_m \theta_m \psi_{mk} \right) - \sum_m \frac{\theta_m \psi_{km}}{\sum_n \theta_n \psi_{nm}} \right] \tag{10-14}$$

与式（10-11）不同，式（10-14）用溶液中分数θ_m（基团m在溶液中的表面积分数）、X_m（溶液中基团m的分数）代替纯组元中的分数。

$$\theta_m = \frac{Q_m X_m}{\sum_n Q_n X_n} \tag{10-15}$$

$$X_m = \frac{\sum_i \nu_m^{(i)} x_i}{\sum_i \sum_k \nu_k^{(i)} x_i} \tag{10-16}$$

式（10-11）和式（10-14）中，ψ表达基团间的相互作用，并用基团间相互作用参数a_{nm}来表达。

$$\psi_{nm} = \exp\left(-\frac{a_{nm}}{T} \right) \tag{10-17}$$

式中，T为体系温度；a_{nm}和a_{mn}不等，其单位为K，该值是由汽液平衡（VLE）数据回归而得的。该方法在1975年第一次发表时，所涉及基团数是18个，至1991年第7版时，已扩充为50个，此后又多次进行了补充。从表10-1中还可见，基团又划分为主基团（50个）和子基团（108个），例如主基团CH_2是饱和烃基团，有4个子基团CH_3、CH_2、CH、C，分别有各自的Q_k和R_k值；又例如CNH_2主基团包括CH_3NH_2、CH_2NH_2、$CHNH_2$三个子基团。主基团只用于计算a_{nm}，即同一主基团间a_{nm}是相同的。a_{nm}值见表10-2。表中还有许多空白，表明因实验数据缺乏，未能回归出相应的a_{nm}值。

表 10-1 UNIFAC 法基团体积和表面积参数

主基团序号	主基团	子基团	子基团序号	R_k	Q_k	基团划分实例
1	CH_2	CH_3	1	0.9011	0.848	正己烷：$2CH_3$，$4CH_2$
		CH_2	2	0.6744	0.540	2- 甲基丙烷：$3CH_3$，1CH
		CH	3	0.4469	0.228	2，2- 二甲基丙烷：$4CH_3$，1C
		C	4	0.2195	0.000	
2	C═C	CH_2═CH	5	1.3454	1.176	1- 己烯：$1CH_3$，$3CH_2$，$1CH_2$═CH
		CH═CH	6	1.1167	0.867	2- 己烯：$2CH_3$，$2CH_2$，1CH═CH
		CH_2═C	7	1.1173	0.988	2- 甲基 -1- 丁烯：$2CH_3$，$1CH_2$，$1CH_2$═C
		CH═C	8	0.8886	0.676	2- 甲基 -2- 丁烯：$3CH_3$，1CH═C
		C═C	9	0.6605	0.485	2，3- 二甲基 -2- 丁烯：$4CH_3$，1C═C
3	ACH	ACH	10	0.5313	0.400	苯：6ACH
		AC	11	0.3652	0.120	苯乙烯：$1CH_2$═CH，5ACH，1AC
4	$ACCH_2$	$ACCH_3$	12	1.2663	0.968	甲苯：5ACH，$1ACCH_3$
		$ACCH_2$	13	1.0396	0.660	乙苯：$1CH_3$，5ACH，$1ACCH_2$
		ACCH	14	0.8121	0.348	异丙苯：$2CH_3$，5ACH，1ACCH
5	OH	OH	15	1.000	1.200	异丙醇：$2CH_3$，1CH，1OH
6	CH_3OH	CH_3OH	16	1.4311	1.432	甲醇：$1CH_3OH$
7	H_2O	H_2O	17	0.92	1.40	水：$1H_2O$
8	ACOH	ACOH	18	0.8952	0.680	苯酚：5ACH，1ACOH
9	CH_2CO	CH_3CO	19	1.6724	1.488	2- 丁酮：$1CH_3$，$1CH_2$，$1CH_3CO$
		CH_2CO	20	1.4457	1.180	3- 戊酮：$2CH_3$，$1CH_2$，$1CH_2CO$
10	CHO	CHO	21	0.9980	0.948	乙醛：$1CH_3$，1CHO
11	CCOO	CH_3COO	22	1.9031	1.728	乙酸丁酯：$1CH_3$，$3CH_2$，$1CH_3COO$
		CH_2COO	23	1.6764	1.420	丙酸丁酯：$2CH_3$，$3CH_2$，$1CH_2COO$
12	HCCO	HCOO	24	1.2420	1.188	甲酸乙酯：$1CH_3$，$1CH_2$，1HCOO
13	CH_2O	CH_3O	25	1.1450	1.088	二甲醚：$1CH_3$，$1CH_3O$
		CH_2O	26	0.9183	0.780	二乙醚：$2CH_3$，$1CH_2$，$1CH_2O$
		CH—O	27	0.6908	0.468	二异丙醚：$4CH_3$，1CH，1CH—O
		FCH_2O	28	0.9183	1.1	四氢呋喃：$3CH_2$，$1FCH_2O$
14	CNH_2	CH_3NH_2	29	1.5959	1.544	甲胺：$1CH_3NH_2$
		CH_2NH_2	30	1.3692	1.236	丙胺：$1CH_3$，$1CH_2$，$1CH_2NH_2$
		$CHNH_2$	31	1.1417	0.924	异丙胺：$2CH_3$，$1CHNH_2$
15	CNH	CH_3NH	32	1.4337	1.244	二甲胺：$1CH_3$，$1CH_3NH$
		CH_2NH	33	1.2070	0.936	二乙胺：$2CH_3$，$1CH_2$，$1CH_2NH$
		CHNH	34	0.9795	0.624	二异丙胺：$4CH_3$，1CH，1CHNH
16	$(C)_3N$	CH_3N	35	1.1865	0.940	三甲胺：$2CH_3$，$1CH_3N$
		CH_2N	36	0.9597	0.632	三乙胺：$3CH_3$，$2CH_2$，$1CH_2N$
17	$ACNH_2$	$ACNH_2$	37	1.0600	0.816	苯胺：5ACH，$1ACNH_2$

续表

主基团序号	主基团	子基团	子基团序号	R_k	Q_k	基团划分实例
18	吡啶	C_5H_5N	38	2.9993	2.113	吡啶：1C_5H_5N
		C_5H_4N	39	2.8332	1.833	3- 甲基吡啶：1CH_3，1C_5H_4N
		C_5H_3N	40	2.667	1.553	2，3- 二甲基吡啶：2CH_3，1C_5H_3N
19	CCN	CH_3CN	41	1.8701	1.724	乙腈：1CH_3CN
		CH_2CN	42	1.6434	1.416	丙腈：1CH_3，1CH_2CN
20	COOH	COOH	43	1.3013	1.224	乙酸：1CH_3，1COOH
		HCOOH	44	1.5280	1.532	甲酸：1HCOOH
21	CCl	CH_2Cl	45	1.4654	1.264	1- 氯丁烷：1CH_3，2CH_2，1CH_2Cl
		CHCl	46	1.2380	0.952	2- 氯丙烷：2CH_3，1CHCl
		CCl	47	1.0060	0.724	2- 氯 -2- 甲基丙烷：3CH_3，1CCl
22	CCl_2	CH_2Cl_2	48	2.2564	1.988	二氯甲烷：1CH_2Cl_2
		$CHCl_2$	49	2.0606	1.684	1，1- 二氯乙烷：1CH_3，1$CHCl_2$
		CCl_2	50	1.8016	1.448	2，2- 二氯丙烷：2CH_3，1CCl_2
23	CCl_2	$CHCl_3$	51	2.8700	2.410	氯仿：1$CHCl_3$
		CCl_3	52	2.6401	2.184	1，1，1- 三氯乙烷：1CH_3，1CCl_3
24	CCl_4	CCl_4	53	3.3900	2.910	四氯化碳：1CCl_4
25	ACCl	ACCl	54	1.1562	0.844	氯苯：5ACH，1ACCl
26	CNO_2	CH_3NO_2	55	2.0086	1.868	硝基甲烷：1CH_3NO_2
		CH_2NO_2	56	1.7818	1.560	1- 硝基丙烷：1CH_3，1CH_2，1CH_2NO_2
		$CHNO_2$	57	1.5544	1.248	2- 硝基丙烷：2CH_3，1$CHNO_2$
27	$ACNO_2$	$ACNO_2$	58	1.4199	1.104	硝基苯：5ACH，1$ACNO_2$
28	CS_2	CS_2	59	2.057	1.65	二硫化碳：CS_2
29	CH_3SH	CH_3SH	60	1.8770	1.676	甲硫醇：1CH_3SH
		CH_2SH	61	1.6510	1.368	乙硫醇：1CH_3，1CH_2SH
30	糠醛	糠醛	62	3.1680	2.481	糠醛：1 糠醛
31	DOH	$(CH_2OH)_2$	63	2.4088	2.248	乙二醇：1$(CH_2OH)_2$
32	I	I	64	1.2640	0.992	1- 碘乙烷：1CH_3，1CH_2，1I
33	Br	Br	65	0.9492	0.832	1- 溴乙烷：1CH_3，1CH_2，1Br
34	C≡C	CH≡C	66	1.2920	1.088	1- 戊炔：1CH_3，2CH_2，1CH≡C
		C≡C	67	1.0613	0.784	2- 戊炔：2CH_3，1CH_2，1C≡C
35	Me_2SO	Me_2SO	68	2.8266	2.472	二甲亚砜：1Me_2SO
36	ACRY	ACRY	69	2.3144	2.052	丙烯腈：1ACRY
37	ClCC	Cl（C═C）	70	0.7910	0.724	三氯乙烯：1CH═C，3Cl（C═C）
38	ACF	ACF	71	0.6948	0.524	六氟代苯：6ACF
39	DMF	DMF-1	72	3.0856	2.736	二甲基甲酰胺：1DMF-1
		DMF-2	73	2.6322	2.120	二乙基甲酰胺：2CH_3，1DMF-2
40	CF_2	CF_3	74	1.4060	1.380	全氟己烷：2CF_3，4CF_2
		CF_2	75	1.0105	0.920	
		CF	76	0.6150	0.460	氟甲基环己烷：1CH，5CH_2，1CF

续表

主基团序号	主基团	子基团	子基团序号	R_k	Q_k	基团划分实例
41	COO	COO	77	1.38	1.20	
42	SiH_2	SiH_3	78	1.6035	1.2632	甲基硅烷：1CH_3，1SiH_3
		SiH_2	79	1.4443	1.0063	二乙基硅烷：2CH_3，2CH_2，1SiH_2
		SiH	80	1.2853	0.7494	七甲基三硅氧烷：7CH_3，2SiO_2，1SiH
		Si	81	1.0470	0.4099	六甲基二硅氧烷：6CH_3，1SiO，1Si
43	SiO	SiH_2O	82	1.4838	1.0621	1，3-二甲基硅氧烷：2CH_3，1SiH_2O，1SiH_2
		SiHO	83	1.3030	0.7639	1，1，3，3-四甲基硅氧烷：4CH_3，1SiHO，1SiH
		SiO	84	1.1044	0.4657	八甲基环四硅氧烷：8CH_3，4SiO
44	NMP	NMP	85	3.9810	3.200	*N*-甲基吡咯烷酮：1NMP
45	CClF	CCl_3F	86	3.0356	2.644	三氯氟甲烷：1CCl_3F
		CCl_2F	87	2.2287	1.916	四氯-1，2-二氟乙烷：2CCl_2F
		$HCCl_2F$	88	2.4060	2.116	二氯氟甲烷：1$HCCl_2F$
		HCClF	89	1.6493	1.416	1-氯-1，2，2，2-四氟乙烷：1CF_3，1HCClF
		$CClF_2$	90	1.8174	1.648	1，2-二氯四氟乙烷：2$CClF_2$
		$HCClF_2$	91	1.9670	1.828	氯二氟甲烷：1$HCClF_2$
		$CClF_3$	92	2.1721	2.100	氯三氟甲烷：1$CClF_3$
		CCl_2F_2	93	2.6243	2.376	二氯二氟甲烷：1CCl_2F_2
46	CON	$CONH_2$	94	1.4515	1.248	乙酰胺：1CH_3，1$CONH_2$
		$CONHCH_3$	95	2.1905	1.796	*N*-甲基乙酰胺：1CH_3，1$CONHCH_3$
		$CONHCH_2$	96	1.9637	1.488	*N*-乙基乙酰胺：2CH_3，1$CONHCH_2$
		$CON(CH_3)_2$	97	2.8589	2.428	*N*，*N*-二甲基乙酰胺：1CH_3，1$CON(CH_3)_2$
		$CON(CH_3)CH_2$	98	2.6322	2.120	*N*，*N*-甲基乙基乙酰胺：2CH_3，1$CONCH_3CH_2$
		$CON(CH_2)_2$	99	2.4054	1.812	*N*，*N*-二乙基乙酰胺：3CH_3，1$CON(CH_2)_2$
47	OCCOH	$C_2H_5O_2$	100	2.1226	1.904	2-乙氧基乙醇：1CH_3，1CH_2，1$C_2H_5O_2$
		$C_2H_4O_2$	101	1.8952	1.592	2-乙氧基-1-丙醇：2CH_3，1CH_2，1$C_2H_4O_2$
48	CH_2S	CH_3S	102	1.6130	1.368	二甲硫醚：1CH_3，1CH_3S
		CH_2S	103	1.3863	1.060	二乙硫醚：2CH_3，1CH_2，1CH_2S
		CHS	104	1.1589	0.748	二异丙基硫醚：4CH_3，1CH，1CHS
49	吗啉	吗啉	105	3.4740	2.796	吗啉：1吗啉
50	噻吩	C_4H_4S	106	2.8569	2.140	噻吩：1C_4H_4S
		C_4H_3S	107	2.6908	1.860	2-甲基噻吩：1CH_3，1C_4H_3S
		C_4H_2S	108	2.5247	1.580	2，3-二甲基噻吩：2CH_3，1C_4H_2S

表10-2 UNIFAC法中a_{nm}值

m \ n	1	2	3	4	5	6	7	8	9	10
1.CH_2	0.0	86.02	61.13	76.50	986.5	697.2	1318	1333	476.4	677.0
2.C═C	-35.36	0.0	38.81	74.15	524.1	787.6	270.6	526.1	182.6	448.8
3.ACH	-11.12	3.446	0.0	167.0	636.1	637.4	903.8	1329	25.77	347.3
4.$ACCH_2$	-69.70	-113.6	-146.8	0.0	803.2	603.3	5695	884.9	-52.11	586.8
5.OH	156.4	457.0	89.60	25.82	0.0	-137.1	353.5	-259.7	84.00	-203.6
6.CH_3OH	16.51	-12.52	-50.00	-44.50	249.1	0.0	-181.0	-101.7	22.39	306.4
7.H_2O	300.0	496.1	362.3	377.6	-229.1	289.6	0.0	324.5	-195.4	-116.0
8.ACOH	275.8	217.5	25.34	244.2	-451.6	-265.2	-601.8	0.0	-356.1	-271.1
9.CH_2CO	26.76	42.92	140.1	365.8	164.5	108.7	472.5	-133.1	0.0	-37.36
10.CHO	505.7	56.30	23.39	106.0	529.0	-340.2	480.8	-155.6	128.0	0.0
11.CCOO	114.8	132.1	85.84	-170.0	245.4	249.6	200.8	-36.72	372.2	185.1
12.HCOO	329.3	110.4	18.12	428.0	139.4	227.8	—	—	385.4	-236.5

m \ n	11	12	13	14	15	16	17	18	19	20
1.CH_2	232.1	507.0	251.5	391.5	255.7	206.6	920.7	287.8	597.0	663.5
2.C═C	37.85	333.5	214.5	240.9	163.9	61.11	749.3	280.5	336.9	318.9
3.ACH	5.994	287.1	32.14	161.7	122.8	90.49	648.2	-4.449	212.5	537.4
4.$ACCH_2$	5688	197.8	213.1	19.02	-49.29	23.50	664.2	52.80	6096	872.3
5.OH	101.1	267.8	28.06	8.642	42.70	-323.0	-52.39	170.0	6.712	199.0
6.CH_3OH	-10.72	179.7	-128.6	359.3	-20.98	53.90	489.7	580.5	53.28	-202.0
7.H_2O	72.87	—	540.5	48.89	168.0	304.0	243.2	459.0	112.6	-14.09
8.ACOH	-449.4	—	-162.9	—	—	—	119.9	-305.5	—	408.9
9.CH_2CO	-213.7	-190.4	-103.6	—	-174.2	-169.0	6201	7.341	481.7	669.4
10.CHO	-110.3	766.0	304.1	—	—	—	—	—	—	497.5
11.CCOO	0.0	-241.8	-235.7	—	-73.50	-196.7	475.5	—	494.6	660.2
12.HCOO	1167	0.0	-234.0	—	—	—	—	-233.4	-47.25	-268.1

m \ n	21	22	23	24	25	26	27	28	29	30
1.CH_2	35.93	53.76	24.90	104.3	11.44	661.5	543.0	153.6	184.4	354.6
2.C═C	-36.87	58.55	-13.99	-109.7	100.1	357.5	—	76.30	—	262.9
3.ACH	-18.81	-144.4	-231.9	3.000	187.0	168.0	194.9	52.07	-10.43	-64.69
4.$ACCH_2$	-114.1	-111.0	-80.25	-141.3	-211.0	3629	4448	-9.451	393.6	48.49
5.OH	75.62	65.28	-98.12	143.1	123.5	256.5	157.1	488.9	147.5	-120.5
6.CH_3OH	-38.32	-102.5	-139.4	-44.76	-28.25	75.14	—	-31.09	17.50	—
7.H_2O	325.4	370.4	353.7	497.5	133.9	220.6	399.5	887.1	—	188.0
8.ACOH	—	—	—	1827	6915	—	—	8484	—	—

续表

m \ n	21	22	23	24	25	26	27	28	29	30
9.CH_2CO	−191.7	−130.3	−354.6	−39.20	−119.8	137.5	548.5	216.1	−46.28	−163.7
10.CHO	751.9	67.52	−483.7	—	—	—	—	—	—	—
11.CCOO	−34.74	108.9	−209.7	54.57	442.4	−81.13	—	183.0	—	202.3
12.HCOO	—	—	−126.2	179.7	24.28	—	—	—	103.9	—

m \ n	31	32	33	34	35	36	37	38	39	40
1.CH_2	3025	335.8	479.5	298.9	526.5	689.0	−4.189	125.8	485.3	−2.859
2.C═C	—	—	183.8	31.14	179.0	−52.87	−66.46	359.3	−70.45	449.4
3.ACH	210.7	113.3	261.3	—	169.9	383.9	−259.1	389.3	245.6	22.67
4.$ACCH_2$	4975	259.0	210.0	—	4284	−119.2	−282.5	101.4	5629	—
5.OH	−318.9	313.5	202.1	727.8	−202.1	74.27	225.8	44.78	−143.9	—
6.CH_3OH	−119.2	212.1	106.3	—	−399.3	−5.224	33.47	−48.25	−172.4	—
7.H_2O	12.72	—	—	—	−139.0	160.8	—	—	319.0	—
8.ACOH	−687.1	—	—	—	—	—	—	—	—	—
9.CH_2CO	71.46	53.59	245.2	−246.6	−44.58	—	−34.57	—	−61.70	—
10.CHO	—	117.0	—	—	—	−339.2	172.4	—	−268.8	—
11.CCOO	−101.7	148.3	18.88	—	52.08	−28.61	−275.2	—	85.33	—
12.HCOO	—	—	—	—	—	—	−11.40	—	308.9	—

m \ n	41	42	43	44	45	46	47	48	49	50
1.CH_2	387.1	−450.4	252.7	220.3	−5.869	390.9	553.3	187.0	216.1	92.99
2.C═C	48.33	—	—	86.46	—	200.2	268.1	−617.0	62.56	—
3.ACH	103.5	−432.3	238.9	30.04	−88.11	—	333.3	—	−59.58	−39.16
4.$ACCH_2$	69.26	—	—	46.38	—	—	421.9	—	−203.6	184.9
5.OH	190.3	−817.7	—	−504.2	72.96	−382.7	−248.3	—	104.7	57.65
6.CH_3OH	165.7	—	—	—	−52.10	—	—	37.63	−59.40	−46.01
7.H_2O	−197.5	−363.8	—	−452.2	—	835.6	139.6	—	407.9	—
8.ACOH	−494.2	—	—	−659.0	—	—	—	—	—	1005
9.CH_2CO	−18.80	−588.9	—	—	—	—	37.54	—	—	−162.6
10.CHO	−275.5	—	—	—	—	—	—	—	—	—
11.CCOO	560.2	—	—	—	—	—	151.8	—	—	—
12.HCOO	−122.3	—	—	—	—	—	—	—	—	—

m \ n	1	2	3	4	5	6	7	8	9	10
13.CH_2O	83.36	26.51	52.13	65.69	237.7	238.4	−314.7	−178.5	191.1	−7.838
14.CNH_2	−30.48	1.163	−44.85	296.4	−242.8	−481.7	−330.4	—	—	—
15.CNH	65.33	−28.70	−22.31	223.0	−150.0	−370.3	−448.2	—	394.6	—

续表

n m	1	2	3	4	5	6	7	8	9	10
16.（C）$_3$N	-83.98	-25.38	-223.9	109.9	28.60	-406.8	-598.8	—	225.3	—
17.$ACNH_2$	1139	2000	247.5	762.8	-17.40	-118.1	-341.6	-253.1	-450.3	—
18. 吡啶	-101.6	-47.63	31.87	49.80	-132.3	-378.2	-332.9	-341.6	29.10	—
19.CCN	24.82	-40.62	-22.97	-138.4	185.4	162.6	242.8	—	-287.5	—
20.COOH	315.3	1264	62.32	89.86	-151.0	339.8	-66.17	-11.00	-297.8	-165.5
21.CCl	91.46	40.25	4.680	122.9	562.2	529.0	698.2	—	286.3	-47.51
22.CCl_2	34.01	-23.50	121.3	140.8	527.6	669.9	708.7	—	82.86	190.6
23.CCl_3	36.70	51.06	288.5	69.90	742.1	649.1	826.8	—	552.1	242.8
24.CCl_4	-78.45	160.9	-4.700	134.7	856.3	709.6	1201	10000	372.0	—

n m	11	12	13	14	15	16	17	18	19	20
13.CH_2O	461.3	457.3	0.0	-78.36	251.5	5422	—	213.2	-18.51	664.6
14.CNH_2	—	—	222.1	0.0	-107.2	-41.11	-200.7	—	358.9	—
15.CNH	136.0	—	-56.08	127.4	0.0	-189.2	—	—	147.1	—
16.（C）$_3$N	2889	—	-194.1	38.89	865.9	0.0	—	—	—	—
17.$ACNH_2$	-294.8	—	—	—	—	—	0.0	89.70	-281.6	-396.0
18. 吡啶	—	554.4	-156.1	—	—	—	117.4	0.0	-169.7	-153.7
19.CCN	-266.6	99.37	38.81	-157.3	-108.5	—	777.4	134.3	0.0	—
20.COOH	-256.3	193.9	-338.5	—	—	—	493.8	-313.5	—	0.0
21.CCl	35.38	—	225.4	131.2	—	—	429.7	—	54.32	519.1
22.CCl_2	-133.0	—	-197.7	—	—	-141.4	140.8	587.3	258.6	543.3
23.CCl_3	176.5	235.6	-20.93	—	—	-293.7	—	18.98	74.04	504.2
24.CCl_4	129.5	351.9	113.9	261.1	91.13	316.9	898.2	368.5	492.0	631.0

n m	21	22	23	24	25	26	27	28	29	30
13.CH_2O	301.1	137.8	-154.3	47.67	134.8	95.18	—	140.9	-8.538	170.1
14.CNH_2	-82.92	—	—	-99.81	30.05	—	—	—	-70.14	—
15.CNH	—	—	—	71.23	-18.93	—	—	—	—	—
16.（C）$_3$N	—	-73.85	-352.9	-262.0	-181.9	—	—	—	—	—
17.$ACNH_2$	287.0	-111.0	—	882.0	617.5	—	-139.3	—	—	—
18. 吡啶	—	-351.6	-114.7	-205.3	—	—	2845	—	—	—
19.CCN	4.933	-152.7	-15.62	-54.86	-4.624	-0.5150	—	230.9	0.4604	—
20.COOH	13.41	-44.70	39.63	183.4	-79.08	—	—	—	—	-208.9
21.CCl	0.0	108.3	249.6	62.42	153.0	32.73	86.20	450.1	59.02	—
22.CCl_2	-84.53	0.0	0.0000	56.33	223.1	108.9	—	—	—	—
23.CCl_3	-157.1	0.0000	0.0	-30.10	192.1	—	—	116.6	—	-64.38
24.CCl_4	11.80	17.97	51.90	0.0	-75.97	490.9	534.7	132.2	—	546.7

续表

m \ n	31	32	33	34	35	36	37	38	39	40
13.CH_2O	−20.11	−149.5	−202.3	—	128.8	—	240.2	−274.0	254.8	—
14.CNH_2	—	—	—	—	—	—	—	—	−164.0	—
15.CNH	—	—	—	—	—	—	—	570.9	—	—
16.（C）$_3$N	—	—	—	—	243.1	—	—	−196.3	22.05	—
17.$ACNH_2$	0.1004	—	—	—	—	—	—	—	−334.4	—
18. 吡啶	—	—	−60.78	—	—	—	160.7	−158.8	—	—
19.CCN	177.5	—	−62.17	−203.0	—	81.57	−55.77	—	−151.5	—
20.COOH	—	228.4	−95.00	—	−463.6	—	−11.16	—	−228.0	—
21.CCl	—	—	344.4	—	—	—	−168.2	—	—	—
22.CCl_2	—	177.6	315.9	—	215.0	—	−91.80	—	—	—
23.CCl_3	—	86.40	—	—	363.7	—	111.2	—	—	—
24.CCl_4	—	247.8	146.6	—	337.7	369.5	187.1	215.2	498.6	—
m \ n	41	42	43	44	45	46	47	48	49	50
13.CH_2O	417.0	1338	—	—	—	—	—	—	—	—
14.CNH_2	—	−664.4	275.9	—	—	—	—	—	—	—
15.CNH	−38.77	448.1	−1327	—	—	—	—	—	—	—
16.（C）$_3$N	—	—	—	—	—	—	—	—	—	—
17.$ACNH_2$	−89.42	—	—	—	—	—	—	—	—	—
18. 吡啶	—	—	—	—	—	—	—	—	—	−136.6
19.CCN	120.3	—	—	—	—	—	16.23	—	—	—
20.COOH	−337.0	—	—	—	—	−322.3	—	—	—	—
21.CCl	63.67	—	—	—	—	—	—	—	—	—
22.CCl_2	−96.87	—	—	—	—	—	361.1	—	—	—
23.CCl_3	255.8	—	—	−35.68	—	—	—	565.9	—	—
24.CCl_4	256.5	—	233.1	—	—	—	423.1	63.95	—	108.5
m \ n	1	2	3	4	5	6	7	8	9	10
25.ACCl	106.8	70.32	−97.27	402.5	325.7	612.8	−274.5	662.3	518.4	—
26.CNO_2	−32.69	−1.996	10.38	−97.05	261.6	252.6	417.9	—	−142.6	—
27.$ACNO_2$	5541	—	1824	−127.8	561.6	—	360.7	—	−101.5	—
28.CS_2	−52.65	16.62	21.50	40.68	609.8	914.2	1081	1421	303.7	—
29.CH_3SH	−7.481	—	28.41	19.56	461.6	448.6	—	—	160.6	—
30. 糠醛	−25.31	82.64	157.3	128.8	521.6	—	23.48	—	317.5	—
31.DOH	139.9	—	221.4	150.6	267.6	240.8	−137.4	838.4	135.4	—
32.I	128.0	—	58.68	26.41	501.3	431.3		—	138.0	245.9

续表

m \ n	1	2	3	4	5	6	7	8	9	10
33.Br	-31.52	174.6	-154.2	1112	524.9	494.7		—	-142.6	—
34.C≡C	-72.88	41.38	—	—	68.95	—	—	—	443.6	—
35.Me_2SO	50.49	64.07	-2.504	-143.2	-25.87	695.0	-240.0	—	110.4	—
36.ACRY	-165.9	573.0	-123.6	397.4	389.3	218.8	386.6	—	—	354.0
37.ClCC	47.41	124.2	395.8	419.1	738.9	528.0	—	—	-40.90	183.8

m \ n	11	12	13	14	15	16	17	18	19	20
25.ACCl	-171.1	383.3	-25.15	108.5	102.2	2951	334.9	—	363.5	993.4
26.CNO_2	129.3	—	-94.49	—	—	—	—	—	0.2830	—
27.$ACNO_2$	—	—	—	—	—	—	134.9	2475	—	—
28.CS_2	243.8	—	112.4	—	—	—	—	—	335.7	—
29.CH_3SH	—	201.5	63.71	106.7	—	—	—	—	161.0	—
30. 糠醛	-146.3	—	-87.31	—	—	—	—	—	—	570.6
31.DOH	152.0	—	9.207	—	—	—	192.3	—	169.6	—
32.I	21.92	—	476.6	—	—	—	—	—	—	616.6
33.Br	24.37	—	736.4	—	—	—	—	-42.71	136.9	5256
34.C≡C	—	—	—	—	—	—	—	—	329.1	—
35.Me_2SO	41.57	—	-93.51	—	—	-257.2	—	—	—	-180.2
36.ACRY	175.5	—	—	—	—	—	—	—	-42.31	—
37.ClCC	611.3	134.5	-217.9	—	—	—	—	281.6	335.2	898.2

m \ n	21	22	23	24	25	26	27	28	29	30
25.ACCl	-129.7	-8.309	-0.2266	248.4	0.0	132.7	2213	—	—	—
26.CNO_2	113.0	-9.639	—	-34.68	132.9	0.0	533.2	320.2	—	—
27.$ACNO_2$	1971	—	—	514.6	-123.1	-85.12	0.0	—	—	—
28.CS_2	-73.09	—	-26.06	-60.71	—	277.8	—	0.0	—	—
29.CH_3SH	-27.94	—	—	—	—	—	—	—	0.0	—
30. 糠醛	—	—	48.48	-133.2	—	—	—	—	—	0.0
31.DOH	—	—	—	—	—	481.3	—	—	—	—
32.I	—	-40.82	21.76	48.49	—	64.28	2448	-27.45	—	—
33.Br	-262.3	-174.5	—	77.55	-185.3	125.3	4288	—	—	—
34.C≡C	—	—	—	—	—	174.4	—	—	—	—
35.Me_2SO	—	-215.0	-343.6	-58.43	—	—	—	—	85.70	—
36.ACRY	—	—	—	-85.15	—	—	—	—	—	—
37.ClCC	383.2	301.9	-149.8	-134.2	—	379.4	—	167.9	—	—

续表

m \ n	31	32	33	34	35	36	37	38	39	40
25.ACCl	—	—	593.4	—	—	—	—	—	—	—
26.CNO_2	139.8	304.3	10.17	−27.70	—	—	10.76	—	−223.1	—
27.$ACNO_2$	—	2990	−124.0	—	—	—	—	—	—	—
28.CS_2	—	292.7	—	—	—	—	−47.37	—	—	—
29.CH_3SH	—	—	—	—	31.66	—	—	—	78.92	—
30. 糠醛	—	—	—	—	—	—	—	—	—	—
31.DOH	0.0	—	—	—	−417.2	—	—	—	302.2	—
32.I	—	0.0	—	—	—	—	—	—	—	—
33.Br	—	—	0.0	—	32.90	—	—	—	—	—
34.C≡C	—	—	—	0.0	—	—	2073	—	−119.8	—
35.Me_2SO	535.8	—	−111.2	—	0.0	—	—	—	−97.71	—
36.ACRY	—	—	—	—	—	0.0	−208.8	—	−8.804	—
37.ClCC	—	—	—	631.5	—	837.2	0.0	—	255.0	—

m \ n	41	42	43	44	45	46	47	48	49	50
25.ACCl	−71.18	—	—	−209.7	—	—	434.1	—	—	—
26.CNO_2	248.4	—	—	—	−218.9	—	—	—	—	−4.565
27.$ACNO_2$	—	—	—	—	—	—	—	—	—	—
28.CS_2	469.8	—	—	—	—	—	—	—	—	—
29.CH_3SH	—	—	—	1004	—	—	—	−18.27	—	—
30. 糠醛	43.37	—	—	—	—	—	—	—	—	—
31.DOH	347.8	—	—	−262.0	—	—	−353.5	—	—	—
32.I	68.55	—	—	—	—	—	—	—	—	—
33.Br	−195.1	—	—	—	—	—	—	—	—	—
34.C≡C	—	—	—	—	—	—	—	—	—	—
35.Me_2SO	153.7	—	—	—	—	—	—	—	—	—
36.ACRY	423.4	—	—	—	—	—	—	—	—	—
37.ClCC	730.8	—	—	26.35	—	—	—	2429	—	—

m \ n	1	2	3	4	5	6	7	8	9	10
38.ACF	−5.132	−131.7	−237.2	−157.3	649.7	645.9	—	—	—	—
39.DMF	−31.95	249.0	−133.9	−240.2	64.16	172.2	−287.1	—	97.04	13.89
40.CF_2	147.3	62.40	140.6	—	—	—	—	—	—	—
41.COO	529.0	1397	317.6	615.8	88.63	171.0	284.4	−167.3	123.4	577.5
42.SiH_2	−34.36	—	787.9	—	1913	—	180.0	—	992.4	—
43.SiO	110.2	—	234.4	—	—	—	—	—	—	—
44.NMP	13.89	−16.11	−23.88	6.214	796.7	—	832.2	−234.7	—	—

续表

m \ n	1	2	3	4	5	6	7	8	9	10
45.CClF	30.74	—	167.9	—	794.4	762.7	—	—	—	—
46.CON	27.97	9.755	—	—	394.8	—	−509.3	—	—	—
47.OCCOH	−11.92	132.4	−86.88	−19.45	517.5	—	−205.7	—	156.4	—
48.CH_2S	39.93	543.6	—	—	—	420.0	—	—	—	—
49. 吗啉	−23.61	161.1	142.9	274.1	−61.20	−89.24	−384.3	—	—	—
50. 噻吩	−8.479	—	23.93	2.845	682.5	597.8	—	810.5	278.8	—

m \ n	11	12	13	14	15	16	17	18	19	20
38.ACF	—	—	167.3	—	−198.8	116.5	—	159.8	—	—
39.DMF	−82.12	−116.7	−158.2	49.70	—	−185.2	343.7	—	150.6	−97.77
40.CF_2	—	—	—	—	—	—	—	—	—	—
41.COO	−234.9	145.4	−247.8	—	284.5	—	−22.10	—	−61.6	1179
42.SiH_2	—	—	448.5	961.8	1464	—	—	—	—	—
43.SiO	—	—	—	−125.2	1604	—	—	—	—	—
44.NMP	—	—	—	—	—	—	—	—	—	—
45.CClF	—	—	—	—	—	—	—	—	—	—
46.CON	—	—	—	—	—	—	—	—	—	−70.25
47.OCCOH	−3.444	—	—	—	—	—	—	—	119.2	—
48.CH_2S	—	—	—	—	—	—	—	—	—	—
49. 吗啉	—	—	—	—	—	—	—	—	—	—
50. 噻吩	—	—	—	—	—	—	—	221.4	—	—

m \ n	21	22	23	24	25	26	27	28	29	30
38.ACF	—	—	—	−124.6	—	—	—	—	—	—
39.DMF	—	—	—	−186.7	—	223.6	—	—	−71.00	—
40.CF_2	—	—	—	—	—	—	—	—	—	—
41.COO	182.2	305.4	−193.0	335.7	956.1	−124.7	—	885.5	—	64.28
42.SiH_2	—	—	—	—	—	—	—	—	—	—
43.SiO	—	—	—	70.81	—	—	—	—	—	—
44.NMP	—	—	−196.2	—	161.5	—	—	—	−274.1	—
45.CClF	—	—	—	—	—	844.0	—	—	—	—
46.CON	—	—	—	—	—	—	—	—	—	—
47.OCCOH	—	−194.7	—	—	7.082	—	—	—	—	—
48.CH_2S	—	—	−363.1	−11.30	—	—	—	—	6.971	—
49. 吗啉	—	—	—	—	—	—	—	—	—	—
50. 噻吩	—	—	—	−79.34	—	176.3	—	—	—	—

续表

m \ n	31	32	33	34	35	36	37	38	39	40
38.ACF	—	—	—	—	—	—	—	0.0	—	−117.2
39.DMF	−191.7	—	—	6.699	136.6	5.150	−137.7	—	0.0	−5.579
40.CF_2	—	—	—	—	—	—	—	185.6	55.80	0.0
41.COO	−264.3	288.1	627.7	—	−29.34	−53.91	−198.0	—	−28.65	—
42.SiH_2	—	—	—	—	—	—	—	—	—	—
43.SiO	—	—	—	—	—	—	—	—	—	—
44.NMP	262.0	—	—	—	—	—	−66.31	—	—	—
45.CClF	—	—	—	—	—	—	—	—	—	−32.17
46.CON	—	—	—	—	—	—	—	—	—	—
47.OCCOH	515.8	—	—	—	—	—	—	—	—	—
48.CH_2S	—	—	—	—	—	—	148.9	—	—	—
49. 吗啉	—	—	—	—	—	—	—	—	—	—
50. 噻吩	—	—	—	—	—	—	—	—	—	—

m \ n	41	42	43	44	45	46	47	48	49	50
38.ACF	—	—	—	—	—	—	—	—	—	—
39.DMF	72.31	—	—	—	—	—	—	—	—	—
40.CF_2	—	—	—	—	111.8	—	—	—	—	—
41.COO	0.0	—	—	—	—	—	122.4	—	—	—
42.SiH_2	—	0.0	−2166	—	—	—	—	—	—	—
43.SiO	—	745.3	0.0	—	—	—	—	—	—	—
44.NMP	—	—	—	0.0	—	—	—	—	—	—
45.CClF	—	—	—	—	0.0	—	—	—	—	—
46.CON	—	—	—	—	—	0.0	—	—	—	—
47.OCCOH	101.2	—	—	—	—	—	0.0	—	—	—
48.CH_2S	—	—	—	—	—	—	—	0.0	—	—
49. 吗啉	—	—	—	—	—	—	—	—	0.0	—
50. 噻吩	—	—	—	—	—	—	—	—	—	0.0

在增加基团及填补 a_{nm} 空缺的同时，也在尝试调整计算式，例如降低了 γ_i^{c} 的影响强度。

$$\ln\gamma_i^{c} = \ln\left(\frac{V_i'}{x_i}\right) + 1 - \frac{V_i'}{x_i}, \quad V_i' = \frac{x_i r_i^{2/3}}{\sum_j x_j r_j^{2/3}} \tag{10-18}$$

也曾提出过折中的 γ_i^{c} 计算式

$$\ln\gamma_i^{c} = 1 - V_i' + \ln V_i' - 5q_i\left(1 - \frac{\phi_i}{\theta_i} + \ln\frac{\phi_i}{\theta_i}\right), V_i' = \frac{x_i r_i^{3/4}}{\sum_j x_j r_j^{3/4}} \tag{10-19}$$

式中，ϕ 是体积分数，用液体摩尔体积 V_L 的分数来表示。

$$\phi_i = \frac{V_{Li}x_i}{\sum_j V_{Lj}x_j} \tag{10-20}$$

另一修改方向是把 a_{nm} 变为温度的函数，以更适应温度对 γ 的影响。

$$\psi_{nm} = \exp\left(-\frac{a_{nm} + b_{nm}T + c_{nm}T^2}{T}\right) \tag{10-21}$$

UNIFAC 法首先是在 VLE 中使用的，目前在一些著名的化工软件中，都已装入这一程序。随后不久，UNIFAC 法也已用于液液平衡、汽液平衡、固液平衡、超额焓等方面，在使用时，针对不同应用场合，还进行了相应的修正。

10.3 超额 Gibbs 自由能－状态方程（EOS）法

超额 Gibbs 自由能－状态方程（EOS）**模型**（G^E-EOS）**以** G^E **混合规则为桥梁将活度系数模型和状态方程结合为一体**，为精确计算和预测汽（气）液平衡提供了一种新的方法。

1979 年 Huron 等首先推导出 G^E-EOS，模型表达式如下

$$\frac{G^E}{RT} = \ln\phi - \Sigma_i x_i \ln\phi_i^* \tag{10-22}$$

该模型的计算相平衡的思路如下：

① 选择合适的状态方程求纯物质的逸度系数、混合物的逸度系数、混合物组分的逸度系数。而状态方程中含有方程参数，对于混合物，需要采用相适应的混合规则。

② G^E 可根据活度系数模型（如 van Laar 方程、Wilson 方程、NRTL 方程、UNIQUAC 方程、UNIFAC 方程等）计算。

③ 常用的状态方程是立方型状态方程，一般来说，状态方程中的参数 b 采用简单传统混合规则（不需要组元参数），则可以由活度系数模型得到状态方程中 a 的表达式。

G^E-EOS 模型将热力学中的状态方程模型和活度系数模型结合起来，经过了多年的实践已证明了其优越性：

① G^E-EOS 模型能够准确地描述液相行为，改进了传统方法的不足，尤其对极性物系、强不对称物系等。

② G^E-EOS 模型可将用较低温度和压力下实验数据回归的参数推广用于较高温度和较高压力下的相平衡计算，且预测结果比较准确。

③ G^E-EOS 模型无需确定纯物质参考态的逸度。可将 UNIFAC 模型扩展到可计算汽（气）液平衡，此时不再需要用实验数据拟合交互作用参数，免除了用实验数据关联的困难。

④ G^E-EOS **模型的改进比较灵活，可通过改进活度系数模型、活度系数模型参数、混合规则模型、混合规则模型参数及状态方程参数来改进其适用性和准确性。**

本章小结

1. ASOG 是基团解析法，是最早的适用于相平衡的估算方法，将活度系数分为两部分：由分子大小不同造成的结构型和由分子间作用力不同造成的基团相互作用。

2. UNIFAC 法已广泛用于多个化工软件的计算中，首要的是汽液平衡的估算，也可用于其他相平衡的估算，具有很大的重要性。

3. UNIFAC 法是一种**估算法**，其可靠性不如基于实验数据的关联方法，它**是当缺乏关联系数时“没有办法的办法”**，当计算相平衡时还是应该先尽可能寻找关联的方法。

4. 对具复杂分子结构的化合物，常有多种基团分析方法，由于缺乏实验值验证，难以选定合理性方案，还有更多基团至今缺乏交互作用系数项，这一些都限制了 UNIFAC 法的使用。

5. 以混合规则为桥梁 G^{E}-EOS 模型直接将状态方程和超额 Gibbs 自由能的计算方法结合到一块。该方法已经日益成熟，在相平衡的计算中，尤其针对强不对称物系和强极性物系或条件为高温、高压时能够代替状态方程法和活度系数法得到满意的计算结果。

第11章 化工热力学的应用与展望

学习化工热力学不但要掌握热力学的原理、方法和模型，还必须结合其在化工中的应用，才能进一步深化对化工热力学的理解，并提高应用热力学原理解决复杂工程问题的能力。同时，化工热力学在多领域中的应用还在不断发展中，对其发展情况进行说明。

11.1 化工计算中应用化工热力学的几个实例

在化工计算或设计中要大量使用化工热力学，下面举出在化学工艺和化学工程中的几个典型例子，从中可知本书所有章节都有很强的实用意义。

（1）受化学平衡限制的反应条件的选择

合成甲醇和合成氨是重要的化学工业产品，也是典型的化学平衡反应

$$CO+2H_2 \rightleftharpoons CH_3OH$$

$$\frac{1}{2}N_2+\frac{3}{2}H_2 \rightleftharpoons NH_3$$

在 298.15K 下，气相反应的 $\Delta_r G_{298}^{\ominus}$ 分别为 $-25.31kJ \cdot mol^{-1}$ 和 $-16.40kJ \cdot mol^{-1}$，对应的平衡常数（K_f）分别为 26730 和 747，K_f 值足够大，完全可满足工业生产的要求，但在此温度下，没有合适的催化剂，反应无法在工业上实现。目前工业可用的催化剂，适用的反应温度约为 500K 和 670K，由于这两个反应是强放热反应，在高温下 K_f 大大下降，500K 下合成甲醇的 K_f 为 0.0060，700K 下合成氨的 K_f 为 0.0094，常压下产品平衡浓度太低。因为这两个反应都是分子数（或体积）减小的反应，加压可提高产品平衡收率，达到工业生产的要求。目前工业使用的是 5MPa 和 30MPa。为了计算平衡浓度，除需要平衡常数（K_f）外，还需要计算各组元在混合物中的逸度系数（ϕ_i），并组成 K_{ϕ}。

总之，除温度首先由催化剂的活性决定外，其他反应条件（反应压力、原料配比等）在很大程度上由化工热力学决定，当然反应条件要通盘考虑，其中包括设备及其加工、安全性、环保可靠性、过程的经济性等。

这一类反应是很多的，例如乙烯水合制乙醇、甲醇与 CO 反应制乙酸等。

要考虑化学平衡控制还有一些吸热反应，例如丁烷或丁烯脱氢制丁二烯及乙苯脱氢制苯乙烯。以 1- 丁烯脱氢制 1，3- 丁二烯为例，在 298.15K 下，K_f 仅为 8.9×10^{-15}，而此反应为强吸热反应，在 600℃以上 K_f 就足够大了。这类反应的温度由化学平衡条件决定，为提高产物平衡浓度，常选用低压，与化工热力学有关的是反应热与平衡浓度计算，前者决定反应热负荷及热的加入方式，后者决定压力或蒸汽（作为惰性气及载热体）配比。

（2）工艺过程的热平衡

仍以合成甲醇或合成氨为例，工艺过程中要把原料气分步从常温常压升温升压至反应条件，需要的焓变（ΔH）是过程的能耗，ΔH 的计算包括两部分，首先是温度对焓的影响，这可从混合物的各物质气体比热容 C_p-f（T）关系式积分求得，另外还必须计算压力对焓的影响，因此在第 3 章中许多计算方法都是必不可少的，同时混合物的临界性质计算也是必需的。还要指出，原料气在进入反应器前，要经过多个物理及化学过程，因此能量计算也是分阶段进行的。

这些反应的反应热很大，反应出口产物的温度很高，除可部分用于预热原料外，还应考虑可否产生高压蒸汽，求得有效能的更好利用。

（3）加压塔塔径计算

所有精馏塔或吸收塔在塔径计算中都需要上升气相线速，这就需要气相 p-V-T 关系。对常压塔，一般可按理想气体处理，而计算加压塔时，就需要选用状态方程法或对比态法，而在处理混合气体时，还不得不寻求使用交互作用系数或混合物临界性质。

加压流体管道的管径计算也有同样的要求。

（4）多组元精馏中汽液平衡关系

在石油化工生产中大量使用精馏，在一些产品生产过程中，精馏占整个流程中能耗的最大部分，因此需要精确计算精馏。在精馏计算中，汽液平衡（VLE）关系是必不可少的。在第 6 章已介绍了 VLE 的计算方法，其中活度系数法和状态方程法各有优缺点和使用范围，其中活度系数法需要选择相应的活度系数模型及模型参数，状态方程法也需要体系间的交互作用参数，其共同特点是离不开二元体系实验值（回归可得到相应参数）。虽然符合理想溶液体系的 VLE 十分简单，不需要专门的 VLE 实验值，但这样的体系极少。当缺乏 VLE 实验值时，可用 UNIFAC 法进行估算（第 10 章），但并不能用于所有系统，对可用的系统，也可能有较大的误差。由于多组元汽液平衡测定工作量太大，实际上难于进行，工程计算中都是依靠二元数据求得多组元的 VLE 关系，并计算多组元精馏塔。由于在化学工业中有极多的精馏过程，有更多物系组元间的组合，有大量的二元 VLE 实验值，有多套实验数据手册，有经整理或评价的关联方程系数。

VLE 计算是化工热力学中重要组成部分，也是化工设计或计算中重要内容，在化工应用软件计算中也占有重要地位。

除 VLE 外，化工热力学中气液平衡、液液平衡、固液平衡等也是吸收、萃取、结晶等化工过程的必不可少的基础，也具有大量方程系数及数据，是化工设计或计算中的重要组成部分。

（5）冷冻及压缩条件的选择

在石化生产中常需要低温操作，在大多数情况下，可用氨、丙烯、氟利昂作为冷冻剂，若需要比这些化合物沸点更低的温度，可以选用复叠冷冻循环，而多级冷冻中每一级的温度条件，需要按照工艺要求，也要用热力学方法计算能耗，确定其合理性。

在制冷过程或其他一些工艺中，压缩过程是不可少的。为减少压缩功消耗，当压缩比高时，可选择多级压缩，气量大时，还可选用透平压缩。

与工程热力学不同，在化学工业中被压缩的气体可以有许多品种，压缩后的升温将导致某些化合物不稳定（聚合或分解），因此需要用热力学方法计算压缩后气体温度，相应地也要影响压缩比的选择。

以上只从5个方面讨论了化工热力学在化工中的应用，还远远没有包括其他许多定性和定量的应用。**从化学工程看，在流体力学、传热、传质、反应的计算中都离不开化工热力学的帮助；从学科看，分离工程、反应工程、过程模拟等都需要化工热力学的支持。**

总之，化工热力学是一门理论学科，是一门模型、方程的学科，是一门计算的学科，更是一门应用性很强的学科，要学好化工热力学是必须结合应用的。

11.2 化工热力学与化工设计

上一节中，已从5个方面讨论了化工热力学的应用，下面再从化工热力学在化工设计中的应用，来理解化工热力学在化工中的地位。

化工设计主要包括如下内容：①生产方法选择；②物料、能量和设备计算；③多种图纸的绘制；④有关环境、安全、经济的安排或计算，其中物料、能量和设备计算是化工设计有效性的关键和核心内容。

在大量化工计算中，除存在于化工设计院所进行的新装置设计中，化工企业所进行的查产、设备平衡、扩产、技术更新、原料或产品改变所引起的工艺改变等生产问题中，也都有大量的化工计算，以上这些计算及相应的工艺安排也可列入广义的化工设计中。

在所有的化工计算中，涉及化工热力学的有很大比例，准确使用化工热力学方法，是使设计可靠又高效的重要保证。

（1）在物料衡算中的化工热力学

物料衡算是化工设计计算的基础，其核心是确定物料量及其组成，而这是需要化工热力学方法的。在物料量的计算中，要用p-V-T关系，在涉及化学反应的计算中，要关注某些反应是受平衡限制的，平衡浓度是化学反应进行的极限，而反应条件的改变又能改变平衡浓度。纯物质的相平衡是由蒸气压（或对应的逸度）决定的，混合物在冷凝器、蒸发器、再沸器、闪蒸器中的数量及浓度分布都受相平衡的限制，精馏塔、吸收塔、萃取塔等更是一系列相平衡单元的叠加，并相应决定其组成分布。在相平衡和化学平衡计算中逸度或活度计算是关键和难点。

（2）在能量衡算中的化工热力学

能量衡算的基础是热力学第一定律，是化工设计计算中的重要组成部分，它是计算能耗的基础，也是许多设备的计算基础。

在能量衡算中占首位的是过程的焓变（热效应）。非相变物理过程的热效应包括温度和压力对焓的影响，相应的计算方法已在本书中详细讨论了。相变过程的热效应（相变热）中，数值大、影响也大的是蒸发热，其值在不同温度下有很大变化。在化学反应中有反应焓（热），其值可正可负，一般通过生成焓对其进行计算，求得298.15K标准态下的值是容易的，而要求得不同温度、压力下的反应焓变，又需要求算不同温度、压力下的焓值。

算出各类焓变后，就确定了反应设备、加热或冷却设备热负荷，也可以进一步计算加热蒸汽（或其他热源）用量或冷却水（或其他冷介质）用量。在反应器设计中，热负荷量也常常影响到反应器的选型及结构设计。

在能量衡算中还包括压缩功或冷冻负荷，这类能耗在某些产品中是成本的重要组成部分，而其工艺选择及数量计算也已在本书中进行了讨论。

化工过程的能量分析既包括能量衡算，也包括能量综合应用和评价，最常用的有效能分析法和理想功分析法都需要熵变计算。

（3）在设备计算中的化工热力学

在精馏分离的物系中，绝大部分是非理想溶液系统，活度系数计算十分重要，若物系中有共沸物生成，则整个精馏方案及设备都要改变，在生成共沸物或相对挥发度十分接近时，可采用萃取精馏的方法，也要改变流程及设备。总之，精馏方案的确定是基于相平衡的，而在随后确定工艺条件、计算理论板数及回流比时，也必须基于相平衡。同样，在选择吸收、萃取、结晶等分离操作时，也要首先考察相平衡关系，并在计算这些分离设备高度或单元时，运用相平衡关系。

在计算分离设备时也需要 p-V-T 关系，例如用逸度系数法计算相平衡及计算精馏塔塔径时，都需要 p-V-T 关系。

从以上化工设计中的一些实例可以看到化工热力学不只是概念和公式，再结合上一节在化学工艺和化学工程中的应用可知：**化工热力学是化工从定性走向定量的重要工具**。

11.3 化工热力学在精细化工中的应用

20 世纪初，化学工业得到快速发展。1913 年，德国哈柏法合成氨投产，高温高压下化学平衡及相应的物理过程需要计算，其中包括高温高压下焓、熵、黏度、热导率等的计算。在 20 年代，石油化工开始发展，裂解制乙烯成为工业方法，石油化工产品成为化工产品的主流，对众多相平衡计算也有更高的要求。在此推动下，状态方程、对比态法和温度，压力对焓、熵计算方法得到发展，相平衡计算已有规律可循，至 30 年代化工热力学逐步趋于成熟，并已有了专著。总之，相当长时间内，化工热力学所提供的计算方法大多是为石油化工生产服务的，所涉及物质多为摩尔质量不大的化合物，都具有临界参数实验值，使用对比态法和状态方程法都没有困难。

精细化学品指产量小、品种多、价格高的化学品，如医药、农药、染料、颜料、香料、涂料、化学试剂、催化剂、溶剂、表面活性剂、食品添加剂、感光材料等，也包括产量不大，但经过加工配制，具有专门功能或最终使用性能的产品，即专用化学品。国内目前对此类化学工业与工程、工艺问题广泛使用“精细化工”名称。石油化工及其下游三大合成材料产品是国民经济中的支柱产品，精细化学品的单位产量具有高利润的特点，并直接改善人民生活，因此它们都是国民经济中重要组成部分，但精细化学品重要性越来越突出，并逐步占有更大比例。

精细化学品生产规模小，初期的化工计算比较简单、粗糙，随着精细化学品生产的完善，对其工艺过程设计、控制和连续化稳定生产要求增高，需要把热力学计算引入到有关的产品中，指导工艺的改进。原则上，所有的热力学关系及计算方法在精细化工中是通用的，但也有一定的特殊性。

(1) 化工热力学在精细化工中应用的特点

化工热力学在精细化工中的应用有如下几个特点。

① 在精细化工中，化工热力学原理和方法使用虽在逐步深化，但至今其可靠性及相应的要求还远远不如在石油化工中。

② 绝大多数精细化学品的摩尔质量都较大，升高温度时稳定性变差，有一大批化合物在沸点前即已分解或者聚合，当然也没有临界温度、临界压力、临界密度、偏心因子。在本书中重点讨论的对比态法和状态方程法都无法使用。

③ 石油化工工艺中温度跨度很大，在 100 ～ 1000K 或更大的范围内，化工数据或计算方法都要与此对应。精细化工中温度范围小得多，大致在 230 ～ 570K 范围内，不需要很低或很高温度的数据。

④ 石油化工工艺中压力跨度也很大，可在 1 ～（2.0×10^{8}）Pa。低压对热力学计算基本上没有特殊要求，只需要相应的数据。高压所带来的问题则大得多，尤其进入超临界状态，有一系列特殊的热力学性质及计算方法。精细化工中除了一些加氢操作在高压下进行外，多数反应是在常压下进行的，个别反应在低压下进行；分离中的精馏操作更多地在减压下进行。由于基本上不需要加压下的操作，则压力效应在精细化工中无需使用。精细化学品的一些品种应具有极微蒸气压，如增塑剂、香料，其蒸气压甚至在 10^{-10}Pa 以下，但这只是物性测定中的难点。

⑤ 能量计算是化工热力学的重要内容之一，当然也适用于精细化工，但能量问题在精细化工中不占重要地位。

⑥ 在石油化工的原料和产品中，液体和气体占绝大部分，在一般化工热力学中，也更关注气、液性质的变化及计算。在精细化学品中固体占绝大部分，不得不同时关注有关固体的计算。气、液、固三相所遵循的热力学规律相同，但固体的物性是有特点的，例如在 p-V-T 关系中温度、压力对体积影响很小。

⑦ 化学反应在精细化工中占有重要地位，因为与石油化工相比有多得多的化学反应。精细化工中有更多受到化学平衡限制的反应，为确定反应方向，需要平衡常数的计算，由于缺乏生成焓数据，更缺乏熵的数据，至今难以进行平衡常数及化学平衡的计算。

⑧ 组成（或浓度）的计算是化工热力学中最重要的内容，其中尤以相平衡计算为最，这是分离过程的基础，也与化学工业的能耗直接相关，因此相平衡计算尤其是精馏的汽液平衡在石油化工的技术进步中占有重要地位。在精细化工中相平衡也是十分重要的，由于精细化学品大多是固体，因此固液平衡更重要些。

⑨ 精细化学品的重要特点是涉及的化合物品种繁多。但相比石油化工来说，性质项目减少很多，例如减少了带压和高温、低温数据，减少了扩散系数、气体黏度、气体热导率等项目，p-V-T 关系也不重要，但是由于品种繁多，不可能全部实测，计算及估算仍是不可少的。

⑩ 精细化学品中有许多是多基团化合物，基团间的作用难以忽略，又缺乏足够的实验值以确定这类作用力的强度。因此，基团贡献法应用于精细化学品时可靠性差得多，也没有发展出专用的基团法。

⑪ 发展精细化学品需要物性数据总量极大，实测物性数据量很少，估算方法可靠性差，甚至无法进行，因此要花更大力量寻找实验值，即使温度、压力条件不同的数据，也

常有很大参考意义。早年的数据手册中所提供的数据基本上集中在石油化工的相关物质中，而随着化工数据的发展，各类化工数据手册或网上化工数据库所涉及的化合物愈来愈多。尽可能查到所需物性数据是精细化工中化工热力学计算的重要出发点。

（2）精细化学品的基础物性

基础物性一般指熔点、沸点、常温密度、临界性质等最常用的物性。精细化学品中有许多固体，因此首先必须有熔点（或凝固点）以确定固液的分界温度。由于外压对固液平衡影响很小，实际测定时可不考虑外压的影响，使测定在常压进行并大大简化。由于熔点常作为考核新化合物或新合成方法（产品）的依据，因此对大部分化合物熔点数据是齐全的，但有部分化合物在固、液转化时处于玻璃态，而没有固定的值。还有一些精细化学品在熔点前即已发生分解，而不存在熔点的现象也是较多的。

沸点（T_b）是很容易测定的物性，但是许多精细化学品常常在沸点前即已分解，因此在手册中 T_b 项目下常可见如下一些数值，例如 89^{12}，它表示该化合物缺乏常压沸点值，但在低压下（12mmHg）沸点温度为 89℃。这些低蒸气压数据也常常是合成及提纯该化合物时研究者所提供的。如果能在手册中找到几个这样的数据，有时可尝试关联这些数据，并外推至 101.325kPa，但若提供的蒸气压离 101.325kPa 甚远，则这种外推有很大的风险。由于数据量不足，关联时更常用 Clapeyron 方程。

蒸气压数据对精细化学品的提纯是必需的。目前数据零散，更难以找到 Antoine 或 Clapeyron 方程系数。

由于在精细化工中很少采用加压操作，因此气相 p-V-T 关系及相应计算不重要。对液相而言，绝大多数工艺操作条件的温度和压力范围有限，只要几个常温附近的液相密度就够用了。对固相的精细化学品，一般只用一个常温密度。

精细化学品没有临界参数实验值。由于大多是多基团化合物，基团间作用强烈，也有一些基团缺乏实验数据可供拟合，因此基本上不能用基团法估算复杂的精细化学品的临界性质。缺乏临界性质决定了对比态法不能用于精细化学品。

（3）精细化工中的热化学计算

精细化学品产量小，价格高，能耗占成本比例不大，过去对能量计算不太重视。随着其产量增加，精细化学品的生产控制也在进一步被强化和重视，能量计算也逐步被重视。

化工热力学中能耗计算的关键之一是温度、压力对焓的影响。其中不同温度下的焓变是精细化工中的重要计算内容，为此需要液态、固态下的热容（C_p）值。由于绝大多数精细化学品缺乏 C_p-T 关联方程系数，而且工艺所涉及的温度范围不大，因此在精细化工计算中常用平均热容，甚至只用室温下的 C_p 计算整个过程的焓变。

在精细化工计算中需要熔化热和蒸发热。熔化热随化合物结构变化规律很复杂，极难估算，只能依靠实验值，实验数据比较多，也有良好的总结、很好的手册，但大部分精细化学品还缺乏该项数据。蒸发热只用于少数精细化学品，其实验值更缺乏，由于蒸气压数据也极少，由蒸气压数据计算蒸发热也难以使用。

反应热数据对精细化工的反应器设计是必需的，由于生成焓数据不多，因此只能满足极少数精细化工中反应器热平衡计算的需要。

(4) 精细化工中的相平衡计算

精细化工中也有许多分离操作，为了提纯，也需要相平衡数据。为了适应精细化工中的结晶操作和萃取操作，固液平衡及液液平衡对精细化工也是重要的。

精细化学品的固液平衡与一般化工热力学相同，也包括熔点相近物系及固体在液体中的溶解度，前者数据极少，后者只有一些在水中的零散数据。液态精细化学品在不同溶剂中的溶解度数据稀少，即使在水中的溶解度也只是零散的。

虽然有许多新的溶解度数据发表，但总的来说，相平衡数据不充分，活度系数关联式难以使用，严格的相平衡计算还未在精细化工中开展。

11.4 化工热力学在能源与环境中的应用

在 21 世纪，能源与环境是社会发展的两个关键问题，而化工热力学对这两个重大问题的研讨也是很有用的。

在能源问题中包括：①新能源的开发；②传统能源有效利用；③节能。前两项与化工热力学联系点主要是能量间的转换规律，包括势能、动能、机械能（功）间的转换，也包括化学能、热能、电能、光能、生物能间的转换，在这些转换中不但要减少能量损耗，也要减少有效能损耗。化工热力学的应用更体现在节能中，过程的能耗及使用效率的计算依赖于正确使用化工热力学，这样的化工设计及工艺条件才是最有效的，也是成本及投资最低的。

在环境问题中化工热力学主要应用于化学品在环境（气、液、固）中的分布，它们要符合相平衡规律，其特点已在环境热力学这一章详细讨论了。

11.5 化工计算软件中的化工热力学

目前世界上有一些知名的化工软件被广泛用于化工工艺设计或计算，这些软件已被各化工设计院广泛使用。

设计用化工软件由多个部分构成，其中主要有计算模型及方程、化工数据库、物性计算及估算、单元操作、人工智能系统、数学运算等。在这些单元中都有大量的化工热力学内容，例如可选择状态方程法或活度系数法进行精馏相平衡计算，而 p-V-T 关系、焓变计算等也是被广泛使用的。由此可知，没有良好的化工热力学知识，难以用好这些软件。

对化工软件可以有不同水平的用法。有的在人机对话中完全被动，一切全倚仗软件，数据库中缺乏的数据就全部依靠估算。另一种用法是主动、有效地使用，这就要求对各种模型、方程都能理解，由此选择最合理的，即使要用估算方法，也要用相对最可靠的，所用数据也不能只依靠软件。

11.6 化工热力学发展和多领域应用

11.6.1 分子热力学与化工热力学

在绪论中已简要介绍了分子热力学的概念，在学习本课程后，还应再次说明分子热力学在化工热力学发展中的重要性。

经典热力学是一门演绎的科学，在实际应用中的纯物质或混合物性质，大部分来源于或基于实验。化工热力学的重要目标是利用热力学定律或其关系式使数据得到推广，即应用易测的热力学性质关联抽象的、不便测量的热力学性质，用已有的热力学实验数据计算未知的热力学参数或性质，从而达到少做实验而得到更多的物性数据的目的。

一般化工热力学属经典热力学范围，不涉及微观内容，不从分子角度讨论热力学问题，因此只讨论宏观的概念、事实和规律。分子热力学要从分子或原子水平出发，从微观角度应用统计力学的方法，研究大量粒子群的特性，将宏观性质看作是相应微观量的统计平均值，因此需要量子力学和统计力学的特殊方法，而出发点是微观的分子间作用力概念和模型，也可简化为分子对势能函数。目前最通用的是 Lennard-Jones 12-6 势能函数（简称 LJ-12 势能函数），虽然理论上并不严谨，但计算式简明又实用，其数学关系式中有两个参数，分别为碰撞直径 σ（或平衡距离 r_0）及能量参数 ε。从势能函数出发，可计算第二维里系数或气体黏度，也可完成它们之间的互算，并达到少做实验而得到物性的目的。分子热力学也扩展了物性范围，把黏度、热导率、扩散系数等都列入了热力学讨论范围。

分子热力学还包括超额性质模型的半理论推演，使活度系数模型从经验趋于理论或半理论。

利用统计热力学可从微观关系得到简单分子的气体熵和热容，联系了光谱数据与热力学性质。

总之，在传统的化工热力学内容中增加一些分子热力学内容，可使化工热力学的理论性增强，同时也扩展了热力学的应用。

11.6.2 化工热力学展望

（1）有关缔合流体的热力学计算

缔合流体在气、液相均产生部分二聚（甚至多聚）现象，由于物质的量和摩尔质量随温度、压力而变，使 p-V-T 关系发生根本性改变。有机酸类是最重要的强缔合流体，其中乙酸无论作为产品还是溶剂，在化学工业中都很重要。在酸类 p-V-T 或相平衡计算中，需要把二聚反应作为化学平衡因素加入热力学计算，才能取得很好结果，后来也引入了分子热力学方法于该系统。

醇类属于弱缔合系统，在一般热力学计算中不考虑其缔合，但为了精确计算，需要在 p-V-T 关系描述中专门考虑缔合项的影响，也有分子热力学方法引入其中，但总的来说理论仍在进展中。

（2）电解质溶液热力学

在电解质水溶液中，存在着离解平衡，解决这类溶液的相平衡用活度系数法，一般引入平均离子活度和平均离子活度系数等概念，来表达和计算。需要建立及使用电解质溶液模型，其中最简单的是适用于很稀溶液的 Debye–Hückel 极限公式，而适合于较浓溶液的有知名的 Pitzer 模型及随后的一系列的修正方程，这些模型有不同的复杂性，有的结合局部组成模型，也有的使用分子热力学关系。以上研究工作将可用于盐效应、盐析作用，或有盐存在的有机水溶液汽液平衡或气液平衡。

（3）高分子溶液热力学

高分子化合物具有多个重复单元结构的特点。目前用分子热力学处理高分子溶液时广泛使用晶格模型理论，认为高分子每一个链节或溶剂分子都紧密排列在晶格中，都占有一个格子。以混合熵的估算为出发点，提出了一些模型及方程，其中最简明的是 Flory–Huggins 方程，随后有许多修正方程被提出，其最重要的目标是得出 $\ln\gamma_i$–x_i 关系式。高分子溶液模型还将用于溶液渗透压和聚合物溶液相分离的计算。由于聚合物的复杂性，在所有计算中不得不引入许多假定，例如聚合度分布均匀、聚合物充分柔软性等，因此计算所得大体上还是定性的，难以为化工计算或设计所用。

（4）界面吸附热力学

在界面上物质受到从界面上指向体相内部的引力，若想增大界面面积，把内部的分子移动到界面上，需要外界克服这个引力做功。从热力学关系中，在系统的 Gibbs 自由能中增加一项界面自由能项 $dG=\sigma dA$，式中 σ 是界面张力，A 是相界面面积，并因含有单位表面积而获得的超额 Gibbs 自由能。由此出发，其他热力学函数及关系式都可相应求得，平衡吸附量也可相应导出，而著名的 Freundlich 或 Langmair 吸附等温式也可以有更好的理论解释。

界面吸附涉及复杂的表面，对于固体表面，即使是同一物质，也常有极大不同，计算大多基于各自关联，难以预测，应用面有限。

（5）与生化过程有关的热力学

相平衡计算已不限于化工中，在第 9 章中已提到在环境热力学中也有重要地位，而在生化过程中也有应用，其中最典型的是双水相萃取。它已用来分离蛋白质（包括酶）、核酸细胞等，而由聚合物、葡聚糖或盐和水构成两个液相，两液相中均含有大量的水，酶或其他生物物质在其间进行分配，从而得到分离。双水相间的相平衡借用热力学的计算方法及方程，由于生物质的复杂性，所有计算也只是用实验数据进行关联。总之，生化过程中相平衡的热力学计算只是个例。

（6）分子模拟与化工热力学

分子模拟是力图从所有作用力出发，达到定性或定量理解所有物理和化学作用。由于各项作用力都十分复杂，只能以简化方式进行计算。以汽液平衡或状态方程计算为例，还是用统计力学并通过半经验的分子间势能函数进行计算的，与严格的从头算起相距甚远，在计算机运算过程中，最常用的汽液平衡计算法是 Gibbs 系统的 Monte Carlo（MC）法。

分子模拟并不是计算汽液平衡的常规方法，更不能取代实验数据，只是在难以进行实验时的一种“外推”方法，另外，也是一种考核模型的方法。

由于微观计算发展很快，软件功能也在很快增强，将推动量化计算（包括分子模拟）得到更快发展。对化工热力学，重要目标应该是通过计算直接求得热力学函数及物性值。

（7）要开展更多的实验测定

除个别外，量化计算不能直接提供物性值，若考虑化合物品种极多，更有大量结构复杂的化合物，量化计算困难更大，因此在长时间内量化计算不能代替实验测定。

为使精细化学品的计算或设计达到化学工程的先进水平，需要大量物性值，目前已有的实验值远远不能满足需要，而对这类多基团化合物，所有估算方法都是难以应用的。

以上展望的几个方面大部分与扩展应用有关，也与更多计算和理论进展有关。从应用角度看，大致上以定性为主，还不能直接用于设计或工程计算；从理论进展上有较大难度，但有很好的前景。

本章小结

1. 化工热力学虽是一门传统学科，但与其他学科一样，也是在不断发展中的学科。

2. 化工热力学的理论进展重点是分子热力学的兴起，突破了经典热力学不涉及微观的限制，也使提出的模型更有理论基础。总的说，计算水平也相应提高。

3. 化工热力学是理论性和逻辑性很强的学科，更是应用性很强的学科，定性和定量的应用都推动了化工的发展。在定量计算中，重点是能量和组成的计算。

4. 化工热力学用于精细化工是把化学工程引入其生产的重要基础之一，也是提高其设计（计算）水平的重要途径。由于基础数据缺乏及某些计算方法的特殊性，目前应用还很有限，但可肯定这是一个发展方向。

5. 化工热力学的应用领域还在扩展中，在使用分子热力学、统计热力学等方法基础上，已在多个非传统热力学方面取得了进展，提出了新的模型和方法，这些成果还是初步的，大部分是定性的或是关联方法的。化工热力学已应用于非化工领域，环境热力学的产生是一个实例。

6. 从学科发展看，新的理论进展（包括量化计算）和实验测定都很重要。

习题

11-1 从化学工业发展的角度总结热力学在精细化工中的应用。

11-2 列出精细化工中常用的化工数据，并说明在化工计算中的应用。

11-3 总结在精细化工中应用的主要化工热力学计算方法。

11-4 请详细列出 p-V-T 关系在热力学内外的应用。

11-5 列出在本教材内容中与分子热力学有关的内容。

11-6 请总结化工热力学与化工单元操作之间的联系，即化工单元操作中需要哪些化工热力学的支持。

附录

附录 1　主要符号表

符号	含义
A	Helmholtz（亥姆霍兹）自由能
A	截面积
a	立方型状态方程参数
a_i	纯组元 i 的活度
$\hat{a}_i$	混合物中组元 i 的活度
B	第二维里（virial）系数
B_{ij}	交叉第二维里（virial）系数
b	立方型状态方程参数
C	第三维里（virial）系数
C_p	等压摩尔热容
C_V	等容摩尔热容
E	增强因子
E	能量
E_{k}	动能
E_{l}	有效能损失
E_{p}	势能
E_{x}	有效能
e	汽化分率
F	自由度
f	混合物的逸度
f_i	纯组元 i 的逸度
$\hat{f}_i$	混合物中组元 i 的逸度
G	Gibbs（吉布斯）自由能
g	重力加速度
H	焓
K	反应平衡常数
K_i	组元 i 的汽液平衡比
K_{ow}	辛醇 / 水分配系数
k	绝热压缩指数
k_i	组元 i 的 Henry（亨利）常数
l	液化分率
M	分子量
M	摩尔广度热力学性质
$\bar{M}_i$	i 组元的偏摩尔性质
m	质量
m	高分子链节数
N	组元数
N_{T}	理论功率
n	物质的量
p	压力
p_i	组元 i 的分压
Q	热量
Q_0	制冷能力
q_0	单位制冷能力
R	通用气体常数
S	熵
S_{g}	熵产生
T	热力学温度
t	温度
U	内能，热力学能
u	速度
V	体积
W	功
W_{ac}	实际功
W_{f}	流动功
W_{id}	理想功

W_L 损失功
W_S 轴功
W_N 循环功
x 干度
x 气体的液化量
x_i 液相中组元 i 的摩尔分数
y_i 汽（气）相中组元 i 的摩尔分数
Z 压缩因子
Z 配位数
z 基准面以上的高度
z 总组成
γ_i 组元 i 的活度系数
Δ 差值符号；混合过程热力学性质的变化
δ 溶解度参数
ε 反应进度
ε 能量参数
ε 制冷系数
η 效率
η_t 热力学效率
μ 化学势
μ 偶极距
μ_J 节流效应
μ_r 对比偶极矩
μ_S 等熵膨胀效应
ξ 热力学系数
π 渗透压
Π 相数
ρ 密度或相对密度
Φ_i 组元 i 的体积分数
ϕ 混合物的逸度系数
ϕ_i 纯组元 i 的逸度系数
$\hat{\phi}_i$ 混合物中组元 i 的逸度系数
Ω 热力学概率
ω 偏心因子

上标

az 恒沸
ig 理想气体状态
$\ominus$ 标准态
∞ 无限稀释
E 超额性质
g 气相
id 理想溶液
l 液相
R 剩余性质
s 饱和状态
v 汽相

下标

b 沸点下
c 临界性质
f 生成
g 气体
l 液体
r 对比性质
rev 可逆
v 蒸发过程

附录 2　化工热力学重要词汇中英文对照

第 1 章　绪论

化工热力学 /chemical engineering thermodynamics
经典热力学 /classical thermodynamics
绝对压力 /absolute pressure
摄氏温标 °C/Celsius temperature scale
华氏温标 °F/Fahrenheit temperature scale
开尔文温标 K/Kelvin temperature scale
兰氏温标 R/Rankine temperature scale
化学物种 /chemical species
能量守恒 /energy conservation
量纲分析 /dimensional analysis
量纲一致性 /dimensional consistency
环境 /surroundings
体系，系统 /system
边界 /boundary
平衡 /equilibrium
流体 /fluid
热力学第一定律 /the first law of thermodynamics
热力学第二定律 /the second law of thermodynamics
热力学第零定律 /the zeroth law of thermodynamics
热力学状态 /thermodynamic state
热力学变量 /thermodynamic variable

第 2 章　流体的 p-V-T 关系

状态方程 /Equation of State （EOS）
连续方程，连续性方程 /continuity equation
多项式展开式 /polynomial expansion
立方型状态方程 /cubic equation of state
压力显式状态方程 /pressure-explicit equation of state
普遍化关联式 /generalized correlation
匹查类型关联式 /Pitzer-type correlations
对应态原理 /theorem of corresponding states
维里状态方程 /Virial equations of state
三参数对应态定理 /three-parameter theorem of corresponding-states
对比性质 /reduced property
压缩因子 /compressibility factor
偏心因子 /acentric factor
三相点 /triple point
临界行为，临界现象，临界状态 /critical behavior
临界点 /critical point
水平拐点 /horizontal inflection
量子气体 /quantum gas
饱和的 /saturated
亚冷的 /subcooled
亚临界的 /subcritical
过热的 /superheated
超临界流体 /supercritical fluid
升华曲线 /sublimation curve
第二对比维里系数 /the reduced second Virial coefficient
通用气体常数 /universal gas constant
体膨胀系数 /volume expansivity
混合规则 /mixing rule
虚拟临界参数 /pseudocritical parameters

第 3 章　单组元流体及其过程的热力学性质

热力学状态 /thermodynamic state
热力学变量 /thermodynamic variable
焓，热函，热含量 /enthalpy
内能 /internal energy
吉布斯自由能 /Gibbs free energy
赫尔姆霍兹自由能 /Helmholtz free energy
热容 /heat capacity
强度性质 /intensive property
广度性质 /extensive property
始态 /initial state
终态 /final state
比性质 /specific property
状态函数 /state function
路径函数 /path function

可和性的关系 /summability relation
均相体系 /homogeneous system
相变热，相变潜热 /heat of phase transition，latent heat of phase transition
安托因方程 /Antoine equation
克劳修斯 - 克拉珀龙方程 /Clausius-Clapeyron equation
基本热力学性质关系式 /fundamental thermodynamic property relation
麦克斯韦热力学方程 /Maxwell's equations of thermodynamics
燃烧热 /heat of combustion
融化热，熔化热 /heat of fusion
标准态 /standard state
参考态 /reference state
计算路径 /calculational path
剩余性质 /residual property
水蒸气表 /steam table
热力学图 /thermodynamic diagrams
焓 - 浓度图，焓浓图 /enthalpy-concentration diagram

第 4 章　热力学基本定律及其应用

敞开体系 /open system
封闭体系 /closed system
孤立体系，隔离体系 /isolated system
动能 /kinetic energy
势能 /potential energy
机械能 /mechanical energy
热力做功 /power developed from heat
显热 /sensible heat
轴功 /shaft work
热机，热力发动机 /heat engine
蒸汽机 /steam engine
喷气发动机 /jet engine
压缩机 /compressor
蒸汽轮机 /steam turbine
气轮机，燃气轮机 /gas turbine
水轮机 /water turbine， hydraulic turbine，hydroturbine
风轮机 /wind turbine
离散扩散器 /diverging diffuser
喷射器 /ejector
膨胀机 /expander
卡诺热机 /Carnot engine
卡诺冷冻机 /Carnot refrigerator
热泵 /heat pump
锅炉 /boiler
涡轮机 /turbine
联合循环装置 /combined cycle plant
喷嘴 /nozzle
泵 /pump
燃料电池 /fuel cell
柴油发动机 /diesel engine
电化学电池 /electrochemical cell
热功当量定律 /law of mechanical equivalent of heat
控制空间，控制体 /control volume
热机效率 /efficiency of heat engine
不可压缩流体 /incompressible fluid
可压缩（流体）流动 /compressible flow
不饱和液体 /subcooled liquid
可逆的 /reversible
稳态流 /steady state flow
绝热过程 /adiabatic process
节流过程 /throttling process
等熵过程 /isentropic process
等熵膨胀 /isentropic expansion
等熵压缩 /isentropic compression
等温的 /isothermal
等压的 /isobaric
等容的 /isochoric
不可逆性 /irreversibility
介稳的，亚稳的 /metastable
稳态流动过程 /steady state flow process
循环过程 /cyclic process
郎肯循环 /Rankine cycle
自发过程 /spontaneous process
再热循环 /regenerative cycle
吸收循环 /absorption cycle
吸收制冷 /absorption refrigeration
可逆绝热流动 /reversible adiabatic flow
裂变过程 /fission process
冷凝过程 /condensation process

液化过程 /liquefaction processes
克劳德液化过程 /Claude liquefaction process
林德液化过程 /Linde liquefaction processes
相图 /phase diagram
蒸发曲线 /vaporization curve
标准燃烧热 /standard heat of comb-ustion
标准生成热 /standard heat of form-ation
标准生成焓 /standard enthalpy of formation
理想功 /ideal work
损失功 /lost work
净功 /net work
卡诺定理 /Carnot' s theorem
熵 /entropy
熵生成，熵产生 /entropy generation
热库 /heat reservoir
热阱 /heat sink
流体力学 /fluid mechanics
焦耳 / 汤姆逊系数 /Joule/Thomson coefficient
效率系数 /Coefficient of Perform-ance（COP）
等熵效率 /isentropic efficiency
速度 /velocity
亚声速 /subsonic
超声速 /supersonic
燃烧 /combustion
废气 /exhaust
化石燃料 /fossil-fuel
制冷剂 /refrigerant
转化温度 /conversion temperature
控制变量 /control variable
正则变量 /canonical variable
共轭变量 /conjugate variables
响应函数 /response function

第 5 章　均相流体混合物热力学性质

非均匀的，异，不同的（相）/heterogeneous
均匀的，相同的（相）/homogeneous
等摩尔混合物 /equimolar mixture
理想液体溶液 /ideal solution
敞开相 /open phase
无限稀释 /infinite dilution
杜亥姆定理 /Duhem' s law
亨利定律 /Henry' s law
拉乌尔定律 /Raoult' s law
路易斯 / 朗道尔规则 /Lewis/Randall rule
（物系）总组成 /overall composition
分压 /partial pressure
过量摩尔性质，超额摩尔性质 /excess molar property
过量性质，过剩性质，超额性质 /excess property
偏导数，偏微商 /partial derivative
偏摩尔性质 /partial molar property
偏过量性质，偏过剩性质 /partial excess property
混合（过程）性质改变量 /property change of mixing
混合（过程）焓变 /enthalpy change of mixing
混合过程热效应 /heat effects of mixing process
化学势 /chemical potential
逸度 /fugacity
逸度系数 /fugacity coefficient
活度 /activity
活度系数 /activity coefficient
无限稀释活度系数 /infinite dilute activity coefficient
（求算）逸度系数的普适关联式 /generalized correla-tions for the fugacity coefficient
基团贡献法 /group contribution method
局部组成模型 /local-composition model
马格拉斯方程 /Margules equation
NRTL 模型 /non-random two-liquid model
范拉尔方程 /Van Laar equation
UNIQUAC 方程 /UNIQUAC equation
UNIFAC 法 /UNIFAC method

第 6 章　相平衡

相律 /phase rule
共沸物 /azeotrope
泡点 /bubble point
露点 /dew point
临界点轨迹 /critical locus
溶解 /dissolve
蒸馏 /distillation
蒸发过程 /evaporation process

萃取 /extraction
闪蒸 /flash
混溶 /miscibility
吸收 /absorption
汽液平衡 /vapor/liquid equilibrium
物料平衡方程 /material-balance equation
最高温度共沸物 /maximum-temperature azeotrope
最大压力共沸物 /maximum-pressure azeotrope
最低温度共沸物 /minimum-temperature azeotrope
最小压力共沸物 /minimum-pressure azeotrope
相组成 /phase composition
相图 /phase diagram
相对挥发度 /relative volatility
饱和液体曲线 /saturated liquid curve
饱和蒸汽曲线 /saturated vapor curve
结线 /tie line
K 值 /*K* value
平衡常数 /equilibrium constant
自由度 /degree of freedom
挥发度 /volatility
平衡判据 /criterion of equilibrium
正偏离 /positive deviation
热力学一致性 /thermodynamic consis-tency
热力学一致性检验 /thermodynamic consis-tency test
吉布斯自由能判据，吉布斯函数的判据 / Gibbs free energy criterion

第 7 章　物性数据的估算

物理化学性质（物性）/physicochemical property
化工数据 /chemical & engineering data
数据库 /databases
估算 /estimation
热物理性质 /thermophysical properties
传递性质 /transport properties
微观性质 /microscopic property
环境化工 /environmental chemical engineering
黏度 /viscosity
热导率 /thermal conductivity
扩散系数 /diffusion coefficient
半经验的 /semi-empirical
经验的 /empirical
特征数 /characteristic number
数据评估 /date evaluation
数据手册 /date handbook
对比态法 /corresponding states method
基团贡献法 /group contribution method
基团贡献值 /contribution of the functional group
偶极矩 /dipole moment
量子参数 /quantum parameter

第 8 章　化学反应热和反应平衡

化学反应方程 /chemical reaction equ-ation
化学反应平衡 /chemical reaction equ-ilibria
连锁反应，链反应 /chain reaction
连串反应，连续反应 /consecutive reaction
平行反应，并行反应 /parallel reaction
多重反应 /multiple reaction
放热反应 /exothermic reaction
吸热反应 /endothermic reaction
均相和异相反应 /homogeneous and heter-ogeneous reactions
分解 /decomposition
化学动力学 /chemical kinetics
组元，组构单质 /constituent element
平衡转换率 /equilibrium conversion
等摩尔混合物 /equimolar mixture
质量作用定律 /law of mass action
独立化学反应数 /number of independent chemical reactions
反应坐标 /reaction coordinate
反应级数 /reaction order
化学反应计量数 /stoichiometric number
参考态 /reference state
标准态 /standard state

附录 3　水和水蒸气表

1. 饱和水和饱和水蒸气热力性质表（按温度排列）

温度 t/℃	压力 p/MPa	比体积		比焓		汽化潜热	比熵	
		v'/$m^3 \cdot kg^{-1}$	v''/$m^3 \cdot kg^{-1}$	h'/$kJ \cdot kg^{-1}$	h''/$kJ \cdot kg^{-1}$	r/$kJ \cdot kg^{-1}$	s'/$kJ \cdot kg^{-1} \cdot K^{-1}$	s''/$kJ \cdot kg^{-1} \cdot K^{-1}$
0	0.0006112	0.00100022	206.154	0.05	2500.51	2500.6	0.0002	9.1544
0.01	0.0006117	0.00100021	206.012	0	2500.53	2500.5	0	9.1541
1	0.0006571	0.00100018	192.464	4.18	2502.35	2498.2	0.0153	9.1278
2	0.0007059	0.00100013	179.787	8.39	2504.19	2495.8	0.0306	9.1014
3	0.0007580	0.00100090	168.041	12.61	2506.03	2493.4	0.0459	9.0752
4	0.0008135	0.00100008	157.151	16.82	2507.87	2491.1	0.0611	9.0493
5	0.0008725	0.00100008	147.048	21.02	2509.71	2488.7	0.0763	9.0236
6	0.0009352	0.00100010	137.670	25.22	2511.55	2486.3	0.0913	8.9982
7	0.0010019	0.00100014	128.961	29.42	2513.39	2484.0	0.1063	8.9730
8	0.0010728	0.00100019	120.868	33.62	2515.23	2481.6	0.1213	8.9480
9	0.0011480	0.00100026	113.342	37.81	2517.06	2479.3	0.1362	8.9233
10	0.0012279	0.00100034	106.341	42.00	2518.90	2476.9	0.1510	8.8988
11	0.0013126	0.00100043	99.825	46.19	2520.74	2474.5	0.1658	8.8745
12	0.0014025	0.00100054	93.756	50.38	2522.57	2472.2	0.1805	8.8504
13	0.0014977	0.00100066	88.101	54.57	2524.41	2469.8	0.1952	8.8265
14	0.0015985	0.00100080	82.828	58.76	2526.24	2467.5	0.2098	8.8029
15	0.0017053	0.00100094	77.910	62.95	2528.07	2465.1	0.2243	8.7794
16	0.0018183	0.00100110	73.320	67.13	2529.90	2462.8	0.2388	8.7562
17	0.0019377	0.00100127	69.034	71.32	2531.72	2460.4	0.2533	8.7331
18	0.0020640	0.00100145	65.029	75.50	2533.55	2458.1	0.2677	8.7103
19	0.0021975	0.00100165	61.287	79.68	2535.37	2455.7	0.2820	8.6877
20	0.0023385	0.00100185	57.786	83.86	2537.20	2453.3	0.2963	8.6652
22	0.0026440	0.00100229	51.445	92.23	2540.84	2448.6	0.3247	8.6210
24	0.0029846	0.00100276	45.884	100.59	2544.47	2443.9	0.3530	8.5774
26	0.0033625	0.00100328	40.997	108.95	2548.10	2439.2	0.3810	8.5347
28	0.0037814	0.00100383	36.694	117.32	2551.73	2434.4	0.4089	8.4927
30	0.0042451	0.00100442	32.899	125.68	2555.35	2429.7	0.4366	8.4514
35	0.0056263	0.00100605	25.222	146.59	2564.38	2417.8	0.5050	8.3511
40	0.0073811	0.00100789	19.529	167.50	2573.36	2405.9	0.5723	8.2551
45	0.0095897	0.00100993	15.2636	188.42	2582.30	2393.9	0.6386	8.1630
50	0.0123446	0.00101216	12.0365	209.33	2591.19	2381.9	0.7038	8.0745
55	0.015752	0.00101455	9.5723	230.24	2600.02	2369.8	0.7680	7.9896
60	0.019933	0.00101713	7.6740	251.15	2608.79	2357.6	0.8312	7.9080
65	0.025024	0.00101986	6.1992	272.08	2617.48	2345.4	0.8935	7.8295
70	0.031178	0.00102276	5.0443	293.01	2626.10	2333.1	0.9550	7.7540
75	0.038565	0.00102582	4.1330	313.96	2634.63	2320.7	1.0156	7.6812
80	0.047376	0.00102903	3.4086	334.93	2643.06	2308.1	1.0753	7.6112
85	0.057818	0.00103240	2.8288	355.92	2651.40	2295.5	1.1343	7.5436
90	0.070121	0.00103593	2.3616	376.94	2659.63	2282.7	1.1926	7.4783
95	0.084533	0.00103961	1.9827	397.98	2667.73	2269.7	1.2501	7.4154
100	0.101325	0.00104344	1.6736	419.06	2675.71	2256.6	1.3069	7.3545

续表

温度 t/℃	压力 p/MPa	比体积		比焓		汽化潜热	比熵	
		$v'/\mathrm{m^3 \cdot kg^{-1}}$	$v''/\mathrm{m^3 \cdot kg^{-1}}$	$h'/\mathrm{kJ \cdot kg^{-1}}$	$h''/\mathrm{kJ \cdot kg^{-1}}$	$r/\mathrm{kJ \cdot kg^{-1}}$	$s'/\mathrm{kJ \cdot kg^{-1} \cdot K^{-1}}$	$s''/\mathrm{kJ \cdot kg^{-1} \cdot K^{-1}}$
110	0.143243	0.00105156	1.2106	461.33	2691.26	2229.9	1.4186	7.2386
120	0.198483	0.00106031	0.89219	503.76	2706.18	2202.4	1.5277	7.1297
130	0.270018	0.00106968	0.66873	546.38	2720.39	2174.0	1.6346	7.0272
140	0.36119	0.00107972	0.50900	589.21	2733.81	2144.6	1.7393	6.9302
150	0.47571	0.00109046	0.39286	632.28	2746.35	2114.1	1.8420	6.8381
160	0.61766	0.00110193	0.30709	675.62	2757.92	2082.3	1.9429	6.7502
170	0.79147	0.00111420	0.24283	719.25	2768.42	2049.2	2.0420	6.6661
180	1.00193	0.00112732	0.19403	763.22	2777.74	2014.5	2.1396	6.5852
190	1.25417	0.00114136	0.15650	807.56	2785.80	1978.2	2.2358	6.5071
200	1.55366	0.00115641	0.12732	852.34	2792.47	1940.1	2.3307	6.4312
210	1.90617	0.00117258	0.10438	897.62	2797.65	1900.0	2.4245	6.3571
220	2.31783	0.00119000	0.086157	943.46	2801.20	857.7	2.5175	6.2846
230	2.79505	0.00120882	0.071553	989.95	2803.00	813.0	2.6096	6.2130
240	3.34459	0.00122922	0.050743	1037.2	2802.88	765.7	2.7013	6.1422
250	3.97351	0.00125145	0.050112	1085.3	2800.66	715.4	2.7926	6.0716
260	4.68923	0.00127579	0.042195	1134.3	2796.14	661.8	2.8837	6.0007
270	5.49956	0.00130262	0.035637	1184.5	2789.05	604.5	2.9751	5.9292
280	6.41273	0.00133242	0.030165	1236.0	2779.08	1543.1	3.0668	5.8564
290	7.43746	0.00136582	0.025565	1289.1	2765.81	1476.7	3.1594	5.7817
300	8.58308	0.00140369	0.021669	1344.0	2748.71	1404.7	3.2533	5.7042
310	9.85970	0.00144728	0.018343	1401.2	2727.01	1325.9	3.3490	5.6226
320	11.278	0.00149844	0.015479	1461.2	2699.72	1238.5	3.4475	5.5356
330	12.851	0.00156008	0.012987	1524.9	2665.30	1140.4	3.5500	5.4408
340	14.593	0.00163728	0.010790	1593.7	2621.32	1027.6	3.6586	5.3345
350	16.521	0.00174008	0.008812	1670.3	2563.39	893.0	3.7773	5.2104
360	18.657	0.00189423	0.006958	1761.1	2481.68	720.6	3.9155	5.0536
370	21.033	0.00221480	0.004982	1891.7	2338.79	447.1	4.1125	4.8076
371	21.286	0.00227969	0.004735	1911.8	2314.11	402.3	4.1429	4.7674
372	21.542	0.00236530	0.004451	1936.1	2282.99	346.9	4.1796	4.7173
373	21.802	0.00249600	0.004087	1968.8	2237.98	269.2	4.2292	4.6458
373.99	22.064	0.00310600	0.003106	2085.9	2085.90	0	4.4092	4.4092

2. 饱和水和饱和水蒸气热力性质（按压力排列）

压力 p/MPa	温度 t/℃	比体积		比焓		汽化潜热	比熵	
		$v'/\mathrm{m^3 \cdot kg^{-1}}$	$v''/\mathrm{m^3 \cdot kg^{-1}}$	$h'/\mathrm{kJ \cdot kg^{-1}}$	$h''/\mathrm{kJ \cdot kg^{-1}}$	$r/\mathrm{kJ \cdot kg^{-1}}$	$s'/\mathrm{kJ \cdot kg^{-1} \cdot K^{-1}}$	$s''/\mathrm{kJ \cdot kg^{-1} \cdot K^{-1}}$
0.001	6.9491	0.0010001	129.185	29.21	2513.29	2484.1	0.1056	8.9735
0.002	17.5403	0.0010014	67.008	73.58	2532.71	2459.1	0.2611	8.7220
0.003	24.1142	0.0010028	45.666	101.07	2544.68	2443.6	0.3546	8.5758
0.004	28.9533	0.0010041	34.796	121.30	2553.45	2432.2	0.4221	8.4725
0.005	32.8793	0.0010053	28.101	137.72	2560.55	2422.8	0.4761	8.3930
0.006	36.1663	0.0010065	23.738	151.47	2566.48	2415.0	0.5208	8.3283
0.007	38.9967	0.0010075	20.528	163.31	2571.56	2408.3	0.5589	8.2737

续表

压力 p/MPa	温度 t/℃	比体积		比焓		汽化潜热	比熵	
		v'/$m^3 \cdot kg^{-1}$	v''/$m^3 \cdot kg^{-1}$	h'/$kJ \cdot kg^{-1}$	h''/$kJ \cdot kg^{-1}$	r/$kJ \cdot kg^{-1}$	s'/$kJ \cdot kg^{-1} \cdot K^{-1}$	s''/$kJ \cdot kg^{-1} \cdot K^{-1}$
0.008	41.5075	0.0010085	18.102	173.81	2576.06	2402.3	0.5924	8.2266
0.009	43.7901	0.0010094	16.204	183.36	2580.15	2396.8	0.6226	8.1854
0.01	45.7988	0.0010103	14.673	191.76	2583.72	2392.0	0.6490	8.1481
0.015	53.9705	0.0010140	10.022	225.93	2598.21	2372.3	0.7548	8.0065
0.02	60.0650	0.0010172	7.6497	251.43	2608.9	2357.5	0.8320	7.9068
0.025	64.9726	0.0010198	6.2047	271.96	2617.43	2345.5	0.8932	7.8298
0.03	69.1041	0.0010222	5.2296	289.26	2624.56	2335.3	0.9440	7.7671
0.04	75.8720	0.0010264	3.9939	317.61	2636.1	2318.5	1.0260	7.6688
0.05	81.3388	0.0010299	3.2409	340.55	2645.31	2304.8	1.0912	7.5928
0.06	85.9496	0.0010331	2.7324	359.91	2652.97	2293.1	1.1454	7.5310
0.07	89.9556	0.0010359	2.3654	376.75	2659.55	2282.8	1.1921	7.4789
0.08	93.5107	0.0010385	2.0876	391.71	2665.33	2273.6	1.2330	7.4339
0.09	96.7121	0.0010409	1.8698	405.20	2670.48	2265.3	1.2696	7.3943
0.1	99.6340	0.0010432	1.6943	417.52	2675.14	2257.6	1.3028	7.3589
0.12	104.810	0.0010473	1.4287	439.37	2683.26	2243.9	1.3609	7.2978
0.14	109.318	0.0010510	1.2368	458.44	2690.22	2231.8	1.4110	7.2462
0.16	113.326	0.0010544	1.09159	475.42	2696.29	2220.9	1.4552	7.2016
0.18	116.941	0.0010576	0.97767	490.76	2701.69	2210.9	1.4946	7.1623
0.2	120.240	0.0010605	0.88585	504.78	2706.53	2201.7	1.5303	7.1272
0.25	127.444	0.0010672	0.71879	535.47	2716.83	2181.4	1.6075	7.0528
0.3	133.556	0.0010732	0.60587	561.58	2725.26	2163.7	1.6721	6.9921
0.35	138.891	0.0010786	0.52427	584.45	2732.37	2147.9	1.7278	6.9407
0.4	143.642	0.0010835	0.46246	604.87	2738.49	2133.6	1.7769	6.8961
0.5	151.867	0.0010925	0.37486	640.35	2748.59	2108.2	1.8610	6.8214
0.6	158.863	0.0011006	0.31563	670.67	2756.66	2086.0	1.9315	6.7600
0.7	164.983	0.0011079	0.27281	697.32	2763.29	2066.0	1.9925	6.7079
0.8	170.444	0.0011148	0.24037	721.20	2768.86	2047.7	2.0464	6.6625
0.9	175.389	0.0011212	0.21491	742.90	2773.59	2030.7	2.0948	6.6222
1.0	179.916	0.0011272	0.19438	762.84	2777.67	2014.8	2.1388	6.5859
1.1	184.100	0.0011330	0.17747	781.35	2781.21	1999.9	2.1792	6.5529
1.2	187.995	0.0011385	0.16328	798.64	2784.29	1985.7	2.2166	6.5225
1.3	191.644	0.0011438	0.15120	814.89	2786.99	1972.1	2.2515	6.4944
1.4	195.078	0.0011489	0.14079	830.24	2789.37	1959.1	2.2841	6.4683
1.5	198.327	0.0011538	0.13172	844.82	2791.46	1946.6	2.3149	6.4437
1.6	201.410	0.0011586	0.12375	858.69	2793.29	1934.6	2.3440	6.4206
1.7	204.346	0.0011633	0.11668	871.96	2794.91	1923.0	2.3716	6.3988
1.8	207.151	0.0011679	0.11037	884.67	2796.33	1911.7	2.3979	6.3781
1.9	209.838	0.0011723	0.104707	896.88	2797.58	1900.7	2.4230	6.3583
2.0	212.417	0.0011767	0.099588	908.64	2798.66	1890.0	2.4471	6.3395
2.2	217.289	0.0011851	0.090700	930.97	2800.41	1869.4	2.4924	6.3041
2.4	221.829	0.0011933	0.083244	951.91	2801.67	1849.8	2.5344	6.2714
2.6	226.085	0.0012013	0.076898	971.67	2802.51	1830.8	2.5736	6.2409
2.8	230.096	0.0012090	0.071427	990.41	2803.01	1812.6	2.6105	6.2123
3.0	233.893	0.0012166	0.066662	1008.2	2803.19	1794.9	2.6454	6.1854

续表

压力 p/MPa	温度 t/℃	比体积		比焓		汽化潜热	比熵	
		v'/$m^3 \cdot kg^{-1}$	v''/$m^3 \cdot kg^{-1}$	h'/$kJ \cdot kg^{-1}$	h''/$kJ \cdot kg^{-1}$	r/$kJ \cdot kg^{-1}$	s'/$kJ \cdot kg^{-1} \cdot K^{-1}$	s''/$kJ \cdot kg^{-1} \cdot K^{-1}$
3.5	242.597	0.0012348	0.057054	1049.6	2802.51	1752.9	2.7250	6.1238
4.0	250.394	0.0012524	0.049771	1087.2	2800.53	1713.4	2.7962	6.0688
5	263.980	0.0012862	0.039439	1154.2	2793.64	1639.5	2.9201	5.9724
6	275.625	0.0013190	0.032440	1213.3	2783.82	1570.5	3.0266	5.8885
7	285.869	0.0013515	0.027371	1266.9	2771.72	1504.8	3.1210	5.8129
8	295.048	0.0013843	0.023520	1316.5	2757.70	1441.2	3.2066	5.7430
9	303.385	0.0014177	0.020485	1363.1	2741.92	1378.9	3.2854	5.6771
10	311.037	0.0014522	0.018026	1407.2	2724.46	1317.2	3.3591	5.6139
11	318.118	0.0014881	0.015987	1449.6	2705.34	1255.7	3.4287	5.5525
12	324.715	0.0015260	0.014263	1490.7	2684.50	1193.8	3.4952	5.4920
13	330.894	0.0015662	0.012780	1530.8	2661.80	1131.0	3.5594	5.4318
14	336.707	0.0016097	0.011486	1570.4	2637.07	1066.7	3.6220	5.3711
15	342.196	0.0016571	0.010340	1609.8	2610.01	1000.2	3.6836	5.3091
16	347.396	0.0017099	0.009311	1649.4	2580.21	930.8	3.7451	5.2450
17	352.334	0.0017701	0.008373	1690.0	2547.01	857.1	3.8073	5.1776
18	357.034	0.0018402	0.007503	1732.0	2509.45	777.4	3.8715	5.1051
19	361.514	0.0019258	0.006679	1776.9	2465.87	688.9	3.9395	5.0250
20	365.789	0.0020379	0.005870	1827.2	2413.05	585.9	4.0153	4.9322
21	369.868	0.0022073	0.005012	1889.2	2341.67	452.4	4.1088	4.8124
22	373.752	0.0027040	0.003684	2013.0	2084.02	71.0	4.2969	4.4066
22.064	373.990	0.0031060	0.003106	2085.9	2085.90	0	4.4092	4.4092

3. 过热蒸汽性质

项目	t	50	100	150	200	250	300	350
1.00kPa, 7.0℃	ρ	0.00671	0.00581	0.00512	0.00458	0.00414	0.00378	0.00348
	H	2594.4	2688.6	2783.7	2880.0	2977.7	3077.0	3177.7
	C_p	1.8761	1.8914	1.9139	1.9403	1.9692	1.9996	2.0312
	S	9.2430	9.5139	9.7531	9.9682	10.165	10.346	10.514
10.0kPa, 45.8℃	ρ	0.06726	0.05815	0.05125	0.04582	0.04143	0.03781	0.03478
	H	2592.0	2687.5	2783.0	2879.6	2977.4	3076.7	3177.5
	C_p	1.9280	1.9058	1.9199	1.9434	1.9710	2.0008	2.0319
	S	8.1741	8.4489	8.6892	8.9049	9.1015	9.2827	9.4513
30.0kPa, 69.1℃	ρ		0.1750	0.1540	0.1376	0.1244	0.1135	0.1044
	H		2685.0	2781.6	2878.7	2976.8	3076.2	3177.2
	C_p		1.9390	1.9337	1.9504	1.9750	2.0033	2.0337
	S		7.9365	8.1796	8.3964	8.5935	8.7750	8.9438
50.0kPa, 81.3℃	ρ		0.2925	0.2571	0.2296	0.2074	0.1893	0.1740
	H		2682.4	2780.2	2877.8	2976.1	3075.8	3176.8
	C_p		1.9743	1.9478	1.9574	1.9791	2.0059	2.0355
	S		7.6953	7.9413	8.1592	8.3568	8.5386	8.7076
80.0kPa, 93.5℃	ρ		0.4702	0.4124	0.3679	0.3323	0.3030	0.2786
	H		2678.5	2778.1	2876.4	2975.2	3075.0	3176.2
	C_p		2.0322	1.9696	1.9681	1.9852	2.0098	2.0381
	S		7.4699	7.7204	7.9400	8.1385	8.3208	8.4900

续表

项目	t	400	500	600	700	800	900	1000
100.0kPa, 99.6℃	ρ		0.5897	0.5164	0.4603	0.4156	0.3790	0.3483
	H		2675.8	2776.6	2875.5	2974.5	3074.5	3175.8
	C_p		2.0766	1.9846	1.9754	1.9893	2.0124	2.0399
	S		7.3610	7.6148	7.8356	8.0346	8.2172	8.3866
1.00kPa, 7.0℃	ρ	0.00322	0.00280	0.00248	0.00223	0.00202	0.00185	0.00170
	H	3280.1	3489.8	3706.3	3930.0	4160.7	4398.4	4642.8
	C_p	2.0636	2.1309	2.2006	2.2716	2.3424	2.4114	2.4776
	S	10.672	10.963	11.226	11.468	11.694	11.906	12.106
10.0kPa, 45.8℃	ρ	0.03219	0.02803	0.02482	0.02227	0.02019	0.01847	0.01702
	H	3279.9	3489.7	3706.3	3929.9	4160.6	4398.3	4642.8
	C_p	2.0642	2.1312	2.2008	2.2718	2.3425	2.4115	2.4777
	S	9.6094	9.8998	10.163	10.406	10.631	10.843	11.043
30.0kPa, 69.1℃	ρ	0.09660	0.08409	0.07446	0.06680	0.06058	0.05541	0.05106
	H	3279.6	3489.5	3706.1	3929.8	4160.5	4398.3	4642.8
	C_p	2.0654	2.1319	2.2013	2.2721	2.3427	2.4116	2.4778
	S	9.1020	9.3925	9.6559	9.8984	10.124	10.336	10.536
50.0kPa, 81.3℃	ρ	0.1611	0.1402	0.1241	0.1113	0.1010	0.09235	0.08510
	H	3279.3	3489.3	3706.0	3929.7	4160.4	4398.2	4642.7
	C_p	2.0667	2.1326	2.2017	2.2724	2.3429	2.4118	2.4779
	S	8.8659	9.1566	9.4201	9.6625	9.8882	10.100	10.300
80.0kPa, 93.5℃	ρ	0.2578	0.2243	0.1986	0.1782	0.1616	0.1478	0.1362
	H	3278.9	3488.9	3705.7	3929.5	4160.3	4398.1	4642.6
	C_p	2.0686	2.1337	2.2024	2.2728	2.3432	2.4120	2.4781
	S	8.6485	8.9393	9.2029	9.4455	9.6712	9.8830	10.083
100.0kPa, 99.6℃	ρ	0.3223	0.2805	0.2483	0.2227	0.2019	0.1847	0.1702
	H	3278.6	3488.7	3705.6	3929.4	4160.2	4398.0	4642.6
	C_p	2.0698	2.1344	2.2029	2.2731	2.3434	2.4122	2.4782
	S	8.5452	8.8361	9.0998	9.3424	9.5681	9.7800	9.9800
项目	t	150	200	250	300	350	400	450
101.3kPa, 100.0℃	ρ	0.5233	0.4664	0.4211	0.3840	0.3529	0.3266	0.3039
	H	2776.5	2875.4	2974.5	3074.5	3175.8	3278.5	3382.8
	C_p	1.9856	1.9759	1.9896	2.0126	2.0400	2.0699	2.1016
	S	7.6085	7.8294	8.0284	8.2110	8.3805	8.5391	8.6885
150kPa, 111.3℃	ρ	0.7779	0.6923	0.6245	0.5691	0.5229	0.4838	0.4501
	H	2772.9	2873.1	2972.9	3073.3	3174.9	3277.8	3382.2
	C_p	2.0238	1.9940	1.9998	2.0190	2.0443	2.0730	2.1039
	S	7.4208	7.6447	7.8451	8.0284	8.1983	8.3572	8.5068
200kPa, 120.2℃	ρ	1.0418	0.9255	0.8341	0.7597	0.6979	0.6454	0.6004
	H	2769.1	2870.7	2971.2	3072.1	3173.9	3277.0	3381.6
	C_p	2.0656	2.0133	2.0105	2.0256	2.0488	2.0762	2.1063
	S	7.2810	7.5081	7.7100	7.8941	8.0644	8.2236	8.3734
300kPa, 133.5℃	ρ	1.5773	1.3958	1.2556	1.1424	1.0486	0.9694	0.9015
	H	2761.2	2865.9	2967.9	3069.6	3172.0	3275.5	3380.3
	C_p	2.1590	2.0537	2.0324	2.0391	2.0578	2.0826	2.1110
	S	7.0791	7.3131	7.5180	7.7037	7.8750	8.0347	8.1849

续表

项目	t	150	200	250	300	350	400	450
400kPa, 143.6℃	ρ	2.1237	1.8715	1.6801	1.5270	1.4006	1.2943	1.2032
	H	2752.8	2860.9	2964.5	3067.1	3170.0	3273.9	3379.0
	C_p	2.2747	2.0969	2.0552	2.0529	2.0670	2.0891	2.1158
	S	6.9306	7.1723	7.3804	7.5677	7.7399	7.9002	8.0508
500kPa, 151.8℃	ρ		2.3528	2.1078	1.9135	1.7539	1.6199	1.5056
	H		2855.8	2961.0	3064.6	3168.1	3272.3	3377.7
	C_p		2.1429	2.0788	2.0670	2.0763	2.0957	2.1206
	S		7.0610	7.2724	7.4614	7.6346	7.7955	7.9465

项目	t	500	550	600	700	800	900	1000
101.3kPa, 100.0℃	ρ	0.2842	0.2669	0.2516	0.2257	0.2046	0.1872	0.1725
	H	3488.7	3596.3	3705.6	3929.4	4160.2	4398.0	4642.6
	C_p	2.1345	2.1684	2.2029	2.2732	2.3435	2.4122	2.4782
	S	8.8301	8.9649	9.0937	9.3363	9.5621	9.7739	9.9739
150.0kPa, 111.3℃	ρ	0.4209	0.3952	0.3725	0.3341	0.3029	0.2771	0.2553
	H	3488.2	3595.8	3705.2	3929.1	4160.0	4397.8	4642.4
	C_p	2.1363	2.1697	2.2040	2.2739	2.3440	2.4126	2.4786
	S	8.6485	8.7834	8.9124	9.1550	9.3808	9.5927	9.7927
200.0kPa, 120.2℃	ρ	0.5614	0.5271	0.4968	0.4456	0.4040	0.3695	0.3404
	H	3487.7	3595.4	3704.8	3928.8	4159.8	4397.6	4642.3
	C_p	2.1381	2.1712	2.2052	2.2747	2.3445	2.4130	2.4789
	S	8.5152	8.6502	8.7792	9.0220	9.2479	9.4598	9.6599
300.0kPa, 133.5℃	ρ	0.8427	0.7911	0.7455	0.6685	0.6060	0.5543	0.5107
	H	3486.6	3594.5	3704.0	3928.2	4159.3	4397.3	4642.0
	C_p	2.1417	2.1740	2.2075	2.2762	2.3456	2.4138	2.4795
	S	8.3271	8.4623	8.5914	8.8344	9.0604	9.2724	9.4726
400.0kPa, 143.6℃	ρ	1.1244	1.0554	0.9945	0.8916	0.8082	0.7391	0.6809
	H	3485.5	3593.6	3703.2	3927.6	4158.8	4396.9	4641.7
	C_p	2.1454	2.1769	2.2098	2.2778	2.3467	2.4147	2.4801
	S	8.1933	8.3287	8.4580	8.7012	8.9273	9.1394	9.3396
500.0kPa, 151.8℃	ρ	1.4066	1.3200	1.2436	1.1149	1.0104	0.9240	0.8512
	H	3484.5	3592.7	3702.5	3927.0	4158.4	4396.6	4641.4
	C_p	2.1490	2.1798	2.2121	2.2793	2.3479	2.4155	2.4807
	S	8.0892	8.2249	8.3543	8.5977	8.8240	9.0362	9.2364

项目	t	200	250	300	350	400	450	500
700kPa, 164.9℃	ρ	3.3333	2.9729	2.6924	2.4643	2.2739	2.1120	1.9722
	H	2845.3	2954.0	3059.4	3164.2	3269.2	3375.2	3482.3
	C_p	2.2446	2.1287	2.0962	2.0953	2.1089	2.1303	2.1564
	S	6.8884	7.1070	7.2995	7.4746	7.6368	7.7886	7.9319
1000kPa, 179.9℃	ρ	4.8539	4.2965	3.8762	3.5398	3.2615	3.0262	2.8240
	H	2828.3	2943.1	3051.6	3158.2	3264.5	3371.3	3479.1
	C_p	2.4281	2.2106	2.1425	2.1248	2.1293	2.1452	2.1677
	S	6.6955	6.9265	7.1246	7.3029	7.4669	7.6200	7.7641
1500kPa, 198.3℃	ρ	7.5498	6.5785	5.8925	5.3594	4.9256	4.5624	4.2524
	H	2796.0	2923.9	3038.2	3148.0	3256.5	3364.8	3473.7
	C_p	2.9091	2.3685	2.2266	2.1768	2.1645	2.1705	2.1867
	S	6.4536	6.7111	6.9198	7.1036	7.2710	7.4262	7.5718

续表

项目	t	200	250	300	350	400	450	500
2000kPa, 212.4℃	ρ		8.9689	7.9677	7.2150	6.6131	6.1146	5.6921
	H		2903.2	3024.2	3137.7	3248.3	3358.2	3468.2
	C_p		2.5584	2.3203	2.2324	2.2013	2.1966	2.2062
	S		6.5475	6.7684	6.9583	7.1292	7.2866	7.4337

项目	t	550	600	650	700	800	900	1000
700kPa, 164.9℃	ρ	1.8502	1.7427	1.6472	1.5617	1.4151	1.2939	1.1919
	H	3590.9	3700.9	3812.6	3925.8	4157.5	4395.8	4640.8
	C_p	2.1856	2.2167	2.2492	2.2825	2.3501	2.4171	2.4820
	S	8.0679	8.1977	8.3220	8.4415	8.6680	8.8804	9.0807
1000kPa, 179.9℃	ρ	2.6479	2.4931	2.3557	2.2330	2.0227	1.8490	1.7030
	H	3588.1	3698.6	3810.5	3924.1	4156.1	4394.8	4639.9
	C_p	2.1943	2.2237	2.2548	2.2871	2.3534	2.4196	2.4839
	S	7.9008	8.0310	8.1557	8.2755	8.5024	8.7150	8.9155
1500kPa, 198.3℃	ρ	3.9838	3.7484	3.5401	3.3544	3.0368	2.7750	2.5553
	H	3583.6	3694.7	3807.1	3921.1	4153.8	4392.9	4638.5
	C_p	2.2091	2.2354	2.2643	2.2950	2.3590	2.4237	2.4870
	S	7.7095	7.8405	7.9658	8.0860	8.3135	8.5266	8.7274
2000kPa, 212.4℃	ρ	5.3278	5.0097	4.7289	4.4790	4.0528	3.7021	3.4081
	H	3579.0	3690.7	3803.8	3918.2	4151.5	4391.1	4637.0
	C_p	2.2241	2.2473	2.2740	2.3029	2.3645	2.4278	2.4902
	S	7.5725	7.7043	7.8302	7.9509	8.1790	8.3925	8.5936

项目	t	250	300	350	400	450	500	550
3000kPa, 233.9℃	ρ	14.159	12.318	11.043	10.062	9.2690	8.6060	8.0410
	H	2856.5	2994.3	3116.1	3231.7	3344.8	3457.2	3569.7
	C_p	3.0831	2.5414	2.3559	2.2801	2.2514	2.2464	2.2548
	S	6.2893	6.5412	6.7449	6.9234	7.0856	7.2359	7.3768
4000kPa, 250.4℃	ρ		16.987	15.044	13.618	12.493	11.568	10.788
	H		2961.7	3093.3	3214.5	3331.2	3446.0	3560.3
	C_p		2.8185	2.4976	2.3665	2.3097	2.2884	2.2865
	S		6.3639	6.5843	6.7714	6.9386	7.0922	7.2355
5000kPa, 263.9℃	ρ		22.053	19.242	17.290	15.792	14.581	13.570
	H		2925.7	3069.3	3196.7	3317.2	3434.7	3550.9
	C_p		3.1722	2.6608	2.4610	2.3717	2.3323	2.3193
	S		6.2110	6.4516	6.6483	6.8210	6.9781	7.1237
6000kPa, 275.6℃	ρ		27.632	23.668	21.088	19.170	17.646	16.388
	H		2885.5	3043.9	3178.2	3302.9	3423.1	3541.3
	C_p		3.6388	2.8497	2.5647	2.4376	2.3782	2.3531
	S		6.0703	6.3357	6.5432	6.7219	6.8826	7.0307
7500kPa, 290.5℃	ρ		37.394	30.818	27.052	24.395	22.346	20.686
	H		2814.4	3002.8	3149.4	3280.9	3405.5	3526.7
	C_p		4.7294	3.1938	2.7398	2.5447	2.4509	2.4059
	S		5.8646	6.1806	6.4071	6.5956	6.7623	6.9143

项目	t	600	650	700	750	800	900	1000
3000kPa, 233.9℃	ρ	7.5500	7.1200	6.7380	6.3970	6.0900	5.5590	5.1150
	H	3682.8	3796.9	3912.2	4028.9	4146.9	4387.5	4634.1
	C_p	2.2715	2.2934	2.3189	2.3466	2.3758	2.4361	2.4965
	S	7.5103	7.6373	7.7590	7.8758	7.9885	8.2028	8.4045

续表

项目	t	600	650	700	750	800	900	1000
4000kPa, 250.4℃	ρ	10.115	9.5290	9.0110	8.5500	8.1350	7.4210	6.8250
	H	3674.9	3790.1	3906.3	4023.6	4142.3	4383.9	4631.2
	C_p	2.2963	2.3133	2.3351	2.3601	2.3871	2.4444	2.5028
	S	7.3705	7.4988	7.6214	7.7390	7.8523	8.0674	8.2697
5000kPa, 263.9℃	ρ	12.706	11.956	11.297	10.712	10.188	9.2860	8.5360
	H	3666.8	3783.2	3900.3	4018.4	4137.7	4380.2	4628.3
	C_p	2.3216	2.3335	2.3515	2.3737	2.3986	2.4528	2.5091
	S	7.2605	7.3901	7.5136	7.6320	7.7458	7.9618	8.1648
6000kPa, 275.6℃	ρ	15.322	14.402	13.597	12.884	12.248	11.156	10.250
	H	3658.7	3776.2	3894.3	4013.2	4133.1	4376.6	4625.4
	C_p	2.3476	2.3540	2.3682	2.3874	2.4101	2.4612	2.5155
	S	7.1693	7.3001	7.4246	7.5438	7.6582	7.8751	8.0786
7500kPa, 290.5℃	ρ	19.296	18.107	17.073	16.162	15.352	13.968	12.825
	H	3646.5	3765.8	3885.2	4005.2	4126.1	4371.1	4621.1
	C_p	2.3877	2.3855	2.3936	2.4083	2.4275	2.4738	2.5251
	S	7.0555	7.1884	7.3144	7.4346	7.5500	7.7682	7.9726

项目	t	350	400	450	500	550	600	650
10000kPa, 311.0℃	ρ	44.564	37.827	33.578	30.478	28.047	26.057	24.380
	H	2924.0	3097.4	3242.3	3375.1	3502.0	3625.8	3748.1
	C_p	4.0117	3.0953	2.7473	2.5830	2.4994	2.4576	2.4399
	S	5.9459	6.2141	6.4219	6.5995	6.7585	6.9045	7.0408
15000kPa, 342.2℃	ρ	87.100	63.812	54.121	48.014	43.583	40.127	37.308
	H	2693.1	2975.7	3157.9	3310.8	3450.4	3583.1	3712.1
	C_p	8.8167	4.1793	3.2670	2.8947	2.7095	2.6098	2.5555
	S	5.4437	5.8819	6.1434	6.3480	6.5230	6.6796	6.8233

项目	t	700	750	800	850	900	950	1000
10000kPa, 311.0℃	ρ	22.937	21.678	20.564	19.570	18.675	17.865	17.126
	H	3870.0	3992.0	4114.5	4237.8	4362.0	4487.3	4613.8
	C_p	2.4370	2.4438	2.4571	2.4747	2.4952	2.5175	2.5411
	S	7.1693	7.2916	7.4085	7.5207	7.6290	7.7335	7.8349
15000kPa, 342.2℃	ρ	34.939	32.906	31.132	29.566	28.167	26.908	25.768
	H	3839.1	3965.2	4091.1	4217.1	4343.7	4471.0	4599.2
	C_p	2.5281	2.5174	2.5178	2.5256	2.5385	2.5548	2.5735
	S	6.9572	7.0836	7.2037	7.3185	7.4288	7.5350	7.6378

项目	t	400	425	450	500	550	600	650
20000kPa, 365.7℃	ρ	100.50	87.129	78.609	67.598	60.346	54.991	50.775
	H	2816.9	2953.0	3061.7	3241.2	3396.1	3539.0	3675.3
	C_p	6.3675	4.7633	4.0041	3.2825	2.9532	2.7788	2.6805
	S	5.5525	5.7514	5.9043	6.1446	6.3389	6.5075	6.6593

项目	t	700	750	800	850	900	950	1000
20000kPa, 365.7℃	ρ	47.318	44.403	41.895	39.701	37.759	36.024	34.459
	H	3807.8	3938.1	4067.5	4196.4	4325.4	4454.7	4584.7
	C_p	2.6245	2.5943	2.5806	2.5778	2.5826	2.5926	2.6062
	S	6.7990	6.9297	7.0531	7.1705	7.2829	7.3909	7.4950

注：1. 单位为 t，℃；ρ，$kg \cdot m^{-3}$；H，$kJ \cdot kg^{-1}$；C_p 及 S，$kJ \cdot kg^{-1} \cdot K^{-1}$。

2. 压力下所注温度为饱和温度。

4. 超临界蒸汽性质

项目	t	400	425	450	500	550	600	650
22500kPa,	ρ	127.19	105.14	92.895	78.314	69.244	62.743	57.720
	H	2713.1	2883.4	3008.2	3204.3	3368.0	3516.4	3656.5
	C_p	8.5750	5.6282	4.4903	3.5103	3.0887	2.8699	2.7464
	S	5.3655	5.6142	5.7899	6.0524	6.2578	6.4329	6.5890
25000kPa,	ρ	166.54	126.81	108.98	89.744	78.517	70.720	64.810
	H	2578.6	2805.0	2950.6	3165.9	3339.2	3493.5	3637.7
	C_p	13.031	6.8145	5.0832	3.7639	3.2338	2.9653	2.8145
	S	5.1400	5.4707	5.6759	5.9642	6.1816	6.3637	6.5242
30000kPa,	ρ	357.43	188.73	148.43	115.07	98.277	87.377	79.431
	H	2152.8	2611.8	2821.0	3084.7	3279.7	3446.7	3599.4
	C_p	25.534	10.892	6.6996	4.3560	3.5532	3.1688	2.9570
	S	4.4757	5.1473	5.4421	5.7956	6.0402	6.2373	6.4074
35000kPa,	ρ	474.97	291.21	201.73	144.25	119.79	105.01	94.649
	H	1988.6	2373.4	2671.0	2997.9	3218.0	3398.9	3560.7
	C_p	11.675	15.627	8.9775	5.0663	3.9101	3.3879	3.1071
	S	4.2143	4.7751	5.1945	5.6331	5.9092	6.1228	6.3030
40000kPa,	ρ	523.34	394.09	270.89	177.84	143.17	123.62	110.46
	H	1931.4	2199.0	2511.8	2906.5	3154.4	3350.4	3521.6
	C_p	8.7328	12.941	10.957	5.8701	4.2985	3.6199	3.2631
	S	4.1145	4.5044	4.9448	5.4744	5.7857	6.0170	6.2078
50000kPa,	ρ	577.79	497.70	402.04	257.07	195.41	163.72	143.74
	H	1874.4	2060.7	2284.7	2722.6	3025.3	3252.5	3443.4
	C_p	6.7899	8.1964	9.5730	7.2889	5.1048	4.1028	3.5845
	S	4.0029	4.2746	4.5896	5.1762	5.5563	5.8245	6.0373

项目	t	700	750	800	850	900	950	1000
22500kPa,	ρ	53.653	50.254	47.348	44.820	42.592	40.607	38.822
	H	3791.9	3924.5	4055.6	4186.0	4316.2	4446.6	4577.4
	C_p	2.6747	2.6339	2.6126	2.6044	2.6050	2.6117	2.6227
	S	6.7318	6.8647	6.9898	7.1085	7.2220	7.3308	7.4356
25000kPa,	ρ	60.084	56.171	52.848	49.973	47.449	45.207	43.196
	H	3776.0	3910.9	4043.8	4175.6	4307.1	4438.5	4570.2
	C_p	2.7260	2.6741	2.6451	2.6311	2.6274	2.6308	2.6392
	S	6.6702	6.8054	6.9322	7.0523	7.1668	7.2765	7.3820
30000kPa,	ρ	73.242	68.208	63.990	60.377	57.230	54.453	51.976
	H	3743.9	3883.4	4020.0	4154.9	4288.8	4422.3	4555.8
	C_p	2.8322	2.7565	2.7111	2.6853	2.6727	2.6693	2.6722
	S	6.5598	6.6997	6.8300	6.9529	7.0695	7.1810	7.2880
35000kPa,	ρ	86.786	80.505	75.310	70.904	67.097	63.757	60.792
	H	3711.6	3855.9	3996.3	4134.2	4270.6	4406.2	4541.5
	C_p	2.9421	2.8410	2.7783	2.7402	2.7184	2.7079	2.7054
	S	6.4622	6.6069	6.7409	6.8665	6.9853	7.0985	7.2069
40000kPa,	ρ	100.71	93.052	86.799	81.546	77.040	73.111	69.640
	H	3679.1	3828.4	3972.6	4113.6	4252.5	4390.2	4527.3
	C_p	3.0551	2.9271	2.8463	2.7954	2.7642	2.7466	2.7385
	S	6.3740	6.5236	6.6612	6.7896	6.9106	7.0256	7.1355

续表

项目	t	700	750	800	850	900	950	1000
50000kPa,	ρ	129.59	118.82	110.22	103.13	97.121	91.941	87.405
	H	3614.6	3773.9	3925.8	4072.9	4216.8	4358.7	4499.4
	C_p	3.2857	3.1013	2.9831	2.9059	2.8556	2.8235	2.8041
	S	6.2178	6.3775	6.5225	6.6565	6.7819	6.9004	7.0131
项目	t	400	425	450	500	550	600	650
60000kPa,	ρ	612.42	550.68	479.51	338.73	252.83	206.91	178.87
	H	1843.2	2001.8	2180.2	2570.3	2901.9	3156.8	3366.7
	C_p	6.0022	6.7255	7.5265	7.5206	5.7539	4.5607	3.8996
	S	3.9317	4.1630	4.4140	4.9356	5.3517	5.6527	5.8867
80000kPa,	ρ	659.49	613.68	563.74	457.04	362.30	295.53	251.56
	H	1808.8	1944.2	2087.8	2397.4	2709.9	2988.1	3225.5
	C_p	5.2661	5.5730	5.9168	6.3665	5.9852	5.1317	4.4073
	S	3.8340	4.0314	4.2335	4.6473	5.0391	5.3674	5.6321
100000kPa,	ρ	692.93	654.70	614.16	528.28	444.55	374.21	321.02
	H	1791.1	1915.7	2044.7	2316.2	2595.9	2865.1	3110.5
	C_p	4.8942	5.0696	5.2577	5.5688	5.5516	5.1682	4.6447
	S	3.7639	3.9455	4.1271	4.4900	4.8405	5.1581	5.4315
项目	t	700	750	800	850	900	950	1000
60000kPa,	ρ	159.62	145.32	134.12	125.01	117.39	110.87	105.22
	H	3551.3	3720.5	3880.0	4033.1	4182.0	4328.1	4472.2
	C_p	3.5133	3.2735	3.1181	3.0148	2.9454	2.8989	2.8685
	S	6.0814	6.2510	6.4033	6.5428	6.6725	6.7944	6.9099
80000kPa,	ρ	221.41	199.44	182.60	169.15	158.08	148.75	140.74
	H	3432.7	3619.7	3793.3	3957.7	4115.9	4269.8	4420.5
	C_p	3.9138	3.5878	3.3690	3.2192	3.1150	3.0420	2.9907
	S	5.8507	6.0382	6.2038	6.3537	6.4915	6.6199	6.7407
100000kPa,	ρ	282.04	253.00	230.64	212.86	198.32	186.14	175.75
	H	3330.7	3530.5	3715.3	3889.3	4055.6	4216.3	4373.0
	C_p	4.1810	3.8298	3.5764	3.3949	3.2643	3.1698	3.1013
	S	5.6639	5.8642	6.0406	6.1991	6.3440	6.4782	6.6038

注：单位为 t，℃；ρ，$kg \cdot m^{-3}$；H，$kJ \cdot kg^{-1}$；C_p 及 S，$kJ \cdot kg^{-1} \cdot K^{-1}$。

附录 4　氨的 t–S 图

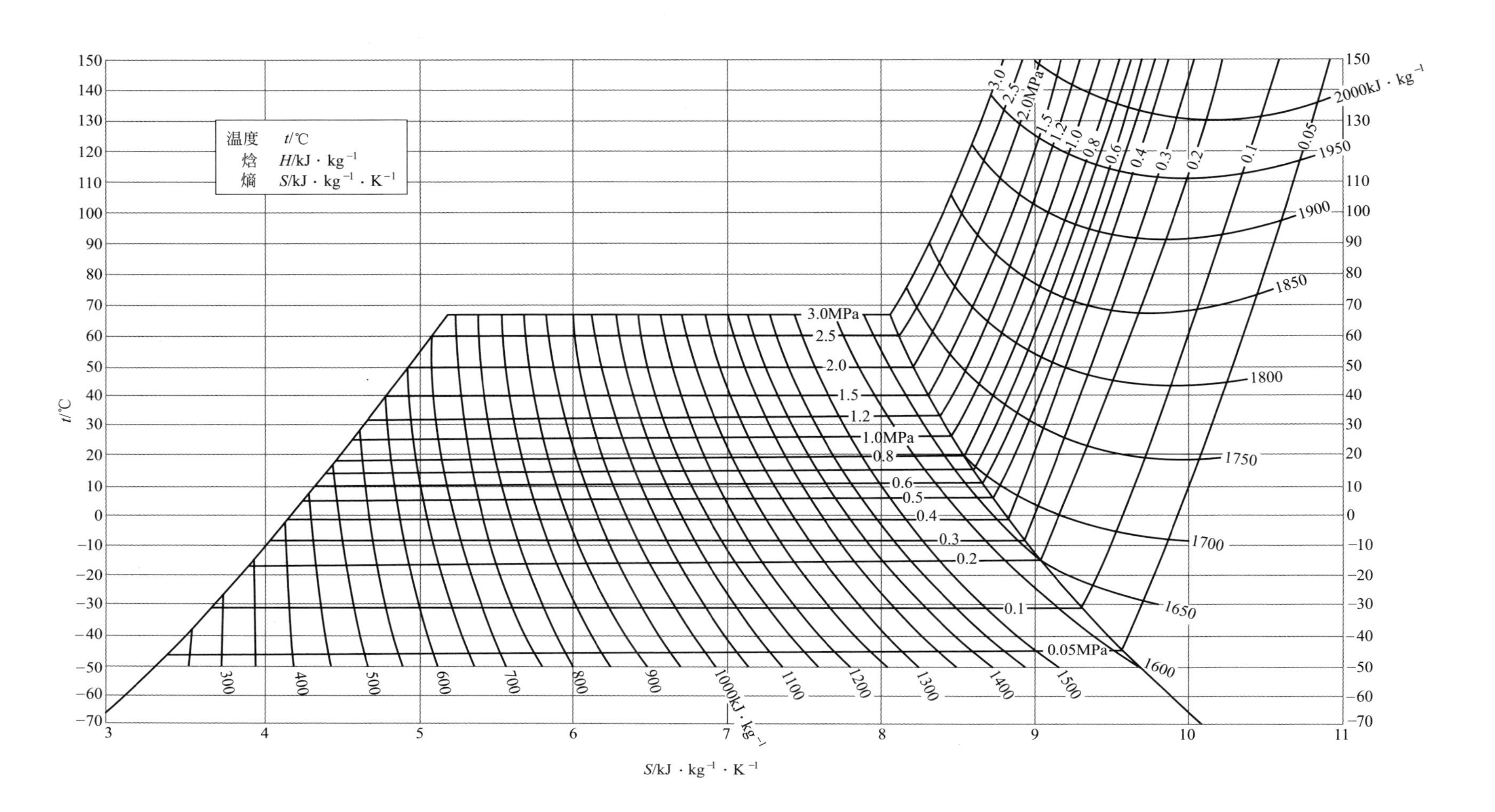

温度　t/℃
焓　H/kJ · kg⁻¹
熵　S/kJ · kg⁻¹ · K⁻¹
t/℃
S/kJ · kg⁻¹ · K⁻¹
2000kJ · kg⁻¹
1950
1900
1850
1800
1750
1700
1650
1600
1500
1400
1300
1200
1100
1000kJ · kg⁻¹
900
800
700
600
500
400
300
3.0
2.5
2.0MPa
1.5
1.2
1.0
0.8
0.6
0.4
0.3
0.2
0.1
0.05
3.0MPa
2.5
2.0
1.5
1.2
1.0MPa
0.8
0.6
0.5
0.4
0.3
0.2
0.1
0.05MPa

本书总结

回顾本课程，总结如下事实和规律：

1. 流体的 *p-V-T* 关系列于本书之初，但其使用是贯彻始终的，因此 *p-V-T* 关系是化工热力学的核心内容之一，是化工热力学中最重要的模型。

2. 纯物质和混合物的热力学性质是化工热力学的核心内容之一，既包括不同性质之间的关系，也包括各种热力学性质与 *p-V-T* 之间的关系。其中纯物质的热力学性质相对简单，主要包括焓、熵、Gibbs 自由能、Helmholz 自由能、热力学能、热容等。而为了更准确地描述混合物，引入了更复杂的热力学性质，如偏摩尔性质、混合过程性质变化、超额性质、逸度、活度等，它们通常通过纯物质热力学性质及混合物 *p-V-T* 计算。活度则可以通过热力学的另一种重要的模型——活度系数模型计算。

3. 相平衡和化学平衡是平衡热力学的核心内容，其中化学位和逸度计算是平衡热力学的关键，通常可以状态方程或者活度系数模型对相关体系的逸度进行计算。

4. 不同温度、压力下的焓变是化工过程能耗计算的基础之一，此外还有反应焓变、压缩及冷冻过程焓变、相变中的焓变等，这些部分组合构成化工生产能耗的主要部分。而过程总熵变是衡量一个过程能量利用效率的重要参数。

5. 工程热力学涉及典型的化工设备及过程的能量利用情况，其中典型的过程包括压缩、膨胀，而蒸汽动力循环和制冷循环可以分别实现由热产生功和获取冷量的热力学循环过程，这些内容在化学工业中都是很重要的。

6. 化工热力学是一门定量的学科，为化工生产提供定量关系或设计。有关计算可总结为能量计算和组成计算，前者主要是物理过程（温度或压力的改变）和化学过程（反应）的焓变，或对应的功、能转换；后者主要是不同条件下相平衡（各相组成）和化学平衡组成（不同组元组成）。

在定量计算的同时，从这些计算也可以得到许多定性的指引，例如温度、压力对相平衡或化学平衡是怎样影响的。

7. 化工热力学比较通用的计算方法有状态方程法、对比态法和基团贡献法。这些方法有一定的理论基础，又有近似性；有明显区别，又互相渗透，例如状态方程法和对比态法都要强烈依赖于临界参数；这些方法的共同优点是通用性，可计算许多热力学性质或物性，又有良好的可靠性。

在各种相平衡计算中，可选用状态方程法和活度系数法，这两种方法也是各有优缺点的。

8. 化工热力学应用于化学工业中的物理过程和化学过程。在化学过程中主要用于计算反应热和化学平衡组成，反应热的计算比较简单，在众多的化学反应中，只有小部分需要计算化学平衡，因为有许多反应平衡常数极大（例如氧化反应），无需考虑化学平衡。在物理过程中包括大量的能量或组成的计算，一般更复杂，也更重要。

9. 化工数据是化工热力学的一个分支，提供数据的寻找、评价、关联和估算，以保证化工热力学和化学工程中大量计算得以顺利进行。环境热力学是化工热力学的一个新分支，它要讨论化学污染物在大气、水体和固体物（包括土壤）中的分布，在环境热力学中最重要的内容是污染物的相平衡。

10. 化工热力学已很好地用于石油化工生产的设计和计算，但为了用于精细化学品生产的计算，在计算方法和实验技术上都需要有新的突破。

电子版附录清单

附录 1 中介绍了基本常数值。附录 2 是化工热力学中最常用的一些单位换算关系。附录 3 是基础物性数据表，包括沸点（t_b）、临界温度（T_c）、临界压力（p_c）、临界比体积（V_c）、临界压缩因子（Z_c）、偏心因子（ω）。附录 4 是不同相态下标准（298.15K）热化学数据，包括标准生成焓（$\Delta_f H_{298}^{\ominus}$）、标准熵（$S_{298}^{\ominus}$）、标准生成自由能（$\Delta_f G_{298}^{\ominus}$）、理想状态下比热容（$C_{p298}^{id}$）。附录 5 是用 Antoine 方程表达的蒸气压数据。附录 6 和附录 7 分别是理想气体比热容和液体比热容与温度关联式系数。以上数据均取自实验值，并经过数据评价，关联所用的数据也是实验值。附录 8 是水和水蒸气的热力学性质表。附录 9 是空气的 T-S 图。附录 10 是氨的 t-S 图。附录 11 是氨的 ln$p$-H 图。附录 12 是 R12 的 ln$p$-H 图。附录 13 是 R22 的 ln$p$-H 图。

附录 1　基本常数表

附录 2　常用单位换算表

附录 3　一些物质的基础物性数据

附录 4　一些物质的标准热化学数据

附录 5　一些物质的 Antoine 方程系数

附录 6　一些物质的理想气体比热容与温度关联式系数

附录 7　一些物质的液体比热容与温度关联式系数

附录 8　水和水蒸气表

附录 9　空气的 T-S 图

附录 10　氨的 t-S 图

附录 11　氨的 ln$p$-H 图

附录 12　R12（CCl_2F_2）的 ln$p$-H 图

附录 13　R22（$CHClF_2$）的 ln$p$-H 图

扫码获取
线上学习资源

参考文献

[1] 陈钟秀，顾飞燕，等. 化工热力学. 3 版. 北京：化学工业出版社，2012.

[2] 陈新志，蔡振云，等. 化工热力学. 5 版. 北京：化学工业出版社，2020.

[3] 高光华，陈健，卢滇楠. 化工热力学. 3 版. 北京：清华大学出版社，2017.

[4] 冯新，宣爱国，等. 化工热力学. 2 版. 北京：化学工业出版社，2019.

[5] 施云海. 化工热力学. 3 版. 上海：华东理工大学出版社，2022.

[6] 陈光进等. 化工热力学. 2 版. 北京：石油工业出版社，2018.

[7] Smith J M，Van Ness H C. Introduction to Chemical Engineering Thermodynamics. 9th. New York：McGraw Hill，2021.

[8] Poirier B. A Conceptual Guide to Thermodynamics. New York：Wiley，2014.

[9] Stephen R T，Laura L P. Thermodynamics Concepts and Applications.2nd. Cambridge：Cambridge University Press，2018.

[10] Sandler S I.Chemical，Biochemical and Engineering Thermodynamics.4ed.New York：Wiley，2006.

[11] Prausnitz J M，Lichtenthaler R N，et al. 流体相平衡的分子热力学. 陆小华，刘洪来译. 北京：化学工业出版社，2006.

[12] Poling B E，Prausnitz J M，et al. 气液物性估算手册. 赵红玲，王凤坤，等译. 北京：化学工业出版社，2006.

[13] 马沛生. 化工数据教程. 天津：天津大学出版社，2008.

[14] 马沛生. 有机化合物实验物性数据手册：含碳、氢、氧、卤部分. 北京：化学工业出版社，2006.

[15] Schwarzenbach R P，Gschwend P M，et al. Environmental organic chemistry.3rd .New Jersey：John Wiley & Sons Inc，2015.